AF390504

HISTOIRE

ABREGÉE

DES INSECTES

QUI SE TROUVENT

AUX ENVIRONS DE PARIS.

TOME SECOND.

HISTOIRE
ABREGÉE
DES INSECTES
QUI SE TROUVENT
AUX ENVIRONS DE PARIS;

Dans laquelle ces Animaux font rangés fuivant un ordre méthodique.

Admiranda tibi levium fpectacula rerum. Virg. Georg. iv.

TOME SECOND.

A PARIS,

Chez DURAND, rue du Foin, la premiere porte cochere
en entrant par la rue S. Jacques, au Griffon.

M. DCC. LXII.

AVEC APPROBATION ET PRIVILÉCE DU ROI.

HISTOIRE

ABRÉGÉE

DES INSECTES.

SECTION TROISIÉME.

TETRAPTÈRES A AÎLES FARINEUSES,

OU

INSECTES A QUATRE AÎLES

FARINEUSES.

LA section d'infectes que nous allons traiter, eſt une des plus connues, & en même temps des plus belles & des plus brillantes. Elle renferme les papillons, les phalênes, & quelques autres genres, dont pluſieurs eſpéces

Tome II.   A

se font diftinguer par la richeffe & la vivacité des couleurs dont elles font parées. Ces infectes brillans ont
attiré les regards des curieux, plus que tous ceux des
autres fections; ils font l'ornement des cabinets d'hiftoire
naturelle; & nombre d'Auteurs fe font appliqués à les
étudier & à travailler fur leur hiftoire. Nous nous contenterons de donner un précis très-abrégé de leurs travaux & de nos obfervations particulieres.

D'abord le caractere de cette fection eft aifé à connoître;
il confifte dans la conformation des aîles de ces infectes.
Au lieu que dans la premiere fection les aîles font cachées
fous des étuis durs & opaques, dans celle-ci les aîles font
à découvert: mais ces aîles, au nombre de quatre, paroiffent couvertes d'une pouffiere farineufe, qui s'attache aux
doigts lorfqu'on les touche, & qui s'enleve aifément. Cette
efpéce de pouffiere fine eft fort différente de ce qu'elle
paroît à la premiere vûe. Si on l'examine à la loupe, ou, ce
qui eft encore mieux, à l'aide du microfcope, on voit que
ces parcelles de pouffiere font autant de petites écailles,
qui ont une forme réguliere & organifée. Elles font plattes, fe terminent en pointe par le bout qui les attache
à l'aîle, & à l'autre extrémité elles font découpées en
quatre ou cinq dents, plus ou moins. On peut voir les
figures différentes que plufieurs Auteurs, & en particulier
Bonnani, Swammerdam & M. de Réaumur, ont données
de ces écailles, que d'autres ont appellées fans fondement,
des plumes. On verra que, parmi ces écailles, les unes
font plus longues, plus étroites & terminées au bout
par un moindre nombre de découpures, d'autres au contraire plus courtes, plus larges & plus découpées. Ces
dernieres font plus communes fur les aîles, tandis que les
premieres font particuliérement fur le corps & proche
l'attache des aîles. Ces écailles qui fe trouvent fur les aîles
& même fur le corps des papillons, des phalênes &
des autres infectes qui en approchent, font le caractere
effentiel des animaux de cette fection. Eux feuls ont de

pareilles écailles fur leurs aîles , & tous en ont plus ou
moins. Il eft vrai qu'on trouve certaines écailles à peu près
femblables fur certains infectes à étuis , comme nous
l'avons remarqué. Mais outre qu'elles font un peu différentes , elles ne fe trouvent que fur leurs étuis & leur
corps , & nullement fur leurs aîles ; ces dernieres font
liffes , nues & tranfparentes , comme on peut le voir
en tirant ces aîles de deffous les étuis & les développant.
Il y a au contraire quelques phalênes qui femblent d'abord
avoir des aîles nues , tranfparentes & fans écailles. Mais fi
on les examine de près , on voit que les écailles s'y trouvent , quoique toute l'aîle n'en foit pas couverte , comme
dans les autres phalênes & papillons. On en trouve toujours plufieurs au moins le long des groffes nervures : ainfi
nous pouvons admettre la préfence des écailles fur les
aîles de ces infectes , comme le caractere le plus certain ,
le plus conftant & le plus effentiel de cette fection.

Ce font ces mêmes écailles fines , dont la couleur donne aux aîles des infectes de cette fection , cet éclat qui fait
l'admiration des perfonnes les plus indifférentes pour l'hiftoire naturelle. Si on les enleve , ce qui fe fait très-aifément , l'aîle refte fans couleur , comme une fimple membrane fine & tranfparente , elle paroît femblable aux aîles
des mouches , des demoifelles & de beaucoup d'autres infectes. Néanmoins , l'aîle ainfi dépouillée mérite une
attention particuliere. Si on l'examine à la loupe , on voit
qu'elle n'eft pas liffe , comme elle le paroît d'abord , mais
que fes deux furfaces , tant fupérieure qu'inférieure , font
parfemées d'efpéces de raies ou fillons enfoncés. Ces
fillons font les endroits auxquels les écailles étoient attachées , comme on peut s'en affurer par la vûe de quelques-
unes d'entr'elles , qui fouvent reftent après qu'on a enlevé
les autres. Ces écailles ne font donc point placées fans
ordre fur l'aîle , mais elles font difpofées en bandes ou
raies , de façon qu'elles tiennent à l'aîle par celui de leurs
bouts qui fe termine en pointe , & que l'autre extrémité

plus large , couvre l'attache de la rangée fuivante , à peu près comme nous voyons les rangées de tuiles d'un toît couvrir les fuivantes.

Telle eft la ftructure des aîles des infectes de cette fection , du moins quant à l'extérieur. Nous reviendrons à ce qui regarde l'intérieur de ces mêmes aîles , en parlant des différentes parties de ces infectes que nous allons actuellement examiner.

Le corps des infectes à aîles farineufes , eft compofé de trois parties principales , comme celui de la plûpart des autres infectes ; favoir , la tête , le corcelet & le ventre.

La tête des papillons , des phalênes & des autres infectes de cette fection eft ordinairement petite. On y remarque d'abord deux antennes , prefque toujours grandes & différemment figurées fuivant les différens genres. Dans les papillons , elles font toujours en maffe ou maffue , c'eft-à-dire , plus groffes à leur bout qui forme comme un bouton. Elles font en peigne , c'eft-à-dire , ornées d'efpéces de barbes de chaque côté , femblables aux dents d'un peigne dans plufieurs phalênes. D'autres phalênes au contraire , & les teignes en ont qui font figurées en filet fimple & fin. Enfin les fphinx en ont de groffes & angulaires. Ces formes différentes d'antennes fervent à caractérifer les genres de cette fection , & nous les examinerons plus en détail dans le particulier. Ces antennes partent toutes de la partie fupérieure de la tête entre les yeux.

Ceux-ci font affez gros : leur membrane extérieure eft ferme , tranfparente & taillée à facettes , ainfi que celle des yeux de la plûpart des infectes. Ce font-là les grands yeux à refeau qui font au nombre de deux. Outre ces yeux , ces infectes ont les petits yeux liffes que nous avons dit fe trouver fur la tête de beaucoup d'infectes à deux & à quatre aîles. Ces petits yeux font au nombre de trois , placés en triangle fur le haut de la tête entre les yeux à refeau : mais ils font difficiles à appercevoir dans la plûpart de ces infectes , à caufe des poils longs & touffus fous lefquels ils font cachés. Je ne les ai pu découvrir dans plufieurs phalênes & papillons qu'en enlevant ces poils & mettant le deffus de la tête à nud.

La bouche de ces infectes eft formée par une efpéce de trompe, qui leur fert à pomper le fuc mielleux des fleurs dont ils fe nourriffent. Dans quelques-uns, cette trompe eft très-courte, & fi courte qu'à peine l'apperçoit-on; il femble que ces infectes n'en ont point. C'eft une efpéce de pointe qui paroît inutile à caufe de fa petiteffe : auffi obferve-t-on que ces infectes ne s'en fervent guères. Ces infectes ne vivent fous la forme d'infectes parfaits, que le court efpace de tems qui leur eft néceffaire pour s'accoupler & pondre leurs œufs. Ce grand ouvrage de la génération accompli, ils périffent, & paffent ainfi ce dernier état de leur vie fans avoir befoin de nourriture. C'eft ce que l'on obferve dans la phalêne du ver à foie qui eft de ce nombre. Beaucoup d'autres efpéces ont au contraire une trompe très-longue pour leur corps. Cette trompe fe replie en fpirales, formant plufieurs tours, & fe niche dans une cavité longitudinale, qui eft à la partie antérieure de la tête, & dont les côtés font encore munis d'efpéces de plaques ou barbillons qui mettent la trompe plus à couvert. Si on examine cette longue trompe, & qu'après l'avoir déroulée on la preffe légérement avec la pointe d'une épingle, on parvient à voir la fingularité de fa ftructure. Elle n'eft point compofée, comme on pourroit d'abord le penfer, d'un feul tuyau creux & cylindrique. Ce font deux efpéces de lames un peu concaves, deux demi cylindres pofés l'un contre l'autre, qui forment cette trompe. Ces deux lames fe féparent aifément par le moyen d'une pointe, & pour lors, il femble que l'infecte ait deux trompes. On trouve quelquefois des infectes dans lefquels elles fe font ainfi féparées d'elles-mêmes, foit par un défaut de conformation, foit par quelqu'accident. Cette ftructure de la trompe rend fon ufage beaucoup plus fimple & plus aifé. Les deux lames qui la compofent étant mobiles, peuvent refferrer ou aggrandir la cavité intérieure de la trompe. Par ce moyen, le fuc des fleurs fe trouve attiré dans cette cavité, comme l'eau dans l'intérieur d'une pompe, & lorfqu'il eft monté à un certain point, le refferrement progreffif de la trompe vers le haut, le pouffe du côté de la tête de l'infecte. C'eft ici une méchanique à peu près femblable à celle par laquelle la contraction progreffive des arteres de notre corps accélere le mouvement des liqueurs qu'elles contiennent. Je ne voudrois pas cependant affurer que ce fût cette caufe feule qui fît monter le fuc alimentaire dans la trompe. La propriété qu'ont toutes les liqueurs de monter dans les tuyaux capillaires par une efpéce d'attraction, & par leur adhéfion aux parois de ces vaiffeaux, peut auffi contribuer au même effet.

La feconde partie qui compofe le corps des infectes que nous traitons, eft le corcelet. Dans ces infectes, il eft compofé de plufieurs piéces écailleufes très-fortes qui font comme foudées enfemble, ce qui rend cette partie très-dure, & capable de foutenir les pattes qui y font attachées en deffous, & les aîles qui naiffent de fes côtés. On remarque fur le corcelet les ftigmates pectoraux que nous avons dit fe trouver fur la plûpart des infectes. Dans ceux-ci, ils font au nombre de deux, & ne font pas aifés à obferver à caufe des poils longs & drus qui couvrent le corcelet & cachent ces ftigmates aux yeux. Pour les appercevoir, il faut mettre le corcelet à nud, & pour lors, on découvre encore avec peine ces efpéces de boutonnieres latérales, qui font les ouvertures des ftigmates. Elles font placées fur une efpéce de col membraneux qui unit la tête au corcelet. C'eft à Mrs Bazin & de Geer qu'on eft redevable de la découverte de ces ftigmates qui paroiffent avoir échappé aux recherches de M. de Reaumur. Au-deffous du corcelet, font attachées les pattes qui font au nombre de fix dans tous ces infectes, quoique cependant certains papillons femblent d'abord n'en avoir que quatre; du moins quand ils marchent, ils ne le font qu'à l'aide de quatre pattes , & pour cette raifon ils ont été appellés papillons à quatre pattes , *papiliones tetrapi*. Mais ces papillons, qui femblent d'abord n'avoir que quatre pieds, en ont réellement fix. Il eft vrai qu'ils ne fe fervent que des quatre poftérieurs pour marcher ; ceux de devant leur font inutiles ; ils font courts , couverts d'un duvet de poils fort épais , & l'infecte les tient appliqués contre fon col , où ils femblent faire une efpéce de palatine ; mais ces pattes, quoique courtes , n'en exiftent pas moins , & ces papillons en ont fix comme les autres.

Ces pattes font compofées des trois parties que nous avons déja remarquées dans les infectes précédens , la cuiffe qui part du corps , la jambe & le tarfe ou pied compofé de cinq articulations. Elles font terminées au bout du tarfe par des efpéces de griffes ou crochets , à l'aide defquels l'infecte s'accroche & fe tient ferme fur les différens plans où il fe pofe. Ces crochets m ont paru manquer totalement aux pattes de devant ces papillons, qui ne fe fervent que des pattes poftérieures pour marcher , & que l'on appelle papillons à quatre pattes ; & dans le fond ils leur étoient inutiles , puifque ces infectes ne font aucun ufage de ces deux pattes de devant , au moins pour marcher & fe foutenir.

Les aîles font les dernieres parties que nous ayons à obferver en parlant du corcelet auquel elles font attachées. Elles font au nombre de quatre dans tous les infectes de cette fection , deux fupérieures & deux inférieures. Nous avons déja examiné plus haut la ftructure de ces petites écailles qui les couvrent tant en deffus qu'en deffous , la maniere dont elles font attachées , & la conformation extérieure de l'aîle ; il ne nous refte plus qu'à rendre compte de fa conftruction intérieure. L'aîle dépouillée de ces écailles qui la colorent & la rendent opaque , refte diaphane , tranfparente & femblable à un talc. Il femble que ce ne foit qu'une fimple membrane claire , féche , fur laquelle on voit quelques nervures.

Mais cette membrane qui femble fi mince & fi claire, eſt
un compoſé de deux membranes ou feuillets minces appliqués intimement l'un contre l'autre. C'eſt ce qu'on peut
obſerver dans le papillon ſortant nouvellement de ſa chryſalide & encore mol , ainſi que dans la plûpart des autres
inſeĉtes qui ſont dans le même état. Leurs aîles alors ſont
molles , pendantes , & femblent fort épaiſſes. Si on les
examine dans ce premier inſtant, on peut ſouvent parvenir
à détacher l'un de l'autre les deux feuillets qui compoſent
le corps de l'aîle : pour lors, que l'on prenne un petit
tuyau fin , & que par ſon moyen on ſouffle entre ces deux
lames, l'air s'y inſinue, toute l'aîle ſe gonfle, devient em-
phyſématique , & l'on voit une quantité de cellules entre
les deux lames. Quelquefois la nature fait d'elle-même
une pareille opération dans des papillons qui ſortent de
leurs coques avec des aîles malades & contrefaites. Ces
aîles , au lieu de ſe ſécher & de devenir fermes, reſtent
molles, gonflées & remplies d'air, & dans cet état elles ne
peuvent ſervir à l'inſeĉte. On voit par-là que la texture de
l'aîle n'eſt pas ſimple , que ce n'eſt point une ſeule membrane , mais qu'elle eſt compoſée de deux feuillets fins ,
entre leſquels il y a un tiſſu cellulaire fort mince. Il eſt
vrai que toutes ces parties s'appliquent intimement l'une
contre l'autre , lorſque l'aîle de l'inſeĉte s'affermit & ſe
ſéche , & que pour lors, il n'eſt plus poſſible de les ſéparer. C'eſt entre ces membranes de l'aîle , que rampent
les nervures qu'on y remarque, & qui portent à cette
partie la vie & le mouvement. Ces nervures doivent
donc être compoſées de petits vaiſſeaux , qui répondent
aux vaiſſeaux ſanguins & aux nerfs des grands animaux.

Telle eſt la ſtruĉture des quatre aîles que l'on remarque
ſur les inſeĉtes de cette ſeĉtion. Il ne nous reſte plus
qu'une ſeule obſervation à faire à leur ſujet, c'eſt que les
femelles de quelques-uns de ces inſeĉtes paroiſſent manquer d'aîles. Ces femelles ont un air lourd & peſant ,
& elles reſſemblent à un gros ver à ſix pieds. On ne pen-
ſeroit

feroit jamais qu'elles fuffent les femelles d'infectes aîlés,
légers, & qui voltigent avec agilité. Cependant ces femelles lourdes & pefantes ne font pas tout-à-fait dépourvûes d'aîles. Si on examine avec attention leur corcelet,
on y voit quatre petites appendices très-courtes, quatre
moignons d'aîles très-petits, qui font les véritables aîles de
ces femelles, figurées dans leur petiteffe, comme les
grandes aîles de leurs mâles : ainfi ces femelles font véritablement aîlées, quoiqu'elles ne le paroiffent pas d'abord,
& que la petiteffe de leurs aîles les leur rende inutiles.

Le ventre qui nous refte à examiner, compofe la troifiéme & derniere partie du corps des infectes dont nous
parlons. Ce ventre eft plus ou moins allongé fuivant les
différens infectes, mais en général, il eft plus long & plus
grefle dans les mâles, tandis que celui des femelles eft
plus court & plus gros. Ordinairement il eft compofé de
neuf anneaux, tous munis de deux ftigmates, un de chaque
côté, à l'exception du dernier anneau qui n'en a point.
C'eft à l'extrémité du ventre que fe trouvent les parties de
la génération, femblables à celles des infectes à étuis ;
auffi l'accouplement des uns & des autres fe fait-il de
la même façon. Tout le ventre eft fouvent couvert de petits poils, & de plus, on y remarque plufieurs écailles
femblables à celles qui fe voyent fur les aîles, fi ce n'eft
qu'elles font plus allongées.

Les infectes de cette fection, font ceux dont les Naturaliftes paroiffent avoir d'abord obfervé les métamorphofes. La facilité de rencontrer leurs larves, la beauté de
quelques-unes de leurs chryfalides, & le brillant des infectes parfaits qui fortent de plufieurs, auront concouru
fans doute à attirer les regards des curieux.

Les larves de ces infectes font en général très-connues
fous le nom de chenilles. Elles font allongées & compofées d'une tête & d'un corps, qui a douze anneaux diftincts
en comptant le dernier. La tête eft formée par deux efpéces de calottes fphériques, dures, écailleufes, fur lef-

quelles on remarque quelques points noirs. Ces deux calottes font les yeux de la chenille. A la partie antérieure de la tête, est sa bouche, armée de deux fortes machoires dures & aigues, avec lesquelles elle ronge les feuilles, les fleurs & quelquefois le bois même, & produit tant de ravages dans les forêts, les jardins & les potagers. Au-dessous de la bouche, à sa lévre inférieure, est un petit trou par lequel passe le fil que cet insecte fait former, & que plusieurs auteurs par cette raison ont appellé *la filiere*. Les douze annneaux qui composent le corps, sont tous assez semblables les uns aux autres, à l'exception du dernier sous lequel se trouve l'anus, ou l'ouverture par laquelle la chenille rend ses excrémens. Cet anneau est ordinairement taillé en cône à plusieurs faces inégales, & son extrémité est tronquée.

Sur les deux côtés de la chenille, on voit des points oblongs formés en espéces de boutonnieres, posés obliquement, & de couleurs différentes suivant les différentes espéces. Ce sont-là les stigmates ou les ouvertures par lesquelles l'insecte respire. J'en ai trouvé constamment dix-huit sur les chenilles, neuf de chaque côté. On voit par ce nombre que tous les anneaux de la chenille ne sont pas pourvûs de stigmates, si cela étoit, elle devroit en avoir vingt-quatre, mais le second, le troisiéme & le dernier anneau n'en ont point; tous les autres au nombre de neuf en ont deux, un de chaque côté. Il paroît par cet arrangement des stigmates, que les deux premiers placés sur le premier anneau répondent aux stigmates que l'on verra par la suite sur le corcelet du papillon, ou de la phalêne qui doit se développer & sortir de la chenille, & que les suivans distans des premiers, à commencer par ceux du quatriéme anneau, vont répondre à ceux qui paroîtront sur les anneaux du ventre du même papillon.

Les parties que nous venons de décrire sont les mêmes dans toutes les chenilles ou larves de cette section : mais il n'en est pas de même des pattes de ces insectes, dont

le nombre varie beaucoup. Néanmoins malgré cette variété, il y a deux caracteres uniformes & conſtans dans les
pattes de toutes les chenilles. Le premier, c'eſt qu'aucun
de ces animaux n'a ni moins de huit pattes, ni plus de
ſeize. Ainſi toutes les fois qu'on trouvera des larves appro-
chantes des chenilles pour leur forme, qui n'auront que
ſix pattes, ou qui en auront un plus grand nombre que
ſeize, on peut aſſurer que ce ne ſont point des chenilles,
& que l'inſecte parfait qu'elles donneront ne ſera ni papillon, ni phalêne, ni inſecte de cette ſection. C'eſt par
ce moyen qu'on peut diſtinguer les larves des mouches-à-
ſcie, dont nous parlerons dans la ſuite, & qui reſſemblent
tellement à des chenilles, qu'on les confond aiſément
enſemble ; ce qui les a fait appeller par quelques auteurs
fauſſes-chenilles. Toutes ces larves de mouches-à-ſcie ont
plus de ſeize pattes, ſouvent dix-huit, tantôt vingt ou
vingt-deux. Une autre différence de ces larves d'avec les
chenilles, qui peut encore aider à les diſtinguer, c'eſt que
leur tête eſt compoſée d'une ſeule calotte ſphérique écail-
leuſe, au lieu que la tête des vraies chenilles eſt compoſée
de deux ſemblables calottes diſtinctes l'une de l'autre,
ainſi que nous l'avons déja dit. Le ſecond caractere uniforme & conſtant dans toutes les chenilles, conſiſte dans
la forme & la poſition de leurs ſix premieres pattes, qui
ſont les mêmes dans toutes. Ces ſix pattes attachées aux
trois premiers anneaux ſont dures, fines, terminées en
pointes. Nous les appellerons *pattes écailleuſes*. Ces pattes
ſont les enveloppes qui renferment les ſix pattes, que doit
avoir le papillon ou la phalêne : auſſi comme le nombre de
ces pattes eſt conſtant dans tous les inſectes parfaits de
cette ſection, & qu'ils en ont tous ſix, il en eſt de même
des pattes écailleuſes de leurs larves, qui ſont dans toutes
les eſpéces au nombre de ſix, & toujours attachées aux
trois premiers anneaux ſous leſquels eſt caché le corcelet
de l'inſecte parfait, auquel doivent être articulées ſes pattes : mais pour ce qui regarde les autres pattes de la che-

nille , elles varient pour la figure & pour le nombre. Ces dernieres ne font pas auffi effentielles, elles ne font propres qu'à la larve ; elles difparoiffent dans l'infecte parfait , qui les perd en fe métamorphofant & quittant fes dépouilles. Quant à la forme , ces pattes différent beaucoup des premieres. Ce font des efpéces de mamelons larges & mols: nous les appellerons *pattes membraneufes*. Ces pattes font entourées en tout ou en partie de crochets durs , recourbés , qui forment à leur extrémité une couronne , ou une demi-couronne fuivant les différens genres. On fent que de pareils crochets doivent fervir à affermir les chenilles contre les branches , les feuilles & les autres corps fur lefquels elles marchent. Ces mêmes crochets peuvent encore fervir à diftinguer les chenilles , des larves des mouches-à-fcie ou fauffes chenilles. Ces dernieres n'ont jamais de pareils crochets à leurs pattes membraneufes , au lieu qu'on en trouve toujours dans les vraies chenilles.

Ce font ces pattes membraneufes, dont le nombre varie beaucoup dans les chenilles. Nous avons dit que le plus grand nombre de pattes que les chenilles puffent avoir , n'excédoit pas celui de feize. Une grande partie des chenilles , fur-tout celles que l'on trouve le plus communément , a précifément ce nombre. Ces chenilles à feize pattes , en ont d'abord fix attachées aux trois premiers anneaux , deux de chaque côté. Ce font leurs fix pattes écailleufes : enfuite fe trouvent deux anneaux dénués de pattes ; favoir , le quatriéme & le cinquiéme. Les quatre anneaux fuivans en ont chacun deux , ce qui fait huit autres pattes , qui , fe trouvant placées vers le milieu de l'infecte , ont été appellées par quelques-uns *pattes intermédiaires*. Après ces quatre anneaux , les deux fuivans ; favoir , le dixiéme & le onziéme, n'ont point de pattes ; & enfin le dernier anneau en a deux , qui ont été appellées *pattes poftérieures*. Ainfi les chenilles à feize pattes , en ont fix écailleufes & dix membraneufes ; favoir , huit intermédiaires & deux poftérieures. L'arrangement de ces pattes , tel

que nous venons de le rapporter, est constant dans toutes les chenilles à seize pattes. Ces chenilles les plus communes, nous fournissent les plus grandes espéces de cette
section.

Après les chenilles à seize pattes, viennent celles qui
n'en ont que quatorze. Ces dernieres varient entr'elles
pour l'arrangement & la distribution de leurs pattes membraneuses. Dans toutes, on voit six pattes écailleuses attachées aux trois premiers anneaux, & ensuite huit pattes
membraneuses. Mais les unes ont le quatriéme & le cinquiéme anneau sans pattes, ensuite huit pattes intermédiaires aux quatre anneaux suivans, & les trois derniers
anneaux nuds sans aucunes pattes, sans les pattes postérieures. Les autres au contraire ont ces deux pattes postérieures, & seulement six pattes intermédiaires, mais différemment posées. Tantôt après les pattes écailleuses, sont
trois anneaux sans pattes, puis trois autres qui donnent
naissance aux pattes intermédiaires, & ensuite deux anneaux nuds entre ces pattes & les postérieures ; tantôt
après les pattes écailleuses, il n'y a que deux anneaux
nuds, mais après les six pattes intermédiaires, il y en
a trois avant le dernier anneau où sont les pattes posté-
res : ainsi la différence entre ces chenilles, consiste en ce
que des cinq anneaux nuds & sans pattes, il y en a
trois posés devant les pattes intermédiaires, & deux après
ces pattes dans les unes, tandis que dans les autres il n'y en
a que deux devant ces mêmes pattes & trois après elles.

Les chenilles qui n'ont que douze pattes, suivent immédiatement celles qui en ont quatorze. Ces chenilles
après les six pattes écailleuses ou après les trois premiers
anneaux, ont quatre anneaux de suite nuds & sans pattes,
ensuite deux anneaux, auxquels sont attachées quatre pattes
intermédiaires seulement. Ces anneaux sont suivis de deux
autres qui sont nuds, & enfin du dernier anneau partent les
deux pattes postérieures. Ainsi ces chenilles à douze pattes
ont six pattes écailleuses, quatre pattes intermédiaires &

deux poſtérieures. Le grand eſpace de quatre auneaux qui ſe trouve entre les pattes écailleuſes & les intermédiaires, oblige ces chenilles de marcher différemment des autres. En général les chenilles à ſeize & à quatorze pattes marchent en formant des eſpéces d'ondulations, ou un mouvement ſucceſſif & progreſſif, ſemblable à celui qu'on appelle mouvement vermiculaire, à cauſe de l'action ſucceſſive de leurs pattes nombreuſes. Les chenilles à douze pattes ne marchent pas de même, & elles ne le pourroient point à cauſe des quatre anneaux qu'elles ont de ſuite dépourvûs de pattes. Lorſque ces chenilles veulent avancer, elles ſe cramponent contre une branche avec leurs pattes écailleuſes, & attirent leurs pattes intermédiaires & tous les anneaux poſtérieurs contre ces mêmes pattes écailleuſes, enſorte que les anneaux ſans pattes ſe trouvent élevés en demi-cercle, & forment une eſpéce de boucle : pour lors elles tiennent ferme & immobile la partie poſtérieure de leur corps, par le moyen de leurs pattes intermédiaires & poſtérieures, & elles avancent la partie antérieure de toute la longueur des quatre anneaux nuds qui formoient une eſpéce de cercle. Dans ce moment leur corps ſe déploye, s'allonge, & leur tête eſt portée en devant ; enſuite elles répétent la même manœuvre & tirent de nouveau la partie poſtérieure vers le devant, pour faire après cela un ſecond pas en faiſant avancer la partie antérieure. Cette maniere de marcher s'exécute promptement, & ces chenilles courent plus vîte que les précédentes, quoiqu'elles ayent moins de pattes. En marchant ainſi à différens pas, elles ſemblent meſurer & arpenter le chemin qu'elles font ; c'eſt ce qui les a fait appeller par la plûpart des auteurs, *géometres* ou *arpenteuſes*. Ces arpenteuſes à douze pattes ſont aſſez groſſes.

Il y a d'autres chenilles plus petites qui ſont auſſi du nombre des arpenteuſes ; ce ſont celles qui n'ont que dix pattes. Ces dernieres, après leurs ſix pattes écailleuſes, ont cinq articles de ſuite ſans pattes ; enſuite on voit deux pat-

tes intermédiaires feulement, placées fur le neuviéme anneau, & les deux poftérieures fur le dernier ou le douziéme, tandis que le dixiéme & le onziéme n'ont point
de pattes. Ainfi ces arpenteufes n'ont que deux pattes
intermédiaires, deux poftérieures & fix pattes écailleufes.
Elles arpentent encore à plus grands pas que les précédentes, ayant cinq anneaux de fuite fans pattes. Ces petites
arpenteufes ont une fingularité remarquable. Leur corps
fort peu garni de pattes, eft cylindrique, & de couleur
terne approchante de celle du bois, ce qui fait qu'on
le prend aifément pour un petit morceau de branche. Les
pofitions qu'elles prennent fouvent ne contribuent pas peu
à jetter dans la même erreur. Ces chenilles ont affez
de force pour tenir tout leur corps droit, tantôt roide,
tantôt un peu fléchi, & foutenu feulement par leurs deux
pattes poftérieures qu'elles cramponnent à l'arbre. Quand
elles font ainfi pofées & immobiles, elles reffemblent
à une petite branche, à un brin de bois, & il eft difficile de
les diftinguer, quoiqu'on les ait fous les yeux. Nous parlerons des phalênes fingulieres que donnent ces chenilles
arpenteufes, lorfque nous examinerons le genre des phalênes en particulier.

Enfin les chenilles qui ont le plus petit nombre de
pieds, font celles qui n'en ont que huit. Ces dernieres
n'ont point du tout de pattes intermédiaires ; elles n'ont
que fix pattes écailleufes placées à l'ordinaire fous les trois
premiers anneaux, & les deux poftérieures qui naiffent du
dernier anneau ; tous les autres anneaux de leur corps n'en
ont point. Ces chenilles font les plus petites de toutes. La
plûpart d'entr'elles appartiennent aux teignes, dont nous
parlerons plus bas. Comme ces chenilles de teignes fe
logent ordinairement ou dans des fourreaux qu'elles fe
forment de différentes matieres, ou dans l'intérieur des
feuilles, des fleurs & d'autres fubftances femblables, elles
n'ont pas befoin de pattes intermédiaires qui leur feroient
inutiles, les pattes écailleufes & les poftérieures leur fuffi-

fent pour avancer ou reculer, en faifant fortir les unes
ou les autres des extrémités de leurs loges ou de leurs
fourreaux.

On voit par le détail que nous venons de donner du
nombre & de la pofition des pattes des chenilles, combien
ces larves différent entr'elles à raifon de ces parties. Auffi
les infectes parfaits qu'elles donnent, forment des genres
très - différens les uns des autres, comme nous le verrons
bientôt. J'avois d'abord efpéré pouvoir découvrir une
efpéce d'uniformité entre les chenilles qui fourniffent les
infectes parfaits du même genre : mais plus je les ai examinées & obfervées, plus je me fuis détrompé à cet égard.
Des phalênes du même genre & de la même famille, qui
paroiffent très-femblables pour le caractere, doivent quelquefois leur origine à des chenilles qui varient entr'elles
pour le nombre & la figure des pattes, enforte qu'on
ne peut établir fur cet article aucune régle fixe d'après les
chenilles, & il n'eft pas poffible de déterminer fûrement le
genre d'infecte parfait que donnera une chenille que l'on
nourrit, quoiqu'on l'examine avec attention. Néanmoins
nous verrons dans le détail des genres de cette fection,
quelques généralités fur les différentes chenilles & les
infectes parfaits qu'elles donnent : mais ces généralités ne
font pas fans exceptions.

Après avoir examiné les parties extérieures des chenilles, il nous refteroit à donner le détail anatomique
de leurs parties intérieures. Mais comme dans cet Ouvrage
nous nous fommes bornés à l'examen extérieur des infectes, nous renvoyons les lecteurs à la differtation de
Malpighi, fur le ver à foie, qui eft une efpéce de chenille
des plus utiles, & à l'examen que Swammerdam a fait
pareillement de l'intérieur des chenilles, dans fon excellent ouvrage fur les infectes *. Nous nous contenterons de
parler de deux ou trois parties qui ont rapport à l'extérieur
de ces infectes.

* Swamerd. Biblia Naturæ. Lugd. bat. 1738, fol. 2 vol.

Nous

Nous avons remarqué fur le corps des chenilles dix-huit
ftigmates , neuf de chaque côté. Ces ftigmates font les
ouvertures par lefquelles l'infecte refpire , à chacune defquelles aboutit un vaiffeau aërien. Ces vaiffeaux féparés
vont tous fe réunir à deux longues trachées , qui tiennent
lieu de poulmons , & qui reçoivent & rendent continuellement l'air , qui eft néceffaire à l'infecte , comme aux plus
grands animaux. Outre ces deux longues trachées , on voit
dans le corps de la chenille plufieurs autres parties. La
principale eft un long & gros canal , qui part de la bouche
& s'étend jufqu'à l'anus. Ce canal qui tient lieu d'efopha-
ge , d'eftomach & d'inteftins , eft fouvent rempli d'alimens , dont la couleur verte le fait aifément appercevoir.
A côté de ce canal , eft un vaiffeau arteriel qui tient lieu
du cœur , & aux deux côtés , font deux autres vaiffeaux qui
vont aboutir à la filiere ou à l'ouverture qui eft fous la levre
inférieure de la bouche , & qui contiennent une liqueur
claire , tranfparente , dont l'infecte forme la foie qui compofe fa coque. Enfin le refte du corps eft rempli d'une matiere graiffeufe , qui peut aider à faciliter les différentes
transformations de l'infecte que nous allons examiner.

Lorfque la petite chenille fort de l'œuf où elle étoit
renfermée , elle commence par fe nourrir de la plante qui
lui convient. Ordinairement la mere a eu foin de placer fes
œufs fur cette plante , quoique fouvent elle l'ait quittée ,
& ne s'en foit point approchée depuis fa transformation ,
depuis le tems qu'elle étoit devenue infecte parfait. La
petite chenille , ainfi à portée de fa nourriture , croît
promptement , mais en croiffant elle ne garde pas la peau
qu'elle a apportée en naiffant , elle en change plufieurs
fois à différens tems. Cette peau n'eft pas fufceptible de
l'extenfion néceffaire à l'accroiffement prompt de ce petit
animal , enforte qu'elle eft obligée de fe fendre. Ce premier
changement fe fait au bout de dix ou douze jours. L'infecte fe gonfle & fe contracte alternativement , jufqu'à ce
que fa peau fe fende fur le dos entre fon fecond & fon

troifiéme anneau , & pour lors , la petite chenille un peu
fatiguée fe tire de cette peau ou dépouille , comme d'un
fourreau , & paroît avec une autre peau qui étoit cachée
fous la premiere. Cette feconde peau plus large , étoit probablement pliflée fous la précédente. C'eft ce que l'on
peut penfer en voyant la chenille plus groffe après ce
changement. Au bout de cinq ou fix jours , il s'en fait un
fecond femblable , qui, après un pareil nombre de jours eft
fuivi d'un troifiéme , & enfin quelque tems après il s'en
fait un quatriéme. Ainfi les chenilles changent plufieurs
fois de peau , comme les autres larves ; & dans plufieurs ,
nous avons obfervé que ces changemens étoient au nombre de quatre. Quelques-unes en ont davantage , & Bon-
net affure que la chenille - martre ne devient chryfalide
qu'après avoir quitté fa huitiéme peau. Après le dernier
changement , les chenilles mangent & croiffent encore ,
jufqu'à ce que, parvenues à leur dernier degré d'accroiffement , elles foient prêtes à fe métamorphofer.

Cette métamorphofe , par laquelle la chenille paffe de
l'état de larve à celui de chryfalide , fe fait comme dans
les autres infectes , par un nouveau dépouillement. Elle
quitte fa derniere peau , qui cachoit à nos yeux la chryfalide , & paroît fous cette nouvelle forme , qui elle-même
recouvre l'infecte parfait qui en doit fortir. Mais avant que
les chenilles fe transforment en cryfalides , plufieurs d'entr'elles doivent exécuter un travail préliminaire long &
délicat. Quelques-unes , comme celles des papillons , fe
transforment en une chryfalide nue & découverte. Dans
celles-là , il ne fe fait qu'un fimple dépouillement , après
lequel la chryfalide eft parfaite ; elles n'ont point d'autre
travail. Mais d'autres chenilles , toutes celles des fphinx &
des phalênes ont leurs chryfalides cachées & à couvert
dans une coque plus ou moins forte. L'infecte , avant que
de fe transformer en chryfalide , doit faire cette coque ,
qui eft ou toute entiere , ou au moins en partie , formée
par un tiffu foyeux , que file la chenille. Cet ouvrage pa-

roît difficile; cependant elle l'exécute promptement, ordinairement en deux ou trois jours, par le moyen de la
filiere qui eft placée fous la levre inférieure de fa bouche.
Les deux vaiffeaux à foie, dont nous avons parlé plus
haut, portent à cet endroit une liqueur claire, tranfparente & vifqueufe, qui filtrée à travers l'ouverture fine de
la filiere, y forme les fils de foie. La chenille, en les appliquant à droite & à gauche, par le moyen de fa bouche
& de fes machoires, parvient à conftruire ces coques,
dont le dehors moins uni reffemble à de la bourre, tandis
que leur intérieur eft extrêmement liffe, pour ne point
bleffer la chryfalide, qui doit fouvent y demeurer pendant
un long tems. On peut aifément obferver l'adreffe des
chenilles à filer & à faire leurs coques, en élevant des
vers à foie, qui font une efpéce de chenille, dont la foie
eft des plus fines & des plus parfaites, & la coque admi-
rablement bien conftruite. Il s'en faut beaucoup que toutes les chenilles qui font des coques, foient auffi habiles
fileufes. Plufieurs font entrer dans la conftruction de leurs
coques, des mottes de terre, des feuilles, des brins de
bois ou d'herbe, qu'elles uniffent & attachent enfemble,
par le moyen de leurs fils. D'autres s'enfoncent en terre,
pour s'y métamorphofer dans une cavité qu'elles pratiquent, & qui leur tient lieu de coque. Mais toutes en général ont foin de tapiffer l'intérieur de leur coque, d'un
tiffu foyeux très-fin & très-uni. Nous examinerons en détail ces chryfalides & ces coques, en faifant l'hiftoire des
différens genres de cette fection.

Ces infectes reftent plus ou moins long-tems fous la forme de chryfalide. En général, les papillons, dont la chryfalide eft nue, y reftent moins de tems. Prefque tous deviennent infectes parfaits au bout de quinze ou vingt
jours, du moins pendant l'été; il n'y a que ceux qui fe
font transformés à la fin de l'automne, qui ne fubiffent
leur dernier changement qu'au printems. Au contraire,
les fphinx, les phalênes & les autres, dont la chryfalide eft

enfermée dans une coque, reſtent beaucoup plus long-
tems dans cet état. La plùpart ne deviennent inſectes parfaits que l'année ſuivante ; j'en ai même obſervé qui ne
ſont éclos qu'au bout de deux, de trois ans, & même davantage. Plus ils doivent reſter dans la coque, plus cette
coque eſt forte, dure, & d'un tiſſu ſerré. La chaleur ou le
froid contribuent beaucoup à accélérer ou à retarder leur
ſortie.

Le dernier changement de ces inſectes, celui par lequel
ils deviennent inſectes parfaits, s'exécute de la même maniere que dans les autres inſectes, que nous avons déja
examinés dans les ſections précédentes. La chryſalide n'eſt
que l'inſecte parfait reſſerré, replié, & qui doit par la
ſuite ſe développer. On peut s'en aſſurer en examinant
avec ſoin les chryſalides. On y voit toutes les parties qui
compoſent l'inſecte parfait, bien apparentes, mais ſerrées
& appliquées les unes contre les autres. Il y a encore une
autre maniere d'examiner les chryſalides, c'eſt dans l'inſtant qu'elles viennent de prendre cette forme, & que la
chenille ayant quitté ſa derniere peau, vient de ſe transformer. Dans ce moment, la chryſalide eſt molle & gluante ;
on peut, avec la pointe d'une épingle, ſéparer & développer toutes les parties de l'inſecte parfait, mais encore
molles, ſans conſiſtence & ſans mouvement. Quelques
heures plûtard, on ne peut plus faire la même opération.
Cette matiere viſqueuſe, qui enduit la chryſalide, ſe ſéche, unit toutes ſes parties, & lui forme une eſpéce de
peau, qui devient dure & coriace. C'eſt ſous cette eſpéce
d'enveloppe ou de peau étrangere, que les membres de
l'inſecte parfait ſe trouvent à l'abri, ſe fortifient & acquie-
rent la conſiſtence & la dureté néceſſaire. Lorſqu'ils ſont
parvenus à ce dernier point de perfection, l'inſecte travaille à rompre la peau dure & ſéche de ſa chryſalide ;
elle ſe fend à ſa partie antérieure, par le gonflement de la
tête & du corcelet de l'inſecte, & petit à petit celui-ci ſe
débarraſſe & ſort de cette enveloppe la tête la premiere.

Cette opération paroît affez fimple & aifée pour ceux de
ces infectes dont la chryfalide eft nue. Cette chryfalide
une fois ouverte, ils font bientôt fortis & en liberté; mais
il n'en eft pas de même des autres, dont la chryfalide eft
enfermée dans une coque, fouvent très-dure & coriace.
On ne conçoit pas comment un infecte fans armes, fans
défenfes, peut venir à bout de percer une pareille coque.
Si on examine avec foin quelqu'une de ces coques, on ne
fera plus furpris. On verra qu'une des extrémités de la coque, celle qui regarde la tête de l'infecte, & par laquelle
il doit fortir, n'eft point fermée, quoiqu'elle le paroiffe.
Dans cet endroit, la chenille, en filant fa coque, laiffe
une ouverture, qui eft cachée par des fils affez longs &
contournés en anneaux. Ces anneaux ou anfes de foie ferrés en long les uns contre les autres, empêchent qu'aucun
infecte étranger ne puiffe pénétrer dans la coque, & ne
vienne attaquer la chryfalide; mais lorfque l'infecte parfait veut fortir, ils s'écartent aifément les uns des autres,
& lui laiffent le paffage libre. Bien plus, par le moyen de
cette ouverture, l'infecte fe débarraffe plus aifément de fa
chryfalide, dont l'enveloppe refte au paffage.

Lorfque l'infecte parfait vient de fortir de fa chryfalide
ou de fa coque, il eft mol & humide; fes ailes paroiffent
mouillées & chiffonnées, & tout fon corps femble plus
gros qu'il ne fera par la fuite. L'infecte refte pendant quelques inftans tranquille & immobile, & pendant ce tems,
toutes fes parties expofées à l'air, fe féchent & s'affermiffent; fes ailes fe déployent & deviennent fermes, &
l'infecte rend ordinairement quelques gouttes de liqueur
par l'anus, ce qui, joint au deffechement de fon corps, le
rend moins gros. Cette liqueur, que rend l'infecte en fortant de fa coque, eft fouvent rougeâtre & comme fangui-
nolente. On voit de ces gouttes femblables à des gouttes
de fang, dans les boëtes où l'on éleve des chenilles, &
où elles fe font transformées : on en voit fouvent dans les
campagnes, le long de certains murs, auprès defquels

beaucoup de chenilles fe font métamorphofées , & ces
prétendues gouttes de fang , ont quelquefois jetté la terreur dans l'efprit du peuple , & donné lieu à ces contes
de pluies de fang, dans des années où les chenilles ont été
communes. On auroit cependant pû fe détromper aifément,
en obfervant que ces gouttes fe trouvoient non-feulement
dans les endroits des murs expofés à la pluie , mais auffi
fur ceux qui en étoient à l'abri, fous les revers des corniches , où il étoit évident qu'elles ne pouvoient tomber
d'en-haut.

L'infecte parfait forti de fa coque , & affez développé
pour prendre fon effort, travaille bientôt à la propagation
de fon efpéce. Quelques efpéces même ne femblent vivre
fous cette derniere forme, que le tems néceffaire pour
s'accoupler. La ponte finie , elles périffent au bout de peu
de jours , fans avoir pris de nourriture. La nature même
leur a donné une trompe fi courte, qu'elles ne pourroient
s'en fervir. La phalêne du ver à foie , par exemple , eft
dans ce cas. D'autres qui vivent un peu plus long-tems ,
fous la forme d'infectes parfaits , tirent quelque nourriture du fuc des fleurs. Ainfi les papillons & les phalênes ,
font bien peu de dégâts dans nos jardins & nos campagnes , tandis que les chenilles , qui les ont produits & qui
éclofent de leurs œufs , y caufent tant de ravages.

Les œufs des infectes parfaits font ordinairement ronds
ou un peu oblongs , ou applatis ; & toujours couverts
d'une peau ou enveloppe fort dure. La couleur de ces
œufs varie : les uns font blancs , d'autres gris , plufieurs
verts , quelques-uns bleuâtres. Tantôt l'infecte les pond
fans ordre & en un tas, tantôt ils font rangés par bandes ,
& quelquefois ils enveloppent les branches , comme par
anneaux. La petite chenille fort de ces œufs plutôt ou
plûtard : beaucoup n'éclofent que l'année fuivante.

Nous finirons cet article par une derniere remarque.
C'eft que les infectes parfaits ne prenant que peu ou
point d'alimens, ils ne rendent pas d'excrémens fenfibles ,

du moins n'ai-je pû en appercevoir, au lieu que les chenilles, qui font voraces, en rendent une très-grande
quantité. Ces excrémens des chenilles font ordinairement
verdâtres, oblongs & quelques-uns ont des figures fingulieres. Différentes efpéces en rendent qui font cannelés,
& à plufieurs côtes. Ces conformations particulieres, dé-
pendent de celle de l'ouverture de l anus, fur laquelle ces
excrémens fe moulent en fortant.

Cette fection d'infectes eft très-nombreufe pour les
efpéces, mais les genres qu'elle renferme, font en petit
nombre. Nous allons donner une table de ces genres, à
laquelle nous joindrons leurs caracteres.

TROISIEME SECTION
De la classe des Insectes.

INSECTES A QUATRE AÎLES FARINEUSES.

GENRES.   CARACTERES.   FAMILLES.   PARAGRAPHES.

LE PAPILLON. { Antennes en masse. Chryfalide nue. }

1. A quatre pieds. Pattes antérieures fans onglets, faifant fouvent une efpece de palatine. Chryfalide perpendiculaire.
- 1°. A chenilles épineufes & aîles anguleufes.
- 2°. A chenilles épineufes & aîles arrondies.
- 3°. A chenilles fans épines & pattes antérieures courtes, mais qui ne font point la palatine.

2. A fix pieds. Toutes les fix pattes à onglets. Chryfalide horizontale, fufpendue par un fil dans fon milieu.

LE SPHINX. { Antennes prifmatiques. Chryfalide dans une coque. }

1°. Sphinx bourdons. Antennes prifmatiques prefqu'égales par-tout. Point de trompe.

2°. Sphinx éperviers. Antennes prifmatiques prefqu'égales par-tout. Trompe en fpirale. Chenille nue, portant une corne fur la queue.

3°. Sphinx béliers. Antennes prifmatiques plus groffes au milieu. Trompe en fpirale. Chenille velue, fans corne.

LE PTEROPHORE. { Antennes filiformes. Trompe en fpirale. Aîles compofées de plufieurs branches barbues. Chryfalide nue & horizontale. }

LA PHALENE. { Antennes qui vont en décroiffant de la bafe à la pointe. Chryfalide dans une coque. Chenille nue. }

1°. A antennes en peigne.
- 1°. Sans trompe.
- 2°. Avec une trompe & les aîles rabatues.
- 3°. Avec une trompe & les aîles étendues.

2°. A antennes filiformes.
- 1°. Avec une trompe & les aîles étendues.
- 2°. Avec une trompe & les aîles rabatues.
- 3°. Sans trompe.

LA TEIGNE. { Antennes filiformes décroiffant de la bafe à la pointe. Toupet de la tete élevé & avancé. Chenille cachée dans un fourreau. Chryfalide dans le fourreau de la chenille. }

SECTIO

SECTIO TERTIA
Claſſis Inſectorum.

INSECTA TETRAPTERA ALIS FARINACEIS.

GENERA.	CARACTERES.	FAMILIÆ.	PARAGRAPHI.
PAPILIO. *Le Papillon.*	{ Antennæ clavatæ. { Chryſalis nuda.	1°. Tetrapi. Pedibus anticis non unguiculatis Chryſalide perpendiculari. 2°. Hexapi. Pedibus ſex unguiculatis. Chryſalide horizontali, in medio filo ſuſpenſa.	1°. Erucis ſpinoſis, alis anguloſis. 2°. Erucis ſpinoſis, alis rotundatis. 3°. Erucis non ſpinoſis, pedibus anticis breviſſimis collare non efficientibus.
SPHINX. *Le Sphinx.*	{ Antennæ priſmaticæ. { Chryſalis in puppa.	1°. Antennæ priſmaticæ ubique ferè æquales. Elingues. 2°. Antennæ priſmaticæ ubique ferè æquales; Spirilingues. Larva lævis, cornigera. 3°. Antennæ priſmaticæ in medio craſſiores; Spirilingues. Larva villoſa, non cornigera,	
PTEROPHORUS. *Le Pterophore.*	{ Antennæ filiformes. { Lingua ſpiralis. { Alæ ramoſæ, ramis piloſis. { Chryſalis nuda horizontalis.		
PHALÆNA. *La Phalène.*	{ Antennæ à baſi ad apicem decreſcentes. { Chryſalis in puppa. { Larva nuda.	1°. Pectinicornes. 2°. Antennis filiformibus.	1°. Elingues. 2°. Linguatæ, alis deflexis. 3°. Linguatæ, alis planis. 1°. Linguatæ, alis planis. 2°. Linguatæ, alis deflexis. 3°. Elingues.
TINÆA. *La Teigne.*	{ Antennæ filiformes à baſi ad apicem decreſcentes. { Frons prominula. { Larva involucro tecta. { Chryſalis in involucro larvæ.		

PAPILIO.

LE PAPILLON.

Antennæ clavatæ.	Antennes en maſſe.
Chryſalis nuda.	Chryſalide nue.

1°. Tetrapi.	1°. *Erucis ſpinoſis alis anguloſis.* 2°. *Erucis ſpinoſis alis rotundatis.* 3°. *Erucis non ſpinoſis, pedibus anticis breviſſimis collare non efficientibus.*	1°. A quatre pieds.	1°. A chenilles épineuſes , & aîles anguleuſes. 2°. A chenilles épineuſes & aîles arrondies. 3°. A chenilles ſans épines , & pattes antérieures courtes , qui ne font point la palatine.
2°. Hexapi.		2°. A ſix pieds.	

On confond ſouvent ſous le nom de papillons , tous les genres de cette ſection , & bien des perſonnes donnent également ce nom aux phalênes , aux teignes , &c. Il s'agit donc , pour éviter la confuſion , de bien établir les caracteres , qui conſtituent les différens genres de la ſection des inſectes à quatre aîles farineuſes.

Le premier genre, celui des papillons, dont il eſt actuellement queſtion , a deux caracteres eſſentiels, qui le diſtinguent de tous les autres. Le premier & le principal, eſt d'avoir les antennes en filets plus gros vers l'extrémité, ce qui forme une eſpéce de maſſe ou maſſue, ou ſi l'on veut, un bouton, qui termine l'antenne. Ce premier caractere eſt eſſentiel au papillon; il eſt le ſeul dans lequel on l'obſerve : dans les autres genres , tels que le ſphinx, la phalêne , &c. les antennes vont au contraire en diminuant & s'aminciſſant vers le bout. Le ſecond caractere que nous donnons de ce genre , n'eſt pas à beaucoup près auſſi eſſentiel que le premier ; il conſiſte dans la forme de la chryſalide , qui eſt nue , c'eſt-à-dire qui n'eſt point enveloppée d'une coque ſemblable à celle que l'on obſerve dans les phalênes , les ſphinx & les teignes ; mais ce der-

nier caractere se trouve dans le pterophore , comme dans
le papillon ; il est commun à ces deux genres , ensorte
qu'on pourroit regarder le pterophore comme un papillon,
si ses antennes n'alloient pas en diminuant vers le bout.
A l'aide de ces deux caracteres que nous donnons , & sur-
tout du premier , il est aisé de reconnoitre & de distinguer
les papillons.

Les larves de ces papillons, sont des chenilles, qui toutes ont seize pattes ; savoir , six antérieures écailleuses ,
huit intermédiaires & deux postérieures. Le corps de ces
chenilles est composé de douze anneaux , sans compter la
tête. Leurs six pattes écailleuses naissent des trois premiers
anneaux, suivent ensuite deux anneaux sans pattes ; les quatre suivans donnent naissance aux pattes intermédiaires ;
le dixiéme & le onziéme anneau n'ont point de pattes ;
& enfin au douziéme ou dernier , sont attachées les pattes
postérieures. Parmi ces chenilles , plusieurs ont le corps
hérissé d'espéces d'épines branchues , placées sur les anneaux. Ce sont les chenilles des papillons qui forment les
deux premiers paragraphes de la premiere famille de ce
genre. Quelques - uns les ont appellés *papillons - mars*.
D'autres chenilles sont rases , ou si elles ont quelques
poils, ils sont si courts & si clair-semés, qu'à peine les
apperçoit-on. Les papillons de ces dernieres chenilles forment toute la seconde famille de ce genre , dont les papillons ont été appellés par quelques Naturalistes *papiliones*
brassicarii , papillons *brassicaires* ou du chou , parce que
plusieurs d'entr'eux vivent sur le chou , & de plus , ils
forment le troisiéme paragraphe de la premiere famille ,
que l'on connoît sous le nom de papillons *maçons* ou *grim-*
pans , parce qu'ils grimpent le long des murailles. Quant
aux chenilles très-velues , nous n'en avons observé aucune
qui nous ait donné des papillons , toutes se sont transformées en phalênes.

Toutes ces chenilles , soit épineuses , soit lisses ou presque lisses, viennent d'un œuf déposé par un papillon fe-

melle : toutes croiſſent plus ou moins promptement ſur les plantes, qui leur ſervent de nourriture, & elles changent pluſieurs fois de peau : toutes enfin, lorſqu'elles ſont parvenues à leur grandeur, ſubiſſent une transformation, & ſe dépouillant d'une derniere peau, elles ſe changent en chryſalides.

Ces chryſalides des papillons ne ſont point renfermées dans une coque épaiſſe, comme celles des vers à ſoie & des autres phalénes, dont nous parlerons par la ſuite ; elles ſont à nud, attachées ordinairement par leur partie poſtérieure, & quelquefois encore par le milieu de leur corps, à une branche, ou à quelqu'endroit ſaillant d'un mur, qui les mette à l'abri de la pluie. Leur figure eſt oblongue ; elles ſont anguleuſes, & comme armées de pluſieurs pointes, ſur-tout ſur la tête & le corcelet. Ces pointes ont paru à quelques Naturaliſtes, repréſenter une eſpéce de viſage d'une perſonne couverte d'un voile ou de bandelettes, ce qui les a engagés à donner aux chryſalides le nom de *nymphes*. Pluſieurs de ces chryſalides ſont toutes dorées, ou ont ſeulement quelques taches qui paroiſſent ou dorées ou argentées, ce qui les a fait appeller par les Grecs *chryſalis*, & par les Latins *aurelia*. M. de Reaumur me paroît un de ceux qui a le mieux expliqué la cauſe de cette couleur d'or, dont ces chryſalides ſont parées. Il l'attribue à un ſuc blanc épais, qui tapiſſe l'intérieur de la peau de ces chryſalides, & qui paroiſſant à travers cette peau jaunâtre, prend une teinte jaune & dorée, à peu près comme le vernis que l'on étend ſur les cuirs dorés, donne une couleur jaune aux feuilles d'étain, dont ces cuirs ont d'abord été couverts.

Les chryſalides des papillons varient entr'elles par la couleur, qui eſt tantôt verte, tantôt noire ; d'autres fois brune, & quelquefois dorée ou argentée, par le plus ou moins de pointes dont elles ſont chargées, & ſur-tout par leur poſition, ou la maniere dont elles ſont attachées & ſuſpendues. Cette derniere différence eſt la plus eſſen-

tielle , & c’eſt à celle-là qu’il faut particuliérement s’attacher.

Toute la premiere famille des papillons , qui ne ſe ſervent que de quatre pattes pour marcher , donne des chryſalides , qui ne ſont attachées que par la queue. Leur corps
eſt ſuſpendu perpendiculairement la tête en bas. Pour cet
effet , quand la chenille veut ſe métamorphoſer , elle file
un peu de ſoie , qu’elle attache au-deſſous de quelqu’endroit avancé d’un toît ou d’un mur. Enſuite elle attache
à ces fils , ſes deux pattes poſtérieures , par le moyen des
crochets nombreux dont elles ſont garnies & couronnées.
Elle ſe tient ainſi ſuſpendue la tête en bas , un peu relevée
cependant , & c’eſt dans cette ſituation gênante , qu’elle
ſe change en chryſalide , en quittant ſa derniere peau.
Cette opération ſe fait cependant très-promptement , &
on eſt étonné au bout de quelques inſtans , de voir , au lieu
de la chenille , une chryſalide poſée de même , & qui
tient aux mêmes fils , par quelques petits crochets , dont
ſa queue eſt hériſſée. Mais ſi l’on voit la chenille faire cette
même opération , on eſt encore plus étonné de la promptitude & de l’adreſſe avec laquelle elle exécute un travail
auſſi difficile. Elle tenoit aux fils , qu’elle avoit tendus ,
par ſes pattes poſtérieures ; lorſque ſa peau ſe fend , que
la chryſalide en ſort , il faut que ſa queue aille , au ſortir
de l’étui qu’elle quitte , s’implanter dans ces mêmes fils.
La chenille , ou du moins ſa chryſalide le fait. Elle ſe
tient accrochée à la peau qu’elle quitte , en la pinçant ;
& pendant ce tems , elle fait une eſpéce de ſaut , par lequel ſa queue , en ſortant de la peau qu’elle quitte , eſt
pouſſée contre les fils où elle s’accroche , le tout au riſque
de tomber à terre , ſi elle manquoit ſon coup , ce qui cependant n’arrive que bien rarement. Ainſi ſuſpendue , elle
abandonne ſa peau ou ſa dépouille , que l’on trouve ſouvent en un petit paquet chiffonné , encore attachée auprès
d’elle. Telle eſt la maniere dont ſe ſuſpendent les chryſalides des papillons qui compoſent les trois paragraphes

de la premiere famille de ce genre. Ces chryſalides ont encore une particularité remarquable , c'eſt que leur tête eſt garnie de deux pointes en forme de cornes.

Ceux de la ſeconde famille ont une manœuvre un peu différente. Leurs chryſalides ſont à la vérité attachées par la queue, ainſi que les premieres ; mais au lieu d'être ſuſpendues perpendiculairement la tête en bas , elles ſont poſées horiſontalement , & comme attachées contre le plan du toît ou de la branche où elles ſe ſont fixées, par le moyen d'un anneau ou d'une anſe de fils, qui paſſe par deſſous , à l'endroit du corcelet , & les ſuſpend ainſi par le milieu du corps , outre l'autre attache de la queue. Pour faire cette manœuvre, après que la chenille a attaché les fils dans leſquels elle accroche ſes pattes de derriere , elle file ceux qui compoſent l'anſe ou anneau dans lequel elle doit ſe ſuſpendre, & affermit fortement par les deux bouts, cette anſe compoſée de pluſieurs fils de ſoie. Pour lors, elle y paſſe ſa tête & la partie antérieure de ſon corps, & reſte ainſi poſée juſqu'à ce qu'elle ſe change en chryſalide. Lorſque cette chryſalide ſort de la peau de la chenille, elle ſe trouve ſoutenue par le même anneau, ce qui l'aide à exécuter avec plus de facilité l'eſpéce de mouvement par lequel elle tire ſa queue de la peau qu'elle quitte , & va l'accrocher dans les fils qui ſont placés à cet endroit. Telle eſt la maniere dont ſe ſuſpendent toutes les chryſalides des papillons de la ſeconde famille. Cette manœuvre eſt la même dans tous. Il y a cependant une petite différence,en ce que les unes ſont poſées plus horizontalement , & les autres plus obliquement , & un peu moins étroitement appliquées contre le plan ſur lequel elles ſont attachées, ſelon que l'anneau de fils , qui les tient ſuſpendues , eſt plus court ou plus lâche. Comme ces dernieres différences ne ſont point eſſentielles , nous n'avons pas cru devoir partager cette derniere famille de papillons en pluſieurs paragraphes, comme nous aurions pû le faire,ſi elle eût été beaucoup plus nombreuſe. Nous nous con-

tenterons de quelques marques diftinctives, que nous ferons remarquer dans un moment, & qui peuvent fervir,
fi l'on veut, à établir différentes divifions parmi les papillons de cette famille. Il y a cependant une remarque
effentielle, par rapport à ces chryfalides. Toutes font angulaires, comme nous l'avons dit, & ont le devant de leur
tête qui fe termine en une feule pointe ou corne, en quoi
elles différent de celles des papillons de la premiere famille ; mais il faut excepter de cette régle générale les
chryfalides des chenilles cloportes, qui donnent les petits
porte-queues & la plûpart des argus. Ces dernieres chryfalides ne font point angulaires & pointues ; elles font
coniques & ovales, comme celles des phalênes, quoiqu'elles foient nues & fufpendues tranfverfalement, comme les autres de cette famille.

C'eft de ces différentes chryfalides, que fortent ces papillons, dont nous admirons les vives couleurs, & qui
pendant l'été, font un des plus beaux ornemens des campagnes & de nos jardins. Lorfque la chenille eft venue de
bonne heure, & qu'elle ne s'eft pas mife trop tard en chryfalide pendant l'été, on voit le papillon éclore au bout de
quinze jours ou de trois femaines au plus. C'eft ce qui arrive
au plus grand nombre des papillons. Mais fi quelques chenilles plus tardives, ne fe font mifes en chryfalides qu'à la
fin de l'automne, pour lors elles paffent tout l'hiver dans
cet état, & le papillon ne paroît qu'au printems fuivant.
Ceux qu'on voit dans les premiers beaux jours du mois
d'avril, viennent de ces chryfalides d'hiver, qui éclofent,
ou bien ce font des papillons qui fe font refugiés l'hiver
dans quelque trou, & qui ont paffé toute cette faifon fous
cette forme.

Les papillons ou infectes parfaits, que donnent les différentes chenilles, ont tous un corps allongé, compofé de
la tête, du corcelet & du ventre. Ils ont deux antennes
plus groffes à leur extrémité, fix pattes & quatre grandes
ailes couvertes d'efpéces d'écailles farineufes. Mais il y a

quelques différences à obferver quant aux antennes & aux pattes dans les deux familles de ce genre, & dans les différentes divifions qui compofent la premiere famille.

Tous les papillons qui font rangés dans la premiere famille de ce genre, ont les antennes terminées par un bouton prefque rond, ou feulement un peu ovale. Ce bouton examiné de près, paroît compofé, comme le refte de l'antenne, de plufieurs anneaux, mais beaucoup plus courts & plus ferrés. Au contraire, les papillons de la feconde famille ont l'antenne terminée par une partie plus groffe, mais qui dans la plûpart ne forme point un bouton, comme dans les efpéces précédentes. C'eft une partie allongée comme un fufeau : l'antenne fe renfle vers le bout pour former la maffe, qui enfuite fe termine en pointe.

Quant aux pattes, leurs différences font bien plus marquées, & elles nous ont fervi à diftinguer les deux familles de ce genre. Nous avons appellé les papillons de la feconde famille, *papillons à fix pieds*, parce qu'ils ont fix pattes toutes faites de même, toutes terminées par des crochets ou onglets, & dont ils fe fervent également pour marcher. Il n'en eft pas de même des papillons de la premiere famille ; ils ne marchent qu'avec leurs quatre pattes poftérieures, & c'eft pour cette raifon que nous les avons appellés *papillons à quatre pieds*. Ils femblent réellement n'avoir que quatre pattes. Il eft vrai que fi on les examine de près, on voit que ces papillons ont fix pattes, comme les autres, mais les deux pattes antérieures leur font inutiles, au moins pour marcher & fe foutenir. Dans les papillons du premier & du fecond paragraphe de cette famille, ces pattes de devant font courtes, fort velues, fans crochets ou onglets à leur extrémité, & l'infecte les tient toujours collées & appliquées en-deffous de fa tête, où elles reffemblent à un cordon de palatine, plus propre à parer l'animal qu'à lui être utile. Dans les papillons de la troifiéme divifion de cette même famille, ces pattes antérieures ne font pas velues ; elles ne forment point la palatine autour du

col ,

col, mais elles font fi courtes & fi petites, qu'elles deviennent inutiles à l'animal, qui ne fe fert que des quatre autres. Nous avons déja dit que ces derniers papillons ont été appellés maçons ou grimpans.

Ainfi, pour réfumer les différences qui fe trouvent entre les familles & les divifions de ce genre, rapprochons les particularités que nous venons de détailler.

La premiere famille eft compofée de trois paragraphes.

Dans le premier, les papillons viennent de chenilles épineufes ; leurs antennes font terminées par un bouton prefque rond ; les pattes de devant font courtes, velues & ramaffées près du col, & les aîles de ces papillons font anguleufes, & fouvent très-découpées à leurs bords. C'eft ce que l'on peut remarquer fur le papillon *gamma* ou *robert-le-diable*.

Les papillons du fecond paragraphe, ont tous les mêmes caracteres que ceux du premier, à une feule différence près, c'eft que leurs aîles ont leurs bords arrondis & nullement découpés.

Le troifiéme paragraphe approche du fecond ; mais il en différe en ce que les chenilles de ces papillons font fans épines, & que leurs pattes antérieures font très - courtes, mais nullement velues.

Les chryfalides des papillons de ces trois paragraphes, font toutes pofées perpendiculairement, fufpendues par la queue, & la tête en bas.

La feconde famille renferme les papillons à fix pattes, dont toutes les pattes fervent également à marcher ; & de plus, la chryfalide de ces papillons eft pofée tranfverfalement, attachée par la queue & le milieu du corps, au moyen d'un anneau ou d'une anfe de fils, qui la tient fufpendue. Aucun de ces papillons ne vient d'une chenille épineufe, & plufieurs ont le bouton qui termine l'antenne, allongé comme un fufeau.

Tels font les caracteres effentiels, auxquels il eft aifé de diftinguer ces différens papillons. On pourroit encore divifer la feconde famille en plufieurs ordres fort naturels. Nous aurions d'abord les *papillons à queue*, *caudati*, qui ont une longue appendice aux aîles inférieures. Ce pays-ci n'en fournit que deux, mais les pays étrangers augmenteroient beaucoup cet ordre. Les chenilles de ces papillons ont une fingularité. On voit fortir d'entre leurs premiers anneaux, des efpéces de productions charnues & molles, qui leur font particulieres. Après ce premier ordre, viendroient les papillons à petite pointe aux aîles inférieures, *caudati minores*. Ces efpéces font toutes affez petites, & viennent de petites chenilles ovales & ramaffées, que M. de Reaumur a défignées fous le nom de *chenilles cloportes*, à caufe de leur reffemblance avec les cloportes. Les différentes efpéces d'argus, dont les aîles font chargécs d'un nombre infini de petits yeux, & les papillons du chou pourroient encore faire différens ordres à part ; mais nous n'avons pas cru devoir les diftinguer, jufqu'à ce que nous euffions des caracteres bien certains.

Tous les papillons de ces différens ordres, ont une trompe affez longue, qu'ils roulent & retirent dans la cavité de leur bouche. Leur nourriture ordinaire fe trouve fur les fleurs, où ils vont fuccer cette liqueur mielleufe, fi recherchée des abeilles, & que fourniffent les glandes des fleurs, que les Botaniftes ont appellées *glandes nectariferes*. Les papillons, pour tirer cette liqueur, déployent leur longue trompe, & attirent par fon moyen, ce nectar doux & fucré. C'eft-là leur feule nourriture ; elle fuffit pour les foutenir pendant tout le tems de leur vie, qui n'eft pas longue ; car à peine font-ils parvenus à cette derniere forme, qu'ils s'accouplent, qu'ils pondent & qu'ils périffent. Ils ne reftent que peu de jours fous la forme brillante de papillon, après avoir rampé pendant plufieurs mois de fuite fous la figure lourde & groffiere de chenille.

PREMIERE FAMILLE.

Papillons à quatre pieds.

§. PREMIER.

A chenilles épineuses & aîles anguleuses.

1. PAPILIO *alis nigris, margine postico albido.*

Linn. faun. suec. n. 772. Papilio tetrapus , alis angulatis nigris , margine postico albido

Linn. syst. nat. edit. 10 , *p.* 476 , *n.* 112. Papilio nymphalis *anthiopa.*

Hoffn. inf. t. 3 , *f* 2 , *& t.* 6 , *f.* 3.

Jonst. inf. t. , , f. 5 *&* 5.

Raj. inf. 135. Papilio maxima nigra , alis utrifque , tam exterioribus , quam interioribus limbo lato albo cinctis.

—— — 134. Papilio maxima nigra , alis utrifque limbo albo lato cinctis.

Bibliot. regi. Parif. p. 10 , *f. omnes.*

De geer mem. pag. 694, *pl.* 11 , *f.* 8 , 9. Papillon à antennes à bouton & à quatre jambes , rouge-brun , dont les ailes ont un bord blanc-jaunâtre.

Rofel. inf. vol. 1 , *tab.* 1 , *claff.* 1. Papil. diurn.

Le morio.

Longueur 1 ½ *pouce. Largeur* 3 *pouces.*

Ce grand & beau papillon, est un des plus rares de ce pays-ci. Ses aîles ont des pointes & des angles à leur bord, comme celles de tous ceux de cet ordre ; elles font noires, tant en-deffus qu'en-deffous , avec un bord large de deux lignes environ, & d'un blanc fouvent un peu jaunâtre. Le bord fupérieur de l'aîle , n'a point cette bande ; mais en-deffus, il a deux taches blanches allongées. Le bord inférieur de l'aîle , avant la bande blanche , a fouvent une rangée de lunules violettes ou bleuâtres , peu marquées. Le corps & les antennes de l'infecte font noirs. On trouve fa chenille fur le bouleau , le faule & l'ofier, où elle vit en fociété. Elle eft chargée d'épines , qui font fimples & fans branches ; elle eft noire, avec de grandes taches rouffâtres fur le dos, & fes huit jambes intermédiaires , de même couleur rouffe. Les crochets des jambes membraneufes , forment prefqu'une couronne com-

plette. Sa chryſalide eſt noire, avec quelques taches roū-
geâtres.

2. P A P I L I O *alis fulvis nigro maculatis, omnibus ocello cæruleo variegato.*

Linn. faun. ſuec. n. 776. Papilio tetrapus, alis angulatis fulvis nigro macu-
latis, omnibus ocello cœruleo variegato.
Linn. ſyſt. nat. edit 10, *p.* 472, *n.* 88. Papilio Nymphalis gemmatus 10.
Mouffet. lat. p. 99, *f. inſma.* Regina omnium.
Hoffn. inſ. t. 12, *f.* 9.
Jonſt. inſ. p. 40, *n.* 4, *t.* 5, *f.* 20.
Merian. europ. 1, *p.* 10, *t.* 16.
Goed. lat. 1, *p.* 23, *f.* 1. Oculus pavonis. *& gall. tom.* 2, *tab.* 1.
Liſt. geed. p. 1. *f.* 1.
Petiv. muſ. p. 34, *n.* 314. Papilio, oculus pavonis dictus.
Alb. inſ. t. 4, *f.* 5.
Reaum. inſ. 1, *t.* 25, *f.* 2, 1.
Raj. inſ. 122, *n.* 13. Papilio elegantiſſima ad urticariam accedens, ſingulis
alis maculis oculos imitantibus.
Bibliot. reg. Par. p. 17, *f.* 5, *p.* 18, *f. omnes.*
Roſel. inſ. vol. 1, *tab.* 3, *claſſ.* 1. Papill. diurn.

Le paon de jour, ou *l'œil de paon.*
Longueur 13 *lignes. Largeur* 2 ½ *pouces.*

Le paon, ou l'œil de paon, eſt très-aiſé à reconnoître
par les yeux de paon, qu'il porte en-deſſus, au nombre de
quatre, un ſur chaque aîle, ce qui lui a fait donner le
nom qu'il porte. Ses aîles fort anguleuſes, ſont noires en-
deſſous; en-deſſus elles ſont d'une couleur fauve rougeâtre. Les ſupérieures ont à leur bord d'en-haut, deux taches noires allongées, avec une tache jaune entr'elles.
A leur extrémité, ſe trouve l'œil, grand, rougeâtre au milieu, entouré d'un cercle jaune, accompagné d'un peu
de bleu vers le côté extérieur. De ce même côté, en ſuivant la direction du bord, ſont cinq ou ſix taches blanches, rangées par ordre. Les aîles inférieures ſont plus
brunes, & ont chacune un grand œil d'un bleu noirâtre
au milieu, entouré d'un cercle gris. La chenille de ce
papillon eſt d'un noir foncé, piqué d'un peu de blanc.
On la trouve communément ſur la grande ortie.

3. PAPILIO *alis fulvis nigro maculatis ; primariis punctis quatuor nigris.*

Linn. faun. suec. n. 773. Papilio tetrapus alis angulatis fulvis nigro maculatis, primariis punctis quatuor nigris.

Linn. syst. nat. edit. 10 , *p.* 477 , *n.* 113. Papilio nymphalis *polychloros.*

Aldrov. inf. t. 3 , *f.* 7. Polychloros.

Merian. europ. 2 , *p.* 1 , *t.* 2.

Goed. lat. 1 , *p.* 175 , *t.* 77. *& gall. tom.* 2 , *tab. lxxvij.*

List. goed. 5 , *f.* 3.

Raj. inf. 118 , *n.* 2. Papilio urticariam referens major , alis amplioribus , quam ulmariam vocitare soliti sumus.

———— 306, *n.* 14. Eruca mediæ magnitudinis , corpore è cinereo nigricante , spinulis raris in quolibet annulo ramofis fulvis.

Petiv. muf. 34 , *n.* 315. Papilio testudinarius major.

Albin. inf. 55.

Reaum. inf. 1 , *t.* 23 , *f.* 1 , 2.

Frifch. germ. 6 , *p.* 7 , *t.* 3. Eruca cœrulefcens, fpinis luteis.

Rofel. inf. vol. 1 , *tab.* 2. *claff.* 1. Papil. diurn.

Jac. l'amir. inf. tab. 15.

La grande tortue.
Longueur 15 *lignes. Largeur* 2 *pouces* 4 *lignes.*

Ses aîles anguleufes font de couleur fauve en-deffus. Celles de deffus ont à leur bord fupérieur quatre taches noires un peu allongées , entre lefquelles l'aîle eft plus jaune & plus claire qu'ailleurs. Dans le milieu de l'aîle , il y a quatre autres taches plus petites , ifolées & pareillement de couleur noire. Les aîles inférieures ont leur moitié d'en-haut noire , & le refte de la même couleur que les fupérieures. Le bord extérieur des unes & des autres , eft noir , avec une raie jaune dans le milieu de cette bande noire. En-deffous , les aîles font d'un brun noirâtre. La chenille entre-mêlée de brun & de jaune , fe trouve fréquemment fur l'orme. Sa chryfalide eft remarquable par quatre ou fix points argentés , pofés en deux bandes longitudinales , dont elle eft ornée. On a appellé ce papillon , *tortue* , *papilio teftudinarius* , parce que fes couleurs imitent celles de l'écaille de tortue.

4. PAPILIO *alis fulvis , nigro maculatis , primariis punctis tribus nigris.*

Linn. faun. fuec. n. 774. Papilio tetrapus, alis angulatis fulvis nigro macu-
latis, primariis punctis tribus nigris.
Linn. fyft. nat. edit. 10 , p. 477 , n. 114. Papilio nymphalis urticæ.
Mouffet. lat. p. 101 , n. 11 , f. 5 , 6.
Hoffn. inf. 1 , t. 4.
Goed. inf. 1 , p. 90 , f. 21, & gall. tom. 1, tab. xxj.
Lift. goed. 1 , 3 , f. 2.
Jonft. inf. t. 5 , f. 26.
Merian. europ. 1 , p. 15 , t. 44.
Robert. icon. t. 5.
Bradl. natur. t. 27 , f. 2.
Petiv. muf. 316. Papilio teftudinarius minor.
Raj. inf. 117 , n. 1. Papilio urticaria vulgatiffima , rufo , nigro , cœrulea
& albo coloribus varia.
——— p. 118. Eruca nigra , feu pulla fetigera urticaria.
——— p. 348 , n. 18. *idem.*
Albin. inf. 4 , f. 6.
Swamerd. bib. nat. tab. 35 , f. 11.
Frifch. germ. 6 , t. 2.
Reaum. inf. 1 , t. 26 , f. 6 , 7.
Rofel. inf. vol. 1 , tab. 4 , claff. 1. Papil. diurn.

La petite tortue.
Longueur 11 *lignes. Largeur* 2 *pouces.*

Il y a beaucoup de reſſemblance entre ce papillon & le
précédent. Celui-ci eſt plus petit ; il a au bord extérieur des aîles de deſſus , vers l'angle extérieur , entre les
taches noires , une tache blanche , qui n'eſt point dans le
précédent. De plus , ſur le milieu des aîles de deſſus , il
n'y a que trois taches ou points noirs iſolés , au lieu de
quatre , qui ſe voyent dans la grande tortue. Enfin les
bords extérieurs des aîles de deſſus & de deſſous ſont noirs,
avec une raie jaune ; mais ils ont de plus , ſur la bande noire , des lunules ou croiſſans bleus. En-deſſous , les
aîles ſont d'un brun ondé par nuances , & celles de deſſus
ont dans leur milieu une grande tache jaune pâle.

La chenille noirâtre ſe trouve en quantité , & ſouvent
par troupes , ſur la grande ortie.

5. PAPILIO *alis laceris fulvis nigro maculatis ;*
fecundariis fubtus G *albo notatis.*

Linn. faun. fuec. n. 775. Papilio tetrapus , alis angulatis fulvis nigro maculatis ;
fecundariis V albo notatis.

Linn. syst. nat. edit. 10 , *p.* 477 , *n.* 115. Papilio nymphalis C *album.*
Mouff. lat. 103 , *n.* 2 , *f.* 2. Papilio diurna media fecunda.
Hoffn. inf. 2 , *t.* 7.
Merian. inf. 1 , *p.* 6 , *t.* 14.
Periv. muf. Papilio teftudinarius , alis laceris.
Alb. inf. 1. 54. Papilio alis laciniatis.
Raj. inf. 118 , *n.* 3. Papilio ulmariæ fimilis fed minor , alis laciniatis , interio-
    ribus linea alba incurva notatis.
——— *p.* 349 , *n.* 21. & *p.* 119. Eruca lupulacea hirfuta è rufo nigricans ,
    macula feu areola alba longa in medio dorfo notata.
Frifch. germ. 4 , *p.* 6 , *t.* 4 , *fig.* 5. Eruca fpinofa femialba , femique lutea , papi-
    lione ypfilo græco in ala.
Reaum. inf. 1 , *t.* 27 , *f.* 9 , 10. *Idem.* 1 , *t.* 27 , *f.* 1. Eruca.
Rob. icon. t. 23.
Degeer. mem. p. 694 , *pl.* 20 , *fig. 9*, 10. Papillon à antennes à bouton & à qua-
    tre jambes , dont les ailes inférieures font marquées en-deffous d'un C blanc.
Rofel. inf. vol 1 , *tab.* 5 , *claff.* 1. Papil. diurn.

Le gamma ou *robert-le-diable.*

Longueur 10 lignes. Largeur 22 lignes.

Les aîles de cette efpéce font très-anguleufes , & comme déchiquetées à leurs bords. En-deffus elles font fauves ,
avec plufieurs taches noires , dont quelques - unes , au
nombre de quatre ou cinq , font ifolées , & les autres tiennent enfemble. En-deffous elles font plus ou moins brunes , ondées de différentes nuances & quelquefois d'un
peu de bleu , & de plus , les aîles inférieures ont chacune
dans leur milieu en-deffous une tache blanche de la forme
d'un G. Cette tache a fait donner à ce papillon le nom de
gamma ; & fa couleur de diable enrhumé , ainfi que la
découpure finguliere de fes aîles , l'ont fait nommer par
d'autres , robert-le-diable. Ses pattes font blanches dans
leur milieu.

Sa chenille épineufe eft brune fur les côtés , & a fur
le dos une large bande longitudinale blanche , qui ne
va pas jufqu'aux quatre premiers anneaux , ce qui la fait
reffembler à l'habillement d'un bedeau , d'où elle a reçu
le nom de *chenille bedeau ; eruca bicolor.* Elle fe trouve
fur le houblon , le grofelier & quelques-autres arbres.
Quoique fon papillon foit commun , on ne la rencontre
cependant pas fréquemment.

6. PAPILIO *alis nigris albo maculatis, omnibus fafcia arcuata coccinea.*

Linn. faun. fuec. n. 777. Papilio tetrapus , alis denticulatis nigris albo macula-
tis , omnibus fafcia arcuata coccinea.
Linn fyft. nat. edit. 10 , *p.* 478 , *n.* 119. Papilio nymphalis *atalanta.*
Hoffn. inf. 1 , *t.* 2 , *edit. alt. t.* 2 , *f.* 15.
Mouff. lat. p. 100 , *f.* 3 , 4. Papilio diurna fexta.
Goed. lat. 1 , *p.* 96 , *f.* 26 & *gall. tom.* 2 , *tab. xxvj.* & *tom.* 3 , *tab.* 39. Inferne.
Lift. goed. p. 10 , *f.* 4.
Merian. europ. 2 , *p.* 41 , *t.* 41.
Reaum. inf. 1 , *t.* 10 , *f.* 8 , 9.
Albin. inf. t. 3.
Petiv. muf. p. 35 , *n.* 327. Papilio major nigrefcens tricolor , circulo fere fan-
guineo ornatus.
Raj. inf. p. 126 , *n.* 1. Papilio major nigrefcens , alis maculis rubris & albis pul-
chre illuftratis.
Biblioth reg. Par. p. 4 , *n.* 6. & *p.* 12 , *n.* 1 — 8. & *p.* 16 , *f.* 3 , 4.
De geer. mem. p. 694 , *pl.* 22 , *fig.* 5. Papillon à antennes à bouton & à quatre
jambes , dont chaque aîle a une large bande rouge.
Rofel. inf. vol. 1 , *tab.* 6 , *claff.* 1. Papil. diurn.
Jac. l'amir. inf. tab. 23.

Le vulcain.
Longueur 13 *lignes.   Largeur* 2 $\frac{1}{2}$ *pouces.*

Le vulcain a les aîles dentelées un peu anguleufes.
Elles font en-deffus de couleur noire , avec une large bande rouge fur chacune , outre quelques taches blanches au
bord des aîles fupérieures , ce qui le fait aifément reconnoître. En-deffous , les aîles fupérieures ont les mêmes
taches rouges & blanches qu'en-deffus , & de plus quelques ondes bleues fur un fond noir entre ces taches. Les
aîles inférieures en-deffous font marbrées de différentes
nuances de brun. Les antennes font compofées d'anneaux
alternativement blancs & noirs. Le nom de *vulcain* a
apparemment été donné à ce beau papillon , à caufe des
taches ou bandes couleur de feu qui font fur fes aîles.
Sa chenille épineufe eft noire , elle a de chaque côté
du corps une fuite de traits de couleur citron. Elle fe
trouve fur l'ortie. Ce papillon eft commun , fur-tout à la fin
de l'été.

7.

7. PAPILIO *alis fulvis albo nigroque variegatis,*
fecundariis ocellis quinque.

Linn. faun. fuec. n. 778. Papilio tetrapus, alis dentatis fulvis albo nigroque
variegatis, fecundariis ocellis quinque.
Linn. fyft. nat. edit. 10, *p.* 475, *n.* 107. Papilio nymphalis gemmatus *cardui.*
Mouff. lat. p. 101, *n.* 8, 9, *f.* 1, 2.
Hoffn. inf t. 7, *f.* 3, *edit. alt.* 4, *t.* 5.
Goed. lat. 3, *p.* 1, *f* 1. *& gail. tom.* 1, *tab.* 1.
Lift goed. p. 14 *f.* 6.
Merian. europ. 3, *p.* 52, *f.* 15, *edit. ult.* 88.
Albin. inf. LVI.
Reaum inf. 1, *t.* 26, *f.* 11, 12.
Petiv. muf. p. 35, *n.* 326. Papilio eleganter variegatus, agilis, bella donna
d'étus.
Raj. inf. p. 122, *n.* 13. Papilio major pulchra nigro, rufo, albo, coloribus
varia.
Jonft. inf. t. 5.
Rofel. inf. vol. 1, *tab.* 10, *claff.* 1. Papil. diurn.

La belle-dame.
Longueur 1 *pouce.* *Largeur* 2 *pouces* 5 *lignes.*

Cet élégant papillon a les aîles dentelées, peu anguleufes. Les fupérieures en-deffus font mêlées de taches fauves, un peu couleur de cerife vers le bord intérieur, & de
taches blanches au bord extérieur vers le bout de l'aîle, le
tout fur un fond noir peu foncé. Les inférieures font
de couleur fauve rougeâtre, avec plufieurs taches noires,
dont il y a une rangée de forme ronde qui borde l'aîle. En-
deffous, les ailes fupérieures font prefque toutes de couleur de cerife, avec quelques taches noires, blanches &
jaunes. Les inférieures font marbrées de gris, de jaune &
de brun, avec cinq taches en forme d'yeux, rangées en
bandes qui bordent l'aîle au même endroit, où font en-
deffus les taches rondes & noires. L'élégance des couleurs
de ce papillon, l'a fait appeller la belle-dame, *bella donna.*
Sa chenille de couleur grife & épineufe, fe trouve fur les
chardons & les *cirfium*, & fur-tout fur le chardon
velu à feuilles d'acanthe. *Carduus tomentofus acanthi
folio.*

Tome II.   F

§. II. De la premiere Famille.

A chenilles épineuses & aîles arrondies.

8. PAPILIO *alis dentatis fulvis nigro maculatis, subtus lineis tranfverfis argenteis.*

Linn. faun. fuec. n. 779. Papilio tetrapus , alis rotundatis dentatis fulvis nigro maculatis , fubtus lineis argenteis tranfverfis nigris.
Linn. fyft. nat. edit 10 , p. 481 , n. 138. Papilio nymphalis *paphia.*
Petiv. muf. 35 , n. 3 1. Papilio fritillarius major , lineis fubtus argenteis.
Raj. inf. p. 119 , n 4. Papilio major , alis fulvis maculis nigris in fupina parte , pronn tranfverfis , areis argenteis depictis.
Rofel. inf. vol. 1 , tab 7 , claff. 1. Papil. diurn.

Le tabac d'efpagne.
Longueur 15 *lignes.   Largeur* 2 *pouces* 7 *lignes.*

Les aîles de cette grande & belle efpéce font en-deffus de couleur fauve ou de tabac d'efpagne , avec quelques raies longitudinales , & plufieurs rangées de taches noires rondes, qui fuivent la direction du contour de l'aîle. En-deffous les aîles fupérieures font comme en-deffus ; mais les inférieures ont des bandes tranfverfes un peu obliques & comme ondées , de couleur d'argent ou de nacre, & de plus elles font lavées d'une petite teinte de vert. Je n'ai jamais trouvé la chenille de ce beau papillon. M. Aubriet l'avoit eue chez lui, où elle étoit éclofe des œufs que le papillon avoit pondus. Elle étoit épineufe , mais elle périt faute de nourriture , M. Aubriet ne connoiffant pas les feuilles dont elle fe nourrit , & lui en ayant offert plufieurs fans fuccès. Le papillon fe trouve dans les bois , & eft difficile à attraper.

9. PAPILIO *alis dentatis fulvis nigro maculatis fubtus maculis 21 argenteis.* Planch. 11 , fig. 1 , 2.

Linn. faun. fuec. n. 780. Papilio tetrapus , alis rotundatis dentatis fulvis nigro maculatis , fubtus maculis 21 argenteis.
Linn. fyft. nat. edit. 10 , p. 481 , n. 140. Papilio nymphalis *aglaia.*
Mouff. lat. p. 101 , f. 3 , 4 , n. 10.
Petiv. muf. p. 35 , n. 320. Papilio fritillarius major , maculis fubtus argenteis.

Raj. inf. p. 119 , *n.* 5. Papilio major . alis fulvis fupina parte maculis nigris
crebris , prona etiam argenteis eleganter pictis.

Rofel. inf. tom. 4 , *tab. xxv.*

Jac. l amir. inf. tab 19.

Le grand nacré.

Longueur 1 pouce. *Largeur* 2 pouces 3 lignes.

Ses aîles arrondies & peu dentelées font fauves en-
deſſus , avec des taches & des raies noires. En-deſſous , les
aîles fupérieures font d'une couleur fauve plus pâle , avec
des taches noires femblables , & quelquefois un peu de
nacre vers l'angle extérieur ; mais les inférieures prefque
jaunes , ont de grandes plaques argentées ou nacrées , au
nombre de 20 , 21 , ou 24 fur chacune ; favoir , une bande
qui borde l'aîle , ordinairement compofée de fept taches
en forme de croiſſant , une au milieu pofée tranfverfalement , compofée de fept , huit & quelquefois dix taches ,
les unes plus grandes , les autres plus petites ; & enfin cinq
ou fix taches aſſez grandes , pofées irréguliérement pr che
la bafe de l'aîle , ou vers l'en iroit où elle s'attache au
corps de l'infecte. On trouve fouvent ce beau papillon
dans les bois ; il vole vîte & fort haut & eſt très - difficil à
faifir. Sa chenille eſt épineufe , de couleur noire , avec une
bande de taches fauves de chaque côté , & une bande plus
pâle fur le dos. Elle eſt très-rare.

10. **PAPILIO** *alis dentatis fulvis nigro maculatis ;*
fubtus maculis 37 argenteis.

Linn. faun. fuec. n. 781. Papilio tetrapus , alis rotundatis dentatis fulvis , nigro maculatis , fubtus maculis 37 argenteis.

Linn. fyſt. nat. edit. 10 , *p.* 481 , *n.* 141. Papilio nymphalis *lathonia.*

Hoffn inf. t. 12 , *f.* 11.

Rob. icon. t. 12.

Petiv. muf. p. 51 , *n.* 520. Papilio rigenſis aureus minor maculis argenteis fubtus
perbelle notatus.

Raj. inf. p 120 , *n.* 6. Idem ac petiverus.

Rofel. inf. vol. 3 , *fupplem.* 1 , *tab.* 10 , *claſſ.* 1. Papil. diurn.

Le petit nacré.

Longueur 10 lignes. *Largeur* 2 pouces.

Ce papillon varie pour la grandeur ; il y en a d'un tiers

plus petits les uns que les autres. Ses aîles font en-deſſus
de couleur fauve , avec des taches ou gros points noirs
diſtinƈts & féparés les uns des autres. Les fupérieures font
en-deſſous jaunes , avec des points noirs femblables , &
fept ou huit taches nacrées bien marquées vers l'angle
extérieur de l'aîle ; favoir , quatre plus grandes vers le
bord rangées de front , deux ou trois petites plus haut que
les précédentes , & une encore plus haut en forme de
croiſſant , plus grande , mais moins apparente. Les aîles
inférieures en-deſſous font jaunes , avec une trentaine de
taches argentées fur chacune ; favoir , fept grandes le long
du bord ; fept petites plus haut entre les premieres ; huit
autres grandes de diverfes formes dans le reſte de l'aîle , &
fix ou huit petites entre ces grandes. Nous ne connoiſſons
point la chenille de ce papillon qui doit être épineufe.
Rofel , dans fes figures , la repréfente de couleur brune ,
avec deux longues bandes jaunes , une de chaque côté.
On trouve fouvent le papillon dans les mois de juillet &
d'août.

11. PAPILIO *alis dentatis fulvis nigro maculatis,
fubtus maculis 9 argenteis.*

Linn. faun. fuec. n. 781. Papilio tetrapus , alis rotundatis dentatis fulvis nigro-
maculatis , fubtus maculis 9 argenteis.
Linn. ſyſt. nat. edit. 10 , *p.* 481 , *n.* 142. Papilio nymphalis *euphrofyne.*
Petiv. muf. p. 35 , *n.* 322. Papilio fritillarius maculatus præcox.
Raj. inf. 120 , *n.* 7. Papilio fritillarius major , alis fulvis fuperne maculis nigris
teſſelatis.

Le collier argenté.
Longueur 7 ½ *lignes. Largeur* 18 *lignes.*

    Les aîles de cette efpéce font en-deſſus de couleur jau-
ne , mais plus jaune & plus pâle que dans les précédentes ,
avec des nervures , des bandes tranfverfes noires , &
une double rangée de points de même couleur diſtinƈts &
ifolés , qui parcourent les bords des aîles. Le deſſous des
aîles fupérieures eſt femblable au deſſus , fi ce n'eſt que la
couleur jaune eſt encore plus pâle , & que les taches noires

font moins marquées. Les aîles inférieures pareillement jaunes , ont chacune en-deffous neuf taches argentées ; favoir , fept triangulaires qui parcourent le bord inférieur de l'aîle , & forment comme un collier argenté ; une huitiéme plus grande fituée dans le milieu de l'aîle ; & une neuviéme plus petite vers fon bord extérieur. Souvent ces ailes ont en-deffous dans leur milieu une bande tranfverfe plus jaune que le refte & prefque de couleur citron. On trouve très - communément ce papillon dans les bois ; fa chenille n'eft pas connue.

12. **PAPILIO** *alis dentatis fulvis nigro variegatis , fubtus fafciis tribus flavis.*

Linn. fyft. nat. edit. 10 , p. 480 , *n.* 127. Papilio alis dentatis fulvis nigro maculatis , fubtus fafciis tribus flavis. *Ibid.* Papilio nymphalis *cinxia.*
Act. Upf. 1736 , p. 22 , *n.* 24. Papilio alis erectis fubrotundis teftaceis , punctis pallidis , lineolis undulatis fufcis , fubtus albo variegatis.
Petiv. gazoph. 28 , *t.* 18 , *f.* 10. Papilio fritillarius lincolnienfis , fafciis fubtus pallidis.
Raj. inf. 121 , *n.* 9. *Idem ac Petiver.*
Rofel. inf. tom. 4 , *tab. xiij.*

Le damier.
Longueur 6 lignes. Largeur 18 lignes.

Il eft peu de papillons qui varient autant que celui-ci ; voici les principales variétés que j'ai trouvées.

    A. *Papilio alis dentatis fulvis nigro maculatis , fubtus fafciis tribus flavis.*

Linn. faun. fuec. n. 783. Papilio tetrapus alis rotundatis dentatis fulvis nigro maculatis , fubtus fafciis tribus flavis.

    B. *Papilio alis dentatis fulvis nigro reticulatis , fubtus fafciis tribus flavis.*
    C. *Papilio alis dentatis fulvis nigro reticulatis & punctatis , fubtus fafciis tribus flavis.*
    D. *Papilio alis dentatis fulvis nigro reticulatis & punctatis , utrinque fafciis tribus flavis.*

La premiere de ces variétés eft fauve en-deffus , parfe-

mée de taches noires rondes & de points ifolés , comme le
petit nacré ; en-deffous elle a des petits points femblables ,
& fa couleur eft la même , à l'exception du bord des aîles
fupérieures , qui eft d'un jaune citron , & de trois bandes
jaunes tranfverfes fur les aîles inférieures.

La feconde reffemble à la premiere pour la couleur ,
mais au lieu de points noirs ifolés , elle a , tant en-deffus
qu'en-deffous, des nervures noires longitudinales & tranfverfes qui fe croifent & forment des mailles ou quarrés , à
peu près comme fur un damier ou un échiquier.

La troifiéme variété plus grande que les autres , leur
reffemble pour la couleur , & outre les mailles de fes
aîles femblables à celles qui fe voyent fur la feconde , elle
a une rangée de points noirs pofés chacun fur le milieu d'un
quarré , le long du bord des aîles inférieures , tant en-deffus
qu'en-deffous.

Enfin la quatriéme a les mailles de la feconde & les
points de la troifiéme , & outre cela trois bandes jaunes
tranfverfes fur les quatre aîles , tant en-deffus qu'en-deffous ; le refte de fes aîles eft fauve.

On trouve communément ces papillons dans les bois.
Leurs chenilles font épineufes & fort rares.

§. III. De la Premiere Famille.

*A chenilles fans épines , & pattes antérieures courtes qui
ne font point la palatine.*

13. PAPILIO *alis rotundatis dentatis nigro-fufcis
omnibus fafcia albida , primariis ocello duplici , fecundariis unico.*

Biblioth. reg. Par. p. 38. f. Omnes.

Silene.

Longueur. 14 *lignes. Largeur* 2 *pouces* 3 *lignes.*

Le filene eft un des grands papillons de ce pays-ci. En-
deffus , fes aîles font d'un noir brun , avec une large bande
tranfverfale blanche proche le bord extérieur. Sur cette

bande ; font aux aîles fupérieures deux efpéces d'yeux blancs entourés d'un cercle noir, l'un proche l'angle exté-rieur, l'autre très-petit vers le milieu de la bande blanche. Sur les aîles inférieures, il n'y a qu'un œil vers le bas de la bande blanche. Le deffous du papillon eft femblable au deffus, fi ce n'eft que le noir des aîles inférieures eft pana-ché d'ondes blanches. Ce papillon n'eft pas des plus com-muns. On le trouve dans les forêts.

14. PAPILIO *alis rotundatis fufcis, fubtus primariis ocello triplici, inferioribus quintuplici.*

Linn. faun. fuec. n. 788. Papilio tetrapus alis rotundatis fufcis ; fubtus pri-mariis ocello triplici, inferioribus quintuplici.

Linn. fyft. nat. edit. 10, p. 471, *n.* 85. Papilio danaus feftivus *hyperantus.*

Petiv. muf. p. 34, *n.* 313. Papilio medius, omnino fufcus, plurimis ocellis ni-gris in circulis luteis fubtus ornatus.

Raj. inf. 129, *n.* 7. Papilio media tota pulla, prona alarum parte ocellis aliquot è puncto albo, duplici circulo nigro & fordide luteo cincto compofi-tis illuftrata.

Jac. l'amir. inf. tab. 30.

Triftan.

Longueur 9 lignes. Largeur 18 lignes.

Ce papillon eft tout brun en-deffus. En-deffous il eft auffi de couleur brune, mais un peu plus claire, avec trois yeux fur chacune des aîles fupérieures, & cinq fur les infé-rieures. Ces yeux font formés par un point ou prunelle blanche, entouré d'un cercle noir, qui lui-même eft enfermé dans un autre cercle jaune. Les yeux des aîles fupérieures font plus petits, & leur prunelle paroît peu ; ceux des inférieures font plus marqués. Les deux qui font placés proche le bord extérieur, fe touchent, & les trois autres difpofés en bande tranfverfale & prefqu'à égale diftance, font près du bord intérieur. Ce papillon eft commun dans les bois.

15. PAPILIO *alis rotundatis fufcis, fingulis fubtus ocellis quinque & limbo pallidiore.*

La baccante.

Longueur 10 lignes. Largeur 13 lignes.

La baccante est toute brune en-dessus. En-dessous elle
est à peu près de la même couleur, mais la moitié inférieure de ses aîles est plus pâle & même blanche dans les
aîles de dessous. Sur cette partie blanche, sont cinq petits
yeux sur chaque aîle, & le bord de l'aîle est terminé
par trois raies brunes parallèles. Ces yeux des aîles sont
formés par un point ou prunelle blanche entourée d'un
cercle noir, autour duquel est un second cercle jaune,
& le tout est enfermé par un troisiéme cercle brun ; mais
les yeux des aîles supérieures n'ont pas de point blanc au
milieu, & des cinq que l'on compte sur ces aîles, les
trois d'en-haut sont beaucoup plus petits, & les deux d'en-
bas plus grands. Ils se touchent tous & forment une bande.
Les yeux des aîles inférieures ont tous la prunelle blanche.
Deux d'entr'eux se touchent & sont placés près le bord
extérieur ; ceux-là sont d'une grandeur moyenne. Les
trois autres sont éloignés des premiers ; & des trois, il y en
a deux grands & un très-petit proche le bord extérieur. On
trouve ce papillon dans les bois : les sauts qu'il fait en
voltigeant l'ont fait appeller la baccante.

16. PAPILIO *alis rotundatis dentatis fuscis, fulvo
maculatis, primariis ocello unico, secundariis superne
quadruplici.*

Linn. *syst. nat. edit.* 10, p. 473, n. 98. Papilio nymphalis gemmatus ægeria.
Reaum. *ins.* 1. t. 27, f. 16, 17.

Tircis.
Longueur 8 lignes.   Largeur 10 lignes.

Ses aîles sont arrondies, mais un peu dentelées à leurs
bords. Elles sont en-dessus de couleur brune, avec des
taches d'un jaune fauve, assez grandes, isolées & séparées les unes des autres, de formes différentes, la plûpart
rondes ou quarrées, au nombre de dix ou douze sur les
aîles supérieures, & de deux ou trois sur les inférieures.
Les aîles supérieures ont vers l'angle du bout un œil formé
par un point blanc, entouré d'un cercle noir. Les inférieures

rieures ont une rangée de quatre yeux , dont le dernier
placé près du bord extérieur , est petit & souvent manque ,
ensorte qu'il n'y en a que trois. Ces yeux ont un cercle
extérieur jaune de plus que ceux des aîles supérieures. En-
dessous les aîles supérieures sont à peu près comme en-
dessus, si ce n'est qu'elles sont plus claires, parce que leurs
taches jaunes sont bien plus grandes & se touchent en
plusieurs endroits. Les inférieures sont d'un brun gris ,
marbré & nuancé sans yeux ; on apperçoit seulement quelques vestiges des yeux qui sont en-dessus. Les antennes de
ce papillon ont la masse du bout un peu allongée , comme
dans tous ceux de cet ordre , & sa chenille représentée
dans le premier volume des Mémoires de M. de Reaumur,
tab. 27 , n'est point épineuse. On trouve ce papillon dans
les bois. Il est commun dans les mois de juillet & d'août.

17. **PAPILIO** *alis rotundatis fuscis , primariis subtus
fulvis ocello unico.*

Linn. faun. suec. n. 786. Papilio tetrapus , alis rotundatis lævibus fuscis , pri-
moribus subtus fulvis ocello unico.
Linn. syst. nat. edit. 10 , *p.* 475 , *n.* 104. Papilio nymphalis gemmatus *jurtina.*
Hoffn. insf. t. 1 , *f.* 1 , *edit. alt.* 4 , *t.* 10.
Petiv. musf. 34 , *n.* 309. Papilio pratensis oculatus fuscus.
Raj. insf. 124 , *n.* 16. Papilio media alis supina facie pullis , prona ex rufo
seu fulvo & fusco variis , cum ocello ad extimum alarum exteriorum
angulum.
Reaum. insf. 1 , *t.* 11 , *f.* 1.

Corydon.
Longueur 9 *lignes. Largeur* 11 *lignes.*

Ses quatre aîles sont en-dessus de couleur brune un peu
cendrée , & celles de dessus ont chacune une tache longue
transverse plus foncée , qui partant du corps ou de la base
de l'aîle , s'avance jusqu'à la moitié environ. En-dessous
les aîles supérieures sont jaunes, avec un bord brun, large
environ d'une ligne & demie vers le côté extérieur. De
plus , elles ont chacune à leur angle extérieur un petit œil
noir , avec un point blanc dans son milieu. Les aîles inférieures sont brunes, un peu plus claires cependant qu'en-

Tome II.   G

deſſus , & elles ont chacune quatre petits points noirs ,
dont deux ſont plus grands & deux plus petits ; ces derniers manquent aſſez ſouvent. On trouve ce papillon dans
les bois.

18. PAPILIO *alis rotundatis dentatis ſupra fuſcis ;
primariis macula fulva , infra è fulvo & fuſco undulatis , primoribus utrinque ocello.*

Raj. inſ. p. 124 , *n.* 17. Papilio media , alis exterioribus ſuperne media parte
    rufis , oris pullis , ocellis etiam in rufa parte conſpicuis.
Alb. in. inſ. t. 53.
Roſel. inſ. vol. 3 , *ſupplem.* 1 , *tab.* 34 , *fig.* 7 , 8 , *claſſ.* 1. Papil. diurn.
Jac. l'amir. inſ. tab. 29.

Myrtil.
Longueur 1 pouce. *Largeur* 2 pouces.

En-deſſus ce papillon eſt tout brun , ſi ce n'eſt que le
milieu de ſes aîles ſupérieures eſt fauve , ce qui forme une
large tache de cette couleur. En-deſſous les aîles ſupérieures ſont chargées de trois nuances de couleurs différentes.
A leur baſe , elles ſont d'une couleur fauve rougeâtre aſſez
foncée , qui s'étend preſque juſqu'à la moitié de l'aîle. Les
deux tiers de la partie qui reſte ſont d'un jaune plus clair ,
& le bord eſt brun. Sur le jaune clair , eſt un œil noir avec
un point blanc dans ſon milieu ; cet œil paroît des deux
côtés en-deſſus & en-deſſous. Les aîles inférieures ſont
en-deſſous d'un brun un peu fauve , avec une large bande
ondée , qui les traverſe d'un côté à l'autre dans leur milieu , & qui eſt de couleur plus claire que le reſte. On
trouve ce papillon avec les précédens.

19. PAPILIO *alis rotundatis fulvo fuſcoque nebuloſis ,
primariis ſeſqui-ocello , ſecundariis ſupra tribus , infra
ſeptem ocellis.*

Linn. faun. ſuec. n. 785. Papilio tetrapus , alis rotundatis fuſco nebuloſis ,
    primariis ſeſqui ocello , ſecundariis quinis ocellis.
Linn. ſyſt. nat. edit. 10 , *p.* 473 , *n.* 96. Papilio nymphalis gemmatus mæra.
Mouff. lat. p. 104 , *n.* 9 , *f.* 10.
Jonſt. inſ. p. 58 , *n.* 9 , *t.* 6.

Merret. pin. 198 , *n.* 10. Papilio ultima parte alæ exterioris clypeolo nigro , quem medium punctum eburneum ornat , decorata.

Merian. europ. 2 , *p.* 10 , *t.* 4. (*edit. ultim.*) *t.* 54.

Robert. icòn. 15 , *f.* 2.

Raj. inf. 123 , *n.* 15. Papilio media alis fulvo feu rufo & nigricante colore variis , cum ocello prope extimum angulum alarum exterorum.

Petiv. muf. p. 34 , *n.* 312. Papilio oculatus ex aureo & fufco marmoratus.

Jac. l'amir. inf. tab. 5.

Le fatyre.

Longueur 11 *lignes. Largeur* 2 *pouces.*

Ce papillon varie infiniment : non-feulement les mâles diffèrent des femelles , mais parmi ceux du même fexe , on en trouve qui ont des différences très-fenfibles. En général tous ont les aîles en-deffus variées & comme nébuleufes par un mêlange de brun & de fauve. Les mâles ont ordinairement plus de brun : fouvent toutes leurs aîles font brunes en-deffus , avec une bande fauve feulement fur les bords , qui eft entrecoupée par des nervures brunes : d'autres fois outre cette bande , il y a fur le refte des aîles des taches fauves. Les femelles ont leurs aîles fauves en-deffus ; il y a feulement quelques raies brunes ondées. Les aîles fupérieures ont en-deffus vers l'angle un œil noir avec la pupille blanche : fouvent cet œil eft allongé & a deux prunelles blanches ; enfin quelquefois à côté de cet œil , il y en a un très-petit comme un point du côté extérieur , qui cependant , malgré fa petiteffe , a une prunelle blanche bien diftincte. Les aîles inférieures ont ordinairement en-deffus trois yeux , dont un placé du côté du ventre , eft très-petit , & quelquefois manque , enforte qu'alors il n'y en a que deux ; d'autres fois au contraire il y en a quatre au lieu de trois. En-deffous les aîles fupérieures font fauves , avec des raies ondées , brunes , plus nombreufes & plus noires dans les mâles que dans les femelles. Ces aîles ont en-deffous les mêmes yeux qu'en-deffus. Les aîles inférieures font en-deffous brunes , ondées de bandes tranfverfales finuées , de couleur cendrée , plus claire dans les femelles que dans les mâles. Ces aîles ont

conftamment en-deffous fept yeux fort jolis. Leur milieu
eft formé par un point blanc entouré d'un cercle noir.
Autour eft un cercle fauve entouré d'un autre brun ;
celui-ci eft lui-même enfermé par un fecond cercle fauve,
& un dernier cercle brun termine le tout. Tous ces cercles
étroits & bien marqués font un effet très-joli. Il faut
remarquer que des fept yeux dont nous parlons , les deux
les plus proches du ventre s'uniffent & fouvent fe confondent enfemble par leurs bords.

Ce papillon eft très-commun dans les bois & les jardins.
Il fe pofe ordinairement fur les murs & fur les pierres. Sa
chenille qui n'eft point épineufe , fe nourrit d'une efpéce
de gazon ; *gramen poa.*

20. P A P I L I O *alis rotundatis fulvis , oris fufcis ;
primariis ocello duplici continuo , fecundariis duobus
parvulis , infra fufco cinereoque nebulofis.*

Amaryllis.
Longueur 7 ½ lignes.　Largeur 17 lignes.

Ses quatre aîles en-deffus font fauves , & entourées
d'un large bord de couleur brune. En-deffous les fupérieures font de même qu'en-deffus , mais les inférieures
font ondées & marbrées de brun & de blanc cendré. Les
aîles fupérieures ont vers l'angle extérieur un œil allongé ,
avec deux prunelles blanches féparées , ou , fi l'on veut ,
deux yeux qui fe touchent & fe confondent. Ces yeux
paroiffent des deux côtés. Les aîles inférieures ont deux
très-petits yeux féparés l'un de l'autre vers le milieu de
l'aîle ; ces yeux paroiffent auffi des deux côtés.

J'ai une variété de ce papillon , du moins je la regarde
comme telle. Elle ne différe qu'en ce que les aîles fupérieures ont en-deffus fur leur milieu fauve une tache large
& longue , de couleur brune , placée obliquement , &
que les inférieures ont trois petits yeux , un du côté du
ventre , & deux du côté oppofé , affez proches l'un de
l'autre.

On trouve ce papillon dans les bois.

21. **PAPILIO** *alis rotundatis fulvis , oris fuscis , primariis subtus ocello unico , secundariis subtus albo cinereoque variegatis.*

Linn. faun. suec. n. 789. Papilio tetrapus , alis rotundatis fulvis , primariis subtus ocello unico , secundariis subtus albo fasciatis.
Linn. syst. nat. edit. 10 , *p.* 472 , *n.* 86. Papilio danaus festivus *pamphilus.*
Petiv. muf. p. 34 , *n.* 311. Papiliunculus aureus oculatus in ericetis frequens.
Raj. inf. 125 , *n.* 19. Papilio parva è fulvo & fufco bicolor , fulvo mediam alam , fufco oras extremas occupante , cum ocello ad extimum angulum alarum exteriorum.
Reaum. inf. 2 , *t.* 9 , *f.* 6.

Procris.
Longueur 5 lignes. Largeur 1 pouce.

Ce petit papillon eft en-deffus de couleur fauve , avec le bord des aîles brun : ce bord eft étroit. Le deffous des aîles fupérieures eft de la même couleur , avec un petit œil à l'angle extérieur , qui quelquefois paroît un peu en-deffus. Les aîles inférieures font en-deffous de couleur brune cendrée , avec une bande tranfverfe blanche ondée. Elles n'ont point d'yeux ni en-deffus , ni en-deffous. On trouve ce petit papillon dans les landes & les bruyeres. Sa chenille eft noire , avec une tête rouge , & fon corps eft chargé de tubercules ornés de quelques poils. Ces chenilles forment fur le gazon des toiles dans lefquelles elles vivent en fociété.

22. **PAPILIO** *alis rotundatis , fuperioribus fulvis oris fufcis , fubtus ocello unico ; fecundariis fupra fufcis , infra cinereis , fafcia alba ocellifque quinis.*

Linn. faun. suec. n. 790. Papilio tetrapus ; alis rotundatis fulvis , fubtus cineraf-centibus fafcia alba ocellifque quinis.

Cephale.
Longueur 7 lignes. Largeur 17 lignes.

Ses aîles fupérieures font fauves , entourées d'un bord brun plus large que dans l'efpéce précédente ; & elles ont en-deſſous vers l'angle extérieur un petit œil. Les aîles inférieures ſont entiérement brunes en-deſſus. En-deſſous elles ſont d'un brun cendré, avec une large bande tranſverſe blanche, & un bord orné d'une bande ou raie ſouvent argentée. Sur la bande blanche, ſont quatre yeux rangés en ligne, dont les deux les plus proches du bord intérieur ſont les plus grands, & les deux autres plus petits, ſur-tout celui qui eſt proche le bord extérieur, qui quelquefois manque tout-à-fait. Outre ces quatre yeux, il y en a un cinquiéme plus grand & plus marqué vers le milieu du bord extérieur de l'aîle. Celui-là eſt éloigné des autres.

On trouve ſouvent ce petit papillon avec le précédent, dont il approche pour la grandeur & les couleurs de deſſus, mais dont il différe par ſes yeux & la couleur du deſſous de ſes aîles. La grandeur de l'un & de l'autre varie.

SECONDE FAMILLE.

PAPILLONS A SIX PIEDS.

§. I.

LES GRANDS PORTES-QUEUE.

23. PAPILIO *alis flavo nigroque variegatis, ſecundariis angulo ſubulato maculaque fulva.*

Linn. faun. ſuec. n. 791. Papilio hexapus, alis flavo nigroque variegatis, ſecundariis angulo ſubulato maculaque fulva.
Linn. ſyſt. nat. edit. 10, *p.* 462. Papilio eques achivus alis caudatis concoloribus flavis, faſciis fuſcis, angulo ani fulvo.
Ibid. ─── Machaon.
Mouff. lat. p. 99, *f.* 1, 2.
Hoffn. inſ. 1, *t.* 12. *edit alter. t.* 9, *f.* 10.
Jonſt. inſ. p. 40, *n.* 2, *t.* 5, 7.
Merian. europ. 1, *p.* 13, *t.* 38.
Merret. pin. 198. Papilio diurnus maximus ſecundus.
Miſc. nat. cur. ann. 2, *dec.* 2, *p.* 49, *f.* 9.
Column. ecphr. 2, *p.* 85, *t.* 86. Papilio erucæ rutaceæ.
Rob. icon. 18.
Reaum. inſ. 1, *t.* 30, *f.* 1, *& t.* 29, *f.* 9.
Friſch. germ. 2, *p.* 41, *t.* 10. Eruca anethi.
Petiv. muſ. p. 35, *n.* 328. Papilio major caudatus ex nigro & luteo variegatus.

Raj. inf. 110; *n.* 1. Papilio alis ampliſſimis , flavicante & nigro coloribus pulchre variegatis , interioribus caud.tis.
Biblioth. reg. pariſ. pag. 4 , *n.* 1 , 2. Varietas. *n.* 4.
Roſel. inſ. vol. 1 , *tab.* 1 , *claſſ.* 1. Papil. diurn.

Le grand papillon à queue , du fenouil.
Longueur 18 *lignes. Largeur* 3 *pouces.*

Ce papillon eſt un des plus grands & des plus beaux de ce pays-ci. Il eſt panaché de jaune & de noir. Ses yeux , ſes antennes , ſa trompe ſont noirs. Son corps eſt jaune ſur les côtés & en-deſſous , & noir en-deſſus. Les aîles ſupérieures aſſez arrondies , ou du moins terminées par un angle extérieur mouſſe, ſont noires, à l'exception de ce qui ſuit ; 1°. elles ont trois grandes taches jaunes irréguliéres & inégales le long du bord ſupérieur de l'aîle ; 2°. huit petites taches demi-circulaires preſqu'égales le long du bord poſtérieur ; & ſur le milieu de l'aîle , huit autres taches jaunes longues rangées en bande tranſverſe , inégales , & qui vont en grandiſſant à meſure qu'elles approchent du bord inférieur ; le reſte de l'aîle eſt noir , mais comme parſemé d'une pouſſiere jaune. Le deſſus & le deſſous ſont de même. Les aîles inférieures ſont comme dentelées à leur bord , & une des dents ; ſavoir , la troiſiéme en commençant , à compter du côté du corps , eſt allongée en pointe ou ſtilet & forme une aſſez longue queue. Ces aîles ont leur partie ſupérieure & leur milieu jaunes , avec quelques traits noirs ſeulement. Vient enſuite une large bande tranſverſale noire , mais couverte d'une pouſſiere bleue ou azurée , & enfin l'aîle eſt terminée à ſon bord par ſix taches jaunes formées en croiſſant , outre une ſeptiéme de couleur fauve rougeâtre entourée de bleu , qui eſt la plus proche du ventre & qui forme une eſpéce d'œil.

La chenille qui donne ce papillon eſt grande & liſſe : elle a ſeize pattes. Sa couleur eſt d'un beau vert clair , avec une bande tranſverſale d'un noir foncé ſur chaque anneau. Sur cette bande noire , ſont des taches fauves. Cette chenille , comme on le voit , eſt fort belle. Elle ſe trouve ſur le fenouil , la ferule & quelques-autres plantes ombelliſe-res. Elle a une particularité , c'eſt que lorſqu'on l'importu-ne , elle fait quelquefois ſortir de ſon col proche le deſſus de ſa tête , deux cornes de couleur fauve , qui partent d'une même baſe & forment un Y. Ces cornes ſont comme pulpeuſes & molaſſes , & l'inſecte les retire ſous ſes anneaux.

24. PAPILIO *alis pallide flavis , rivulis tranſverſis nigris , ſecundariis angulo ſubulato , maculaque crocea.*

Raj. inſ. p. 111 , *n.* 3. Papilio alis ampliſſimis , pallidius flavicantibus , exte-rioribus areolis tranſverſis nigris variis , interioribus caudatis , macula in imo cœrulea.

Mouff. lat. diurn. 3 , *p.* 99 , *f.* 3.

Reaum. inſ. 1 , *p.* 284 , *t.* 11 , *f.* 3 , 4.

Jonſt. inſ. tab. 5 , *f.* 5.

Roſel. inſ. vol. 1 , *tab.* 2 , *claſſ.* 2. Papil. diurn.

Merian. europ. 2 , *t.* 44. *fig.* Superior.

Le flambé.

Longueur 18 *lignes.　Largeur* 3 *pouces* 4 *lignes.*

La forme de ce papillon eſt préciſément la même que celle du précédent. Il eſt de couleur jaune un peu pâle. Ses aîles ſupérieures colorées en-deſſous comme en-deſſus, ont leur bord extérieur noir , & de plus ſix bandes noires tranſverſes , qui partent du bord ſupérieur de l'aîle & vont en ſe retréciſſant vers le bord intérieur. Ces bandes ſont alternativement grandes & petites. Les grandes traverſent toute l'aîle , & les petites ne vont pas juſqu'à la moitié. Les aîles inférieures ſont jaunes , avec une ſeule bande noire qui traverſe toute l'aîle en deſcendant obliquement ; elles ſont dentelées à leur bord , & ont , comme l'eſpéce précédente , une longue appendice ou queue , encore plus fine & plus longue que celle du papillon du fenouil. Leur bord a une bande noire aſſez large , après laquelle ſont ſix taches jaunes. La bande noire eſt chargée de quatre ou cinq lunules bleues , & à ſon extrémité du côté intérieur , eſt une tache fauve bordée de bleu par en bas. Le deſſous de

ces

ces aîles inférieures eft femblable au deſſus. Ce papillon eft moins commun que le précédent : on le voit cependant de tems en tems dans les bois ; mais nous ne connoiſſons point ſa chenille qui doit ſûrement reſſembler à celle de l'eſpéce précédente.

§. II.

LES PETITS PORTES-QUEUE.

25. PAPILIO *ſupra cœruleus , ſubtus lineis undulatis fuſcis & albicantibus ſtriatus , alis ſecundariis infra faſcia alba , macula duplici nigro-aurata , & in imo caudatis.*

Petiv. muſ. 319. Papilio minor cœruleſcens , ſubtus ſtriatus.
Raj. inſ. 130 , *n.* 9. Papilio è mediis minuſcula , alis latis , exterioribus verſico-loribus è nigro & cœruleo , imo margine nigro cum fimbria alba cinctis.
Reaum. inſ. 2 , *t.* 38 , *f.* 10.

Le porte-queue bleu ſtrié.
Longueur 7 *lignes. Largeur* 15 *lignes.*

Ce petit papillon eft d'un bleu noirâtre en-deſſus. En-deſſous ſes aîles font rayées & comme ſtriées par des petites lignes tranſverſes ondées , alternativement de couleur blanche & de couleur brune claire ou griſe. De plus , les aîles inférieures ont en-deſſous près du bord extérieur une bande tranſverſe blanche aſſez large. Après cette ligne , elles ont près du bord intérieur , chacune deux taches noires dorées , & au-deſſous de ces taches , le bord de l'aîle a une petite pointe ou appendice courte , mais aigue , qui forme une eſpéce de petite queue ; cette pointe eft noire.

La chenille de ce papillon eft du nombre des chenilles-cloportes. Elle vient ſur le bagnaudier (*colutea*) , les pois & quelques-autres plantes légumineuſes , ſe logeant dans leurs coſſes ou ſiliques , dont elle mange les fruits.

26. PAPILIO *ſupra cœruleus ſubtus fuſcus , linea undulata tranſverſa albicante , alis ſecundariis infra macula duplici fulva , & in imo caudatis.*

Tome II. H

Linn. ſyſt. nat. edit. 10 , *p.* 480 , *n.* 148. Papilio plebeius *quercûs.*
Petiv. gazoph. t. 11 , *n.* 9. Papilio minor fuſcus , ſubtus ſtriatus.
Raj. inſ. 129 , *n.* 8. Papilio minor ſupina facie tota nigricante , prona cœruleo-
 viridi , cum linea in utriſque alis oblique tranſverſa alba.
Reaum. inſ. 1 , *pag.* 455.
Altin. t. 52 , *f.* B. C.
Roſel. inſ. vol. 2 , *claſſ.* 2 , *tab.* 9.

Le porte-queue bleu à une bande blanche.
Longueur 7 *lignes. Largeur* 15 *lignes.*

Le deſſus de ce petit papillon eſt d'un bleu verdâtre
aſſez brillant. Le deſſous eſt d'une couleur brune griſe ,
avec une bande blanche tranſverſe & ondulée ſur chaque
aîle ; de plus , les aîles inférieures ont chacune en-deſſous
vers le bout , près du bord intérieur , deux taches rondes
d'un jaune fauve , entourées d'un cercle noir , avec un
petit point noir dans leur milieu , & au-deſſous de ces
taches , le bord de l'aîle a une petite pointe ou queue
courte & aigue. La chenille-cloporte de ce papillon ſe
trouve ſur le chêne.

N. B. Raj & Petiver ont diſtingué ce papillon de l'eſpéce précédente , comme on le voit par leurs phraſes.
Pour moi je crois que le précédent eſt le mâle de celui-ci.
Je n'en ai qu'un de chaque eſpéce , dont l'un eſt mâle
& l'autre femelle , & leur grande reſſemblance me fait
croire qu'ils ne different l'un de l'autre que par le ſexe.
Comme ces petits papillons ſont rares ici , je n'ai pû véri-
fier ce fait. C'eſt à ceux qui ſont plus à portée de les avoir
& de les examiner , à nous en inſtruire. La différence des
plantes dont paroiſſent ſe nourrir leurs chenilles , ne ſeroit
pas une preuve contraire à mon idée. On ſait qu'il y a
beaucoup de chenilles qui ne s'en tiennent pas à une ſeule
plante , ni à celles qui lui ſont analogues , mais qui
mangent des plantes très-différentes.

27. PAPILIO *ſupra fuſcus maculâ fulvâ , ſubtus fulvus*
 lineâ duplici tranſverſâ albida , alis ſecundariis in imo
 caudatis.

PREMIERE SECTION DE LA CLASSE DES INSECTES. *INSECTES A ETUIS OU COLEOPTERES.*

LES COLEOPTERES, ou Insectes à étuis, ont..

ARTICLES.	ORDRES.	GENRES.	CARACTERES.
ARTICLE PREMIER, Où leurs étuis durs, qui couvrent tout le ventre & leurs tarses, ont....	**ORDRE PREMIER**, Où 5 articles à toutes les pattes, tels que	Le Cerf-volant	Antennes en peigne à l'extrémité d'un seul côté.
		La Panache	Antennes en panache tout du long d'un seul coté.
		Le Scarabé	Antennes en masse feuilletée; point d'écusson entre les étuis.
		Le Bousier	Antennes en masse à feuillets; point d'écusson entre les étuis.
		L'Escarbot	Antennes en masse solide, coudée dans leur milieu; tête renfoncée dans le corcelet.
		Le Dermeste	Antennes en masse perfoliée (ou composée de lames enfilées dans leur milieu) & dont le dernier article forme un bouton: étuis sans rebords.
		La Vrillette	Antennes perfoliées en masse, dont les trois derniers articles sont plus longs que les autres.
		L'Anthrene	Antennes droites en masse solide, un peu applatie.
		La Cistele	Antennes plus grosses, & un peu perfoliées par le bout: corcelet conique & sans rebords.
		Le Bouclier	Antennes plus grosses & un peu perfoliées par le bout: corcelet & étuis bordés.
		Le Richard	Antennes courtes en tête: corcelet uni & simple en-dehors: grosse tête renfoncée à moitié dans le corcelet.
		Le Taupin	Antennes en scie, ou en filets, qui se logent dans une rainure formée en-dessous de la tête: corcelet terminé en-dessous par une pointe reçue dans une cavité du ventre.
		Le Bupreste	Antennes filiformes: appendice considérable à la base des cuisses postérieures.
		La Bruche	Antennes filiformes: corcelet arrondi en bosse: corps sphéroïde, convexe en-dessus.
		Le Ver-luisant	Antennes filiformes: tête cachée par un large rebord du corcelet: côtés du ventre plissés en papilles.
		La Cicindele	Antennes filiformes: corcelet applati & bordé: tête découverte: étuis flexibles.
		L'Omalise	Antennes filiformes: corcelet applati à quatre angles, dont les deux postérieurs finissent en pointes aigues.
		L'Hydrophile	Antennes en masse perfoliée, plus courtes que les antennules: pattes en nageoires.
		Le Dytique	Antennes filiformes, plus longues que la tête: pattes en nageoires.
		Le Gyrin	Antennes roides & plus courtes que la tête: pattes en nageoires: quatre yeux.
	ORDRE SECOND, Où 4 articles à toutes les pattes, tels que	La Mélolonte	Antennes en scie, posées devant les yeux.
		Le Prione	Antennes en scie, dont l'œil entoure la base.
		Le Capricorne	Antennes qui vont en diminuant de la base à la pointe, & dont l'œil entoure la base: corcelet armé de pointes.
		La Lepture	Antennes qui vont en diminuant de la base à la pointe, & dont l'œil entoure la base: corcelet nud & sans pointes.
		Le Stencore	Antennes qui vont en diminuant de la base à la pointe, posées devant les yeux: étuis plus étroits par le bout.
		Le Lupere	Antennes filiformes à longs articles: corcelet plat & bordé.
		Le Gribouri	Antennes filiformes à articles longs: corcelet hémisphérique & en bosse.
		Le Criocere	Antennes cylindriques à articles globuleux: corcelet cylindrique.
		L'Altise	Antennes d'égale grosseur tout du long: cuisses postérieures grosses presque sphériques.
		La Galeruque	Antennes d'égale grosseur par-tout, à articles presque globuleux: corcelet raboteux & bordé.
		La Chrysomele	Antennes plus grosses vers le bout, à articles globuleux: corcelet uni & bordé.
		Le Milabre	Antennes plus grosses vers le bout, à articles hémisphériques, posées sur une trompe courte & large: quatre antennules à l'extrémité de la trompe.
		Le Becmare	Antennes en masse toutes droites, posées sur une longue trompe.
		Le Charanson	Antennes en masse coudées dans leur milieu, & posées sur une longue trompe.
		Le Bostriche	Antennes en masse composée de trois articles, posées sur la tête sans trompe: corcelet cubique dans lequel est cachée la tête: tarses nuds & épineux.
		Le Clairon	Antennes en masse composée de trois articles, posées sur la tête sans trompe: corcelet presque cylindrique sans rebords: tarses garnis de pelotes.
		L'Anribe	Antennes en masse composée de trois articles, posées sur la tête sans trompe: corcelet large & bordé: tarses garnis de pelotes.
		Le Scolite	Antennes en masse solide d'une seule pièce: tête sans trompe.
		La Casside	Antennes plus grosses vers le bout & à gros articles: corcelet & étuis bordés: tête cachée sous le corcelet.
		L'Anaspe	Antennes qui vont en grossissant vers le bout: écusson imperceptible: corcelet plat, uni & sans rebords.
	ORDRE TROISIEME, Où 3 articles à toutes les pattes, tels que	La Coccinelle	Antennes à gros articles, plus grosses vers le bout, & plus courtes que les antennules: corps hémisphérique.
		La Tritome	Antennes plus grosses vers le bout, & beaucoup plus longues que les antennules: corps allongé.
	ORDRE QUATRIEME, Où 5 articles aux deux premieres paires de pattes, & 4 seulement à la derniere, tels que....	La Diapere	Antennes en forme d'if, à articles semblables à des lentilles enfilées par leur centre: corcelet convexe & bordé.
		La Cardinale	Antennes en peigne d'un côté: corcelet raboteux & non bordé.
		La Cantharide	Antennes filiformes: corcelet raboteux & non bordé.
		Le Ténébrion	Antennes filiformes: corcelet uni & bordé.
		La Mordelle	Antennes un peu en scie, à articles triangulaires: corcelet convexe, plus étroit en-devant.
		La Cuculle	Antennes filiformes: corcelet armé d'une appendice qui revient en-devant en forme de coqueluchon.
		La Cérocome	Antennes dont le dernier article plus gros forme la masse (pliées & pectinées dans leur milieu dans les mâles.)
ARTICLE SECOND, Où leurs étuis durs, qui ne couvrent qu'une partie du ventre, & leurs tarses, ont....	**ORDRE PREMIER**, Où 5 articles à toutes les pattes, tels que	Le Staphylin	Antennes filiformes: ailes cachées sous les étuis: extrémité du ventre nue & sans défense.
	ORDRE SECOND, Où 4 articles à toutes les pattes, tels que	La Nécydale	Antennes filiformes: ailes nues.
	ORDRE TROISIEME, Où 3 articles à toutes les pattes, tels que	Le Perce-Oreille	Antennes filiformes: ailes cachées sous les étuis: extrémité du ventre armée de pinces.
	ORDRE QUATRIEME, Où 5 articles aux 2 premieres paires de pattes, & 4 seulement à la derniere, tels que..	Le Proscarabé	Antennes grosses au milieu, qui vont en diminuant vers la base & le bout: point d'ailes.
ARTICLE TROISIEME, Où leurs étuis mols, & comme membraneux, & leurs tarses, ont....	**ORDRE PREMIER**, Où 5 articles aux 2 premieres paires de pattes, & 4 seulement à la derniere, tels que..	La Blatte	Antennes filiformes: deux longues vésicules posées aux côtés de l'anus, & ridées transversalement.
	ORDRE SECOND, Où 2 articles à toutes les pattes, tels que	Le Trips	Antennes filiformes: bouche formée par une simple fente longitudinale: tarses garnis de vésicules.
	ORDRE TROISIEME, Où 3 articles à toutes les pattes, tels que	Le Grillon	Antennes filiformes: deux filets à la queue: trois petits yeux lisses.
		Le Criquet	Antennes filiformes plus courtes de moitié que le corps: trois petits yeux lisses.
	ORDRE QUATRIEME, Où 4 articles à toutes les pattes, tels que	La Sauterelle	Antennes filiformes plus longues que le corps: trois petits yeux lisses.
	ORDRE CINQUIEME, Où 5 articles à toutes les pattes, tels que	La Mante	Antennes filiformes.

ARTICULI.   ORDINES.   GENERA.   CARACTERES.

COLEOPTERA, Insecta sunt vel …

ARTICULUS PRIMUS. Coleopteris integris duris.

ORDO PRIMUS. Tarsorum articulis quinque.
ORDO SECUNDUS. Tarsorum articulis quatuor.
ORDO TERTIUS. Tarsorum articulis tribus.
ORDO QUARTUS. Tarsorum primi & secundi pedum paris articulis quinque : pedum vero posteriorum articulis quatuor.

ARTICULUS SECUNDUS. Coleopteris dimidiatis duris.

ORDO PRIMUS. Tarsorum articulis quinque.
ORDO SECUNDUS. Tarsorum articulis quatuor.
ORDO TERTIUS. Tarsorum articulis tribus.
ORDO QUARTUS. Tarsorum primi & secundi pedum paris articulis 5 : pedum vero posteriorum articulis quatuor.

ARTICULUS TERTIUS. Coleopteris mollibus membranaceis.

ORDO PRIMUS. Tarsorum primi & secundi pedum paris articulis quinque, pedum vero posteriorum articulis quatuor.
ORDO SECUNDUS. Tarsorum articulis duobus.
ORDO TERTIUS. Tarsorum articulis tribus.
ORDO QUARTUS. Tarsorum articulis quatuor.
ORDO QUINTUS. Tarsorum articulis quinque.

GENERA	CARACTERES
Platycerus — Le Cerf-volant	Antennæ in extremo uno versù pectinatæ.
Ptilinus — La Panache	Antennæ secundùm totam longitudinem uno versù pectinatæ.
Scarabæus — Le Scarabé	Antennæ clavatæ, clava lamellata : scutellum inter elytrorum origines.
Copris — Le Bousier	Antennæ clavatæ, clava lamellata : scutellum inter elytrorum origines nullum.
Attelabus — L'Eftache [uncertain]	Antennæ clavatæ, clava integra, in medio fractæ : caput intra thoracem.
Dermestes — Le Dermeste	Antennæ clavatæ, perfoliatæ, ultimo articulo solido, gibboso : elytra non marginata.
Byrrhus — Le Pédion [uncertain]	Antennæ articulis tribus ultimis longissimis, semi-clavatæ.
Anthrenus — L'Anthrene	Antennæ clavatæ integræ, clava solida compressa.
Cistela — Le Cistele	Antennæ extrorsùm crassiores, nonnihil perfoliatæ : thorax conicus, non marginatus.
Ptinus — La Bruche [uncertain]	Antennæ extrorsùm crassiores, nonnihil perfoliatæ : thorax & elytra marginata.
Capsus [uncertain] — Le H… [illegible]	Antennæ serratæ breves : thorax subtus nudus : caput dimidium intra thoracem, crassum.
Elater — Le Taupin	Antennæ serratæ (vel filiformes) intra capitis cavitatem subtus receptæ : thorax subtus aculeo, intra cavitatem abdominis recepto donatus.
Buprestis — Le Bupreste	Antennæ filiformes : trochanter magnus, seu appendix ad basim femorum posteriorum.
Bruchus — L'Escarbot [uncertain]	Antennæ filiformes : thorax subrotundus gibbus : caput sphæroideum dorso convexo.
Lampyris — Le Ver-luisant	Antennæ filiformes : caput clypeo thoracis marginato tectum : abdominis latera plicato-papillosa.
Cicindela — La Cicindele	Antennæ filiformes : thorax planus marginatus : caput detectum : elytra flexilia.
Omalysus — L'Omalyse	Antennæ filiformes : thorax planus tetragonus, angulis posterioribus in spinam productis.
Hydrophilus — L'Hydrophile	Antennæ clavatæ perfoliatæ, antennulis breviores : pedes natatorii.
Dytiscus — Le Dytique	Antennæ filiformes, capite longiores : pedes natatorii.
Gyrinus — Le Tourniquet	Antennæ rigidæ, capite breviores : pedes natatorii : oculi quatuor.
Melolontha — Le Melolonte	Antennæ serratæ, ante oculos positæ.
Prionus — Le Prione	Antennæ serratæ, in oculo positæ.
Cerambyx — Le Capricorne	Antennæ à basi ad apicem decrescentes in oculo positæ : thorax aculeatus.
Leptura — La Lepture	Antennæ à basi ad apicem decrescentes in oculo positæ : thorax inermis.
Stenocorus — Le Stenocore	Antennæ à basi ad apicem decrescentes ante oculos positæ : elytra apice angustiora.
Saperda — La Saperde	Antennæ filiformes articulis longis : thorax planus marginatus.
Cryptocephalus — Le Cryptocéphale	Antennæ filiformes articulis longis : thorax gibbus, hæmisphæricus.
Crioceris [uncertain] — Le Clinore [uncertain]	Antennæ cylindraceæ articulis globosis : thorax cylindraceus.
Altica — L'Altise	Antennæ ubique æquales : femora postica crassa saltigiebosa.
Galeruca — La Galeruque	Antennæ ubique æquales, articulis subglobosis : thorax inæqualis, scaber, marginatus.
Chrysomela — La Chrysomèle	Antennæ à basi ad apicem crescentes, articulis globosis : thorax æqualis, marginatus.
Mylabris [uncertain] — L'Aglane [uncertain]	Antennæ sensìm crescentes, articulis hæmisphæricis, rostro brevi plano insidentes : antennulæ quatuor in extremo rostri.
Rhinomacer [uncertain]	Antennæ clavatæ integræ, rostro longo insidentes.
Curculio — Le Charanson	Antennæ clavatæ fractæ, rostro longo corneo insidentes.
Bostrichus — Le Bigorne	Antennæ clavatæ, clava ex articulis tribus composita, capiti insidentes : rostrum nullum : thorax cubicus caput intra se recondens : tarsi nudi spinosi.
Clerus — Le Clairon	Antennæ clavatæ, clava ex articulis tribus composita, capiti insidentes : rostrum nullum : thorax subcylindraceus non marginatus : tarsi spongiosi.
Anthribus [uncertain] — L'Anthribe	Antennæ clavatæ, clava ex articulis tribus composita, capiti insidentes : rostrum nullum : thorax latus marginatus : tarsi spongiosi.
Scolytus — Le Scolyte	Antennæ clavatæ, clava solida : rostrum nullum.
Cassida — Le Casside	Antennæ extrorsùm crassiores, nodosæ : thorax & elytra marginata : caput thorace tectum.
Anisopus [uncertain] — L'Anispe [uncertain]	Antennæ filiformes sensìm crescentes : scutellum vix apparens : thorax planus, lævis, non marginatus.
Coccinella — La Coccinelle	Antennæ extrorsùm crassiores, nodosæ, antennulis breviores : corpus hæmisphæricum.
Tillus [uncertain] — Le Tillore [uncertain]	Antennæ extrorsùm sensìm crassiores, antennulis longiores : corpus oblongum.
[illegible]	Antennæ taxiformes, articulis lentiformibus per centrum perfoliatæ : thorax convexus marginatus.
[illegible]	Antennæ uno versù pectinatæ : thorax inæqualis, scaber, non marginatus.
[illegible]	Antennæ filiformes : thorax inæqualis, scaber, non marginatus.
[illegible]	Antennæ filiformes : thorax planus, marginatus.
Mordella [uncertain] — La Mordelle	Antennæ subserratæ, articulis triangularibus : thorax antice attenuatus, convexus.
Notoxus [uncertain]	Antennæ filiformes : thorax cucullatus, dente acuto.
Cerocoma [uncertain]	Antennæ ultimo articulo clavato, (masculis complicatæ, in medio pectinatæ.)
Staphylinus — Le Staphylin	Antennæ filiformes : alæ tectæ : abdomen inerme.
Necydalis — La Necydale	Antennæ filiformes : alæ nudæ.
Forficula — Le Perce-oreille	Antennæ filiformes : alæ tectæ : abdomen forficibus armatum.
Meloe — Le Proscarabé	Antennæ à medio ad basim & apicem decrescentes : alæ nullæ.
Blatta — La Blatte	Antennæ filiformes : ad ani latera appendices vesiculosi, transversìm sulcati.
[uncertain] — Le Teleph… [illegible]	Antennæ filiformes : os rimulâ longitudinali : tarsi vesiculosi.
Gryllus — Le Grillon	Antennæ filiformes : cauda bisetâ : ocelli tres.
Acrydium — Le Criquet	Antennæ filiformes, corpore dimidio breviores : ocelli tres.
Locusta — La Sauterelle	Antennæ filiformes, corpore longiores : ocelli tres.
Mantis — Le Mante	Antennæ filiformes.

Linn. faun. fuec. n. 792. Papilio hexapus, alis fecundariis angulato - dentatis ; fubtus flavo alboque flammeis.

Linn. fyſt. nat. edit. 10, *p.* 482, *n.* 146. Papilio plebeius *betulæ.*

Hoffn. inſ. t. 12, *f.* 1.

Petiv. gaʒ. p. 18, *t.* 11, *f.* 10. Papilio minor fuſcus duplici linea inferna præditus, (maſ.)

——————————— *f.* 11. Papilio minor fuſcus ; campo aureo, linea gemina fubtus ornatus, (fœmina.)

Raj. inſ. p. 130, *n.* 10. Papilio minor, alis exterioribus nigricantibus, macula in medio lata arcuata fulva.

—————— *p.* 177 , *n.* 3. Eruca parva hirſuta , millepedis feu aſelli forma & magnitudine.

Albin. inſ. tab. 5 , *fig.* B. C.

Roſel. inſ. vol. 1 , *tab.* 6 , *claſſ.* 2. Papil. diurn.

Jacob. l'amir. inſ. tab. 17.

Le porte-queue fauve à deux bandes blanches.

Longueur 9 lignes. Largeur 17 lignes.

La couleur des aîles de ce papillon en-deſſus eſt brune , aſſez foncée , avec une grande tache oblongue de couleur fauve ſur les aîles ſupérieures , & quelques petites taches ſemblables au bord des inférieures. En-deſſous , les aîles ſont fauves & preſque jaunes. Les ſupérieures ont au milieu une tache brune oblongue , bordée de blanc en haut & en bas. Après cette tache , ſont deux lignes tranſverſes blanchâtres , dont la ſupérieure eſt peu apparente ; l'inférieure plus ſenſible eſt bordée de brun en haut. Ces deux lignes s'uniſſent vers les deux tiers de l'aîle & ne vont pas plus loin. Les aîles inférieures ont en-deſſous deux lignes blanches , tranſverſes , ondées , très - apparentes , bordées de brun du côté par où elles ſe regardent. Le bord de ces aîles eſt plus rouge que le reſte , & leur extrémité a une petite bande noire ; elles ſont dentelées à leur bord du côté du ventre , & elles ont une petite queue un peu plus longue que dans les eſpéces précédentes. Ce papillon eſt fort rare dans ce pays-ci , je n'ai jamais trouvé que le ſeul que j'ai. M. Linnæus dit que ſa chenille vient ſur le bouleau : elle eſt du nombre des chenilles - cloportes.

H ij

28. P A P I L I O *fuscus , supra macula fulva , subtus fascia duplici transversa macularum albicantium , alis secundariis lunularum ferruginearum serie , & in imo caudatis.*

Linn. syst. nat. edit. 10 , *p.* 482 , *n.* 147. Papilio plebeius *pruni.*
Petiv gaz. 11 , *f.* 10.
Reaum inf. 1 , *t.* 28 . *f.* 6 , 7.
Rosel. inf. vol. 1 , *tab* 7 , *classs.* 2. Papil. diurn.

Le porte-queue brun à deux bandes de taches blanches.
Longueur 7 *lignes.*   *Largeur* 15 *lignes.*

Cette espéce a les aîles brunes tant en-dessus qu'en-dessous. Il y a en-dessus sur le milieu des aîles supérieures une tache fauve , mais peu marquée. En-dessous , les quatre aîles ont deux bandes transverses de taches oblongues blanchâtres , bordées de noir vers le haut ; de plus , les aîles inférieures ont en bas une bande de taches fauves. Ces dernieres aîles sont bordées d'une raie blanche , & ont vers le bout du côté intérieur , une petite appendice ou queue aigue. Les antennes sont entre-coupées d'anneaux blancs & noirs , & terminées par une masse allongée , comme dans tous les papillons de cet ordre.

La chenille est brune , un peu velue , de la grandeur & de la forme d'un cloporte. Elle n'est pas rare. On la trouve sur l'orme , & elle va souvent s'attacher aux murs pour se changer en chrysalide ; j'en trouvai une année les murs du parc de Bagnolet tout couverts. Ces mêmes chenilles m'ont donné aussi la variété suivante qui différe un peu.

N. B. *Papilio fuscus , supra puncto albido , subtus linea transversa alba , alis secundariis margine fulvo angulato , & in imo caudatis.*

Elle différe de l'espéce ci-dessus , par deux taches blanches , rondes , assez petites , qui sont au haut des aîles supérieures en-dessus, tandis que tout le reste de ces aîles est brun ; en fecond lieu , parce que les aîles en-deffous n'ont qu'une feule bande blanche tranfverfe continue & nulle-ment interrompue ; & enfin , parce qu'au lieu de taches fauves au bord de l'aîle , il y a une bordure de la même couleur continue & en zig‑zag.

§. III. .

LES ARGUS.

29. **PAPILIO** *alis fubangulatis , fupra nigro violaceis ; albo fafciatis , fubtus fulvo , fufco , albidoque variis , fingulis ocello nigro-cœruleo.*

Rofel. inf. vol. 3 , fupplem. tab. 42 , claff. 1. Papil. diurn.

Le mars.
Longueur 14 lignes. Largeur 2 pouces 10 lignes.

Je n'ai qu'un feul individu de ce papillon que je n'ai point attrapé , mais qui m'a été donné après avoir été pris dans un jardin à Paris. Ce papillon unique eft fort beau , malheureufement il eft gâté & mutilé. Ses aîles grandes , font un peu anguleufes , ce qui n'eft pas commun parmi les papillons à fix pieds. En‑deffus elles font d'un beau violet changeant, qui pouvoit bien être taché d'un peu de blanc , mais le frottement paroît avoir fait difparoître ces taches. En‑deffous , les aîles font marbrées de brun & de fauve , avec des bandes tranfverfes blanches. De plus , chaque aîle a en-deffous un œil. Ces yeux font plus grands fur les aîles fupérieures & beaucoup plus petits fur les inférieures. Sur ces dernieres , ce n'eft qu'une tache ronde noire chargée d'un peu de bleu , au lieu que ceux des aîles fupérieures font de plus entourés d'un large cercle de cou-leur fauve claire. Je ne connois point la chenille de ce papillon , ni l'endroit où elle fe trouve.

30. **PAPILIO** *alis rotundatis integerrimis cœruleis ; fubtus ocellis numerofis.*

Linn. faun. fuec. n. 803. Papilio hexapus alis rotundatis iutegerrimis cœruleis ; fubtus ocellis numerofis.

Linn. fyft. nat. edit. 10, p. 483 , *n.* 152. Papilio plebeius *argus.*

Hoffn. inf. 1 , *t.* 4.

Mouff. lat. p. 105 , *f. duæ ultim. & p.* 106 , *f.* 1. Papilio diurnarum minima quarta.

Jonft. inf t. 5.

Merr. pin. 199 , *n.* 4. Papilio alis oculatis cyaneum cœleftem fpirantibus.

Rob. icon. t. 17.

Petiv. muf. p. 34 , *n.* 318. Papiliunculus cœruleus , ocellis plurimis fubtus eleganter afperfus.

—— *gazoph.* p. 55 , *t.* 35 , *f.* 1. Papiliunculus cœruleus vulgatiffimus.

Raj. inf. 131 , *n.* 11. Papilio parva , alis fuperne purpuro - cœruleis , fubtus cinereis , maculis nigris circulo purpurafcente cinctis , punctifque nigris pulchre depictis.

De Geer. mem. p. 693 , *pl.* 4 , *fig.* 14 , 15. Petit papillon à antennes à bouton & à fix jambes , d'un bleu célefte , à taches en yeux en-deffous des aîles.

Rofel. inf. vol. 3 , *fupplem.* 1 , *tab* 37 , *fig.* 3 , 5 , *claff.* 2. Papil. diurn.

L'argus bleu.
Longueur 6 lignes.   Largeur 14 lignes.

Tout le deffus de ce papillon eft d'un beau bleu. Le deffous eft d'un gris blanc , parfemé de petits yeux noirs bordés de blanc , avec une rangée de taches fauves triangulaires , qui termine les aîles. Ces taches font peu apparentes fur les aîles fupérieures , mais fur les inférieures elles font plus marquées & plus vives. Le bord des aîles a une belle frange blanche. On voit fouvent voltiger ce petit papillon dans les prairies , où il eft fort commun.

Sa chenille , ainfi que celles des argus qui fuivront , eft d'un nombre des chenilles-cloportes , & reffemble à celles des portes-queue qui compofent l'ordre précédent. Elle a quelques poils , & elle fe nourrit des feuilles du *frangula.*

N. B. J'ai deux autres variétés de ce papillon. La premiere eft plus grande d'un tiers. Le deffus de fes aîles eft d'un bleu verdâtre , comme nacré , & leurs bords ont une rangée de taches noires , qui répondent aux taches fauves du deffous. Le deffous de ces aîles eft comme dans le papillon ordinaire.

La seconde variété plus petite, est toute bleue en-dessus & blanchâtre en-dessous, avec un nombre considérable d'yeux, moins nombreux cependant que dans le papillon commun. Ces yeux ne sont formés que par un point noir, sans cercle blanc. Les taches fauves qui doivent border les aîles manquent, si ce n'est qu'il y a une couple de ces taches continues & jointes ensemble, au bas des aîles proche le bord intérieur.

31. P A P I L I O *alis rotundatis integerrimis cœruleis, subtus ocellorum fascia solitaria.*

Raj. inf. p. 132, *n.* 17. Papilio minor alis supinis purpuro-cœruleis, pronis ocellis aliquot pictis.
De Geer. inf. 1, *t.* 4, *f.* 14, 15.
Rofel. inf. vol. 3, *supplem.* 1, *tab.* 37, *fig.* 4, *claff.* 2. Papil. diurn.

Le demi-argus.
Longueur 5 *lignes.*   *Largeur* 14 *lignes.*

Ses aîles en-dessus sont d'un bleu un peu pourpre; en-dessous elles sont grifes, avec une seule bande de petits yeux disposée en arc. Ces yeux sont noirs, entourés d'un cercle blanc. Le bord de l'aîle n'a point de taches fauves. Ses antennes, comme celles des papillons de cet ordre, font composées d'anneaux alternativement blancs & noirs, & terminées par une masse allongée. On trouve ce papillon avec le précédent.

32. P A P I L I O *alis rotundatis integerrimis nigro-fufcis, fafcia marginali fulva, subtus cinereis ocellis numerofis.*

Linn. faun. fuec. n. 804. Papilio hexapus alis rotundatis integerrimis nigro-fufcis; subtus ocellis numerofis.
Raj. inf. 131, *n.* 12. Papilio parva, alis supinis pullis, cum linea feu ordine macularum lutearum ad imum marginem.
Rofel. inf. vol. 3, *supplem.* 1, *tab.* 37, *f.* 6, 7, *claff.* 2. Papil. diurn.

L'argus brun.
Longueur 6 *lignes.*   *Largeur* 14 *lignes.*

Cette efpéce refsemble beaucoup à l'argus bleu. Le

deſſous des aîles eſt à peu près de même : mais le deſſus, au lieu d'être bleu, eſt d'un brun foncé, avec une bande de taches fauves à peu près quarrées, qui ſuivent le bord de chaque aîle. On trouve ce papillon dans les prairies, mais moins fréquemment que le bleu.

33. PAPILIO *alis rotundatis integerrimis nigro fuſcis fulvo maculatis, ſubtus ocellis numeroſis.*

Linn. faun. ſuec. n. 805. Papilio hexapus, alis rotundatis, ſupra fuſcis, ſubtus punctis nigris quadraginta duobus.

L'argus myope.
Longueur 6 lignes. Largeur 13 lignes.

Le deſſus des aîles de l'argus myope eſt brun, mais tacheté de noir & de couleur fauve, ſur-tout aux aîles ſupérieures. La couleur fauve domine ſur le bord de ces aîles & les termine en formant une bande de points. Le deſſous de l'aîle eſt d'un gris jaunâtre, parſemé de petits yeux, & bordé d'une bande de taches fauves, comme dans les eſpéces précédentes. M. Linnæus compte quarante-deux ou quarante-trois petits yeux noirs ſur le deſſous des aîles. Ces yeux reſſemblent à ceux des autres argus, ſi ce n'eſt qu'ils n'ont pas un cercle blanc auſſi marqué, & ils ſont auſſi arrangés un peu différemment. Je n'entre point dans le détail de ces différences difficiles à rendre, & qui ne ſe conçoivent bien qu'en voyant ces différentes eſpéces, & les confrontant l'une à côté de l'autre. On trouve ce petit papillon avec les précédens, mais plus rarement.

34. PAPILIO *alis rotundatis integerrimis, ſubtus viridibus immaculatis.*

Linn. faun. ſuec. n. 806. Papilio hexapus, alis rotundatis integerrimis, ſubtus viridibus immaculatis.
Linn. ſyſt. nat. edit. 10, p. 483, *n.* 154. Papilio plebeius *rubi.*
It œl. 7. Papilio argo ſimilis, alis immaculatis ſupra cyaneis.
Raj. inſ. p. 133, *n.* 22. Papilio parva, alis ſupinis pullis, pronis viridibus.
Petiv. gaz. p. 6, *t.* 2, *f.* 11. Papilio minor, ſuperne fuſcus, inferne viridis.

L'argus vert, ou *l'argus aveugle.*
Longueur 6 lignes. Largeur 14 lignes.

Les

Les aîles de ce papillon font tantôt brunes , tantôt bleuâtres en-deſſus. En-deſſous elles font toujours d'un beau vert brillant fans yeux. Les aîles inférieures ont fouvent en-deſſus près le milieu du bord fupérieur , un point blanc , & quelquefois de ce point , part une bande de taches blanches qui parcoure l'aîle tranfverfalement. Le corps de l'infecte eſt de couleur cendrée. Ses yeux font noirs , bordés en-devant & derriere d'un trait blanc. Les antennes & les pattes font compofées d'anneaux alternativement blancs & noirs. Je ne connois point la chenille de ce joli papillon.

35. PAPILIO *alis rotundatis fulvis , utrinque punctis nigris.*

Linn. faun. fuec. n. 807. Papilio hexapus , alis rotundatis fulvis , utrinque punctis nigris.
Linn. fyſt. nat. edit. 10, *p.* 484 , *n.* 161. Papilio plebeius *virgaureæ.*
Petiver muf. p. 34 , *n.* 310. Papilio minor aureus , ex nigro permaculatus.
Raj inf. 125 , *n.* 10. Papilio parva , alis exterioribus circa margines nigricantibus , media parte rufis , ferici inſtar fplendentibus , maculis longis nigris pictis.
Rofel inf. vol. 3 , *fupplem. tab.* 45 , *fig.* 5 , 6 , *claff.* 2. Papil. diurn.

Le bronzé.
Longueur 5 *lignes. Largeur* 13 *lignes.*

Ce petit papillon a les aîles , tant en-deſſus qu'en-deſſous, de couleur fauve bronzée & bordées de brun. Sur la couleur fauve , on voit une douzaine de points noirs qui paroiſſent des deux côtés , & dont plufieurs fe touchent. Les aîles inférieures font brunes , terminées par une bordure fauve , avec quelques points noirs fur la partie brune. Au bas de ces aîles inférieures , font de petites appendices qui approchent de celles des papillons portes-queue. Le corps du papillon eſt brun en-deſſus , gris en-deſſous : fes pattes font grifes. Les antennes font compofées d'anneaux alternativement noirs & blancs , & les yeux font noirs , bordés en haut & en bas d'une ligne blanche. Je ne connois point la chenille de ce papillon , qu'on trouve fréquemment dans les prés pendant l'automne.

Tome II. I

36. **PAPILIO** *nigro-fuscus nitens , alis subtus limbo dentato fulvo , secundariis maculis duodecim albis.*

Le miroir.
Longueur 6 lignes. Largeur 15 lignes.

La couleur des aîles en-deffus eft affez brillante , quoique toute brune : il n'y a que deux petites taches jaunâtres au milieu du bord fupérieur des aîles de deffus. En-deffous , les aîles fupérieures font du même brun , avec une bordure dentelée de couleur jaune qui termine l'aîle. Les aîles inférieures ont une pareille bordure , & de plus une douzaine de grandes taches blanches qui fe touchent prefque , & qui fe trouvant entourées d'une bordure brune , reffemblent à des miroirs. Je n'ai jamais rencontré ce papillon qui m'a été donné. Il avoit été pris au bois de Boulogne.

§. IV.

LES ESTROPIÉS.

37. **PAPILIO** *alis divaricatis fulvis , limbo nervifque nigris , primariis macula oblonga nigra.*

Petiv. gaz. tab. 34 , fig. 7 , 8 , 9.

La bande noire.
Longueur 5 lignes. Largeur 1 pouce.

Le port d'aîles de ce papillon & de ceux de cet ordre , eft fingulier. Lorfqu'il eft en repos , fes aîles inférieures font prefque parallèles au plan de pofition , pendant que les fupérieures font relevées , fans cependant fe toucher & être tout-à-fait perpendiculaires. La couleur de ces aîles eft fauve , mais elles font bordées de brun ou de noir , & elles ont des nervures de la même couleur. Les fupérieures ont de plus une tache longue tranfverfe dans leur milieu , qui eft pareillement de couleur noire. En-deffous , les aîles font toutes fauves , mais d'une teinte plus pâle.

N. B. Il y a une variété de ce papillon un peu plus grande, qui a la bordure brune des aîles plus large, & la bande ou tache noire des aîles supérieures plus grande & mieux marquée. En-dessous, on voit aussi sur les aîles quelques bandes transverses en arc plus brunes. J'ai d'abord regardé cette variété, comme la femelle du papillon précédent, mais l'accouplement m'a fait voir que cette différence ne venoit point du sexe.

On trouve fréquemment ces papillons dans les prés en automne.

38. PAPILIO *alis divaricatis denticulatis nigris, albo punctatis.*

Linn. faun. suec. n. 794. Papilio hexapus, alis divaricatis denticulatis nigris, albo-punctatis.
Linn. syst. nat. edit. 10, p. 485, *n.* 167. Papilio plebeius *malvæ.*
Merian. europ. 1, *t.* 38.
Reaum. ins. 1, *tab.* 11, *f.* 6, 7.
Hoffn. ins. 4, *t.* 2, *f. ult.*
Petiv. mus. 35, *n.* 325. Papiliunculus fuscus, punctis plurimis albicantibus.
Petiv. gazop. 56, *t.* 36, *f.* 6. Papilio fuscus, punctis plurimis albicantibus.
Act. Upf. 1736, *p.* 23, *n.* 34. Papilio alis erectis obtusis dentatis nigris, punctis albis tessellatis.
It. œland. 3. Papilio hexapus, alis divaricatis denticulatis nigris, albo punctatis.
Rosel. ins. vol. 1, *tab.* 10, *class.* 2. Papil. diurn.

Le plein-chant.
Longueur 5 *lignes. Largeur* 14 *lignes.*

Cette espéce porte ses aîles à peu près comme la précédente. Son corps & ses aîles sont en-dessus d'un brun noir, & les aîles sont parsemées de points blancs quarrés, dont plusieurs se touchent. Ces points ressemblent par leur forme & leur position à des notes de plein-chant. Les aîles sont bordées d'une frange noire & blanche, ce qui les fait paroître dentelées. Les aîles & le corps sont en-dessous d'un gris brun, & l'on voit sur ce dessous des aîles des taches blanches, mais moins régulieres qu'en-dessus. Ce petit papillon se trouve dans les prés dès le printems. Sa chenille a le corps gris, la tête noire & quelques taches jaunes autour du col. Elle a quelques poils courts. Elle vient sur le chardon à foulon. Je ne l'ai point vû sur la mauve.

39. PAPILIO *alis divaricatis cinereis, punctorum alborum serie duplici transversa.*

Linn. *syst. nat. edit.* 10, *p.* 485, *n.* 168. Papilio alis denticulatis divaricatis fuscis, obsolete albo punctatis. *Ibid.* Papilio plebeius *tages.*

Le papillon grisette.
Longueur 5 lignes. Largeur 1 pouce.

Je soupçonne cette espéce de n'être qu'une variété de la précédente, à laquelle elle ressemble beaucoup pour sa forme, son port d'aîles, sa grandeur & même sa couleur. Les aîles de celle-ci sont d'un gris un peu brun, tant en-dessus qu'en-dessous, avec deux bandes transverses de points blancs, dont une est aux deux tiers de l'aîle, & l'autre la termine. Les quatre aîles ont ces points blancs, tant en-dessus qu'en-dessous. On trouve ce petit papillon avec le précédent.

§. V.

LES PAPILLONS DU CHOU, OU BRASSICAIRES.

40. PAPILIO *alis rotundatis albis, primariis bimaculatis, apice nigris, major.*

Linn. *faun. suec. n.* 799. Papilio hexapus, alis rotundatis albis; primariis bimaculatis; apicibus nigris; major.
Linn. *syst. nat. edit.* 10, *p.* 467, *n.* 58. Papilio danaus brassicæ.
Mouff. *lat. p.* 189, *f.* 1. Eruca in brassica.
Goed. *belg.* 1, *p.* 59, *f.* 11. *& gall. tom.* 2, *tab. xj.*
List. goed. *p.* 16, *f.* 7.
Merian. *europ* 1, *p.* 16, *t.* 45.
Albin. *ins. p.* 1, *t.* 1.
Swamm. *in* 4°. *p.* 202, *t.* 13, *f.* 6.
—— *bibl. nat. t.* 37, *n.* 6.
Reaum. *ins.* 1, *t.* 29, *f.* 1. *& t.* 10, *f.* 7.
Petiv. *muf. p.* 85, *n.* 825. Papilio albus vulgaris major.
Petiv. *gaz. t.* 62, *f.* 3. Papilio alba major, apicibus nigris.
Raj. *cantabrig. p.* 134.

Raj. inf. p. 113, *n.* 1. Papilio brafficaria alba major vulgatiffima.

Raj. inf. p. 34*, n.* 19. Eruca brafficaria vulgatiffima nigro , luteo & cœruleo coloribus varia.

Billioth. reg. Par. p. 4 , *n.* 3. Papilio ex albido flavefcens , cum venis nigricantibus.

Rofel. inf. vol. 1 , *tab.* 4 , *claff.* 2. Papil. diurn.

Le grand papillon blanc du chou.
Longueur 1 *pouce. Largeur* 2 *pouces* 4 *lignes.*

Ce papillon eft un des plus communs & des plus connus ; on le voit voltiger par-tout dans les jardins. Il eft de couleur blanche , avec quelques différences fuivant le fexe. Le mâle en-deffus eft blanc , avec le bout des aîles fupérieures noir , & deux taches noires fur ces mêmes aîles , outre une troifiéme petite tache au bord intérieur de la même aîle , & une autre au bord fupérieur & correfpondant de l'aîle inférieure. La femelle en-deffus eft toute blanche , fans aucuns points noirs , & a feulement le bout des aîles noir. En-deffous , le mâle & la femelle font toutà-fait femblables. Ils font blancs , avec deux taches noires fur les aîles fupérieures , & le bout de ces aîles , ainfi que toutes les aîles de deffous , lavées d'un peu de jaune pâle , ou couleur de fouffre. La chenille de ce papillon panachée de couleur jaune , noire & bleue , fe trouve communément fur le chou.

41. PAPILIO *alis rotundatis albis , primariis bimaculatis , apice nigris , minor.*

Linn. faun. fuec. n. 798. Papilio hexapus alis rotundatis albis , primariis bimaculati. apice nigris , minor.

Linn. fyft. nat. edit. 10 , *p.* 468 , *n.* 59. Papilio danaus rapæ.

Mouff. lat. p. 103 , *f. ultim.* Papilio diurnus medius.

Goed. belg. 1 , *p.* 97 , *f.* 17. & *gall. tom.* 2 , *tab.* x xvij.

Lift. Goed. p. 22 , *f.* 8.

Merian. europ. 1 , *p.* 40 , *t.* 39. *edit. gall. t.* 89.

Robert. icon. t. 6.

Albin. inf. t. 51 , *f.* C. D. (maf.) & E. F. (fœmina.)

Reaum. inf. 1 , *t.* 29 , *f.* 7, 8. & *t.* 2 , *f.* 3.

Merr. pin. 198 , *n.* 5. Papilio corpore & antennis livefcentibus , capite alifque pallidis.

Petiv. muf. p. 85 , *n.* 816. Papilio vulgaris albus minor.

Petiv. gazop. p. 10, *t.* 62, *f.* 4. Papilio alba vulgaris ſtriata, maculis duplicibus. (fœmina).

———————— *p.* 10, *t.* 49, *f.* 11. Papilio albus minor apicibus nigris. (maſ.)

Raj. inſ. 114, *n.* 2. Papilio alba media , alis exterioribus albis , duabus maculis nigris infra mediam longitudinem , verſus interiorem marginem notatis , interioribus ſubtus flavicantibus.

Raj. inſ. 114 , *n.* 3. Papilio alba media alis omnibus albis cum macula (ſeu punctum mavis dicere) leviter nigricante in exterioribus (maſ.)

Raj. inſ. 349 , *n.* 10. Eruca braſſicam depaſcens viridis mediocris , linea in utroque latere è luteo albente.

Roſel. inſ. vol. 1 , *tab* 5 , *claſſ.* 2. Papil. diurn.

Jac. l'amir. inſ. tab. 16.

Le petit papillon blanc du chou.

Longueur 11 *lignes. Largeur* 23 *lignes.*

Il ne paroît d'autre différence entre ce papillon & le précédent, que la grandeur. Il eſt blanc, avec les deux points noirs & le bout des aîles ſupérieures noir. Le deſſous reſſemble auſſi tout-à-fait à celui du grand papillon blanc. Mais la chenille qui vient auſſi ſur le chou & la capucine, eſt différente de celle du précédent. Elle eſt d'un aſſez beau vert , avec une bande d'un blanc jaunâtre de chaque côté. Elle n'eſt que trop commune. Sans cette différence des chenilles , on ſeroit porté à ne faire qu'une ſeule eſpéce de ces deux papillons.

42. PAPILIO *alis rotundatis albis , inferioribus ſubtus faſciis vireſcentibus.*

Linn. faun. ſuec. n. 797. Papilio hexapus , alis rotundatis albis , venis dilato-vireſcentibus.

Linn. ſyſt. nat. edit. 10 , *p.* 468 , *n.* 60. Papilio danaus napi.

Merian. europ. (edit. 1.) *v.* 2 . *p.* 77 , *t.* 39.

Albin. inſ. t. 52 , *f.* F. G.

Petiv. muſ. p. 33 , *n.* 302. Papilio albus medius , venis latis , ſubtus nigricantibus.

Petiv. gazop. t. 62 , *f.* 4. Idem.

Raj. inſ. 114 , *n.* 4. Papilio braſſicaria media alis albis ſecundum nervos lineis è viridi nigricantibus ſubtus ſtriatis.

Le papillon blanc veiné de vert.

Longueur 7 *lignes. Largeur* 19 *lignes.*

Ce papillon eſt aſſez ſemblable aux précédens. Il eſt tout blanc en-deſſus, ſans taches ni points , ſeulement les

bouts de fes aîles fupérieures font un peu noirâtres. En-
deffous, les aîles fupérieures font toutes blanches, fi ce
n'eft à leur bafe, où il y a un peu de teinte verte. Les
inférieures auffi de couleur blanche, ont en-deffous de
larges veines ou bandes de couleur verdâtre, dont elles
font panachées. La chenille de ce papillon vient auffi fur
le chou.

43. **PAPILIO** *alis rotundatis albis ; venis nigris.*

Linn. faun. fuec. n. 796. Papilio hexapus, alis rotundatis albis venis
nigris.
Linn. fyft. nat. edit. 10, p. 467, n. 57. Papilio danaus cratœgi.
Hoffn. inf. t. 10, f. 14.
Merian. europ. 2, p. 38, t. 35, f. Superiores.
———— *gall. t. 157, edit. alt. 85.*
Albin. inf t. 2, f. 2.
Petiv. muf p. 33, n. 301. Papilio alba, venis nigris.
Frifch germ. 5, p. 16, t. 5. Eruca hyemalis luteo alboque ftriata.
Raj. inf. 115, n. . Papilio alba, nervis alarum nigris, brafficariæ majoris figu-
ra & magnitudine.
Reaum. inf. 2, t. 2, f. 8, 9.
Biblioth. reg. Par. p. 30, f. Omnes.
De geer. mem. p. 613, pl. 14, fig. 19, 20. Papillon à antennes à bouton & à fix
jambes, blanc, dont les nervures des aîles font noires.
Rofel. inf. vol. 1, tab. 3, claff. 2. Papil. diurn.

Le gafé.
Longueur 13 lignes. Largeur 2 ½ pouces.

Cette efpéce eft blanche, tant en-deffus qu'en-deffous,
les nervures feules font noires & s'élargiffent un peu au
bord des aîles fupérieures. Ces nervures noires fur un fond
blanc, font reffembler ce papillon à une gafe. Sa chenille
eft velue, noire, chargée de poils courts qui partent
immédiatement de fon corps. Ces poils blancs & jaunes,
forment de chaque côté du corps une efpéce de bande de
la même couleur. Elle vit en fociété fur l'aube-épine, le
prunier fauvage & le bois de fainte-lucie (*padus.*)

44. **PAPILIO** *alis rotundatis albis, fecundariis fubtus
viridi-nebulofis, primariis lunula nigra, mafculis
macula crocea.*

Linn. faun. fuec. n. 801. Papilio hexapus , alis rotundatis integerrimis , fecundariis viridi nebulofis, primoribus lunula nigra.
Linn. fyft. nat. edit. 10 , *p.* 468 , *n.* 63. Papilio danaus cardamines.
Mouff. lat. p. 106 , *n.* 5 , *f.* 2 , 3 , 4.
Hoffn. inf. 2 , *t. 9* , *f.* 1.
Jonft. inf. t. 5.
Rob ic. t. 11.
Petiv. muf. p. 33 , *n.* 306. Papilio albus fubtus viridi colore marmoreatus , feu maculis croceis ornatus.
——————— *p* 33. *n.* 305. Papilio alba fubtus viridi colore marmoreata, (fœmina.)
Raj. inf. 115 , *n.* 6. Papilio minor alba , alis exterioribus . Ibis macula infigni crocea fplendentibus , inferioribus fuperne albis , fubtus viridi colore variegatis (maf.)
Raj. inf. 115 , *n.* 7. Papilio minor alba , alis exterioribus ad imum marginem nigris aut fufcis , macula in medio nigra , (fœmina.)
Rofel. inf vol 1 , *tab.* 8 , *f.* 5 , 6. *fœmina fig* 7 , 8 , *maf. claff.* 2. Papil. diurn.
N. B. *Raj. inf.* 116 , *n.* 10. *Variété de la femelle.* Papilio mediæ magnitudinis , alis fupina parte albis , cum maculis nigris rarioribus , prona ex albo & viridi variis.

L'aurore.
Longueur 8 lignes.   Largeur 19 lignes.

La femelle & le mâle de ce papillon font un peu différens l'un de l'autre. Nous commencerons par décrire la femelle. Elle eft toute blanche en-deffus , avec très-peu de brun au bout des aîles fupérieures , & une tache noire en croiffant dans leur milieu. La bafe des aîles eft auffi un peu noire. En-deffus , les aîles fupérieures ont la tache noire en croiffant dans leur milieu , & le bout panaché d'un jaune verdâtre , mais les aîles inférieures ont en-deffous des raies & des taches vertes qui panachent toute l'aîle , en fuivant cependant les nervures. Le mâle eft tout-à-fait femblable à la femelle , fi ce n'eft que la moitié extérieure des aîles de deffus , depuis le croiffant noir jufqu'au bout , eft teint d'une belle couleur jaune aurore.

N. B. J'ai une variété de la femelle , où les nervures vertes du deffous des aîles inférieures font plus grandes , plus larges & plus marquées , & où les aîles fupérieures , outre le bout qui eft panaché de même , ont encore dans le milieu du bord fupérieur une large bande verte qui s'avance jufqu'au milieu de l'aîle.

Ce

Ce papillon vient de très-bonne heure au printems , dès les mois d'avril & de mai.

Je l'ai trouvé en grande quantité au bois de Boulogne. Sa chenille verte , semblable à celle du papillon du chou , vient sur le thlaspi. Sa chrysalide pareillement verte , ressemble pour sa forme à un petit batteau.

45. P A P I L I O *alis dentatis , supra nigris , subtus fusco-rubris , utrinque maculis albis fasciatim positis.*

Leche. nov. inf. sp. p. 27, n. 54 , f. 15. mala. Papilio hexapus , supra niger , alis omnibus ordine macularum transversali albo , inferioribus dentatis.
Raj. inf. p. 126 , n. 2. Papilio major nigra S. pulla , alis supina parte maculis albis notatis.
Rosel. inf. vol 3 , supplem. 1 , tab. 33 , fig. 3 , 4. & tab. 70 , f. 1 , 2 , 3 , class. 1. Papil. diurn.

Le deuil.
Longueur 9 lignes. Largeur 13 lignes.

Le deuil a ses aîles un peu déntelées à leur bord. En-dessus elles sont noires , avec une bande transverse de taches blanches allongées , qui parcoure les quatre aîles dans leur milieu. Cette bande est composée de huit taches sur les aîles supérieures , & de sept sur les inférieures. Au-dessus de cette bande, il y a sur les aîles de dessus une tache seule séparée , formée en croissant ; & plus bas que la ban-de , il y en a deux autres , l'une grande & l'autre petite , à côté l'une de l'autre proche l'angle extérieur , & au-des-sous de ces dernieres trois points de couleur fauve. Sur les aîles inférieures , au-dessous des sept taches blanches , il y a autant de lunules ou croissans de couleur fauve , dont les pointes regardent le bord de l'aîle , & dont la derniere ou septiéme forme presqu'une tache ronde. En-dessous , les aîles sont fauves ou d'un brun rougeâtre , avec les mêmes taches blanches qu'en-dessus , outre deux autres qui se rencontrent sur les aîles inférieures à leur base , ou à l'endroit de leur attache avec le corps. De plus , les quatre aîles sont bordées en-dessous d'une rangée de points noirs. Les yeux de l'insecte sont bruns & ses pattes blanches. Je

Tome II.   K ne connois point la chenille de ce papillon, que je n'ai trouvé qu'une seule fois.

46. PAPILIO *alis rotundatis albis, lineis maculifque nigris pulchre teffelatis.* Planch. 11, fig. 3, 4.

Petiv. muf. 3. Papilio leucomelanos.
Raj. inf. p. 110, *n.* 9. Papilio mediæ magnitudinis alis albo & nigro coloribus pulchre variegatis.
Rofel. inf vol. 3, *fuppl. m.* 1, *tab.* 37, *fig.* 1, 2, *claff.* 2. Papil. diurn.

Le demi deuil.
Longueur 10 *lignes.* *Largeur* 22 *lignes.*

Les aîles de ce papillon font arrondies, de couleur blanche un peu jaune en-deffus, avec les nervures & des taches prefque quarrées, affez grandes & de couleur noire, placées entre les nervures. Le deffous des aîles eft de même d'un blanc jaunâtre, avec des taches & des nervures noires, mais moins larges & moins grandes qu'en-deffus. Parmi ces taches du deffous, il y en a une fur les aîles fupérieures, & cinq fur chacune des inférieures qui forment de petits yeux. On trouve ce joli papillon dans les bois.

47. PAPILIO *alis angulatis flavis, punɖo ferrugineo.*

Linn. faun. fuec. n. 795. Papilio hexapus, alis angulatis flavis, punɖo ferrugineo.
Linn. fyft. nat. edit. 10, p. 470, *n.* 13. Papilio danaus rhamni.
Mouffet lat. p. 105, *f.* 1. Papilio diurnus medius primus.
Jonft inf p. 42, *n.* 1, *t.* 5, 6.
Hoffn. inf. 1, *t.* 1, aut 12, *f.* 8, *t.* 2.
Rob. ic t. 13.
Albin inf t. 2, *f.* 3.
Petiv. muf. p. 1, *n.* 1. Papilio fulphureus, (maf.)
——————— p. 1, *n.* 2. Papilio fulphureus pallidus, (fœmina.)
Raj. inf. 112, *n.* 4. Papilio præcox fulphurea feu flavo-viridis, fingulis alis maculis ferrugineis notatis.
De geer. m. m. p. 69, *pl.* 15, *f.* 8, 9. Papillon à antennes à bouton & à fix jambes, d'un jaune citron.
Rof l. inf. vol. 3, *fupplem. tab.* 46, *f.* 1, 2, 3, *claff.* 2. Papil. diurn.

Le citron.
Longueur 1 *pouce.* *Largeur* 2 *pouces* 2 *lignes.*

Les antennes de ce papillon figurées en maffe allongée ;

comme celles de tous ceux de cet ordre , font de couleur
fauve. Ses aîles , tant fupérieures qu'inférieures , ont chacune un angle bien marqué. Leur couleur eft d'un jaune
citron,quelquefois verdâtre des deux côtés,avec une tache
ronde de couleur de fouci fur le milieu de chaque aîle ; le
bord des fupérieures a auffi quelques points de même couleur. Le corps du papillon eft noir , avec de longs poils
blancs , les pattes font blanches. Le mâle eft d'un citron
plus foncé , & la femelle eft plus pâle. Sa chenille figurée
dans les Mémoires de de Geer , pl. 15 , f. 1 — 11 , eft rafe ,
de couleur verte , & a de chaque côté du corps une ligne
blanche. Elle eft garnie de petites pointes coniques , noires
& écailleufes. Ses jambes font au nombre de feize , comme celles de toutes les chenilles de ce genre , & elles font
garnies d'une demi-couronne de crochets. Sa chryfalide
attachée tranfverfalement , comme celles des papillons de
cette feconde famille , a une particularité ; c'eft d'avoir
fous le ventre une efpéce de fac très-renflé , qui fert de
fourreau pour loger les aîles du papillon qui en doit fortir. Cet infecte eft commun pendant l'été.

48. P A P I L I O *alis luteis limbo nigro , primariis
macula nigra , fecundariis fulva.*

Aldrov. inf. p. 242 , fig. 6.

Le fouci.
Longueur 9 lignes. Largeur 11 lignes.

Ce papillon donne les variétés fuivantes.

A. *Papilio alis croceis limbo nigro immaculato , primariis maculà nigrà , fecundariis fulvâ.*

B. *Papilio alis croceis limbo nigro flavo maculato ,
primariis maculà nigrà , fecundariis fulvâ.*

C. *Papilio alis fulphureis , primariis limbo nigro
fafcia flava maculato , maculaque nigra , fecundariis fulvâ.*

Petiv. gazoph. tab. 14 , n. 11. Papilio croceus apicibus nigricantibus.

Rosel. inf. vol. 3, supplem. tab. 46, f. 4, 5, class. 2. Papil. diurn.

Toutes ces variétés sont semblables en-dessous, mais le dessus n'est pas le même.

La premiere A est en-dessus de couleur de souci, avec une large bordure noire, plus étroite cependant aux aîles inférieures. De plus, les aîles supérieures ont dans leur milieu une tache noire ronde qui tranche sur la couleur souci, & les inférieures ont dans le haut une tache de couleur fauve assez vive.

La seconde B différe de la premiere, en ce que la bordure de ses aîles est moins noire & plus large, & qu'elle est panachée de taches citronées, au nombre de trois ou quatre sur chaque aîle, tant supérieures qu'inférieures. Elle paroît être simple variété de la premiere.

La troisiéme C est de couleur citron-pâle. Ses aîles supérieures ont une bordure noire étroite, panachée d'une bande pareillement de couleur citron qui la coupe dans son milieu. Les inférieures n'ont point de bordure noire, mais seulement quelques points à leur bord : du reste, on voit sur les aîles supérieures la tache noire, & sur les inférieures la tache fauve, comme dans les précédentes. Je crois que celle-ci pourroit bien ne différer que par le sexe.

En-dessous, tous ces papillons sont d'un jaune pâle, sur-tout aux aîles supérieures, avec le point noir sur ces aîles, & le point fauve, mais blanchâtre au milieu sur les inférieures. Ils n'ont point de bordure noire de ce côté, tout le tour de leurs aîles est terminé par un trait fauve rougeâtre. Les pattes sont de la même couleur fauve, ainsi que les antennes. Ce papillon est commun en automne.

SPHINX. *Phalæna linn.*

LE SPHINX.

Antennæ prismaticæ.	Antennes prismatiques.
Chrysalis in puppâ.	Chrysalide dans une coque.

Familia 1ª. *Antennæ prifmaticæ ubique fere æquales, elingues.*

———— 2ª. *Antennæ prifmaticæ ubique fere æquales fpirilingues.*
Larva lævis cornigera.

———— 3ª. *Antennæ prifmaticæ in medio craffiores, fpirilingues.*
Larva villofa, non cornigera.

Famille 1º. Sphinx-bourdons.

———— 2º. Sphinx-éperviers.

———— 3º. Sphinx-beliers. .

Les fphinx différent des papillons par deux caracteres bien marqués. Le premier fe tire de la forme de leurs antennes, qui font un peu plus minces vers le bout, ou du moins qui ne font point plus groffes à leur extrémité, comme celles des papillons, & qui de plus font taillées à angles & à côtés, à peu près comme un prifme Le fecond caractere confifte en ce que leurs chenilles pour fe métamorphofer, fe filent une coque, ce que ne font point celles des papillons, dont la chryfalide eft nue & expofée à l'air.

On a donné à ces infectes le nom de fphinx, à caufe de la forme & de l'attitude finguliere de leurs chenilles. La plùpart de ces chenilles, du moins celles des deux premieres familles de ce genre ont une tête applatie en-devant, qui en-deffus fe termine en une pointe ou crête aigue ; de plus, elles ont à l'extrémité de leur corps une pointe longue & dure, comme une efpéce de corne. Quant à leur attitude, ces chenilles tiennent fouvent la partie poftérieure de leur corps appliquée contre une branche, tandis qu'elles relevent la partie antérieure, ce qui leur donne quelque reffemblance avec les figures des fphinx de la fable, tels qu'on les repréfente. Il y a cependant une chenille qui différe des autres, c'eft celle du belier, qui feul compofe la troifiéme famille de ce genre. Celle-là eft velue, elle n'a point de corne fur l'extrémité de fon corps, & ne prend point l'attitude des précédentes. De plus, fa coque différe auffi des leurs. Elle eft liffe, foyeufe, jaune, allongée par les deux bouts comme un fuseau, & appliquée contre quelque tige de plante, au lieu que les autres font des coques assez grossieres, enfoncées dans la terre, dont les mottes & les grains entrelassés dans leurs fils, composent la plus grande partie.

C'est de ces coques que sort, souvent l'année suivante, l'animal parfait, assez grand dans la plûpart des espéces de ce genre. Nous avons distingué ces animaux parfaits en trois familles différentes, d'après leurs formes & celles de leurs chenilles. La premiere comprend les *sphinx-bourdons*. Ces sphinx ne différent des autres, que parce qu'ils n'ont point de trompe, ou qu'ils l'ont si courte & si petite, qu'elle n'est point sensible. Les *sphinx-éperviers* composent la seconde famille. Ceux-ci ont une trompe longue roulée en spirale ; du reste, leurs antennes font comme celles des précédens, presque d'égale grosseur dans toute leur longueur, & leurs chenilles portent une corne à l'extrémité de leur corps. Le *sphinx-belier* est le seul que renferme la troisiéme famille. Il a une trompe roulée en spirale, comme les précédens, mais il en différe, ainsi que de la premiere famille, d'abord par la forme de ses antennes qui font renflées vers le milieu & un peu recourbées, ce qui fait qu'elles imitent les cornes d'un belier ; & de plus par la figure de sa chenille qui est velue & ne porte point de corne sur ses derniers anneaux.

Les insectes de ce genre ont presque tous quelque chose de remarquable, comme on le verra dans le détail des espéces. Les uns ont des aîles transparentes ou presque transparentes, comme le *sphinx-mouche* & celui qui le suit ; d'autres font ornés des couleurs les plus brillantes, comme le demi-paon, le sphinx du tithymale, le belier & celui de la vigne. Il y en a quelques-uns très-singuliers. Par exemple, le *sphinx à tête de mort*, dont on voit la figure dans l'Ouvrage de M. de Reaumur, mais que je n'ai point trouvé autour de Paris, a sur son corcelet la figure d'une tête de mort, ce qui lui a fait donner le nom

qu'il porte. Ce fphinx eft commun dans le Poitou. En
général tous les fphinx ont les aîles longues & étroites.

Les chenilles de quelques-uns de ces infectes, ne font pas
moins remarquables. Celle du fphinx de la vigne a la tête
allongée & figurée comme un grouin de cochon ; aussi
plusieurs auteurs l'ont-ils appellée *porcellus*. Celle du
troëne eft d'un beau vert, ornée de taches obliques pour-
pres & blanches, qui forment comme des boutonnieres
fur fa peau liffe & brillante. Mais la plus belle de toutes
les chenilles de ce genre, eft fans contredit celle du tithymale, fur laquelle on voit l'incarnat, l'or & l'argent
artiftement travaillés fur un fond d'un beau noir qui en
releve l'éclat. Nous verrons ces beautés plus en détail en
examinant les différentes efpéces.

PREMIERE FAMILLE.

Sphinx · bourdons.

1. SPHINX *elinguis, alis angulatis, fuperioribus
fufcis, inferioribus rubris ocello cærulefcente.*

Linn. *fyft. nat. edit.* 10, *p.* 489, *n.* 1. Sphinx alis angulatis, pofticis ocellatis.
Mouffet. *inf.* 91.
Goed. *lat.* 2, *p.* 25. & *gall. tom.* 1, *fig.* O.
Lift. *goed.* 68, *f.* 24.
Jonft. *inf. t.* 8, *f.* 30.
Albin. *inf. t.* 8, *f.* 1. Phalæna alis inferioribus macula ophtalmoïde infignibus.
Merian. *europ.* 2, *t.* 37, *p.* 39, *n.* 37.
Raj. *inf. p.* 148, *n.* 2. Phalæna major, corpore craffo, alis amplis, interiori-
    bus macula ophtalmoïde infignibus.
Raj. *inf. ilid.* Eruca maxima elegans, liguftrinæ fimilis, cauda cornuta.
Leche. *nov. inf. fpec. n.* 58, *f* 11. Phalæna fubulicornis elinguis, alis planiufculis
    cinereis, maculis fufcis, inferioribus ocello nigro, iride cæfia, pupilla
    nigro-cærulea
Rofel *inf vol.* 1, *tab.* 1, *claff.* 1. Papil. nocturn.
Jacob. *l'amiral inf. tab.* 1.

Le demi paon.
Longueur 17 lignes.

Ce beau fphinx a les aîles fupérieures brunes en-deffus,
& marbrées de différentes nuances. Les inférieures font

d'un rouge de lacque, avec un grand œil fur chacune vers
le bas du côté intérieur. Le fond de cet œil eft noir , & il
eft chargé d'un large cercle bleuâtre. En-deffous , les aîles
fupérieures font rouges vers leur bafe, & brunes dans tout
le refte , & les inférieures font toutes brunes , mais nuancées. Ce fphinx a le corps fort gros. Son ventre eft brun
en-deffus , orné de bandes rougeâtres en-deffous. Ses
antennes & fes pattes font jaunes , & fa tête eft grife ,
ainfi que le corcelet. Sa chenille eft rafe. verte , à feize
pattes , chagrinée de points élevés , avec une corne bleuâtre fur la queue. Elle vient fur le faule. Les œufs font de
couleur verte.

2. **SPHINX** *elinguis alis laceris , fuperioribus cinereo-*
virefcentibus , fafcia obfcuriore tranfverfa inæquali ,
inferioribus fufco-aurantiis.

Linn. fyft. nat. edit. 10 , p. 489 , *n.* 3. Sphinx alis angulatis , fuperioribus grifeo
    fafciatis , pofticis teftaceis.
Albin. inf. t. 10.
Frifch. germ. 7 , *t.* 2.
Merian. europ. 2 , *t.* 24.
Reaum. inf. 1 , *t.* 2 , *f.* 1. Larva.
De geer. mem. p. 694 , *t.* 8 , *f* 5. Phaléne à antennes prifmatiques & à trompe
    très-courte , grife , à aîles découpées , dont les inférieures qui débordent
    les fupérieures , font en partie rouffes.
De geer. mem. p. 148 , *t.* 8 , *f.* 1 —— 5. La chenille.
Rofel. inf. vol. 1 . *tab.* 2 , *claff.* 1. Papil. nocturn.

Le fphinx du tilleul.
Longueur 1 *pouce.*

    Ses antennes font blanches en-deffus, fauves en-deffous;
Ses premieres pattes font fauves & les poftérieures font
blanches. Le corcelet couvert de poils , eft gris , avec trois
bandes longitudinales verdâtres , une au milieu & une fur
chaque côté. Ces bandes font plus larges du côté de la
tête & fe terminent en pointe du côté du ventre. Celui-ci
eft gris. Les aîles fupérieures font auffi grifes , avec quelques nuances vertes , fur-tout vers le bout de l'aîle qui eft
tout verdâtre ; & de plus , fur le milieu de l'aîle , il y a une
bande

bande irréguliere d'un vert brun qui traverfe l'aîle , &
qui fouvent eft coupée dans fon milieu & partagée en
deux taches. Les ailes inférieures font un peu fauves.
Toutes les quatre font découpées à leurs bords & terminées par une tranche fauve. En-deffous elles font d'un gris
plus clair , mais toujours un peu vert. Le papillon mâle eft
d'une couleur plus claire que fa femelle. Celle-ci pond
des œufs ovales de couleur verte. La chenille eft rafe à
feize pieds , verte , chagrinée , avec une corne fur la
queue. Elle vient communément fur le tilleul.

N. B. Je doutois d'abord que cette efpéce fût la même
que celle que défigne M. Linnæus , d'autant que la nôtre
n'a point de trompe , & qu'il en donne une à la fienne , il
l'appelle *fpirilinguis.* Il paroît cependant par la citation &
la figure de M. de Geer, que c'eft la même. Ce dernier
lui donne une *trompe très-courte.* Il faut qu'elle foit réellement bien courte , car je n'ai pu l'appercevoir , quelqu'attention que j'aye prife. J'ai donc cru pouvoir mettre
ce fphinx parmi ceux de cette premiere famille , ne lui
ayant point trouvé de trompe au moins fenfible.

3. SPHINX *elinguis , alis ferratis , cinereo - fufcis ;
fuperioribus fafciis obfcurioribus tranfverfis , inferioribus bafi macula fulva.*

Linn. fyft. nat. edit. 10, *p.* 489 , *n.* 2. Sphinx alis angulatis reverfis, pofticis bafi
ferrugineis , anticis puncto albo.
Linn. faun. fuec. n. 810. Phalæna prifmicornis fpirilinguis , alis planiufculis
erofis grifeis , antennis albis.
Albin. inf. t. 57 , *f.* C.
Merian. europ. 3 , *t.* 37.
Rofel. inf. vol 3 , *fupplem.* 1 , *tab.* 3 , *claff.* 1. Papil. nocturn.
Jacob. l'amir. inf. tab. 10.

Le fphinx à aîles dentelées.
Longueur 1 *pouce.*

Ses aîles font dentelées d'une maniere affez fine à leur
bord. Elles font grandes. Les fupérieures ont environ feize
lignes de long. Elles font d'un gris un peu brun , avec des
bandes tranfverfes de nuances plus ou moins brunes. Les

inférieures font de la même couleur, mais elles ont vers
leur bafe une grande tache brune un peu fauve. La chenille de cette efpéce eft rafe , verte & chagrinée avec des
taches jaunes obliques & une corne fur la queue ; on la
trouve fur le peuplier.

4. SPHINX *elinguis , alis lanceolatis vitreis venis
nigris , fuperioribus macula limboque nigris , fulvoque
nebulofis.*

Linn. faun. fuec. n. 813. Phalæna fubulicornis elinguis , alis lanceolatis albis ,
venis nigris.
Linn. fyft. nat. edit. 10 , p. 4 3 , *n.* 28. Sphinx abdomine barbato **nigro** ,
fafcia flavefcente , alis hyalinis margine nigro.
Rofel. inf. tom. 3. *append.* 231 , *t.* 38.
Aét. Upf. 1736 , *p.* 26 , *n.* 85. Papilio apiformis abdomine aureo.

Le fphinx-mouche.
Longueur 5 *lignes.*

Ce petit fphinx reffemble pour fa forme , fa grandeur &
fes aîles, à une mouche ou à une abeille. Ses aîles inférieures font tranfparentes comme du verre , & ont feulement
leurs nervures & leurs bords noirs. Les fupérieures prefqu'auffi tranfparentes font étroites. Elles ont au milieu une
tache noire bien marquée. Leur extrémité eft pareillement
noire , mais d'une teinte moins foncée , & elles font parfemées de quelques écailles fauves qui les rendent nébuleufes. Le dos ou corcelet eft noir , mais il a une bande
jaunâtre de chaque côté , & le ventre pareillement noir eft
bordé de jaune. Le bout du ventre a quelques poils plus
longs de couleur fauve. Les antennes prifmatiques font
noires en-deffus , blanches en-deffous , & les pattes ont
leurs articulations épineufes , comme celles des teignes
& des pterophores. Je ne connois point la chenille de ce
fphinx qui m'a été apporté & donné.

SECONDE FAMILLE.

Sphinx-éperviers.

5. SPHINX *fpirilinguis viridis , alis vitreis pellucidis ,
venis limboque fufco-ferrugineis.*

Petiv. gazoph. tab. 36 *, fig.* 10.
Reaum. inf. 1 *, t.* 12 *, f.* 9 *,* 10. Papillon-mouche.
Linn. syst. nat. edit. 10 *, p.* 493 *, n.* 28. Sphinx abdomine barbato nigro, fascia
   flavescente, alis hyalinis margine nigro.

Le sphinx vert à aîles transparentes.
Longueur 10 *lignes.*

Ses antennes prismatiques sont grosses, noires, avec les
nœuds bien marqués. Sa trompe est grande & en spirale.
Au - devant de la tête, sous l'attache des antennes, sont
deux petites aigrettes velues, qui se voyent aussi dans
l'espéce précédente, & dont les poils sont en-dessous d'un
gris jaunâtre. Le corcelet & le ventre sont noirs, mais le
corcelet & le bout du ventre sont couverts de poils verdâtres, tandis que le bas du ventre est garni de touffes de
poils d'un jaune pâle ou de couleur citronée, & que l'extrémité a deux paquets de poils noirs. Les aîles sont singulieres. Elles sont transparentes, comme une gase ou un
verre, sans écailles, si ce n'est sur les nervures & à leur
bord, où elles sont terminées par une bande brune rougeâtre assez large. Les aîles supérieures ont environ neuf
lignes de long. J'ai trouvé plusieurs fois ce papillon, quoique rarement, mais je n'ai jamais rencontré sa chenille
qui doit avoir une pointe ou corne sur sa queue.

6. S P H I N X *spirilinguis, alis superioribus fuscis*
nebulosis, inferioribus ferrugineis. Planch. 11, fig. 5.

Linn. syst. nat. edit. 10 *, p.* 493 *, n.* 26. Sphinx abdomine barbato lateribus
   albo nigro variis, alis posticis ferrugineis.
Raj. inf. p. 133 *, n.* 1. Papilio velocissima, alis brevibus, corpore crasso, inter
   volandum stridorem edens.
Mouffet. lat. Papilionum mediarum prima.
Reaum. inf. 1 *, t.* 12 *, f.* 1 — 6. L'épervier.
Biblioth. reg. Par. pag. 39 *, f.* 7 *,* 8 *,* 9.
Goed. lat. sect. 2 *, n.* 14 *, p.* 41. & *gall. tom.* 2 *, tab. xxiv.*
Rosel. inf. vol. 1 *, tab.* 8 *, class.* 1. Papil. nocturn.

Le moro - sphinx.
Longueur 13 *lignes.*

Cette espéce a les antennes grosses, brunes en - dessus,

blanchâtres en-deſſous. Son corps eſt gros , brun & velu.
Ses aîles ſont courtes pour ſa groſſeur. Les ſupérieures ont
dix lignes de long ; elles ſont brunes , avec quelques bandes tranſverſes ondées & nébuleuſes , plus brunes & plus
foncées. Les inférieures fort courtes , ſont d'un jaune couleur de rouille. L'extrémité du corps a de longs poils
bruns. C'eſt ſur le caille-lait (*gallium*) que vient la chenille
de ce ſphinx. Elle eſt raſe , chagrinée , à ſeize pattes ,
& elle porte ſur ſa queue une corne ou pointe bleue terminée de rouge.

7. SPHINX *ſpirilinguis , alis ſuperioribus fuſcis ,
inferioribus abdomineque faſciis tranſverſis rubris.*

Linn. faun. ſuec. n. 809. Phalæna priunicornis ſpirilinguis fuſca , alis inferiori-
    bus abdomineque faſciis tranſverſis rubris.
Linn. ſyſt. nat. edit. 10 , *p.* 490 , *n.* 7. Sphinx liguſtri.
Mouff. lat. p. 91 , *f.* 2. & *p.* 182 , *f.* 1. Eruca glabra viridium nobiliſſima.
Jonſt. inſ. t. 19 , *n.* 1 , 2. Eruca viridis liguſtrina.
Swamerd. bib. nat. t. 29 , *f.* 1 , 2 , 3.
Merian. europ. 3 , *p.* 54 , *t.* 23. *gallic. t.* 124.
Alb. inſ. t. vij. Eruca liguſtrina accipitrina.
Liſt. goed. p. 71 , *t.* 25 , (Papilio.)
Reaum. inſ. 2 , *t.* 20 , *f.* 1 , 2 , 3 , 4. Sphinx.
Raj. inſ. 144 , *n.* 1. Phalæna maxima caudata , alis anguſtis longis acutis , abdo-
    mine roſeo , ſex ſeptemve areolis tranſverſis nigris.
—— *Ibid.* 362 , *n.* 62. Eruca glabra maxima , viridium nobiliſſima mouffeto.
Biblioth. reg. Par. p. 24 , *f. omnes.*
De Geer. mem. p. 14 , *t.* 1 , *f.* 6. & *p.* 41.
Roſel. inſ. vol. 3 , *ſupplem. tab.* 5 , *claſſ.* 1. Papil. noturn.

Le ſphinx du troëne.
Longueur 22 *lignes.*

    Ce beau ſphinx a les antennes groſſes , longues & bru-
nes. Son corcelet eſt brun , ainſi que ſes aîles ſupérieures ,
qui ſont cependant nuancées de pluſieurs teintes de brun ,
avec quelques raies noires longitudinales , & quelques
bandes tranſverſes vers le bout de l'aîle. Ces aîles ſupérieures ſont aſſez étroites , mais longues de deux pouces.
Les aîles inférieures beaucoup plus courtes , ont le fond
de leur couleur d'une teinte rouge couleur-de-roſe , avec
une bande tranſverſe noire étroite dans le haut , & deux

larges bandes femblables vers le bout de l'aîle. Le ventre de l'infecte qui eft affez gros, a des bandes alternativement noires & rouges par anneaux. C'eft fur le troëne & le lilac de Perfe que fe trouve la chenille de ce fphinx. Elle eft rafe, à feize pattes, d'un beau vert, avec des bandes obliques, comme des boutonnieres placées de chaque côté, nuées du gris-de-lin au blanc. Elle porte une belle pointe, fouvent bleue fur fa queue. Elle tient volontiers fa tête relevée & fon corps allongé, comme on repréfente les fphinx de la fable. Cette figure eft ordinaire aux infectes de ce genre.

8. SPHINX *fpirilinguis, alis fuperioribus fufco-nebulofis, inferioribus abdomineque fafciis tranfverfis luteis, thorace maculis caput mortuum referentibus.*

Linn. *fyft. nat. edit.* 10, *p.* 490, *n.* 8. Sphinx alis integris, pofticis luteis fafciis fufcis, abdomine luteo maculato cingulis luteis. *Ibid.* Atropos.
Reaum. *inf. tom.* 1, *tab.* 14, *fig.* 2. & *tom.* 2, *tab.* 24, *fig. omnes.*
Rofel. *inf. vol.* 3, *t.* 1, 2, *claff.* 1. Papil. nocturn.
Albin. *inf. t.* 6.
Linn. *amœnit. acad.* 3, *p.* 321. Caput mortuum.

Le fphinx à tête de mort.
Longueur 2 pouces ⅓. Largeur 9 lignes.

Cette grande efpéce a les antennes moins longues que fon corcelet, également groffes, excepté vers le commencement & le bout, noires en-deffus, blanches en-deffous. Sa tête eft noire & fes yeux font fort gros. Ses aîles fupérieures font d'une couleur brune noirâtre, finuées en-haut & en-bas par des bandes irrégulieres plus claires, variées de brun & de gris, & fur le milieu de l'aîle, il y a un point blanc bien marqué. Les aîles de deffous ont deux bandes noires, une fupérieure plus étroite & l'inférieure plus large, le refte de l'aîle eft d'un beau jaune. Le ventre a pareillement cinq ou fix bandes jaunes & autant de noires tranfverfes, placées alternativement; & fur fon milieu, une longue bande longitudinale noirâtre. Mais ce qu'il y a de plus fingulier, c'eft le corcelet de cet animal,

Il eſt noir, mais en-deſſus il a une tache griſe irréguliere ; ſur laquelle ſont deux points noirs, ce qui repréſente très-bien la figure d'une tête de mort, d'où cet inſecte a pris ſon nom. Cet animal m'a été donné, & je ne croyois pas qu'il ſe trouvât autour de Paris, mais M. Bernard de Juſſieu, auquel on peut bien s'en rapporter, m'a aſſuré l'y avoir rencontré. Sa chenille eſt du nombre de celles qui ont une pointe ſur la queue.

9. SPHINX *ſpirilinguis alis omnibus fuſcis, faſciis dentatis obſcurioribus, abdomine faſciis tranſverſis rubris.*

Linn. ſyſt. nat. edit. 10, *p.* 490, *n.* 6. Sphinx alis integris, poſticis albo faſcia-tis, margine poſtico albo dentatis, abdomine rubro cingulis atris.
Merian. inſ. 39, *tab.* 75, *ſ.* 2, *t.* 25.
Goed. inſ. 3, *t.* 5.
Reaum. inſ. 1, *t.* 13, *f.* 8.
Roſel. inſ. vol. 1, *tab.* 7, *claſſ.* 1. Papil. nocturn.

Le ſphinx à cornes de bœuf.
Longueur 2 pouces.

Ses antennes ſont groſſes, longues de dix ou douze lignes, & ſemblables à des cornes de bœuf. Sa trompe eſt auſſi monſtrueuſe pour la groſſeur. Ses aîles ſupérieures ont plus de deux pouces de long : elles ſont brunes, plus claires en quelques endroits, plus foncées en d'autres, avec des bandes noires tranſverſes formées en zig-zag. Les inférieures ſont brunes, avec quelques bandes tranſ-verſes plus foncées. Le ventre qui eſt fort gros, eſt rayé de bandes tranſverſales, alternativement noires & rouges, ce qui fait aiſément reconnoître cette eſpéce.

10. SPHINX *ſpirilinguis, alis viridi purpureoque faſciatis, faſciis linearibus tranſverſis.*

Linn. faun. ſuec. n. 811. Phalæna priſmicornis ſpirilinguis, alis viridi, fulvo, purpureoque variis.
Linn. ſyſt. nat. edit. 10, *p.* 491, *n.* 15. Sphinx elpenor.
Mouff. lat. p. 183. Porcellus.
Liſt. goed. p. 73, *f.* 26. Eruca elephantina.
Goed. gall. tom. 1, *tab.* Y.
Merian. europ. 2, *p.* 23, *gallice t.* 73.

Frifch. germ. **f3** , *p.* **4** , *t.* **2**. Eruca vitis brunnea.
Raj. inf. **145** , *n.* **2**. Phalæna major, cauda acuta, alis anguftis acutis, ex viridi
fulvo & purpureo rubente colore varia.
De Geer, mem. **1** , *p.* **694**, *t.* **9**, *f.* **8** , **9**. Phalène à antennes prifmatiques , d'un
vert olive, dont le deffous du corps eft couleur de rofe.
——— *m.* **1** , *p.* **154**, *t.* **9** , *f.* **1** , *&c.* La chenille.
Rofel. inf. vol. **1** , *tab.* **4** , *claff.* **1**. Papil. noâurn,

Le fphinx de la vigne.
Longueur 16 lignes.

Son corcelet & fon corps font mêlés de vert & de
rouge , de façon cependant que le vert domine en - deffus.
Ses antennes font jaunâtres. Ses aîles fupérieures ont des
bandes tranfverfes alternativement rouges & vertes. Les
inférieures font noires à leur bafe & rouges vers le bout.
Ce beau fphinx vient d'une belle chenille de la vigne
appellée *la cochonne*. Elle eft rafe , noire , veloutée &
a une corne fur le onziéme anneau. Le devant de fon
corps eft gros & comme renflé , & fa tête imite le grouin
d'un cochon.

11. SPHINX *fpirilinguis , alis viridi , fulvo , purpureoque varie fafciatis & maculatis , fubtus purpureis.*

Frifch. germ. **2** , *t.* **11**.
Reaum. inf. **1** , *t.* **13** , *f.* **1** , **4** , **5** , **6**.
De Geer. mem. **1** , *p.* **694**, *t.* **8**, *fig.* **9** , **11**. Phalène à antennes prifmatiques , d'un
vert obfcur , dont les aîles fupérieures ont une large bande découpée
blanche.
——— **1** , *p.* **162**, *t.* **8** , *f.* **6** — **11**. *& p.* **42**. La chenille.
Rofel. inf. vol. **1** , *tab.* **3** , *claff.* **1**. Papil. noâurn.

Le fphinx du tithymale.
Longueur 17 lignes.

Ce fphinx a les antennes un peu fauves. Son corcelet &
fon ventre font couverts en - deffus de poils verdâtres. Ses
aîles fupérieures font d'un gris rougeâtre , avec trois taches
verdâtres ou olives le long du bord fupérieur , & une large
bande noire oblique le long du bord inférieur. Les aîles inférieures font rouges , avec la bafe noire , & une bande
tranfverfe noire vers la partie inférieure ; elles ont de plus

une grande tache blanche, ronde au côté intérieur. En-deſſous le corps & les aîles ſont rouges.

Ce ſphinx vient de la belle chenille à queue du tithymale , dont la tête eſt rouge , ainſi que les pattes poſtérieures , celles du milieu & la baſe de la corne de la queue :
le reſte de ſon corps a un fond noir , ſur lequel ſont des
anneaux de petits points jaunes & rouges. Il y a de plus
ſur chaque anneau du corps une belle tache ronde rougeâtre , comme glacée d'argent. Cette belle chenille n'eſt
pas commune. Je l'ai trouvée en automne.

12. SPHINX *ſpirilinguis , alis viridi purpureoque
faſciatis , faſciis ſerratis tranſverſis.*

Linn. ſyſt. nat. edit. 10 , *p.* 492 , *n.* 16. Sphinx alis integris flavicante purpu[reo-]
que variis , inferioribus baſi fuſcis.
Albin. inſ. t. 9.
Merian. europ. 3 , *t.* 22.
Roſel. inſ. vol. 1 , *tab.* 5. *claſſ.* 1. Papil. noƈurn.

Le ſphinx à bandes rouges dentelées.
Longueur 1 *pouce.*

Son corcelet & ſon corps ſont d'un vert olive & bordés
de pourpre. Le milieu des aîles eſt du même vert , avec
quelques bandes tranſverſes brunes , mais leur bord ſupérieur eſt rouge , & l'inférieur a auſſi une grande bordure
rouge dentelée. Les aîles inférieures & le deſſous des aîles
ſont rouges. Je ne connois point la chenille de ce ſphinx
que Melle Merian dit ſe trouver ſur le tithymale. Il paroît
par la figure de Roſel, qu'elle eſt brune & qu'elle reſſemble
beaucoup à celle du ſphinx de la vigne.

TROISIÉME FAMILLE.

Sphinx - beliers.

13. SPHINX *ſpirilinguis , alis ſuperioribus ſubcœruleis
punƈis ſex rubris , inferioribus rubris.*

Linn. faun. ſuec. n. 814. Phalæna ſubulicornis ſpirilinguis , alis ſuperioribus
ſubcœruleis , punƈis ſex rubris ; inferioribus omnino rubris.

Linn.

Linn. syst. nat. edit. 10 , *p.* 494 , *n.* 32. Sphinx fiilipendulæ.
Mouffet. lat. p. 97 , *f. infim.* Phalæna pratensis 1.
Jonst. inf. t. 7 , *ord.* 3. Phalæna minima pratensis 1.
———— *t.* 6. Papil. *tab.* 9. Aldro. *n.* 7.
List. goed. p. 100. *f.* 37.
Merian. europ. 2 , *p.* 27 , *t.* 17. *gallic. t.* 67.
Albin. inf. t. 82 , *f.* C. D. Leopardus sylvestris.
Reaum. gall. 1 , *t.* 12 , *f.* 14 , 15 , 16 , 17.
———— 2 , *t.* 2 , *f.* 2.
Petiv. muf. p. 36 , *n.* 330. Papilionoides virescens , maculis quinque miniatis
 ornatus.
Raj. inf. 134 , *n.* 2. Papilio pratensis , alis pendulis minor , corpore crasso
 nigro , alis externis ex cœruleo nigricantibus cum maculis sanguineis.
Merr. pin. 198 , *n.* 3. Phalæna minor , cum alis externis nigris quinque maculis ,
 internis rubris.
Rosel. inf. vol. 4 , *classf.* 2 , *tab.* 57.

Le sphinx-bélier.
Longueur 8 ½ *lignes.*

Ses pattes , ses antennes , sa tête & son corps sont noirs
& un peu velus. Ses antennes sont figurées en fuseau , plus
grosses au milieu qu'aux bouts. Les aîles supérieures sont
d'un vert bleuâtre brillant , avec six taches d'un beau rouge sur chacune , rangées deux à deux. Dans les femelles
cependant , il n'y a que cinq taches rouges , les deux
taches de la base de l'aîle se joignant ensemble , ensorte
qu'elles n'en forment qu'une seule grande. Les aîles inférieures sont toutes d'un beau rouge , bordées d'un peu
de vert.

La chenille de ce sphinx est jaune , lisse , a seize pattes
chargées de taches noires. Elle n'a point de corne sur la
queue , comme celles des précédens. Elle vient sur le
charme , la filipendule , le *gramen*. Sa coque lisse & brillante est d'un jaune citron , allongée & comme plissée.

N. B. SPHINX *spirilinguis , alis rubris , superioribus
limbo maculisque sex nigris.*

Cette variété un peu plus petite que l'espéce précédente , en diffère ; 1°. en ce que le haut de son corcelet est
bordé d'un peu de rouge qui forme une espéce de collier ;
2°. par la couleur de ses aîles supérieures qui sont rouges ,

Tome II. M

avec fix taches noires, toutes rangées deux à deux, excepté celle d'en-haut & celle d'en-bas qui font feules & ifolées. Enfin le noir & le rouge de ces aîles font féparés l'un de l'autre par un contour gris bien marqué. Les pattes de l'infecte font auffi grifâtres.

PTEROPHORUS. *Phalænæ spec. linn.*

LE PTEROPHORE.

Antennæ filiformes.	Antennes filiformes.
Lingua spiralis.	Trompe en fpirale.
Alæ ramofæ, ramis pilofis.	Aîles compofées de plufieurs branches barbues.
Chryfalis nuda, horizontalis.	Chryfalide nue & horizontale.

Jufqu'à préfent ce genre a été confondu par les Naturaliftes avec le genre fuivant, auquel il reffemble beaucoup. Quelques-uns de fes caracteres le rapprochent auffi du papillon, enforte qu'il femble tenir le milieu entre les papillons & les phalênes. Ses antennes, femblables à celles de ces dernieres, font minces comme un fil, & vont en diminuant infenfiblement vers le bout : mais fa chryfalide n'eft point renfermée dans une coque, comme celle de la phalêne ; elle eft nue, pofée horizontalement, précifément de la même maniere que l'eft celle des papillons de la feconde famille. Auffi, en voyant cette chryfalide, eft-on porté à croire que c'eft celle de quelque papillon, & l'on n'eft défabufé, que lorfque le pterophore vient à éclore, & qu'il paroît fous fa forme d'infecte parfait. Cette efpéce de chryfalide rapproche donc cet infecte des papillons, tandis que les antennes femblent le placer parmi les phalênes. Mais outre ces deux caracteres, il y en a un troifiéme qui lui eft particulier, & qui confifte dans la forme de fes aîles. Tous les autres infectes de cette fection, papillons, fphinx, phalênes, teignes, ont des aîles formées par une membrane tranfparente, continue & d'une feule

piéce , fur laquelle font appliquées de petites écailles
colorées. Les aîles du pterophore ont une ſtructure tout-à-
fait différente : elles font rameufes ou branchues , découpées en plufieurs portions , longues & minces , & chacune
de ces branches a des deux côtés des efpéces de barbes
courtes & ferrées , à peu près comme les barbes d'une
plume. Les barbes d'une branche touchent celles de la
branche voifine , enforte qu'au premier coup d'œil l'aîle
paroît continue & d'une feule piéce ; il faut la regarder de
près pour être détrompé. Cette aîle ainfi compofée , divifée & fubdivifée , n'en eft pas moins couverte de petites
écailles colorées , comme le font les aîles de tous les
infectes de cette fection.

C'eſt à caufe de cette forme d'aîles finguliere , que
nous avons rendu à cet infecte le nom de *pterophore* , que
quelque Naturalifte lui avoit déja donné anciennement.
On ne pouvoit trouver un nom plus fpécifique , puifque
cet animal porte des aîles qui reffemblent à des plumes.
Nous ne connoiffons dans ce pays-ci que trois efpéces de
ce joli genre.

1. **PTEROPHORUS** *albus , alis fuperioribus
bipartitis , inferioribus tripartitis.* Planch. 11 , fig. 6.

Linn. fyſt. nat. edit. 10 , *p.* 542 , *n.* 304. Phalæna alucita *pendatactyla.*
Petiver. gazoph. tab. 67 , *fig.* 6.
Reaum. inf. 1 , *t.* 20 , *f.* 1 , 2.
Rofel. inf. vol. 1 , *tab* 5 , *claff.* 4. Papil. nocturn.
Jacob. l'amir. inf. tab. 23.

Le pterophore blanc.
Largeur 1 *pouce.*

Ses yeux font noirs & fon corps eft d'un jaune pâle. Ses
aîles font très - blanches , & l'infecte les tient étendues
& écartées lorfqu'il eft en repos. Les fupérieures font divifées en deux , ou plutôt paroiffent comme compofées de
deux bouts de plumes d'oifeau réunis par leur bafe. Les
inférieures font de même divifées en trois fils ou foies ,
qui ont de belles barbes fines des deux côtés. Je ne con-

M ij

nois point la chenille de cette espéce. Sa chryfalide a été trouvée par M. Bernard de Juffieu. Elle étoit fufpendue comme celles des papillons à fix pieds ; favoir , par l'extrémité , & par un anneau de fil qui lui foutenoit le milieu du corps. Rofel repréfente la chenille , de couleur verte , à points noirs & chargée de quelques poils.

2. PTEROPHORUS *fufcus , alis fupérioribus apice bipartitis , inferioribus tripartitis.*

Linn. faun. fuec. n. 868. Phalæna feticornis fpirilinguis , alis patentiffimis linearibus ramofis, exterioribus bipartitis , inferioribus tripartitis.
Linn. fyft. nat. edit. 10 , *p.* 542 , *n.* 301 Phalæna alucita *didactyla.*
Petiv. gaz. tab. 66 , *f.* 10.
Raj. inf. p. 205 , *n.* 101. Phalæna minima , alis amplis , nervis rigidis ; membrana connectente facile difrupta à fe invicem disjunctis.
Act. Upf. 17,6 , *p.* 26 , *n.* 87. Papilio alis ramofis.
Reaum. inf. 1 , *t.* 20 , *f.* 12 , 13 , 14 , 15.

Le pterophore brun.
Largeur 10 *lignes.*

Cette efpéce eft toute brune : fes antennes font de la longueur du tiers du corps , & fes pattes poftérieures font très-longues & épineufes , comme celles des teignes. Les aîles fupérieures roides & étroites , fe divifent au bout en deux & font velues fur leurs bords. Les inférieures fe divifent prefque dès leur naiffance en trois nerfs ou fils barbus des deux côtés.

La chenille de ce pterophore eft à feize pattes. Elle eft velue & de couleur verte claire. Sa chryfalide eft auffi velue & s'attache comme celle de l'efpéce précédente. On trouve la chenille fur le lizeron : *convolvulus.*

3. PTEROPHORUS *cinereus , fufco maculatus ; alis fupérioribus octopartitis , inferioribus quadripartitis.*

Linn. fyft. nat. edit. 10 , *p.* 542 , *n.* 305. Phalæna alucita *hexadactyla.*
Petiver. gazoph. tab. 67 , *fig.* 7.
Frifch. germ. 3 , *p.* 20 , *t.* 7. Papilio erucæ florum caprifolii.
Reaum. inf. 1 , *t.,* 19 , *f.* 19 , 20 , 21.

Le pterophore en éventail.
Largeur 6 *lignes.*

Ce pterophore le plus charmant de tous , a les aîles fupérieures divifées en huit nervures barbues , & les inférieures en quatre. Ces douze nervures s'attachent & fe
collent enfemble par leurs barbes , enforte qu'elles femblent ne faire qu'une aîle continue , qui fe plie & fe
déploye comme font les éventails des dames , moyennant
les bâtons qui les foutiennent & qui reffemblent aux nervures de l'aîle de notre pterophore. L'infecte, en étendant
ces aîles, remplit & décrit un demi-cercle. Ces aîles font
chargées de bandes brunes fur un fond gris un peu brun.
La chenille de cette efpéce mange les fleurs du chevre-
feuille. Son papillon eft peu commun dans Paris , mais les
maifons de campagne en font remplies en automne : on le
trouve courant fur les vitres des fenêtres.

PHALÆNA.

LA PHALENE.

Antennæ à bafi ad apicem decrefcentes. | Antennes qui vont en décroiffant de la bafe à la pointe.

Chryfalis in puppa. / *Larva nuda.* | Chryfalide dans une coque. / Chenille nue.

Familia 1ᵃ.	Familia 2ᵃ.	Famille 1ere.	Famille 2e.
Pectinicornes.	*Antennis filifor- mibus.*	A antennes en peigne.	A antennes fili- formes.
1°. *Elingues.*	1°. *Linguatæ alis planis.*	1°. Sans trompe.	1°. Avec une trompe & les ailes étendues.
2°. *Linguatæ alis deflexis.*	2°. *Linguatæ alis deflexis.*	2°. Avec une trompe & les ailes rabatues.	2°. Avec une trompe & les ailes rabatues.
3°. *Linguatæ alis planis.*	3°. *Elingues.*	3°. Avec une trompe & les ailes étendues.	3°. Sans trompe.

Les phalênes forment un genre d'infectes très-nombreux , quoique nous en ayons féparé les fphinx , les tei-

gnes & les pterophores. Au reste , les trois caracteres que nous donnons suffisent pour faire connoître ce genre & le distinguer surement de tous ceux de cette section , avec lesquels on l'avoit confondu jusqu'ici. D'abord la forme de ses antennes qui vont constamment en diminuant vers la pointe , fait distinguer ce genre de celui des sphinx , dont les antennes à peu près aussi grosses au bout qu'à leur origine , sont de plus à pans & à côtes. Sa chenille qui est nue , empêche qu'on ne le confonde avec la teigne , dont la chenille est cachée dans une espéce de fourreau de différentes matieres ; enfin le pterophore a sa chrysalide nue , comme celles des papillons , tandis que celle de la phalêne est enfermée dans une coque plus ou moins épaisse. Il n'est donc pas possible de confondre la phalêne avec ces différens genres , & toutes les fois qu'on verra les trois caracteres énoncés ci-dessus réunis ensemble , on distinguera aisément une phalêne.

Mais comme ce genre est très-nombreux , nous avons cru en faciliter la connoissance en le partageant en deux grandes familles , & en subdivisant ensuite chacune de ces familles en plusieurs ordres. Les antennes nous ont fourni un caractere distinctif pour la premiere de ces divisions , celle des familles. Nous avons dit que les antennes de toutes les phalênes alloient en diminuant de la base vers la pointe , ce qui est très-vrai. Mais la forme de ces antennes n'est pas la même dans toutes les phalênes : dans les unes , ce n'est qu'un filet , un simple fil qui diminue insensible-ment vers le bout , nous appellons celles-là , *phalênes à antennes fili formes*. Les antennes des autres ne sont pas aussi simples : l'espéce de filet qui les forme est branchu sur les deux côtés ; ces antennes ont des barbes, comme celles d'une plume , ou , si on l'aime mieux , des dents comme celles d'un peigne. Nous avons appellé les phalênes qui les portent, *phalênes à antennes en peigne.* Ces phalênes com-posent notre premiere famille , tandis que la seconde renferme les phalênes à antennes filiformes. On voit

que cette diſtinction eſt très-facile à appercevoir. Nous
avouerons cependant qu'il y a quelques cas où l'on riſque
de ſe tromper , ſi l'on n'examine les antennes que légérement. Certaines phalênes ſemblent n'avoir que des antennes ſimples & filiformes , quoique réellement elles
ſoient en peigne. C'eſt ce qui arrive à pluſieurs femelles
de phalênes , dont les mâles portent des antennes en peigne bien barbues , tandis que celles de ces femelles ont
des barbes très-courtes que l'on n'apperçoit qu'avec peine.
Dans ce cas , un Naturaliſte peu verſé ſe trouve fort ſurpris
de voir deux individus de la même eſpéce , dont l'un
paroît avoir des antennes en peigne , & l'autre des antennes ſimples & en filets ; mais s'il examine avec un peu de
ſoin ces dernieres antennes , il verra qu'elles ont des barbes comme celles des mâles , mais beaucoup plus petites.

Outre cette premiere diviſion des phalênes en deux
grandes familles , nous avons encore partagé chaque famille en pluſieurs ordres. La trompe & la poſition des
aîles nous ont ſervi à caractériſer ces ſecondes diviſions.
D'après ces caracteres , nous avons établi trois ordres dans
chaque famille. Un de ces ordres comprend les phalênes
qui n'ont point de trompe , ou qui l'ont ſi courte qu'elle
n'eſt pas ſenſible & qu'elle leur eſt inutile. Ces phalénes
ſont donc *ſans trompe*. Les deux autres ordres renferment
les phalênes qui ont une trompe roulée en ſpirale , & ils
différent l'un de l'autre , en ce que dans l'un les phalênes
portent leurs aîles rabatues & couchées ſur leurs corps , au
lieu que dans l'autre les aîles ſont étendues. Ces trois
ordres de phalênes ſans trompe , & de phalênes avec une
trompe & des aîles ou rabatues ou étendues , ſe trouvent
également dans les deux familles de ce genre , à l'exception d'un ſeul de ces ordres qui ne s'eſt point encore rencontré juſqu'ici dans les phalênes que j'ai examinées. Ce
ſont les phalênes à antennes filiformes ſans trompe. Ce
dernier ordre manque dans la ſeconde famille : peut-être

la fuite fera-t-elle découvrir quelques phalênes qui auront
ce caractere.

Par le moyen de ces différentes divifions & fous-divi-
fions, nous facilitons le travail, & il eft aifé de retrouver
& de rapporter à fa place une phalêne que l'on veut connoître. La forme de fes antennes, fa trompe & la pofition
de fes aîles décident de la famille & de l'ordre où l'on peut
la trouver, & il ne refte que peu d'efpéces à examiner.

Les chenilles des phalênes varient beaucoup pour la
grandeur, la forme & le nombre des pattes. On trouve
dans ce genre des chenilles de prefque toutes les efpéces,
à dix, douze, quatorze & feize pattes. Ces dernieres font
les plus grandes & les plus communes. Celles à dix &
douze pattes font du nombre de celles que nous avons appellées dans le difcours hiftorique qui fe trouve à la tête de
cette feçtion, *chenilles arpenteufes* ou *géométres*. Les phalênes que donnent la plûpart de ces chenilles ont leurs
aîles étendues, & pofées parallèlement au plan de pofition. Ce font fur-tout les arpenteufes à dix jambes, qui
toutes donnent ces phalênes, car pour les autres arpenteufes à douze pattes, elles donnent des phalênes qui varient, tant pour les aîles qui font étendues dans les unes
& rabatues dans les autres, que pour les antennes, qui
font tantôt barbues & tantôt à filets. Parmi ces chenilles
arpenteufes, il y en a de très-fingulieres, foit pour la
couleur, foit pour les tubercules qu'elles portent, foit
enfin pour leurs différentes attitudes. Beaucoup reffemblent à des petites branches, ou à des morceaux de bois
fec, & cette reffemblance peut fervir à fauver plufieurs de
ces infeçtes de la voracité des oifeaux, qui ne les apperçoivent pas fi aifément. D'autres chenilles font très-velues, tandis que plufieurs font tout-à-fait liffes & rafes.
Ces dernieres ont un air plus propre, au lieu que les velues
ont quelque chofe de hideux & même peuvent être nuifi-
bles lorfqu'on les touche. Prefque tout le monde fait
par expérience que ces dernieres chenilles font élever des

ampoulles

ampoulles fur la peau. Mais on s'eft imaginé à tort que ces ampoulles étoient produites par un venin qui fe trouvoit dans les chenilles. Si on fe donnoit la peine d'examiner les chofes fans prévention , on feroit détrompé. Les chenilles ne font point vénimeufes, & les femmes les plus délicates ne craignent fouvent point de toucher un ver-à-foie , qui n'eft cependant qu'une chenille. Mais ce ver-à foie eft liffe & fans poils, auffi ne produit-il point d'ampoulles & de démangeaifons. Il n'y a que les chenilles velues qui foient ainfi malfaifantes , non parce qu'elles font vénimeufes , mais à caufe des poils qui les couvrent. Ces poils fe caffent aifément & fe détachent de l'animal. Comme ils font fort fins , ils s'infinuent dans la peau , & de-là naiffent les démangeaifons que produifent ces chenilles. Jamais une chenille rafe ne produit ce mauvais effet , ce font toujours des chenilles velues.

Toutes les chenilles des phalênes , après avoir changé plufieurs fois de peau , fe filent une coque, dans laquelle elles fe métamorphofent en chryfalides. Mais le tiffu de cette coque , la fineffe du fil qui la compofe , & les diffé-rentes matieres qui font jointes aux fils , varient infini-ment. Rien n'eft plus beau & plus admirable que la coque d'un ver-à-foie , & tout le monde connoît l'utilité de la foie qu'il file. D'autres chenilles font des coques qui appro-chent beaucoup de celle-là , & dont le fil eft feulement plus groffier. Au défaut de la foie , on pourroit employer quelques-unes de ces coques. Mais il y a beaucoup de che-nilles dont la foie n'eft qu'une efpéce de bourre , dont les coques font groffieres & même peu chargées de fils. Quelques chenilles ont fi peu de foie , qu'elles y joignent des matieres étrangeres, des brins de bois, des morceaux de feuilles féches , qui leur fervent à fortifier le tiffu de leur coque. Enfin un grand nombre de chenilles font leurs coques dans la terre , & leur travail ne confifte qu'à lier & joindre enfemble par le moyen de leurs fils différentes petites mottes de terre , dont leur coque eft compofée.

Quand on éleve ces chenilles pour en avoir les phalênes,
il faut avoir foin de leur fournir de la terre dans les boëtes
où elles font renfermées , fans quoi elles périffent faute de
pouvoir faire de coques , ou elles deviennent chryfalides
fans en avoir fait. J'en ai cependant vû quelques-unes, qui
dans ce cas, employoient au défaut de terre les différentes
matieres qu'elles trouvoient , & jufqu'à leurs excrémens ,
dont elles formoient le tiffu de leur coque.

Les chryfalides des phalênes font la plûpart ovales &
allongées. Elles ne font point anguleufes comme celles
des papillons , & ne fe transforment pas auffitót qu'elles
en infectes parfaits. Elles reftent beaucoup plus long-tems
enfermées dans leurs coques ; la plûpart n'éclofent que
l'année fuivante ; j'en ai même vû quelques-unes refter en
coque deux ou trois années de fuite. La chaleur ou le froid
contribuent beaucoup à accélérer ou à retarder leur déve-
loppement. On peut s'en affurer en leur procurant un
certain degré de chaleur douce : par ce moyen , on
voit éclore des phalênes fur fa cheminée au milieu de
l'hiver.

Les phalênes ou les infectes parfaits qui fortent de ces
coques , font ordinairement plus lourds & plus pefans que
les papillons.Leurs couleurs font auffi plus brunes,plus ternes & plus obfcures , quoiqu'il y ait quelques phalênes
dont les couleurs foient fort vives & fort brillantes. Plufieurs de ces phalênes ne volent que le foir : dans le jour
elles fe tiennent en repos , cachées fous quelques feuilles.
C'eft ce qui leur a fait donner par quelques auteurs , le
nom de *papillons de nuit*. Dans l'été , lorfque les fenêtres
font ouvertes le foir , elles entrent dans les appartemens ,
attirées par la lueur des lumieres , autour defquelles on les
voit voltiger. Auffi un moyen fûr pour attraper beaucoup
de phalênes , c'eft d'aller pendant la nuit à leur chaffe dans
quelque bofquet , avec une lanterne allumée. Elles accou-
rent toutes à la lueur de la lanterne , autour de laquelle on
en peut prendre un grand nombre.

Parmi ces phalênes , on obferve une chofe affez remarquable ; c'eft que les femelles de quelques-unes n'ont
point d'aîles. A les voir , on ne les prendroit jamais pour
des phalênes. Elles reffemblent à un gros animal , court , à
fix pattes & rampant , tandis que leurs mâles font aîlés
& agiles. Cependant cet animal fi lourd eft une véritable
phalêne , aifée à reconnoître par fes antennes. Elle a même
des aîles , mais fi courtes que ce ne font que des éminences
fort petites placées au bas du corcelet , & qui paroiffent
tout-à-fait inutiles. Ces phalênes dont les femelles n'ont
point d'aîles , font ordinairement du nombre de celles dont
les antennes font en peigne. Ces femelles non aîlées ont
des antennes femblables , dont les barbes font feulement
plus courtes. Elles ont auffi le corps chargé de ces écailles,
qui font une note caractériftique des infectes de cette
fection.

Nous examinerons dans le détail que nous allons donner , les beautés & les fingularités des différentes efpéces
de phalênes. Ce genre , quoique moins brillant que celui
des papillons , n'en eft pas moins digne d'attention. Quelques phalênes furpaffent de beaucoup en grandeur ce que
nous avons de plus fort en papillons. Le *grand paon* eft une
efpéce de géant , dont la taille reffemble plus à celle d'un
oifeau qu'à celle d'un infecte. Cette efpéce & les deux
autres paons font magnifiquement parés. Leurs aîles qui
paroiffent comme couvertes de fourrure , font ornées de
quatre grands yeux très-finguliers. Leur chenille n'eft pas
moins belle. Les *phalênes-écailles* font celles qui portent
les couleurs les plus vives & les plus brillantes : toutes
viennent de chenilles très-velues. D'autres phalênes ont
certaines notes caractériftiques qui les diftinguent aifément. Tantôt c'eft un port d'aîles , tantôt une autre attitude , d'autres fois quelque figure tracée fur leurs ailes ,
comme on le voit dans le lambda , l'omega , le pfy , &c.
qui ont été ainfi appellés , à caufe des caractères de ces
lettres grecques que leurs aîles repréfentent. Enfin quel-

N ij

ques-unes brillent par l'or & le bronze qui semblent étendus & parsemés sur leurs aîles.

PREMIERE FAMILLE.

PHALENES A ANTENNES EN PEIGNE.

§. I.

PHALENES SANS TROMPE.

1. PHALÆNA *pectinicornis elinguis , alis cinereo-
fuscis , planiusculis , singulis ocello , major.*

Jonst. inst. t. 7. Versus finem.
Reaum. inst. 1 , t. 47 , f. 5 , 6 , fœmina; *t. 48 , f. 3 ,* mas.
Goed. gall. tom. 1 , tab. N.
Rosel. inst. tom. 4 , tab. xv , xvj , xvij.

Le grand-paon de nuit.
Largeur 5 ½ pouces. Longueur 2 pouces.

Le grand paon, la plus grande de toutes les phalènes de
ce pays-ci, a de grandes antennes pectinées de couleur un
peu fauve. Ses aîles sont en-dessus brunes , ondées & variées , avec un peu de gris dans le milieu , & une bordure
large d'une ligne , de couleur grise jaunâtre. Le dessous est
plus gris , mais les bouts des aîles ont avant la bordure une
large bande brune. Les quatre aîles , tant en-dessus qu'en-
dessous , ont chacune un grand œil. Ces yeux sont noirs ,
entourés d'un cercle fauve ; puis en haut d'un demi-
cercle blanc & d'un autre rougeâtre ; & enfin l'œil est terminé par un cercle entier de couleur noire. Sur le milieu
de l'œil , passe transversalement une petite ligne blanchâtre. La femelle semblable au mâle , a les antennes moins
pectinées & moins barbues , & elle est d'une couleur
plus grise , plus fade & plus claire. Ces phalènes sont
grandes , fortes , elles ont l'air fourré , & quand elles
volent on est tenté de les prendre pour des oiseaux. La
chenille qui les produit est d'un beau vert clair , avec des
tubercules d'un beau bleu d'émail, lisses & brillans , qui

donnent naiſſance à quelques poils. Ces tubercules ſont rangés au nombre de ſept ou huit autour de chaque anneau du corps. On trouve cette chenille ſur l'abricotier ; le pêcher, le prunier & quelques autres arbres fruitiers ; ſa coque eſt brune, groſſe, dure, formée par de gros fils. Souvent l'inſecte fait cette coque ſous les rebords des toîts & des murs.

2. P H A L Æ N A *pectinicornis elinguis , alis cinereo-fuſcis planiuſculis , ſingulis ocello , minor.*

Linn. ſyſt. nat. edit. 10 , *p.* 496 , *n.* 6. Phalæna bombyx elinguis , alis patulis rotundatis griſeo nebuloſis ſubfaſciatis, ocello nictitante ſubfeneſtrato.
Mouffet. lat. p. 90. Phalæna tertia.
Reaum. inſ. 1 , *t.* 49 , *f.* 7.

Le paon moyen.

Le paon moyen eſt tout-à-fait ſemblable au grand paon pour la forme & les couleurs , & paroît n'en différer que pour la grandeur , enſorte qu'on ſeroit tenté de le regarder comme une ſimple variété , ſi la différence de ſa chenille ne faiſoit voir qu'il eſt une véritable eſpéce. Cette chenille eſt verte , a ſeize pattes , avec des tubercules couleur de roſe , beaucoup plus chargés de longs poils , qui ſe terminent au bout par un petit bouton ; de plus , elle a des anneaux fauves ou rougeâtres. On la trouve ſur les arbres fruitiers.

3. P H A L Æ N A *pectinicornis elinguis alis planiuſculis ferrugineo luteoque variis , ſingulis ocello , faſciaque fuſca.* maſ.
Planch 12 , fig. 1 , 2.

Reaum. inſ. 1 , *t.* 50 , *f.* 9 , 10.
Merian. europ. 1 , *t.* 13.
Allin. inſ. t. 15.

3. P H A L Æ N A *pectinicornis elinguis alis planiuſculis cinereis in medio albidis , ſingulis ocello , faſciaque fuſca.* fœmina.
Planch. 12 , fig. 3.

Jonſt. inſ. t. 7 , *f.* 6.
Reaum. inſ. 1 , *t.* 50 , *f.* 4 , 5.
Merian. europ. 1 , *t.* 23.

Linn. faun. ſuec. n. 835. Phalæna pectinicornis elinguis , alis planiuſculis cinereis , ſingulis ocello , faſciaque fuſca , (fœmina.)

Raj. inf. 146 , *n.* 1. Phalæna major pulchra , maculis ophtalmoïdibus in
    alis fingulis.

Raj. inf. 147. Eruca viridis rarius pilofa , tuberculis fulvis feu rubentibus in
    mediis annulis , geranicola mouff. 180.

De Geer. mem. 1 , *p.* 697 , *t.* 19 , *f.* 7 , 8. Phalêne à antennes à barbes fans
    trompe , à tache noire en œil fur chaque aîle.

De Geer. ibid. p. 270 , *t.* 19 , *f.* 1 ——— 12.

Rofel. inf. vol. 1 , *tab.* 5 , *f.* 12 , fœmina. 13 . maf. *claff.* 2. Papil. nocturn.

Le petit paon.
Largeur 2 pouces 5 lignes. *Longueur 11 lignes.*

Le mâle & la femelle de cette phalêne font fort différens l'un de l'autre : nous allons commencer par décrire la
femelle.

Ses antennes font peu pectinées & de couleur jaunâtre.
Ses aîles font plus grandes que celles du mâle , leur fond
eft blanc , pointillé de noir en plufieurs endroits qui
paroiffent gris. Le milieu de chaque aîle eft blanc , & c'eft
à cet endroit qu'eft placé l'œil , dont le fond eft noir , avec
un cercle un peu fauve. Vers la bafe de chaque aîle , eft
une bande un peu rougeâtre , & vers le bout des aîles fupérieures , il y a une tache de même couleur. Le deffous
des aîles eft femblable au deffus.

Le mâle a fes antennes beaucoup plus pectinées que
celles de la femelle. Ses aîles fupérieures font en - deffus
d'un brun rouge , avec une tache blanche dans leur milieu , fur laquelle fe trouve l'œil , comme dans la femelle ;
en - deffous ces aîles font jaunes , & ont feulement une
tache rouge vers le bout de l'aîle. Au contraire , les aîles
inférieures font jaunes en - deffus , & en - deffous d'un
rouge vineux , avec un peu de blanc autour de l'œil. Le
bord des quatre aîles a une frange de couleur grife. La
chenille de cette phalêne reffemble tout - à - fait à celle
du paon moyen & vient fouvent fur la ronce & le
rofier.

4. **PHALÆNA** *pectinicornis , elinguis , alis albo-
cinereis , ftriis tranfverfis nebulofis nigris ; abdomine
annulis albis.*

Linn. syst. nat. edit. 10, p. 504, *n.* 40. Phalæna bombyx elinguis ; alis deflexis nebulosis, thorace fascia postica atra.
Linn. faun. suec. n. 811. Phalæna subulicornis elinguis, alis depressis nebulosis, abdomine annulis albis.
Mouff. lat. p. 196, *f.* 1. Sphondyla rubra.
Merian. europ. 3, p. 58, *t.* 36. gallic. *t.* 137. & 171.
List. goed. p. 105, *f.* 39.
Goed. gall. tom. 3, *tab.* 33.
Albin. inst. t. xxxv. f. 56.
Reaum. inf. 6, *t.* 17, *f.* 1, 3, 4, 5.
Frisch. germ 7, p. 1, *t.* 1. Eruca terrestris magna.
Raj. inf. 150, *n.* 2. Phalæna grandis, alis cinerascentibus, lineolis creberrimis nigricantibus variis, abdomine annulis transversis nigris & albis versicolore.
Raj. ibid. p. 351, *n.* 25. Eruca maxima subterranea, raris pilis obsita, supina parte tota, excepto capite, rufa, prona flava.
De Geer. mem. 1, p. 30, *t.* 2, *f.* 9, 10.
Rosel. inf. vol. 1, *tab.* 18, *class.* 2, Papil. nocturn.

Le cossus.

Longueur 15 *lignes.*

Cette grande phalêne est toute de couleur blanchâtre cendrée ; les anneaux de son ventre chargés de la même couleur, forment des bandes transverses. Les aîles supérieures dont le fond est plus blanc par endroits, sont comme striées d'une quantité de petites lignes noires transverses irrégulieres qui se joignent souvent & se confondent ensemble.

La chenille de cette phalêne est de la longueur du doigt, rougeâtre, nue, semblable à un ver, avec la tête & les machoires écailleuses. Elle a seize pattes & très-peu de poils éloignés les uns des autres. Elle vit dans l'intérieur des saules qu'elle perce & dont elle ronge le bois. C'est dans ce même endroit qu'elle file sa coque. Il semble que la peau de cette chenille est trop délicate pour qu'elle reste nue & exposée à l'air. Aussi, si on la tire de l'intérieur du saule, elle se file aussitôt une toile dans laquelle elle s'enferme, & sur laquelle elle s'appuye pour percer l'arbre afin de s'y renfoncer. Elle dépose ses œufs entre l'écorce & le bois sec à moitié pourri. Cette chenille rend par la bouche une liqueur grasse & huileuse, d'une odeur extrêmement forte & désagréable ; qui paroît fournie par un vaiſſeau délié qui aboutit à la tête , & dans lequel vont ſe décharger deux veſſies longues & cylindriques contenues dans le corps de l'animal. L'uſage de cette liqueur pénétrante eſt incertain. Serviroit-elle à amollir le bois dont l'inſecte doit ſe nourrir , ou le rendroit-elle plus propre à ſervir d'aliment & de nourriture ? C'eſt ce qu'il s'agiroit d'examiner.

N. B. Cette phalêne a ſes antennes bien pectinées , quoique M. Linnæus l'ait rangée parmi les ſphinx , dont les antennes ſont priſmatiques. Quant à la citation de Pline que donne M. Linnæus , je doute que ce coſſus ſoit celui de Pline & des anciens , quoiqu'il y ait pluſieurs reſſemblances : mais le paſſage de Pline eſt ſi obſcur , qu'on ne peut ſavoir préciſément ſi cette chenille eſt le coſſus que les anciens ſervoient ſur leur table comme un aliment très-délicat. Je penſerois plutôt que ce ſeroit le ver palmiſte qui eſt la larve du grand charanſon du palmier.

5. P H A L Æ N A *pectinicornis elinguis , alis deflexis albidis diaphanis , vaſis obſcuris. Linn. faun. ſuec. n.* 819.

Linn. ſyſt. nat. edit. 10 *, p.* 499 *, n.* 16 Phalæna bombyx *vinula.*
Mouffet. lat. p. 183 *, f.* 10. Vinula.
Aldrov. inſ. p. 268 *, f.* 1 , 3 , 6 , 7 , 8.
Merian. europ. 3 *, p.* 59 *, t.* 39. *gallice t.* 140.
Liſt. goed. p. 56 *, f.* 20. a. b. c.
Goed. gall. tom. 3 *, fig.* 37. *ſuperior. & tom.* 1 *, fig.* C.
Albin. inſ. t. 11 *, fig.* 15.
Friſch. germ. 6 *, p.* 18 *, t.* 8. Eruca cauda furcata.
Reaum. gall. 2 *, t.* 21.
Raj. inſ. 153 *, n.* 5. Phalæna major pulcherrima , alis amplis , exterioribus cinereis maculis & lineis nigris eleganter depictis.
—— *ibid. n.* 3. Eruca bicauda elegantiſſima.
De Geer. mem. 1 *, p.* 16 *, t.* 2 *, f.* 1 —— 8. Chenille à queue fourchue.
Ibid. p. 318 *, t.* 23 *, f.* 1 —— 15.
Ibid. p. 698 *, t.* 23 *, f.* 12. Phalêne à antennes à barbes , ſans trompe , cendrée à nuances noires , à ailes velues & dont le corcelet eſt à points noirs.
Roſel. inſ. vol. 1 *, tab.* 19 *, claſſ.* 2. Papil. nocturn.

La queue fourchue.

Cette

Cette phalêne n'a rien de bien fingulier. Elle eft d'une couleur cendrée , avec les nervures de fes aîles noires & fon corcelet pointillé de noir. Mais la chenille qui produit cet infecte eft très-remarquable. Elle eft grande , rafe, de couleur verte , a quatorze pattes , elle retire fa tête fous une efpéce d'angle que forment fes premiers anneaux ; on voit fur fon dos deux grandes taches brunes , terminées par des lignes qui fe croifent ; & enfin , fa queue eft terminée par deux longues appendices ou efpéces de fouëts. Cette chenille qu'on trouve fur le faule & le peuplier , a encore une autre propriété. C'eft de feringuer une liqueur par une ouverture particuliere qu'elle a en-deffous du corps entre la tête & la premiere paire de pattes. Cette liqueur qui fort d'une veffie ovale , eft claire , tranfparente & d'une odeur forte , comme celle que répandent les groffes fourmillieres des bois. M. de Geer dit que quelques gouttes de cette liqueur lui étant entrées dans l'œil , elles lui cauferent une douleur cuifante , mais de peu de durée. Quelques bupreftes , lorfqu'on les preffe , jettent pareillement une liqueur acre , qui pique vivement les yeux & même les levres lorfqu'il en tombe quelque goutte.

6. **PHALÆNA** *pectinicornis elinguis , alis deflexis ; fuperioribus flavis , maculis fufcis ; inferioribus rubris , nigro maculatis.*

Linn. Jyft. nat. edit. 10 , *p.* 505 , *n.* 45. Phalæna bombyx *fpirilinguis* (non) alis deflexis , fuperioribus flavis fufco punctatis , inferioribus rubris nigro maculatis.
Albin. inf. t. 22.
Merian. europ. 1 , *t.* 6.
Rofel. inf. vol. 1 , *tab.* 10 , *claff.* 2. Papil. nocturn.

L'écaille mouchetée.
Largeur 23 lignes. *Longueur* 10 lignes.

Cette belle phalêne a le corps jaune , affez gros , tacheté d'une rangée longitudinale de points noirs fur le milieu du ventre. Les aîles fupérieures en - deffus font jaunes , avec un grand nombre de petites taches brunes. J'en ai compté jufqu'à vingt-deux de différentes grandeurs. Les aîles inférieures font en-deffus d'un beau rouge couleur de cerife, avec cinq ou fix grandes taches d'un noir foncé. En-deffous, les aîles fupérieures font jaunes, bordées en-haut d'un peu de rouge, & chargées, à la diftance d'une ligne environ du bord, d'une large raie rouge, qui forme comme un fecond bord. Sur cette bande les taches font noires, & fur le refte de l'aîle, elles font brunes comme en-deffus. Les aîles inférieures en-deffous font jaunes, lavées d'un peu de rouge, avec une bande noire vers leur bafe ; & dans le refte, elles ont cinq taches noires un peu allongées. La chenille de cette phalêne a feize pattes. Elle eft velue & on la trouve fur la renoncule.

7. **PHALÆNA** *pectinicornis elinguis, alis deflexis, fuperioribus atris, areis flavefcentibus, inferioribus luteis nigro maculatis, abdomine rubro.*

Linn. fyft. nat. edit. **10**, *p.* **501**, *n.* **24.** Phalæna bombyx elinguis alis deflexis atris, maculis octo albidis, inferioribus fulvis nigro maculatis.

Reaum. inf. **1**, *t.* **31**, *f.* **4**, **5**, **6.**

Albin. inf. t. xxj. f. **C. D.**

Petiver. gazoph. t. **33**, *fig.* **10; 12.**

Frifch. germ. **10**, *p.* **3**, *t.* **2.** Papilio maculis alarum fuperiorum albis & nigris, inferiorum aurantio-luteis, abdomine rubro.

Raj. inf. **156**, *n.* **4.** Phalæna media, alis oblongis, exterioribus nigris, maculis majufculis ochroleucis illitis, interioribus luteis, maculis nigris depictis.

Bibliot. reg. Parif. p. **14**, *f. omnes.*

L'écaille marbrée.
Longueur 1 pouce.

Sa tête & fes antennes font d'un noir matte & velouté. Son corcelet eft de la même couleur, avec une tache triangulaire d'un blanc jaunâtre de chaque côté fur les épaules, devant l'attache des aîles. Les aîles fupérieures en-deffus font noires, avec de grandes taches d'un blanc jaunâtre au nombre de huit ; favoir, une longue triangulaire à la bafe, enfuite deux à côté l'une de l'autre de forme ovale, puis deux petites, l'une longue & l'autre ronde, enfuite deux fort larges, & enfin une prefque quarrée tout en bas. En-dessous, ces aîles sont pareillement noires, avec les mêmes taches, & de plus, un peu de rouge couleur de feu vers le bord extérieur de l'aile. Les aîles inférieures sont jaunes en-dessus, avec plusieurs taches noires, dont quatre sont plus grandes que les autres & de forme allongée. En-dessous elles sont semblables au dessus, à l'exception de tout le bord extérieur qui est couleur de feu. Le corps de l'insecte est noir en-dessous, rouge vif en-dessus & sur les côtés, avec une bande longitudinale de points noirs sur le dessus du ventre, & une autre de chaque côté. La base des cuisses est de même couleur de feu.

On voit par ce détail que la phrase & la description de M. Linnæus ne conviennent guères à cette phalêne, quoiqu'il donne plusieurs des citations que nous marquons. Elle n'a point, comme il le dit, des taches noires avec des bandes blanches, mais elle est noire avec des taches blanchâtres. Il sembleroit avoir voulu désigner plutôt une autre espéce que nous appellons *la phalêne chinée*, dont nous parlerons plus bas, mais qui n'a point les antennes pectinées.

La chenille de cette phalêne est velue. Elle a seize pattes : on la trouve sur l'orme.

N.B. Cet insecte donne une variété qui en différe ; 1°. en ce que son ventre est par-tout d'un très-beau rouge de carmin sans mélange de jaune, seulement avec une bande noire longitudinale dans son milieu, & l'extrémité de ce même ventre noire ; 2°. par les taches des aîles supérieures qui sont en bien moindre quantité sur le fond noir. Il n'y a que cinq grandes taches, & quatre ou cinq fort petites ; 3°. en ce que les aîles inférieures, au lieu d'être jaunes, sont d'un très-beau rouge vif & éclatant, avec trois grandes taches noires sur chaque aîle, au lieu de la grande quantité de taches plus petites qu'on remarque dans l'espéce ci-dessus.

8. PHALÆNA *pectinicornis elinguis, alis deflexis;
superioribus fuscis, rivulis albis; inferioribus purpureis, punctis sex nigris. Linn. faun. suec. n. 820.*

Linn. *syst. nat. edit.* 10, *p.* 500, *n.* 22. Phalæna bombyx *caia.*
Aldrov. inf. p. 246, *f.* 11, 12.
Mouffet. lat. p. 93, *n.* 18, *f.* Suprema.
———— *ibid. p.* 186, *f.* 2. Ambulo fecundus.
Hoffn. inf. t. 14, *f.* 11, *edit. alt.* 3, 4, 9.
Lift. goed. p. 219, *f.* 99.
Goed. gall. tom. 2, *fig. xvij.*
Merian. europ. 1. *p.* 2, *t.* 5. & 160.
Albin. inf. t. 20, *f.* C. D.
Frifch. germ. 2, *p.* 38, *t.* 9. Eruca urfina.
Reaum. inf. 1, *t.* 36, *f.* 1 —— 7.
Raj. inf. p. 151, *n.* 3. Phalæna major, alis amplis oblongis, albicante & fufco
    coloribus pulchre variegatis, interioribus rutilis cum maculis nigris.
Raj. ibid. p. 152, *n.* 7. Eruca denfius pilofa magna, pilis longiffimis incanis
    fulvis & nigris varia, cum punctorum albentium lineis annularibus.
Biblioth. reg. Par. p. 13, *f.* 1 —— 8. & *p.* 16, *f.* 1. Papilio purpurafcens circulis
    atro-cœruleis notatus, alis flavefcentibus virgatis, cum maculis fufcis.
De Geer. mem. 1, *p.* 696, *t.* 12, *f.* 8, 9. Phalène à antennes à barbes fans
    trompe, dont les aîles fupérieures font brunes & blanches, & les inférieures
    rouges à grandes taches noires.
Rofel. inf. vol. 1, *tab.* 1, *claff.* 2. Papil. nocturn.

L'écaille martre ou heriffonne.
Longueur 1 *pouce.*

Son corcelet eft brun, avec un collier rouge fur le
devant. Ses aîles fupérieures font brunes, couvertes de
bandes finuées blanches qui forment comme des ruiffeaux; ces bandes font bien plus larges dans les mâles que
dans les femelles. Le ventre & les aîles inférieures font
d'un rouge un peu oranger. Sur le milieu du ventre en-
deffus, font quatre ou cinq taches noires affez larges rangées en bandes longitudinales, une fur chaque anneau.
Les aîles inférieures font chargées chacune de fix taches,
tant grandes que petites, d'un noir bleuâtre. Le deffous de
l'infecte eft femblable au deffus, fi ce n'eft que le bord extérieur des aîles fupérieures eft un peu rouge.

La chenille de cette phalêne eft très-velue, chargée de
tubercules, & fes poils font fort longs, c'eft ce qui l'a fait

appeller la martre ou la hériffonne. Quelques-uns la nomment le lievre , parce qu’elle marche affez vîte. Elle a
feize pattes. Ses poils font de couleur fauve , & fur les côtés de chaque anneau de fon corps , il y a un point blanc.
Elle vient fouvent fur l’orme. Ses œufs font de couleur
verte.

9. PHAL Æ N A *pectinicornis elinguis , alis deflexis ,
superioribus albis , rivulis tranfverfis nigris , inferioribus rofeis , macula triplici nigra.

Frifch. germ. 7 , t. 9.

L’écaille couleur de rofe:
Longueur 10 *lignes.*

Ses aîles fupérieures font blanches , avec des bandes
noires bordées d’un peu de jaune aurore. Ces bandes font
tranfverfes & au nombre de cinq : mais la quatriéme
eft divifée en deux par le milieu , & la cinquiéme borde
l’aîle. Les aîles inférieures font d’une belle couleur
de rofe , bordées en-bas d’un peu de noir , avec trois
taches longues ou bandes noires , dont une eft beaucoup
plus petite que les deux autres. Le corps de la phalêne eft
noir , lavé d’un peu de rouge. Elle eft rare , je ne l’ai
pas rencontrée fouvent & je n’ai jamais trouvé fa chenille.

10. PHAL Æ N A *pectinicornis elinguis , alis deflexis ,
*superioribus fufcis , maculis luteis , inferioribus rubris ,
maculis quatuor nigris.*

L’écaille brune.
Longueur 8 *lignes.*

Cette jolie efpéce a les antennes d’un brun clair , couleur de caffé pâle , ainfi que fes aîles fupérieures. Sur
ces aîles , font des taches irrégulieres d’un beau jaune
citron , au nombre de fept fur chacune ; favoir, une petite
en-haut près le bord extérieur , une autre vis-à-vis le bord
intérieur , beaucoup plus grande & allongée , une troi

fiéme vers le milieu du bord extérieur presque toute ronde & petite, & une semblable vis-à-vis, près le bord intérieur. Ensuite vers le bas de l'aîle, il y en a deux plus grandes & irrégulieres, dont une est plus grande encore que l'autre, c'est celle qui est au bas de l'aîle proche le bord intérieur. Enfin, il y en a une septiéme petite comme un point & presqu'imperceptible tout au bas de l'aîle, près le milieu du bord inférieur. Les aîles de dessous sont rouges, avec quatre grandes taches noires ; une vers le haut de l'aîle qui forme une bande transverse ; une plus petite qui tient au milieu du bord extérieur ; une troisiéme plus grande qui se joint au bas du bord intérieur, & une qua-triéme qui borde la moitié extérieure du bas de l'aîle. Les poils de la tête sont rougeâtres, ainsi que les pattes. Le dessus du corcelet & du ventre est brun, & leurs côtés ont des poils jaunes. Je ne connois point la chenille de cette jolie phalêne.

11. PHALÆNA *pectinicornis elinguis, tota rufa, alarum margine serrato.*

Linn. syst. nat. edit. 10, *p.* 497, *n.* 8. Phalæna bombyx elinguis, alis reversis dentatis ferrugineis, margine postico nigris.
Raj. ins. 141, *n.* 1. Phalæna maxima, tota obscure rufa antennis plumosis, capite grandi, alis interioribus, cum sedit, ultra exteriores extantibus & sur-sum reflexis.
Albin. ins. t. xvj.
Merian. europ. 1, *t.* 3, 2.
Frisch. germ. 3, *t.* 1, *tertii ordinis, fig.* 4.
Reaum. ins. 2, *t.* 23, *f.* 1, 2, 3, 4, 10.
Biblioth. reg. Par. p. 21, *f. omnes.*
Rosel. ins. vol. 1, *tab.* 41, *class.* 2. Papil. nocturn.

La feuille morte.
Longueur 15 *lignes.*

Sa tête est grande, grosse & avance en pointe. Tout son corps & ses aîles sont d'une couleur brune rougeâtre. Les bords des aîles sont dentelés. Une particularité de cette phalêne peu brillante d'ailleurs, est son port d'aîles. Lorsqu'elle est en repos, elle tient ses aîles supérieures

parallèles au plan de position, & les inférieures relevées &
presque perpendiculaires. En même tems ses antennes sont
couchées le long de son corps, enforte que cette figure
singulière, jointe à sa couleur tannée & à la dentelure de
ses ailes, la fait tout-à-fait ressembler à un paquet de
feuilles mortes & seches : peut-être évite-t-elle par-là
d'être apperçue des oiseaux, qui cherchent à se nourrir des
papillons & des phalênes & qui leur font la chasse. Sa chenille vient sur le gazon ; (*gramen.*)

Cette chenille est grande, longue ; elle a seize pattes ;
sa couleur est d'un gris de souris, & elle a des appendices
charnues de chaque côté au bas de chaque anneau. Elle est
un peu velue. Les œufs de l'insecte sont fort jolis. Ils sont
d'un bleu d'émail, entourés de cercles & de bandes brunes comme des petits barils.

12. PHALÆNA *pectinicornis elinguis, pallido-rufa,
crista dorsali nigra.*

La crête de coq.
Longueur 8 lignes.

Elle est toute de couleur fauve pâle, imitant celle
qu'on appelle ventre de biche. Son port d'ailes est singulier.
Elle porte ses ailes en toît très-aigu, & presque perpendiculaires au plan de position, & à la jonction de ces ailes
sur le milieu du dos, est une crête velue de couleur noire,
qui donne naissance à deux petites raies noires qui s'étendent de chaque côté sur les ailes, mais qui se terminent
vite. Le bout postérieur des ailes est aussi relevé en crête,
comme on le voit dans beaucoup de teignes.

13. PHALÆNA *pectinicornis elinguis rufa, alis
rotundatis fascia pallidiore, superioribus puncto albo.*

Linn. syst. nat. edit. 10, *p.* 498, *n.* 13. Phalæna bombyx elinguis, alis reversis
ferrugineis, striga flava, punctoque albo.
Raj. ins. p. 142, *n.* 2. Phalæna maxima fulva, alarum exteriorum superiore
medietate intensius colorata, cum macula in medio alba, inferiore dilu-
tiore.

Leche. nov. inf. fpec, n. 59. Phalæna pe&tinicornis elinguis , alis fulvis , fafcia
　flava , punctoque albo. *maf.*
Goed. gall. tom. 2 , *tab. vij.*
Lift. goed. n. 88.
Mouffet. lat. p. 92 , *n. 9, f.* 1 , 2.
Albin. inf. t. 18.
Merian. europ. 1 , *t.* 10.
Reaum. inf. 1 , *t.* 35 , *f.* 1 , 3 , 4 , 7 , 8.
Frifch. germ. 10 , *t.* 10.
Biblioth. reg. Par. p. 22 , *f. omnes.*
Rofel. inf. vol. 1 , *tab.* 35 , *claff.* 2. Papil. no&turn.
L'amir. inf. tab. 31.

Le minime à bande.
Longueur 1 *pouce* 9 *lignes.*

Le mâle a les antennes larges , très-pe&tinées & de couleur brune rougeâtre. En-deffus , fon corps eft de la
même couleur , ainfi que la moitié fupérieure de fes aîles.
Sur cette moitié dans les aîles de deffus , fe trouve un
point blanc de forme ronde. La moitié inférieure des aîles
eft d'une couleur claire jaune , mais fur les fupérieures le
bord eft encore brun , enforte que le jaune ne forme
qu'une bande. Le deffous de l'infe&te eft femblable au
deffus , fi ce n'eft qu'en-deffous le corps eft jaune , ainfi
que les pattes.

La femelle de près d'un tiers plus grande que le mâle ,
a les antennes moins pe&tinées. Elle eft toute de couleur
jaune , avec le point blanc fur les aîles fupérieures , & une
bande un peu plus claire à l'endroit où fe trouve la bande
jaune dans le mâle.

La chenille de cette phalêne eft velue , avec des anneaux d'un noir foncé. Elle a feize pattes : on la trouve fur
le charme , l'orme , le cornouillier , le grofelier & quelques-autres arbres.

14. PHALÆNA *pe&tinicornis elinguis , alis deflexis*
albis , fafcia quadruplici tranfverfa nigra , acute undu-
lata.

Linn. fyft. nat. edit. 10 , p. 501 , *n.* 27. Phalæna bombyx elinguis , alis deflexis ;
　mafculis grifeo fufcoque nebulofis ; fœmineis albidis , lituris nigris.

Frifch.

Frifch. germ. 1 , *p.* 14, *t.* 3.
Merian. europ. 1 , *t.* 18.
Reaum. inf. 2 , *t.* 1 , *f.* 11 , 14 , 15. & 1 , *t.* 46 , *f.* 5.
Biblioth. reg. Par. p. 27 , *f. omnes.*
Rofel. inf. vol. 1 , *tab.* 3 , *claff.* 2. Papil, nocturn.

Le zig-zag.
Longueur 1 *pouce.*

Ses antennes font noires & très-pectinées, fur-tout celles
du mâle. Son corps & fes aîles font d'un blanc gris. Sur les
aîles, font quatre bandes tranfverfes noires ondulées en
angles ou zig-zag, & de plus, quelques marques noires
tranfverfes à la bafe de l'aîle, formant une cinquiéme
petite bande. Le bord inférieur de l'aîle eft ponctué de
noir, & il y a un point pareillement noir au milieu de
l'aîle entre la troifiéme bande tranfverfe & la quatriéme
en remontant. Les aîles inférieures & le deffous des aîles
font tout gris. La femelle a fouvent un très-gros ventre
chargé à l'extrémité de beaucoup de duvet de couleur
châtain, qui lui fert à couvrir les œufs qu'elle pond.

Sa chenille eft velue, & a auprès de la tête des aigrettes
de poils qui lui forment comme des oreilles. Son corps eft
couvert de tubercules ronds élevés, de couleur fauve. On
la trouve fur le chêne & fur l'orme. Elle a feize pattes.

N. B. La couleur de cette phalêne varie, du moins
pour le mâle : il eft quelquefois d'un brun cendré, avec
quatre bandes tranfverfes ondulées plus foncées. J'ai rencontré affez fouvent cette variété qui eft plus petite de
moitié.

15. PHALÆNA *pectinicornis elinguis, alis deflexis,*
cinereo - undulatis, fafciis tranfverfis obfcurioribus,
capite inter pedes porrectos. Linn. faun. fuec. n. 828.

Linn. fyft. nat. edit. 10 , *p.* 503 , *n.* 35. Phalæna bombyx *pudibunda.*
Merian. europ. 47.
Reaum. inf. 1 , *t.* 33 , *f.* 4, 5, 10, 11, 12.
Lift. Goed. p. 191 , *f.* 81.
Raj. inf. 185 , *n.* 7. Phalæna media cinerea , alis oblongis , exterioribus qua-
tuor lineis nigricantibus tranfverfis diftinctis.

Tome II. P

Raj. ibid. 344 , *n.* 9. Eruca major pulcherrima pilofa è viridi flavicans, quatuor
in medio dorfo fcopulis è flavo albicantibus , cum purpureo penicillo longiore fupra caudam.

De Geer. mem. 1 , *p.* 697 , *t.* 16 , *f.* 11 , 12. Phalêne à antennes barbues ,
brun-jaunâtres , fans trompe : gris-blanchâtre , à quelques raies tranfverfales ,
ondées , brunes.

De Geer. ibid. p. 243 , *t.* 16 , *f.* 7 , 20. La chenille.

L'amir. inf. tab. 18.

'La patte étendue.
Longueur 1 *pouce.*

Le mâle a fes antennes très-peƈtinées ; celles de la
femelle le font moins ; dans l'un & dans l'autre elles
font brunes. Les aîles du mâle font de couleur cendrée ,
avec plufieurs bandes tranfverfes larges , ondulées , peu
diftinƈtes & de couleur noirâtre. Celles de la femelle font
d'un gris plus clair , avec plufieurs bandes ondées & tranfverfes , dont trois font plus noires & plus marquées que les
autres. En-deffous , les aîles font d'un gris blanc , avec une
feule bande tranfverfe noire & un point de même couleur
dans leur milieu. Mais une fingularité de cette phalêne qui
la fait aifément reconnoître , c'eft la maniere dont elle
porte fes pattes antérieures étendues devant fes antennes ,
ayant la tête entre les cuiffes de ces pattes.

Sa chenille n'eft pas moins remarquable. C'eft une de
celles que l'on appelle *chenilles à broffes.* Elle eft velue
d'un jaune verdâtre , avec quatre broffes ou aigrettes coupées tranfverfalement de couleur jaune blanchâtre , rangées le long du dos. Elle a de plus un long pinceau de
poils de couleur rouge pofé fur la queue. Ses pattes font
au nombre de feize. On la trouve fur le poirier , l'abricotier & quelques-autres arbres.

16. PHAL ÆNA *peƈtinicornis elinguis , alis deflexis
pallidis , fafcia alarum tranfverfali faturatiore. Linn.
faun. fuec. n.* 824.

Goed. gall. tom. 2 , *fig.* X.

Lift. Goed. 204 , *t.* 89.

Raj. inf. 213 , *n.* 6. Eruca fepiaria gregaria major , pulchre colorata.

Mouff. lat. 188. Neuftria major , (larva.)

Merian. europ. 1 , p. 12 , t. 33.
Frifch. germ. 1 , p. 10 , t. 2. Eruca annularis.
Reaum. inf. 2 , t. 4 , f. 1 — 11. & t. 5 , f. 7. Eruca.
De Geer. mem. p. 8 , t. 1 , f. 1 — 4.
Rofel. inf. vol. 1 , tab. 6 , claff. 2. Papil. nocturn.
Biblioth. reg. Par. p. 28 , f. omnes.

La livrée.
Longueur 8 lignes.

Sa couleur eft d'un blanc jaunâtre terne , avec une bande tranfverfe plus brune fur le milieu de fes aîles , terminée
en-haut & en-bas par deux raies brunes.

Sa chenille eft très-belle , longue , prefque rafe & elle a
feize pattes. Elle eft couverte de bandes longitudinales
bleues & jaunes , ce qui reffemble aux couleurs d'un habit
de livrée. Elle vient par troupes , & fouvent mange & détruit tout , s'accommodant de tous les arbres. Elle dépofe
fes œufs autour d'une branche d'arbre tout à l'entour &
par anneaux , & en fi grande quantité que quelquefois
tout le tour d'une branche en eft couvert dans la longueur
de près d'un pouce.

17. P H A L Æ N A *pectinicornis elinguis , alis deflexis ,*
fuperioribus fafciis pallido - flavis nigrifque alternis
longitudinalibus , inferioribus croceis fafcia marginali
nigra.

Merian. europ. 1 , tab. 5.
Rofel. inf. tom. 4 , tab. xxj. f. a , b , c , d.

La phalêne chouette.
Longueur 5 , 7 lignes.

Ses antennes font noires & bien pectinées. Son corps eft
pareillement noir avec un peu de jaune. Ses aîles fupérieures font d'un gris jaunâtre , couvertes de fept ou huit
raies longitudinales noires ferrées l'une contre l'autre. Vers
le bout , une partie de ces raies fe courbe & forme une
efpéce de lunule. Les aîles inférieures font d'un beau jaune , bordées du côté extérieur & en-bas par une large
bande noire , après laquelle eft une petite bande jaune qui

termine l'aîle à peu près comme dans la phalêne-hiboü.
De plus fur le milieu de l'aîle , il y a une efpéce de
croiſſant noir qui part de la bande du bord extérieur. L'infeĉte porte fes aîles roulées autour de fon corps. Il vient
d'une chenille à feize pattes un peu velue , dont la couleur
eſt noire , avec une large bande longitudinale jaune &
quelques poils de même couleur.

18. **PHALÆNA** *peĉtinicornis elinguis tota alba , alis
deflexis , bombyx diĉta.*

Linn. ſyſt. nat. edit. 10 , *p.* 499 , *n.* 18. Phalæna bombyx elinguis , alis reverſis
    pallidis , ſtrigis tribus obſoletis.
Linn. faun. ſuec. n. 832. Phalæna peĉtinicornis elinguis , bombyx diĉta.
Aldrov. inſ. 280 — 282 , 246 , *f.* 2 , 3.
Jonſt inſ. t. 22. Papilio bombyx.
Mouffet. lat. 181. Bombyx.
Merian. europ. 1 , *p.* 1 , *t.* 1.
Liſt. Goed. 84 , *f.* 32.
Charlet. onom. 40. Papilio bombycum.
All. inſ. t. 12 , *f.* 16.
Reaum. inſ. 1 , *t.* 4 , *f.* 14. & 2 , *t.* 5 , *f.* 2.
Roſel. inſ. vol. 3 , *ſupplem. tab.* 7 , 8 , 9 , *claſſ.* 1. Papil. noĉturn.
L'amir. inſ. tab. 9.

Le ver-à-ſoie.

Nous ne nous arrêterons point à décrire, ni la chenille ,
ni la phalêne du ver-à-ſoie qui font très-connues. On ſait
que cet infeĉte fe nourrit du mûrier , & perſonne n'ignore
la beauté du travail de ſa coque qui nous fournit ſi abon-
damment la foie. Quoique cette phalêne vienne des pays
chauds & qu'elle ne foit point naturelle à ce pays-ci , nous
avons cru devoir en faire mention , parce que beaucoup
de perſonnes l'élevent & la nourriſſent & qu'elle eſt devenue commune dans nos pays.

19. **PHALÆNA** *peĉtinicornis elinguis , alis deflexis
albis , pedum annulis , antenniſque nigris. Linn. faun.
ſuec. n.* 822.

Linn. ſyſt. nat. edit. 10 , *p.* 501 , *n.* 19. Phalæna bombyx ſalicis.
Goed. belg. 1 , *p.* 15 , *t.* 3. Procul ſpeĉtabilis. & gall. tom. 2 , *tab.* iij.

Lift. Goed. 181, *t.* 87.
Merian. europ. 1, *p.* 11, *t.* 30.
Frifch. germ. 1, *p.* 11, *t.* 4.
Reaum. inf. 1, *t.* 34, *f.* 4, 5, 6.
Act. Upf. 1736, *p.* 114, *n.* 58. Papilio alis deprefïïs niveis, antennis pennatis, pedibus annulis nigris.
De Geer. mem. p. 696, *t.* 11, *f* 14, 13. Phaléne à antennes noires à barbes, fans trompe, très-blanche, à jambes picotées de noir.
Rofel. inf. vol. 1, *tab.* 9, *claff.* 2. Papil. no{\ae}turn.

L'apparent.
Longueur 11 *lignes.*

Ses antennes font noires & pectinées. Ses pattes font blanches avec plufieurs anneaux noirs. Son corps eft grifâtre & fes aîles font toutes blanches. Sa chenille eft commune fur le faule & le peuplier. Elle a feize pattes & eft velue, avec des efpéces de boutons bruns élevés, plus garnis de poils que le refte de fon corps. Des deux côtés elle a des taches jaunes allongées.

20. **PHALÆNA** *pectinicornis elinguis, alis deflexis albis, fœminæ ano pilofo ferrugineo.*

Reaum. inf. 1, *t.* 16, *f.* 11.
Raj. inf. 156, *n.* 1. Phalæna media, alis niveis, cauda obtufa lanugine denfa fulva oblita.
Frifch. germ. 3, *t.* 1. Primi ordinis.
Biblioth. reg. Parif. p. 29, *f. omnes.*
Rofel. inf. vol. 1, *tab.* 21, *claff.* 2. Papil. noturn.

La phalêne blanche à cul brun.
Longueur 9 *lignes.*

Ses antennes font un peu jaunâtres ; tout le refte de fon corps eft velu & très-blanc. La femelle a l'extrémité de fon ventre groffe & garnie de poils longs, bruns & fauves, qui lui fervent à couvrir les œufs qu'elle pond.

Sa chenille a feize pattes. C'eft la plus *commune* de toutes. Elle eft velue, de couleur jaunâtre, & elle vient fur prefque tous les arbres, qu'elle dépouille fouvent entiérement dès le printems.

21. **PHALÆNA** *pectinicornis elinguis , alis deflexis albidis , punctis nigris ; abdomine ordinibus quinque punctorum. Linn. faun. suec. n. 823.*

Linn. syst. nat. edit. 10 *, p.* 505 *, n.* 47. Phalæna bombyx *lubricipeda.*
Goed. belg. 1 *, p.* 63 *, t.* 23. Lubricipeda. *& gall. tom.* 2 *, tab. xxiij.*
List. Goed. 210 *, t.* 93.
Frisch. germ. 3 *, p.* 22 *, t.* 8. Primi ordinis.
Merian. europ. 1 *, p.* 16 *, t.* 46.
Albin. inf. t. 21 *, f.* 30. G. H.
Reaum. inf. 2 *, t.* 1 *, f.* 7 — 9. Le lievre.
Act. Upf. 1736 *, p.* 124 *, n.* 59. Papilio alis depressis albis , punctis nigris ; ventre quinque punctorum ordinibus.
De Geer. mem. 1 *, p.* 696 *, t.* 11 *, f.* 7 *,* 8. Phalène à antennes à barbes , sans trompe , à aîles ou blanches, ou d'un jaune clair à points noirs.
Rosel. inf. vol 1 *, tab.* 46 *, class.* 2. Papil. nocturn.
L'amir. inf. tab. 6.

La phalêne-tigre. [ARCTIA menthastri. A. de la Menthe.]
Longueur 9 *lignes.*

Ses antennes sont noires , ainsi que ses yeux : son corps est jaunâtre , avec cinq rangs longitudinaux de points noirs placés sur le ventre & posés réguliérement. Les aîles sont blanches , chargées de points noirs , ce qui lui a fait donner le nom de tigre. Ces points sont en moindre nombre sur les aîles des femelles. Quelquefois la couleur du mâle varie. J'en ai qui sont par-tout d'un brun clair & cendré , avec des points noirs bien marqués. Cette variété de couleur brune est représentée dans l'Ouvrage de M. de Reaumur , planche citée ci-dessus , fig. 5 , 6. M. de Geer prétend avoir aussi trouvé des femelles , les unes blanches , & les autres jaunes.

Sa chenille est velue , brune , à seize pattes , chargée de dix tubercules & coure assez vîte , ce qui lui a fait donner par Goedart le nom de *lubricipeda* & par d'autres celui de *lievre.* Elle vient sur les arbres fruitiers & quelques-autres.

22. **PHALÆNA** *pectinicornis elinguis albida nigro punctata , alis deflexis , superioribus fascia duplici fusca dentata nigro terminata.*

La printaniere.
Longueur 11 lignes.

Ses antennes font de la longueur de la moitié de fon
corps & fort peu peétinées, prefqu'en filets. Il eft vrai que
cette rare phalêne eft une femelle & que je n'ai point
vû fon mâle, dont les antennes peuvent être plus en peigne. Ces antennes, ainfi que les pattes, font entrecoupées de noir & de blanc. La tête eft blanche, ainfi que le
corcelet, qui a cependant fur fon milieu une bande longitudinale brune, terminée de part & d'autre par un bord
noir. Le ventre eft d'un blanc jaunâtre picoté de noir. Les
aîles font pareillement blanches, piquées auffi de noir, &
chargées de deux bandes brunes tranfverfes, l'une vers la
bafe, l'autre vers le bas de l'aîle. Ces deux bandes font
larges, un peu en zig-zag, & bordées fur-tout par le côté
où elles fe regardent par une raie noire. Nous n'avons
qu'un feul individu de cette efpéce. Il m'a été remis par
M. Mauduit mon confrere, qui l'a trouvé au commencement d'avril.

23. PHALÆNA *peélinicornis elinguis, alis rotundatis
fufco-ferrugineis, fuperioribus macula alba anguli ani;
fœminá apterá. Linn. faun. fuec. n. 827.*

Linn. fyft. nat. edit. 10, p. 503, n. 37. Phalæna bombyx antiqua.
Goed. belg. 1, p. 113, t. 59. Antijk peregrinum & gall. tom. 2, tab. lix.
Lift. Goed. p. 191, f. 79, fœmina.
Swammerd. in 4°. 183, t. 10, maf. & fœmina.
Swammerd. bibl. nat. t. 33, f. 6, 7, 8.
Aét. Upf. 1736, p. 25, n. 74. Papilio alis depreffis cinereo-fufcis, antennis
peétinatis.
Albin. inf. t. 89, fig. D. E.
Raj. inf. p. 200, n. 24. Phalæna minor rufa, in utravis ala exteriore macula
alba rotunda prope angulum imum interiorem infignita. *maf.*
Raj. ibid. 173, n. 24. Phalæna cinerea ventricofa, corpore brevi, alarum
expers. *fœmina.*
Raj. ibid. 344. Eruca fublutea pilofa, quatuor in medio dorfo agminulis feu
penicillis pilorum longiorum luteorum, & longo pilorum nigrorum peni-
cillo in cauda.
Reaum. inf. 1, t. 19, f. 12, 13, 17.
De Geer, mem. 1, p. 697, t. 17, f. 13, 14, 15. Phalène à antennes barbues,

fans trompe , dont la femelle eft grife & fans aîles , & dont le mâle eft jaune brun à deux taches blanches.

De Geer. ibid. p. 253 , *t.* 17 , *f.* 1, 18. La chenille.

Rofel. inf. vol. 3 , *fupplem. tab.* 13 , *claff.* 2. Papil. nocturn.

L'étoilée.   [illegible]
Longueur 7 lignes.

Le mâle a fes antennes grandes, noires & pectinées. Ses aîles font arrondies & il les porte un peu étendues. Les fupérieures font en-deffus d'un fauve nébuleux , taché & ondé de brun , avec une tache blanche arrondie & apparente vers l'angle de l'aîle qui touche l'anus. Le deffous des aîles , ainfi que les aîles inférieures , eft d'un jaune un peu roux.

La femelle a fes antennes pectinées & eft de couleur cendrée. Elle n'a point d'aîles , mais feulement des moignons d'aîles attachés à un corps gros & court , enforte qu'on ne la prendroit jamais pour une phalêne.

La chenille eft à broffe & reffemble beaucoup à celle de la *patte étendue.* Elle a feize pattes , eft velue , & a le long du dos des broffes blanches , outre deux longues aigrettes aux deux côtés de la tête & une fur la queue de couleur noire. Les poils de ces aigrettes font longs & fe terminent en bouton par le bout. On trouve cette chenille fur le prunier & quelques-autres arbres.

24. PHALÆNA *pectinicornis elinguis , antennis & corpore luteis , alis deflexis viridibus.*

La phalêne jaune à aîles vertes.
Longueur 6 lignes.

Ses antennes ne font que légérement pectinées. Elles font , ainfi que fon corps & fes pattes , d'une belle couleur jaune. Ses quatre aîles font d'un affez beau vert , tant en-deffus qu'en-deffous, mais leurs bords ont un peu de jaune. Je ne connois point la chenille de cette phalêne que je n'ai trouvée qu'une feule fois.

25.

25. PHALÆNA *pectinicornis elinguis , alis deflexis roseis , superioribus punctorum arcuumque nigrorum ordine duplici.*

Raj. insf. p. 227 , n. 86. Phalæna minor , alis velut miniaceis , punctis & lineolis nigris in medio notatis.

La rosette.
Longueur 6 lignes.

Ses yeux sont noirs ; ses antennes , ses pattes & son corps sont jaunes. Ses aîles sont d'une couleur de rose tendre. Sur les aîles supérieures vers le milieu , il y a une bande de zig-zags ou d'arcs noirs , au bas de laquelle est une autre bande de points noirs. Cette petite phalêne est belle , elle a un air étranger. On m'en a donné deux qui ont été trouvées ici. Je ne connois point sa chenille. Les antennes de l'insecte parfait sont fines & pectinées.

26. PHALÆNA *pectinicornis elinguis , alis cinereo flavoque rufis , margine laceris. Linn. faun. suec. n.* 833.

Linn. syst. nat. edit. 10 , p. 507 , *n.* 54. Phalæna bombyx spirilinguis cristata ; alis incumbentibus dentato-erosis rufo-griseis , punctis duobus albis.
Goed. belg. 1 , p. 155 , t. 67. Libatrix. & gall. tom. 2 , tab. lxvij.
List. Goed. 81 , t. 30.
Act. Upf. 1736 , p. 25 , n. 63. Papilio alis depressis erosis croceo-rufis.
Petiv. gazoph. 19 , t. 19 , f. 4. Phalæna fasciata perelegans extremitate spiralis.
Albin. insf. t. 32 , fig. b. c.
Rosel. insf. tom. iv. tab. xx.

La découpure.
Longueur 10 lignes.

Ses antennes sont peu pectinées : elles sont jaunâtres , avec un peu de blanc en devant à leur base. Les pattes de même couleur ont aussi des anneaux blancs , sur-tout aux tarses. La tête & le corcelet sont jaunes. Les aîles sont fort découpées à leur bord postérieur : elles sont jaunâtres , fauves , mêlées de brun & de couleur cendrée. Vers leur base , elles ont une tache blanche ; plus bas vers le tiers de l'aîle ,

Tome II. Q

se trouve une raie transverse cendrée , & une autre aux deux tiers de l'aîle ; cette derniere est double. Entre ces deux raies vers le milieu de l'aîle , est un point blanc , & un peu plus bas deux petits points noirs. En-dessous, les aîles sont d'un brun nébuleux. L'insecte les porte couchées sur son corps , un peu en toît. Sa chenille est verte , avec une raie blanche en-dessus le long du dos.

27. **PHALÆNA** *pectinicornis elinguis ; alis deflexis fuscis , macula duplici albido-flavescente geminata.* Linn. faun. suec. n. 836.

Linn. syst. nat. edit. 10, p. 504, n. 38. Phalæna bombyx cœruleo-cephala.
Albin. inf. t. 13. D.
Merian. europ. 1 , t. 9.
Goed. belg. 1 , p. 116 , t. 61. Cœruleo-cephalus. & gall. tom. 2 , tab. lxj.
List. Goed. 121 , t. 47.
Frisch. germ. 10, p. 5, t. 3 , f. 4. Eruca cœruleo-viridis , striis luteis.
Reaum inf. 1 , t. 18 , f. 1 , 3 , 4 , 5 , 6 , 7 , 8.
Raj. inf. p. 163 , n. 17. Phalæna media habitior , alis exterioribus pullis ; duabus tribusve maculis albis , è duobus circellis compositis contiguis notatis.
Rosel. inf. vol. 1 , tab. 16 , class. 2. Papil. nocturn.

Le double-omega.
Longueur 10 lignes.

Tout son corps & ses aîles sont de couleur brune , avec quelques bandes plus ou moins brunes dont elles paroissent marbrées. De plus , il y a sur les aîles supérieures une tache d'un jaune verdâtre qui paroît composée de deux O doubles , ou de quatre petits O qui se touchent & se confondent.

La chenille de cette phalène a seize pattes. Elle est un peu velue ; sa couleur est d'un bleu ardoisé , avec trois bandes longitudinales jaunes , une sur le milieu du dos , & une autre de chaque côté plus étroite que celle du milieu. De plus , son corps est chargé de petits tubercules noirs , d'où partent des poils courts & assez gros. Elle vient sur le cerisier , l'abricotier , l'aube-épine , le poirier & quelques-autres arbres.

28. **PHALÆNA** *pectinicornis elinguis , alis tecliformibus , superioribus cinereis , fascia duplici ferruginea , & extremo circulariter pallescente ; subtus omnibus flavescentibus , fascia undulata fusca.*

Linn. syst. nat. edit. 10 *, p.* 508 *, n.* 61. Phalæna noctua subelinguis, alis deflexis cinereis, apice macula subocellari flava.
Goed. gall. tom. 2 *, tab. xxxiv.*
Merian. europ. 3 *, tab.* 41.
Albin. insf. t. 23. C. D.
Goed. 1 *, p.* 34.
Frisch. germ. 11 *, t.* 4.
Biblioth. reg. Par. p. 26 *, f.* 1 — 8.
De Geer, mem. 1 *, p.* 697 *, t.* 13 *, f.* 18 , 19. Phalêne à antennes à barbes en bouquets de poils, sans trompe, d'un gris de perle obscur, à grande tache jaune blanchâtre vers la partie postérieure des aîles supérieures. *Idem. t.* 1 *, f.* 13. & *t.* 4 *, f.* 1 — 6.
Rosel. insf. vol. 1 *, tab* 14 *, class.* 2. Papil. nocturn.

La lunule.
Longueur. 11 *lignes.*

Ses antennes font de couleur fauve. Son corcelet est jaune , entouré d'une bande de couleur rougeâtre brune qui est double. Ses aîles font d'un gris de perle cendré , avec une bande de couleur rougeâtre à la bafe , une autre tranfverse un peu plus haut que le milieu de l'aîle , & une troifiéme plus bas , dont le bord est courbé en arc, pour envelopper une grande tache jaune , marbrée , ovale , en forme de lunule qui termine le bout de l'aîle. Toutes ces bandes font doubles , ainsi qu'une derniere femblable qui est à l'extrémité de l'aîle. Les aîles inférieures font jaunâtres. Le deffous des aîles est de la même couleur , avec une bande brune qui traverfe le milieu des quatre aîles.

La chenille de cette phalêne a feize pattes : elle est prefque rafe , de couleur un peu jaune , marbrée & variée de taches noires irrégulieres. Elle est très-commune fur le tilleul & l'orme.

29. **PHALÆNA** *pectinicornis elinguis , alis exterioribus fufcis , venis plurimis , fascia circulari , & marginis*

*interioris appendice nigricantibus ; inferioribus albidis ;
limbo lineari fusco.*

De Geer , mem. 1 *, t.* 6 *, f.* 10 *,* 7.
Rosel. ins. vol. 1 *, tab.* 20 *, class.* 2. Papil. nocturn.

Le bois veiné.
Longueur 7 *lignes.*

Ses antennes pectinées font affez longues & de couleur brune. Son corps eft de la même couleur , ainfi que fes aîles fupérieures qui ont des veines plus brunes , ce qui les fait reffembler à un bois veiné. Il y a une de ces raies qui eft prefque circulaire vers le bord inférieur de l'aîle. De plus , ces aîles vers le haut de leur bord intérieur , ont une appendice très - remarquable. Les aîles inférieures font d'une couleur d'agathe claire , avec leur bord inférieur brun.

Sa chenille a feize pattes. Elle eft d'une couleur blanchâtre , avec les derniers anneaux de fon corps rougeâtres. Sur le fixiéme & feptiéme anneau , on voit en - deffus des boffes pcintues , dont la pointe regarde le derriere de l'infecte. Ces boffes & l'attitude finguliere que prend quelquefois cette chenille qui releve fa partie poftérieure en haut , rendent cet animal très-remarquable.

30. PHAL Æ NA *pectinicornis elinguis , alis fuperioribus
cinereis fufco marmoratis , inferioribus cinereis.*

La phalêne agathe.
Longueur 9 *lignes.*

Ses antennes font d'un brun clair. Ses aîles fupérieures font d'un gris un peu brun couleur d'agathe , avec des traits la plûpart tranfverfes de couleur brune plus foncée , fitués principalement vers le bord extérieur de l'aîle. Les aîles inférieures font blanchâtres.

31. PHAL Æ NA *pectinicornis elinguis , alis deflexis
cinereis , limbo nigro punctato , fuperioribus fafcia*

duplici nigro - lutea, maculaque duplici alba puncto ni-
gro insignita.

Le double point.
Longueur 8 lignes.

Cette jolie phalêne a les antennes & les pattes noires.
Son corps eſt brun. Ses aîles ſupérieures ont à leur baſe une
grande tache griſe, au milieu de laquelle eſt un point
noir ; puis une bande jaune bordée en-haut & en-bas de
noir, après laquelle eſt une large bande brune formée par
des petits points noirs ſemés ſur le fond gris de l'aîle.
Enſuite vient une ſeconde tache griſe, avec un point noir
au milieu, après laquelle eſt auſſi une ſeconde bande jaune
& brune ſemblable à la premiere, mais plus étroite. Enfin
l'aîle ſe termine par un large eſpace gris, avec quelques
points noirs ſeulement d'eſpace en eſpace au bord inférieur. Les aîles de deſſous ſont toutes griſes, ſi ce n'eſt que
leur bord inférieur eſt auſſi ponctué de noir. Je ne connois
point la chenille de cette phalêne.

32. PHALÆNA *pectinicornis elinguis, alis margine*
ſinuatis, fulvo nigro fuſco roſeoque marmoratis, ſingu-
lis ſubtus puncto nigro, ſuperioribus extremo dilatato-
recurvis.

Roſel. inſ. vol. 1, tab. 10, claſſ. 3. Papil. nocturn.

La phalêne jaſpée.
Longueur 9 lignes.

Ses antennes ſont pectinées & jaunâtres : ſes aîles vont
en s'évaſant un peu circulairement vers le bas, & leur
bord inférieur eſt ſinué. Leur couleur eſt marbrée & compoſée d'un mêlange de nuances jaunâtres, brunes & rougeâtres. Ces couleurs vers le bord extérieur ſont plus marquées que vers l'intérieur. Le deſſous des aîles eſt ſemblable, mais plus obſcur, & chaque aîle a en-deſſous dans
ſon milieu un point noir.

La chenille de cette phalêne eſt une arpenteuſe raſe,

à dix pattes. Ses couleurs reſſemblent un peu à celles de l'inſecte parfait , mais ſa forme eſt très-ſinguliere. Elle a ſur le dos quatre gros tubercules élevés , outre pluſieurs petits & une longue corne ſur le huitiéme anneau.

33. **PHAL ÆNA** *pectinicornis elinguis , alis viridibus ;* *limbo maculaque anguli ani cinereo-fuſcis.*

La phalêne - verdelet.
Longueur 6 lignes.

Ses antennes ſont très-pectinées & griſâtres , ainſi que ſon corps. Ses pattes de même couleur ont quelques taches noirâtres. Ses quatre aîles ſont toutes vertes en-deſſus & en-deſſous , mais leur bord a une belle frange griſe , terminée en-haut par une ligne brune , & de plus chaque aîle a au bas du bord intérieur à l'angle qui touche le ventre , une tache griſe un peu brune au milieu. Chaque aîle a en-deſſous dans ſon milieu un petit point noir. Cette phalêne porte les aîles un peu étendues. Elle vient d'une chenille arpenteuſe qui ſe trouve ſur le chêne.

34. **PHAL ÆNA** *pectinicornis elinguis , alis deflexis* *luteo-rubris , faſcia duplici tranſverſa ſanguinea.*

Leche. nov. inſ. ſpec. p. 32 , n. 63. Phalæna pectinicornis flava , alis faſciis duabus rubentibus tranſverſalibus. *maſ.*

L'enſanglantée.
Longueur 6 lignes.

Ses antennes & ſon corps ſont de couleur brune. Ses aîles ſont jaunâtres. Les ſupérieures ont de plus en - deſſus deux bandes tranſverſes rouges , outre leur bord inférieur qui eſt de même couleur. Les inférieures n'ont que leur bord rouge. En-deſſous , les ſupérieures ſont toutes jaunes ſans bandes , & les inférieures ont une bande tranſverſe rouge. On trouve cette petite phalêne autour des platte-bandes d'oſeille. Sa chenille vient probablement ſur cette plante. L'inſecte varie pour la grandeur.

35. PHALÆNA *pectinicornis elinguis cinerea alis ciliatis.*

La mignonette.
Longueur 1 ½ ligne.

Cette petite phalêne est toute de couleur cendrée. Ses antennes sont bien pectinées, & ses aîles ont une longue frange à leur bord qui fait plus d'un quart de leur longueur. On prendroit à la premiere vûe cet insecte pour une teigne.

REMARQUE. Les phalênes qui jusqu'ici ont composé le premier ordre de cette premiere famille, sont toutes ou presque toutes du nombre de celles qui portent leurs aîles rabatues (*alis deflexis*). Celles que nous allons décrire portent au contraire leurs aîles étendues (*alis patentibus*). Nous n'avons pas séparé ces phalênes en deux ordres, parce que quelques-unes semblent tenir le milieu entre les deux, ensorte qu'on seroit embarassé de savoir l'ordre où on les rangeroit, comme on l'a pu voir dans quelques-unes de celles dont nous avons parlé ; mais nous avons cru devoir du moins ranger de suite les unes & les autres, & tâcher de ne les pas confondre ensemble autant qu'il nous étoit possible.

A AILES ÉTENDUES.

36. PHALÆNA *pectinicornis elinguis, alis patentibus angulatis fusco-luteis, fascia duplici transversa obscuriore.*

La zône.
Longueur 8 lignes.

Sa tête, ses antennes & tout son corps sont jaunes ; ses yeux seuls sont noirs. Ses aîles ont leur bord inférieur anguleux, & elles sont aussi jaunes, avec deux bandes transverses un peu circulaires de couleur plus foncée : ou si l'on veut, la bafe de l'aîle eft foncée, puis vient une large bande tranfverfe plus claire, enfuite une bande foncée qui s'éclaircit peu à peu jufqu'au bas de l'aîle. Les aîles inférieures ont feulement dans leur milieu une bande tranfverfe brune fort étroite. On trouve très-fouvent cette phalène fur les chênes. Je foupçonne qu'elle vient d'une chenille arpenteufe qu'on rençontre fréquemment fur cet arbre.

37. PHAL Æ N A *pectinicornis elinguis, alis patentibus angulatis cinereis, fafcia duplici tranfverfa, punctoque obfcuriore, atomis cinerafcentibus.*

L'anguleufe.
Longueur 4 ½ lignes.

Sa couleur eft toute grife : fes aîles fupérieures ont leur extrémité pointue, & celles de deffous ont le milieu du bord inférieur anguleux & pointu. Toutes ces aîles font parfemées de petits points bruns. Elles ont toutes quatre une bande tranfverfe brune droite, & en-deffous une autre plus étroite finuée, qui vers l'extérieur fe joint & fe confond avec la premiere ; de plus dans le haut de l'aîle, il y a un point marginal brun. Le mâle a les antennes très-pectinées, & la femelle les a en filets. Souvent le bord inférieur des aîles de cette phalène eft teint en couleur de rofe.

38. PHAL Æ N A *pectinicornis elinguis, alis patentibus flavis, lineis fuperne tribus, inferne duabus tranfverfis fufcis.*

La double ceinture.
Longueur 3 ½ lignes.

Son corps eft jaunâtre ; fes aîles font d'un affez beau jaune, avec des lignes tranfverfes brunes au nombre de trois en-deffus & de deux en-deffous. Le bord inférieur de l'aîle eft auffi brun.

§. II.

PHALENES A ANTENNES EN PEIGNE, AVEC UNE TROMPE ET LES AILES RABATUES.

39. PHALÆNA *pectinicornis spirilinguis, alis deflexis pallido-luteis limbo roseo, superioribus macula, inferioribus fascia duplici fusca.*

Linn. faun. suec. n. 837. Phalæna pectinicornis spirilinguis , alis subdeflexis margine rubro, superioribus fulvis lunula fusca , inferioribus fuscis.
Linn. syst. nat. edit. 10 , *p.* 520 , *n.* 136. Phalæna geometra *vulpinaria.*
Rob. ic. t. 30, *f.* 1.
Act Ups. 1736, *p.* 23 , *n.* 4. Papilio alis planis fulvis macula rubente.
Raj. ins. 128 , *n.* 75. Phalæna minor corpore crasso è fusco & rubro diversicolore , alis exterioribus obscure rufis seu pullis , duabus maculis nigris notatis , inferioribus è pullo & rubro variis.

La bordure ensanglantée.
Longueur 10 *lignes.*

Ses antennes sont pectinées plus dans les mâles que dans les femelles. Leur nervure du milieu est d'un beau rouge & les barbes des côtés sont brunes. Le corps est jaune , si ce n'est en-dessous où il y a du rouge entre les pattes. Les aîles sont jaunes, bordées de rouge couleur de rose. Celles de dessus ont au milieu une tache brune , à côté de laquelle est une tache rouge qui lui est jointe. Les aîles inférieures ont deux bandes transverses & en arc de couleur brune. Le dessous des aîles supérieures a de pareilles bandes, & les inférieures ont seulement une tache obscure au milieu.

N. B. Il y en a une variété plus petite qui n'a que six lignes de long. Elle est beaucoup plus jaune , de couleur de tabac d'espagne & ressemble tout-à-fait à l'autre , mais ses antennes sont moins barbues.

40. PHALÆNA *pectinicornis spirilinguis viridi-cœrulea nitens , alis inferioribus fuscis. Linn. faun. suec. n.* 838.

Tome II. R

Linn. ſyſt. nat. edit. 10 , *p.* 495 , *n.* 38. Sphinx ſtatices.
Petiv. muſ. 229. Papilio parva alis pendulis , corpore & alis viridibus aut
cœruleis.
Raj. inſ. p. 134 , *n.* 3. Nomen petiveri.

La turquoiſe.
Longueur 6 *lignes.*

Ses antennes , tout ſon corps & le deſſus de ſes aîles ſupérieures , ſont d'un beau vert brillant un peu doré. Les
aîles inférieures & le deſſous des ſupérieures ſont de couleur brune.

41. PHAL ÆNA *peÐinicornis ſpirilinguis , alis deflexis
nigro fuſcoque undulatis , inferioribus albis.*

La phalêne brune à aîles inférieures blanches.
Longueur 7 *lignes.*

Sa tête , ſes antennes , ſon corcelet ſont bruns. Ses aîles
ſupérieures ſont de même couleur , mais panachées de
noir , ce qui les rend plus foncées. Les inférieures ſont
blanches. En-deſſous , les aîles ſupérieures ſont d'un brun
un peu plus clair qu'en-deſſus & les inférieures ſont moins
blanches.

42. PHAL ÆNA *peÐinicornis ſpirilinguis triangularis ,
alis deflexis nigro-roſeis , faſciis tranſverſis nigricantibus.*

La damerette.
Longueur 4 ½ *lignes.*

Ses yeux & ſes antennes ſont noirs & ſon corps eſt brun.
Ses aîles ſont d'une couleur de roſe terne , avec quatre ou
cinq raies noirâtres & tranſverſes en-deſſus & une couple
ſeulement en-deſſous ; mais le milieu de chaque aîle eſt
chargé en - deſſous d'un point noir qui ne ſe voit point en-
deſſus. Lorſque l'inſeÐe eſt en repos , il tient ſes aîles
parallèles au plan de poſition , & pour lors ces aîles
forment une figure triangulaire qui fait reſſembler cette
phalêne à une dame en panier.

43. PHALÆNA *pectinicornis spirilinguis , corniculis cristatis , alis deflexis ochroleucis , linea duplici transversa saturatiore.*

Le toupet - tanné.
Longueur 5 lignes.

Sa couleur est toute d'un jaune obscur tanné , imitant la couleur de feuille morte ; elle varie un peu , étant tantôt plus claire & tantôt plus foncée. Ses aîles supérieures ont en-dessus deux lignes transverses plus brunes. Mais ce qui fait sur-tout remarquer cette phalêne , ce sont deux longs barbillons posés au-dessous des antennes & velus des deux côtés , avec une espéce d'appendice au bout qui est jointe au reste par une articulation.

§. III.

PHALENES A ANTENNES EN PEIGNE , AVEC UNE TROMPE ET LES AILES ÉTENDUES.

44. PHALÆNA *pectinicornis spirilinguis , alis patentibus rotundatis niveis , corpore flavo.*

La laiteuse.
Longueur 3 lignes. Largeur 7 lignes.

Ses yeux sont noirs & son corps est jaunâtre. Ses aîles sont toutes blanches & fort délicates. Elles sont arrondies : celles de dessous ont cependant vers le milieu du bord inférieur un petit angle.

45. PHALÆNA *pectinicornis spirilinguis , alis patentibus albido - luteis , omnibus fulvo transversim dense striatis.*

La phalêne striée fauve.
Longueur 5 lignes. Largeur 1 pouce.

Sa tête , son corps & ses antennes sont de couleur fauve. Ses aîles sont jaunâtres , avec des stries fines & transverses de couleur fauve rougeâtre. Ces ftries font plus ferrées près du bord extérieur des aîles de deffus, qui en cet endroit paroiffent plus brunes.

46. PHALÆNA *pectinicornis fpirilinguis, alis paten-tibus cinereis, fuperiorum margine exteriore macula triplici nigro fufca.*

Le damas cendré.
Longueur 4 lignes. Largeur 8 lignes.

Sa tête, fes antennes & le haut de fon corcelet font bruns, le refte de fon corps eft de couleur cendrée, ainfi que les aîles inférieures. Les fupérieures font pour la plus grande partie de même couleur, chargées de quelques petits points bruns, & de trois grandes taches brunes fon-cées, difpofées le long du bord extérieur de l'aîle ; favoir, une à la bafe à côté de la partie du corcelet qui eft brune ; une au milieu formant un quarré irrégulier, & une petite arrondie pofée vers le bas. Les pattes font brunes, avec plufieurs anneaux blancs.

47. PHALÆNA *pectinicornis fpirilinguis, alis paten-tibus cinereis, fufco-nebulofis, lineis tranfverfis inæ-qualibus.*

La bande inégale.
Longueur 7 lignes. Largeur 13 lignes.

Elle eft par-tout de la même couleur grife, feulement fes aîles font nuancées de brun, & de plus elles ont toutes trois ou quatre lignes brunes tranfverfes, qui s'approchent beaucoup les unes des autres près du bord intérieur & vont en s'écartant vers l'extérieur. En-deffous, les quatre aîles ont chacune un point brun au milieu. La femelle n'a point les antennes pectinées, mais tout-à-fait en filets.

48. PHALÆNA *pectinicornis fpirilinguis, alis paten-tibus luteis, fafcia tranfverfa rubra.*

La bande rouge.
Longueur 6 lignes. Largeur 13 lignes.

Ses antennes, son corps & ses aîles sont d'une couleur jaune terne. Sur les quatre aîles, tant en-dessus qu'en-dessous, il y a une assez large bande transverse d'un rouge couleur de rose, & quelquefois vers la base des aîles supérieures en-dessus, une autre raie pareille, mais fort étroite.

49. PHALÆNA *pectinicornis spirilinguis, alis patentibus cinereo-obscuris, linea fasciaque alarum transversa obscuriore, puncto marginali nigro.*

La bande à point marginal.
Longueur 5 lignes.

Cette phalêne ressemble beaucoup à celle de la livrée, dont nous avons parlé ci-dessus : sa couleur est par-tout d'un gris de perle un peu foncé. Il y a sur le milieu de ses aîles supérieures une large bande transverse de couleur plus foncée, sur le bord de laquelle, du côté extérieur, est un point noir. Au - dessus de cette bande dans le haut de l'aîle, est une petite bande transverse brune, & vers l'angle inférieur de la même aîle, est un commencement de bande semblable, mais qui ne va pas loin. En-dessous, les aîles n'ont ni bandes ni points, mais elles sont toutes grises.

50. PHALÆNA *pectinicornis spirilinguis, alis patentibus flavescentibus, fasciis plurimis transversis, nonnullis connexis, atomisque fuscis.*

Biblioth. reg. Parif. p. 26, f. 9, 10, 11.

La rayure jaune picotée.
Longueur 5 lignes.

Son corps est d'un brun jaunâtre en-dessous. Ses aîles sont jaunes, avec des bandes brunes transverses, dont quelques-unes se réunissent ensemble, & entre ces bandes le fond jaune de l'aîle est tout parsemé de petits points bruns.

51. PHALÆNA *pectinicornis spirilinguis , alis patentibus cinereis , atomis maculisque nigris.*

La grisaille.
Longueur 11, 12, 14 *lignes.*

Cette espéce varie beaucoup pour la grandeur, souvent
d'un quart ou d'un tiers. Les mâles ont leurs antennes
pectinées & bien barbues, les femelles les ont tout-à-fait
en filets. Leurs aîles en dessus sont blanches, mais toutes
parsemées de petits points noirs qui les font paroître
grises, & de plus elles ont quelques bandes de taches
en forme de croissans & de zig zags, mais souvent peu
marquées & peu suivies. En-dessus, les aîles sont blanchâtres, avec un point noir près le milieu du bord extérieur
des aîles de dessus, quelques taches de même couleur vers
leur extrémité, & souvent une bordure de points noirs,
qui cependant n'est pas constante. Cet insecte a été pris à la
Terre de Bandeville, à quelques lieues de Paris, & c'est
d'après ceux que M. le Président de Bandeville a conservés
dans son cabinet, que je l'ai décrit.

SECONDE FAMILLE.

PHALENES A ANTENNES FILIFORMES.

§. I.

PHALENES AVEC UNE TROMPE ET LES AILES ÉTENDUES.

52. PHALÆNA *seticornis , spirilinguis , alis patentibus cinereis , fasciis plurimis transversis , nonnullis
connexis , atomisque fuscis.*

Raj. ins. 180, *n.* 6. Phalæna media, colore vario è sordide flavescente seu
fulvescente & nigro cum tribus lineis transversis nigris in exterioribus alis.

La rayure blanche picotée.
Longueur 5 *lignes. Largeur* 13 *lignes.*

Son corps est brun : ses aîles sont blanchâtres, avec des

bandes brunes tranſverſes , dont quelques-unes ſe confondent & ſe réuniſſent enſemble , & entre ces bandes brunes le fond de l'aîle eſt picoté & parſemé de petits points bruns. On voit par-là combien cette eſpéce approche de la précédente. Je les regarderois comme variété l'une de l'autre , ſi celle-ci n'avoit pas les antennes en filets & l'autre les antennes pectinées.

53. PHALÆNA *ſeticornis ſpirilinguis , alis patentibus fuſcis , utrinque maculis albis quadrangulis teſſellatis.*

Linn. ſyſt. nat. edit. 10, *p.* 524, *n.* 163. Phalæna geometra ſeticornis, alis omnibus flaveſcenti-albidis, lineis nigris decuſſatis.
Ibid. — Clathrata.

Les barreaux.
Longueur 5 *lignes. Largeur* 11 *lignes.*

La couleur de ſa tête , de ſon corps & de ſes antennes eſt noirâtre. Le fond de la couleur des aîles eſt brun , avec des taches nombreuſes , la plûpart quarrées , de couleur blanche ; ou ſi l'on veut les aîles ſont blanches , avec des bandes brunes longitudinales & tranſverſes qui ſe croiſent & forment comme des grillages ou barreaux ſur les aîles.

54. PHALÆNA *ſeticornis ſpirilinguis , alis patentibus albo fuſcoque nebuloſis , ano flava. Linn. faun. ſuec. n.* 846.

Linn. ſyſt. nat. edit. 10 , *p.* 529 , *n.* 195. Phalæna geometra *hortulana.*
Goed. belg. 2 , *p.* 37 , *f.* 13. *& gall. tom.* 3 , *tab.* 13.
Liſt. Goed. p. 156 , *f.* 61.
Albin. inſ. t. xxxvij. *f.* 63.
Reaum. inſ. 1 , *t.* 49 , *f.* 17 , 18.
Petiv. gazop. 51 , *t.* 32 , *f.* 8. Phalæna minor alba , maculis nigreſcentibus ornata.
Raj. inſ. 122 , *n.* 73. Phalæna minor , alis oblongis ex albo & cœruleo nigricante variis , ad exortum flavis.
De Geer, mem. 1 , *p.* 701 , *t.* 28 , *f.* 18 , 19. Phalène à antennes en filets , blanche, à taches noires nuancées & à corcelet jaune.
De Geer , ibid. p. 418. La chenille.
Roſel. inſ. vol. 1 , *tab.* 14 , *claſſ.* 4. Papil. nocturn.

La queue jaune.
Longueur 7 lignes.

Le haut de fon corcelet eft jaunâtre , fon corps eft cendré & fon ventre fe termine par une queue velue très-jaune. Ses aîles font grifes , blanchâtres , avec des taches d'un noir bleuâtre. Ces taches forment fur le bas des aîles deux bandes tranfverfes , & dans le haut il y en a deux ou trois placées irréguliérement. La bafe des aîles fupérieures a un peu de jaune. Le deffous de l'animal eft femblable au deffus.

La chenille de cette phalêne a feize jambes garnies d'une couronne de crochets prefque complette. Elle eft verte , avec une raie d'un vert plus obfcur tout le long du dos. Elle vient fur les pommiers & autres arbres fruitiers auxquels elle fait beaucoup de tort. On la trouve auffi affez fouvent fur les feuilles d'ortie qu'elle plie pour fe cacher dedans & s'en nourrir.

55. PHALÆNA *feticornis fpirilinguis , alis patentibus fupra fufcis , pone fubtufque flavefcentibus. Linn. faun. fuec. n.* 847.

La doublure jaune.
Longueur 6 lignes.

Son corps eft noirâtre : fes aîles font en-deffus d'une couleur brune obfcure , marbrée de taches & de raies plus noires , principalement vers le bord extérieur , & jaunâtres vers le bord inférieur. En-deffous , les aîles font jaunes , avec quelques bandes tranfverfes brunes mal terminées , & une tache au milieu des aîles fupérieures. Cette phalêne , à la premiere vûe , reffemble à un papillon.

56. PHALÆNA *feticornis fpirilinguis , alis patentibus albis , maculis inæqualibus nigris plurimis , fafciaque tranfverfa lutea.*

Linn. faun. fuec. n. 849. Phalæna feticornis fpirilinguis ; alis patentibus albis , maculis inæqualibus nigris plurimis.

Linn.

Linn. fyft. nat. edit. 10 , *p.* 525 , *n.* 167. Phalæna geometra *groffulariata.*
Mouffet. lat. p. 96 , *n.* 10.
Jonff. inf. p. 39 , *n.* 10 , *t.* 6. Phalænæ mediæ *decima.*
Merian. europ. 1 , *p.* 11 , *t.* 29.
Goed. gall. tom. 2 , *tab. xxj.*
Lift. Goed. p. 24 , *f.* 9.
Frifch. germ. 3 , *p.* 14 , *t.* 2. Spithometra nigro luteoque maculata.
Petiv. muf. 3 , *n.* 4. Phalæna hortenfis alba , maculis plurimis nigris infignita.
—— *Idem.* 4 , *n.* 7. Eruca geometrica , pulchre variegata , groffulariis depaf-
cens.
Raj. inf. 178 , *n.* 14. Phalæna media , alis amplis albis , maculis crebris nigris &
lineis tranfverfis luteis variis.
—— *Idem.* 179. Eruca geometra groffularia majufcula alba rubro & nigro colo-
ribus varia.
—— *Idem.* 373 , *n.* 1. Eruca geometra groffulariam depafcens.
Biblioth. reg. Par. p. 16 , *f.* 2. Nomen petiveri.
Albin. inf. t. 43 , *fig.* f. g.
Rofel. inf. vol. 1 , *tab.* 2 , *claff.* 3. Papil. noĉturn.
L'amir. inf. tab. 26.

La mouchetée.

Longueur 8 lignes.   Largeur 1 ½ pouce.

Cette belle phalêne a la tête noire , les antennes & les
pattes brunes. Son corcelet eft jaune , avec quelques
taches noires en-deffus. Son ventre pareillement jaune a
cinq bandes longitudinales de taches noires ; trois en-deffus ; favoir , une au milieu & une de chaque côté , & deux
en - deffous. Ses aîles font blanches , avec plufieurs taches
noires , la plûpart rondes comme des mouchetures , dont
plufieurs forment des rangées tranfverfales. Vers la bafe
de l'aîle , entre deux de ces rangées , eft une petite bande
d'un jaune aurore , & vers le milieu , entre deux autres
rangées femblables , fe trouve une pareille bande bien
plus grande. Ces bandes aurores ne font que fur les aîles
fupérieures & feulement en-deffus. La chenille de cette
phalêne eft auffi fort belle. C'eft une arpenteufe à dix
pattes , de couleur blanche , tachetée de rouge & de noir.
On la trouve fur le grofelier.

57. PHALÆNA *feticornis fpirilinguis , alis paten-*
tibus , finuatis , pallido-glaucis fafcia tranfverfa obfcu-
riore.

Tome II.   S

Reaum. 1 , *t.* 39 , *f.* 13 , 14.

Raj. inf. 232 , *n.* 77. Phalæna minor alis ex cœruleo viridibus , exterioribus
duabus lineis tranfverfis albicantibus diftinctis.

Linn. faun. fuec. n. 922. Phalæna albo-virefcens , alis planiufculis.

Le celadon.
Longueur 9 *lignes.   Largeur* 21 *lignes.*

Ses yeux font noirs & fon corps eft de couleur cendrée.
Ses aîles font grandes , un peu finuées à leur bord inférieur , & d'un vert d'eau pâle , avec une large bande tranfverfe un peu plus foncée fur chacune. Cette bande eft plus
large vers le bord extérieur.

Sa chenille eft rafe , de couleur verte , avec des bandes tranfverfes jaunâtres. Sa tête eft groffe & fa queue eft
déliée. On la trouve fur le chêne. Elle file une coque
d'une forme finguliere femblable à un bateau. M. de
Reaumur appelle cette chenille , *chenille à forme de poif-
fon ,* tom. 1 , pag. 560.

58. PHALÆNA *feticornis fpirilinguis , alis patentibus fulphureis , linea duplici tranfverfa obfcuriore ,
inferioribus caudatis.*

Linn. fyft. nat. edit. 10 , *p.* 519 , *n.* 129. Phalæna geometra *pectinicornis* (male)
alis caudato-angulatis flavefcentibus , lineis duabus , pofticis apicibus bipunc-
tatis.

Goed. gall. tom. 3 , *tab.* 34.
Lift. Goed. f. 10.
Petiv. gazoph. t. 51 , *f.* 6.
Raj. inf. 177 , *n.* 9.
Albin. inf. t. 94.
Rofel. inf. vol. 1 , *tab.* 6 , *claff.* 3. Papil. nocturn.

La foufrée à queue.
Longueur 10 *lignes.*

Elle eft par-tout d'une couleur jaune pâle , imitant la
couleur de foufre ; fes yeux feuls font noirs. Ses quatre
aîles ont en-deffus deux lignes tranfverfes un peu brunes ,
entre lefquelles la couleur n'eft pas plus foncée que dans le
refte de l'aîle , en quoi elle différe de la précédente , où la
couleur forme une large bande plus foncée. De plus dans

celle-ci, près du bord extérieur entre les deux raies, il y a
un commencement d'un troisiéme semblable, mais fort
court. A l'extrémité des aîles inférieures, il y a des
espéces d'appendices ou petites queues, avec deux taches
noires, souvent un peu dorées vers la base de ces queues.
La chenille est une arpenteuse à dix pattes, de couleur
brune & qui ressemble pour la forme & la couleur à un
bâton.

59. PHALÆNA *seticornis spirilinguis, alis paten-*
tibus luteis, duplici punctorum cinereorum ordine, supe-
rioribus maculis duabus & rachi croceo-ferrugineis.

Linn. syst. nat. edit. 10, *p.* 525, *n.* 168. Phalæna geometra seticornis alis flavis-
simis, anterioribus maculis costalibus tribus ferrugineis, media subargentea.
Raj. ins. 169, *n.* 27. Phalæna media, alis flavis, maculis aliquot rufis seu ferrugineis pictis.
L'amir. ins. tab. 23.

La citronelle rouillée.
Longueur 7 *lignes. Largeur* 15 *lignes.*

Ses antennes, sa trompe, son corps & ses pattes sont
d'une couleur safranée & ses yeux sont noirs. Ses aîles
fort arrondies sont d'un jaune citroné, avec deux bandes
transverses de points ou petites taches cendrées sur chacune, & de plus, les aîles de dessus ont leur bord extérieur
d'un jaune couleur de rouille, avec deux taches semblables qui vont se confondre avec ce bord.

60. PHALÆNA *seticornis spirilinguis, alis paten-*
tibus albis, margine undique interrupte fuscis. Linn.
faun. suec. n. 860.

Linn. syst. nat. edit. 10, *p.* 527, *n.* 182. Phalæna geometra seticornis, alis
omnibus albis, margine exteriore limbo fusco interrupto.
Act. Upf. 1736, *p.* 23, *n.* 37. Papilio alis planis albis, maculis fuscis inæ-
qualibus marginalibus.

La bordure entrecoupée.
Longueur 6 *lignes. Largeur* 11 *lignes.*

Ses pattes, ses antennes & tout son corps sont bruns, à

l'exception des yeux qui font noirs. Ses aîles font blanches , bordées de bandes brunes entrecoupées. Dans les
aîles de deffus , le bord inférieur a une large bande , inégale
pour la largeur : au bord extérieur , il y a d'abord une affez
longue bande qui part de la bafe ; enfuite , après un intervalle vuide , eft une feconde bande courte irréguliere , &
enfin , après un autre inrervalle , fe trouve l'extrémité
de la bande du bord inférieur. Les aîles de deffous n'ont
que deux bandes ou taches au bord inférieur. Le deffous
de l'infecte eft femblable au deffus , fi ce n'eft que le brun
eft plus clair.

61. P H A L Æ N A *feticornis fpirilinguis , alis paten-*
tibus flavis , maculis numerofis fufcis.

La phalêne panthere.
Longueur 5 lignes. Largeur 1 pouce.

Ses aîles font d'un beau jaune vif , avec beaucoup de
taches brunes , au nombre de quinze ou feize pour chaque
aîle : plufieurs de ces taches fe touchent. Le corps de l'infecte eft pareillement jaune taché de brun.

62. P H A L Æ N A *feticornis fpirilinguis , alis paten-*
tibus albidis , atomis cinerafcentibus , & fafcia duplici
undulata ferruginea.

Les atômes à deux bandes.
Longueur 5 ½ lignes. Largeur 1 pouce.

Tout fon corps eft jaunâtre , à l'exception des yeux qui
font noirs. Ses aîles font blanchâtres , toutes piquées de
petits points cendrés , avec deux bandes tranfverfes , ondées de couleur jaunâtre & quelquefois brune.

63. P H A L Æ N A *feticornis fpirilinguis , alis paten-*
tibus albidis , atomis cinerafcentibus , & fafcia undula-
ta ferruginea.

Linn. *fyft. nat. edit.* 10 *, p.* 528 *, n.* 188. Phalæna geometra feticornis , alis albidis concoloribus , ftriga cinerea , puncto margineque nigro punctatis.

Les atômes à une bande.
Longueur 5 lignes.

Ses yeux font noirs, fon corps eft jaunâtre & fon ventre
brun. Ses aîles font blanchâtres, toutes piquées de points
cendrés, avec une bande tranfverfe de couleur de rouille
au milieu. En-deffous, à l'endroit de cette bande, eft une
bande de points noirs plus gros que ceux du refte des
aîles.

64. PHALÆNA *feticornis fpirilinguis , alis paten-*
tibus albis , fuperioribus macula nigra , & fafcia duplici
in extremo undulata.

Frifch. germ. 4, *t.* 16.
Rofel. inf. vol. 1, *tab.* 7. *claff.* 3. Papil. noûurn.

La phalêne blanche à tache & bande noire.
Longueur 4 *lignes. Largeur* y *lignes.*

La couleur de fon corps eft brune un peu cendrée. Son
ventre eft blanc en-haut & en-bas, & dans le milieu il eft
cendré, avec de petits points noirs fur les côtés. Ses aîles
font blanches ; les fupérieures ont une tache noirâtre affez
grande qui touche le bord extérieur, outre deux autres
petites taches le long de ce bord, fituées un peu plus haut,
dont la premiere, partant de la bafe de l'aîle, eft longue &
la feconde courte. Le long du bord inférieur, il y a deux
bandes noirâtres plus claires & ondulées. Les aîles en-
deffous ont des raies tranfverfes de points noirs. Cette
phalêne eft fort délicate. La chenille eft une petite arpenteufe jaunâtre, rafe & à dix pattes.

65. PHALÆNA *feticornis fpirilinguis , alis paten-*
tibus niveis , omnibus pone fafcia undulata fufca , fu-
periorum margine externo maculis nigris.

La bande interrompue.
Longueur 4 ½ *lignes. Largeur* 8 *lignes.*

Tout l'infecte eft de couleur blanche. Ses aîles ont

toutes, proche le bord inférieur, une bande tranfverfe ondulée affez large, de couleur brune, qui paroît interrompue dans fon milieu. Mais fi on regarde de près, on voit que la couleur eft feulement beaucoup plus claire en cet endroit, ce qui forme deux taches aux deux côtés & fait paroître cette bande comme coupée. De plus, le bord extérieur des aîles de deffus a deux ou trois taches noires, & les quatre aîles ont en-deffous dans leur milieu chacune un point noir.

66. PHALÆNA *feticornis fpirilinguis, alis patentibus cinereis, fafciis linearibus fufcis, punctoque nigro. Linn. faun. fuec.* 854.

Linn. fyft. nat. edit. 10, *p.* 529, *n.* 198. Phalæna geometra *ftratiotata.*

La phalêné grife à lignes brunes & point noir.
Longueur 3 ½ *lignes. Largeur* 9 *lignes.*

Elle eft toute grife. Ses aîles ont des raies brunes tranfverfes ondulées, fouvent mal terminées, avec un point noir bien marqué au milieu de chacune. J'ai quelque doute au fujet de cette efpéce, & je craindrois que celle que M. Linnæus a défignée, ne différât un peu de la nôtre. La fienne paroît plus grande que celle que nous avons, & probablement la trompe de la fienne doit paroître difficilement, puifqu'il n'a pas pû s'affurer de fon exiftence ; au lieu qu'on voit très-diftinctement la trompe de notre efpéce. La chenille vit dans l'eau fur le ftatriote & le potamogeton.

67. PHALÆNA *feticornis fpirilinguis, alis patentibus albis, linea duplici undulata fubfufca.*

La phalêne blanche à lignes brunes fans points.
Longueur 5 *lignes. Largeur* 1 *pouce.*

Ses yeux font noirs, fa trompe & fes antennes font jaunes : tout le refte de fon corps eft blanc, avec deux bandes tranfverfes ondées, d'un brun pâle & peu marqué fur les ailes fupérieures. Au bord inférieur des ailes, il y a quelques petits points noirs prefqu'imperceptibles.

68. PHALÆNA *feticornis fpirilinguis , alis paten-tibus luteis , lineolis fufcis & albidis undulatis , limbo dentato.*

La brocatelle d'or.
Longueur 5 lignes. Largeur 11 lignes.

Son corps & fes ailes font jaunes, avec nombre de raies tranfverfes ondulées de couleur brune & quelques-unes de couleur blanche. Ces raies font moins nombreufes en-deffous , mais chaque aile a dans fon milieu un point blanc. Le bord inférieur des ailes eft un peu dentelé. La chenille de cette phalêne eft une arpenteufe à dix pattes qui vient fur le chêne & fur l'orme.

69. PHALÆNA *feticornis fpirilinguis , alis paten-tibus albis , lineolis fafciifque plurimis undulatis fufcis, limbo fubdentato.*

La brocatelle d'argent.
Longueur 4 lignes. Largeur 10 lignes.

Son corps eft d'un brun cendré : fes ailes font blan-ches, avec plufieurs bandes brunes tranfverfes ondulées , dont quelques-unes fe trouvent à la bafe de l'aile fuivies d'un intervalle blanc. Enfuite vers le milieu il y en a plu-fieurs , après quoi vient une bande blanche encore plus grande que la premiere , & enfin plufieurs terminent l'aile & font coupées dans leur milieu par une ligne tranfverfe blanche en zig-zag. La frange du bord inférieur eft un peu dentelée & entrecoupée de blanc & de brun. Le deffous des ailes eft plus blanc que le deffus , & on y remarque quelques points noirs & peu de bandes brunes.

70. PHALÆNA *feticornis fpirilinguis , alis paten-tibus cinereis , fafciis plurimis fufcis undulatis tranf-verfis , limbo fubdentato.*

La brocatelle brune.
Longueur 4 lignes.

Son corps eſt gris entrecoupé & mêlé de brun. Le fond de ſes aîles eſt de couleur cendrée, avec pluſieurs bandes tranſverſes brunes ondées. Le bord inférieur des aîles eſt un peu dentelé, avec une grande frange de poils.

71. PHALÆNA *ſeticornis ſpirilinguis, alis patentibus albis, ſingulis faſcia undulata ſerrata, & omicro albis.*

Les quatre omicrons.
Longueur 4 lignes.

Son corps & ſes aîles ſont blancs. Chaque aîle a en-deſſus dans ſon milieu un petit O noir, ce qui fait quatre O, quand l'inſecte tient ſes aîles étendues. Au-deſſous de ces quatre O, il y a une bande tranſverſe noire en zig-zag aigu. Le deſſous des aîles eſt tout blanc.

72. PHALÆNA *ſeticornis ſpirilinguis, alis patentibus cinereis, margine exteriore fuſco, punctoque alarum nigro.*

La nervure brune.
Longueur 3 ½ lignes.

Sa couleur en-deſſus eſt preſque toute griſe, avec un petit point noir au milieu de chaque aîle & la bordure extérieure des aîles de deſſus brune. En-deſſous, les aîles ſont de même couleur, mais celles de deſſus ont pluſieurs lignes brunes tranſverſes.

73. PHALÆNA *ſeticornis ſpirilinguis, alis patentibus viridi fuſcoque variegatis, faſcia triplici undulata obſcuriore.*

La phalêne à bandes vertes.
Longueur 5 lignes.　Largeur 11 lignes.

Sa couleur eſt brune, mêlée de vert. Ses aîles ont trois
bandes

bandes plus foncées, entrecoupées par autant de bandes tranfverfes plus claires. La premiere de ces bandes claires eft grifâtre, & la moitié extérieure de la derniere eft prefque tout-à-fait blanche. Cette phalène eft éclofe chez moi, mais je ne me fouviens point quelle eît la chenille qui me l'a donnée.

§. II.

PHALENES A ANTENNES FILIFORMES, AVEC UNE TROMPE ET LES AILES RABATUES.

74. PHALÆNA *feticornis fpirilinguis, alis deflexis, fuperioribus atris rivulis flavis, inferioribus rubris malis nigris.*

Linn. fyft. nat. edit. 10, *p.* 501, *n.* 15. Phalæna bombyx elinguis, alis deflexis atris, rivulis flavis, inferioribus rubris nigro maculatis.
Linn. faun. fuec. n. 821.

La phalêne chinée.
Longueur 11 *lignes.*

Suivant la phrafe de M. Linnæus, la fienne a les antennes peétinées & point de trompe, au lieu qu'on voit tout le contraire dans celle-ci.

Les antennes de la nôtre font longues, fines, noirâtres & en filets. Son col eft jaune, ainfi que fon corcelet, qui a feulement un peu de noir fur les épaules. Le ventre eft jaune & a en-deffous trois bandes longitudinales de points noirs. Les aîles fupérieures font noires en-deffus, avec de longues bandes jaunes au nombre de quatre ou cinq, obliques & tranfverfes, ce qui fait paroître ces aîles flambées ou chinées. En-deffous elles font jaunes, avec des bandes noires bordées de rouge & quelques taches blanches vers le bas. Les aîles inférieures font en-deffus d'un beau rouge, avec trois ou quatre taches noires oblongues; en-deffous elles font d'un rouge plus pâle & terne, avec une feule tache noire vers l'angle intérieur.

75. PHALÆNA *seticornis spirilinguis , alis superio-*
ribus fuscis , linea punctisque duobus rubris , inferioribus
rubris. Linn. faun. suec. n. 869.

Linn. syst. nat. edit. 10 , p. 511 , n. 81. Phalæna noctua jacobææ.
Mouffet. lat. p. 98 , n. 3 , t. 97. f. *Inter tres infimas suprema. & p.* 183. Flavescens
  superior.
Jonst. ins. t. 6 , ord. 3. Phalæna minima pratensis. 2.
Charlet. onom. p. 53. Eruca jacobæa.
Rob. ic. t. 20.
Albin. ins t. xxxiv. f. H. G.
Merian. europ. 3 , p. 56 , f. 28.
Goed. gall. tom. 2 , tab. ix.
List. Goed. p. 134 , f. 54.
Reaum. ins. 1 , t. 16 , f. 4 , 5 , 6 , 7.
Petiv. gaz. p. 52 , t. 33 , f. 6. Phalæna umbrica , linea maculisque sanguineis.
Raj. ins. 168 , n. 26. Phalæna media , alis exterioribus colore nigro & sangui-
  neo variis , extimo duntaxat margine nigro.
Derrham. Physico-theol. l. 8 , c. 6 , n. 6. Papilio jacobææ.
Biblioth. reg. Paris p. 36 , f omnes.
Rosel ins. vol. 1 , tab. 49 , class. 2. Papil. nocturn.
L'amiral. ins. tab. 3.

La phalêne carmin du séneçon.
Longueur 8 lignes.

Ses antennes & tout son corps sont d'un noir matte. Ses
aîles supérieures sont d'un noir un peu brun , avec une longue bande rouge près du bord extérieur & deux taches
rondes de même couleur , l'une vers l'angle extérieur ,
l'autre proche l'angle intérieur du bas de l'aîle. L'aîle inférieure est rouge , avec son bord extérieur noirâtre. Cette
phalêne a les mêmes couleurs dessus & dessous.

Sa chenille est à seize pattes. Elle a des anneaux alternativement noirs & jaunes un peu safranés. Elle se trouve
très - communément sur les jacobées & les séneçons. Sa
phalêne voltige souvent dans les jardins , où sa belle couleur rouge , imitant celle du carmin , la fait remarquer.
Elle ne s'éleve pas haut en volant , & son vol est lourd ,
comme celui de plusieurs autres phalênes.

76. PHALÆNA *seticornis spirilinguis , alis incum-*
bentibus , exterioribus cæsiis nebulosis , inferioribus

luteis , fascia atra marginali. Linn. faun. suec. n.
870.

Linn. syst. nat. edit. 10 , *p.* 512 , *n.* 87. Phalæna noctua *pronuba.*
List. Goed. p. 114 , *f.* 41.
Goed. belg. 1 , *p.* 71 , *f.* 14. Noctua. *& gall. tom.* 2 , *tab. xiv.*
Albin. inf. 72 , *f.* C. D.
Merian. europ. t. 49.
Merr. pin. 198 , *n.* 5. Phalæna major cum exterioribus alis fuscis , internis
    aureis , nigra linea fimbriatis.
Raj. inf. 237 , *n.* 18. Papilio major alis prælongis , exterioribus vel rufis , vel
    ex cinereo nigricantibus , interioribus fulvis , cum fascia lata nigra prope
    imum marginem.
Frisch. germ. 10 , *p.* 17 , *t.* 15 , *f.* 4.
Reaum inf. 1 , *t.* 14 , *f* 6 , 7 , 8 , 9 , 10.
———— *Ibid.* 1 . *t.* 41 , *f.* 11.
Act. Upf. 1736 , *p.* 124 , *n.* 60. Papilio alis depressis griseis , obscure maculatis ,
    inferioribus flavis , margine nigro.
Biblioth. Reg. Parif. p. 37 , *f. omnes*
De Geer , mem. 1 , *p.* 109 , *t.* 5 , *f.* 17 , 18. Chenille rase affez groffe , brune ,
    avec deux petits traits noirs fur chaque anneau & trois raies jaunâtres.
L'amir. inf. tab. 8.

La phalêne-hibou.
Longueur 1 *pouce.*

Son corcelet , fa tête , fes antennes , fes pattes & fes
aîles extérieures font d'une couleur brune plus ou moins
claire , quelquefois foncée & prefque noire , fouvent
bleuâtre. Les aîles extérieures font de plus un peu nuancées & nébuleufes , & ont deux taches noires , l'une
au milieu , l'autre vers l'angle extérieur du bas de l'aîle.
Les aîles inférieures font d'un beau jaune doré , avec une
large bande noire proche le bord inférieur de l'aîle , dont
elle fuit la direction.

La chenille de cette phalêne eft liffe & a feize pattes.
Elle vient fur différentes plantes , mais particuliérement
fur le thlafpi & quelques-autres plantes cruciferes. Elle fe
cache le jour & ne mange que pendant la nuit. C'eft en
terre qu'elle fe métamorphofe. On voit quelques variétés
de couleurs parmi ces chenilles : les unes font vertes , les
autres font brunes ; celles-ci donnent les mâles & les
autres des femelles.

77. PHALÆNA *feticornis fpirilinguis , alis deflexis ,
fuperioribus nebulofo-fufcis , inferioribus nigris , macula
margineque luteis.*

La phalêne brune à tache jaune aux aîles inférieures.
Longueur 5 lignes.

Son corps en-deffus eft d'un brun noir , mais il y a fur le
devant du corcelet une bande tranfverfe d'un vert cendré.
Le deffus des aîles fupérieures eft de même noir , mêlé de
brun., ce qui le rend nébuleux. Le deffus des aîles inférieures eft noir , avec une grande tache ronde jaune au milieu
& une bordure de même couleur. La tête & le deffous
du corcelet font cendrés : le ventre en-deffus eft auffi cendré , mais tirant fur le jaune. Le deffous des aîles fupérieures eft noir , avec une bordure brune , & le deffous des
inférieures eft à peu près femblable au deffus , fi ce n'eft
qu'il y a plus de jaune & que le noir ne forme prefque
qu'une large bande tranfverfe. Cette phalène approche
beaucoup de la précédente , mais elle eft bien plus petite.

78. PHALÆNA *feticornis fpirilinguis , alis deflexis
cinereis , fafciis tranfverfis fufcis e triplici linea compo-
fitis.*

La rayure à trois lignes.
Longueur 8 lignes.

Ses aîles & fon corps font d'un gris cendré. Les aîles fupérieures ont quatre bandes tranfverfes plus brunes , compofées chacune de trois lignes d'un brun foncé , entre lefquelles la couleur brune eft plus claire. Les aîles inférieures font toutes grifes.

79. PHALÆNA *feticornis fpirilinguis , alis deflexis
nigricantibus , collari purpureo , abdomine flavo. Linn.
faun. fuec. n.* 881. Planch. 12 , fig. 6.

Linn. fyft. nat. edit. 10 , p. 511 , *n.* 83. Phalæna noctua rubricollis.

La veuve.
Longueur 8 lignes.

Ses aîles font longues & couchées le long de fon corps. Elles font noires, ainfi que tout l'infecte, à l'exception d'un petit collier jaune au‑deffous de la tête & du ventre qui eft auffi de couleur jaune. Le port des aîles les fait reffembler à un manteau, dont la couleur noire imite le deuil ; c'eft ce qui a fait appeller cette phalène la veuve.

80. P H A L Æ N A *feticornis fpirilinguis, alis deflexis undulato nigr s, inferioribus bafi albis.*

Linn. fyft. nat. edit. 10, *p.* 518, *n.* 111. Phalæna noctua fpirilinguis criftata, alis nigricante‑nebulofis, inferioribus niveis, poftice fafcia lata nigra.

L'alchymifte.
Longueur 10 lignes.

Ses antennes fines & noires égalent la moitié de la longueur de fon corps. Tout le deffus de l'infecte eft d'un noir foncé. Ses aîles fupérieures ont cependant quelques ondes plus claires, fur‑tout vers leur bord inférieur. Les aîles de deffous ont leur tiers fupérieur du côté de leur bafe de couleur blanche, avec un point noir au milieu du blanc, enfuite une large bande tranfverfe & noire ; puis un peu avant leur bord, une autre petite bande blanche étroite & interrompue par du noir en plufieurs endroits. Le deffous de l'infecte eft moins noir que le deffus. Sa trompe eft brune, ainfi que fes pattes poftérieures. Cette finguliere efpéce m'a été apportée.

81. P H A L Æ N A *feticornis fpirilinguis, alis deflexis ferrugineo‑fufcis fafcia duplici tranfverfa viridi‑aurea.*

Le vert doré.
Longueur 8 lignes.

Ses antennes font de la longueur de la moitié de fon corps. Sa tête eft chargée de poils un peu jaunes & fon corps eft d'un gris brun. Les aîles fupérieures font d'un

fauve brun , avec des ondes & quelques taches plus foncées , & en outre deux bandes tranfverfes d'un vert doré.
La premiere plus courte & plus large , n'eft pas éloignée
de la bafe de l'aîle , la feconde beaucoup plus grande , eft
placée un peu avant l'extrémité de l'aîle. Les aîles inférieures font d'une couleur plombée & les pattes font
grifes.

82. PHALÆNA *feticornis fpirilinguis , alis deflexis ,
fuperioribus cinereo fufcoque nebulofis , inferioribus rubris , fafcia duplici tranfverfa nigra.*

Linn. *fyft nat. edit.* 10, *p.* 512, *n.* 86. Phalæna noctua fpirilinguis criftata , alis
    deflexis cineraſcentibus , inferioribus rubris fafciis duabus nigris.
Jonft. *inf. t.* 7, *f.* 1, 2.
Reaum. *inf.* 1, *t.* 32, *fig.* 6, 7.
Albin. *inf. t.* 80.
Merian. *europ.* 3, *p.* 59, *t.* 38.
Biblioth. reg. Parif. p. 11, n. 1, 2, 3.
Leche. *nov. inf. fpec. p.* 35, *n.* 73. Phalæna feticornis fpirilinguis cinerea , alis
    inferioribus fafcia purpurea nigraque alterna. *f.* 10. A. B.
Rofel. *inf. vol.* 1, *tab.* 15. & *tom.* iv. *tab.* xix. *claff.* 2. Papil. nocturn.
L'amir. *inf. tab.* 25.

La likenée rouge.
Longueur 18 *lignes.*

Tout le corps de cette phalêne eft de couleur cendrée.
Ses aîles fupérieures font de la même couleur, avec des
bandes brunes ondées. Les inférieures font d'un beau rouge , fur-tout proche le ventre , avec deux bandes tranfverfes noires , larges & en arc. Les aîles en-deffous font
toutes les quatre blanchâtres , avec de pareilles bandes
tranfverfes noires ; il y a feulement un peu de rouge
aux aîles inférieures près du ventre.

La chenille de cette phalêne eft une arpenteufe à feize
pattes qui vient fur le chêne & qui eft de couleur grife
cendrée , comme les *lichens* qui viennent fur l'écorce des
arbres , enforte que lorfqu'elle eft arrêtée fur un arbre , on
la prend d'abord pour un *lichen.* C'eft ce qui l'a fait appeller par M. de Reaumur , la *lichenée* ou la *likenée.*

83. PHALÆNA *feticornis fpirilinguis, alis deflexis, fuperioribus cinereo fufcoque undulatis, inferioribus nigris, fafcia tranfverfa cœrulea.*

Rofel. inf. vol. 4, tab. xxviij. fig. 1.

La likenée bleue.

Longueur 2 pouces.

Cette efpéce plus grande que la précédente, en approche beaucoup. Ses aîles fupérieures font en-deffus grifes, cendrées, ondées de noir & femblables en tout à celles de la likenée rouge. Ses aîles inférieures en différent, en ce qu'au lieu d'une bande rouge tranfverfe, il y en a une d'un beau bleu, & que le haut de l'aîle eft tout noir, ainfi que le bas, enforte que toute l'aîle inférieure eft noire, à l'exception d'une large bande bleue; fi ce n'eft cependant qu'il y a un peu de gris qui termine le bord inférieur. En-deffous, cet infecte eft tout femblable au précédent; il a comme lui des bandes noires fur un fond gris; toute la différence confifte dans la couleur des aîles inférieures, dans lefquelles tout ce qui eft rouge dans l'efpéce ci deffus eft de couleur blanche un peu bleue. Cette belle phalêne eft très-rare. Je l'ai décrite d'après celle qui fe voit dans le cabinet de M. le Préfident de Bandeville, qui l'a trouvée par terre & morte, étant à la chaffe.

84. PHALÆNA *feticornis fpirilinguis, alis deflexis margine erofis, cinereo-fufcis, fuperioribus triangulo marginali fufcefcente incarnatum includente; thorace gibbo.*

Albin. inf. t. 30. D.

Merian. europ. 1, t. 34.

Goed: belg. 1, p. 109, t. 56. Meticulofa. & gall. tom. 2, tab. lvj.

Lift. Goed. 118, t. 44.

Reaum. inf. 1, t. 8, f. 25, 26.

Raj. inf. p. 161, n. 13. Phalæna media, alis exterioribus anguftis oblongis, pulverei coloris, media parte macula magna triangulari notatis.

Linn. faun. fuec. n. 815. Phalæna fubulicornis fpirilinguis, alis deflexis erofis pallidis, triangulo fufcefcente incarnatum includente, thorace gibbo.

Linn. fyft. nat. edit. 10, p. 513, n. 95. Phalæna noctua *meticulofa.*

Rofel. inf. tom. iv. tab. ix.

De Geer. mem. 1 , *p.* 698 , *t.* 5 , *f.* 14. Phaléne à antennes en filets, d'un gris blanchâtre, à double tache triangulaire d'un vert obscur.

De Geer. ibid. p. 102 , *t.* 5 , *f.* 12. Chenille rase assez grande, d'un beau vert, avec trois bandes longitudinales blanches.

L'amir. inf. tab. 22.

La méticuleuse.
Longueur 10 *lignes.*

La couleur de cette phalêne est grise, marbrée d'un peu de brun. Ses aîles supérieures ont en-dessus à la base une teinte un peu rougeâtre , & vers le milieu du bord extérieur , une petite tache triangulaire brune , enfermée dans un triangle rougeâtre , qui lui-même est entouré d'un autre triangle brun. Après ces taches , le bas de l'aîle est plus clair. Les bords inférieurs des quatre ailes font découpés & comme rongés. En-dessous , les ailes font grises. Toutes les quatre ont près du bord inférieur une bande brune transverse , & celles de dessous ont au milieu un point noir.

La chenille de cette phalêne se trouve sur la pimprenelle , l'absinthe & plusieurs plantes potageres. Elle est lisse , à seize pattes : sa couleur est verte , un peu claire , avec des bandes longitudinales blanches sur le dos. Elle se cache le jour pour ne manger & ne sortir que la nuit , ce qui l'a fait appeller par Goedart , la *méticuleuse.* Elle vient de très-bonne heure même pendant l'hiver , & quelques-unes se mettent en coque dès le mois de février. Leurs coques font composées de petits grains de terre attachés à une matiere soyeuse. Cette chenille n'a point de corne sur la queue , & les antennes de la phalêne font à filets & non pas coniques , ainsi cet insecte ne doit point se ranger parmi les sphinx avec lesquels M. Linnæus l'a mis.

85. PHALÆNA *seticornis spirilinguis , alis deflexis fuscis , superioribus lineis rufis , basique macula fulva.*

De Geer. inf. p. 123 , *t.* 6 , *f.* 13 — 23.

L'aîle brune à base fauve.
Longueur 7 *lignes.*

Elle

Elle est en-dessous de couleur cendrée : en-dessus ses aîles sont plus brunes, de couleur d'agathe, avec des bandes rougeâtres transverses irrégulieres, qui paroissent bordées en quelques endroits de taches plus claires. La base des aîles supérieures, ainsi qu'une partie du corcelet, est d'une couleur jaune pâle un peu rougeâtre, ce qui forme une grande tache, terminée en-bas par une bande semi-circulaire rougeâtre & brune, semblable à celles qui sont sur le reste de l'aîle, mais mieux marquée, & comme composée de deux lignes, dont l'extérieure est plus foncée que l'autre. Les aîles ont chacune en-dessous un point brun au milieu.

86. PHAL ÆN A *seticornis spirilinguis , alis deflexis cinereo-fuscis , superioribus fascia undosa triplici , punctoque obscuro marmoratis.* Planch. 12 , fig. 4.

Le flot.
Longueur 1 pouce.

Cette phalêne est toute d'une couleur brune claire, comme du caffé au lait. Ses aîles supérieures ont trois bandes brunes transverses ondulées, qui étant d'abord fort brunes vers le haut, vont en s'éclaircissant par nuances plus claires, jusqu'à l'endroit où est la bande suivante, ce qui imite les flots, tels qu'on les représente en peinture. Entre la premiere & la seconde de ces bandes, en commençant à compter de la base de l'aîle, se trouve une tache ou un point oblong brun près du bord extérieur. En-dessous, les aîles sont plus claires & toutes de la même couleur, à l'exception du point des aîles supérieures qui paroît aussi en-dessous.

87. PHAL ÆN A *seticornis spirilinguis , alis deflexis albo-flavescentibus , fascia duplici transversa fusca.*

La phalêne blanchâtre à deux bandes brunes.
Longueur 7 lignes.

Sa tête, ses antennes & son corps sont un peu bruns. Ses

Tome II. V

aîles font d'un jaune pâle prefque blanc , mais d'un blanc fale. Les fupérieures ont deux bandes tranfverfes brunes qui partagent la longueur de l'aîle en trois parties prefqu'égales.

88. PHALÆNA *feticornis fpirilinguis , alis deflexis albido-flavefcentibus , fafcia marginali oblonga fufca.*

La tache marginale.
Longueur 5 lignes.

Elle reffemble affez à la précédente. Son corps eft de même un peu brun , & fes aîles font d'un blanc fale jaunâtre ; mais au lieu de bandes brunes tranfverfes , les fupérieures ont feulement vers le milieu du bord extérieur une tache marginale brune oblongue qui femble former le commencement d'une raie tranfverfale.

89. PHALÆNA *feticornis fpirilinguis , alis deflexis flavefcentibus , fuperioribus fingulis punctis duobus fufcis.*

La phalêne jaune à quatre points.
Longueur 6 lignes.

Cette phalêne eft toute d'un jaune pâle , à l'exception des yeux qui font noirs. Ses aîles fupérieures ont leurs bords d'un jaune un peu plus foncé , & chacune a deux points bruns , un vers le milieu du bord extérieur & un autre vis à-vis , vers le tiers de l'aîle proche le bord intérieur. Lorfque l'infecte eft tranquille & que fes aîles font baiffées & proches l'une de l'autre, les quatre points des deux aîles fupérieures femblent être pofés dans la direction d'une ligne tranfverfe.

La chenille de cette phalêne fe trouve fur l'orme. Elle a feize pattes & eft couverte de beaucoup de poils courts & noirs ramaffés par bouquets. Elle ne fait point fa coque en terre.

90. PHALÆNA *feticornis fpirilinguis , alis deflexis albido-fulvis immaculatis.*

Reaum. 1 , *t.* 36 , *f.* 8 , 10 , 11 , 12.

La décolorée.
Longueur 7 *lignes.*

Elle eft toute de couleur blanche , lavée d'une teinte fauve très-légere , comme fi elle étoit décolorée. Elle n'a ni taches ni points.

91. PHALÆNA *feticornis fpirilinguis , alis deflexis canis , maculis pfiformibus nigris. Linn. faun. fuec. n.* 879.

Linn fyft. nat. edit. 10 , *p.* 514 , *n.* 96. Phalæna noctua pfi.
Frifch. germ 2 , *p.* 13 , *t.* 2 , *fig.* 3. Eruca dorfo faccato.
Reaum. inf. 1 , *t.* 42 , *f.* 5 , 6 , 11 , 12.
Goed. belg. 1 , *p.* 62 , *t.* 22. Admirabilis. *& gall. tom.* 1 , *tab.* H.
Lift. Goed. 209 , *f.* 92.
Raj. inf. 350 , *n.* 23. Eruca rarius pilofa , cornu in medio dorfo erecto.
Biblioth. reg. Parif. p. 33 , *f. omnes.*
Rofel. inf. vol. 1 , *tab.* 8 , *maf.* 7 , *fœmina. claff.* 2. Papil. nocturn.
L'amir. inf. tab. 13.

Le pfi ψ.
Longueur 9 *lignes.*

Tout le corps de l'infecte eft gris , fes yeux feuls font noirs. Ses aîles fupérieures ont trois ou quatre taches noires qui repréfentent chacune la figure renverfée de la lettre grecque appellée *pfi* ψ. Celle de ces taches qui eft vers la bafe de l'aîle , prend fa naiffance d'une longue ligne noire , qui partant de l'œil , defcend le long du corcelet. Proche le milieu du bord extérieur de l'aîle , une de ces taches a un petit cercle noir qui lui eft attaché & qui paroît plus dans la femelle que dans le mâle , fur lequel les *pfi* ψ font plus noirs & plus marqués. Les aîles inférieures ont en-deffous dans leur milieu un point noir. La chenille de cette phalêne eft noire & a peu de poils. Elle a feize pattes , & fur le milieu de fon dos , on voit une efpece de corne ou d'élévation noire. Sur le long de fon dos , regne une bande citron , & fur les côtés plufieurs taches rougeâtres. Elle vient fur les arbres fruitiers.

V ij

92. PHALÆNA *seticornis spirilinguis, alis deflexis,
exterioribus fuscis, lambda græco inscriptis. Linn. faun.
suec. n.* 873.

Linn. syst. nat. edit. 10, *p.* 513, *n.* 91. Phalæna noctua *gamma.*
Reaum. ins. 2, *t.* 26, *& t.* 27, *f.* 4, 5.
Frisch. germ. 5, *p.* 37, *t.* 15.
Petiv. gaz. t. 64, *f.* 6. Phalæna lambda.
Goed. belg. 2, *p.* 82, *t.* 21. Philopson. *& gall. tom.* 2, *tab. xxxij.*
List. Goed. 41, *f.* 14.
Albin. ins. t. 79, *fig.* G. H.
Merian. europ. 2, *t.* 32.
Raj. ins 163, *n.* 16. Phalæna è mediis minuscula, alis exterioribus cinereo &
    nigro colore variis, media parte linea alba γ litteram aliquatenùs referente,
    notatis.
Act. Ups. 1736, *p.* 25, *n.* 68. Papilio alis depressis, littera γ aurea inscriptis.
Biblioth. reg. Paris. p. 31, *f. omnes.*
Rosel. ins. vol. 1, *tab.* 5, *class.* 3. Papil. nocturn.

Le lambda. λ.
Longueur 9 *lignes.*

Cet insecte est tout brun en-dessus & en-dessous. Ses
aîles supérieures font variées & marbrées de différentes
nuances de brun, plus ou moins claires ou foncées. Sur le
milieu de chacune de ces aîles, est une grande tache,
tantôt jaune, tantôt blanche, représentant un lambda λ
ou un gamma γ grec couché de côté.

La chenille de cette phalêne est une arpenteuse à douze
pattes, de couleur verte, qui vient sur l'aurone, l'oseille
& quelques plantes potageres. Elle fait sa coque en terre.
La phalêne mâle a une singularité remarquable. En pres-
sant le bout de son ventre pour en faire sortir les parties du
sexe, il sort en même tems deux belles houppes rondes
de poils, qui disparoissent & rentrent lorsque la pression
cesse. On peut voir la figure de ces houppes dans l'Ouvrage de M. de Reaumur, tom. 2, tab. 6, f. 10, 11.

93. PHALÆNA *seticornis spirilinguis, alis deflexis;
superioribus cinereo fuscoque nebulosis, lineis undulatis
& omicro nigris, inferioribus cinereis.*

Frifch. germ. 1 , *p.* 24 , *t.* 5.
Reaum. inf. 1 , *t.* 15 , *f.* 4 , 5.
De Geer. inf. 1 , *t.* 9 , *f.* 22.
Biblioth. reg. Parif. p. 34 , *f. omnes.*
Rofel. inf. vol. 1 , *tab.* 13 , *claff.* 2. Papil. noâurn.

L'omicron nébuleux.
Longueur 11 *lignes.*

Cette phalêne varie beaucoup pour la grandeur. Elle eft d'un brun clair & cendré en-deffous. Le deffus eft d'un brun plus foncé. Ses pattes ont à leur extrémité des anneaux blanchâtres. Ses aîles fupérieures font marbrées de lignes brunes noirâtres & de traits gris. Elles ont fur leur milieu, près du bord extérieur, une tache en cercle formant un petit O de couleur noire , dont le milieu eft gris , & plus bas une tache grife prefque quarrée. Les aîles inférieures ont en-deffous dans leur milieu un point noir. La femelle eft beaucoup plus grife que le mâle , & elle a les mêmes lignes & taches fur les aîles fupérieures.

N. B. Il y a des variétés de cette phalêne qui font rougeâtres & d'autres noirâtres : mais toutes ont les deux taches ronde & quarrée fur les aîles.

La chenille de cette phalêne eft rafe , à feize pattes. Elle eft de couleur verte , avec la partie poftérieure du corps élevée en forme de pouppe de vaiffeau. On la trouve fur le chêne , le bouleau , l'ofier , où elle forme fa coque entre les feuilles qui fe roulent en paquet ou en boule.

94. PHALÆNA *feticornis fpirilinguis , alis deflexis , fuperioribus fufcis , lineis undulatis & omicro albis , inferioribus cinereis.*

Rofel. inf. vol. 1 , *tab.* 30 , *claff.* 2. Papil. noâurn.
L'amir. inf. tab. 7.

L'omicron géographique.
Longueur 7 *lignes.*

Cette efpéce reffemble infiniment à la précédente ; le deffous de l'infeâe & fes aîles inférieures font précifé-

ment de même. Il n'y a de différence que dans les aîles
supérieures qui font brunes, avec des raies blanchâtres
tirées en divers fens, & deux taches blanches, une en
rond formant un O, & une oblongue prefque quarrée,
comme dans l'omicron nébuleux : auffi ces deux efpéces fe
reffemblent-elles tant, que je ferois fort porté à les regarder comme variétés l'une de l'autre : les traits blancs dont
celle-ci eft couverte, la font un peu reffembler à une carte
de géographie.

95. P H A L Æ N A *feticornis fpirilinguis, alis deflexis
albido-cinereis, lineis longis nigris.*

Frifch. germ. 7, t. 12.

L'iota.
Longueur 9 lignes.

Sa couleur eft par-tout grife. Ses aîles fupérieures ont
quelques lignes fines & longues de couleur noire qui imitent des i, ce qui l'a fait appeller l'iota. Sa chenille vient
fur l'abfinthe, l'aurone & la fantoline. Elle a feize pattes.
Sa couleur eft blanchâtre, avec des taches jaunes & noires.
Elle fait fa coque dans la terre.

96. P H A L Æ N A *feticornis fpirilinguis, alis deflexis
fufco-cinereis, fuperioribus fufcis longitudinaliter
ftriatis.*

Linn. fyft. nat. edit. 10, p. 515, n. 105. Phalæna noctua fpirilinguis criftata,
alis deflexis obfoletis, margine laterali fufcis.
Raj. inf. 169, n. 125.
Merian. europ. 3, t. 29.
Albin. inf. t. 13.
Frifch. germ. 6, p. 22, t. 9.
Reaum. inf. 1, t. 43, f. 9, 10, 11.
Biblioth. reg. Parif. p. 32, f. omnes.
Rofel. inf. vol. 1, tab. 23, claff. 2. Papil. nocturn.

La ftriée brune de verbafcum.
Longueur 9 lignes.

Elle eft en-deffous d'un brun un peu gris. Ses aîles fupérieures font d'un brun foncé, plus noir près du bord exté-

rieur , & chargé de raies longitudinales plus obscures , ce
qui fait paroître l'aîle striée. Vers le bord intérieur de l'aîle,
sont deux petites lunules blanches à côté l'une de l'autre.
Cette phalène est éclose chez moi d'une chenille qui a fait
sa coque en terre. Cette chenille a seize pattes. Elle est de
couleur jaune , avec des points & des taches noirs. On la
trouve sur l'amandier , le *verbascum* ou bouillon blanc
& sur la scrofulaire.

97. PHALÆNA *seticornis spirilinguis , alis deflexis
nebulosis , fascia una alterave aurea. Linn. faun. suec.
n. 875.*

Merian. europ. 1 , p. 14 , t. 39.
Raj. inf. 182. Phalæna media , alis exterioribus duplici area transversa viridi-
aurata serici instar splendente insignibus.
Rosel. inf. vol. 1 , tab. 31 , *class.* 2. Papil. nocturn.

Le volant doré.
Longueur 9 lignes.

Sa tête , ses antennes & le devant de son corcelet sont
d'un jaune pâle. Ses aîles supérieures sont brunes , mais
très marbrées. Leur bord inférieur est plus pâle & plus
clair. Au-dessus se trouve une bande ondulée un peu pâle ,
dorée & chargée d'une légere teinte de vert. Plus haut
elles sont nébuleuses , avec une légere teinture dorée
qui forme comme une seconde bande. Leur base est plus
matte pour la couleur. De plus , elles ont vers le milieu
proche le bord intérieur une tache pâle assez large. En-
dessous , ces aîles sont brunes , avec le bord inférieur
de couleur plus claire. Les aîles de dessous sont brunes en-
dessus , & inférieurement grisâtres , avec un point noir &
une raie transverse en arc de même couleur. On voit souvent cette phalène voler vivement autour des plantes odo-
riférantes & succer avec sa trompe le miel de leurs fleurs
toujours en volant & sans se poser. Sa chenille est rase , à
seize pattes. Elle est d'une couleur jaune rougeâtre , avec
quelques rangées de points blancs.

98. P H A L Æ N A *feticornis fpirilinguis , alis deflexis fufco-nebulofis , fuperioribus maculis irregularibus albis.*

La phaléne petit-gris.
Longueur 6 lign:s.

Cette efpéce eft d'un gris un peu brun en-deffous. En-deffus elle eft panachée de gris & de noir , & fes aîles fupérieures ont plufieurs taches & lignes blanches de diverfes formes. Les plus remarquables , font une grande tache blanche triangulaire au bord extérieur qui en enferme une noire plus petite ; une feconde au bord intérieur , à laquelle répond celle de l'autre aîle ; & enfin , une ligne en zig-zag auffi de couleur blanche qui fuit le bord inférieur de l'aîle.

99. P H A L Æ N A *feticornis fpirilinguis , alis deflexis ; fuperioribus fufcis , lineis tranfverfis undulatis nigris , inferioribus ferrugineis.*

Rofel. inf. vol. 1 , tab. 11 , claff. 2. Papil. nocturn.

La brunette à aîles inférieures rougeâtres.
Longueur 1. lignes.

Le corps de la phalêne & fes aîles fupérieures font bruns. Sur les aîles , font plufieurs bandes noires tranfverfes ondulées & peu terminées. Les aîles inférieures font d'une couleur rougeâtre imitant la rouille. En-deffous , les quatre aîles ont une bande tranfverfe brune , & les inférieures ont chacune un point dans leur milieu. La chenille de cette phalêne qui vole vîte , eft verte & a fa partie poftérieure relevée en pointe comme le bout d'un bateau ; elle a feize pattes.

100. P H A L Æ N A *feticornis fpirilinguis , alis fubdeflexis , exterioribus cæfio-purpureis , fafciis tranfverfis undulatis , interioribus pallidis , omnibus margine ferrato.*

Rofel. inf. vol. 1 , tab. 3 , claff. 3. Papil. nocturn.

La

La dent de scie.
Longueur 8 lignes.

Ses aîles sont larges, un peu écartées, sans être cependant étendues. La couleur du dessus du corps & des aîles supérieures est d'un brun panaché de cendré, de bleuâtre & de rouge terne, ce qui forme plusieurs bandes & lignes transverses ondulées. Une de ces bandes plus large & plus rougeâtre traverse le milieu des aîles, dont le bas est plus gris. Les aîles inférieures sont pâles, grisâtres, avec quelques stries transverses ondulées, plus brunes. Le bord des aîles est dentelé assez profondément & imite les dents d'une scie. Le dessous des aîles est grisâtre & moins marbré. La chenille de cette phalène est une arpenteuse du chêne, de couleur verte, qui fait sa coque en terre. Elle n'a que dix pattes.

101. PHALÆNA *seticornis spirilinguis, alis deflexis, superioribus ferrugineo-cinereis, macula duplici longa rotundaque nigra, inferioribus albidis.*

La double tache.
Longueur 8 lignes.

Le corps de la phalène est d'un gris foncé un peu fauve, ainsi que ses aîles supérieures. Ces aîles ont deux taches noirâtres, l'une plus haut & oblongue, l'autre plus bas de forme ronde. Les aîles inférieures & le dessous des aîles sont blanchâtres.

102. PHALÆNA *seticornis spirilinguis, alis deflexis fusco-nebulosis, limbo tessellato, superioribus macula duplici punctoque albis.*

La frange bigarrée.
Longueur 7 lignes.

Cette jolie phalène est panachée de brun & de gris. Ses aîles supérieures ont deux taches & un point blanc. La premiere tache de forme longitudinale est la plus haute.

Tome II.   X

Vis‑à‑vis le bas de cette tache du côté extérieur , est un
petit point blanc , & plus bas que ce point , une tache
blanche transverse. Outre cela , vers le côté intérieur de
l'aîle dans le bas , est un endroit plus blanc. Les aîles infé‑
rieures font d'un brun plus uni. Toutes les quatre font
bordées d'une longue frange alternativement brune &
grise. Le dessous des aîles supérieures est d'un brun égal ,
seulement leur bord inférieur est plus clair. De ce même
côté , les aîles de dessous font grises , avec deux bandes
brunes transverses un peu en arc. La chenille de cette
phalêne a seize pattes. Elle est grise avec des taches noires.
On la trouve sur la linaire.

103. PHALÆNA *seticornis spirilinguis , alis deflexis
cinereis , superioribus fascia decussata fusca , puncto
nigro , lineisque transversis albidis.*

L'ix.
Longueur 6 lignes.

Ses yeux font noirs. La couleur de son corps & de ses
aîles est d'un cendré terne. Sur le milieu des aîles supé‑
rieures , est une bande brune qui forme l'X en se divisant ,
& à l'endroit de la division est un point noir. Cette bande
est quelquefois peu marquée. Au‑dessus & au‑dessous ,
font deux lignes transverses blanchâtres & un peu ondées.
En‑bas le long du bord inférieur , est une rangée de points
bruns.

104. PHALÆNA *seticornis spirilinguis , alis diflexis
atris , singulis macula alba.*

La phalêne noire à une tache blanche sur chaque aîle.
Longueur 6 lignes.

La couleur de tout l'insecte est noire , à l'exception
d'une grande tache blanche de forme ronde placée sur
chaque aîle presqu'au milieu , seulement un peu plus près
du bord extérieur.

105. PHALÆNA *seticornis spirilinguis, alis deflexis nigris, singulis duabus maculis, & lineis undulatis albis.*

La phalêne noire à deux taches blanches sur chaque aîle.
Longueur 7 lignes.

Le fond de la couleur de cette phalêne est noir. Ses aîles supérieures ont une grande tache blanche irréguliere à la base de l'aîle, tantôt plus grande, tantôt plus petite, quelquefois divisée en deux, & plus bas le long du bord extérieur de l'aîle, une autre tache quarrée aussi de couleur blanche. Outre ces deux taches, il y a sur le reste de l'aîle plusieurs traits blancs sinués & ondés. Sur les aîles inférieures, les deux taches blanches se réunissent du côté du ventre & semblent n'en faire qu'une à deux têtes. Le bord inférieur des aîles est aussi de couleur blanche. Le ventre de l'insecte est gris en-dessous, avec une bande longitudinale de points noirs de chaque côté. Cette phalêne varie pour la couleur. On trouve des individus qui ont bien plus de blanc les uns que les autres.

106. PHALÆNA *seticornis spirilinguis, alis deflexis nigris, lineis punctisque albis.*

La phaléne noire à lignes blanches.
Longueur 6 lignes.

Elle est toute noire en-dessus, avec des lignes blanches ondées sur les aîles supérieures, & des plaques ou taches blanches sur les inférieures. En-dessous, les aîles sont grises, avec des bandes noires sur le bas des aîles & des points noirs sur le haut. Le dessous du corps est aussi un peu gris.

107. PHALÆNA *seticornis spirilinguis, alis deflexis fuscis, superioribus fascia duplici obliqua alba.*

La phalêne brune à deux bandes blanches.
Longueur 3 ½ lignes.

X ij

Le deſſus des aîles ſupérieures eſt d'un brun noirâtre,
avec deux petites bandes blanches tranſverſes à la baſe de
l'aîle ; enſuite ſont deux bandes blanches aſſez larges
qui deſcendent obliquement du bord extérieur vers l'intérieur ; enfin le bord inférieur eſt terminé par une bande
blanche plus étroite. Le deſſous des aîles ſupérieures eſt
brun & nébuleux, & les inférieures tant en-deſſus qu'en-
deſſous ſont griſes.

108. **PHALÆNA** *ſeticornis ſpirilinguis , alis roſeo
purpureoque variegatis , ſuperioribus macula duplici
marginali alba.*

Le nacarat.

Longueur 6 lignes.

Le corps de cette phalêne eſt en-deſſus de couleur rougeâtre. Ses aîles ſupérieures ont vers leur baſe une premiere tache d'un rouge brun proche le bord extérieur,
tandis que le bord intérieur eſt incarnat ; puis ſe trouve
vers le bord extérieur une tache blanche oblongue, d'où
part une raie blanchâtre qui parcoure l'aîle tranſverſalement. Enſuite ſe retrouve la couleur incarnat, dont la
nuance brunit juſqu'à former une ſeconde tache d'un rouge brun, après quoi eſt une ſeconde tache blanche de
laquelle part une nouvelle raie blanchâtre, mais coudée &
en arc. Enſuite du côté du bord extérieur, eſt une troiſiéme tache brune, tandis que le reſte de l'aîle eſt couleur de
roſe & traverſé d'une derniere raie blanchâtre, après laquelle ſont deux points noirs près du bout extérieur de
l'aîle. Le deſſous des aîles, ainſi que les aîles inférieures,
eſt d'un rouge terne, & le deſſous du corps de l'inſecte
eſt d'un gris blanchâtre.

La chenille de cette phalêne a ſeize pattes. Elle eſt verte, avec des bandes longitudinales plus pâles. On la trouve
ſur l'orme. Elle fait ſa coque entre des feuilles.

109. **PHALÆNA** *ſeticornis ſpirilinguis , alis deflexis
roſeis , ſuperioribus faſcia duplici limboque albidis.*

Rosel. inf. vol. 1 , *tab.* 12 , *claff.* 1. Papil. nocturn.

L'incarnat.
Longueur 7 lignes.

Le deſſus du corps de la phalêne eſt gris, mêlé d'un peu de couleur de roſe. Ses aîles ſupérieures ont à leur baſe une grande tache couleur de roſe, dont la baſe eſt d'une couleur plus foncée, & qui ſe termine par un bord ondé, après lequel eſt une bande griſe, chargée d'un peu de couleur de roſe vers le bas, & d'une aſſez grande tache d'un rouge foncé, placée du côté du bord extérieur. Enſuite eſt une ligne tranſverſe ondée, un peu rougeâtre, terminée en-haut & en-bas par des traits couleur de roſe, puis une bande de couleur brune claire, & enfin une derniere bande blanchâtre qui termine l'aîle. Les aîles inférieures & le deſſous de toutes les quatre ſont couleur de roſe. Les pattes & le ventre en - deſſous ſont blanchâtres, avec une teinte de roſe claire. Cette phalêne eſt fort belle pour les couleurs. Sa chenille a ſeize pattes. Elle eſt raſe, d'une couleur jaune pâle un peu verdâtre & chargée de points & de taches noires.

110. **PHALÆNA** *ſeticornis ſpirilinguis , alis deflexis nigro-fuſcis , maculis plurimis albido-flaveſcentibus.*

Reaum. inf. 1 , *t.* 19 , *f.* 2.

La plaque dorée.

Cette phalêne eſt toute brune & noirâtre. Ses aîles ont pluſieurs taches un peu jaunes, dont quatre ou cinq plus petites ſont vers la baſe de l'aîle. Enſuite vers le milieu, eſt une grande tache preſque quarrée, après laquelle eſt une bande de petites taches rangées tranſverſalement. Ces taches ſont poſées à peu près de même ſur les aîles inférieures. Elles paroiſſent auſſi en-deſſous des aîles, mais de ce côté elles ſont blanches & argentines, au lieu qu'en-deſſus elles ont un air doré. Cette phalêne, à la premiere vûe, a quelque reſſemblance avec la *queue jaune*, n°. 50. Elle a, comme elle, le ventre aſſez long & orné au bout de poils longs, mais bruns.

Sa chenille eſt une arpenteuſe raſe, de couleur verte, à ſeize pattes, qui ſe nourrit ſur le chou.

111. **PHALÆNA** *ſeticornis ſpirilinguis triangularis, alis deflexis flavis, lineis duabus ferrugineis obliquis.* Linn. faun. ſuec. n. 880.

Linn. ſyſt. nat. edit. 10, p. 533, n. 230. Phalæna pyralis alis glabris pallidis, lineis ferrugineis retrorſum obliquatis licura anterioris.
Act. Upſ. 1736, p. 24, n. 49. Papilio alis planis pallidis nitidis.
Reaum. inſ. 1, t. 16, f. 12, 13, 14.

La bande eſquiſſée.
Longueur 6 lignes.

Sa couleur eſt jaunâtre en-deſſus. Ses aîles ſont couchées ſur ſon corps, un peu en toît, & forment en-bas la figure d'une queue d'hirondelle. Les ſupérieures ont en-deſſus trois bandes tranſverſes un peu obliques, de couleur fauve pâle, dont une; ſavoir, celle du milieu ſe diviſe en deux. Les aîles inférieures n'ont que deux de ces bandes. En-deſſous ces mêmes bandes, ſur-tout les inférieures, paroiſ-ſent, mais bien plus brunes & noirâtres, enſorte qu'il ſemble que celles de deſſus ne ſoient que l'eſquiſſe de celles de deſſous. Le deſſous du ventre & des pattes eſt auſſi brun, tandis que le deſſus eſt jaunâtre. Les pattes ont aux articulations de longues épines, comme dans les tei-gnes. La chenille de cette phalêne a ſeize pattes. Elle eſt de couleur jaune, un peu verte, avec ſix rangées longitu-dinales de petits points noirs & quelques poils clair-ſemés. Elle ſe nourrit des feuilles du chou, & elle a fait ſa coque chez moi, ſur les parois de la boëte où je l'avois miſe.

112. **PHALÆNA** *ſeticornis ſpirilinguis triangularis, alis deflexis albo-vireſcentibus, ſubtus lineis duabus tranſverſis nigris.*

La bande à l'envers.
Longueur 7 lignes.

Cette efpéce approche infiniment de la précédente. Le
deffus de fon corps , de fes pattes & de fes aîles eft d'un
blanc un peu verdâtre. Le deffous des aîles eft de même
couleur , avec deux bandes brunes & tranfverfes fur chacune, mais qui partant du bord extérieur, ne traverfent pas
toute l'aîle & ne vont point jufqu'à l'intérieur. Le deffous
du ventre & des pattes eft d'un brun noirâtre. Les aîles
font couchées fur le corps un peu en toît & forment par
leurs bouts écartés la queue d'hirondelle.

113. PHAL ÆNA *feticornis fpirilinguis triangularis ,
alis fuperioribus fufco - purpureis , fafcia tranfverfa
albido-ferruginea , abdomen fupra protendens.*

Reaum. inf. 1 , t. 1 , f. 4.

La phalêne à ventre relevé.
Longueur 4 ½ lignes.

Ses yeux font noirs & fa tête eft jaunâtre. Le deffus du
corcelet & le haut de fes aîles jufqu'au tiers environ , eft
d'un rouge pourpre qui eft terminé en - bas par une petite
raie blanche oblique. Les deux tiers du refte de l'aîle font
occupés par une large bande tranfverfe d'un fauve pâle ,
plus claire en-haut, plus brune en-bas & terminée par une
autre raie finuée de couleur blanche , après laquelle le
refte de l'aîle eft d'un brun rougeâtre , à l'exception de la
frange du bord qui eft blanchâtre. Les aîles inférieures
font grifes & leur bord intérieur couvre le ventre. Dans ce
feul endroit , elles ont trois petites taches brunes entrecoupées par des traits blancs. Le deffous de l'infecte & des
aîles eft d'un gris ondé. Lorfque cette phalêne eft pofée ,
elle porte finguliérement fa queue. Elle recourbe & relevе
fon ventre en-haut , en lui faifant faire un demi-cercle.
Ce port fingulier la fait aifément reconnoître.

114. **PHALÆNA** *feticornis fpirilinguis, alis deflexis; fuperioribus nigris, punctis quatuor albis, inferioribus flavis fufco marginatis.*

La phalêne à quadrille.
Longueur 3 ½ lignes.

Cette petite phalêne a tout le corps noirâtre, à l'exception de la partie fupérieure de fon ventre qui eft jaune. Ses ailes de deffus font auffi noires, avec quatre points blancs de forme ronde placés deux à deux. Les aîles inférieures font jaunes & bordées de brun. Le deffous des ailes eft femblable au deffus.

115. **PHALÆNA** *feticornis fpirilinguis alba, oculis nigris, antennis pedibufque fubflavefcentibus.*

L'albâtre.
Longueur 2 ½ lignes.

Cette petite efpéce eft toute blanche, à l'exception des yeux qui font noirs & des antennes & des pattes qui ont une petite teinte jaune. Ses aîles fupérieures font un peu pliffées & leur bord eft plus terne que le refte.

116. **PHALÆNA** *feticornis fpirilinguis, corniculis magnis criftatis, alis fufco-fumofis, medietate poftica albidiore, punctis verrucofis eminentibus.*

Reaum. inf. 1, t. 18, f. 16.

Le toupet à pointes.
Longueur 6 lignes.

Cette phalêne eft une des plus fingulieres que l'on puiffe voir. Elle porte au-devant de fa tête deux longues & grandes appendices applaties & barbues, avec une petite pointe au bout, qui reffemble à une piéce ajoutée. Sa couleur eft par-tout brune, imitant la couleur de fuie ou de fumée; mais la moitié poftérieure des aîles eft d'une couleur un peu plus claire. La partie antérieure a quelques
raies

raies noires, & de plus on y remarque une fingularité. Ce
font deux points faillans élevés & compofés d'écailles qui
forment une efpéce de broffe. Le deffous des aîles eft
femblable au deffus pour la couleur, & on y remarque
feulement une bande tranfverfe noirâtre. Je ne connois
point la chenille de cette phalêne.

117. PHALÆNA *feticornis fpirilinguis , alis deflexis
nigris , fafciis tribus argenteis tranfverfis , tertia interrupta.*

La phalêne à trois bandes argentées.
Longueur 1 ligne.

Cette très-petite phalêne a la tête jaunâtre. Ses aîles
font d'un brun noir, avec trois bandes tranfverfes argentées, auffi larges que les intervalles noirs qui font entr'elles. La derniere de ces bandes eft coupée dans fon
milieu & partagée en deux taches. La chenille de cette
phalêne vient fur le cerfeuil fauvage, où elle fait une petite coque ronde d'une couleur jaune & fauve.

118. PHALÆNA *feticornis fpirilinguis , humeris
latis , ferrugineo-fufca , fafciis tribus tranfverfis fatura-
tioribus.*

De Geer. *inf.* 1 , t. 26 , f. 9.

La chappe brune.
Longueur 4 lignes.

Cette efpéce, ainfi que les fuivantes, eft d'une forme
particuliere & différente des autres. Le haut de fes aîles,
ce qui forme fes épaules, va tout d'un coup en s'élagiffant,
& enfuite les aîles fe retréciffent vers le bas, ce qui donne
à l'infecte une certaine forme ovale, ou la figure d'un
homme qui porte une chappe. En-deffus, cette phalêne
eft d'un brun rougeâtre, avec trois larges bandes tranfverfes de couleur plus foncée, une à la bafe de l'aîle, l'autre
au milieu & la troifiéme au bas de l'aîle. En-deffous elle eft
d'une couleur plus claire & blanchâtre.

Tome II.   Y

119. **PHALÆNA** *seticornis spirilinguis , humeris latis , aurato-flavescens , alarum fascia transversa , maculaque duplici fusca.*

Goed. gall. tom. 3 *, tab.* 4.
Albin. inf. t. 63 *, fig.* C. D.
Rosel. inf. vol. 1 *, tab.* 2 *, class.* 4. Papil. nocturn.

La chappe à bande & tache brune.
Longueur 4 *lignes.*

Elle ressemble tout-à-fait à la précédente , dont elle pourroit bien n'être qu'une variété. Elle en différe en ce que sa couleur est d'un jaune un peu bronzé , & qu'au lieu de trois bandes brunes , il n'y en a qu'une seule transverse au milieu des aîles , & les deux autres d'en-haut & d'en-bas sont interrompues dans leur milieu , ce qui forme seulement deux taches brunes attenant le bord extérieur de chacune des aîles de dessus , une en-haut , l'autre en-bas.

120. **PHALÆNA** *seticornis spirilinguis , humeris latis , alis antice pallidis fascia obliqua fusca , pone fuscis fascia maculaque cinereis.*

Reaum. inf 1 *, t.* 17 *, f.* 9.

La chappe brune au sautoir.
Longueur 4 *lignes.*

Sa tête est jaunâtre avec les yeux noirs. Son corcelet & la partie supérieure de ses aîles sont d'un brun pâle , avec une bande plus brune oblique , qui va en montant du bord extérieur vers l'intérieur. Dans cet endroit, les bandes des deux aîles se touchent & forment ensemble un sautoir. La partie inférieure & la plus considérable des aîles est d'un brun foncé , avec une bande grise oblique qui va en descendant du bord extérieur vers l'intérieur, & vers le bas une tache irréguliere de même couleur. Le dessous des aîles est plus pâle que le dessus. On rencontre souvent cette petite phalêne voltigeante sur les ifs & les charmilles où nous avons trouvé sa coque. Sa chenille est petite , à seize pattes. Elle eſt d'une couleur gris-de-ſouris, piquée de jaune en-deſſus. Les côtés & le deſſus de ſon corps ſont d'un jaune citron. On la trouve ſur l'érable dont elle ſe nourrit.

121. PHALÆNA *ſeticornis ſpirilinguis , humeris latis , flava , faſcia tranſverſa fuſca.*

La chappe jaune à bande brune.
Longueur 2 ½ lignes.

Sa forme eſt la même que celle des précédentes , dont elle différe pour la grandeur & la couleur. Elle eſt d'un jaune luſtré, avec une bande tranſverſe brune ſur le milieu de chaque aîle. Ces deux bandes font enſemble à la jonction des deux aîles, un angle obtus. Le deſſous de l'inſecte eſt auſſi jaunâtre.

122. PHALÆNA *ſeticornis ſpirilinguis , humeris latis , fuſco-aurea , faſcia duplici aurata , maculâ purpurea.*

La chappe bronzée.
Longueur 3 lignes.

Elle eſt toute de couleur brune & parſemée de petits poils jaunes qui la font paroître bronzée. Vers le bord intérieur des aîles de deſſus , eſt une large tache d'un brun pourpre , bordée en-haut & en-bas d'une raie dorée. Le deſſous de l'inſecte eſt auſſi bronzé.

123. PHALÆNA *ſeticornis ſpirilinguis , humeris latis , antennis flaveſcentibus alis dilute vireſcentibus.*

Roſel. inſ. vol. 1 , *tab.* 1 , *claſſ.* 4. Papil. nocturn.

La chappe verte.
Longueur 4 lignes.

Ses yeux ſont noirs , ſes antennes & ſes pattes ſont jaunâtres & ſes ailes ſont d'un beau vert clair. Sa chenille eſt verte & rafe, elle a feize pattes & elle roule les feuilles de chêne.

124. PHALÆNA *feticornis fpirilinguis , humeris latis , alis viridibus , linea duplici tranfverfa albida.*

Rofel. inf. tom. 4, tab. 10.
Reaum. inf. tom. 1, planch. 39, fig. 13.
L'amir. inf. tab. 2.

La chappe verte à bande.
Longueur 9 lignes.

Cette efpéce eft par-tout d'un vert clair. Ses aîles ont leurs bords blanchâtres, & de plus deux lignes blanches tranfverfes qui vont un peu en defcendant du bord intérieur vers l'extérieur. Ses antennes & fes pattes font jaunâtres, & le deffous de l'infecte eft d'un vert plus pâle que le deffus. Elle vient comme la précédente, d'une chenille qui roule le chêne & dont la coque a la forme d'un bateau.

125. PHALÆNA *feticornis fpirilinguis , alis deflexis viridibus , fafcia duplici tranfverfa faturatiore.*

La phalêne verte ondée.
Longueur 7 lignes.

Ses aîles fupérieures font vertes, bordées d'un peu de rouge & nuancées de trois bandes prefque tranfverfes d'un vert plus foncé. Les aîles inférieures font d'un vert pâle & jaunâtre. Ses antennes font rougeâtres ainfi que fes pattes. Toutes les quatre aîles font en-deffous d'un vert pâle. Cet infecte a été pris à la Terre de Bandeville, à quelques lieues de Paris.

126. PHALÆNA *feticornis planilinguis , corpore rofeo , alis rotundatis planiufculis niveis , fingulis puncto cinereo.*

Reaum. inf. 2, t. 25, f. 1, 9 — 15.

La phalêne culiciforme de l'éclaire.
Longueur ⅓ ligne.

Cette espéce est la plus petite que nous connoissions.
Elle ressemble d'abord à une petite tipule culiciforme, ou
encore mieux au mâle d'un kermès ou d'une cochenille.
Son corps qui n'a qu'un quart de ligne de long, est rougeâtre, de couleur de chair & comme poudré d'une farine
blanche. Sa langue ou trompe ne se tourne point en spirale, mais elle est platte & droite. Ses antennes à peu près
de la longueur de son corps sont blanches, ainsi que ses
pattes. Ses aîles débordent son corps de moitié, elles sont
arrondies & l'insecte les porte presque parallèlement au
plan de position. J'ai souvent trouvé cette petite phalêne
sur l'éclaire, (*chelidonium majus.*) Ses aîles sont peu
écailleuses, ensorte que j'ai d'abord douté que ce fût une
véritable phalêne. Je n'ai jamais trouvé sa chenille qui
se trouve figurée dans l'Ouvrage de M. de Reaumur. Elle
ressemble à une petite tortue, pour sa forme ovale & applatie, & elle est si petite qu'on ne peut distinguer le
nombre de ses pattes. On n'apperçoit guères que ses six
premieres pattes écailleuses.

TINÆA.

LA TEIGNE.

Antennæ filiformes à basi ad apicem decrescentes.	Antennes filiformes dé-croissant de la base à la pointe.
Frons prominula.	Toupet de la tête élevé & avancé.
Larva involucro tecta.	Chenille cachée dans un four-reau.
Chrysalis in involucro larvæ.	Chrysalide dans le fourreau de la chenille.

Nous aurions pû joindre les teignes aux phalênes, auxquelles elles ressemblent beaucoup : mais comme le genre
des phalênes est déja très-chargé, & que les teignes sont

auſſi fort nombreuſes , nous avons cru devoir profiter des différences qui ſe rencontrent entre les unes & les autres , pour ſéparer ces deux genres. Ces différences ſont même ſi marquées , que les perſonnes qui n'ont aucune teinture d'hiſtoire naturelle , ſavent très-bien diſtinguer certaines eſpéces de teignes , telles que celles qui viennent dans les maiſons , d'avec les phalênes.

Les antennes de ces inſectes n'ont rien de particulier ; elles reſſemblent à celles de pluſieurs phalênes & autres inſectes de cette ſection. Malgré cette reſſemblance , on diſtingue preſqu'au premier coup d'œil,une teigne par une eſpéce de toupet de poils qui s'avance & s'éleve ſur le devant de la tête , & par un port d'aîles particulier dont nous parlerons plus bas. Un autre caractere bien ſûr , conſiſte dans l'examen de la larve ou chenille de la teigne. Ces chenilles qui ont tantôt ſeize , tantôt quatorze pattes , & plus ſouvent huit ſeulement , ne ſont point découvertes & à nud comme celles des papillons & des phalênes : elles ſont toujours à couvert & cachées , ſoit dans un fourreau qu'elles ſe compoſent de différentes matieres & qu'elles tranſportent avec elles ; ſoit dans des feuilles qu'elles ont ſû rouler pour ſe former une habitation dans laquelle elles ſont à l'abri & peuvent manger à leur aiſe ; ſoit enfin dans l'intérieur d'une feuille dont elles rongent le parenchyme, laiſſant la pellicule ou épiderme tant extérieure qu'intérieure,qui les met à l'abri. C'eſt dans ces mêmes retraites que les teignes parviennent à l'état de chryſalides , ſans avoir beſoin de ſe filer de coque. Le logement de la chenille tient lieu de coque à la chryſalide ; tout au plus quelques-unes filent quelques brins de ſoie qui paroiſſent deſtinés à ſoutenir la chryſalide & à fermer les ouvertures de ſon habitation pendant qu'elle eſt dans cet état. Cette propriété d'être toujours cachée dans un fourreau , ou une demeure qui lui en tienne lieu , & de ſe métamorphoſer dans ce même endroit , eſt particuliere à la chenille de la teigne , & la fait diſtinguer de celles des papillons & des phalènes. Examinons maintenant ces chenilles plus en détail.

En général les chenilles des teignes font affez petites, ainfi que l'animal parfait qu'elles donnent. Leur corps femblable en petit à celui des grandes chenilles, eft ordinairement liffe ; des poils auroient été inutiles à des infectes qui fe font des vêtemens & n'auroient fervi qu'à les embarraffer. Quant aux pattes de ces chenilles, nous avons dit que leur nombre varioit. Beaucoup n'ont que huit pattes, favoir les fix écailleufes antérieures & les deux poftérieures qui font au dernier anneau. La plûpart de ces chenilles qui font renfermées dans des fourreaux, n'avoient befoin que de ces huit pattes pour avancer & pour reculer ; les pattes intermédiaires ne leur auroient été d'aucun ufage dans leurs fourreaux, quelques-unes cependant ont feize pattes, d'autres quatorze, mais ce n'eft pas le plus grand nombre.

Celles de ces chenilles qui fe font des fourreaux, employent différentes matieres pour les compofer. Tout le monde connoît les teignes domeftiques qui rongent nos tapifferies, nos draps & nos étoffes de laine, dont elles fe nourriffent & s'habillent en même tems. Ces fourreaux artiftement tiffus, font compofés de brins de laine que l'infecte coupe & hache avec fés dents, & qu'il attache & lie enfemble avec un peu de foie qu'il file. Cette foie fe voit particuliérement dans l'intérieur du fourreau qui eft liffe & poli, pour ne pas bleffer le corps délicat de l'infecte, tandis que l'extérieur eft garni d'un fin duvet de laine. Mais la compofition de cet habit n'eft pas la feule chofe digne de remarque ; l'infecte fait de plus l'allonger & l'aggrandir à mefure qu'il croît & qu'il groflit. C'eft ce qu'on peut appercevoir aifément, en tranfportant de petites teignes d'une étoffe fur une autre de différente couleur. Comme les fourreaux de ces infectes font de la même couleur que la laine qu'ils employent, en changeant ainfi la couleur de l'étoffe, on apperçoit plus aifément les rallonges

& les piéces de son habit. Je suppose donc qu'on prenne
quelques petites teignes dont le fourreau est encore petit de dessus un drap bleu, & qu'on mette ces teignes avec
leurs fourreaux bleus sur un drap rouge : au bout de quelque tems, la teigne qui grossit a besoin d'allonger son
fourreau ; elle le fait en attachant aux deux extrémités,
aux bords des ouvertures des deux bouts, des brins de laine
rouge. Pour exécuter cette manœuvre, elle se tire presqu'entiérement de son fourreau & y rentre de tems en
tems. L'ouvrage fait, on voit son fourreau qui étoit tout
bleu bordé maintenant de rouge aux extrémités, plus ou
moins, suivant que les dernieres allonges faites par l'insecte ont été plus ou moins considérables. Cet allongement du fourreau n'est encore qu'une petite partie du travail de l'insecte, il lui reste à faire un ouvrage bien plus
difficile ; il faut que non-seulement il allonge son fourreau,
mais qu'il l'élargisse, sans quoi il seroit trop étroit. Pour cet
effet, l'insecte fend avec ses dents son fourreau dans sa
longueur, d'abord à un bout & puis à l'autre, & entre les
bords de cette fente, il ajuste une piéce neuve qu'il com-
pose de même. Ainsi, outre les allonges rouges, le fourreau
a encore dans sa longueur des piéces pareillement rouges
sur un fond bleu. Au bout de quelque tems, lorsque la
chenille grossira encore, il lui faudra répéter la même manœuvre, & si on veut que son fourreau soit encore plus
bigarré, on peut la mettre sur une étoffe verte : les nouvelles piéces seront vertes, & le fourreau participera
des couleurs différentes de toutes les étoffes sur lesquelles
la teigne aura été mise. Mais une autre chose qui n'est pas
moins remarquable, c'est que les excrémens de l'insecte
sont aussi de la couleur de l'étoffe. Il semble que la partie
colorante du drap ou de la laine passe toute dans les excrémens de l'insecte, tandis que la substance de cette laine
sert à sa nourriture.

La teigne, après avoir rongé tous les brins de laine les
moins serrés & les plus aisés à dévorer qui se trouvent

autour

autour d'elle, se transporte ensuite plus loin avec son fourreau, & elle porte toujours son habitation de place en
place jusqu'à ce qu'elle se métamorphose : pour lors elle
fixe son fourreau contre l'étoffe, à l'aide de quelques fils
qu'elle attache. Elle bouche aussi avec de pareils fils les
deux ouvertures de ce même fourreau qui lui forme une
espéce de coque. Elle n'a pas besoin de s'en filer d'autre.
Dans cet abri elle se transforme en chrysalide, & lorsqu'elle est parvenue à l'état d'insecte parfait, elle en sort
en perçant le tissu dont elle avoit fermé une des deux ouvertures.

D'autres teignes domestiques rongent les pelleteries, les
peaux d'oiseaux, & avec les poils ou plumes qu'elles en
enlevent, elles se forment des fourreaux semblables à
ceux que nous venons de décrire. Les manœuvres de toutes ces teignes font les mêmes, il n'y a que leur nourriture
qui soit différente.

Parmi les teignes qui se trouvent dans la campagne,
quelques-unes se forment aussi des fourreaux semblables à
ceux des teignes domestiques, & qui n'en différent que
par les matieres qui les composent. Le chiendent ou *gra-*
men nous en fournit une espéce, dont le fourreau est presque tout composé des petits poils qui se trouvent sur les
jeunes feuilles de cette plante. La teigne se nourrit des
feuilles & se sert de leur duvet pour composer son fourreau qui semble couvert de moisissure, ce qui nous a porté à distinguer cette teigne par le nom de *moisie*. D'autres
teignes qui se trouvent sur le chêne & sur quelques-autres
arbres, savent couper adroitement des morceaux de feuilles, qui joints ensemble par des fils, leur forment des
fourreaux durs & consistans. Quelques-unes même font
encore mieux : elles savent mettre à profit les découpures
& les dents qui se trouvent au bord de ces feuilles, &
les placer de façon qu'elles forment une espéce d'ornement sur leurs fourreaux ; tantôt c'est une espéce de
crête de coq qui les garnit tout du long, d'autres fois

ce font des efpéces de coquilles qui en ornent l'extrémité.

Les brins de paille & de tiges de plantes féchées font employés par d'autres teignes pour compofer leurs vêtemens. Les unes plus petites fe contentent de couper ces petits brins de paille de la longueur de leur fourreau , & de l'en revêtir en dehors tout du long , enforte qu'il reffemble à une efpéce de fagot , dont un morceau n'excede guères l'autre : d'autres plus grandes placent de même plufieurs petits brins d'herbe feche longitudinalement fur leur fourreau , mais elles en mettent plufieurs rangs en recouvrement les uns fur les autres , ce qui doit les mettre à l'abri de la pluie & de l'humidité. Enfin quelques-unes placent au contraire ces brins d'herbe en travers fur leur fourreau , ce qui le rend tout hériffé.

Il y a d'autres teignes à fourreaux qui employent dans la conftruction de leur demeure des matieres beaucoup plus folides que celles que nous venons de voir. Elles fe fervent de la pierre même dont elles recouvrent leur habillement. On voit fouvent de ces petites teignes le long des murs de pierre des vieux bâtimens. Leurs fourreaux bruns font coniques , terminés en pointe par le bout , ronds dans les unes , triangulaires & à pans dans les autres. Les petites chenilles qui les habitent font brunes , elles ont feize pattes : leur tête fort par l'ouverture large de leur fourreau , & l'autre extrémité pointue n'a qu'une petite ouverture par laquelle l'animal rend fes excrémens. Ces fourreaux font tous couverts de petits grains de pierre liés & affemblés enfemble par la foie dont l'intérieur du fourreau eft compofé. Quelques auteurs ont nommé ces teignes , *teignes à capuchon* , à caufe de la forme de leurs fourreaux. Elles fe nourriffent d'un petit *lichen* verdâtre qui couvre fouvent en grande quantité les pierres expofées à l'air depuis long-tems. Les arbres font auffi fouvent couverts d'un petit *lichen* femblable , qui fert pareillement de nourriture à une petite teigne à capuchon , mais dont le fourreau est jaune ou vert, à cause des brins de lichen dont elle se sert pour le former.

Toutes ces teignes à fourreaux se métamorphosent comme les teignes domestiques. Lorsqu'elles veulent se transformer, elles fixent leurs fourreaux contre les feuilles, contre les écorces, ou contre les murs en filant au bord. Elles deviennent chrysalides dans cette espéce de coque, & lorsqu'elles sont changées en insectes parfaits, elles sortent en se faisant jour par la petite ouverture de l'extrémité du fourreau qui servoit à donner issue aux excrémens de la chenille.

Les teignes que nous venons de décrire ont des fourreaux portatifs, des espéces d'habitations mobiles & isolées qu'elles portent avec elles de côté & d'autre. Il y a d'autres espéces de teignes qui se pratiquent des demeures où elles sont à l'abri & à couvert comme les précédentes, mais qu'elles ne peuvent mouvoir. L'industrie de ces insectes n'en est pas moins grande, & on ne sauroit assez remarquer l'art qu'ils employent pour se former les logemens différens dans lesquels ils passent leur vie. Parmi ces différentes teignes, il y en a qui replient seulement une feuille, en attachant fortement les deux côtés avec des fils de soie, & se tiennent renfermées dans ce pli qui se trouve entre les deux côtés de la feuille. D'autres ne se contentent pas de plier ainsi les feuilles, elles en roulent le bord ou l'extrémité, & se logent dans le centre de cette espéce de rouleau qu'elles ont ainsi formé. Là elles sont à l'abri des injures de l'air & des insultes de différens insectes voraces. Le rouleau où elles sont renfermées, est assujetti par plusieurs liens de soie posés de distance en distance, comme par paquets, & les extrémités de ce même rouleau sont fermées par les bords que l'insecte rapproche & attache ensemble par le moyen d'autres fils de soie. La teigne ainsi renfermée, ronge la partie de la feuille roulée dans l'intérieur de son habitation, laissant cependant les pellicules extérieure & intérieure de cette feuille dont elle ne mange que le parenchyme. C'est aussi dans ce même rouleau qu'elle devient chrysalide & qu'elle se change en insecte parfait. On trouve de ces rouleaux aux feuilles de chêne & de plusieurs autres arbres, mais il y a peu d'arbres qui en soient autant infectés que le lilac. Souvent toutes ses feuilles sont ainsi roulées. Si on les déroule, on trouve la partie de la feuille repliée dans l'intérieur, comme morte, blanche & transparente, il ne reste que le squelette de cette feuille dans lequel on trouve plusieurs petites chenilles lisses, rougeâtres, toujours en compagnie plus ou moins nombreuse de quatre, dix, douze, ou même quinze & seize. Ces espéces de chenilles donnent des petites teignes qui sont ordinairement reconnoissables, en ce que leurs épaules ou la base de leurs aîles sont assez larges.

Ces espéces de teignes sont obligées, ainsi que les précédentes, de se former une habitation construite avec les mêmes feuilles qu'elles doivent ronger ensuite. D'autres ne se donnent pas la même peine : à mesure qu'elles mangent, elles se logent à la place de la nourriture qu'elles ont prise. Ces teignes encore très-petites, percent la pellicule extérieure de la feuille, insinuent leur tête dans cette petite ouverture & mangent le parenchyme intérieur. A mesure qu'elles ont ainsi cavé & creusé la feuille, elles s'enfoncent & forment des chemins couverts, des galleries entre les deux pellicules des feuilles, avançant toujours à proportion de la nourriture qu'elles prennent. On voit souvent ces chemins des teignes tracés sur les feuilles. Ils sont très-reconnoissables, en ce que la feuille est transparente & a perdu sa couleur verte en ces endroits. Ces chemins sont souvent fort irréguliers, pleins de contours & de détours suivant les différens côtés vers lesquels la chenille s'est portée. Si on leve une des deux pellicules de la feuille qui couvrent ces chemins, on trouve ordinairement vers l'extrémité une petite chenille toute seule, lisse, un peu jaunâtre, qui a quatorze pattes. Ces petites

teignes reſtent dans ces mêmes galleries pour ſe transformer en chryſalides , & elles n'en ſortent que ſous leur
derniere forme d'inſectes parfaits. M. de Reaumur a donné à ces chenilles le nom de *ver mineur* , parce qu'ils minent l'intérieur des feuilles. On pourroit les appeller plutôt , *chenilles mineuſes*. Au reſte , les teignes ne ſont pas les
ſeuls inſectes dont les larves minent ainſi les feuilles ;
celles de quelques - autres inſectes ont la même induſtrie.
Nous avons déja vû que les larves de quelques charanſons
ſont pareillement mineuſes ; celles de quelques mouches
en font autant. Mais un moyen ſûr de diſtinguer toutes ces
larves mineuſes les unes des autres lorſqu'on les rencontre dans une feuille , c'eſt d'examiner leurs pattes. Les
larves des teignes en ont quatorze , comme nous l'avons
déja dit. Celles des charanſons n'ont que ſix pattes écailleuſes , comme celles de tous les inſectes à étuis , & celles
des mouches n'ont point du tout de pattes. Ainſi on peut
ſavoir ce que donnera par la ſuite chacune de ces différentes larves.

Les teignes ne minent pas ſeulement les feuilles , quelques eſpéces cherchent une nourriture plus ſucculente ,
elles minent les fruits. Il eſt très - commun de trouver des
fruits verreux. Qu'on examine les prétendus vers qu'ils
renferment , s'ils ont plus de ſix pattes on peut être ſûr
qu'ils donneront des teignes , ſi au contraire ils n'ont point
de pattes , ce ſont des larves de mouches.

Nous ne finirions pas , ſi nous voulions examiner en détail tous les différens manéges qu'employent un grand
nombre de teignes pour ſe loger. En général , la plûpart
des productions animales & végétales ſont expoſées à être
attaquées par ces petits animaux. Leurs chenilles les
dévorent , & ſont d'autant plus difficiles à trouver qu'elles
ſe tiennent ordinairement cachées. Mais ſi les chenilles de
ces teignes ſont auſſi nuiſibles , les inſectes parfaits qui en
proviennent n'en ſont pas moins dignes d'attention pour
leur beauté. Il y a peu de genre qui renferme des inſectes

auffi brillans & auffi magnifiques , & fi les teignes étoient
plus grandes , on feroit furpris de la richeffe de leurs couleurs. Les aîles d'un grand nombre font parfemées d'or &
d'argent diftribué par bandes & par compartimens. Sur
d'autres on voit briller les couleurs les plus vives, fouvent
rehauffées d'un peu d'or , & l'on ne peut fe laffer d'admirer la magnificence & les beautés que le microfcope nous
fait découvrir dans les aîles de ces infectes , tandis qu'ils
paroiffent aux yeux fi vils & fi méprifables. Enfin les aigrettes & les franges dont quelques-unes de ces teignes
font parées , augmentent encore leur beauté. On verra
toutes ces différences dans le détail que nous allons donner des efpéces de ce genre.

1. TIN Æ A *corniculis duobus fubulatis recurvis , cinerea,*
alis macula fufca.

La teigne à queue d'hirondelle.
Longueur 3 ½ lignes.   Largeur 2 lignes.

Ses yeux font noirs & tout le refte de fon corps eft gris ,
au-devant de fa tête font deux petits crochets recourbés
en-deffus, compofés de plufieurs articulations , plus longs
que la tête & qui accompagnent la trompe de chaque
côté. Ses aîles font larges & forment vers le bout la queue
d'oifeau. Au milieu de chacune eft une tache brune , outre deux petits points noirs prefqu'imperceptibles , l'un
vers le milieu de l'aîle plus haut que la tache , l'autre
près de la bafe proche le bord extérieur.

2. TIN Æ A *corniculis duobus fubulatis recurvis , alis*
flavefcentibus nitidis , ftriarum albidarum ordine duplici
tranfverfo.

La teigne à bandes rayonnées.
Longueur 5 lignes.

Sa tête & fon corps font bruns. Ses aîles font jaunâtres ,
luifantes , un peu bronzées , avec deux bandes tranfverfes
de petites rayes blanchâtres longitudinales , l'une vers le

milieu de l'aîle, l'autre vers le bas. Au-devant de fa tête, fous les antennes, font deux crochets recourbés en-deffus & compofés de plufieurs articulations, qui ont le double de la longueur de la tête.

3. TINÆA *cinerea, corniculis duobus criftatis, fafcia alarum longitudinali argentea.*

La teigne à rayure d'argent.
Longueur 4 *lignes.*

Au-devant de la tête de cette teigne font deux longs barbillons velus des deux côtés & terminés au bout par une petite pointe relevée & fans poils. Ses yeux font noirs & fa tête eft blanchâtre. Ses aîles font d'un gris cendré avec une longue bande blanche argentée fur chacune des aîles fupérieures. Le deffous de cet infecte eft tout gris.

4. TINÆA *alis fuperioribus albis punctis nigris, inferioribus fufcis.*

Linn faun. fuec. n. 891. Phalæna feticornis fpirilinguis nafuta, alis fuperiori-bus albis, punctis nigris : inferioribus fufcis.
Linn. fyft. nat. edit. 10 , p. 534 , *n.* 238. Phalæna tinæa *evonymella.*
Albin. inf. t. 70 , *f.* A. B. C.
Merian. europ. 2 , p. 2 , *t.* 2. *in medio* , p. 43 , *t.* 44.
Reaum. inf. 2 , *t.* 12 , *f.* 1 —9, & 1 , *t.* 17 , *f.* 10 , 11.
Frifch. germ. 5 , *t.* 16.
Raj. inf. 196. Phalæna parva alis longis lividis feu plumbeis ; exterioribus punctis nigris crebris ftictois.
Act. Upf. 1736 , p. 26 , *n.* 81. Papilio alis depreffis argenteis nigro punctatis.
Rofel. inf. vol. 1 , *tab.* 7 & 8 , *claff.* 4. Papil. nocturn.

La teigne blanche à points noirs.
Longueur 4 ½ *lignes.*

. Tout le deffus de cette teigne eft d'un blanc argenté. Ses aîles fupérieures ont en-deffus trois ou quatre rangées longitudinales de petits points noirs. On apperçoit auffi de pareils points fur la tête & fur le corcelet. Le deffous des aîles fupérieures, & les deux faces des inférieures font de couleur plombée. Le ventre eft noir en-deffus & d'un blanc un peu brillant en-deffous.

La chenille de cette teigne eſt d'un blanc jaunâtre, &
chargée de quelques poils. Sa tête & le premier anneau de
ſon corps ſont noirs, & on voit une rangée de dix points
noirs de chaque côté de ſon corps. Ses pattes ſont au nombre de ſeize. Ces chenilles n'ont point, comme la plûpart
des autres teignes, de fourreau particulier, mais elles
vivent en ſociété & par troupes ſur les arbres fruitiers,
enveloppées toutes dans des toiles grandes & fortes qu'elles filent.

5. TINÆA *alis flavis, faſciis maculiſque nigris.*

L'arlequinette jaune.
Longueur 4 ½ *lignes.*

Sa tête eſt noire avec une tache jaune entre les yeux :
ſon corcelet pareillement noir a un peu de jaune en devant, & trois bandes longitudinales auſſi jaunes. Ses aîles
ſupérieures ſont jaunes avec une bande longitudinale noire
proche la ſuture ou la jonction des aîles, & une autre
parallèle à cette premiere, poſée plus ſur le milieu de
l'aîle, qui part de ſa baſe, & ſe trouve réunie en bas avec
la premiere, par le moyen d'une bande tranſverſale à
laquelle toutes deux aboutiſſent. Après cette bande tranſverſe, il s'en trouve une autre proche le bord inférieur,
qui paroît compoſée de pluſieurs points qui ſe touchent.
Du côté du bord extérieur de l'aîle ſont cinq taches diſtinctes, les unes rondes les autres longues. Toutes ces taches
& ces lignes noires ſont moins marquées en-deſſous. Les
aîles inférieures ſont brunes en-deſſus, jaunes en-deſſous
avec une bande tranſverſe noirâtre. Le deſſous du corps
de l'inſecte eſt jaune.

6. TINÆA *plumbea nitida, puncto nigro in medio
alarum.*

Linn. faun. ſuec. n. 894. Phalæna ſeticornis ſpirilinguis naſuta cana, capite ſub-
griſeo, puncto nigro in medio alarum.
Linn. ſyſt. nat. edit. 10, *p.* 536, *n.* 254. Phalæna tinea *pellionella.*

Reaum.

Reaum. inf. 3, t. 6, f. 12, 16.
Rofel. inf. vol. 1, tab. 17, claff. 4. Papil. nocturn.

La teigne commune.
Longueur 2 lignes.

Tout le monde connoît affez cette petite teigne qui vole fouvent dans les appartemens. Sa couleur eft grife, plombée & brillante, & chacune de fes aîles eft chargée dans fon milieu d'un point noir. La chenille de cet infecte ronge les meubles de laine dont elle fe nourrit & fe fait un fourreau qui a la couleur de la laine que l'infecte dévore : quelquefois ce fourreau eft de plufieurs couleurs, fuivant que la teigne a paffé d'un meuble à un autre de couleur différente.

NB. J'en ai trouvé une variété qui ne differe que parce qu'elle eft plus petite de moitié.

7. TINÆA *atro-plumbea, alis fuperioribus fufco-nebulofis.*

La teigne plombée nébuleufe.
Longueur 2 lignes.

Elle eft toute de couleur plombée comme la teigne commune. Ses aîles de deffus ont fur leur moitié fupérieure une bande tranfverfe brune, & toute leur moitié inférieure eft nébuleufe & tachée du même brun. Ses pattes poftérieures font très-longues.

8. TINÆA *tota alba oculis nigris.*

La teigne blanche.
Longueur 2 ½ lignes.

Elle approche beaucoup de la teigne commune, mais elle eft toute blanche tant en-deffus qu'en-deffous : fes yeux feuls font noirs.

9. TINÆA *cinerea, alarum margine inferiore punctis nigris.*

Tome II. A a

La teigne à bordure de points.
Longueur 3 ½ *lignes.*

Ses yeux font noirs, & tout le refte de fon corps eft de couleur cendrée un peu plombée. Le bord inférieur des aîles de deffus eft orné de petits points noirs au nombre de fix ou fept fur chaque aîle. Ses antennes font à peu près de la longueur de fon corps.

10. **TINÆA** *aurata, alis fuperioribus cruce decuffata fufco rubra.*

La teigne à croix de faint andré.
Longueur 2 ¾ *lignes.*

Elle eft allongée & étroite, & fes aîles font pofées l'une contre l'autre vers le bout. La couleur de tout l'infecte eft d'un jaune doré. Sur fes aîles fupérieures eft une croix de faint andré de couleur rougeâtre, formée par deux rayes obliques fur chaque aîle, qui vont fe joindre au bord intérieur, & forment le refte de la croix avec celles de l'autre aîle. Au-deffous de cette croix on voit fur chaque aîle une raie oblique de même couleur, qui va en montant du bord extérieur vers l'intérieur. Les antennes font de la longueur du corps de l'infecte, & font compofées de petits anneaux de couleurs variées. Les pattes font longues & le bas des cuiffes eft gros, ce qui a fait appeller cet infecte par M. de Reaumur, *teigne à pattes en raquette.* Ses yeux font noirs.

11. **TINÆA** *tota fufco-nebulofa, capite albido.*

Linn. *fyft. nat. edit.* 10, *p.* 537, *n.* 259. Phalæna tinea *granella.*

La teigne brune à tête blanchâtre.
Longueur 3 ⅔ *lignes.*

Sa couleur eft brune partout. Ses aîles fupérieures ont beaucoup de taches noirâtres plus foncées que le refte, & deux petites taches jaunes, l'une vers le milieu, l'autre vers le bord intérieur, ce qui rend ces aîles nébuleufes.

La tête est d'un blanc jaunâtre en-deſſus avec les yeux
noirs. Cette eſpéce reſſemble beaucoup à la ſuivante,
mais elle en differe en ce qu'elle eſt toute de la même
couleur. On la trouve ſouvent dans les maiſons, où ſa
chenille ronge les étoffes dont elle ſe forme un fourreau.

12. TIN Æ A *fuſca, cruce dorſi decuſſata alba.*

La teigne à croix de chevalier.
Longueur 2 ½ *lignes.*

Elle eſt longue & étroite, & ſa couleur eſt brune un
peu bronzée. Sur chacune des aîles ſupérieures, vers le
milieu, eſt une tache triangulaire blanche, argentée, un
peu oblongue, dont le long côté touche le bord extérieur,
& l'angle oppoſé aboutit au bord intérieur, à l'endroit où
répond la tache ſemblable de l'autre aîle, ce qui forme
par la réunion des deux aîles, une eſpéce de croix de chevalier, dont deux pointes ſont blanches, & les deux autres, la ſupérieure & l'inférieure, brunes.

13. TIN Æ A *nigra, capite niveo, alis pone albidis.*

Linn. faun. ſuec. n. 892. Phalæna ſeticornis ſpirilinguis naſuta nigra, capite
niveo, alis pone albidis.
Linn. ſyſt. nat. edit. 10, *p.* 536, *n.* 253. Phalæna tinea *tapetzella.*
Raj. inſ. 204, *n.* 98. Tenia veſtivora major, alis oblongis acutis; exterioribus
ad ſcapulas nigricantibus, inferiùs albentibus; interioribus fuſcis ſive
cinereis.
Reaum. inſ. 3, *t.* 20, *f.* 2, 3.

La teigne bedeaude à tête blanche.
Longueur 4 ½ *lignes.*

Sa tête eſt blanche en-deſſus. Ses aîles longues enveloppent ſon corps, mais leur extrémité poſtérieure s'éleve
en toit & forme la crête. Les ſupérieures ſont noires dans
leur moitié de devant, & blanchâtres dans leur partie poſtérieure avec quelques taches un peu brunes, peu apparentes. Les aîles inférieures ſont cendrées. Le corps de
l'inſecte eſt noir, ſeulement le bout de ſes pattes eſt un
peu jaunâtre.

A a ij

Sa chenille fait, comme celle de la teigne commune, un fourreau de la laine des meubles qu'elle ronge, & des plumes d'oifeaux qu'elle détruit dans les cabinets où on les conferve. Son fourreau eft de la couleur de la matiere qu'elle ronge. Lorfqu'elle croît & groffit, elle fend fon fourreau fur les côtés, & l'augmente de largeur, en y mettant une piéce : & comme fouvent elle change de place & fe nourrit de laines de différentes couleurs, ces diverfes piéces font différemment colorées & forment une bigarrure affez finguliere.

14. T I N Æ A *fufca, capite fufco, alis pone albidis.*

Raj. inf. p. 204, n. 99.

La teigne bedeaude à tête brune.
Longueur 4 lignes.

Celle-ci approche beaucoup de l'efpéce précédente, elle en differe cependant par plufieurs endroits. D'abord fa tête n'a point de blanc, mais elle eft toute brune, ainfi que fon corcelet. Ses aîles font femblables à celles de l'efpéce ci-deffus, mais au lieu que dans la précédente plus de la moitié poftérieure des aîles eft blanche, dans celles-ci il n'y a au plus qu'un tiers qui foit blanchâtre fans taches noires bien marquées. A cela près ces deux teignes different fort peu l'une de l'autre.

15. T I N Æ A *nigra, alis pone albidis, macula triplici triangulari nigra.*

Reaum. inf. 2, t. 40, f. 9.

La teigne bedeaude aux trois triangles.

Elle eft noire & fes pattes font jaunes. Le tiers antérieur de fes aîles de deffus eft pareillement noir, & les deux tiers poftérieurs font blancs, mais chargés de trois taches noires triangulaires : la premiere au bord extérieur, la feconde au bord inférieur de l'aîle & la troifiéme au bord intérieur de l'aîle. Lorfque les aîles font fermées & fe touchent, cette derniere se réunit avec celle de l'autre côté,& toutes deux paroissent former ensemble une tache quarrée.

La chenille de cette teigne habite dans l'intérieur des glands de chêne.

16. TINÆA *alis nigris, superioribus macula quadrata alba ex quatuor lineolis albis transversis composita.*

La teigne à quarrure.
Longueur 2 ½ lignes.

Cette petite teigne est toute noire, à l'exception d'une tache blanche de forme quarrée sur chacune de ses aîles supérieures. Cette tache est composée de quatre petites raies blanches transverses: celles des deux aîles se touchent lorsque l'insecte est en repos & paroissent n'en faire qu'une seule. Vers le bas du bord extérieur des aîles sont des petites taches blanches, qui rendent ce bord varié. On trouve cette teigne dans les bois: elle est rare.

17. TINÆA *nigra, alis antice albidis, maculis quatuor nigris; pone nigris, maculis duabus albis.*

La teigne à quadrille.
Longueur 2 ⅓ lignes.

Cette espéce est noire en-dessus, un peu grisâtre en-dessous. Plus de la moitié antérieure des aîles de dessus est blanchâtre, & le reste est noir. Sur la partie qui est blanche sont quatre taches, deux sur chaque aîle, une plus haut, l'autre plus bas, toutes deux oblongues & tellement placées, qu'avec celles de l'autre aîle, elles semblent toutes les quatre former un quarré. Sur la partie postérieure de l'aîle qui est noire, sont deux taches blanches, une sur chaque aîle, placées vis-à-vis l'une de l'autre.

18. TINÆA *alis atris, punctorum alborum linea duplici transversa.*

La teigne noire à deux rangs de points blancs.
Longueur 1 ¼ ligne.

Elle eſt par-tout d'un noir matte & nullement brillant, elle a feulement deux bandes tranfverfes blanches, formées par ces petits points de cette couleur, l'une à la moitié de l'aîle fupérieure, l'autre aux trois quarts de la meme aîle en defcendant.

19. TINÆA *cinerea, alarum maculis nigro-nebuloſis.*

Linn. faun. fuec. n. 898. Phalæna feticornis fpirilinguis nafuta grifea, nigro-nebulofa.

La teigne marbrée à plaques brunes.
Longueur 2 ⅓ lignes.

Ses yeux font noirs ainfi que fes antennes qui font en filets coniques, & de moitié plus courtes que le corps. Tout le refte du corps de l'infecte eft de couleur grife. Ses aîles fupérieures ont une longue frange vers le bas & font tachées irréguliérement de taches brunes plus ou moins foncées. On trouve fouvent cette efpéce dans les maifons.

20. TINÆA *alis dilute cinereis, faſciis tribus fuſcis tranſverſis undulatis.*

La teigne à quatre bandes brunes ondulées.
Longueur 3 ½ lignes.

Il y a beaucoup de reffemblance entre cette efpéce & la précédente. Celle-ci eft cendrée avec trois bandes brunes ondulées & tranfverfes fur les aîles fupérieures.

21. TINÆA *alis argenteis, corpori circumvolutis, faſcia duplici tranſverſa punctorum nigrorum.*

Reaum. inf. 1, t. 38, f. 7, 8, 9.

Le manteau à points.
Longueur 8 lignes.

Cette efpéce eft une des plus grandes teignes que nous ayons. Elle eft allongée & elle porte fes aîles tellement tournées autour de son corps, qu'elle est presque de forme cylindrique. Sa tête & son corcelet sont un peu ternes ; ses yeux sont noirs & ses aîles supérieures d'un blanc argenté avec deux bandes de points noirs, l'une sur le milieu de l'aîle & tout-à-fait transverse, l'autre plus bas & un peu en arc. Sur la partie supérieure de l'aîle il y a quelques autres points irréguliérement placés, & son bord inférieur est aussi ponctué.

22. **TINÆA** *alis albis, corpori circumvolutis, capite collarique flavis.*

Reaum. inf. 1, t. 17, f. 13, 14.

Le manteau à tête jaune.
Longueur 7 lignes. Largeur 1 ⅓ ligne.

La forme de cette teigne est allongée & cylindrique, comme celle de la précédente. Sa couleur est en-dessus & en-dessous d'un blanc gris, seulement ses yeux sont noirs. Sa tête & le bord supérieur de son corcelet sont d'un beau jaune, & ses pattes sont un peu jaunâtres. Les aîles débordent le corps de près de moitié. Les œufs que dépose cette teigne sont bruns & petits.

23. **TINÆA** *alis corpori circumvolutis albido-roseis, fasciis tribus obscure virescentibus.*

Le manteau à bandes verdâtres.
Longueur 6 ½ lignes.

Son port d'aîle est le même que celui des deux espéces précédentes ; celle-ci est cependant un peu moins cylindrique. La couleur de ses aîles est d'un blanc un peu teint en couleur de rose, avec trois bandes transverses larges d'un vert obscur. La premiere de ces bandes vient en descendant du bord extérieur vers l'intérieur ; la seconde monte du bord extérieur à l'intérieur, elle est vers le milieu de l'aîle ; & la troisiéme placée vers le bas est large & forme une tache verte. Les yeux sont noirs.

24. T I N Æ A *alis corpori circumvolutis croceis , oculis pedibufque nigris.*

Le manteau jaune.
Longueur 7 lignes.

Cette efpéce reffemble aux précédentes pour la forme & la grandeur. Mais le deffus de fon corps & fes aîles font d'un jaune un peu fafrané, & fes yeux ainfi que fes pattes font noirs.

25. T I N Æ A *alis corpori circumvolutis albefcentibus margine rofeo.*

Le manteau couleur de rofe.
Longueur 7 lignes.

Le deffus de fon corps & fes aîles font d'un blanc gris un peu verdâtre. Les bords de ces mêmes aîles font de couleur de rofe. Au-devant de la tête de l'infecte font deux barbillons relevés en-deffus. Sa forme eft femblable à celle des efpéces précédentes.

26. T I N Æ A *fufco-cinerea , aldrum macula rhomboidæa albida oblonga.*

Le lozange cendré.
Longueur 3 lignes.

Cette teigne eft d'un gris foncé, fes yeux feuls font noirs. Sur le milieu de fes aîles fupérieures attenant le bord inférieur eft un triangle blanchâtre , qui avec celui de l'autre côté forme un lozange , lorfque les aîles font jointes & fermées. Outre cela il y a encore une tache triangulaire oblongue de même couleur vers le bas de l'aîle proche le bord intérieur.

27. T I N Æ A *alis cinereis , fuperioribus nitentibus , nervis multifidis fufcis.*

La teigne à nervures.
Longueur 5 lignes.

Son

Son corps eſt un peu brun & ſes aîles ſont de couleur cendrée. Les ſupérieures ſont brillantes un peu dorées , avec des nervures longitudinales brunes , qui en deſcendant vers le bas de l'aîle ſe diviſent & ſe ſubdiviſent.

28. TINÆA *nigra, alis exterioribus deauratis , antennis corpore duplo longioribus.*

Linn. faun. ſuec. n. 901. Phalæna ſeticornis ſpirilinguis naſuta nigra , alis exterioribus deauratis , antennis corpore longioribus.
Linn. ſyſt. nat. edit. 10 , *p.* 540 , *n.* 285. Phalæna tinea *reaumurella.*

La teigne noire bronzée.
Longueur 3 ½ lignes.

Cette teigne eſt toute noire : ſes aîles ſupérieures ſont bronzées & dorées avec un repli enfoncé en cercle vers le bas de l'aîle. Ce qu'elle a de plus remarquable, ce ſont des antennes en filets très-minces & fort longues, qui égalent le double de la longueur du corps dans les mâles , & qui ſont encore plus longues dans les femelles. J'ai trouvé cette eſpéce en troupe voltigeant autour des arbres dès la mi-mai.

29. TINÆA *nigra, alis ſuperioribus lineis longitudinalibus , faſcia lata tranſverſa , inferneque radiis plurimis aureis , antennis corpore triplo longioribus.* Planch. 12 , fig. 5.

Linn. ſyſt. nat. edit. 10 , *p.* 540 , *n.* 286. Phalæna tinæa *de geerella.*
Leche. nov. inſ. ſpec. p. 38 , *n.* 78. Phalæna naſuta ſeticornis ſpirilinguis aurea , antennis corpore quadruplo longioribus.
De Geer. inſ. 1 , *p.* 541 , *t.* 32 , *f.* 13. Petit papillon à antennes extrémement longues & à trompe , dont les aîles ſont noirâtres, variées d'un jaune doré , & garnies d'une bande tranſverſale du même jaune.
De Geer. inſ. pag. 701 , *tab.* 32 , *fig.* 13. Petite phalène à antennes en filets extrémement longues , à ailes dorées & traverſées d'une large bande d'un jaune luiſant.

La coquille d'or.
Longueur 4 ½ lignes.

Cette teigne eſt noire un peu bronzée, avec une large bande tranſverſe dorée ſur le milieu des aîles ſupérieures.

Au-deſſus de cette bande ſont des lignes longitudinales dorées, & au-deſſous d'autres lignes, qui allant en s'écartant les unes des autres, forment une eſpéce de figure de coquille. Les antennes en filets très - fins ſont quatre fois de la longueur du corps dans pluſieurs individus, & trois fois ſeulement dans d'autres. M. Leche dans la diſſertation citée ci-deſſus, dit que cette teigne ſe trouve ſur le ſaule.

30. TIN Æ A *alis flaveſcentibus, lineis duabus & macula intermedia fuſcis in extremo ſuperiorum.*

L'entre-ligne.
Longueur 5 lignes.

Son corps eſt un peu brun & ſes yeux ſont noirs ; ſes aîles ſont jaunâtres. Au bas des aîles ſupérieures ſont deux lignes tranſverſes d'un brun fauve, & entre ces deux lignes une tache de même couleur qui tient à chacune.

31. TIN Æ A *fuſco-rubra, alarum ſuperiorum margine exteriore maculis duabus flavis.*

La teigne à deux taches jaunes en bordure.
Longueur 3 ½ lignes.

Elle eſt toute d'un brun un peu rougeâtre, avec deux taches jaunes preſque triangulaires poſées le long du bord extérieur de l'aîle, l'une plus haut, l'autre plus bas. Les aîles inférieures ſont de la même couleur que celles de deſſus, & ont une bande tranſverſe blanchâtre.

32. TIN Æ A *nigra, faſcia tranſverſa alba.*

La teigne cordeliere.
Longueur 2 ½ lignes.

La couleur de cette teigne eſt noire, à l'exception d'une bande tranſverſe blanche qui parcoure les quatre aîles tant en-deſſus qu'en-deſſous & qui eſt poſée dans leur milieu, comme une ceinture. Les aîles de deſſus ont dans leur partie supérieure un point blanc, proche le bord extérieur, & vers leur base une petite bande transverse de couleur blanche.

33. TINÆA *fusco-rubra, alis superioribus maculis duabus croceis transversim positis.*

La teigne à deux taches jaunes en bande.
Longueur 3 lignes.

Cette espéce ressemble beaucoup à celle du n°. 31 : elle est pareillement de couleur brune rougeâtre avec deux taches jaunes approchant de la couleur du saffran, l'une au bord extérieur des aîles de dessus, l'autre vis-à-vis, sur le milieu de ces mêmes aîles : ensorte que quand les aîles sont couchées l'une à côté de l'autre, les quatre taches des deux aîles forment presqu'une bande transverse. Outre ces quatre taches, il y en a encore quelques-autres semblables, mais presqu'imperceptibles. Quelquefois le fond de l'insecte est brun & les taches sont blanchâtres au lieu d'être jaunes. Cette teigne a une forme un peu triangulaire. Sa chenille se loge dans plusieurs fruits & entr'autres dans l'intérieur des épis de maïs ou bled de Turquie qu'elle ronge & dévore.

34. TINÆA *nigro-fusca, rivulis flavescentibus marmorata.*

La teigne à marbrure.
Longueur 5 lignes.

Son corps & ses aîles en-dessus sont d'un brun noirâtre, un peu rouge, lorsqu'on les regarde dans un certain sens. Ses aîles supérieures sont toutes entrecoupées de lignes jaunâtres sinuées & irrégulieres, ce qui forme une espéce de marbrure. En-dessous ces aîles sont grises tirant sur le brun. Les œufs de cette teigne sont petits & blancs.

35. TINÆA *cinerea, dorso vitta longitudinali alba.*

Linn. faun. fuec. n. 909. Phalæna feticornis fpirilinguis nafuta cinerea, dorfo
  vitta alba.
Linn. fyft. nat. edit. 10 *, p.* 538 *, n.* 265. Phalæna tinea *xiloftella.*
Rofel. inf. vol. 1 *, tab.* 10 *, claff.* 4. Papil. nocturn.

La teigne à bandelette blanche.
Longueur 3 *lignes.*

Elle eft toute de couleur cendrée. Ses. aîles font applaties l'une contre l'autre vers le bout, & fe relevent à cet
endroit. Le bord intérieur de celles de deffus eft blanc,
ce qui forme par la réunion des deux aîles, une bande longitudinale blanche qui fe reffere & s'élargit alternativement par endroits. Les antennes font entrecoupées d'anneaux blancs & cendrés, & l'infecte les porte droites devant lui.

36. T I N Æ A *cinerea, alarum fafcia triplici obliqua*
  undulata fufca.

La teigne grife à trois fautoirs bruns.
Longueur 3 ½ *lignes.*

Ses aîles font grifes avec trois bandes brunes, obliques
larges, qui vont en defcendant, & font coupées par autant d'autres bandes femblables qui vont en montant. Il
eft difficile de mieux rendre la forme de ces bandes fingulieres.

37. T I N Æ A *capite thoraceque flavo lineis longitudina-*
  libus fufcis, alis albo-flavefcentibus fafciis tranfverfis
  fufcis.

La teigne à corcelet rayé.
Longueur 4 *lignes.*

Sa tête eft jaune, ainfi que fon corcelet. Sur celui-ci
font trois bandes longitudinales brunes, une au milieu &
une de chaque côté. Les aîles font en-deffus d'un blanc
jaunâtre avec trois bandes tranfverfes brunes fur chaque
aîle, figurées toutes les trois un peu en fautoir dont la

pointe regarde la tête. Le deſſous des aîles eſt brun, &
le ventre eſt jaune.

38. TINÆA *albo-flaveſcens, faſciis duabus obliquis
ferrugineis, poſteriore interrupta.*

La teigne à bande interrompue.
Longueur 2 ½ lignes.

Sa tête & ſon corcelet ſont noirâtres. Ses aîles ſupérieures ſont d'un jaune blanchâtre & pâle imitant la couleur
de ſoufre, avec deux bandes obliques fauves, qui partant du bord intérieur, deſcendent vers l'extérieur ſans aller juſques-là. Celle de ces deux bandes qui eſt placée poſtérieurement, eſt interrompue & coupée en deux vers ſon
milieu. Les aîles de deſſous ſont brunes.

39. TINÆA *alba, margine alarum exteriore maculis
tribus fuſcis, triangulum referentibus.*

La teigne à triangle marginal.
Longueur 3 ½ lignes.

Cette teigne eſt en-deſſus d'un blanc brillant, avec trois
taches brunes ſur les aîles ſupérieures, attenant leur bord
extérieur. Ces trois taches forment par leur poſition une
eſpéce de triangle, deux d'entr'elles touchant le bord extérieur, & la troiſiéme étant plus au milieu de l'aîle. En-
deſſous les aîles ſont d'un blanc gris.

40. TINÆA *alba, alis ſuperioribus lineis quinque tranſverſis fuſcis.*

La teigne blanche à cinq bandes brunes.
Longueur 1 ½ ligne.

Cette petite teigne eſt d'un blanc brillant & argenté;
ſes aîles ſont terminées au bout par une longue frange:
les ſupérieures ont cinq bandes tranſverſes d'un brun clair,
dont la premiere eſt à la baſe de l'aîle & la derniere tout
à l'extrémité, les trois autres ſont dans l'intervalle à diſtan-

ces égales. Quand on regarde l'insecte de près, ces bandes paroissent un peu dorées. On trouve cette teigne voltigeante en quantité sur les charmilles.

41. TINÆA *fusca, linea duplici transversa flava, margine alarum undique flavo interfecto.*

La teigne à bordure herminée.
Longueur 2 lignes.

Sa couleur est toute brune en-dessus & en-dessous ; mais en-dessus il y a deux lignes ou bandes jaunâtres qui parcourent les aîles transversalement, l'une plus haut, l'autre plus bas, & de plus les bords, tant extérieurs qu'inférieurs des aîles, sont entrecoupés de brun & de jaune.

La chenille de cette teigne mange un petit *lichen* imitant une poussiere noire, qui vient sur les arbres & les treillages, & son fourreau noir paroît formé de cette même poussiere.

42. TINÆA *alis superioribus nigris, fascia longitudinali, maculisque duabus aureis, antennis medio albis.*

La teigne à bande dorée, & anneau blanc aux antennes.
Longueur 2 ¾ lignes.

La couleur de ses antennes est noire, mais elles sont blanches dans leur milieu. Sa tête, son corps & ses aîles supérieures sont d'un noir un peu bronzé. Sur les aîles de dessus est une bande longitudinale dorée, placée près le bord intérieur, qui va depuis le haut jusqu'à la moitié de l'aîle, & une autre plus petite & plus courte près le bord extérieur. Après ces bandes sont deux taches dorées posées transversalement, ou, si l'on veut, une bande transverse interrompue dans son milieu. Les aîles de dessous sont jaunâtres & bordées de brun.

43. TINÆA *nigro-aurata, lineis argenteis transversis tribus, antennis extremo albis.*

Linn. faun. fuec. n. 900. Phalæna feticornis fpirilinguis nafuta nigra, lineis
argenteis tranfverfis tribus.
Linn. fyft. nat. edit. 10, p. 541, *n.* 291. Phalæna tinea *merianella.*
Act. Upf. 1736, p. 26, *n.* 84. Papilio alis depreffis oblongis argenteis, lineis
tribus tranfverfis aureis; media bifurca.
Reaum. inf. 1, t. 17, f. 12.

La teigne dorée à bandes d'argent.
Longueur 1 *ligne.*

Sa tête & fes antennes font noires, mais le bout de celles-ci eft blanc. Ses aîles font d'un noir doré & bronzé,
avec trois bandes tranfverfes argentées, pofées à diftances
égales les unes des autres. La derniere de ces bandes fe
courbe un peu en arc vers le devant. On trouve fouvent
cette efpéce fur les feuilles au printems; elle donne la
variété fuivante.

N. B. T I N Æ A *nigro-aurata, lineis argenteis tranfverfis*
quatuor, antennis nigris.

Linn. faun. fuec. n. 899. Phalæna feticornis fpirilinguis nafuta nigra, lineis
argenteis tranfverfis quatuor.
Linn. fyft. nat. edit. 10, p. 541, *n.* 293. Phalæna tinea *wilkella.*
Reaum. inf. 3, t. 4, f. 8.

Longueur 1 ¼ *ligne.*

Elle differe de la précédente, en ce que fes antennes
font toutes noires, que fa tête & fes yeux font dorés, &
qu'au lieu de trois bandes argentées elle en a quatre, dont
il n'y a que la feconde qui foit parfaitement droite &
tranfverfe; les autres moins marquées que celle-là, font
courbées, favoir la premiere poftérieurement, & les deux
dernieres antérieurement. La chenille de cette teigne
vient dans l'intérieur des feuilles de l'orme femelle; elle
eft du nombre des chenilles mineufes.

44. T I N Æ A *nigra, alis exterioribus deauratis, capitis*
vertice, alarumque fafcia tranfverfa flavis.

La teigne dorée à bande & toupet jaunes.
Longueur 2 ¼ *lignes.*

Elle eſt noire à l'exception du haut & du devant de ſa tête, qui forme un toupet jaune entre les deux antennes. Celles-ci auſſi longues que le corps, ſont un peu velues. Les aîles extérieures ſont dorées, & ont dans leur milieu une bande tranſverſe jaune, mais nullement dorée.

45. TINÆA *flavo-aurata, punctis quatuor argenteis, antennarumque apice albo :* vulgo *linnæanella,*

La teigne dorée à quatre points d'argent.
Longueur 2 ½ lignes.

Son corps eſt noir & bronzé. Ses aîles ſupérieures ſont d'un jaune bien doré, bordées d'une frange noire un peu bronzée. Sur chaque aîle ſe trouvent ſur le fond jaune, deux taches noires rondes & couvertes d'argent, ce qui fait quatre taches pour les deux aîles, dont les deux ſupérieures ſont près du bord extérieur de l'aîle & les deux inférieures touchent preſqu'au bord intérieur. Outre ces quatre taches, on en voit plus haut une cinquiéme, mais peu marquée, poſée ſur la jonction des deux aîles & commune à toutes les deux. Les antennes ſont à peu près de la longueur du corps, elles ſont noires à l'exception de leur extrémité qui eſt blanche. J'ai trouvé cette petite teigne voltigeant dans un jardin au milieu de Paris, pendant l'été.

46. TINÆA *crocea, lineis tranſverſis fuſco-argenteis interruptis, alarum medio macula alba punctiſque plumbeis.*

La teigne crayonnée.
Longueur 3 ½ lignes.

Sa couleur eſt griſe, à l'exception du fond des aîles de deſſus, qui eſt d'un brun ſafrané ou jaunâtre. Sur le milieu de ces aîles, on voit une tache blanche mal terminée, accompagnée vers le côté intérieur de taches brunes & de petits points ronds de couleur d'argent foncé ou noirci, ou ſi l'on veut de couleur de plomb. Plus haut que cette

tache

tache font deux bandes tranfverfes de la même couleur plombée, & plus bas il y en a trois, mais qui ne vont pas tout-à-fait d'un côté de l'aîle à l'autre, étant interrompues irréguliérement en plufieurs endroits.

47. TINÆA *albida, lineis longitudinalibus reticulatis fufcis, involucro villofo-albefcente.*

La teigne moifie.
Longueur 4 lignes.

Cette teigne eft longue, étroite, & fes aîles font un peu applaties fur fon corps. En-deffous elle eft d'une couleur grife cendrée, & en-deffus blanchâtre, avec de longues lignes longitudinales brunes, qui vers le bout de l'aîle deviennent obliques & forment une efpéce de refeau à mailles allongées. Le fourreau de cette teigne eft couvert de petits poils courts & blancs qui reffemblent à la moififfure. On trouve fouvent ces fourreaux velus fur le gramen.

48. TINÆA *alis cinereis, lineis albis fafciaque longitudinali fufca, involucro fufco pediformi.*

Reaum. inf. tom. 3, tab. 16.

La teigne à fourreau en croffe.
Longueur 4 lignes.

Cette efpéce eft longue & de couleur cendrée. Ses aîles ont vers le bout une longue frange de poils. De leur bafe partent deux lignes blanches argentées, qui defcendent en s'écartant & vont fe terminer vers les deux tiers de l'aîle, l'une au bord intérieur & l'autre à l'extérieur. De l'écartement de ces deux lignes vers le tiers de l'aîle part une bande brune longitudinale qui defcend en s'élargiffant & va gagner le bas de l'aîle.

La chenille de cette teigne habite un fourreau long, cylindrique, dur, de couleur brune, ftrié un peu obliquement, ouvert par le haut, & recourbé en bas en forme de croſſe, avec déux appendices larges & minces en forme de feuilles, qui terminent le bout de la croſſe. Ce fourreau eſt de ſoie. La teigne l'allonge par la partie antérieure & l'élargit en le fendant, & ajuſtant une piéce dans cette fente. Ces différentes additions ſont d'abord blanches pendant que le reſte du fourreau eſt brun ou noir; la chenille les brunit enſuite par le moyen d'une liqueur brune qu'elle fait ſortir de ſa bouche. On trouve ſouvent cet inſecte ſur les arbres & en particulier ſur le chêne.

49. TINÆA *nigro-cinerea, involucro fuſco recurvo, laminâ duplici folioſâ tecto.*

La teigne à fourreau à deux lames.
Longueur 3 lignes.

Les yeux de cette teigne ſont noirs : ſa tête eſt d'un gris blanc, ainſi que le deſſous de ſon corps & ſes pattes ; le deſſus & les aîles ſont d'un noir un peu cendré. Sa chenille vit dans un fourreau dur, brun, recourbé, & tout couvert de deux grandes lames minces, qui naiſſent de ſon extrémité. Ces deux lames ſont de ſoie, ainſi que tout le fourreau. Elles ſont compoſées d'écailles minces ſemblables à celles des poiſſons, poſées en recouvrement les unes ſur les autres. On trouve ſouvent cet inſecte ſur les feuilles de pluſieurs arbres qu'il ronge.

N.B. M. de Reaumur prétend que l'eſpéce précédente & celle-ci ne ſont que la même eſpéce de teigne, plus jeune lorſqu'elle n'a qu'un fourreau en croſſe, & qui enſuite forme les deux lames de ſon fourreau lorſqu'elle eſt plus vieille. Malgré la grande exactitude de cet habile Naturaliſte, je ne puis me rendre à ſon ſentiment, ayant nourri des teignes de l'une & de l'autre eſpéce qui ſe ſont transformées chez moi. Si les *teignes à fourreau en croſſe* n'étoient que les jeunes, elles ne pourroient ſe transformer, & elles commenceroient d'abord par acquérir ces deux lames qu'elles devroient avoir en vieilliſſant. D'ail-

leurs les infectes parfaits & aîlés de l'une & l'autre efpéce
font différens , comme on le voit par les defcriptions que
nous en donnons , enforte que je crois pouvoir affigner
fûrement deux efpéces différentes.

50. TIN Æ A *involucro palearum ordine unico tecto.*

Reaum. inf. tom. 3 , *tab.* 11 , *fig.* 7 , 8 , 9.
De Geer. inf. p. 698 , *tab.* 29 , *f.* 21. Petite phaléne d'un brun noirâtre , à antennes à barbes fans trompe , dont la femelle eft fans ailes , d'une chenille
teigne qui fe fait un fourreau des brins de gramen.
Ibid. pag. 506 , *tab.* 29 , *fig.* 19. — 21. & *tab.* 30 , *fig.* 22 , 23. Chenille teigne
qui vit des feuilles d'ofier , qui fe fait un fourreau de brins de gramen , arrangés parallèlement les uns aux autres , & dont le papillon femelle eft entiérement dépourvû d'ailes.

La teigne à fourreau de paille fimple.

J'ai plufieurs fois confervé & nourri cette chenille dans
fon fourreau , fans qu'elle m'ait jamais donné fa teigne
aîlée , non plus que les fuivantes. M. de Reaumur dit que
la femelle n'a point d'aîles. Le fourreau de cet infecte
a environ quatre lignes de long , & eft couvert de pailles
ou de brins d'herbes féches de toute fa longueur : qui forment comme un faifceau ou une petite botte d'alumettes.
On trouve fouvent ces petits fourreaux fur les feuilles des
arbres.

51. TIN Æ A *involucro palearum longitudinalium ordine
multiplici compofito.*

La teigne à fourreau de paille compofé.

Son fourreau a un pouce de long. Il eft compofé , ou du
moins entouré de plufieurs rangs de pailles ou brins d'herbes pofés longitudinalement & en toît les uns fur les
autres , à peu près comme un épi.

52. TIN Æ A *involucro ex paleis tranfverfis compofito.*

De Geer. inf. pag. 511 , *tab.* 29 , *fig.* 23 — 25. Chenille teigne à feize jambes ,
rafe , noirâtre , qui vit fur l'ofier & qui fe fait un fourreau couvert de brins de
gramen , qui font placés tranfverfalement fur le fourreau.

La teigne à fourreau de pailles tranfverfes.

Ce fourreau a fept à huit lignes de long. Les brins d'herbe qui le compofent font pofés deffus tranfverfalement, ce qui le rend raboteux & comme hériffé.

53. TINÆA *lapidum , involucro conico recurvo.*

Reaum. inf. tom. 3 , tab. 15 , fig. 1 , 2 , 3.

La teigne des pierres à fourreau rond en capuchon.

J'ai ramaffé plufieurs fois la chenille de cette teigne qui eft très-commune ; elle eft toujours morte fans me donner l'infecte aîlé. M. de Reaumur n'a jamais pû l'avoir non plus. Cette chenille eft petite , brune , couverte d'un fourreau qu'elle fe file. Ce fourreau eft conique , pointu & un peu recourbé comme un capuchon. Le deffus eft tout couvert de pouffiere de pierres que l'infecte fait y attacher. La chenille fe trouve fur les pierres. Elle fe nourrit d'un petit *lichen* qui recouvre les vieux murs & les rend tout verts.

54. TINÆA *lapidum , involucro triangulari.*

Reaum. inf. tom. 3 , tab. 15 , fig. 7, 8.

La teigne des pierres à fourreau triangulaire à pans.

Elle reffemble tout-à-fait à la précédente pour fon fourreau , fi ce n'eft qu'il eft à pans & triangulaire , & non point rond comme celui de la précédente. On les trouve l'une & l'autre dans les mêmes endroits. M. de Reaumur dit que les femelles de celles-ci ne font point aîlées, mais feulement leurs mâles. Je n'ai pû le favoir , cet infecte ne s'étant jamais transformé chez moi , quoique je l'aye ramaffé & nourri plufieurs fois ; je me contenterai donc de rapporter ici ce qu'en dit M. de Reaumur. La phalêne de cette teigne , fuivant lui , eft fort petite & de couleur de bronze doré. Les femelles font de couleur grife & n'ont

point d'aîles. Elles font groffes , trapues , fort lourdes &
marchent très-peu. A l'extrémité de leur corps , eft une
frange d'écailles jaunes , du milieu de laquelle fort une
longue partie qu'elles tirent en dehors , en attendant le
mâle qui vient s'accoupler avec elles. C'eft par ce long
tuyau qui paroît compofé de trois parties ou anneaux ,
qu'elles rendent leurs œufs, qui font oblongs, jaunâtres &
fouvent en très-grande quantité.

SECTION QUATRIÉME.

INSECTES TETRAPTERES A AILES NUES,
OU
INSECTES A QUATRE AILES NUES.

NOUS avons examiné dans les sections précédentes les insectes dont les aîles sont couvertes en tout ou en partie par des étuis durs & écailleux, & ceux qui ont quatre aîles garnies des deux côtés de petites écailles qui forment comme une espéce de poussiere farineuse. La section que nous allons traiter renferme des insectes qui ont pareillement quatre aîles, mais dont les aîles sont nues, sans être recouvertes ni d'étuis écailleux, ni de poussiere. Ces aîles sont claires, transparentes comme un verre ou un talc, & ont seulement plus ou moins de nervures qui soutiennent la substance délicate dont elles sont composées. Tous les insectes qui ont quatre aîles de cette structure, se trouvent renfermés dans cette section : aussi est-elle nombreuse.

Par cette raison nous l'avons divisée en trois articles, suivant le nombre des piéces qui composent le tarse de ces insectes. Les deux premiers articles sont très-courts : le premier ne renferme que deux genres qui ont trois piéces aux tarses, & le second n'en compte qu'un seul qui en ait quatre ; tous les autres genres de cette section ont cinq piéces on anneaux au pied & composent le troisiéme & dernier article qui est très-nombreux, & renferme lui seul quinze genres la plûpart très considérables.

Ces différens insectes à quatre aîles varient beaucoup pour la forme extérieure. Les uns ont le corps allongé comme la demoiselle, la perle, l'ephémere, la frigane, &c. d'autres l'ont plus raccourci, comme l'urocere, la guêpe, le frelon, le diplolepe, l'abeille & plusieurs autres. On obferve une pareille variété dans les différentes parties qui compofent le corps de ces infectes. Nous allons examiner ces différences un peu plus en détail.

Tous ces infectes ont deux antennes, mais très-diverfement conformées. Elles font très-courtes dans quelquesuns, comme dans la demoifelle & l'éphémere ; à peine les apperçoit-on dans ces deux genres. D'autres en ont qui ne font guères plus longues, mais qui vont en groffiffant par le bout & qui repréfentent une efpéce de maffue ; celles du frelon & du fourmilion font de cette efpéce. Plufieurs ont des antennes longues compofées d'un grand nombre d'anneaux, & qui font fi minces qu'elles reffemblent à un brin de fil. Telles font celles de la perle, de la rafidie, de la frigane, de la mouche-fcorpion, de l'urocere, de la mouche-à-fcie, du diplolepe & de l'ichneumon. La guêpe, l'abeille & la fourmi en ont de fingulieres. Le premier article ou anneau de ces antennes eft beaucoup plus long que les autres, & fait à lui feul prefque la moitié de la longueur de l'antenne ; l'autre partie eft compofée d'anneaux fort courts. Après le premier anneau long, l'antenne fe courbe, forme à cet endroit une efpéce de coude ou angle & paroît comme brifée ; auffi avons-nous nommé ces antennes, *antennes brifées*. Enfin une derniere forte d'antennes encore plus finguliere, eft celle que porte l'eulophe. Ce petit infecte a des antennes branchues qui forment une efpéce de panache très-jolie fur fa tête. C'eft dommage que cet animal foit fi petit, on pourroit admirer plus aifément la beauté de fes antennes.

Outre ces différentes fingularités de forme dans les antennes, il y a encore un genre dont les antennes méritent d'être remarquées, moins pour leur conformation que pour leur mouvement : c'eft le genre des ichneumons. Les antennes de ces infectes font longues, grêles & filiformes, & le petit animal les tient prefque perpétuellement dans un mouvement affez vif de vibration. C'eft ce qui a fait appeller les ichneumons par plufieurs Naturaliftes, *mouches vibrantes*, ou *mouches à antennes vibratiles*.

La bouche des infectes de cette fection varie auffi : tous
ne l'ont pas figurée de même, & fi l'on vouloit on pourroit
abfolument divifer en deux cette fection, d'après la ftructure & la forme de la bouche des infectes qui la compofent. Dans les uns cette bouche eft armée de deux fortes
machoires écailleufes, une de chaque côté, avec lefquels
ils rongent & mordent fortement ; telle eft la ftructure de
la bouche des demoifelles, du frelon, de l'urocere, de
l'ichneumon, de la guêpe, de l'abeille, de la fourmi, &c.
les autres n'ont point de femblables machoires, mais on
remarque autour de leur bouche quatre barbillons femblables à des antennules, deux de chaque côté. Souvent la
bouche que ces barbillons accompagnent, eft avancée &
prominente, comme on le voit dans le fourmilion, la frigane & l'hémerobe ; cette avance eft même fi confidérable dans quelques-uns, qu'elle forme une efpéce de bec
dur affez long, au bout duquel font les barbillons, comme
on l'obferve dans la mouche-fcorpion. Ainfi il y a deux
efpéces différentes de bouche dans les infectes de cette
fection ; l'une eft armée de machoires & l'autre entourée
de quatre barbillons.

Enfin une derniere partie très-effentielle & remarquable
dans la tête de ces infectes, eft la partie poftérieure de
la tête où font pofés les petits yeux. Ces yeux au nombre
de trois, fe font remarquer fur la plûpart des infectes
de cette fection. Il y a cependant deux genres dans lefquels
cette partie manque ; ce font l'hémerobe & le fourmilion.

On n'obferve pas autant de différences entre les aîles de
ces infectes. En général tous en ont quatre avec des
nervures affez fortes. Dans les uns ces aîles font toutes les
quatre égales : la demoifelle, la perle, la mouche-fcorpion
& d'autres font de ce nombre. Beaucoup d'autres ont au
contraire les aîles inférieures plus petites que les fupérieures ; c'eft ce que l'on remarque dans la guêpe, l'abeille, le
cinips, le frelon, &c. mais il y un genre qui eft fur-tout
remarquable par la petiteffe de fes aîles de deffous, c'eft
l'éphémere.

l'éphémere. Ces aîles dans cet infecte font fi petites pro-
portionnément à celles de deffus, qu'à peine les apperçoit-
on d'abord. On eft tenté à la premiere vûe de prendre
l'éphémere pour un infecte à deux aîles. Mais une fingularité qu'offrent quelques infectes de cette fection par rapport à leurs aîles, c'eft le défaut total de cette partie dans
quelques individus. Nous avons déja fait obferver plus
haut que les femelles de quelques efpéces de phalênes
manquoient d'aîles, tandis que leurs mâles en étoient
pourvûs. La même chofe fe remarque dans les femelles de
quelques ichneumons & de certaines guêpes, comme
nous le verrons en examinant ces genres. Les fourmis ont
encore quelque chofe de plus fingulier, leurs mâles &
leurs femelles ont des aîles, & les fourmis ouvrieres qui
n'ont point de fexe en font dépourvûes.

Si les infectes de cette fection varient peu entr'eux par
rapport à la forme de leurs aîles, il n'en eft pas de même
de leur queue. Il y a peu de fection où cette partie mérite
autant d'être confidérée; auffi entre t elle pour beaucoup
dans les caracteres de ces genres. Deux ou trois genres
n'ont rien à la vérité de remarquable à la queue; elle eft
toute fimple dans la rafidie, l'hémerobe & la frigane; mais
dans la plùpart des autres genres elle eft des plus fingulieres. Ces longs filets que la perle porte au nombre de deux,
& qui font au nombre de deux ou trois dans l'éphémere,
font un ornement dont l'ufage n'eft pas encore bien connu.
Nous connoiffons mieux celui de cette efpéce de pince
qui eft à l'extrémité de la queue des demoifelles mâles,
nous en parlerons en détaillant l'accouplement extraordinaire de ces infectes; mais de quelle utilité peut être à la
mouche-fcorpion cette queue menaçante faite en forme
de patte de crabe ou de queue de fcorpion que porte
le mâle feul ? L'infecte femble vouloir s'en fervir pour
fe défendre; dès qu'on le touche, il la redreffe & femble
vouloir pincer, & fouvent il fait lâcher prife à ceux qui ne
favent point que cette queue qui paroît fi redoutable,

ne peut cependant faire aucun mal. L'aiguillon que portent la guêpe & l'abeille eſt bien plus dangereux Sans paroître à l'extérieur, il pique vivement, & l'inſecte s'en ſert utilement pour ſe défendre. Celui du cinips, du diplolepe & de l'eulophe eſt un peu différemment placé & figuré, mais il ne fait point de mal; peut-être ſa petiteſſe en eſt-elle cauſe, ces inſectes étant tous fort petits. Le frelon, l'urocere & la mouche-à-ſcie ne ſont pas plus à craindre quoique leur aiguillon ſoit fort; il ne bleſſe point, mais il n'eſt pas inutile à ces inſectes : il leur ſert à dépoſer & à placer leurs œufs, comme nous le verrons; auſſi il n'y a que leurs femelles qui en ſoient pourvues. Cet aiguillon mérite d'être conſidéré pour ſon travail & pour ſa figure, & nous nous y arrêterons en parlant de ces inſectes. Enfin nous ne laiſſerons pas échapper celui de l'ichneumon, le plus ſingulier & le plus long de tous, qui ſe trouve renfermé dans une eſpéce de double gaine, & qui ſervant auſſi à dépoſer ſes œufs, ne ſe trouve que dans la femelle.

Les nymphes des inſectes de cette ſection & leurs différentes larves ſe reſſemblent ſi peu pour la plûpart, qu'il nous eſt preſqu'impoſſible de pouvoir rien dire de général ſur cet article. Nous renvoyons à l'hiſtoire de chaque genre en particulier le détail de ces différentes métamorphoſes. Nous nous contenterons de remarquer ici que toutes les nymphes de ces inſectes ſont du nombre de celles dans leſquelles on diſtingue les différentes parties de l'inſecte parfait, mais leurs larves & leurs différens changemens varient infiniment, ſuivant les différens genres. Il n'y a pas juſqu'aux inſectes parfaits, qui dans un genre de cette ſection, ſemblent encore ſubir une eſpéce de changement. L'éphémere devenu inſecte aîlé, ſe dépouille encore une fois de ſa peau contre la régle ordinaire des inſectes à métamorphoſes. Nous ferons obſerver toutes ces ſingularités dans le détail que nous allons donner des genres, après les tables générales de cette ſection.

SECTION QUATRIÉME
De la claſſe des Inſectes.

INSECTES A QUATRE AÎLES NUES.

ARTICLE PREMIER.

Trois piéces aux tarſes.

GENRES.	CARACTERES.

LA DEMOISELLE.
{ Antennes très-courtes.
Bouche armée de mâchoires.
Queue armée de pinces dans les mâles.
Trois petits yeux liſſes entre les yeux ou au-devant.

LA PERLE.
{ Antennes filiformes.
Ailes égales couchées & croiſées ſur le corps.
Bouche accompagnée de quatre barbillons.
Queue terminée par deux ſoies.
Trois petits yeux liſſes.

ARTICLE II.

Quatre piéces aux tarſes.

LA RAFIDIE.
{ Antennes filiformes.
Ailes couchées ſur le corps.
Bouche accompagnée de quatre barbillons.
Queue ſimple & nue.
Trois petits yeux liſſes.

ARTICLE III.

Cinq piéces aux tarſes.

L'ÉPHÉMERE.
{ Antennes très-courtes.
Ailes inférieures beaucoup plus courtes que les ſu-
périeures.
Queue terminée par pluſieurs ſoies.
Trois yeux liſſes & grands devant les yeux.

LA FRIGANE.
{ Antennes filiformes.
Ailes poſées latéralement en forme de toit, & rele-
vées à l'extrémité.
Bouche avec quatre barbillons
Queue ſimple & nue.
Trois petits yeux liſſes.

L'HÉMÉROBE.
{
Antennes filiformes.
Ailes souvent égales.
Bouche prominente avec quatre barbillons.
Queue simple & nue.
Point de petits yeux lisses.
}

LE FOURMILION.
{
Antennes courtes, grosses & en masse.
Ailes égales.
Bouche prominente avec quatre barbillons.
Queue simple & nue.
Point de petits yeux lisses.
}

LA MOUCHE-SCORPION.
{
Antennes longues filiformes.
Ailes égales.
Trompe dure & cylindrique.
Queue formée en pince de crabe.
Trois petits yeux lisses.
}

LE FRELON.
{
Antennes en massue.
Ailes inférieures plus courtes.
Bouche armée de mâchoires.
Aiguillon du derriere dentelé.
Ventre de même grosseur par-tout, & intimément joint au corcelet.
Trois petits yeux lisses.
}

L'UROCERE.
{
Antennes filiformes.
Ailes inférieures plus courtes.
Bouche armée de mâchoires.
Aiguillon dentelé prominent & couvert d'une goutiere.
Ventre de même grosseur par-tout, & intimément joint au corcelet.
Trois petits yeux lisses.
}

LA MOUCHE-A-SCIE.
{
Antennes filiformes.
Ailes inférieures plus courtes.
Bouche armée de mâchoires.
Aiguillon dentelé caché dans le corps.
Ventre de même grosseur par-tout, & intimément joint au corcelet.
Trois petits yeux lisses.
}

LE CINIPS.
{
Antennes cylindriques brisées.
Ailes inférieures plus courtes.
Bouche armée de mâchoires.
Aiguillon conique entre deux lames du ventre.
Ventre presqu'ovale, applati des côtés, aigu en-dessous, attaché au corcelet par un pédicule court.
Trois petits yeux lisses.
}

LE DIPLOLEPE.
- Antennes filiformes longues, composées de quatorze anneaux.
- Ailes inférieures plus courtes.
- Bouche armée de mâchoires.
- Aiguillon conique caché entre les deux lames du ventre.
- Ventre ovale, applati des côtés, aigu en-dessous, attaché au corcelet par un pédicule court.
- Trois petits yeux lisses.

L'EULOPHE.
- Antennes branchues.
- Ailes inférieures plus courtes.
- Bouche armée de mâchoires.
- Aiguillon conique.
- Ventre presqu'ovale, attaché au corcelet par un pédicule court.
- Trois petits yeux lisses.

L'ICHNEUMON.
- Antennes filiformes, longues, vibratiles.
- Ailes inférieures plus courtes.
- Bouche armée de mâchoires.
- Aiguillon divisé en trois piéces.
- Ventre attaché au corcelet par un pédicule long & mince.
- Trois petits yeux lisses.

LA GUESPE.
- Antennes brisées, dont le premier anneau est très-long.
- Ailes inférieures plus courtes.
- Bouche armée de mâchoires, avec une trompe membraneuse couchée en-dessous.
- Aiguillon simple & en pointe.
- Ventre attaché au corcelet par un pédicule court.
- Trois petits yeux lisses.
- Corps rase.

L'ABEILLE.
- Antennes brisées, dont le premier anneau est très-long.
- Ailes inférieures plus courtes.
- Bouche armée de mâchoires, avec une trompe membraneuse couchée en-dessous.
- Aiguillon simple & en pointe.
- Ventre attaché au corcelet par un pédicule court.
- Trois petits yeux lisses.
- Corps velu.

LA FOURMI.
- Antennes brisées, dont le premier anneau est très-long.
- Ailes inférieures plus courtes, & point d'ailes dans les mulets.
- Bouche armée de mâchoires.
- Ventre attaché au corcelet par un pédicule court, avec une petite écaille entre deux.
- Trois petits yeux lisses.

SECTIO QUARTA
Claffis Infectorum.

INSECTA TETRAPTERA ALIS NUDIS.

ARTICULUS PRIMUS.

Tarforum articulis tribus.

GENERA.	CARACTERES.
LIBELLULA. *La Demoifelle.*	Antennæ breviffimæ. Os maxillofum. Cauda mafculis forcipata. Ocelli tres ante aut inter oculos.
PERLA. *La Perle.*	Antennæ filiformes. Alæ incumbentes, cruciatæ, æquales. Os tentaculis quatuor. Cauda bifeta. Ocelli tres.

ARTICULUS IIᵘˢ.

Tarforum articulis quatuor.

RAPHIDIA. *La Rafidie.*	Antennæ filiformes. Alæ incumbentes. Os tentaculis quatuor. Cauda nuda. Ocelli tres.

ARTICULUS IIIᵘˢ.

Tarforum articulis quinque.

EPHEMERA. *L'Ephémere.*	Antennæ breviffimæ. Alæ inferiores multo breviores. Cauda fetofa. Ocelli tres magni ante oculos.
PHRYGANEA. *La Frigane.*	Antennæ filiformes. Alæ laterales, tectiformes, pone affurgentes. Os tentaculis quatuor. Cauda nuda. Ocelli tres.

HEMEROBIUS.
L'Hémerobe.
- Antennæ filiformes.
- Alæ sæpe æquales.
- Os prominens tentaculis quatuor.
- Cauda nuda.
- Ocelli nulli.

FORMICALEO.
Le Fourmilion.
- Antennæ breves, clavatæ, crassæ.
- Alæ æquales.
- Os prominens tentaculis quatuor.
- Cauda nuda.
- Ocelli nulli.

PANORPA.
La Mouche-
Scorpion.
- Antennæ longæ filiformes.
- Alæ æquales.
- Rostrum corneum, cylindraceum.
- Cauda chelifera forficibus armata.
- Ocelli tres.

CRABRO.
Le Frelon.
- Antennæ clavatæ.
- Alæ inferiores breviores.
- Os maxillosum.
- Aculeus ani dentatus.
- Abdomen ubique æquale thoraci connatum.
- Ocelli tres.

UROCERUS.
L'Urocere.
- Antennæ filiformes.
- Alæ inferiores breviores.
- Os maxillosum.
- Aculeus ani dentatus prominens corniculo tectus.
- Abdomen ubique æquale thoraci connatum.
- Ocelli tres.

TENTHREDO.
La Mouche-à-Scie.
- Antennæ filiformes.
- Alæ inferiores breviores.
- Os maxillosum.
- Aculeus ani dentatus non prominens.
- Abdomen ubique æquale thoraci connatum.
- Ocelli tres.

CYNIPS.
Le Cinips.
- Antennæ cylindraceæ fractæ.
- Alæ inferiores breviores.
- Os maxillosum.
- Aculeus ani conicus intra valvas abdominis.
- Abdomen subovatum, ad latera compressum, subtus acutum, petiolo thoraci connexum.
- Ocelli tres.

DIPLOLEPIS.
Le Diplolepe.
- Antennæ filiformes longæ articulis XIV.
- Alæ inferiores breviores.
- Os maxillosum.
- Aculeus ani conicus intra valvas abdominis.
- Abdomen ovatum, ad latera compressum, subtus acutum, petiolo brevi thoraci connexum.
- Ocelli tres.

EULOPHUS.
L'Eulophe.

Antennæ ramosæ.
Alæ inferiores breviores.
Os maxillosum.
Aculeus ani conicus.
Abdomen subovatum petiolo thoraci connexum.
Ocelli tres.

ICHNEUMON.
L'Ichneumon.

Antennæ filiformes, longæ, vibratiles.
Alæ inferiores breviores.
Os maxillosum.
Aculeus ani triplex.
Abdomen petiolo tenui longo thoraci connexum.
Ocelli tres.

VESPA.
La Guêpe.

Antennæ fractæ articulo primo longiore.
Alæ inferiores breviores.
Os maxillosum, linguâ membranaceâ inflexâ.
Aculeus ani simplex subulatus.
Abdomen petiolo brevissimo thoraci connexum.
Ocelli tres.
Corpus glabrum.

APIS.
L'Abeille.

Antennæ fractæ articulo primo longiore.
Alæ inferiores breviores.
Os maxillosum linguâ membranaceâ inflexâ.
Aculeus ani simplex subulatus.
Abdomen petiolo brevissimo thoraci connexum.
Ocelli tres.
Corpus villosum.

FORMICA.
La Fourmi.

Antennæ fractæ articulo primo longiore.
Alæ inferiores breviores, neutris nullæ.
Os maxillosum.
Abdomen petiolo brevi thoraci connexum cum squama intermedia.
Ocelli tres.

ARTICLE

'A R T I C L E P R E M I E R.

LIBELLULA.

L A D E M O I S E L L E.

Antennæ breviſſimæ.	Antennes très-courtes.
Os maxilloſum.	Bouche armée de machoires.
Cauda maſculis forcipata.	Queue armée de pinces dans les mâles.
Ocelli tres ante aut inter oculos.	Trois petits yeux liſſes entre les yeux ou au devant.
§. 1ᵉ. *Alis erectis.*	§. 1°. A ailes relevées.
§. 2ᵈ. *Alis patentibus.*	§. 2°. A ailes étendues.

La demoiſelle a été appellée par les Naturaliſtes , *libella*
ou *libellula* , ſoit parce que pluſieurs eſpéces de ce genre
tiennent leurs aîles étendues & comme de niveau , ſoit à
cauſe de la maniere dont ces inſectes planent en fendant
l'air. Le caractere de ce genre conſiſte ; 1°. dans la forme
des antennes qui ſont très-courtes pour la grandeur de ces
inſectes ; 2°. dans les machoires fortes & écailleuſes dont
leur bouche eſt armée des deux côtés ; 3°. dans les pinces
qui ſe trouvent à l'extrémité de la queue des mâles , & qui
ſont accompagnées d'eſpéces de lambeaux ou feuillets
aſſez grands. De plus , les demoiſelles ont les trois petits
yeux liſſes qui ſe trouvent ſur la tête de beaucoup d'inſectes à deux & à quatre aîles ; mais ces petits yeux ne ſont
pas placés de même dans toutes les eſpéces. Les unes les
portent ſur le devant de la tête ; dans d'autres ils ſont ſur le
ſommet entre les deux grands yeux. Je ne les ai trouvés
dans aucune eſpéce placés ſur le derriere de la tête , comme ils le ſont dans la plùpart des autres inſectes.

La larve de la demoiſelle vit dans l'eau , elle eſt aquatique ; auſſi rencontre - t - on plus ordinairement les demoiſelles au bord des eaux , où elles vont dépoſer leurs œufs.

Tome II.   E e

Cette larve est très-singuliere, c'est ce qui nous a engagé à
donner sa figure. Elle est plus courte & plus ramassée que
la demoiselle ou l'insecte parfait , & on peut aisément distinguer les trois parties qui composent son corps ; savoir,
la tête , le corcelet & le ventre. Ce dernier fort long ,
quoique gros dans quelques espéces, est composé de dix
anneaux. Au corcelet , sont attachées six grandes pattes ,
avec lesquelles cette larve va & vient dans l'eau. En-dessus
du corcelet , on voit quatre espéces de boutons qui deviennent plus grands & plus apparens, à mesure que cette
larve grossit & change de peau, & qui ensuite s'étendent &
couvrent presque la moitié du ventre lorsqu'elle est devenue chrysalide. C'est dans ces espéces de moignons que
sont renfermées les quatre grandes aîles dont sera parée la
demoiselle. Mais de toutes les parties de cette larve ,
il n'y en a point de plus singuliérement construite que sa
tête. On distingue dans cette tête les yeux , de petites antennes & la bouche : mais pour les voir , il faut lever
une espéce de masque dur & épais qui couvre tout le
devant de la tête de la larve & qui lui cache la face, si on
peut se servir de ce terme pour un insecte. Cet étrange
masque est creux en-dedans, irrégulier , & on y remarque
les différentes cavités qui reçoivent les éminences de la
tête de la larve, enforte qu'il s'applique aussi bien & même
mieux que les masques que mettent sur leurs visages les
personnes qui vont au bal. Ce masque n'est point immobile ; l'insecte le remue à sa volonté ; il ne tient que par une
espéce de pied long & coudé qui l'attache au col de l'insecte.
Ce pied forme une charniere , par le moyen de laquelie le
masque peut se lever & se baisser. On ne conçoit pas
d'abord par quelle raison la nature a donné à cette larve un tel masque , qui semble devoir l'incommoder au
lieu de lui servir : mais si l'on nourrit dans l'eau quelques-unes de ces larves , on voit qu'elles tiennent leur
masque baissé , & qu'elles le relevent pour surprendre &
saisir les insectes aquatiques dont elles se nourrissent.

Ce masque arrête ces insectes qui sont ensuite dévorés par la larve.

Les nymphes ou chrysalides des demoiselles ne diffèrent presque pas de leurs larves. Seulement les boutons du corcelet, ces appendices qui renferment les aîles sont plus grandes & couvrent une portion du ventre ; elles ressemblent à quatre aîles épaisses un peu courtes, couchées sur le dessus de cette partie. Du reste cette nymphe court dans l'eau, va & vient comme la larve, & se nourrit des insectes qu'elle rencontre & dont elle est très-friande.

Lorsque l'insecte est arrivé à sa grosseur, il subit son dernier changement. La nymphe s'approche du bord de l'eau, souvent elle en sort tout-à-fait. Sa peau commence à se fendre sur le dessus de son corcelet, peu à peu l'insecte parfait se tire de cette enveloppe, & après quelques instans, lorsque ses aîles sont séchées & affermies, il s'éleve légérement en l'air, où il doit dorénavant faire son habitation. On trouve quelquefois au bord de l'eau la dépouille de la larve, que la demoiselle, après s'en être tirée, a laissée attachée à quelque plante.

La demoiselle a le corps beaucoup plus long & plus étroit que sa larve. Ses aîles au nombre de quatre sont longues & étroites. Quelques espéces du nombre des plus grandes les tiennent étendues parallèlement & de niveau avec le corps sur lequel elles sont posées. D'autres au contraire les tiennent dans la même direction que leur corps, mais plus relevées & adossées toutes les quatre les unes contre les autres ; ce sont les plus petites espéces. Ces dernieres volent moins vite, mais les grandes ont un vol très-vif & très-rapide. La nourriture ordinaire de ces demoiselles leur est fournie par la chasse qu'elles font en volant aux petits moucherons, à ces petites tipules qu'on trouve en grande quantité au bord de l'eau.

Les demoiselles mâles se distinguent aisément des femelles par deux crochets accompagnés d'espéces de feuillets qu'elles ont à l'extrémité de la queue. Les femelles n'ont point de femblables crochets , mais feulement on remarque au dernier anneau de leur ventre qui eft un peu renflé , une ouverture qui eft celle de la partie du fexe. Pour les mâles, leur partie n'eft point placée au même endroit , envain l'y chercheroit-on. C'eft au haut du ventre qu'elle eft fituée , au premier anneau de cette partie qui tient au corcelet. Cette pofition différente des parties du mâle & de la femelle paroît finguliere & ne femble pas commode pour l'accouplement. Auffi y en a-t-il peu qui foit auffi extraordinaire que celui des demoifelles. Lorfque ces infectes veulent travailler à la propagation de leur efpéce, c'eft le mâle qui fait les avances , c'eft lui qui en volant pourfuit fa femelle , qu'il faifit au col avec les pinces de fa queue. Telle eft la maniere dont ces infectes commencent à fe faire l'amour. Lorfque le mâle tient ainfi fa femelle , il la ferre & ne la laiffe plus échapper. Il n'eft pas cependant encore fort avancé , il lui eft impoffible de porter fa partie près de celle de fa femelle qu'il tient par l'extrémité de fon cotps ; tant que la femelle ne fe prête point à fes défirs, l'accouplement ne peut fe faire. Auffi le mâle tient-il quelquefois fort long-tems fa femelle ; il l'emporte en l'air fufpendue à fa queue , jufqu'à ce qu'enfin celle-ci ou fatiguée ou mife en action fe rende à fes importunités : pour lors la femelle replie fon ventre en-deffous , le fait paffer entre fes jambes & pardevant fa tête , & porte elle-même l'extrémité de fon ventre contre la partie du mâle qui s'accouple avec elle fans lâcher la tête de fa femelle. Pendant cet accouplement ces infectes font dans une attitude bien finguliere ; ils forment une efpéce d'anneau. La tête de la femelle eft accrochée par la queue du mâle , tandis que l'extrémité de fon ventre qui fait le cercle , eft accouplée avec la partie fupérieure du ventre de ce même mâle. Ces infectes volent dans cette attitude forcée , & ne fe féparent qu'après quelque tems , lorfque l'accouplement eft tout-à-fait fini.

Les œufs que dépofe la femelle font oblongs ; c'eft dans

l'eau qu'elle va les dépofer , & c'eft auffi dans l'eau qu'é-
clofent les petites nymphes qui viennent de ces mêmes
œufs.

Les demoifelles ont en général la tête large , les yeux
fort gros & le ventre grefle ; quelques-unes cependant
comme l'*éléonore* ont le ventre plus large & moins long.
Plufieurs font ornées des plus belles couleurs ; dans les
unes c'eft un bleu ou un vert tendre , dans d'autres c'eft
un vert doré & comme fatiné. Les ailes de quelques-unes
font diftinguées par différentes taches ; la *louife* fur-tout a
deux grandes taches bleues , qui couvrent la plus grande
partie de fes aîles. Enfin , pour ce qui eft de la grandeur , il
y a quelques-unes de ces demoifelles qui ont jufqu'à deux
pouces & plus de long.

PREMIERE FAMILLE.

Demoifelles à aîles relevées.

1. **LIBELLULA** *corpore viridi-cæruleo nitido ; alis
medio cærulefcentibus , bafi & apice albidis , margine
immaculato.*

Linn. faun. fuec. n. 759. Libellula corpore fericeo nitido , alis inaurato-fufcis ,
  macula nigra.
Jonft. inf. tab. 3 , *fig.* 6.
Raj. inf. p. 50 , *n.* 9. Libella media corpore partim viridi , partim cœruleo ,
  alis media parte maculis ampliffimis e cœruleo nigricantibus.
Raj. inf. p. 140 , *n.* 2. Libella media corpore partim viridi , partim cœruleo ,
  alis media parte maculis ampliffimis è cœruleo nigricantibus oblitis.
Hoffnag. inf. t. 11 , *f. ultim.*
Reaum. inf. tom. VI *tab.* 35 , *f.* 7.
Rofel. inf. vol. 2 , *tab.* 9 , *fig.* 7. Infect. aquatil. *claff.* 2.

La louife.
Longueur 11 *lignes.*

Cette belle demoifelle a la tête groffe , les yeux reticulés faillans & bruns , qui ne fe touchent point. Dans l'efpace qui eft entre les deux yeux , on voit les trois petits
yeux bruns , pofés en triangle. Le col fur lequel la tête eft
appuyée eft court & étroit. Le corcelet eft plus gros de

couleur brillante verte & bleue. De la partie inférieure de ce corcelet partent les six pattes longues , & chargées d'une double rangée de petites épines ou pointes , ce qui est commun à ce genre. De la partie supérieure naissent les quatre aîles , toutes de même grandeur. Ces aîles sont fort reticulées & elles ont dans leur milieu une grande tache d'un brun bleuâtre qui en occupe plus de la moitié. La base & la pointe sont les seules parties de l'aîle qui ne sont point chargées de la même couleur ; elles sont seulement jaunâtres. Sur le bord extérieur de l'aîle il n'y a aucune tache , ce qui est rare dans ce genre. Le ventre long cylindrique & composé de neuf ou dix anneaux , est d'un bleu quelquefois un peu vert & très-brillant. On trouve ce bel insecte dans les prés au bord des étangs.

2. LIBELLULA *corpore viridi sericeo, alis subfuscis puncto marginali albo. Linn. faun. suec. n. 758.*

Linn. syst. nat. edit. 10 , *p.* 545 , *n.* 17. Libellula virgo.
Raj. ins. p. 51 , *n.* 12. Libella media, corpore viridi , alis fulvescentibus , maculis parvis albis prope extremum angulum.
Rosel. ins. vol. 2 , *tab.* 9 , *fig. 6. Insect.* aquatil. *class.* 2.

L'ulrique.
Longueur 10 *lignes.*

Cette espéce ressemble beaucoup à la précédente , seulement sa couleur est plus verte & très-brillante. Ses aîles n'ont point de taches bleues , mais elles sont d'un jaune un peu brun ; de plus vers l'extrémité du bord extérieur de l'aîle on voit un petit point blanc allongé.

M. de Geer donne celle-ci pour la femelle de la précédente. Je suis fort porté à le croire n'ayant trouvé que des femelles de cette espece , & tous ceux de la précédente que j'ai pû rencontrer , étant des mâles. Cependant comme je n'ai point trouvé ces insectes accouplés , je n'ose assurer ce fait.

3. LIBELLULA *corpore cœruleo cinereoque alterno ; alis puncto marginali nigro. Linn. faun. suec. n.* 763.

Linn. *syst. nat. edit.* 10 , p. 546 , n. 18. Libellula puella.
Rosel. ins. vol. 2 , *tab.* 10 , *fig.* 3 , 4. Insect. aquatil. *class.* 2.

L'amelie.
Longueur 14 lignes.

Ses ailes font blanchâtres, finement veinées de noir
avec un point noir fur le bord extérieur vers le bout. Sa
tête eft d'un bleu cendré avec les yeux bruns. Le corcelet
qui eft bleu, eft orné de trois bandes longitudinales brunes, une au milieu, & deux plus étroites fur les côtés.
Les fegmens du ventre font bleus, avec un anneau noir
vers leur bout poftérieur. Ils font au nombre de neuf, &
les deux derniers font plus gros que les autres & tout
bruns. On trouve cet infecte dans les prés.

4. **LIBELLULA** *corpore infra cœruleo-viridi, supra-*
fusco, thorace fasciis fuscis, cœrulescentibusque alter-
nis, puncto alarum marginali nigro.

Rosel. inf. vol. 2 , *tab.* 11 , *fig.* 7. Insect. aquatil. *class.* 2.

La dorothée.
Longueur 14 lignes.

Je ne vois d'autre différence entre celle-ci & la précédente, que cette raie longue & brune, qui couvre tout
le deffus du ventre. Du refte le corcelet & les ailes font
tout-à-fait femblables. Mais ce qu'il faut remarquer, c'eft
que dans ce te efpéce-ci tout ce qui eft bleuâtre dans
les mâles, eft d'un jaune un peu vert dans les femelles. Je
les ai trouvés fouvent accouplés dans les prés.

N. B. **LIBELLULA** *corpore infra fulvo, supra nigro,*
thorace fulvo fuscoque variegato, puncto alarum margi-
nali fusco.

Celle-ci n'eft qu'une variété de la précédente, dans laquelle tout ce qui étoit bleu ou vert dans l'autre fe trouve de couleur fauve, tandis que la raie de deffus le corps
au lieu d'être brune eft noire. Quelquefois auffi les raies

du corcelet fe trouvent manquer , & ce corcelet pour lors eft tout brun , avec les côtés feulement fauves.

5. LIBELLULA *corpore viridi pallide incarnato , thorace fafciis tribus longitudinalibus nigris , alis puncto marginali fufco.*

Raj. inf. p. 52 , n. 19.

La fophie.
Longueur 16 lignes.

Sa couleur eft d'un vert un peu rougeâtre & pâle , elle a feulement trois bandes noires longitudinales fur le corcelet. Le deffous de fon ventre eft brun , & quelquefois en deffus il y a une raie brune longitudinale dans toute la longueur , mais elle n'eft pas conftante. Les aîles font réticulées & diaphanes , avec un point brun à l'extémité du bord extérieur. On trouve cette efpéce avec les deux précédentes auxquelles elle reffemble beaucoup.

SECONDE FAMILLE.

Demoifelles à aîles étendues.

6. LIBELLULA *alis macula duplici marginali. Linn. faun. fuec. n.* 764.

Linn. fyft. nat. edit. 10 , p. 543 , n. 1. Libellula quadrimaculata.
Raj. inf. p. 49 : n. 3. Libella maxima ; abdomine longo tenui lævi viridi fplendente , ad initium & finem intumefcente.

La françoife.
Longueur 19 lignes.

Sa tête eft brune & le devant au-deffus des machoires eft d'un jaune verdâtre. Le corcelet eft brun , mais couvert en-deffus de poils gris. Le ventre eft large en haut , mais il va en diminuant par le bas & il fe termine par deux appendices cylindriques. Sa couleur eft brune , en haut il eft un peu velu fur les côtés. Les quatre aîles font jaunes à leur bafe & le long d'une partie du bord extérieur , & de plus les inférieures ont au-deffous de cette couleur jaune ,

une

une tache d'un brun noir. Mais ce qui fait aifément diftinguer cette efpéce de toutes les autres, c'eft qu'elle a deux taches marginales au bord extérieur de chaque aîle, une vers le bout à l'endroit où les autres efpéces en ont une, & une feconde prefqu'au milieu du bord extérieur qui dans cet endroit a un étranglement. Toutes deux font d'un brun noir. Cette efpéce eft rare ici.

7. **LIBELLULA** *alis albis, bafi luteis, abdomine lutefcente.* Planch. 13, fig. 1.

Linn. faun. fuec. n. 765. Libellula alis albis bafi luteis.
Linn. fyft. nat. edit. 10, *p.* 543, *n.* 2. Libellula flaveola.
Raj. inf. p. 49, *n.* 4. Libellula maxima, abdomine breviore latioreque flavo.
Reaum. inf. tom. vj. *tab.* 35, *f.* 1.
Rofel. inf. vol. 2, *tab.* 6. Infect. aquatil. *claff.* 1.

L'éleonore.
Longueur 16 *lignes.*

Les yeux de cette efpéce font fort gros, de couleur brune & fe touchent vers le deffus de la tête. C'eft au-devant de cette jonction des deux yeux, que fe trouvent les trois petits yeux liffes, qui ordinairement font à la partie poftérieure de la tête, le corcelet large eft d'un brun noirâtre & velu, avec deux plaques jaunes un peu verdâtres, une de chaque côté. Les pattes font noires & épineufes. Le ventre large, court, applati & compofé de neuf anneaux, eft noir en-deffous & jaune en-deffus. Les aîles diaphanes & claires ont à leur pointe une tache oblongue noire placée au bout du bord extérieur, & à leur bafe il y a une affez grande tache d'un jaune brun. On trouve cette grande demoifelle dans les prés, & proche les rivieres. Elle vole très-vîte.

8. **LIBELLULA** *alis albis, bafi luteis; abdomine fupra pulvere cinereo-cœrulefcente confperfo.*

Rofel. inf. vol. 2, *tab.* 7, *fig.* 2, 3. Infect. aquatil. *claff.* 2.

La philinte.

Tome II.   F f

Je crois celle-ci variété de la précédente. Elle n'en diffère que parce que son ventre est couvert en-dessus d'une poussiere cendrée bleuâtre. Pour tout le reste elle lui ressemble tout-à-fait.

9. **LIBELLULA** *thorace viridi nitido, lineis flavis ; alis albis, abdomine nigro cœrulescente.*

Linn. faun. suec. n. 768. Libellula thorace viridi nitido, lineis flavis, alis pallidis, abdomine nigro.

Raj. inf. p. 49 , n. 5. Libella maxima, abdomine breviore, latioreque cœruleo.

idem. p. 140. Libella maxima abdomine breviore, & crassiore latioreque cœruleo.

Reaum. inf. tom. ij. tab. 35, f. 2.

La sylvie.
Longueur 2 pouces.

Ses yeux sont bruns, sa tête & son corcelet sont verdâtres avec deux bandes jaunes ; mais un peu irregulieres sur les côtés du corcelet. Ses pattes sont d'un brun noir. Les aîles, du moins dans celles que j'ai, sont tout-à fait diaphanes, avec une petite tache brune oblongue au bord extérieur : M. Linnæus dit qu'elles sont un peu jaunâtres. Le ventre cylindrique & gros est jaune en-dessous, & en-dessus il est noir, mais couvert d'une poussiere grise, cendrée & bleuâtre, ce qui fait aisément distinguer cette espéce.

10. **LIBELLULA** *viridi-inaurata , alis pallidis , pedibus nigris. Linn. faun. suec. n.* 769.

Linn. syst. nat. edit. 10 , p. 544 , n. 8. Libellula ænea.

L'aminthe.
Longueur 18 lignes.

Cette belle espéce est par-tout d'un beau vert doré, à l'exception de sa levre inférieure qui est jaunâtre , & des yeux qui sont d'un vert brun. Le corcelet a quelques poils bruns. Les aîles sont un peu jaunâtres, avec les taches marginales brunes au bord extérieur , & de plus les aîles inférieures ont leur bafe lavée d'un peu de jaune clair. Le mâle a quatre pointes à la queue , dont les deux fupérieures font velues , & les inférieures fourchues. La femelle a les deux appendices de fa queue femblables à des feuillets , ce qui eft commun à plufieurs efpéces de ce genre.

11. LIBELLULA *lateribus flavâ , alis albis. Linn. faun. fuec. n.* 767.

Linn. fyft. nat. edit. 10, *p.* 544, *n.* 6. Libellula vulgatiffima.
Raj. inf. p. 50, *n.* 7. Libella major , præcedenti congener.
Swammerd. 4°. *p.* 175 , *t.* 8 , *f. 6.*

La juftine.
Longueur 17 *lignes.*

Elle eft brune , mais fon front eft jaune , ainfi que les côtés de fa poitrine & de fon ventre. Ses aîles font très-diaphanes , & n'ont que la petite tache du bord extérieur, qui eft oblongue , d'une couleur brune un peu cendrée , avec les bords noirs , ce qui fait le caractere fpécifique de cette efpéce , que l'on trouve avec les précédentes.

12. LIBELLULA *fulva , alis flavefcentibus, thoracis lateribus lineis duabus flavis , fronte flavefcente , cauda diphylla.*

Linn. faun. fuec. n. 770. Libellula grifea , alis flavefcentibus , thoracis lateribus lineis flavis , cauda diphylla.
Linn. fyft. nat.. edit. 10, *p.* 544 , *n.* 9. Libellula grandis.
Raj. inf. p. 48 , *n.* 1. Libella maxima vulgatiffima , alis argenteis.
Idem. p. 49, *n.* 2. Libella maxima abdomine longo tenuiore , alis fulvefcentibus.
Idem. p. 140. Libella maxima, abdomine longiffimo tenuiore , alis fulvefcentibus.
Mouffet. inf. p. 67. Libella major. 2 , 3.
Reaum. inf. tom. vj. tab. 35 , *f.* 3.
Rofel. inf. vol. 2 , *tab.* 2. Infect. aquatil. *claff.* 2.

La julie.
Longueur 28 *lignes.*

Cette efpéce eft la plus grande de toutes celles de ce pays-ci. Sa tête eft jaune fur-tout en-devant , & fes yeux

font bruns. Ces yeux qui font fort gros fe joignent au-deffus de la tête , & font fouvent parfemés de points élevés
& luifans , ce qui feroit un caractere bien diftinctif s'il
étoit conftant , mais quelquefois ces points manquent , ou
il n'y en a tout au plus qu'un ou deux. Le corcelet eft de
couleur fauve avec deux bandes obliques citronnées de
chaque côté. Le ventre qui eft fort long , eft auffi de couleur fauve foncée , fouvent tacheté de blanc au haut & au
bas de chaque anneau. Les petits feuillets qui terminent
le ventre font fort longs dans cette efpéce. Les aîles font
plus ou moins jaunâtres avec une tache brune au bord
extérieur. A la naiffance de chaque aîle il y a une petite
éminence brune , noirâtre.

13. **LIBELLULA** *thorace luteo-virefcente , lineis nigris ; abdomine nigricante caracteribus flavis. Linn.
faun. fuec. n.* 771.

Linn. fyft. nat. edit. 10 , *p.* 545 , *n.* 11. Libellula forcipata.
Petiv. muf 84 , *n.* 819. Libella major , corpore compreffo flavefcente.
Merr. pin. 197 , *n.* 4. Libella maxima lutea , cùm 4 vel 5 fpinis in extremitate
caudæ.
Reaum. inf. tom. iv , *tab.* 10 , *f.* 4 , & *tom. vj. tab.* 35 , *fig.* 5.
Rofel. inf. vol. 2 , *tab.* 5. Infect. aquatil. *claff.* 2.

La caroline.
Longueur 23 *lignes.*

Sa tête eft jaune & a de gros yeux bruns. Son corcelet
eft auffi d'un jaune tirant un peu fur le vert , avec trois
lignes noires de chaque côté qui defcendent obliquement
de l'extérieur vers l'intérieur. Le ventre qui eft fort long
& brun eft compofé de neuf anneaux. Sur le dos du ventre
dans le milieu eft une bande jaune , mais qui fe termine
au fixiéme anneau , fans aller fur les trois derniers. De plus
tous les anneaux ont fur les côtés deux taches jaunes ,
une au haut de l'anneau plus petite & tranfverfe , l'autre
plus bas , longitudinale , un peu courbe , & dont les pointes regardent le deffous du corps. Les aîles font tranfparentes , fans couleur ; & elles ont la tache oblongue &

noire du bord extérieur. On trouve cette espéce avec les autres dans les prés & les endroits aquatiques.

14. **LIBELLULA** *thorace virescente, abdomine fusco, characteribus flavis.*

La cecile.

Celle-ci plus grande que la précédente, pourroit bien n'en être qu'une variété. Elle a comme elle la tête jaune & de gros yeux bruns, le ventre brun avec des taches jaunâtres sur les côtés, ainsi que vers le bas & le haut de chaque anneau. La seule différence consiste dans le corcelet & le premier anneau du ventre qui sont d'un vert jaunâtre sans mélange d'aucune autre couleur. Les pattes sont brunes & les aîles quelquefois un peu colorées de jaune, avec la tache oblongue du bord un peu cendrée.

PERLA.
LA PERLE.

Antennæ filiformes.	Antennes filiformes.
Alæ incumbentes, cruciatæ, æquales.	Aîles égales, couchées & croisées sur le corps.
Os tentaculis quatuor.	Bouche accompagnée de quatre barbillons.
Cauda biseta.	Queue terminée par deux soies.
Ocelli tres.	Trois petits yeux lisses.

Plusieurs Naturalistes ont confondu ensemble la perle & la frigane, qui réellement approchent beaucoup l'une de l'autre ; toutes deux ont leurs antennes longues & minces comme un fil ; toutes deux ont quatre barbillons à la bouche & trois petits yeux lisses sur la tête ; enfin la frigane & la perle viennent de larves aquatiques qui se ressemblent beaucoup. Mais il y a deux caracteres qui distinguent ces insectes. D'abord la perle porte à sa queue deux longues appendices fort minces, comme des espéces de soie, & qui ne se trouvent point dans la frigane ; de plus les aîles

de la perle font croifées & couchées le long de fon corps,
au lieu que la frigane porte les fiennes latéralement, en
toît aigu, & relevées par le bout à peu près comme celles des teignes. Ces deux caracteres, mais fur-tout la
différence de la queue, nous ont engagé à diftinguer ces
deux genres, dont le port eft très-différent.

Nous ne nous étendrons pas beaucoup fur les larves
de ces infectes, qui reffemblent tout-à-fait à celles de la
frigane dont nous donnerons plus bas une defcription détaillée. Il nous fuffit de dire ici que ces larves font allongées & que leur corps eft compofé de plufieurs anneaux
avec fix pattes & une tête écailleufe. Ces larves qui vivent dans l'eau, habitent une efpéce de tuyau, dont l'intérieur eft de foie filée par l'infecte, & dont l'extérieur
eft recouvert de différentes matieres, tantôt de fable,
tantôt de coquilles ou de plantes que l'infecte a fortement attachés avec des fils à fon fourreau. Nous ne pouvons pas cependant nous difpenfer de parler en particulier
du joli fourreau que fe conftruit la larve de la perle jaune, qui eft une des plus communes & des plus petites efpéces de ce genre. Cette larve recouvre fon fourreau avec
les feuilles de la lentille d'eau, qu'on voit en grande quantité fur la furface des eaux dormantes. Mais elle n'employe
pas cette feuille telle qu'elle eft. Elle la taille & la coupe
en petits morceaux quarrés très-réguliers; elle ajufte bout
à bout fur fon fourreau ces petits quarrés verts, qui forment une efpéce de fpirale femblable à un ruban vert
qu'on auroit roulé fur un cylindre. Rien n'eft plus joli
que ce fourreau vert ainfi travaillé, & on ne le prendroit
pas d'abord pour la demeure d'un infecte.

C'eft dans ces fourreaux que les larves des perles fe métamorphofent. Lorfqu'elles veulent fe changer en nymphes, elles bouchent l'ouverture de leur fourreau avec
des fils qui forment un tiffu lâche, par lequel l'eau pénétre toujours dans leur demeure, mais qui en défend l'approche aux infectes voraces qui pourroient leur nuire. Cet

ouvrage fait , la larve change de peau, & devient une chryfalide longue dans laquelle on diftingue aifément les différentes parties de l'infecte parfait. Au bout de quelque tems on voit cet infecte fortir de ce fourreau qui eft près de la furface de l'eau, & s'élever enfuite dans l'air qui eft l'élément qu'il doit habiter fous fa derniere forme.

La perle eft allongée. Ses aîles font grandes & chargées de nervures qui forment un refeau. Lorfqu'elle veut dépofer fes œufs, elle va chercher l'eau qui doit les recevoir; auffi rencontre-t-on fouvent ces infectes au bord de l'eau.

1. PERLA *fufca , capite thoraceque linea longitudinali flava , alis fufco reticulatis.* Planch. 13 , fig. 2.

Linn. faun. fuec. n. 744. Phryganea alis venofo-reticulatis , cauda bifeta.
Linn. fyft. nat. edit. 10 , p. 548 , *n.* 8. Phryganea bicauda.
Act. Upf. 1736 , p. 27 , *n.* 1. Hemerobius cauda bipili , alis cinereis venofo-reticulatis.
Wagn. helv. p. 217 , 218 , 219. Mufca aquatilis æftiva major.
Reaum. inf. tom. iv , tab, 11 , *f.* 9 , 10.

La perle brune à raies jaunes.
Longueur 8 lignes.

Sa couleur eft toute d'un brun obfcur & foncé, il n'y a qu'une feule bande jaune longitudinale qui parcourt le milieu de fa tête & de fon corcelet. Ses antennes font longues, filiformes & brunes ainfi que fes pattes. Son ventre fe termine par deux filets bruns prefqu'auffi longs que les antennes. Ses aîles plus longues d'un tiers que fon corps font veinées de nervures brunes. Ces aîles font étroites par le haut, larges par le bas, appliquées & collées fur le corps qu'elles enveloppent , & croifées les unes fur les autres. On trouve cet infecte au bord des rivieres & des eaux.

2. PERLA *fufca , abdominis lateribus pedibufque pallido-flavis , alis fufco-venofis.*

Reaum. inf. tom. iij , tab. 13 , *f.* 12.

La perle brune à pattes jaunes.

Cette efpéce un peu plus petite que la précédente,varie beaucoup pour la grandeur. Les plus grandes ont fept lignes environ de long. Leur couleur eft brune avec un peu de jaune fur la tête. Les côtés du ventre & les pattes font aufli jaunâtres. Les antennes qui font longues , font de couleur noire, à l'exception de leur bafe qui eft jaune. Sur la tête, outre les trois petits yeux lifles , on voit encore quelques tubercules. Le col forme une efpéce de bouclier large & bordé. Les aîles pofées comme dans l'efpéce précédente , furpaffent d'un grand tiers la longueur du corps, & les deux filets de la queue femblables aux antennes pour la forme débordent les aîles. On trouve cet infecte avec le précédent.

3. PERLA *nigro-fufca , alis fubcinereis pallidis , caudæ fetis truncatis.*

Linn. faun. fuec. n. 748. Phryganea nigra , alis incumbentibus fubcinereo-nebulofis , caudæ fetis truncatis.
Linn. fyft. nat. edit. 10, *p.* 549 , *n.* 15. Phryganea nebulofa.

La perle brune à aîles pâles.
Longueur 5 ½ *lignes.*

Cette efpéce reffemble aux précédentes pour la forme. Elle eft toute brune & noirâtre. Ses aîles font pâles un peu cendrées & veinées fur-tout vers le bord intérieur. Je n'ai point vû fur ces aîles les bandes blanches qu'y a remarquées M. Linnæus. Les filets de la queue font très-courts & les antennes plus courtes que le corps.

4. PERLA *flava , alis albis , oculis nigris.*

La perle jaune.
Longueur 2 *lignes.*

Quant à la forme, cette efpéce reffemble beaucoup aux précédentes. Sa couleur eft d'un jaune pâle ; fes yeux, les petits yeux lifles , & l'extrémité des antennes font noires ; les aîles font blanches fans couleur ; ces aîles débordent le corps de moitié. Les antennes font prefque de la longueur

gueur du corps. On trouve par-tout cette petite efpéce,
qui fouvent pendant l'été entre le foir dans les maifons.
Sa larve vit dans l'eau : nous avons parlé de fon joli fourreau dans le difcours qui eft à la tête de ce genre.

A R T I C L E S E C O N D.

R A P H I D I A.

LA RAPHIDIE.

Antennæ filiformes.	Antennes filiformes.
Alæ incumbentes.	Aîles couchées fur le corps.
Os tentaculis quatuor.	Bouche accompagnée de qua-tre barbillons.
Cauda nuda.	Queue fimple & nue.
Ocelli tres.	Trois petits yeux liffes.

Nous ne nous étendrons pas fur ce genre dont nous ne
connoiffons qu'une feule efpéce, que nous n'avons même
trouvée que rarement. Sa larve, fa nymphe & fa demeure
nous font abfolument inconnues. Quant à fon caractere il
eft formé par la réunion des cinq notes caractériftiques que
nous avons données ci-deffus. De plus la raphidie a une
autre marque effentielle qui la diftingue aifément ; c'eft
qu'elle eft la feule des infectes de cette fection qui ait quatre anneaux aux tarfes ; auffi forme-t-elle elle feule un article à part. Du refte je n'ai point obfervé dans cet infecte
cette efpece d'aiguillon ou de pointe à la queue, que M.
Linnæus donne pour un caractere de cet animal.

1. RAPHIDIA. Planch. 13, fig. 3.

Linn. faun. fuec. n. 730. Raphidia.
Act. Upf. 1736, *p.* 28, *n.* 1. Raphidia aculeo recurvo.
Linn. fyft. nat. edit. 10, *p.* 552, *n.* 1. Raphidia *ophiopfis.*
Rofel. inf. vol. 3, *fupplément, tab.* 21, *f.* 6, 7.

La raphidie.
Longueur 6 lignes.

Cet animal eft un des plus finguliers que l'on puiffe voir

Tome II.   G g

pour fa forme. Il a la tête allongée formée en cœur dont la pointe tiendroit au corcelet & dont l'endroit le plus large feroit en devant. Cette tête eft liffe, noire, applatie, avec des antennes courtes, des machoires jaunâtres & quatre antennules. Sur le milieu de la tête en-deffus entre les yeux, font les trois petits yeux liffes rangés en triangle. Le corcelet auquel tient cette tête eft étroit, long & cylindrique. Le ventre plus large eft noir comme le refte du corps avec les anneaux bordés de jaune. Les pattes font jaunâtres. Les aîles qui font pofées en toît font blanches, diaphanes, veinées & comme couvertes du refeau noir fort fin. Cet infecte reffemble pour la figure de fa tête au *becmare à tête écorchée*, n°. 11. Il eft rare, je ne l'ai jamais trouvé que deux fois & toujours dans les bois.

ARTICLE TROISIÉME.

EPHEMERA.

L'ÉPHÉMERE.

Antennæ breviſſimæ.	Antennes très-courtes.
Alæ inferiores multo breviores.	Aîles inférieures beaucoup plus courtes que les fupérieures.
Cauda ſetoſa.	Queue terminée par plufieurs foies.
Ocelli tres magni ante oculos.	Trois yeux liffes & grands devant les yeux.

On a donné à ces infectes le nom d'éphémere à caufe de la briéveté de leur vie, lorfqu'une fois ils font parvenus à leur dernier état d'infecte parfait. Plufieurs d'entr'eux ne vivent réellement qu'un feul jour fous cette forme, quelques-uns même n'ont pas plus de quatre ou cinq heures de vie.

C'eft dans l'eau qu'on trouve la larve finguliere de l'éphémere. Cette larve eft oblongue, fa tête eft affez groffe: fon corcelet eft compofé de trois anneaux, & on en compte dix au ventre. Mais çe qui rend cette larve remarquable, ce font des efpéces de nageoires, des appendices très-joliment conftruites au nombre de douze, fix de chaque côté du ventre, que l'infecte agite perpétuellement avec beaucoup de vivacité. Ces nageoires font attachées aux fecond, troifiéme, quatriéme, cinquiéme, fixiéme & feptiéme anneaux du ventre. Le premier anneau n'en a point, non plus que les trois derniers, mais le dernier a quelques autres particularités. On y remarque trois longs poils, barbus comme les côtés d'une plume, qui font accompagnés de deux appendices plus courtes dans les femelles que dans les mâles, où il y en a encore deux autres plus petites. On peut par le moyen de ces appendices diftinguer les larves des mâles d'avec celles des femelles. On les reconnoît encore par la grandeur des yeux, qui font plus gros dans les mâles.

Ces larves varient pour la couleur: fouvent elles font jaunes, quelquefois d'un bleu qui tire fur le vert. Rien n'eft plus charmant que cette larve, lorfqu'on l'examine dans l'eau. Lors même qu'elle eft en repos, les belles panaches de fa queue font étendues·, & fes nageoires jouent continuellement des deux côtés du ventre, ce qui forme le plus agréable fpectacle.

Ces larves d'éphémeres ne croiffent que lentement. Elles reftent trois ans entiers fous cette forme avant que de fe métamorphofer. Pendant tout ce tems elles vivent dans l'eau, où elles fe font pratiqué des habitations en creufant des trous ronds & profonds dans la terre qui forme les bords de la riviere. Ces infectes font ces trous à fleur d'eau plus haut ou plus bas à mefure que l'eau monte ou defcend. C'eft-là qu'ils fe retirent pour fe mettre à l'abri des poiffons & des infectes aquatiques voraces qui les recherchent. Pour eux la terre & l'argile paroiffent faire leur feule & unique nourriture.

Lorfque la larve de l'éphémere veut fe métamorphofer, elle s'éleve à la fuperficie de l'eau, & elle fort dans l'inftant de fa dépouille de larve. Auffi-tôt elle s'éleve en l'air

en voltigeant , s'attache au premier endroit qu'elle rencontre , & y quitte une feconde dépouille , mince , blanche & tranfparente , que l'on trouve fouvent attachée pendant l'été aux vitres des fenêtres. C'est alors que l'éphémere est devenue infecte parfait. En fortant de fa dépouille
de larve , elle voloit & paroiffoit très-parfaite. Ce n'étoit
cependant qu'une chryfalide , mais chryfalide très-fingu-
liere , puifqu'elle est pourvue d'ailes dont elle fe fert très-
bien. Nous n'avons obfervé que ce feul infecte qui ait une
pareille chryfalide. L'éphémere au reste n'est qu'un inflant
fous cette forme ; elle s'en dépouille tout de fuite & devient infecte parfait. Il falloit que ces différens changemens s'exécutaffent promptement dans un infecte qui
fouvent ne vit que quelques heures dans fon dernier état.
Mais ce qui paroît fingulier , c'est que cet infecte qui ne
doit être ailé & parfait que pendant un efpace de tems
fi court , reste trois ans entiers dans fon état de larve.

L'éphémere, en fortant de l'eau pour fa première tranf-
formation, avoit acquis beaucoup plus de longueur & de
grandeur que fa larve. Lorfqu'elle quitte fa dépouille de
chryfalide , elle acquiert encore plus de grandeur. Ses
pattes fur-tout & les filets de fa queue paroiffent beaucoup
augmentés. Mais la différence qu'il y a entre ces deux
changemens , c'est que dans le fecond l'éphémere ne change pas de figure comme dans le premier ; la chryfalide
& l'infecte parfait font fi femblables à la grandeur près ,
qu'il n'est pas poffible de les diftinguer.

L'éphémere devenue infecte parfait est allongée. Sa
tête est groffe & fes antennes font fi courtes , qu'à peine
les apperçoit-on. Les yeux liffes qui font très-petits dans
la plûpart des infectes , font très-grands dans plufieurs efpéces de ce genre. Comme ils font placés devant les yeux
à refeau , & que fouvent ils font auffi grands & même plus
grands qu'eux , il femble que ces infectes ayent quatre ou
cinq yeux qui femblent couvrir toute leur tête. Leurs ailes
fupérieures font grandes pour le volume de l'animal ,

tamium flexuo[illegible]

mais les inférieures font fi petites & fi courtes, qu'à peine les apperçoit-on. Enfin la queue est terminée par deux ou trois foies longues ou efpéces de filets, outre quatre petites appendices qui ne fe trouvent que dans les mâles. La réunion de ces différens caracteres fait aifément reconnoître ces infectes. On peut aufli diftinguer les mâles d'avec les femelles par les appendices de la queue. Ces mâles ne s'accouplent point avec leurs femelles, comme font les infectes & la plûpart des autres animaux. La propagation des éphémeres fe fait d'une maniere toute différente, il n'y a pas d'accouplement. La femelle après fa derniere métamorphofe retourne vers l'eau d'où elle eft fortie, là elle fe foutient avec les filets de fa queue fur la furface de l'eau en battant des aîles, & dans cette fituation prefque droite, elle jette fes œufs fur la furface de la riviere. Le mâle aufli tôt va les féconder en répandant deffus la liqueur fpermatique, à peu près de la même maniere que les poiffons fécondent les œufs de leurs femelles. Ceux de l'éphémere font prefque ronds & tiennent enfemble par des petits filets qui les raffemblent en paquets.

C'eft dans le courant de l'été & principalement dans les mois de juin & de juillet que les éphémeres fe métamorphofent en infectes parfaits. Souvent il en vient une fi grande quantité à la fois, que tous les environs de la riviere en font couverts & que l'air en eft obfcurci. Mais ces effains d'éphémeres ne durent pas long-tems. Comme ces infectes ne vivent fouvent que quelques heures, après deux ou trois jours on en eft délivré, & on voit tout à coup difparoître cette multitude d'infectes, dont beaucoup tombent dans l'eau & fervent de pâture aux poiffons. Aufli dans certains endroits les pécheurs appellent-ils ces infectes la *manne des poiffons*. J'ai vû quelquefois des vents d'orage amener de ces effains d'éphémeres dans le centre de Paris, & inquiéter beaucoup les habitans du quartier dans lequel ils étoient portés.

Ces petits animaux ne prennent point de nourriture fous

leur derniere forme, lorfqu'ils font devenus infectes parfaits. Auffi-tôt après leur métamorphofe, ils font leurs œufs
& périffent au bout de quelques heures fans avoir befoin
de fe nourrir. Il femble qu'ils ne parviennent à l'état d'infecte parfait que pour multiplier leur efpéce ; cet ouvrage
accompli, l'infecte périt, & l'état brillant auquel il étoit
parvenu, après avoir rampé fous l'eau pendant trois ans
entiers, commence & finit prefque dans le même inftant.

1. **EPHEMERA** *alis nebulofo-maculatis, cauda tri-*
feta. Linn. faun. fuec. n. 750.

Linn. fyft. nat. edit. 10, *p.* 546, *n,* 1. Ephemera vulgata.

L'éphémere à trois filets & aîles tachetées.
Longueur 8, 9 *lignes.*

Cette efpéce d'éphémere eft la plus grande que nous
ayons dans ce pays-ci. Elle eft brune par-tout. Ses aîles
font ornées de veines brunes qui forment un refeau, &
de plus elles ont cinq ou fix taches de la même couleur.
Elle porte à fa queue trois filets bruns, à peu près de la
longueur de fon corps.

J'en ai une variété un peu moins grande, & dont les
aîles font moins tachées, du refte elle eft tout-à-fait femblable à l'autre.

2. **EPHEMERA** *lutéa, alis albis reticulatis, cauda*
trifeta.

L'éphémere à trois filets & aîles réticulées.
Longueur 5 *lignes.*

Sa couleur eft jaune, mais fes yeux font noirs ; il y a
auffi quelques points bruns fur les côtés des anneaux du
ventre, & les trois filets de la queue prefqu'auffi longs que
le corps font joliment entrecoupés de jaune & de noir.
Ses aîles blanches, diaphanes, & quelquefois un peu
jaunâtres, font couvertes d'un refeau fin de vaiffeaux bruns
fort petits.

3. EPHEMERA *luteo-fusca, alis fusco-viridibus, cauda trifeta.*

Rofel. inf. vol. 2 , tab. 12 , fig. 2 , 6. Infect. aquatil. claff. 2.

L'éphémere à trois filets & aîles brunes.

Il est aifé de distinguer cette espéce de la précédente à laquelle elle reffemble affez pour la couleur & la grandeur, 1°. parce qu'elle est plus brune ; 2°. parce que fes aîles verdâtres font membraneufes fans être réticulées ; 3°. parce que les trois filets de fa queue ne font point entrecoupés de jaune & de noir , mais d'une feule couleur jaunâtre. De plus ces filets vûs à la loupe paroiffent velus , au lieu que ceux de l'espéce précédente font liffes.

4. EPHEMERA *nigra, cauda trifeta.*

Linn. fyft. nat. edit. 10 , *p.* 547 , *n.* 6. Ephemera vefpertina.

L'éphémere noire à trois filets.
Longueur 1 ligne. Largeur ⅓ ligne.

Cette espéce est la plus petite que je connoiffe de toutes celles de ce genre. Sa tête fon corcelet , fon ventre , fes pattes , en un mot tout fon corps est de couleur noire. Il n'y a que fes aîles qui foient claires & tranfparentes , à l'exception de leur bord extérieur qui est noirâtre. Les antennes & les filets de la queue font très-longs & égalent trois fois la longueur du corps. Je n'ai trouvé ce petit infecte qu'une feule fois dans Paris , voltigeant au bord de la feine.

5. EPHEMERA *lutea, alis albis reticulatis , cauda bifeta.* Planch. 13 , fig. 4.

L'éphémere jaune à deux filets & aîles réticulées.
Longueur 4 lignes.

Je doute beaucoup que ce foit cette espéce que M. Linnæus ait voulu défigner n°. 751 , de fa *fauna fuecica.* La nôtre est jaunâtre , fon ventre est un peu brun , & chaque anneau eft chargé de trois points noirs, ce qui fait trois bandes longitudinales de points fur le ventre. Ses aîles font réticulées & diaphanes, fi ce n'eft à leur bord extérieur qui eft un peu jaune. Les deux filets de fa queue plus longs que fon corps, font un peu entrecoupés de jaune & de brun, & fes yeux font noirs.

Celle de M. Linnæus a deux tubercules plus gros que les véritables yeux, ce qui n'eft pas dans la nôtre. Son corcelet eft plat & nébuleux, celle que nous avons a le corcelet rond & jaune. Pour le refte elles font toutes les deux affez femblables.

6. EPHEMERA *fufca, cauda bifeta, alis albis. Linn. faun. fuec. n.* 753.

Linn. *fyft. nat. edit.* 10, *p.* 547 , *n.* 3. Ephemera culiciformis.

L'éphémere à deux filets & aîles blanches.
Longueur 2 lignes.

Cette petite éphémere eft toute brune ; quelquefois cependant fon ventre eft plus clair & fes pattes font blanchâtres. Ses aîles n'ont aucune couleur, & font très-tranfparentes. Les filets de fa queue font blanchâtres & plus longs que fon corps. Elle a fur fa tête deux gros tubercules placés au-deffus des yeux qu'ils couvrent en partie.

7. EPHEMERA *thorace fufco, abdomine albo, cauda bifeta, alis fufcis ftriatis.*

L'éphémere à deux filets & aîles brunes.

Elle eft un peu plus grande que la précédente. Sa couleur eft brune, mais fon ventre eft blanchâtre. Ses aîles font un peu brunes, & chargées de veines qui ne forment point de refeau. Sa queue a deux filets de la longueur de fon corps, de couleur pâle, & fa tête a deux tubercules affez marqués pofés fur les yeux.

8. EPHEMERA *alis albis, margine craffiore, nigricantibus, cauda bifeta. Linn. faun. fuec. n.* 754.
Linn.

Linn. syst. nat. edit. 10 , *p.* 547 , *n.* 4. Ephemera horaria.
Act. Ups. 1730 , p. 27 , *n.* 3. Ephemera alis albis minima.
*Swammerd. in-*4°. *p.* 87. Ephemera minima.

L'éphémere à deux filets & aîles marginées.
Longueur 3 *lignes.*

Sa couleur est brune , ses pattes font blanchâtres , les anneaux de son ventre font aussi bordés de blanc , & les deux filets de sa queue font blancs , ponctués de noir. Ses aîles font diaphanes & blanches , mais leur bord extérieur est plus épais & noirâtre. Ses pattes de devant font très-longues ; sur sa tête il y a deux gros tubercules posés sur les yeux qui se trouvent cachés enforte qu'on ne les voit que sur les côtés. En-devant font les petits yeux lisses. Par cette conformation il semble que l'insecte ait sept yeux , trois de chaque côté & un au milieu ; savoir les deux gros tubercules , les deux yeux reticulés , & les trois yeux lisses dont un est au milieu & impair. Cette espéce se trouve souvent sur les fenêtres où elle laisse sa dépouil-le. Elle sort le soir de l'eau en grande quantité , subit sa métamorphose , dépose ses œufs , & périt souvent avant vingt-quatre heures.

PHRYGANEA.

LA FRIGANE.

Antennæ filiformes.	Antennes filiformes.
Alæ laterales , tectiformes, pone assurgentes.	Aîles posées latéralement en forme de toît , & relevées à l'extrémité.
Os tentaculis quatuor.	Bouche accompagnée de quatre barbillons.
Cauda nuda.	Queue simple & nue.
Ocelli tres.	Trois petits yeux lisses.

La frigane se distingue aisément des autres genres de cette section , & en particulier de ceux qui font renfermés dans ce troisiéme article , par la réunion des différens ca-

Tome II. H h

racteres que nous donnons de cet insecte. Parmi ces caracteres , il y en a un plus particulier à ce genre que les
autres : il consiste dans la forme de ses aîles qui sont
posées latéralement , qui se réunissent en haut en forme de
toît aigu , & qui ont l'extrémité postérieure plus relevée , à
peu près comme on l'observe dans les teignes & quelques
phalênes. C'est cette forme d'aîles , jointe aux couleurs
dont elles sont souvent ornées , qui a fait nommer ces
insectes par quelques Naturalistes , *mouches papilionacées.*
D'autres ont joint ensemble ce genre & celui des *perles* ,
quoiqu'ils soient très-aisés à distinguer l'un de l'autre par
les filets de la queue qui se voyent dans les perles & qui
manquent dans les friganes , & par les piéces ou anneaux
des tarses , dont le nombre est différent dans ces deux genres. Il est vrai qu'ils se ressemblent par le lieu qu'ils habitent , par la forme & la couverture de leurs larves &
par quelques-autres caracteres , tels que la structure des
antennes & de la bouche : mais les autres marques caractéristiques doivent les faire séparer.

Les larves des friganes ressemblent à celles des perles ,
dont nous avons déja parlé. En général elles sont longues,
composées de plusieurs anneaux , avec une tête écailleuse
& six pattes. Cette tête des larves des friganes est munie
de deux fortes serres , larges par le bout où elles se touchent , & très-propres à pouvoir couper. Cette bouche
ainsi armée de serres , est placée dans la cavité d'une espéce de casque écailleux , dont la partie supérieure forme la
levre de dessus , tandis que la levre inférieure est composée de trois parties en forme de pyramides ou cônes
renversés , à peu près comme celle des chenilles. Aussi cet
insecte a - t - il une filiere dont il se sert comme elles pour
tramer l'intérieur du fourreau dans lequel il habite.

Après la tête de l'insecte , on compte douze anneaux
qui composent son corps. C'est aux trois premiers anneaux
que tiennent les six pattes de l'insecte , deux à chaque anneau , une de chaque côté. Ces pattes ne sont pas toutes

six de la même grandeur. Les deux premieres font plus petites & les deux dernieres beaucoup plus grandes. Les deux premiers anneaux, ceux auxquels font attachées les deux premieres paires de pattes, font écailleux. Le troifié-me anneau, duquel les dernieres pattes les plus longues de toutes tirent leur origine, n'eft point écailleux comme les deux premiers, il eft jaunâtre & piqué de points bruns. Celui qui le fuit, eft encore remarquable par trois tuber-cules ou mammelons qu'on y obferve; favoir, un en-def-fus fur le milieu & deux fur les côtés. Il eft difficile de dé-terminer l'ufage de ces tubercules. Les huit autres anneaux font tous figurés à peu près de même. Ils ont chacun fur les côtés des touffes de filets blancs qui forment des aigrettes fort jolies, & qui femblent avoir quelqu'analogie avec les ouies des poiffons. Outre ces filets, l'infecte a quelques poils, principalement à la tête & à la queue. En-fin le dernier anneau eft remarquable par deux crochets écailleux & très-forts qui fervent à l'infecte à fe crampc-ner & à s'attacher à fon fourreau.

Ce fourreau dans lequel la larve de la frigane habite, eft une efpéce de coque ou tuyau de foie, couvert de toutes fortes de matieres, telles que du bois, du fable, des plantes, des coquilles. Ces matieres, dont la plûpart font plus légeres que l'eau, rendent le tuyau moins pefant, enforte que l'infecte le porte & le traîne avec plus de faci-lité. Il marche avec fes fix pattes, dont les dernieres plus longues que les autres paroiffent cependant au-dehors & peuvent agir, quoique l'infecte ne faffe fortir de fon étui que fa tête & les deux premiers anneaux de fon corps. Rien n'eft plus fingulier que de voir la frigane fe promener ainfi dans l'eau, avec ce fourreau que les matieres dont il eft couvert rendent très-barroque pour fa figure. Il femble que ce foit une efpéce de trophée de plantes & de coquil-les, parmi lefquelles il y en a plufieurs où l'habitant de la coquille vit encore, mais fe trouve arrêté & entraîné par la frigane.

Ce n'eſt que par le moyen des deux crochets qui ſont au dernier anneau de ſon corps , que la larve de la frigane tient à ſon fourreau ; mais elle y tient ſi fortement qu'il eſt difficile de l'en tirer ſans la bleſſer. Si cependant on y parvient & qu'enſuite on poſe ce fourreau vuide à côté d'elle, elle y rentre la tête la premiere par le bout antérieur.qui eſt ouvert , & enſuite elle ſe retourne dans le fourreau bout à bout , faiſant reparoître ſa tête à l'ouverture par laquelle elle eſt entrée. Mais après avoir été tirée de ſon fourreau , ſi elle ne le retrouve pas , elle s'en conſtruit & s'en file un autre , dans la compoſition duquel elle a ſoin de faire entrer des plantes & des coquilles dont elle le recouvre.

Ces fourreaux étoient très-néceſſaires pour mettre à l'abri cet inſecte , dont le corps eſt tendre & mol , à l'exception de ſa tête & de ſes. deux premiers anneaux qui ſont écailleux , & qu'il laiſſe ordinairement paroître ſeuls à l'extérieur. Sans ſon fourreau , il ſeroit devenu la proie. d'un nombre infini d'inſectes aquatiques & voraces. Pour lui , il tire ſa nourriture la plus ordinaire des plantes d'eau.

Lorſque cette larve veut ſe transformer , elle commence d'abord par fixer & attacher ſon fourreau , à l'aide de pluſieurs fils contre quelque corps ſolide & immobile. Enſuite elle ferme la partie antérieure de ce fourreau , qui eſt la ſeule qui ſoit ouverte , avec de gros fils de ſoie écartés l'un de l'autre , ce qui forme une eſpéce de grille par laquelle l'eau peut entrer & ſortir librement , mais qui ſuffit pour fermer l'entrée du fourreau aux inſectes qui pourroient nuire à la larve. C'eſt dans ce fourreau ainſi fermé , que la larve ſe transforme en nymphe en changeant de peau. Cette nymphe eſt grande & allongée , ainſi que la larve ; ſa couleur eſt d'un blanc un peu citron ; on y diſtingue aiſément toutes les parties que doit avoir l'inſecte parfait qui en ſortira ; elle a de plus , comme la larve , des aigrettes de poils ſur le ventre. Mais outre ces parties

communes à la larve ou à l'infecte parfait , la nymphe en a
quelques-unes qui lui font propres & qu'on ne remarque
que fur elle. Ce font deux petites cornes charnues à fa partie poftérieure , qui peut-être lui fervent, comme les ftigmates , à pomper l'air, & deux petits crochets à fa partie
antérieure. Ces crochets placés à la tête fe croifent en
devant & forment une efpéce de bec qui fait reffembler
la tête de la nymphe à celle d'un oifeau. C'eft avec ces
crochets que la nymphe déchire la grille de fon fourreau
pour faire paffage à l'infecte parfait auquel la nature n'a
donné aucun inftrument propre à faire cet ouvrage.

J'ai eu des friganes qui font reftées dans cet état de
nymphe pendant dix-fept ou dix-huit jours , les unes plus ,
les autres moins. La différence de la chaleur doit probablement accélérer ou retarder le tems de leur transformation.
Au bout de ce tems , l'infecte parfait fort de fon fourreau
que la nymphe a ouvert & déchiré , comme nous l'avons
dit.

Ces infectes font remarquables par la forme de leurs aîles qui font fingulieres au moins dans la plûpart. Elles
font , ainfi que nous l'avons déja dit , pofées perpendiculairement fur le côté , & le bord fupérieur qui formeroit
un toît aigu s'il étoit prolongé , fe replie, fe couche fur le
corps , & forme avec le refte de l'aîle un angle droit. Leur
bouche eft formée par une petite trompe entourée de quatre barbillons ; favoir, deux fupérieurs plus longs, & deux
inférieurs plus courts. Les antennes dans prefque toutes
les efpéces font très-longues, quelques-unes les ont trois
fois plus longues que le refte de leur corps ; fouvent ces
mêmes antennes font joliment entrecoupées d'anneaux
alternativement blancs & bruns. Dans prefque tous ces infectes , les couleurs font obfcures & très-peu brillantes ,
quoique les aîles de quelques-uns foient un peu panachées.
Les deux dernieres efpéces de ce genre font un peu plus
courtes & plus larges que les autres & reffemblent à des
petites mouches.

On trouve ordinairement ces insectes auprès des rivieres & des eaux dans lesquelles habitent leurs larves. Ils sont très-communs dans l'été. On les voit le soir voltiger souvent par troupes au bord de la Seine , où ils vont déposer leurs œufs.

1. PHRYGANEA *alis testaceis , nervoso-striatis.* Planch. 13 , fig. 5.

Linn. faun. suec. n. 738. Phryganea alis testaceis, nervoso-striatis, antennis antrorsum porrectis.
Linn. syst. nat. edit. 10 , *p.* 547 , *n.* 2. Phryganea striata.
Act. Ups. 1736 , *p.* 27 , *n.* 2. Hemerobius alis testaceis venoso-striatis, antennis longitudine alarum.
Raj. ins. p. 274 , *n.* 2. Musca quadripennis, alis longis angustis papilionum in modum variegatis.
Aldrov. ins. p. 763. Perlarum forte species.
Frisch. germ. 13 , *tab.* 3. Larva.
Reaum. ins. tom 3 , *tab.* 13 , *f.* 8 , 9 , 11.

La frigane de couleur fauve.
Longueur 11 *lignes.*

Cette grande espéce est par-tout de couleur fauve , à l'exception de ses yeux qui sont noirs. Elle ressemble à une phalêne par son port d'aîles. Ses antennes sont de la longueur de son corps ; elle les porte droites en-devant , comme la plûpart des insectes de ce genre. Ses aîles sont plus grandes d'un bon tiers que le reste de son corps , elles ont des veines , dont la couleur est un peu plus foncée que le reste. Ses pattes sont grandes , longues & un peu épineuses.

2. PHRYGANEA *alis deflexo-compressis flavescentibus , macula rhombea laterali alba. Linn. faun. suec. n.* 741.

Linn. syst. nat. edit. 10 , *p.* 548 , *n.* 5. Phryganea rhombica.
Reaum. ins. tom. 3 , *tab.* 14 , *f.* 4.
Rosel. ins. vol. 2 , *tab.* 16. Insect. aquatil. class. 2.

La frigane panachée.
Longueur 7 *lignes.*

On est d'abord tenté de prendre cette frigane pour un

papillon de teigne. Elle porte fes aîles de même que les teignes. Sa couleur eft d'un jaune un peu brun. Sur l'aîle fupérieure, il y a une large tache blanche qui va obliquement en defcendant du côté du bord extérieur. Derriere cette tache, il y en a une feconde de même couleur, mais moins marquée, & entre ces deux taches il y a un peu de brun.

La larve qui produit cette frigane eft une teigne aquatique qui vit dans un fourreau qu'elle fe file, & qui eft recouvert de petites pierres & de débris de coquilles. On y voit même quelquefois des coquilles entieres & dont l'animal eft encore vivant, quoiqu'attaché à ce fourreau. La larve porte par-tout avec elle ce fourreau auquel elle tient par des crochets qui font à la partie poftérieure de fon corps. Elle fe nourrit de petits infectes. Lorfqu'elle veut fubir fa métamorphofe, elle s'enfonce dans ce fourreau, dont elle bouche l'ouverture avec les foies qu'elle y file, & elle fe change en nymphe. Au bout de quelques jours, la nymphe devient une belle frigane, & quittant fa dépouille & fon fourreau, elle abandonne le féjour de l'eau où elle a paffé une partie de fa vie. On la trouve cependant aux environs de l'eau, où elle va dépofer fes œufs.

3. **PHRYGANEA** *nigro-fufca, alis pedibufque teftaceis.*

La frigane brune à aîles fauves.
Longueur 5 lignes.

Ses antennes, fa tête, fon corcelet & fon ventre font noirs. Ses pattes & fes aîles font de couleur fauve & uniforme. Ses antennes font de la longueur de fon corps, & elle les porte droites en devant. Cette efpéce approche beaucoup de la précédente. Sa larve eft commune dans l'eau.

4. **PHRYGANEA** *atra, alis plumbeis, pedibus fulvis.*

La frigane plombée à aîles fauves.
Longueur 4 ½ lignes.

Ses antennes font à peu près de la longueur de fon corps : elles font noires, ainfi que la tête, le corcelet & le ventre en-deffus. Les pattes & les anneaux du ventre en-deffous font d'un jaune fauve. Les aîles font d'une couleur grife foncée & plombée ; elles font liffes & luifantes.

5. **PHRYGANEA** *cinereo-fufca, futura alarum macula alba, antennis albo fufcoque interfectis, corpore duplo longioribus.*

La frigane à antennes panachées.
Longueur 4 ¼ lignes.

Sa couleur eft grife, cendrée, obfcure & nullement luifante, fes pattes font un peu plus blanchâtres. Mais ce qui fait reconnoître cette efpéce, c'eft une tache blanche qui fe trouve fur la future des aîles, un peu avant l'endroit où elles fe relevent & qui eft commune aux deux aîles, & de plus la forme des antennes, plus longues du double que le corps, fines & joliment entrecoupées d'anneaux bruns & blancs. Elle porte ces antennes droites en avant & l'une contre l'autre. On trouve fort fouvent cet infecte pendant l'été au bord de la riviere fur-tout le foir.

6. **PHRYGANEA** *alis fuperioribus nebulofis, antennis longitudine corporis.*

Reaum. inf. tom. 3, tab. 13, fig. 13.

La frigane à aîles tachetées & courtes antennes.
Longueur 4 lignes.

Ses yeux font noirs, fa tête, fon corcelet & fon ventre font bruns & fes pattes jaunâtres. Ses antennes qui font brunes, n'égalent que la longueur de fon corps. Ses aîles de couleur grife & foncée, font par endroits d'une couleur plus obfcure ou plus claire, ce qui les rend nébuleufes. Elle

Elles ne font point liffes ni brillantes, mais vûes à la loupe elles paroiffent un peu velues.

7. PHRYGANEA *alis fuperioribus nebulofis nigro-punctatis, antennis corpore triplo longioribus.*

Linn. faun. fuec. n. 746. Phryganea alis fuperioribus nebulofis, antennis corpore triplo longioribus.
Linn. fyft. nat. edit. 10, *p.* 548, *n.* 10. Phryganea longicornis.

La frigane à aîles tachetées & longues antennes.
Longueur 3, 3 ½ *lignes.*

La couleur de cette efpéce eft cendrée & un peu brune. Ses yeux font noirs, & l'on voit fur fes aîles fupérieures des petites taches noires plus ou moins marquées. Ses pattes font blanchâtres. Mais ce qui la diftingue de toutes les autres efpéces, c'eft la longueur de fes antennes qui font très-fines & trois fois plus longues que le corps. Elle fe trouve dans les endroits aquatiques.

8. PHRYGANEA *atra, pedibus albis, alis pallidis venofis.*

La frigane noire à aîles pâles veinées.
Longueur 5 *lignes.*

Elle eft toute noire, à l'exception de fes pattes qui font blanchâtres & de fes aîles qui font d'un gris pâle, avec des veines un peu brunes.

9. PHRYGANEA *viridis, oculis nigris, alis niveis.*

La frigane verte.
Longueur 3 ½ *lignes.* *Largeur* ½ *ligne.*

Sa tête eft d'un beau vert clair, à l'exception de fes yeux qui font noirs. Ses antennes plus longues que fon corps font très-fines & entrecoupées de brun & de gris blanc. Son corcelet eft vert, avec un peu de jaune en-deffus & fur les côtés. Son ventre eft tout vert. Ses pattes font d'un blanc argenté, & fes aîles font toutes blanches. J'ai plufieurs fois attrapé cet infecte au vol fur le foir.

10. PHRYGANEA *fusca*, *alis albis fusco maculatis*.

Linn. faun. fuec. n. 735. Hemerobius alis albis, maculis fufcis, pone punctis fex
    diftinctis, antennis fufcis.
Linn. fyft. nat. edit. 10, *p.* 550, *n.* 9. Hemerobius fex punctatus.

La frigane à aîles ponctuées.
Longueur 1 ½ ligne. Largeur 1 ligne.

Son corps eft d'un brun verdâtre un peu panaché ; fes
antennes fines & déliées font brunes & un peu plus courtes que le corps. Ses aîles plus grandes du double que fon
corps & pofées en toît, font diaphanes, avec des nervures
& des taches noires, & elles ont particuliérement fix
points noirs vers le bas de l'aîle, placés chacun dans le
milieu d'une maille de nervures.

11. PHRYGANEA *tota atra*, *corpore rotundiore*, *antennis corpore brevioribus*.

La frigane-mouche en deuil.
Longueur 2 ½ lignes. Largeur 1 ½ ligne.

La forme de cette efpéce & de la fuivante eft différente
de celle des autres. Elle eft moins allongée, plus large &
plus courte, & elle reffemble à une mouche ou à une petite phalêne. Elle eft par-tout d'un noir foncé & obfcur. Ses
aîles font auffi de la même couleur. Ses antennes font plus
courtes que fes aîles, & celles-ci plus longues que le ventre d'un bon tiers, ont leurs bords frangés, mais fans mêlange d'autre couleur que de noir. On trouve cet infecte
dans les prés. Sa larve habite un fourreau tiffu de foie
& de grains de fable très-fins. Les dernieres pattes de
cette larve font d'une grandeur prodigieufe.

12. PHRYGANEA *fusca*, *corpore rotundiore*, *antennis corpore brevioribus*, *alis pallidis venofis*.

Reaum. inf. tom. 3, *tab.* 14, *fig.* 7.

La frigane-mouche de couleur pâle.

Elle différe très-peu de la précédente, & lui reffemble

entiérement pour la forme. Ses antennes font courtes &
noires , & tout fon corps eft d'un brun noirâtre. Ses aîles
font blanches , veinées longitudinalement de brun & fans
frange au bord. Ses pattes font pâles & un peu jaunâtres.

HEMEROBIUS.
L'HÉMEROBE.

Antennæ filiformes.	Antennes filiformes.
Alæ fæpe æquales.	Aîles fouvent égales.
Os prominens tentaculis qua-	Bouche prominente avec qua-
tuor.	tre barbillons.
Cauda nuda.	Queue fimple & nue.
Ocelli nulli.	Point de petits yeux liffes.

L'hémerobe a été ainfi appellé, à caufe de la briéveté de
la vie de cet infecte , qui cependant s'étend à quelques
jours de durée , au lieu que fon nom fembleroit faire
croire qu'il ne vit qu'un feul jour , comme quelques efpéces d'éphémeres.

Les larves de ces infectes font ovales & un peu allongées. Leur tête eft petite & a en devant deux efpéces
de cornes ou pinces en forme de croiffant qui fe joignent
& fe croifent par leurs pointes : ces pinces fervent de bouche à la larve. Quelques minces & petites qu'elles paroiffent , elles font creufes en-dedans & elles ont une ouverture à leur bout. L'infecte qui fe nourrit de pucerons , les
faifit avec ces pinces & en même tems pompe les humeurs
de ces petits animaux par le canal intérieur de ces cornes
qui font ouvertes à leur extrémité. Ces pinces font donc en
même tems l'office de bouche ; l'hémerobe s'en fert pour
arrêter fa proie & la dévorer , elles lui tiennent lieu de
trompe. Le corcelet qui fuit la tête eft court , & le ventre
de cette larve eft gros en-devant & fe retrécit vers la
queue. Des fix pattes qu'on obferve fur le corps de cette
larve , les deux premieres font attachées au corcelet , & les
quatre autres tirent leur origine des deux premiers an-

neaux du ventre ; favoir , deux pattes de chacun de ces anneaux. La couleur de ces larves varie ; les unes font grifes , d'autres de couleur citron , quelques-unes canelles ,
& plufieurs font variées de nuances de ces différentes couleurs rangées par bandes longitudinales. On remarque fur
chacun des anneaux de leur ventre deux mammelons , un
de chaque côté , d'où partent des aigrettes de poils.

En général ces infectes font très-grands mangeurs de
pucerons, auffi un Naturalifte moderne les a-t-il qualifiés
du nom de *lions des pucerons*. Si on met quelques-uns de
ces infectes fur un arbre ou fur une plante toute couverte
de pucerons, en deux jours ils favent tellement la nétoyer
qu'on n'apperçoit plus que quelques peaux vuides de ces
infectes que les larves d'hémerobes ont fuccés. Les pucerons femblent ne pas connoître ces ennemis , ils reftent
tranquilles auprès d'eux fans fe mouvoir , fans s'enfuir ,
tandis que les hémerobes les dévorent les uns après les
autres. Mais ce n'eft pas aux pucerons feuls que ces infectes font formidables. Souvent lorfqu'ils fe rencontrent ils
ne s'épargnent pas & ils fe dévorent les uns les autres.

Un infecte qui mange autant & qui fe trouve placé auprès de fa proie & au milieu de la nourriture qui lui convient , doit parvenir promptement à fa grandeur. Auffi la
larve de l'hémeroble croît-elle très-vîte Souvent en quinze
ou feize jours elle a atteint toute fa groffeur , & pour lors
elle fe difpofe à fe métamorphofer. Pour exécuter cette
métamorphofe , elle commence par fe filer une coque de
foie blanche , ronde , groffe comme un pois & d'un tiffu
ferré. La maniere dont elle file n'approche pas de celle
qu'employent les chenilles & plufieurs autres infectes. Sa
filiere n'eft point à fa bouche , c'eft à fa queue qu'elle eft
placée , c'eft avec elle qu'elle forme cette coque ronde
dans laquelle elle fe renferme , pour fe changer enfuite en
chryfalide ou nymphe. Cette nymphe refte renfermée dans
cette coque plus ou moins de tems fuivant la faifon.
Si c'eft le tems de l'été , au bout de trois femaines environ

on en voit fortir l'infecte parfait. Au contraire , lorfque la larve fe met en coque pendant l'automne , elle y refte tout l'hiver jufqu'au printems.

L'infecte parfait eft allongé ; il a quatre aîles fort grandes pour fon corps & chargées de nervures qui forment un refeau à mailles ferrées. Les yeux de plufieurs efpéces font dorés & brillans , c'eft ce qui les a fait appeller par quelques auteurs , *mufca chryfopis*. Mais cette beauté eft bien contrebalancée dans certaines par la puanteur qu'elles répandent. Le vol de ces infectes eft en général affez lourd.

Les œufs que dépofent les hémerobes font très finguliers & méritent bien l'attention des Naturaliftes. Ces œufs qui font ovales , fort petits & de couleur blanche , font foutenus par un fil fort long & fort mince de pareille couleur. On en trouve fouvent plufieurs ainfi ramaffés les uns auprès des autres en bouquet , ce qui forme le plus joli effet. Ce fil vient d'une efpéce de gomme qui enduit l'œuf lorfque l'infecte le dépofe. Cette gomme fe file , comme fait la cire d'efpagne fondue , & l'infecte en relevant la partie poftérieure de fon ventre , l'allonge & entraîne l'œuf qui refte attaché au haut de ce même fil.

Nous ne connoiffons point la larve de la derniere efpéce de ce genre. Comme on trouve toujours cet infecte au bord de l'eau , peut-être faudroit-il y chercher fa larve qui doit reffembler à celle des autres efpéces , & fe nourrir de petits infectes aquatiques , ou des pucerons qui fe trouvent fur les plantes d'eau.

1. HEMEROBIUS *luteo-viridis , alis aqueis vafis viridibus. Linn. faun. fuec. n.* 731. Planch. 13 , fig. 6.

Linn. fyft. nat. edit. 10 , *p* 549 , *n.* 1. Hemerobius *perla.*
Mouffet. theat p. 62. *f. ult.* Mufca chryfopes.
Goed. belg. 1 , *p.* 40 , *t.* 14. Audax , intrepidus. *& gall. tom.* 3 , *tab.* 14 , *f.* 1 , 3.
Lift. Goed. p. 129 , *f,* 104. Tolmerus.
Merian europ. 3 , *p* 49 , *t.* 8 , *f.* In fruétu.
Merian. gallice t. 175 , 109.
Albin. inf. t. 64.
Petiv. muf. p. 4 , *n.* 6. Perla minima merdam olens.

Grew. muf. p. 156.

Raj. inf. p. 2 4. Mufca quadriþennis , corpore luteo-viridi , alis peramplis è flavo pariter virentibus.

Reaum inf. tom. 3 , *tab.* 33 , *f.* 2 , 3 , 6. Leo aphidis.

Rofel. inf vol. 3 , *fupplem. tab.* 21 , *fig.* 4 , 5. Formicaleo.

Le lion des pucerons.
Longueur 2 lignes.

Ce bel infecte eft d'un vert jaunâtre, avec des yeux dorés & fort brillans. Ses antennes font en filets & de la longueur de fon corps. Sur fon ventre ont voit quelques points noirs. Ses aîles font grandes , pofées le long de fon corps qu'elles furpaffent de moitié pour la longueur. Elles font diaphanes , avec des nervures vertes , enforte qu'elles reffemblent à un refeau ou à une gaze verte.

Les œufs que dépofe cet hémerobe font blancs , fort petits & portés fur un long pedicule plus fin qu'un cheveu. On trouve fouvent fur les feuilles d'arbres , principalement fur celles des rofiers beaucoup de ces œufs ramaffés les uns auprès des autres qui forment une efpéce de bouquet. L'infecte ou la larve qui en fort eft ovale , un peu allongée & fe termine en pointe par derriere. Elle a fix pieds & fa tête eft munie de deux pinces avec lefquelles elle faifit les pucerons qu'elle dévore & dont elle fait un grand dégât. On trouve ordinairement cette larve fur les branches garnies de pucerons. Lorfqu'elle eft à fa groffeur , elle forme une petite coque blanche de la moitié de la groffeur d'un pois , dans laquelle elle fe métamorphofe. Au bout de quelque tems , fa coque s'ouvre en-deffus , & on en voit fortir l'infecte parfait & aîlé que nous venons de décrire Cet infecte vole par-tout dans les jardins , & fon vol eft affez lourd , enforte qu'il eft facile à faifir. Mais malgré fa beauté il ne faut pas le tenir long-tems entre les doigts , car il répand une odeur très-fétide , tout-à-fait femblable à celle des excrémens.

2. HEMEROBIUS *luteus* , *alis aqueis* , *vafis fufco punctatis.*

Linn. faun. fuec. n. 732. Hemerobius viridi nigroque varius , alis aqueo-reti-
culatis.
Linn. fyft. nat. edit. 10 , *p.* 549 , *n.* 2. Hemerobius *chryfops.*
Reaum. inf. tom. 3 , *tab.* 33 , *f.* 10, 11, 12, 13 , 14 , 15.
Frifch. germ. 4 , *p.* 40 , *t.* 23. Mufca fœtida auro oculata.
Rofel. inf. vol. 3 , *fupplem.* 1 , *tab.* 21 , *fig.* 3.

L'hémerobe à aîles ponctuées.
Longueur 3 *lignes.*

Cette efpéce reffemble beaucoup à la précédente pour
fa figure , mais elle eft plus petite. Ses yeux font de même
dorés & brillans. Ses antennes font de la longueur de fon
corps , mais non pas de fes aîles. Tout l'animal eft jaune.
Ses aîles plus longues prefque du double que le corps font
diaphanes , avec des nervures ponctuées de brun , en quoi
cet infecte eft très-aifé à diftinguer du précédent.

Sa larve eft plus courte & plus fphérique que celle de
l'efpéce précédente. Elle porte fur fon corps une couverture informe, faite des débris des pucerons qu'elle a mangés
& auxquels elle fait une chaffe perpétuelle. Pour fe tranf-
former , elle fe file une coque ronde femblable à celle
de la premiere efpéce. On trouve cet infecte dans les
jardins , mais plus rarement que le précédent.

3. HEMEROBIUS *ater , alis fufcis nigro-reticulatis , margine exteriore dilatato.*

Linn. faun. fuec. n. 743. Phryganea alis reticulatis , cauda inermi , thoracis
marginibus flavis.
Linn. fyft. nat. edit. 10 , *p.* 548 , *n.* 7. Phryganea *flavilatera.*
Rofel. inf. vol. 2 , *tab.* 13. Infect. aquatil. *claff.* 2.

L'hémerobe aquatique.
Longueur 7 *lignes.*

Ses antennes font plus courtes que fon corps au moins
de moitié. Elles font noires, ainfi que tout l'infecte ; il y a
cependant fur le devant du corcelet un peu de brun ,
mais obfcur & peu apparent. Les aîles grandes , brunes
& comme pliffées , font ornées d'un refeau brun de vaiffeaux très-marqué. Mais ce qui rend cet infecte plus remar-

quable , c'eſt que le bord extérieur de ſes aîles de deſſus eſt dilaté & comme élargi vers le haut. On trouve cet inſecte au bord de l'eau.

FORMICALEO.

LE FOURMILION.

Antennæ breves , clavatæ , craſſæ.	Antennes groſſes , courtes & en maſſe.
Alæ æquales.	Aîles égales.
Os prominens tentaculis quatuor.	Bouche prominente avec quatre barbillons.
Cauda nuda.	Queue ſimple & nue.
Ocelli nulli.	Point de petits yeux liſſes.

La forme des antennes du fourmilion nous a engagé à ſéparer ce genre de celui des hémerobes , avec lequel il étoit confondu par quelques Naturaliſtes. Dans le fourmilion , les antennes ſont courtes , plus groſſes vers l'extrémité , & elles forment une eſpéce de maſſue , tandis que dans l'hémerobe elles ſont minces comme un fil qui va en diminuant inſenſiblement vers le bout.

On a donné à cet inſecte le nom de *formicaleo* , en françois *fourmilion* , par la même raiſon qui a fait appeller quelques eſpéces du genre précédent lions des pucerons. La larve du fourmilion eſt fort friande des fourmis , elle leur fait la chaſſe , enſorte qu'on n'a cru pouvoir mieux déſigner cet inſecte qu'en l'appellant lion des fourmis , ou *fourmilion.*

Il eſt peu d'inſectes dont les ſtratagemes & les petites manœuvres ſoient auſſi jolies & auſſi curieuſes à examiner, & c'eſt par cette raiſon que pluſieurs Naturaliſtes ſe ſont appliqué à les décrire fort en détail. Nous nous contenterons d'en donner ici un abrégé ſuccint.

La larve de cet inſecte vient des œufs que l'inſecte parfait a dépoſés dans le ſable fin & très-ſec , en quelqu'endroit à l'abri de la pluie , ſoit dans quelque crevaſſe de

mur

mur ou de terre , foit au pied de quelque muraille ordinairement expofée au foleil du midi. C'eſt-là qu'éclofent
les larves des fourmilions & qu'elles font leur habitation
ordinaire. Leur couleur eſt grife , & leur corps qui eſt
couvert de petits tubercules eſt de forme ovale. Son extrémité poſtérieure fe termine en pointe & fert à ces inſectes
à s'enfoncer dans le fable ; car ils ne marchent qu'à reculons quoiqu'ils ayent fix pattes. Au-devant de la tête , font
des pinces dentelées , aigues & creuſes en-dedans , avec
leſquelles cette larve attrape & fucce les mouches & différens autres inſectes , mais fur-tout les fourmis dont elle eſt
très-friande. Ces pinces lui fervent de bouche ou de trompe , ainſi que d'armes offenſives , de la même maniere
que celles de l'hémerobe dont nous avons parlé. Sa marche à reculons ne lui permettant pas de courir après les infectes dont elle doit fe nourrir , elle uſe de ſtratagême :
elle s'enfonce dans le fable , & tournant circulairement
elle creuſe des fillons concentriques de plus en plus profonds , jettant au loin avec fes cornes le fable qu'elle ôte
de cet endroit. A la fin elle parvient à creuſer un trou en
forme d'entonnoir , au fond duquel elle fe place , cachée
dans le fable & n'ayant que fes pinces étendues & ouvertes
qui en fortent. Malheur à tout inſecte qui vient à tomber
dans ce trou : le fourmilion qui s'en apperçoit par les grains
de fable qui roulent au fond , l'accable d'une grêle de
poufliere qu'il jette avec fes cornes & qui entraîne cet infecte au fond du trou où il le prend avec fes pinces &
le fucce. Il n'épargne pas même d'autres fourmilions , qui
en allant & venant viennent à y tomber. Lorſque la larve
eſt parvenue à fa groffeur , elle ne creuſe plus de trou ;
elle va & vient en traçant des fillons irréguliers dans le
fable , & enfin elle fe file une coque ronde , imitant une
boule , dont l'extérieur eſt formé du fable dans lequel elle
a vêcu , & l'intérieur tapiffé de foie blanche & fine. C'eſt
dans cette coque qu'elle fe change en nymphe. Cette
nymphe eſt un peu courbée en demi-cercle , & on y diſtin-

Tome II.   K k

gue toutes les parties de l'infecte parfait qui en doit fortir. Elle eft plus allongée que la larve , mais beaucoup plus courte que l'infecte parfait. Au bout de quelque tems , cette nymphe quitte fa dépouille , devient un infecte aîlé , & perce fa coque pour prendre fon effor.

L'infecte parfait eft très‑allongé. Il a quatre grandes aîles chargées de nervures & de taches , & il reffemble affez à la demoifelle. Il ne dépofe que très‑peu d'œufs dans le fable , mais ils font gros , oblongs & d'une couleur blanchâtre lavée de rouge. Je n'ai point vû ces infectes accouplés , mais une chofe très‑finguliere , c'eft que dès que l'infecte parfait fort de fa boule ou de fa coque , il dépofe un ou deux œufs. Ces œufs ne doivent point être féconds puifqu'il n'y a point eu d'accouplement. J'en ai gardé quelques‑uns dans le fable , & ils ne m'ont réelle‑ment rien donné : peut‑être l'infecte dans la campagne s'accouple‑t‑il dès l'inftant qu'il fort de fa coque , d'autant qu'on trouve ordinairement plufieurs larves de ces infectes dans le même endroit , & qu'ils vivent prefqu'en fociété , quoique féparés les uns des autres : peut‑être auffi le mâle va‑t‑il féconder les œufs que la femelle a rendus , com‑me nous avons déja dit que faifoit le mâle de l'éphémere. C'eft ce qui demande à être examiné. On peut voir tout le détail des manéges différens de ce fingulier infecte dans l'Ouvrage de M. de Reaumur qui en a parlé fort au long.

Je ne connois ici qu'une feule efpéce de fourmilion. Les autres pays en fourniffent quelques‑autres efpéces , dont M. de Reaumur fait mention.

1. FORMICALEO. Planch. 14 , fig. 1.

Linn. faun. fuec. n. 733. Hemerobius formicaleonis.
Linn. fyft. nat. edit. 10 , *p.* 550 , *n.* 4. Hemerobius hirtus , alis nebulofis , vafis
  pi ofis , antennis clavatis.
Iter. œl. 1 9 , 206. Formicaleo.
Reaum. inf. tom. 4 , *tab* 14 , *f.* 18 , 19. Formicaleo.
————————— *tab.* 11 , *f.* 8.
————— *tom.* 6 , *tab.* 32 , 33 , 34 , *f.* 7. Formicaleo.

Roſel. inſ. vol. 3. ſupplem. tab. 17, 18, 19, 20.

Le fourmilion.
Longueur 11 lignes.

L'inſecte parfait du fourmilion eſt allongé. Sa tête eſt large, brune, tachetée de jaune en-deſſus, avec de gros yeux ſur les côtés ; & en-deſſus deux antennes qui vont en groſſiſſant par le bout, & dont la longueur n'égale pas celle du corcelet. Après la tête, vient le col de l'animal, qui eſt aſſez long, cylindrique, plus étroit que la tête, & de même couleur qu'elle. Le corcelet ſemble compoſé de deux parties, une antérieure d'où partent les aîles ſupérieures, & une poſtérieure qui donne naiſſance aux aîles de deſſous. Ce corcelet eſt pareillement brun & taché de jaune en-deſſus. Le ventre allongé & compoſé de huit anneaux eſt tout brun, à l'exception du bord des anneaux qui eſt un peu jaune. Les pattes ſont brunes. Les aîles grandes, plus longues que le corps & ſouvent mal dévelоppées, ſont diaphanes, ornées d'un reſeau de nervures noires & chargées de pluſieurs taches brunes noirâtres, aſſez grandes, particuliérement du côté de leur bord extérieur.

PANORPA.

LA MOUCHE-SCORPION.

Antennæ longæ filiformes.	Antennes longues filiformes.
Alæ æquales.	Aîles égales.
Roſtrum corneum cylindraceum.	Trompe dure & cylindrique.
Cauda chelifera forficibus armata.	Queue formée en pince de crabe.
Ocelli tres.	Trois petits yeux liſſes.

Parmi les caracteres que nous donnons de ce genre, il y en a deux qui lui ſont propres & qui le font ſûrement diſtinguer de tous ceux de cette ſection. Le premier conſiſte dans la forme de la trompe de cet inſecte, qui eſt dure, immobile, de figure allongée & cylindrique ; l'autre

K k ij

caractere encore plus singulier , dépend de la construction de sa queue , qui dans les mâles ressemble à la queue d'un scorpion. C'est aussi ce qui a fait appeller cet insecte , *mouche-scorpion.*

Je ne connois point sa larve ni sa nymphe ; mais comme on trouve cet insecte dans les prairies au bord des eaux , je pense que l'un & l'autre pourroient bien être aquatiques & ne se trouver que dans l'eau. Quant à l'insecte parfait , il est très - commun l'été dans les prés. Lorsqu'on le prend , il redresse sa queue & semble vouloir se défendre avec les pinces qui sont à son extrémité : mais cette queue menaçante ne fait aucun mal, comme je l'ai souvent éprouvé.

Je ne connois qu'une seule espéce de mouche-scorpion.

1. **PANORPA.** *Linn. faun. suec. n.* 729. Planch. 14 , fig. 2.

Linn. syst. nat. edit. 10 , *p.* 551 , *n.* 1. Panorpa alis æqualibus nigro-maculatis.
Aldrov. ins. t. 386 , *f.* 8 , 9. & 387 , *f.* 5 , 6.
Mouffet. theat. p. 62 , *f.* 3 , 4. Musca scorpiuros. 1. & 4.
Hoffn. ins. t. 2 , *f.* 14.
Merret. pin. p. 200. Musca scorpiura.
Frisch. germ. 9 , *p.* 29 , *t.* 14 , *f.* 1. Scorpio-musca.
Jonston, ins. t. 9. Musca scorpiuros.
Reaum. ins. tom. 4 , *tab.* 8 , *f.* 9.

La mouche-scorpion.
Longueur 7 à 8 lignes.

Les antennes de ce singulier insecte sont en filets menus , environ de la longueur de son corps , noires & composées de petits anneaux au nombre d'environ trente - six. Sa tête est noire , avec les trois petits yeux lisses en-dessus , & en-devant elle a une longue trompe dure cylindrique de couleur brune , au bout de laquelle sont quatre antennules , deux plus longues & deux plus courtes. Le corps de l'insecte est brun , noirâtre , jaune sur les côtés , avec quelques taches de même couleur en - dessus. Sa queue formée par les trois derniers anneaux du ventre est de couleur maron. De ces trois anneaux, le dernier est plus gros, prefque rond , & il fe termine par deux crochets , ce qui forme une queue femblable à celle du fcorpion. Il n'y a cependant que les mâles dont la queue foit ainfi figurée. Les femelles n'ont pas cette pointe & ce dernier anneau avec des crochets. Les aîles auffi longues que le corps , font diaphanes , réticulées , avec des nervures & des bandes de taches de couleur brune.

On trouve cet infecte voltigeant dans les prairies.

N. B. Quelquefois on rencontre différentes variétés de cet infecte , qui différent par rapport à la couleur des aîles. Il y en a qui au lieu de plufieurs bandes de taches fur les aîles , n'ont qu'une feule bande noire , tranfverfe & irréguliere pofée fur le milieu de l'aîle , dont l'extrémité eft auffi noire. D'autres ont les aîles abfolument toutes blanches , à l'exception de cette extrémité qui eft noire. Les uns & les autres étoient des mâles.

C R A B R O.
LE FRELON.

Antennæ clavatæ.	Antennes en maffue.
Alæ inferiores breviores.	Aîles inférieures plus courtes.
Os maxillofum.	Bouche armée de machoires.
Aculeus ani dentatus.	Aiguillon du derriere dentelé.
Abdomen ubique æquale thoraci connatum.	Ventre de même groffeur partout & intimement joint au corcelet.
Ocelli tres.	Trois petits yeux liffes.

Ce genre & les deux fuivans avoient jufqu'ici été confondus enfemble fous le nom général de *mouches-à-fcie.* Il eft vrai que ces infectes fe reffemblent par beaucoup de caracteres , & particuliérement par la forme de l'aiguillon qu'ils portent au derriere & qui eft crenelé & dentelé comme une fcie ; mais les antennes du frelon font fi différentes que nous avons cru devoir féparer ce genre des autres. Ces antennes font terminées par un gros article qui forme une efpéce de bouton ou de maffue, au lieu que celles des mouches-à-fcie font fimples , d'égale groffeur par-tout , & minces comme un fil.

Les larves de ces infectes font des efpéces de vers , tout-à-fait femblables à celles des mouches-à-fcie , dont nous parlerons bientôt en détail. Leurs nymphes reffemblent auffi à celles de ces infectes. Ainfi , pour éviter les répétitions , nous ne nous arrêterons point davantage fur cet article.

1. C R A B R O *niger , fubhirfutus ; fronte , thorace fu-perne , abdomineque flavis , fegmento* 1°. 2°. *&* 4°. *ex parte nigris.*

Le frelon à épaulettes.
Longueur 10 *lignes. Largeur* 3 *lignes.*

Ses antennes font jaunes , compofées de deux premiers articles courts , velus & noirâtres , enfuite de trois longs , jaunes & liffes , puis d'un fixiéme & dernier jaune & plus gros qui forme le bout de la maffue. Ce dernier vû de près paroît compofé de quatre parties peu diftinctes , enforte que toute l'antenne auroit neuf parties ou articles , comme celles des mouches-à-fcie. Le devant de la tête eft jaune , les yeux font bruns & le refte eft noir. Le corcelet noirâtre & velu a en-devant fur chaque épaule une efpéce de plaque jaune , ce qui forme à l'infecte des efpéces d'épaulettes. Le ventre eft compofé d'anneaux dont le premier eft noir avec une tache citron tranfverfe dans fon milieu ; le fecond & le quatriéme font auffi noirs avec un peu de jaune fur les côtés ; le troifiéme , cinquiéme , fixiéme , feptiéme & huitiéme font jaunes , avec une tache noire triangulaire dans leur milieu. Les pattes font brunes ; leur forme eft finguliere , principalement celle des pattes poftérieures. Elles ont à la naiffance de la cuiffe une longue piéce qui les fait defcendre fort bas , enforte qu'elles fembleroient prendre naiffance du bas du ventre. Les aîles font un peu veinées & de couleur fauve.

2. **CRABRO** *niger*; *abdomine flavo, segmentis tribus superioribus nigris, maculis flavis.*

Le frelon à échancrure & ventre jaune.
Longueur 10 lignes. Largeur 3 lignes.

Ses antennes de même forme que celles de l'espéce précédente sont de couleur fauve brune, ainsi que sa téte, ses jambes & ses tarses. Ses yeux, son corcelet & ses cuisses sont noirs, seulement le corcelet a des espéces d'épaulettes brunes. Le ventre en-dessous est pareillement noir avec deux bandes longitudinales de taches jaunes, mais son extrémité inférieure où est l'aiguillon est brune. En-dessus le ventre est jaune à l'exception des trois premiers anneaux qui sont d'un noir bleuâtre & luisant. Sur le troisiéme de ces anneaux on voit deux taches jaunes une de chaque côté, & le premier anneau est un peu échancré au milieu de son bord inférieur & laisse voir à son défaut des poils jaunes, qui forment une tache un peu velue. Les aîles sont jaunâtres avec des veines brunes. Cet insecte a été trouvé sur le Mont-Valérien.

3. **CRABRO** *totus niger, abdominis segmento primo ovatim margine inciso lunula flava.* Planch. 14, fig. 4.

Albin. inf. t. 69.

Le frelon noir à échancrure.
Longueur 1 pouce. Largeur 3 ½ lignes.

Ses antennes sont jaunes figurées comme celles des espéces précédentes, la forme de son corps est aussi la même. Tout l'insecte est noir & un peu velu, il n'y a que ses tarses qui sont d'un jaune fauve. Le premier anneau de son ventre est singulier. Son bord inférieur est profondément échancré en demi-cercle, ensorte que dans le milieu cet anneau manque presque tout-à-fait, mais à sa place on voit une membrane jaune demi-circulaire qui forme une tache à cet endroit. Les aîles sont diaphanes, veinées avec leur bord extérieur brun & fort épais.

UROCERUS.
L'UROCERE.

Antennæ filiformes.	Antennes filiformes.
Alæ inferiores breviores.	Aîles inférieures plus courtes.
Os maxillosum.	Bouche armée de machoires.
Aculeus ani dentatus prominens corniculo tectus.	Aiguillon dentelé prominent & couvert d'une goutiere.
Abdomen ubique æquale thoraci connatum.	Ventre de même grosseur partout & intimement joint au corcelet.
Ocelli tres.	Trois petits yeux lisses.

L'urocerè a été ainsi nommé à cause d'une espéce de corne ou de pointe qu'il porte à sa queue. Ce genre differe du précédent par ses antennes longues & minces comme un fil, & on le distingue du genre suivant ou des mouches-à-scie par cette corne de la quette qui le rend singulier. Cette corne forme une espéce de goutiére sous la concavité de laquelle l'aiguillon de l'insecte se trouve caché. Cet aiguillon est un peu dentelé en forme de scie, comme celui du genre suivant, mais il est de plus renfermé entre deux lames ou fourreaux comme dans les ichneumons que nous examinerons bientôt.

La larve & la nymphe de cet insecte doivent ressembler à celles de mouches-à-scie, mais je ne connois ni l'une ni l'autre, n'ayant même jamais trouvé l'insecte parfait autour de Paris. Ceux que j'ai reçus m'ont été envoyés de Dieppe par M. Ferret Apoticaire de cette Ville, qui joint aux connoissances de la matiere médicale, beaucoup de goût pour l'histoire naturelle qu'il cultive avec soin. M. de Reaumur parle dans son ouvrage de ce même insecte sous le nom d'*ichneumon de Laponie*; & M. Linnæus en fait mention dans son traité des animaux de Suede, ensorte que cet insecte paroît particulier aux pays froids.

froids. J'en ai cependant fait mention, parce qu'on m'a assuré l'avoir rencontré aussi autour de Paris. D'ailleurs nous n'avons point d'autres espéces de ce genre au moins jusqu'ici, & celle que je décris est la seule que je connoisse.

1. UROCERUS. Planch. 14, fig. 3.

Linn. faun. suec. n. 925. Tenthredo nigra, artubus ferrugineis, ani corniculo cylindrico.

Linn. syst. nat. edit. 10, *p.* 560, *n.* 1. Ichneumon abdomine mucronato ferrugineo, segmentis 3, 4, 5, 6, nigris, thorace villoso.

Act. Upf. 1736, *p.* 28, *n.* 1. Ichneumon flavus, abdomine medio nigro, cauda acuta, aculeo umbilicali triplici exserto.

Act. Stockolm. 1739, *t.* 3, *f.* 7.

Reaum. inf. tom. 6, *tab.* 31, *n.* 1, 2. Ichneumon de laponie.

De Geer. inf. pag. 564, *tab.* 36, *fig.* 1, 2. Grand ichneumon dont le ventre qui se termine en une queue pointue, ne tient pas au corcelet par un filet; dont le corcelet est noir, le ventre demi-noir & demi-jaune, & les antennes & les jambes jaunes.

Ibid. pag. 702. Grand ichneumon dont le ventre demi-noir & demi-jaune, qui est à queue pointue, ne tient pas au corcelet par un filet.

Rosel. inf. vol. 2, *tab.* 8 & 9. Bombyl. & vesp.

L'urocere.

Longueur 13 *lignes. Largeur* 3 *lignes.*

Les antennes de cet insecte ont la moitié de la longueur de son corps. Elles sont jaunes & composées de vingt-trois articles. Sa tête est noire avec une grande tache jaune derriere chaque œil, qui semble former un second œil. Son corcelet est noir & velu. Son ventre est cylindrique & naît du corcelet par une base large & continue : il est composé de neuf anneaux. Le premier est noir & bordé de jaune, le second est tout jaune, les quatre suivans font noirs. Des trois derniers deux font tout jaunes & le dernier de tous est jaune avec un peu de noir dans sa partie supérieure. Ce dernier anneau se prolonge en une pointe droite cylindrique & aigue par le bout. Sous le ventre il y a une fente qui part presque du milieu & de laquelle sort comme dans les ichneumons, un long aiguillon qui déborde le ventre & la pointe. Cet aiguillon est composé de trois lames,

Tome II. L l

deux aux côtés qui servent de fourreaux, & une au milieu un peu en scie, qui est le véritable aiguillon & qui au bout se bifurque. Les aîles sont grandes jaunâtres & veinées; les cuisses sont courtes & noires, & les jambes ainsi que les pieds sont jaunes. Le mâle est plus petit d'un tiers que sa femelle, & il n'a ni pointe ni aiguillon à l'extrémité de son ventre.

TENTHREDO.

LA MOUCHE-A-SCIE.

Antennæ filiformes.   Antennes filiformes.

Alæ inferiores breviores.   Aîles inférieures plus courtes.

Os maxillosum.   Bouche armée de machoires.

Aculeus ani dentatus non prominens.   Aiguillon dentelé caché dans le corps.

Abdomen ubique æquale thoraci connatum.   Ventre de même grosseur par-tout & intimement joint au corcelet.

Ocelli tres.   Trois petits yeux lisses.

Familia 1ᵃ. *Antennis novem nodiis.*   Famille 1°. A antennes composées de neuf articles.

⎯⎯⎯ 2ᵃ. *Antennis undecim nodiis.*   ⎯⎯⎯ 2°. A antennes composées de onze articles.

⎯⎯⎯ 3ᵃ. *Antennis octodecim nodiis.*   ⎯⎯⎯ 3°. A antennes composées de seize articles.

Ce genre d'insectes est nombreux: on lui a donné le nom de *tenthredo* & en françois celui de *mouches-à-scie* à cause de la forme de l'aiguillon qu'il porte à sa queue. Cet aiguillon qui ne se trouve cependant que dans les femelles, est dentelé à peu près comme une scie. Pour le voir il faut presser le ventre & regarder en-dessous; on voit sortir l'aiguillon d'une petite fente qui est à l'extrémité inférieure du ventre. Cette forme d'aiguillon, la conformation du ventre de ces infectes, joints aux autres caracteres que nous donnons, font fuffifamment diftinguer les mouches-à-fcie. J'ai vû cependant plufieurs perfonnes qui avoient de la peine à diftinguer ces infectes d'avec les ichneumons mâles, qui n'ont point de queue à l'extrémité de leur ventre comme leurs femelles. Deux caracteres peuvent aifément faire reconnoître ces infectes. D'abord le ventre des mouches-à-fcie eft toujours intimement joint au corcelet, ils femble que ces deux parties fe tiennent & foient toutes d'une venue, parce que la bafe du ventre eft auffi large que la partie du corcelet à laquelle elle tient, de façon que l'un & l'autre femblent continus, au lieu que dans tous les ichneumons le haut du ventre eft étranglé mince, & ne tient au corcelet que par une efpéce de pédicule fort long dans quelques-uns, mais toujours aifé à appercevoir. La feconde marque à laquelle on peut encore diftinguer ces deux genres, confifte dans la forme des antennes, & cette marque eft aifée à appercevoir pour quelqu'un qui eft accoutumé à obferver. Les antennes de ces deux genres font filiformes, mais celles des ichneumons font compofées d'un nombre infini d'articles fi courts qu'à peine les diftingue-t-on ; c'eft comme un crain ou une foie de cochon toute unie : au contraire les antennes des mouches-à-fcie paroiffent un peu noueufes, parce que les anneaux qui les compofent font plus longs, moins unis, & aifés à diftinguer, quoique du refte le nombre de ces anneaux ne foit pas conftant dans toutes les efpéces de ce genre, comme nous le verrons.

Les larves des mouches-à-fcie reffemblent infiniment aux chenilles des papillons & des phalênes tant pour la forme que pour les couleurs. C'eft ce qui leur a fait donner par quelques Naturaliftes le nom de *fauffes chenilles*. Il y a cependant un moyen fûr de diftinguer les unes d'avec les autres, c'eft de compter le nombre de leurs pattes. Les chenilles qui ont le plus de pattes en ont feize : au-

cune véritable chenille n'en a davantage , & plufieurs en
ont beaucoup moins. Au contraire les fauffes chenilles ou
les larves des mouches-à-fcie ont toutes plus de feize
pattes ; celles qui en ont le moins en ont dix-huit & on
en compte fur d'autres jufqu'à vingt & vingt-deux. A ce
caractere qui diftingue les chenilles des larves des mouches-à-fcie , on en peut ajouter encore un autre qui fe tire
de la conformation de la tête de ces infectes. Nous avons
dit en parlant des chenilles, que leur tête étoit compofée
de deux efpéces de calottes hémifphériques écailleufes.
La tête des fauffes chenilles eft toute d'une piéce , elle
n'eft formée que par une feule calotte pareillement dure
& écailleufe. Cette tête des fauffes chenilles eft arrondie :
on y découvre leurs yeux qui ne font pas auffi grands que
ceux des chenilles. Leurs pattes varient pour le nombre
depuis dix-huit jufqu'à vingt-deux. Les fix premieres de ces
pattes font écailleufes & fe terminent en pointes , comme
les fix premieres pattes des vraies chenilles. Leurs autres
jambes font molles , membraneufes & ne font point armées de crochets à leur extrémité. Leur corps compofé
d'anneaux, comme celui des chenilles , eft liffe dans prefque tous ces infectes ; dans quelques-uns cependant il eft
chargé de quelques piquants fur-tout lorfque ces larves
font jeunes & petites ; car j'en ai vu plufieurs qui en groffiffant & en changeant de peau perdoient ces pointes. Il
en eft de même des couleurs qui varient fuivant l'âge de
ces larves. La plûpart, lorfqu'elles font fort petites , font
brunes ou noirâtres, mais à mefure qu'elles croiffent ,
leurs couleurs s'éclairciffent & quelquefois deviennent
vives & belles fuivant les efpéces.

La plus grande partie de ces fauffes chenilles fe roule
lorfqu'on les touche ; elles retirent alors leur tête au centre
du cercle qu'elles décrivent avec leur corps. On les voit
auffi affez fouvent dans cette même attitude fur les feuilles des arbres & des arbuftes qu'elles mangent , & qui
font leur nourriture ordinaire. Les rofiers, les faules &

quelques autres plantes font les plus expofées à être ron-
gées par ces larves.

Lorfqu'elles ont acquis toute leur groffeur, & qu'elles
veulent fe transformer, elles quittent l'arbre ou la plante
fur laquelle elles habitoient; elles en defcendent & vont
s'enfoncer dans la terre; c'eft-là qu'elles font leur coque.
Souvent on voit un rofier tout couvert de ces infectes, &
deux jours après on n'en apperçoit plus, on ne trouve
point non plus de coque fur l'arbre; fi on ne favoit que
ces infectes fe font cachés en terre, on ne pourroit s'ima-
giner comment ils ont difparu tout à coup.

La coque que ces larves fe font dans la terre, eft compofée de fils de foie affez gros, qui laiffent entr'eux quelques intervalles vuides comme des mailles. Le deffus de
la coque eft affermi par la terre qui l'environne. Ces coques font petites, de la figure d'un œuf, & compofées de
deux tiffus, l'un extérieur, & plus groflier auquel la terre
fe trouve attachée, l'autre intérieur & plus fin. Pour faire
ces coques la fauffe chenille a, de même que les chenilles, une filiere à fa lévre inférieure qui eft divifée en trois
parties. Il femble que ces infectes laiffent à deffein des
intervalles vuides, des efpéces de mailles dans le tiffu de
leurs coques, pour qu'il puiffe pénétrer jufqu'à la nymphe
un peu de l'humidité de la terre dont elle a befoin. Si la
terre eft trop féche, les nymphes périffent; il en eft de
même de la trop grande humidité qui les fait auffi périr.
C'eft par cette raifon qu'il eft très-difficile d'élever chez
foi des mouches-à-fcie. On éléve aifément les chenilles
qui donnent les papillons ou les phalênes; celles même
qui font leurs coques dans la terre réufliffent dans des
boëtes, elles s'y mettent en coque & donnent des phalênes. Mais fi on nourrit des fauffes chenilles, les coques
qu'elles font ainfi dans la terre renfermée réufliffent très-
rarement; ou cette terre eft trop féche, ou fi on a la
précaution de l'arrofer de tems en tems, on l'humecte
trop, & l'on trouve les nymphes ou féchées ou moifies.

Sur plus de trois cent fauſſes chenilles que j'ai élevées ,
à peine quatre ou cinq ſont-elles venues à bien , quelque
ſoin que je priſſe d'arroſer la terre où elles étoient.

La nymphe des mouches-à-ſcie eſt différente de celles
des chenilles, en ce qu'on y diſtingue très-bien toutes les
parties de l'inſecte parfait qui ſont molles & blanchâtres
& ſeulement couvertes d'une pellicule mince. Cette nymphe reſte ordinairement tout l'hiver ſous cette forme , &
ne devient inſecte parfait que l'année d'après. Alors elle
déchire ſa coque , perce la terre qui la recouvre , & devenue inſecte parfait elle prend ſon eſſor. Sous cette derniere forme la mouche-à-ſcie a quelque reſſemblance avec
une guêpe , mais elle eſt lourde & peſante , & elle ſe laiſſe
prendre aiſément. Ses antennes ſont plus ou moins longues , & compoſées de pluſieurs articles dont le nombre
varie ; dans les unes on en compte ſeulement neuf, dans
d'autres onze , dans quelques-unes dix-huit. C'eſt d'après
ce nombre différent de piéces qui compoſent les antennes
des mouches-à-ſcie, que nous avons cru pouvoir diviſer ce
genre en trois familles. Une choſe que je n'ai pû ſuivre &
qui demanderoit à être examinée , ce ſeroit d'obſerver ſi
le nombre des articles des antennes des mouches-à-ſcie ,
ne répondroit pas au nombre des pattes de leurs larves :
par exemple , ſi toutes les larves à dix-huit pattes ne don-
neroient pas des inſectes parfaits dont les antennes auroient toutes neuf piéces ; ſi celles à vingt-deux pattes ne
ſeroient pas celles des mouches-à-ſcie à antennes de dix-
huit piéces. Je ſuis fort porté à croire que cela doit être.

Les aîles des mouches à-ſcie ſont au nombre de quatre , deux ſupérieures plus longues & deux inférieures plus
courtes. Leur ventre eſt de la même groſſeur par-tout ,
tant à la baſe qu'en bas , & paroît ne faire qu'une même
ſuite avec le corcelet. C'eſt à l'extrémité du ventre que
ſe trouve l'aiguillon , fait en forme de ſcie , comme nous
l'avons déja dit , mais il faut preſſer un peu le ventre
pour le faire paroître, encore ne ſe trouve-t-il que dans

les femelles. Cet instrument qu'elles ont seules paroît leur avoir été donné pour servir à déposer leurs œufs. Elles font avec cet aiguillon des entailles, soit dans les feuilles, soit dans les tiges des arbres & des plantes, & c'est dans ces entailles qu'elles logent & déposent leurs œufs.

Beaucoup de mouches-à-scie ont une couleur terne, brune, ou noirâtre ; quelques-unes en ont de plus vives & de plus marquées, & il y en a que leur couleur jaune feroit d'abord prendre pour des guêpes, si on n'y regardoit de près. Mais ces insectes ne font ni si vifs, ni si malfaisans que les guêpes ; ils se laissent prendre aisément, ne font aucun mal avec leur aiguillon & ne paroissent pas même vouloir s'en servir pour se défendre.

PREMIERE FAMILLE.

1. **TENTHREDO** *viridis, capite thoraceque supra caracteribus nigris.*

La lettre hébraïque verte.
Longueur 5 lignes. Largeur 1 ½ ligne.

Cette mouche-à-scie est toute verte en-dessous. Ses antennes & ses yeux font noirs. Sur sa tête, entre ses yeux, il y a deux cercles noirs adossés & qui se touchent, sur lesquels sont placés les trois petits yeux lisses de pareille couleur. Le corcelet a dans son milieu en-dessus une ligne noire longitudinale irréguliere, & deux raies obliques de même couleur de chaque côté. Le dessus du ventre a une bande noire longitudinale qui regne tout du long dans son milieu. Les pattes ont quelques filets noirs & les bords des anneaux des tarses font teints de cette même couleur. Les aîles qui font transparentes ont des veines noires, & leur bord extérieur plus épais que le reste de l'aîle est vert. Cette belle mouche-à-scie n'est pas des plus communes, elle se trouve sur les fleurs.

N.B. Il y en a une variété dont le ventre est tout noir

en-deſſus , & dans laquelle les taches noires de la tête & du corcelet ſon plus grandes. Ses pattes ſont auſſi preſque toutes noires & très-peu panachées de vert. Elle eſt un peu plus petite.

2. TENTHREDO *crocea, antennis oculiſque nigris.*

La mouche-à-ſcie ſafrannée.
Longueur 3 ⅓ *lignes. Largeur* 1 ½ *ligne.*

Ses antennes & ſes yeux ſont noirs , le reſte de ſon corps eſt ſafranné ; il y a ſeulement au bout du corcelet une raie noire tranſverſe , ſur laquelle ſont deux points jaunes oblongs placés l'un à côté de l'autre. Les aîles ſont brunes avec un point marginal jaune , & l'aiguillon eſt noir.

3. TENTHREDO *crocea, capite, pedibus, thoraciſque apice nigris.*

La mouche-à-ſcie ſafrannée à tête noire.
Longueur 4 *lignes. Largeur* 1 *ligne.*

Ses antennes , ſa tête & ſes pattes ſont noires. L'extrémité de ſon corcelet a auſſi une tache aſſez conſidérable de même couleur, tout le reſte eſt de couleur de ſafran. Les aîles ſont noirâtres avec leur bord extérieur épais & noir.

4. TENTHREDO *crocea, capite thorace ſupra , alarumque margine exteriore nigris.*

Reaum. inſ. tom. 5 , *tab.* 14 , *f.* 10 , 11 , 12.
Linn. faun. ſuec. n. 929. Tenthredo antennis ſeptinodiis, corpore flavo, macula alarum longitudinali ſternique nigra.
Linn. ſyſt. nat. edit. 10 , *p.* 557 , *n.* 21. Tenthredo roſæ.
Act. Upſ. 1736 , *p.* 29 , *n.* 14. Ichneumon alis planis luteis, margine exteriore nigris, collari nigro.
Roſel. inſ. vol. 2 , *tab.* 2. Bombyl. & veſp.

La mouche à ſcie du roſier.
Longueur 4 *lignes. Largeur* 1 ⅓ *ligne.*

Sa tête eſt noire ainſi que ſes antennes : ſon corcelet eſt de même couleur à l'exception d'une tache jaune de chaque

que côté au deſſus de l'attache des aîles. Son ventre &
ſes pattes ſont d'un jaune couleur de ſafran, mais les anneaux des tarſes ſont bordés de noir ; ſes aîles ſont auſſi
jaunâtres avec le bord extérieur noir. On en trouve dont
le deſſus du corcelet n'eſt pas noir entiérement, mais qui
ont au haut & au bas des taches ſafrannées faites en loſan-
ge & qui ſe touchent par leurs pointes dans le milieu du
corcelet ; celles-là ſont les femelles dans leſquelles on voit
diſtinctement la petite ſcie de l'aiguillon. Elles ont encore
une autre différence, c'eſt que dans ces femelles les anneaux des antennes ſont très-diſtincts, au lieu que dans les
autres il n'y a que les deux premiers anneaux les plus proches de la tête qu'on puiſſe diſtinguer, & tout le reſte de
l'antenne ſemble n'être compoſé que d'un ſeul anneau
très-long.

C'eſt ſur le roſier que vient la larve de cette mouche-
à-ſcie qui dépoſe ſes œufs ſous l'écorce de cet arbriſſeau.
La larve en ronge les feuilles, & lorſqu'elle veut ſe métamorphoſer elle s'enfonce en terre & y file une coque brune, d'où ſort enſuite l'inſecte parfait.

N. B. On en trouve une variété toute ſemblable, mais
plus petite de moitié.

5. TENTHREDO *nigro-cœruleſcens, pedibus tibiis*
aliſque exterioribus croceis, macula marginali fuſca.

Le mouche-à-ſcie noire à aîles jaunes.
Longueur 4 lignes. Largeur 1 ⅓ ligne.

Sa tête, ſon corcelet & ſon ventre ſont d'un noir bleuâtre & luiſant. Ses aîles ſupérieures ſont d'un jaune ſafranné, ſur-tout au bord extérieur ; & au milieu près du même bord elles ont une grande tache brune. Quant aux pattes leurs cuiſſes ſont de la même couleur que le corps,
mais les jambes ſont jaunes & les pieds noirs.

6. TENTHREDO *nigra, thorace maculis flavis,*
abdomine luteo baſi & apice nigro, pedibus variegatis.

Tome II.   M m

La mouche-à-ſcie noire, à ventre jaune noir en haut & en bas.
Longueur 5 lignes. Largeur 1 ½ ligne.

Sa tête & ſes antennes ſont noires, il n'y a que les lévres & les machoires qui ſoient jaunes. Le corcelet eſt noir avec une raie jaune devant l'attache de chaque aîle, & un triangle vers la pointe formé de trois points jaunes, dont le ſupérieur eſt le plus grand. Le ventre eſt jaune mais couvert d'un peu de noir à la baſe & à la pointe, ſavoir en haut le premier anneau & une partie du ſecond, & en bas les deux derniers anneaux. Quant aux pattes, leurs cuiſſes ſont noires, & les jambes & les pieds ſont jaunes variés d'un peu de noir. Les aîles ont leur bord extérieur & le point marginal noir.

7. **T E N T H R E D O** *nigra, thoracis apice flavo, ſeg-mentis abdominalibus quarto & quinto luteis.*

La mouche à-ſcie à une bande jaune.
Longueur 5 ½ lignes. Largeur 1 ½ ligne.

Ses antennes ſont noires. Sa tête eſt de la même couleur, mais la lévre ſupérieure & les machoires ſont jaunes. Le corcelet pareillement noir a deux petites raies jaunes, une de chaque côté devant l'attache des aîles, & une tache de même couleur à ſa pointe. Le quatriéme & le cinquiéme anneau du ventre ſont jaunes, les autres ſont noirs, ce qui forme une bande jaune aſſez large ſur le ventre; les pattes ſont auſſi jaunes à l'exception des cuiſſes qui ſont noires. Les aîles ſont un peu brunes avec le point marginal oblong & noir.

8. **T E N T H R E D O** *nigro-cœrulea, alis pedibuſque flavis, ſegmentis abdominalibus primo & ultimo macu-la lutea.*

La mouche-à-ſcie noire, marquée de jaune ſur le premier & dernier anneau du ventre.
Longueur 4 lignes. Largeur 1 ligne.

Ses antennes font noires, tout le corps eft d'un noir bleuâtre; il n'y a que le premier & le dernier anneau du ventre qui ont chacun une tache jaune dans leur milieu en-deffus. Les pattes & les aîles fupérieures font d'un jaune un peu fauve. Celle que je décris eft un mâle, je n'ai point trouvé fa femelle.

9. TENTHREDO *nigra, fegmentis abdominalibus primo & quinto luteis.*

La mouche-à-fcie à deux bandes jaunes.
Longueur 4 lignes. Largeur 1 ligne.

Sa tête eft noire avec la lévre fupérieure & la bafe des antennes jaunes. Sur fon corcelet il y a une petite raie jaune de chaque côté devant l'attache des aîles. Le ventre eft noir, mais le cinquiéme anneau, & le bord du premier font jaunes, ce qui forme deux bandes jaunes fur le ventre. Ses pattes font toutes jaunes, à l'exception des genoux & des pieds de celles de derriere qui font noirs. Enfin le deffous du ventre eft jaune, & le bord extérieur des aîles de deffus eft noir. On trouve en grande quantité cette mouche-à-fcie fur les plantes ombelliferes.

10. TENTHREDO *nigra, pedibus abdominifque fegmentis primo, quinto, fexto & ultimo margine flavis.*

La mouche-à-fcie à trois bandes jaunes.
Longueur 4 ⅔ lignes. Largeur 1 ligne.

Celle-ci approche beaucoup de la précédente. Elle eft noire & n'a de jaune que les parties fuivantes, favoir la lévre fupérieure, une raie de chaque côté du corcelet devant l'attache des aîles, les bords du premier, du cinquiéme, du fixiéme & du dernier anneau du ventre, & les pattes; encore les genoux & les tarfes des pattes poftérieures font-ils noirs. Les aîles font brunes avec la tache marginale du bord extérieur bien marquée.

11. **TENTHREDO** *nigra , segmentorum abdominalium marginibus , excepto secundo , tertio & sexto flavis ; pedibus ferrugineis.* Planch. 14 , fig. 5.

Linn. *syst. nat. edit.* 10 , p. 556 , *n.* 11. Tenthredo antennis subclavatis , abdomine nigro , cingulis quatuor flavis.

La mouche-à-scie à quatre bandes jaunes.
Longueur 5 ½ lignes.   Largeur 1 ½ ligne.

Ses antennes sont noires , avec un peu de couleur fauve à leur base ; la tête & tout le reste du corps est noir , seulement la levre supérieure est jaune : il y a deux petites raies de même couleur sur le corcelet , une de chaque côté devant l'attache de l'aîle , outre une tache jaune encore plus grande sur le côté & en-dessous ; la pointe du corcelet a aussi un peu de jaune. Le bord du premier anneau du ventre , celui du quatriéme , du cinquiéme & des derniers en commençant par le septiéme sont de la même couleur ; les autres , savoir le second , le troisiéme & le sixiéme sont tout noirs. Les aîles sont brunes sur-tout vers le bord extérieur. Les pattes sont de couleur fauve brune , avec un peu de noir sur les cuisses. C'est sur le saule que vient cette espéce de mouche-à-scie.

12. **TENTHREDO** *nigra , pedibus segmentorumque abdominalium marginibus , excepto secundo , tertio , & quinto , flavis.*

La mouche à-scie à deux bandes noires sur le ventre.
Longueur 5 lignes.   Largeur 1 ½ ligne.

Ses antennes sont noires , seulement les deux anneaux de la base sont jaunes. Sa tête est noire & sa levre supérieure jaune. Son corcelet est noir , avec une tache jaune assez grande de chaque côté devant l'attache des aîles , faite en forme d'épaulette. Il y a aussi à la pointe du corcelet une tache jaune , mais qui n'est pas absolument constante. Le ventre est noir , avec les bords des anneaux jaunes , à l'exception cependant du second , du troisiéme

& du cinquiéme anneau qui font tout noirs ; ce qui forme deux bandes noires fur le ventre , dont la fupérieure eft plus large. Les pattes font jaunes, avec les tarfes noirs , & la partie inférieure des cuiffes de la même couleur. Les aîles font un peu brunes , & leur bord extérieur eft plus épais & de couleur fauve. Cette efpéce a beaucoup de reffemblance avec la *mouche-à-fcie à deux bandes jaunes.*

13. TENTHREDO *nigra , fegmentorum abdomina-*
lium marginibus , excepto fecundo & tertio flavis. Linn.
faun fuec. n. 935.

Linn. *fyft. nat. edit.* 10 , *p.* 556 , *n.* 12. Tenthredo antennis feptemnodiis luteis , abdomine cingulis quinque flavis, primo remotiore.
Reaum. *inf.* 5 , *t.* 13 , *fig.* 12 — 23.
Blackwell. *herb. t.* 87 , *f.* 10.

La mouche-à-fcie de la fcrofulaire.
Longueur 5 *lignes. Largeur* 1 *ligne.*

M. Linnæus a fait une defcription très-exacte de cette efpéce , que je ne ferai prefque que copier. Le noir eft la couleur qui domine dans cette mouche-à-fcie, mais fur la tête la levre fupérieure eft jaune , & il y a une petite raie de même couleur fous les yeux. Les antennes font de couleur fauve. Le corcelet a vers fa bafe deux raies pareillement jaunes qui vont fe terminer aux aîles. De plus , il y a à la même bafe une tache jaune de chaque côté , & une autre plus bas fous l'infertion de l'aîle : enfin en-deffous , il y en a une troifiéme de même couleur , à l'endroit d'où les pattes poftérieures prennent naiffance. Le corcelet fe termine par deux petites taches jaunes l'une au-deffus de l'autre. Le bord de tous les anneaux du ventre eft jaune, à l'exception du fecond & du troifiéme anneau , enforte qu'il y a une grande diftance noire entre la premiere bande jaune & les autres. Quelquefois cependant ces deux anneaux ont un peu de jaune à leur bord , au moins fur les côtés. Les jambes & les pieds font fauves. Les aîles font prefque de la même couleur , fur-tout au bord extérieur ,

dont le point marginal eſt de couleur de rouille. Cet inſecte reſſemble beaucoup à une guêpe & on s'y trompe preſque toujours au premier coup d'œil.

La larve qui le produit eſt une fauſſe chenille à vingt-
deux pattes ; ſavoir, ſix écailleuſes & ſeize membraneuſes.
Elle eſt groſſe, ſa tête eſt noire, & le reſte de ſon corps eſt
blanc, mais parſemé de points noirs. Elle vient abondam-
ment ſur la ſcrofulaire qu'elle ronge & dépouille de ſes
feuilles..Lorſqu'elle eſt parvenue à ſa groſſeur, elle s'enfonce en terre au pied de la plante & elle reſte ainſi en coque ſous terre pendant tout l'hiver, juſques vers le mois
de juin de l'année ſuivante.

14. TENTHREDO *nigra, ſegmentorum abdominalium marginibus omnibus flavis.*

La mouche-à-ſcie à ventre rayé.
Longueur 4 *lignes.*   Largeur ¾ *ligne.*

Le noir domine dans cette eſpéce comme dans la précédente : elle en différe en ce que ſa tête eſt toute noire,
ainſi que ſes antennes, qui ont ſeulement un peu de jaune
aux deux premiers anneaux de leur baſe. Cette tête, vûe à
la loupe, paroît un peu chagrinée. Le corcelet pareillement
noir, a ſeulement un peu de jaune à l'attache des aîles, &
deux points jaunes très-petits l'un à côté de l'autre vers ſa
pointe. Tous les anneaux du ventre, excepté le premier
ſeulement,ſont bordés d'un jaune un peu fauve. Les pattes
ſont de la même couleur, ſeulement la baſe des cuiſſes eſt
un peu noire. Les aîles ſont diaphanes, avec des nervures
& un point marginal bien marqué de couleur noirâtre.

15. TENTHREDO *nigra, thoracis apice maculis
albis, pedibus anticis abdominiſque poſtica parte ferrugineis.*

La mouche-à-ſcie porte-cœur.
Longueur 5 ½ *lignes.*   Largeur 1 *ligne.*

Ses antennes auſſi longues que ſon corcelet, ſont noi-

res, aiufi que la tête , dont fa levre fupérieure eft jaune.
Le corcelet eft pareillement noir , avec quelques taches
blanches vers fa pointe ; favoir, une fupérieure plus grande , & quatre autres plus petites rangées en croix &
placées plus bas. Les trois premiers anneaux du ventre
font noirs , le refte eft de couleur fauve. Les quatre pattes
antérieures font pareillement fauves mêlées d'un peu de
noir , & les deux poftérieures font toutes noires. Les aîles
diaphanes ont leur bord extérieur épais & brun , avec
un point bien marqué dans le milieu de ce bord.

N. B. Cette efpéce varie beaucoup ; il y en a qui ont
tout le ventre , les fix pattes & les antennes de couleur
fauve ; d'autres ont leurs fix pattes fauves & les antennes
noires ; d'autres enfin ont le ventre noir en-haut & les fix
pattes fauves.

16. TENTHREDO *nigra , thoracis apice maculis
albis , pedibus anticis , abdominifque medio ferrugineis.*

La mouche-à-fcie à deux taches blanches au corcelet.
Longueur 4 lignes. Largeur ¼ ligne.

Ses antennes & fa tête font toutes noires ; fon corcelet
eft de la même couleur , avec un point fauve de chaque
côté à l'attache des aîles , & deux taches blanches pofées
à côté l'une de l'autre à la pointe de ce même corcelet. Le
premier anneau du ventre eft noir , les quatre fuivans font
de couleur fauve & les derniers font tout noirs. Les deux
pattes de devant font fauves & les autres noires. Les aîles
tranfparentes ont des nervures bien marquées , avec le
point marginal & le bord extérieur noirs.

17. TENTHREDO *nigra , thoracis apice macula
flava , fegmentis abdominalibus utrimque maculis luteis.*

La mouche-à-fcie noire à ventre bordé de taches jaunes.
Longueur 4 lignes. Largeur 1 ligne.

Sa tête & fes antennes font noires. Son corcelet eft de

même couleur, avec une tache jaune à sa pointe, & deux
autres taches sur les côtés, une devant l'attache de chaque aîle. Le ventre est aussi noir, mais sur les côtés il y a
deux rangs de taches jaunes, une aux côtés de chaque anneau. Les deux derniers anneaux ont de plus un peu de
jaune à leurs bords. Les pattes sont rayées de noir & de
jaune & les cuisses postérieures sont rougeâtres.

18. TENTHREDO *nigra , thoracis maculis tribus*
abdominisque apice flavis , pedibus flavo nigroque variis.

La mouche-à-scie noire à pattes & corcelet variés de jaune.
Longueur 4 ½ lignes. Largeur 1 ligne.

Ses antennes & sa tête sont noires, avec la levre supérieure jaune. Le corcelet est pareillement noir & a en-dessus trois grandes taches jaunes ; savoir, une de chaque
côté devant l'attache des aîles & une troisiéme à la pointe.
Le ventre est tout noir, avec un peu de jaune aux derniers
anneaux , sur-tout en-dessous. Les pattes sont noires & ont
un peu de jaune à leur base & la plus grande partie de la
jambe jaune.

19. TENTHREDO *nigra , thoracis abdominisque*
apice maculis flavis , abdominis medio fulvo , pedibus
rubris.

La mouche - à - scie noire à pattes rouges & bande du ventre
fauve.
Longueur 4 ½ lignes. Largeur 1 ligne.

Cette espéce ressemble beaucoup à la précédente. Sa
tête , ses antennes & son corcelet sont semblables , seulement au corcelet , au lieu de taches devant les attaches
des aîles , il n'y a que deux petites raies jaunes. Le ventre
est noir , avec quelques taches jaunes sur les trois derniers
anneaux. Mais cette espéce différe principalement de la
précédente ; 1°. parce que le troisiéme & le quatriéme
anneau du ventre sont de couleur fauve , ce qui forme une
bande

bande large ; 2°. en ce que les pattes font rouges , avec du jaune à leur bafe , quelque peu de noir au haut des jambes poftérieures & les tarfes poftérieurs noirs. Celle que je viens de décrire eft une femelle. Elle pourroit bien être la femelle de la précédente qui eft un mâle.

20. T E N T H R E D O *flava , capite thoraceque fupra nigro.*

Linn. faun. fuec. n. 933. Tenthredo falicina , larvæ cœruleo - viridis , pectore caudaque fulva.
Frifch. germ 6 , *p. 9 , t.* 4. Ichneumon flavus , larvæ viridis nigro punctatæ.
Goed. belg. 1 , *p.* 65 , *t.* 18. *& gall. tom.* 2, *tab. xix.*
Lift. Goed. 125 , *t.* 49.
Albin. inf. t. 5 , *f.* g. h.
Reaum. inf. tom. 1, *t.* 1 , *f.* 18, Larva. *& tom.* 5 , *t.* 11 , *f.* 10.

La bedeaude du faule.
Longueur 4 lignes. *Largeur* 1 ½ ligne.

Tout le deffous de fon corps eft jaune , ainfi que fes pattes. Le deffus du ventre & le devant de la tête font de la même couleur , mais le deffus de la tête eft noir. Le corcelet eft auffi noir en deffus , à l'exception du devant où il y a fur les côtés du jaune qui forme des efpéces d'épaulettes. Les aîles ont leur bord extérieur épais & noir , quoique M. de Reaumur dife le contraire.

La larve ou fauffe chenille qui produit cet infecte , habite fur le faule. Elle eft très-belle & la bigarrure de fes couleurs lui a fait donner le nom de *bedeaude* Sa tête eft noire & liffe. Le devant de fon corps , c'eft-à-dire , les trois premiers anneaux font de couleur fauve , ainfi que les trois anneaux poftérieurs. Tout le milieu eft d'un bleu fort beau tirant fur le vert. Le corps , tant fur la portion bleue que fur les endroits fauves , a neuf rangs longitudinaux de points noirs. Cet animal a vingt pattes , fix écailleufes en-devant & quatorze membraneufes.

21. T E N T H R E D O *capite thoraceque nigro caracteribus flavis , pedibus abdomineque ferrugineis.*

Tome *II.* Nn

La mouche-à-scie à ventre & pattes fauves & corcelet panaché.
Longueur 5 ½ lignes. Largeur 1 ⅓ ligne.

Cette efpéce varie finguliérement fuivant le fexe. Dans les mâles les antennes font fauves , dans les femelles elles font noires : dans celles - ci la tête eft noire , avec la levre fupérieure jaune , dans les mâles , outre la levre tout le tour des yeux eft jaune. Dans les deux fexes le corcelet eft noir , avec quelques points jaunes vers l'extrémité , mais dans les mâles il y a de plus quelques taches jaunes différemment figurées fur le devant. Le ventre dans les uns & les autres eft fauve , mais les premiers anneaux font noirs dans les femelles. Les pattes dans tous font de la même couleur que le ventre. Le deffous du corcelet eft jaune dans les mâles & noir dans les femelles. Les aîles font affez tranfparentes , avec des nervures & un point marginal noir.

22. TENTHREDO *nigra , antennarum apice albo , abdominis bafi macula utrinque alba , apice fulvo.*

La mouche-à-fcie à antennes blanches au bout.
Longueur 6 lignes. Largeur 1 ligne.

Ses antennes font noires , mais leurs trois derniers anneaux du bout font blancs. Sa tête eft noire , à l'exception de la levre fupérieure & des machoires qui font blanches. Le corcelet eft tout noir : le ventre eft de la même couleur , mais à fa bafe il y a de chaque côté une affez grande tache blanche. Les quatre ou cinq derniers anneaux du ventre font fauves & les pattes font brunes.

23. TENTHREDO *nigra , pedibus albo variegatis.*

La mouche-à-fcie noire à pattes argentées.
Longueur 4 lignes. Largeur 1 ligne.

Ses antennes & fa tête font noires , avec la levre fupérieure blanche. Sur fon corcelet il y a deux petites raies

blanches , obliques devant l'attache des aîles. Le premier
anneau du ventre eft auſſi bordé d'un peu de blanc , & les
pattes font entrecoupées de blanc & de noir. Quelquefois
le deſſous du ventre a deux bandes longitudinales de taches blanches , mais qui ne font pas conftantes.

24. TENTHREDO *nigra , femoribus maculis albis ,
abdominis medio ferrugineo.*

*La mouche-à-fcie à pattes argentées & milieu du ventre
fauve.*

Longueur 5 lignes. Largeur 1 ¼ ligne.

Sa tête , fes antennes & fon corcelet font tout noirs , le
ventre eft de la même couleur , mais fon milieu eft d'un
fauve rougeâtre , plus néanmoins dans les femelles que
que dans les mâles ; dans ceux-ci il n'y a que le troifiéme
anneau qui foit de cette couleur , avec une partie du fecond & du quatriéme , encore le troifiéme a-t-il une petite
tache noire. Dans les femelles au contraire , le fecond , le
troifiéme , le quatriéme & une grande partie du cinquiéme
anneau font de cette couleur fauve. Les pattes font noires,
avec un peu de blanc , mais différemment placé fuivant le
fexe. Dans les mâles & les femelles , les pattes poftérieures font toutes noires & ont feulement une grande tache
blanche vers l'origine de la cuiſſe. Les pattes antérieures
ont pareillement des lignes blanches en-deſſus , mais dans
les mâles les tarfes des quatre pattes antérieures font
blancs , & noirs au contraire dans les femelles. Dans
celles-ci les pattes du milieu font toutes noires , dans les
mâles elles ont en-deſſus des lignes blanches comme
les pattes antérieures. Les aîles dans les deux fexes font
brunes , avec le bord extérieur & le point marginal noirs.

N.B. On en trouve une variété qui eft plus grande &
dans laquelle les taches blanches des cuiſſes poftérieures
manquent totalement.

25. TENTHREDO *nigra , pedibus ferrugineis.*

Linn. syft. nat. edit. 10 , *p.* 557 , *n.* 19. Tenthredo antennis feptemnodiis , corpore atro , pedibus rubris.

La mouche-à-fcie noire à pattes fauves.
Longueur 5 *lignes.   Largeur* 1 *ligne.*

Elle eft toute noire , à l'exception de fa levre fupérieure qui eft jaune, des attaches des aîles qui font un peu fauves & des pattes qui font auffi de la même couleur , fi ce n'eft que leurs tarfes poftérieurs font noirs. Le point marginal des aîles eft noir & allongé.

26. TENTHREDO *nigra , pedibus flavis , abdominis medio ferrugineo.*

La mouche à-fcie noire à pattes jaunes & milieu du ventre fauve.
Longueur 4 ½ *lignes.   Largeur* 1 *ligne.*

Ses antennes font noires , avec les deux premiers anneaux de leur bafe jaunes. Sa tête eft noire & la levre fupérieure jaune. Les pattes font auffi jaunes , feulement les tarfes ont un peu de noir au bout. Le corcelet qui eft noir a une petite raie jaune de chaque côté devant l'attache des aîles. Le ventre eft noir , avec un peu de jaune au premier anneau & quelques taches de même couleur aux deux derniers. Le troifiéme , le quatriéme & le cinquiéme anneau font de couleur fauve , tout le refte eft noir. Le point marginal des aîles fupérieures eft d'un jaune un peu brun.

27. TENTHREDO *nigra , pedibus abdominifque medio ferrugineis.*

La mouche-à-fcie noire à pattes & milieu du ventre fauves.
Longueur 3 *lignes.   Largeur* ⅓ *ligne.*

Cette efpéce plus petite que les précédentes eft noire , & fes pattes font fauves , fi cependant on en excepte les tarfes qui font noirâtres. Le milieu du ventre ; favoir, le troifiéme , le quatriéme & le cinquiéme anneau eft auffi fauve ; du moins dans les femelles , telles que font celles que j'ai. Les ailes font un peu brunes, avec leur bord extérieur & le point marginal noir.

28. TENTHREDO *nigra, pedibus quatuor anticis flavis, femoribus posticis abdominisque medio ferrugineis.*

La mouche-à-scie noire, à pattes de devant jaunes & milieu du ventre fauve.
Longueur 4 lignes. Largeur ¾ ligne.

Elle est toute noire, à l'exception de sa levre supérieure & des quatre pattes antérieures qui font d'un jaune citron. Ses cuisses postérieures, ainsi que le milieu de son ventre ; savoir, le troisiéme, le quatriéme & le cinquiéme anneau font aussi d'une couleur fauve rougeâtre ; tout le reste est noir.

29. TENTHREDO *nigra, abdominis medio ferrugineo.*

La mouche-à-scie noire, avec le milieu du ventre fauve.
Longueur 5 lignes. Largeur 1 ⅓ ligne.

Cette espéce est toute noire, il n'y a que le second, le troisiéme, le quatriéme & le cinquiéme anneau de son ventre qui soient fauves.

30. TENTHREDO *tota nigro-cœrulea, alis nigricantibus, margine exteriore nigro.*

La mouche à-scie noire bleuâtre.
Longueur 3 lignes. Largeur 1 ligne.

Elle est par-tout d'un noir bleuâtre sans mélange d'aucune autre couleur. Ses aîles font noirâtres, avec leur bord extérieur épais & noir de même que le point marginal qui est allongé.

31. TENTHREDO *nigra, geniculis ferrugineis.*

La mouche à scie noire à genoux fauves.
Longueur 4 lignes. Largeur 1 ¼ ligne.

Cette mouche-à-scie est toute noire, il n'y a que l'articulation des cuisses avec les jambes qui soit d'un jaune fauve dans toutes les pattes.

32. TENTHREDO *nigra, pedibus flavis.*

Linn. syst. nat. edit. 10 , *p.* 557 , *n.* 14. Tenthredo antennis septemnodiis, corpore nigro, pedibus luteis.
Reaum. ins. 5 , *t.* 12 , *f.* 1 — 5.

La mouche-à-scie noire à pattes jaunes.
Longueur 2 ½ *lignes. Largeur* ⅔ *ligne.*

Cette espéce est toute noire, ses pattes seules sont jaunes, quelquefois même les quatre postérieures sont noires. Les aîles sont brunes, avec le bord extérieur & le point marginal noir.

Cet insecte vient d'une fausse chenille que l'on trouve sur l'orme.

N. B. J'en ai une variété toute semblable, mais plus petite d'un bon tiers. Celle-ci m'est venue d'une coque que j'ai trouvée dans du bois de saule pourri.

33. TENTHREDO *nigra , antennis uno versu pectinatis , tibiis tarsisque flavis.*

La mouche-à-scie noire à antennes pectinées.
Longueur 2 ½ *lignes. Largeur* ⅓ *ligne.*

Ses antennes sont singulieres. Les deux premiers articles proche la tête sont plus gros & plus courts, comme dans les autres espéces de ce genre ; le troisiéme a une petite pointe en-dedans & une longue blanche en-dehors ; les trois suivans ont de pareilles appendices en-dehors, mais qui diminuent de longueur à mesure que ces anneaux sont plus éloignés de la tête ; enfin dans les trois derniers anneaux l'appendice n'est pas sensible. Ces antennes sont velues , mais pour s'en appercevoir il faut les regarder à la loupe. Tout l'insecte est noir, il n'y a que ses jambes & ses tarses qui soient jaunes. Celui que je décris est un mâle.

Seconde Famille.

34. TENTHREDO *nigra , thorace rubro.*

La mouche-à-scie noire à corcelet rouge.
Longueur 2 ½ lignes.   Largeur ¼ ligne.

Tout son corps & même ses aîles sont noires ; son corcelet seul est d'un beau rouge & les genoux des pattes sont un peu pâles. On trouve cette espéce dès le printems.

35. TENTHREDO *nigra ; pedibus, lateribus thoracis abdominifque viridefcentibus.*

La mouche-à-scie noire à ventre bordé de vert.
Longueur 3 ½ lignes.   Largeur 1 ½ ligne.

Ses antennes sont jaunâtres. Sa tête est noire , avec la levre supérieure & le tour des yeux verdâtre. Les pattes sont aussi d'un jaune vert. Le corcelet & le ventre sont noirs , mais bordés sur les côtés de la même couleur verte. Ses aîles sont brunes , veinées sans point marginal , & sans que le bord extérieur soit plus épais que le reste , ce qui est rare dans ce genre.

Troisiéme Famille.

36. TENTHREDO *nigra , pedibus ferrugineis , tibiis posticis albo nigroque annulatis.*

Linn. faun. fuec. n. 937. Tenthredo antennis octodecim-nodiis , pedibus ferrugineis , posticis albo nigroque annulatis.
Linn. syst. nat. edit. 10 , p 558 , n. 30. Tenthredo cynofbati.

La mouche à scie à jambes variées.
Longueur 2 ½ lignes.   Largeur ⅓ ligne.

Ses antennes sont noires & de la longueur des deux tiers du corps. Sa tête est aussi noire de même que le corcelet , mais sur celui-ci il y a deux petits points jaunes aux attaches des aîles , un de chaque côté & une tache jaune à la pointe du corcelet. Le ventre est noir & étroit pour une espéce de ce genre , ce qui la fait un peu ressembler à

un ichneumon , quoique le ventre ne foit point attaché
au corcelet par un filet comme dans les ichneumons. Les
pattes font toutes fauves , il n'y a que les jambes de celles
de derriere qui font blanches dans leur milieu & noires au
haut & au bas.

37. **TENTHREDO** *nigra , puncto thoracis luteo , pe-*
dibus abdominifque medio ferrugineis.

La mouche-à-fcie à point jaune au corcelet , & milieu du
ventre fauve.
Longueur 2 ½ lignes. Largeur ½ ligne.

Ses antennes font brunes & prefqu'auffi longues que fon
corps. Sa tête eft noire. Sur le corcelet qui eft pareillement noir , on voit deux lignes jaunes obliques , une de
chaque côté devant l'attache des aîles , & de plus un point
jaune qui termine le corcelet. Le premier anneau du ventre eft noir , les quatre fuivans font fauves , & les derniers
font noirs. Les pattes font de couleur fauve.

Je fuis fort porté à regarder cette efpéce comme fimple variété de la précédente , en ayant eu quelques individus , qui avoient les jambes poftérieures panachées de
blanc & de noir.

38. **TENTHREDO** *nigra , fegmentis abdominalibus*
margine flavis , antennis duas tertias corporis partes
æquantibus.

La mouche-à-fcie à longues antennes.
Longueur 4 lignes. Largeur ⅓ ligne.

Ses antennes font noires & fort longues , elles égalent
au moins les deux tiers de la longueur du corps. Sa tête
eft noire avec les machoires jaunes. Le corcelet pareillement noir , a une tache jaune triangulaire à la pointe. Les
anneaux du ventre font fort longs , noirs & bordés d'un
peu de jaune citron. La couleur des pattes varie. Tantôt
elles font toutes citron : dans d'autres les cuiffes font noi-

res

res & le reste est fauve : dans quelques-unes elles sont toutes brunes. Cet insecte est de forme allongée.

CYNIPS.

LE CINIPS.

Antennæ cylindraceæ fractæ.

Antennes cylindriques brisées.

Alæ inferiores breviores.

Ailes inférieures plus courtes.

Os maxillosum.

Bouche armée de machoires.

Aculeus ani conicus intra valvas abdominis.

Aiguillon conique entre deux lames du ventre.

Abdomen subovatum ad latera compressum, subtus acutum, petiolo thoraci connexum.

Ventre presqu'ovale, applati des côtés, aigu en dessous, attaché au corcelet par un pédicule court.

Ocelli tres.

Trois petits yeux lisses.

Familia. 1ª. Antennarum articulis undecim.

Famille 1°. A antennes composées de onze anneaux.

———— *2ª. Antennarum articulis septem.*

———— 2°. A antennes composées de sept anneaux.

———— *3ª. Antennarum articulis tredecim.*

———— 3°. A antennes composées de treize anneaux.

On voit par le caractere du cinips, qu'il différe de la mouche-à-scie par beaucoup d'endroits. Outre la grandeur différente de cet insecte, qui en général est beaucoup plus petit que la mouche-à-scie, il y a trois caracteres essentiels qui le font distinguer. Le premier consiste dans la forme singuliere des antennes du cinips, qui sont rondes, cylindriques, d'égale grosseur tout du long, mais brisées ou coudées dans leur milieu, où elles forment un angle plus ou moins aigu. De tous les genres de cette section, celui-ci est le seul qui porte des antennes précisément de cette forme. Celles de la guêpe, de l'abeille, de la

Tome II. O o

fourmi font à la vérité brifées ou coudées, mais leur ftructure eft différente , comme nous le verrons en parlant de
ces genres. Le fecond caractere effentiel du cinips dépend
de la ftructure de fon aiguillon. Cet aiguillon paroît fe terminer en pointe aigue, mais fi on le regarde à la loupe, on
voit qu'il n'eft pas auffi fimple qu'il le paroît d'abord : il eft
creufé comme une tariere , & de plus il eft garni de pointes fur les côtés , comme feroit un fer de flêche. Cette
ftructure de l'aiguillon qui reffemble à une tariere , a fait
donner par quelques Naturaliftes le nom de *mouches-à-ta-
riere* aux infectes de ce genre. Nous n'avons pas cependant
cru devoir conferver ce nom pour éviter la confufion qui
pourroit naître de la reffemblance des noms de ce genre &
des *mouches-à-fcie* qui compofent le genre précédent.
L'aiguillon des cinips eft encore remarquable par fa pofition, il n'eft pas précifément placé à l'extrémité du ventre,
comme dans plufieurs autres infectes , mais en-deffous
entre deux lames que forme le ventre de cet infecte ,
comme nous allons le voir , en parlant du troifiéme caractere effentiel de ce genre. Ce caractere dépend de la
forme du ventre des cinips. Leur ventre eft applati par les
côtés , & vû dans cette fituation, il paroît ovale. En-deffous il eft aigu, & c'eft dans cette efpéce de tranchant que
l'aiguillon fe trouve caché entre les deux lames , dont la
réunion forme la crête aigue du deffous du ventre. Par
la réunion des trois principaux caracteres que nous venons
de détailler , il eft très-aifé de diftinguer le cinips de tous
les autres genres de cette fection.

Les larves de ces infectes reffemblent à des vers blancs
qui ont la tête brune & écailleufe. Ces larves varient pour
le nombre des pattes. Toutes en ont fix écailleufes fur
le devant de leur corps , mais leurs autres pattes qui font
membraneufes , font tantôt au nombre de douze & tantôt
au nombre de quatorze ; du moins j'ai obfervé ces différens nombres fur différentes efpéces : peut-être y en a-t-il
qui ont jufqu'à feize pattes membraneufes outre les fix

écailleuses, c'est ce que je n'ai pas rencontré jusqu'ici. La
plûpart de ces larves ne sont pas aisées à découvrir, elles
sont cachées dans ces galles ou excroissances qui viennent
sur les feuilles & les tiges des arbres. La noix de galle sort
connue & si employée pour la composition de l'encre à
écrire, est une de ces excroissances formée par un insecte
du genre des cinips. Lorsque ces insectes veulent déposer
leurs œufs, ils se servent de leur tariere ou aiguillon pour
faire une entaille à quelque nervure de feuilles, ou même
aux jeunes tiges, & ils pondent dans cette entaille un
œuf, qui coulant le long de la rainure de la tariere, reste
dans la place qui lui est destinée par le moyen d'une espéce
de glu qui l'enduit. Les sucs de la plante ou de la feuille
s'épanchant par les vaisseaux qui se trouvent ouverts en cet
endroit, y forment une excroissance ou tubérosité dans laquelle l'œuf se trouve renfermé, & qui petit à petit acquiert du volume & de la consistance. Au bout de quelque
tems, lorsque la galle est déja grosse, la larve du cinips
venant à éclore, trouve de la nourriture à sa portée, elle
mange l'intérieur de la galle qui la renferme, & aggrandit
ainsi son logement à mesure qu'elle grossit. Si on ouvre les
galles dont le chêne, le saule & plusieurs arbres ou plantes
sont couverts en été, avant que les cinips se soient transformés & en soient sortis, on trouve dans leur cavité intérieure la larve du cinips qui ressemble à un petit ver blanc.
Comme cette cavité est ronde, la larve est ordinairement
courbée en-dedans & comme roulée en boule, ensorte
que sa tête est près de sa queue. Cette larve, dans une
situation aussi gênante, paroit ne devoir se remuer qu'avec
peine ; mais la nature a donné à plusieurs de ces larves
d'autres parties qui les aident à faire les mouvemens nécessaires. Ce sont des espéces de mammelons ou tubercules mols qu'elles ont sur le dos & qu'elles font sortir ou
rentrer à leur volonté. Par l'action & le jeu de ces mammelons, la larve peut se pousser, se tourner & se retourner
dans la cavité de la galle. La larve du cinips peut donc se

mouvoir, se nourrir & grossir dans la galle ; ce qu'il y a de singulier, c'est que quoiqu'elle mange, elle ne paroît pas rendre d'excrémens. Je n'en ai jamais trouvé dans l'intérieur de la galle, l'insecte est toujours seul & fort propre, soit que ses excrémens soient assez liquides pour s'imbiber dans la substance de la galle, soit qu'ils sortent de sa cavité par quelqu'ouverture qu'il n'est pas possible de découvrir.

Les galles que les cinips produisent sur les arbres & les plantes varient infiniment pour la forme. Les unes sont rondes comme des petites pommes, tantôt isolées, tantôt réunies plusieurs ensemble ; d'autres sont de figure irréguliere, allongées, molles, ou dures, quelques-unes sont hérissées de filets, ou de petites feuilles comme des espéces de fleurs. Il y en a d'autres applaties, unies ou frisées. Nous verrons ces différences dans le détail des espéces.

Lorsque la larve du cinips est parvenue à sa grosseur dans l'intérieur de la galle, elle emploie, suivant les différentes espéces, des manœuvres différentes pour se métamorphoser. Les unes, comme le cinips du saule, percent la galle, en sortent, se laissent tomber à terre & s'y enfoncent pour y filer une coque dans laquelle elles se changent en nymphes, comme nous avons vû que le font les mouches à-scie ; d'autres, comme je l'ai observé dans les cinips du chêne, ne quittent point leurs galles, mais elles y déposent leur peau & s'y changent en nymphes ; ce n'est que lorsqu'elles sont devenues insectes parfaits, qu'elles percent la galle & qu'elles en sortent sous la forme d'insectes aîlés. Dans ce dernier état, tous ces cinips cherchent à s'accoupler & ensuite déposent de nouveau leurs œufs dans des entailles qui produisent de nouvelles galles sur les arbres.

Telles sont les manœuvres qu'emploie le grand nombre des cinips. Mais toutes les espéces de ce genre ne viennent point dans des galles, il y en a qui ont une habitation différente. Au lieu des galles qui ne peuvent nuire qu'aux

arbres, elles dépofent leurs œufs dans le corps d'autres infectes, qui leur fervent aux mêmes ufages que les galles
ont fervi aux infectes dont nous venons de parler. On voit
quelquefois ces petits cinips voltiger fur les chenilles,
faire une légere entaille à leur peau & y dépofer leurs
œufs. D'autres font la même chofe fur les pucerons, fur les
chryfalides & fur les œufs des infectes. Il y a même quelque chofe de plus. Nous verrons par la fuite que plufieurs
petites efpéces d'ichneumons dépofent de même leurs
œufs dans le corps des pucerons, ou dans les œufs des
infectes, & que leurs petites larves fe nourriffent des fucs
des uns & des autres. Quelques cinips favent choifir ces
pucerons & ces œufs déja piqués par des ichneumons & y
dépofent auffi un œuf. La petite larve de l'ichneumon
éclôt la premiere & fe nourrit de la fubftance du puceron
ou de l'œuf. La larve du cinips qui fort peu après de fon
œuf tue à fon tour celle de l'ichneumon & s'en nourrit.
Beaucoup de cinips fortent ainfi de coques d'ichneumons
qu'ils ont fait périr, & qui eux-mêmes avoient tué d'autres infectes ou des chenilles. Les autres cinips qui ne
fe trouvent pas ainfi renfermés avec une larve d'ichneumon dévorent feulement l'infecte dans le corps duquel ils
ont été dépofés. C'eft pour eux une efpéce de galle dans
laquelle ils croiffent, fe métamorphofent en chryfalide,
& dont ils ne fortent que lorfqu'ils font devenus infectes
parfaits. D'autres au contraire ne s'y métamorphofent
point, mais lorfqu'ils ont acquis toute leur grandeur, ils
quittent les chenilles qu'ils ont tuées, ils en fortent & vont
fe ranger fous quelques feuilles, où ils fe changent en
chryfalides tout-à-fait femblables à celles dont nous allons
parler.

Enfin quelques cinips n'habitent ni galles ni infectes;
leurs larves fe tiennent feulement cachées fous les feuilles.
C'eft auffi dans ce même endroit qu'elles fe changent en
chryfalides. Ces chryfalides font moins molles que celles
des cinips précédens. Comme elles font à nud & expo-

fées à l'air , leur peau extérieure fe durcit , prend de la confiftance & une couleur brune , de façon cependant qu'en l'examinant de près , on y diftingue les différentes parties de l'infecte parfait qui en doit fortir. On trouve affez fouvent ces petites chryfalides attachées en-deſſous des feuilles par leur partie poſtérieure. Il y en a fréquemment pluſieurs rangées les unes auprès des autres.

On voit par ce détail , que tous les cinips n'habitent point dans des galles , comme l'ont cru quelques Naturaliſtes , & que ce prétendu caractere qu'ils ont voulu donner de ce genre n'eſt pas à beaucoup près conſtant. Le grand nombre à la vérité fe trouve dans des galles ; mais pluſieurs autres vivent dans le corps d'autres infectes , & quelques-uns font à nud.

Au reſte quelques différences qu'il y ait entre les habitions des larves de ces infectes , les cinips ou infectes parfaits qui en viennent , fe reſſemblent tous & font du même genre. Ces cinips en général font très-petits. Nous avons parlé au commencement de cet article de la forme de leurs antennes qui eſt conſtamment la même dans tous. Mais le nombre des articles ou des piéces qui compofent ces antennes , varie. Dans le plus grand nombre elles font compoſées de onze anneaux , pluſieurs n'en ont que fept , & quelques-uns en ont jufqu'à treize. Leurs machoires font dures , pofées latéralement des deux côtés de la bouche, & fe joignent en-devant. On apperçoit fur le derriere de leur tête les trois petits yeux liſſes. Le corcelet de ces infectes eſt ovale & donne naiſſance en-deſſus à leurs aîles qui font au nombre de quatre & en-deſſous à leurs fix pattes. Quant au ventre , nous avons parlé plus haut de fa figure , ainfi que de celle de l'aiguillon. Il ne nous reſte ici que deux chofes à remarquer fur ce dernier article. Dans la plûpart des cinips l'aiguillon eſt caché entiérement ou prefqu'entiérement entre le deux lames qui font au-deſſous du ventre. Il y en a cependant deux ou trois efpéces où l'aiguillon paroît au dehors & déborde plus ou moins le corps. Dans ces infectes cet aiguillon a deux efpéces de fourreaux ou demi-fourreaux auffi longs que lui, qui l'enveloppent l'un à droite l'autre à gauche. Lorfque ces fourreaux font féparés l'un de l'autre ainfi que de l'aiguillon, il femble que l'infecte ait trois aiguillons, mais il n'y a que celui du milieu qui foit le véritable aiguillon, les autres font des fourreaux mols & nullement aigus par le bout. Cette conformation reffemble beaucoup à celle des ichneumons, auxquels on pourroit rapporter ces efpéces de cinips, fi les autres caracteres ne les éloignoient de ce genre. Les autres cinips dont l'aiguillon ne paroît pas au dehors, doivent en certaines occafions le faire fortir pour le mettre en ufage. Auffi dans ces infectes l'aiguillon eft-il réellement beaucoup plus long que le corps, mais il y en a une partie qui fe replie & qui fe roule dans l'intérieur du ventre comme une efpéce de reffort. Lorfque ce reffort agit, l'extrémité de l'aiguillon eft alternativement pouffée & retirée affez vivement, & peut agir contre les corps qu'il faut percer.

La plûpart des efpéces que renferme ce genre font brillantes pour leurs couleurs, quelques-unes même ont un éclat très-vif, & femblent le difputer pour la beauté avec l'or & les émeraudes. Tels font les *cinips dorés*, le *porte-or* & plufieurs autres. D'autres efpéces dont les couleurs font plus obfcures, fe font remarquer par la propriété qu'elles ont de fauter prefqu'auffi vivement que les puces, ce qu'elles exécutent par le moyen de leurs cuiffes poftérieures qui font plus fortes & plus groffes que les autres. Enfin nous avons vû qu'il y avoit quelques cinips qui portoient une queue à trois pointes, ou un aiguillon accompagné de deux appendices à l'extrémité du ventre. Nous allons examiner à préfent toutes ces différences plus en détail.

Premiere Famille.

1. CYNIPS *thorace viridi-æneo, abdomine aureo, ſetis
ani corpore longioribus.*

Linn. faun. ſuec. n. 939. Tenthredo thorace vlridi æneo, abdomine aureo.
Linn. ſyſt. nat. edit. 10, *p.* 567, *n.* 57. Ichneumon auratus, thorace viridi,
abdomine aureo.
Act. nat. curioſ. ann. 12, *obſ.* 10.

Le cinips doré à queue, du bedeguar liſſe.
Longueur 1 ¼ *ligne.*

Ses antennes ſont noires, groſſes, cylindriques, plus
longues de moitié que ſa tête. Ses yeux ſont bruns. La
tête, le corcelet, le ventre & les cuiſſes poſtérieures ſont
d'un vert doré, plus brillant ſur le ventre que par-tout
ailleurs. Les pattes, à l'exception des cuiſſes poſtérieures,
ſont blanchâtres & pâles. L'aiguillon du ventre plus long
que le corps d'un bon tiers, eſt compoſé de trois filets,
dont deux aux côtés ſont noirs & ſervent de gaine, &
celui du milieu qui eſt le véritable aiguillon, eſt de la
couleur des pattes. Les aîles diaphanes ont un petit point
à leur bord extérieur.

Ce bel inſecte habite le bedeguar, ou une excroiſſance
fongueuſe du roſier, qui intérieurement eſt remplie de
loges dans leſquelles ſe trouvent les larves de ces cinips.
Il vient auſſi dans une excroiſſance à peu près ſemblable
du chêne.

2. CYNIPS *thorace viridi-æneo, abdomine aureo, ſetis
ani non exſertis.*

Le cinips doré ſans queue.

Cette eſpéce reſſemble tout-à-fait à la précédente, ſeulement elle eſt un peu plus petite. Ses cuiſſes poſtérieures
ne ſont point dorées, mais elles ſont jaunes ainſi que le
reſte des pattes. L'aiguillon ne paroît pas à l'extérieur, il
déborde à peine le ventre, & le point marginal des aîles
eſt

est peu apparent. Je soupçonnerois presque ce cinips de n'être qu'une simple variété du précédent, ou de ne différer que par le sexe. C'est ce que l'observation pourra déterminer. Il vient aussi du bedeguar du rosier.

3. CYNIPS *punctatus sericeo-auratus, setis ani corpore brevioribus.*

Le cinips porte-or.
Longueur 2 ⅓ lignes.

Celui-ci est le plus brillant de tous ceux de ce genre. Tout son corps est d'une belle couleur dorée & changeante, à l'exception des antennes qui sont noires & des bouts des pattes ou des tarses qui sont d'un jaune pâle. Son corcelet & sa tête sont finement pointillés, ce qui rend sa couleur encore plus riche & plus belle. Les filets du ventre au nombre de trois, sont plus courts que le corps & à peu près de la longueur du ventre ; les deux latéraux sont noirs & celui du milieu ou le véritable aiguillon, est rougeâtre. Je n'ai trouvé qu'une seule fois ce bel insecte voltigeant dans un petit bois, & je ne connois point la galle dont il sort & qu'il produit.

4. CYNIPS *nigro-viridis, tibiis flavis, gallæ fungosæ quercûs.*

Le cinips de la galle fongueuse du chêne.
Longueur ⅓ ligne.

Cette espéce beaucoup plus petite que les précédentes, est d'un vert foncé brillant. Ses antennes sont brunes & ses pattes jaunes, à l'exception des cuisses qui sont de la couleur du corps. Elle vient des mêmes galles fongueuses du chêne où l'on trouve la premiere espéce, mais le bedeguar ne me l'a jamais donnée.

Les mêmes excroissances donnent un autre cinips pareillement très-petit, qui pourroit bien n'être qu'une variété ou une différence de sexe de celui-ci. Ce cinips est

Tome II. P p

noir, & ses antennes ont leurs articles longs & alternativement étranglés comme des anneaux.

5. CYNIPS *nigro-cupreus, pedibus fuscis, gallæ rotun-
dæ, glabræ, duræ, foliorum quercûs.* Planch. 15, fig. 1.

Le cinips de la galle lisse & ronde du chêne.
Longueur : ½ ligne.

Il est d'un brun bronzé & brillant. Ses antennes sont
noires, ses jambes & ses pieds d'un brun maron, & ses
aîles blanches sans point marginal.

C'est dans les petites galles lisses, rondes & dures, qui
se trouvent sous les feuilles de chêne attachées ordinairement aux nervures, que vient cet insecte, seul dans chaque galle. Ces galles sont ligneuses, d'une substance dure
& serrée, formées comme les autres par l'extravasation
du suc de la feuille, que produit la piqûre du cinips, lorsqu'il y dépose ses œufs. Quelquefois au lieu du cinips on
voit sortir de cette galle un insecte brun, plus grand, qui
est un ichneumon, dont nous parlerons en son lieu. Cet
ichneumon n'est pas le véritable habitant de la galle, ni
celui qui l'a formée. C'est un parasite dont la mere a déposé l'œuf dans la jeune galle, qui venant à éclore, produit une larve, qui dévore celle du cinips, & sort ensuite
lorsqu'elle a subi sa métamorphose & acquis des aîles.

N.B. J'ai un autre cinips qui m'est venu d'une galle
toute semblable, & qui est plus petit & bleu. Il a un petit
point marginal aux aîles. Ce pourroit bien n'être qu'une
simple variété.

6. CYNIPS *nigro-cupreus, pedibus fuscis, alarum
puncto fusco.*

Le cinips noirâtre à point marginal.

Celui-ci ne diffère du précédent que par le point brun
marginal de ses aîles : du reste il est tout-à-fait semblable
pour la grandeur, la forme & la couleur. Je n'ai point vû

la galle dont il fort. S'il vient de la même que le précédent, cela prouveroit qu'il pourroit bien n'être qu'une variété de cette efpéce.

7. CYNIPS *viridi-fericeus , abdomine aurato , pedibus albis , gallæ intra foliorum quercûs fubftantiam delitefcentis.*

Reaum. inf. tom. 3 , tab. 39 , fig. 5 , 9, 10, 11 , 12.
Rofel. inf. vol. 2 , tab. 10 , fig. 1 —— 4. Bombyl. & vefp.

Le cinips de la galle du chêne , qui vient dans la fubftance même de la feuille.
Longueur 1 ligne.

Cette belle efpéce eft d'un beau vert clair , & doré. Ses antennes & fes pattes font d'un jaune pâle. Ses aîles font blanches & tranfparentes fans point marginal.

La galle dans laquelle habite fa larve & dont fort l'infecte parfait , eft dans la fubftance même de la feuille du chêne , paroiffant également des deux côtés & formant fur chaque furface de cette feuille une élévation hémifphérique. Les parois de cette galle font minces & un peu ligneufes. La defcription que donne M. de Reaumur de l'infecte, différe de celui qui m'eft éclos de la galle même. Le fien eft brun & a un point marginal fur les grandes aîles. Peut-être les mêmes galles font - elles formées par des infectes différens.

8. CYNIPS *nigro - cupreus , pedibus fufcis ; gallæ imbricatæ quercûs.*

Linn. faun. fuec. n. 948. Tenthredo gallæ imbricatæ.
Linn. fyft. nat. edit. 10, p. 554 , n. 8. Cynips gemmæ quercûs.
Reaum. inf. tom. 3 , tab. 45 , fig. 5.
Frifch. germ. 12 , tab. 2 , fig. 2.

Le cinips de la galle en rofe du chêne.
Longueur 1 ligne.

Ce cinips eft d'un noir verdâtre un peu doré. Ses antennes & fes pattes font d'une couleur fauve un peu foncée.

Il dépose ses œufs dans les bourgeons du chêne, ce qui produit une des plus belles espéces de galles, feuillée comme un bouton de rose qui commence à s'épanouir. Quand la galle est petite, cette grande quantité de feuilles est serrée, & elles sont rangées l'une sur l'autre comme les tuiles d'un toît. Au centre de la galle, est une espéce de noyau ligneux, au milieu duquel est une cavité dans laquelle se trouve la petite larve, qui s'y nourrit, y grossit, subit sa métamorphose, & perce les parois de cette espéce de coque pour en sortir. Toute la galle a souvent près d'un pouce de diametre, quelquefois davantage lorsqu'elle est séche & épanouie, & elle tient à la branche par un pedicule.

9. **CYNIPS** *niger, pedibus fulvo flavis, gallarum fungiformium quercûs.*

Linn. syst. nat. edit. 10, p. 553, *n.* 4. Cynips nigra, basi antennarum pedibusque flavescentibus.
Leche. nov. inf. spec, fig. 14. Cynips nigra, pedibus fulvo-flavis, gallarum fungiformium.
Reaum. inf. tom. 3, p. 192, *tab.* 42, *fig.* 8.

Le cinips de la galle en chapeau du chêne.

L'on trouve sur le chêne, principalement sur le revers de ses feuilles, des petites galles plattes & rondes qui ont deux ou trois lignes de diamétre, & qui tenant à la feuille par un pédicule court qui part de leur centre, ressemblent à un petit champignon applati. J'ai souvent ramassé ces galles, mais jamais elles ne m'ont donné le cinips qu'elles doivent produire. M. Leche dit dans sa dissertation que nous citons, qu'il est noir, & que ses pattes sont d'une couleur fauve claire.

10. **CYNIPS** *nigro-aureus, pedibus fusco-variegatis, gallæ planæ rubræ fimbriatæ quercûs.*

Le cinips de la galle platte & frisée du chêne.
Longueur 1 *ligne.*

Il eſt d'un noir doré & brillant. Ses antennes ſont noires, & ſes pattes entrecoupées de jaune pâle & de brun. Il m'eſt venu d'une petite galle platte, ronde & rouge, qui à l'entour a un double rang de feſtons friſés, & qui ſe trouve ſouvent ſur les nervures du revers des feuilles de chêne.

11. *CYNIPS fuſcus nitens, capite nigro, abdominis apice villoſo, gallæ racemoſæ quercûs.*

Reaum. inſ. tom. 3, tab. 35, f. 3, & tab. 40, f. 1, 2, 6.

Le cinips de la galle en grappe du chêne.

Sa tête eſt noire, ſon corps eſt d'un brun brillant, & le bout de ſon ventre eſt un peu velu. Ce cinips vient de petites galles rondes, dures & diſpoſées en grappes ſur l'extrémité des pédicules des feuilles de chêne.

12. *CYNIPS viridis nitens, pedibus pallidis, gallæ globoſæ vix ſenſibilis foliorum quercûs.*

Le cinips de la galle tête d'épingle du chêne.
Longueur ⅓ ligne.

Cette petite eſpéce eſt d'un beau vert brillant, & ſes pattes ſont pâles & blanchâtres. Elle vient d'une très-petite galle groſſe comme la tête d'une épingle, que l'on trouve ſous les feuilles de chêne attachée aux principales nervures. Cette galle qui n'a qu'une demi-ligne de diamétre, a des parois minces, ſeches & aſſez dures.

☞ On voit que le chêne donne naiſſance à beaucoup de cinips. Outre ces eſpéces, il y a encore pluſieurs autres galles qui ſe trouvent ſur le même arbre, & dont je n'ai point vû l'inſecte. M. de Reaumur n'a de même point connu l'inſecte de pluſieurs, peut-être parce qu'il périt quand la galle eſt détachée de l'arbre, & ne reçoit plus le ſuc qui lui portoit la nourriture. Nous allons donner en deux mots le catalogue de ces eſpéces de galles du chêne.

13. *CYNIPS gallæ ſcabræ foliorum quercûs.*

Reaum. inf. tom. 3 , *tab.* 35 , *fig.* 5.

Le cinips de la galle raboteuſe des feuilles du chêne.

14. CYNIPS *gallæ tuberculatæ quercûs.*

Reaum. inf. tom. 3 , *tab.* 40 , *fig.* 8 , 9 , 10.

Le cinips de la galle à tubercules du chêne.

M. de Reaumur a vû la larve de cette galle , mais n'a point eu l'animal aîlé & parfait qu'elle produit.

15. CYNIPS *gallæ numiſmalis quercûs.*

Reaum. inf. tom. 3 , *tab.* 40 , *fig.* 14.

Le cinips de la galle en écuſſon du chêne.

16. CYNIPS *gallæ pomiformis extremitatis ramorum quercûs.*

Linn. ſyſt. nat.. edit. 10, *p.* 554 , *n.* 7. Cynips griſea , alis cruce lineari.
Reaum inſ. tom. 3 , *tab.* 40 , *fig.* 1 — 6.

Le cinips de la galle en pome des extrémités des branches du chêne.

17. CYNIPS *gallæ ligneæ radicum.*

Reaum. inf. tom. 3 , *tab.* 44 , *f.* 6 , 7 , 8.

Le cinips de la galle ligneuſe des racines.

18. CYNIPS *nigro - viridis nitens , pedibus pallidis , gallæ foliorum ſalicis.*

Linn. faun. ſuec. n. 945. Tenthredo gallæ foliorum ſalicis.
Friſch. germ. 4 , *p.* 22 , *tab.* 3. Ichneumon foliorum ſalicis.
Reaum. inf. tom. 3 , *tab.* 37 , *fig.* 1 — 5.

Le cinips de la galle des feuilles de ſaule.
Longueur ½ *ligne.*

Il eſt d'un vert noirâtre brillant. Ses antennes & ſes pattes ſont d'un jaune pâle. Ses aîles ſont diaphanes avec une petite raie marginale. Cet inſecte vient dans ces galles irréguliéres que l'on voit dans la ſubſtance même des feuilles du faule. Ces galles font médiocrement dures & un peu charnues. Souvent les faules en font couverts.

19. CYNIPS *gallæ graminis filamentofæ.*

Le cinips de la galle à filets du chiendent.

On voit fouvent fur le *gramen* ou chiendent, des touffes de filets blancs affez gros , placées principalement aux endroits de la tige d'où partent les feuilles. Ces touffes font au moins de la groffeur d'un pois, il femble que ce foient de petites racines. J'ai long-tems ramaffé plufieurs de ces touffes fans favoir ce que c'étoit & fans qu'elles m'ayent donné aucun animal. Enfin en ayant ouvert quelques-unes, j'ai trouvé dans le centre une petite loge , où étoit une larve , ou une chryfalide. Ayant ainfi découvert que cette excroiffance du gramen étoit une larve, j'en ai confervé plufieurs , mais la larve ou la chryfalide ont toujours péri avant que de fubir leur derniere métamorphofe. Il faudroit les fuivre à la campagne en confervant le chiendent en terre & le couvrant d'une cloche de verre , pour que les petits cinips ne s'échappaffent point lorfqu'ils feroient éclos. Leur chryfalide eft d'un blanc jaunâtre tranfparent , avec deux petites marques noires à la tête.

20. CYNIPS *totus fufcus , thorace fubvillofo , gallæ hederæ terreftris.*

Linn faun. fuec. n. 949. Tenthredo gallæ glechomæ.
Blank. belg. 186. Hedera terreftris.
Reaum. inf. tom. 3 , *tab.* 42 , *f.* 1 — 5.

Le cinips de la galle du lierre terreftre.

Sa couleur eft brune & noirâtre ; fon corcelet eft un peu velu. Il vient de galles dures & rondes , que l'on trouve quelquefois dans la fubftance même de la feuille du lierre terreftre.

21. CYNIPS *aurantii , ferrugineus , alarum bafi alba puncto nigro , antennis nigris , pedibus faltatoriis.*

Le cinips fauve & fauteur de l'oranger.
Longueur 1 ¼ ligne.

Cette efpéce eft belle. Sa couleur eft jaune foncée ; imitant la couleur de rouille. Ses antennes font noires, fes yeux bruns & fes pattes un peu plus pâles que le refte de fon corps. Ses aîles font brunes noirâtres, mais leur bafe eft blanche avec un point noir tranfverfal fur le blanc, ce qui fait paroître les aîles joliment panachées. Cet infecte faute très-bien, auffi fes cuiffes poftérieures font-elles beaucoup plus groffes que les autres. Je l'ai trouvé plufieurs fois en grande quantité fur les orangers, mais je ne fais s'il vient d'une galle, & fi cette galle fe trouve fur l'oranger.

22. CYNIPS *niger nitens , pedibus faltatoriis.*

Le cinips fauteur noir.
Longueur ⅔ ligne.

Il eft noir & liffe, fes pieds font bruns & il faute très-bien. Je ne connois ni fa galle ni fa larve.

23. CYNIPS *ater , pedibus faltatoriis fulvis.*

Le cinips fauteur noir à pieds fauves.
Longueur 1 ¼ ligne.

Il différe du précédent par fa grandeur , fa couleur noire matte , & la couleur de fes pattes qui font d'un fauve pâle. Je ne connois point la galle qui le produit.

☞ Les trois efpéces précédentes de fauteurs ont le vrai caractere des cinips , mais elles en ont un de plus qui leur eft particulier. C'eft qu'elles portent leurs aîles tout-à-fait croifées les unes fur les autres , comme fi elles n'avoient qu'une feule aîle. Nous aurons lieu de remarquer le même port d'aîles dans quelques mouches & autres infectes à deux aîles.

24.

24. CYNIPS *viridi-sericeus, abdomine aureo, pedibus pallidis, chrysalidum papilionum.*

Reaum inf. tom. 6, tab. 30, fig. 13, 14, 15. Ichneumon.

Le cinips des chrysalides de papillons.
Longueur 1 ⅓ ligne.

Les chrysalides du papillon blanc du chou m'ont donné en très grande quantité cette belle espéce, soit qu'elle ait été déposée primitivement dans la chrysalide, ou la chenille qu'elle aura fait périr, soit que quelqu'ichneumon ait d'abord fait périr la chrysalide, & ait ensuite été tué lui-même par ces cinips. Une seule chrysalide m'en a donné plus de quatre-vingt. Ils sont d'un vert clair doré, & leur ventre est bronzé. Dans les mâles les antennes & les pattes sont d'une couleur fauve très-pâle. Dans les femelles les antennes sont brunes, les cuisses d'un vert doré, & les jambes seules sont pâles.

25. CYNIPS *niger, pedibus pallidis, ovorum insectorum.*

Le cinips des œufs des insectes.
Longueur ⅓ ligne.

Cette petite espéce qui est noire & dont les pattes sont pâles & blanchâtres, ne fait point de galles, mais elle dépose ses œufs dans ceux des autres insectes, des papillons, des punaises, &c. La petite larve éclot dans cet œuf, y prend sa croissance, se nourrissant de la substance de l'œuf, Enfin elle s'y transforme en nymphe, perce la coque & sort avec des aîles sous la forme de cinips.

26. CYNIPS *niger nitens, pedibus pallidis, ichneumonum aphidum.*

Le cinips de l'ichneumon des pucerons.
Longueur ⅓ ligne.

Il est noir un peu verdâtre & luisant. Ses pieds sont fauves plus pâles dans les femelles que dans les mâles. Ceux-

ci ont auffi les antennes plus longues & comme un peu
pectinées du côté intérieur. L'origine de ce petit infecte
eft affez finguliere. Nous verrons en parlant des ichneumons, qu'il y en a une très - petite efpéce , qui dépofe fes
œufs dans le corps des pucerons & les fait périr. L'œuf
ou la larve de l'ichneumon ne font pas eux-mêmes en
fûreté. Notre petit cinips plus petit que le puceron & que
l'ichneumon, va dépofer fes œufs dans ces mêmes corps
de pucerons que l'ichneumon a fait périr. Lorfque fa larve
eft éclofe, elle attaque celle de l'ichneumon & elle s'en
nourrit. C'eft dans le corps de ce puceron fort petit , que
fe paffe cette action dans laquelle périt l'ichneumon. Le
cinips fe métamorphofe enfuite dans ce même endroit ,
& le perce pour en fortir lorfqu'il eft aîlé.

Pour avoir ces cinips il faut prendre ces pucerons de
couleur jaune bronzée , que l'on trouve morts fur les feuilles. Ce font ceux qui ont été tués par les ichneumons. Dans
le nombre il y en a plufieurs où les cinips font venus fe
loger , & l'on peut par ce moyen avoir l'ichneumon & le
cinips.

S e c o n d e F a m i l l e.

27. C Y N I P S *foliorum fine galla, totus nigro-viridis
nitens.*

Le cinips des feuilles fans galle.
Longueur ¾ ligne.

En examinant les feuilles des arbres , on y trouve affez
fouvent , particuliérement en-deffous , des petites larves ,
& plus fouvent encore des petites chryfalides attachées à
la feuille par la pointe de derriere , les unes auprès des autres & rangées en grouppes. Toutes ces petites chryfalides
donnent des cinips dont plufieurs différent entr'eux. Quelques-unes donnent auffi un autre genre d'infectes très-ap-
prochant du cinips & dont nous allons parler inceffam-
ment. Ceci prouve que tous les cinips ne viennent point
dans des galles.

Celui dont il s'agit ici est un vrai cinips ; ses antennes & la forme de son ventre le démontrent. Il est par-tout d'un brun verdâtre & brillant, même sur les pattes.

28. CYNIPS *rosæ, sine galla, totus niger.*

Le cinips du rosier, sans galle.
Longueur ½ ligne.

Il est tout noir, un peu brillant. J'ai trouvé ses petites chrysalides brunes, tachées de noir, attachées les unes auprès des autres sous les feuilles du rosier.

29. CYNIPS *quercûs, sine galla, totus viridi-aureus, pedibus flavis.*

Le cinips du chêne, sans galle.
Longueur 1 ¼ ligne.

Ses chrysalides se trouvent comme celle des précédens grouppées sous les feuilles de chêne, & quelquefois rangées en cercle. Elles sont fauves. L'animal qui en sort est d'un vert doré très-brillant, ses pattes sont d'un jaune pâle, & ses antennes sont brunes.

☞ Outre les cinips que nous avons décrits, il y en a plusieurs dont nous ne connoissons point les galles, & dont nous ne donnerons qu'une très-courte description. Peut-être y en a-t-il quelques-uns qui peuvent venir de certaines galles dont nous avons parlé, & dont nous n'avons point connu l'animal. Dans ce cas, ceux qui pourront suivre ces métamorphoses, auront soin de les rapprocher.

DE LA PREMIERE FAMILLE.

30. CYNIPS *nigro-viridis nitens, alis punctis tribus nigris.*

Le cinips à aîles pointillées.
Longueur 1 ½ ligne.

Ses antennes & ses pattes sont brunes. Son corps est d'un vert noir bronzé, & ses aîles sont chargées le long

Qq ij

de leur bord extérieur de trois taches brunes, qui font aifément reconnoître cetre efpéce.

DE LA SECONDE FAMILLE.

31. CYNIPS *viridis nitens, pedibus albido-flavis.*

Le cinips vert bronzé à pattes blanches.
Longueur ⅓ ligne.

Le mâle a les pattes toutes jaunes blanchâtres. La femelle a les cuiffes vertes comme le refte du corps & l'aiguillon de la queue fort apparent.

32. CYNIPS *niger nitens, pedibus pallidis.*

Le cinips noir à pattes blanchâtres.
Longueur 1 ligne.

DE LA TROISIÉME FAMILLE.

33. CINIPS *fufcus, femoribus clavatis.*

Le cinips brun à groffes cuiffes.
Longueur 1 ¼ ligne.

Cette efpéce plus grande que les autres, a tout le port d'un ichneumon. Ses antennes ont les deux tiers de la longueur de fon corps, & ne font pas tout-à-fait cylindriques comme dans les autres efpéces. Néanmoins elles font coudées, & ont à la bafe un long article, ce qui détermine le genre de cet infecte & l'éloigne des ichneumons. L'animal eft étroit & plus allongé que ne le font les autres cinips. Celui que j'ai eft un mâle, fans quoi la forme de fon aiguillon auroit encore fourni un caractere & démontré que cet infecte eft un véritable cinips.

DIPLOLEPIS.

LE DIPLOLEPE.

Antennæ filiformes longæ articulis quatuordecim.	Antennes filiformes longues compofées de quatorze anneaux.

Alæ inferiores breviores. — Aîles inférieures plus courtes.

Os maxillosum. — Bouche armée de machoires.

Aculeus ani conicus intra valvas abdominis. — Aiguillon conique entre deux lames du ventre.

Abdomen ovatum , ad latera compressum , subtus acutum, petiolo brevi thoraci connexum. — Ventre presqu'ovale , applati des côtés , aigu en-dessous , attaché au corcelet par un pédicule court.

Ocelli tres. — Trois petits yeux lisses.

Le diplolepe est ainsi appellé à cause des deux lames de son ventre dans lesquelles son aiguillon se trouve caché, de même que dans le genre précédent des cinips. Il ressemble encore aux cinips par un grand nombre d'autres endroits. On peut voir par les caracteres que nous donnons de ces deux genres, qu'ils ne différent l'un de l'autre que par leurs antennes , qui dans le cinips sont coudées , ou brisées & cylindriques , au lieu que dans le diplolepe elles sont longues , filiformes, toutes unies comme celles de l'ichneumon & nullement coudées dans leur milieu. Cette forme d'antennes rapprocheroit le diplolepe de l'ichneumon , tandis qu'il ressemble au cinips par tous les autres caractetes. C'est ce qui nous a porté à distinguer cet insecte & à en former un genre séparé.

Du reste, à cette différence près , le diplolepe ne paroît gueres s'éloigner du cinips. Sa larve est précisément semblable à la sienne, & habite de même dans les galles des arbres & arbustes, dans lesquels elle croît & se métamorphose , & dont elle sort sous la forme d'insecte parfait.

Ce genre n'est pas à beaucoup près aussi nombreux que celui des cinips. Nous n'en connoissons que les espéces suivantes.

1. DIPLOLEPIS *fuscus , gallæ globosæ glabræ & duræ foliorum quercûs.* Planch. 15 , fig. 2.

Rosel. inf. vol. 3 , *supplem. tab.* 35 , 36. & *tab.* 53 , *f.* 10 , 11. *Vespa gallarum quernarum.*

Le diplolepe de la galle ronde & dure du chêne.
Longueur 1 ½ ligne. Largeur ⅔ ligne.

Cet insecte est tout brun & assez luisant. Ses antennes
sont de la longueur de son corps. L'animal est gros, court
& ramassé comme ceux de ce genre. Ses aîles sont transparentes, plus longues du double que son corps, & elles ont
à leur bord extérieur un point marginal brun. L'insecte les
porte ordinairement à plat & croisées sur son corps.

C'est dans ces galles rondes, dures & lisses qui viennent
sur le revers des feuilles du chêne, que naît cet insecte. Ces
mêmes galles produisent un cinips, comme nous l'avons
déja vû. Il s'agiroit de savoir si c'est le cinips ou le diplolepe qui est le véritable habitant de la galle; c'est ce qu'il n'est
pas aisé de déterminer: peut-être le cinips, en déposant ses
œufs, donne lieu à la galle de se former, & que le diplolepe dépose ensuite son œuf dans la galle commençante,
ce qui fait périr la larve du cinips: peut-être aussi ces deux
insectes étant armés de semblables aiguillons, peuvent-ils
l'un & l'autre déposer leurs œufs sur les feuilles du chêne
& occasionner des galles semblables.

2. **DIPLOLEPIS** *bedeguaris niger, abdomine ferru-*
gineo apice nigro, pedibus rufis.

Linn. faun. suec. n. 938. Tenthredo antennis duodecim-nodiis nigris, abdomine
subtus ferrugineo, pedibus flavis, alis immaculatis.
Linn. syst. nat. edit. 10, *p.* 553, *n.* 1. Cynips nigra, abdomine ferrugineo pos-
tice nigro, pedibus ferrugineis.
Reaum. ins. tom. 3, *tab.* 46, *f.* 5 — 8. *& tab.* 47, *f.* 1, 4.
Act. Ups. 1736, *p.* 29, *n.* 3. Ichneumon bedeguaris.
Blank. belg. 187, *t.* 16, *f.* v, x, y, z.

Le diplolepe du bedeguar.
Longueur 1 ½ ligne. Largeur ½ ligne.

Le bedeguar, ou cette excroissance chevelue que l'on
trouve sur le rosier & dont nous avons déja parlé, fournit
plusieurs de ces diplolepes qui sont noirs, avec le ventre
brun, luisant, noir vers le bout & les pattes brunes. Si on
ouvre les loges ligneuses du bedeguar lorsque les petits

animaux qui font dedans font prêts à en fortir , on trouve dans les unes des cinips , dans d autres des ichneumons & dans plufieurs ces infectes-ci.

3. DIPLOLEPIS *bedeguaris levis fungofi , fufcus oculis nigris.*

Le diplolepe de la galle fongueufe & liffe du rofier.
Longueur 1 ligne. Largeur ⅟₇ ligne.

La couleur de cette efpéce eft fauve ; fes yeux feuls font noirs , & fon ventre eft un peu plus brun que le refte de fon corps. Ses antennes font de la longueur de l'animal, & fes ailes font un peu plus grandes que lui. Il fort du bedeguar liffe , ou de cette galle fongueufe du rofier dans laquelle vient le beau cinips doré à queue.

4. DIPLOLEPIS *niger , abdomine fufco lucido , pedibus rufis , antennis nigris.*

Le diplolepe noir à ventre brun & antennes noires.
Longueur 1 ligne. Largeur ⅟₇ ligne.

Ses antennes font noires & prefque de la longueur de fon corps. Sa tête & fon corcelet font de même couleur. Le ventre eft d'une couleur brune très-luifante. Son aiguillon eft affez apparent. Ses pattes font fauves , & fes aîles diaphanes excédent le ventre.

5. DIPLOLEPIS *fufcus , abdomine lucido , pedibus rufis , antennis fufcis.*

Le diplolepe brun à ventre luifant & antennes brunes.
Longueur 2 lignes. Largeur ½ ligne.

Il reffemble tout-à-fait au précédent , fi ce n'eft qu'il eft brun & que fon ventre eft encore plus luifant.

6. DIPLOLEPIS *totus niger , pedibus flavis.*

Le diplolepe noir à pattes jaunes.
Longueur 1 ligne. Largeur ¼ ligne.

Ses antennes font de la longneur de fon corps. Tout l'animal eſt noir , mais ſa tête & ſon corcelet ſont d'un noir matte , au lieu que ſon ventre eſt luiſant & poli. Ses pattes ſont jaunâtres & ſes aîles un peu noires. Ces aîles ſont auſſi grandes que tout l'animal.

EULOPHUS.
L'EULOPHE.

Antennæ ramoſæ.	Antennes branchues.
Alæ inferiores breviores.	Aîles inférieures plus courtes.
Os maxilloſum.	Bouche armée de machoires.
Aculeus ani conicus.	Aiguillon conique.
Abdomen ſubovatum, petiolo thoraci connexum.	Ventre preſqu'ovale , attaché au corcelet par un pédicule court.
Ocelli tres.	Trois petits yeux liſſes.

Le caractere ſingulier de ce genre ſe tire de la forme de ſes antennes qui ſont branchues , & forment une eſpéce de jolie panache , ce qui lui a fait donner le nom qu'il porte. Les branches des antennes naiſſent du filet principal , elles ſont au nombre de trois qui partent du ſecond , du troiſiéme & du quatriéme anneau de l'antenne. Ce genre eſt le ſeul de tous ceux de cette ſection dont les antennes ſoient ainſi figurées. A ce caractere près , l'eulophe reſſemble tout-à-fait aux diplolepes & aux cinips , & ces trois genres ne ſe diſtinguent guères que par la forme de leurs antennes.

Je n'ai point trouvé la larve de cet inſecte qui doit approcher de celles des cinips qui n'habitent point dans des galles. Sa chryſalide au moins reſſemble tout-à-fait aux leurs , & lorſque je l'ai ramaſſée , je m'attendois à avoir des cinips. Elle me donna ces inſectes qui ſont dorés , verdâtres & brillans. Cette chryſalide ſe trouve attachée ſous les feuilles ; il y en a pluſieurs ramaſſées enſemble. L'inſecte parfait eſt petit , & juſqu'ici je n'ai rencontré qu'une ſeule eſpéce de ce genre. L'eſpéce d'ichneumon que décrit M. de Geer , pag. 589 , tab. 35 , f. 1 , 7

de

de son ouvrage , paroît être une autre espéce de ce même genre.

1. EULOPHUS. Planch. 15 , fig. 3.

L'eulophe.
Longueur 2 ½ lignes.

Ses antennes sont composées de sept piéces assez longues , dont trois ; savoir , la seconde , la troisiéme & la quatriéme jettent de longues appendices ou branches aussi longues que l'antenne , ce qui forme comme deux bouquets sur la tête de l'insecte. Tout l'animal est d'un beau vert doré & brillant , il n'y a que les antennes qui sont jaunâtres & les pattes qui sont blanches.

Ce sont des petites chrysalides semblables à celles des cinips sans galles, qui m'ont donné ce bel insecte. Ces petites chrysalides étoient attachées par leur pointe de derriere à des feuilles de tilleul , & elles sont écloses chez moi.

ICHNEUMON.

L'ICHNEUMON.

Antennæ filiformes , longæ , vibratiles.	Antennes filiformes longues vibratiles.
Alæ inferiores breviores.	Aîles inférieures plus courtes.
Os maxillosum.	Bouche armée de machoires.
Aculeus ani triplex.	Aiguillon divisé en trois piéces.
Abdomen petiolo tenui longo thoraci connexum.	Ventre attaché au corcelet par un pédicule long & mince.
Ocelli tres.	Trois petits yeux lisses.

Les Naturalistes ont donné aux insectes de ce genre le nom d'ichneumons , mouches-ichneumons , ou guêpes-ichneumons , parce que ces petits animaux qui approchent de la guêpe , font à plusieurs autres insectes une guerre semblable à celle que l'ichneumon des anciens faisoit suivant eux au crocodile. Cet ichneumon qu'ils décrivent

Tome II.		R r

sous la forme d'un petit quadrupede, à peu près de la grosseur d'un rat, sautoit dans la gueule du crocodile qu'il tient ouverte lorsqu'il dort au soleil. Pénétrant ainsi dans le corps de cet animal, il rongeoit & déchiroit ses entrailles & le faisoit périr. Telle est la fable qu'ont rapportée les anciens. L'insecte que nous traitons est un ichneumon bien plus formidable pour les autres insectes, que l'autre ne l'est pour le crocodile. Il fait déposer ses œufs dans le corps de ces petits animaux, par une entaille qu'il fait à leur peau, & sa larve venant à éclore dans l'intérieur, ronge les entrailles de l'insecte qui la renferme, s'en nourrit & le fait périr. Comme l'ichneumon des anciens est un animal qui n'a jamais existé, nous avons cru devoir conserver ce nom à cet insecte, sans craindre la confusion des noms entre deux animaux dont l'un n'est que fabuleux.

Parmi les différens caracteres de ce genre, il y en a trois qui lui sont propres, & qui seuls le feroient aisément distinguer de tous ceux de cette section. Le premier consiste dans la forme & le mouvement des antennes de l'ichneumon. Ces antennes sont fines, aussi déliées qu'un fil, assez longues dans la plûpart des espéces de ce genre, & de plus elles ont un mouvement de vibration presque perpétuel. L'insecte les fait toujours agir, & c'est par cette raison que quelques auteurs ont appellé les ichneumons, *muscæ vibratiles*, ou *muscæ antennis vibrantibus*. Le second caractere propre aux ichneumons dépend de la conformation de leur ventre & principalement de sa partie supérieure. Dans ce genre d'insectes, le ventre tient au corcelet par un pédicule mince & étranglé, souvent assez long, comme on le remarque dans l'*ichneumon à long pédicule* & dans quelques-autres espéces. Cet étranglement du ventre vers son origine sert à faire reconnoître les ichneumons & à empêcher de les confondre avec d'autres insectes qui en approchent, sur-tout avec les mouches-à-scie dont quelques-unes leur ressemblent beaucoup. Enfin le dernier

caractere particulier de ce genre se tire de la figure de l'aiguillon des femelles. Cet aiguillon déborde le ventre,
dans quelques espéces même il surpasse de beaucoup la
longueur du corps : mais ce qui est le plus singulier, c'est
qu'il semble que l'ichneumon ait trois aiguillons d'égale
longueur. C'est ce qui a fait nommer cet insecte par
Aldrovande & Mouffet, *musca tripilis*. Cependant si on
examine un peu attentivement ces trois aiguillons, on
voit qu'il n'y en a qu'un véritable, qui est celui du milieu,
les deux des côtés ne sont que des espéces de fourreaux ou
demi-fourreaux, des lames creuses, qui se joignant ensemble recouvrent le véritable aiguillon & lui servent
d'enveloppe. C'est ce que l'on apperçoit clairement, lorsque l'insecte tient ces fourreaux rapprochés contre l'aiguillon : pour lors il paroît n'avoir qu'un seul aiguillon plus
gros ; mais s'il les sépare de lui même ou qu'on les écarte,
il semble qu'il en ait trois ; si au contraire on n'écarte
qu'un des demi-fourreaux, l'ichneumon paroît avoir deux
aiguillons. Ces différences ont trompé quelques Naturalistes anciens, qui ont donné à quelques espéces de ce
genre le nom de mouches à deux aiguillons ; *musca
bipilis*.

La structure des demi-fourreaux & celle du véritable aiguillon sont différentes. Ceux-là sont creusés d'un côté
pour couvrir l'aiguillon, convexes en-dehors, assez mols
& mousses vers le bout. Leur couleur est ordinairement
noire, & vûs à la loupe ils paroissent velus. Le véritable
aiguillon qui est au milieu est cylindrique, ferme, pointu
& un peu plus gros vers le bout, creux en-dedans & percé
vers son extrémité ; sa couleur brune tire sur le maron &
sa superficie est lisse. De plus, l'origine des fourreaux
& celle de l'aiguillon sont différentes. Celui-ci part de
l'extrémité du ventre, ceux-là naissent du dessous du ventre, un peu moins bas que son extrémité, & ils se recour-
bent pour aller gagner l'aiguillon qu'ils enveloppent. Cet
aiguillon accompagné de ses fourreaux est propre aux fe-

melles, & toutes les fois qu'on trouve des ichneumons
qui n'en ont point, on peut affurer qu'ils font mâles. Il faut
cependant y regarder de près, car dans quelques femelles
l'aiguillon eft très-court, ce qui peut induire en erreur
fi on n'y fait pas affez d'attention.

Tels font les caracteres à l'aide defquels on peut aifément reconnoître les ichneumons. Les larves de ces infectes reffemblent à des vers blancs, mollaffes, fans pattes, &
dont la tête feule eft brune & écailleufe. On les rencontre
difficilement, parce qu'elles font ordinairement cachées
dans le corps d'autres infectes vivans. Les chenilles dont la
peau eft tendre & délicate, font de tous les infectes ceux
qui font les plus fujets à être attaqués par les ichneumons.
Les pucerons & quelques-autres font auffi la proie de
quelques petites efpéces de ce genre. Lorfque l'ichneumon
femelle veut faire fa ponte, elle fe pofe fur une chenille,
ou un autre infecte femblable, elle perce fa peau avec fon
aiguillon, & dépofe dans le corps de l'animal un ou plufieurs œufs qui coulent le long de la cavité intérieure de
l'aiguillon. Si l'ichneumon eft d'une groffe ou moyenne
efpéce, il ne dépofe guères qu'un ou deux œufs dans le
corps d'une chenille, mais les petits ichneumons en dépofent un nombre confidérable. La chenille ainfi bleffée,
va & mange à fon ordinaire dans les commencemens,
elle ne paroît ni malade, ni languiffante; elle porte cependant dans fon corps des larves d'ichneumon, quelquefois
jufqu'à trente & quarante qui vivent à fes dépens & fe
nourriffent de fa fubftance. Il femble que dans cet état
elle devroit périr en peu de tems. Mais ces larves voraces n'attaquent point les vifceres principaux de la chenille, ce qui la tueroit fort vîte & elles auffi faute de nourriture. Elles ne détruifent qu'une efpéce de fubftance graiffeufe qui eft en grande quantité dans la chenille, & qui
femble ne lui être utile que dans le tems de fa transformation. Cette fubftance que Malpighi a décrite dans fa differtation fur le ver-à-foie, & qu'il a nommée *corps graif-*

feux ; peut nourrir fuffifamment la larve ou les larves d'ichneumons fans que la chenille périffe. Elle vit pendant long-tems , elle mange à fon ordinaire , & ce n'eft qu'après un certain tems qu'elle commence à languir : pour lors les larves d'ichneumons qui font parvenues à leur groffeur , après avoir rongé le corps graiffeux de la chenille , percent fa peau avec leurs dents , & en fortent pour fe filer une coque dans laquelle elles puiffent fe métamorphofer. On voit la chenille criblée de tous côtés par les larves qui en fortent , fe mouvoir languiffamment & périr peu de tems après. D'autres chenilles , quoique remplies de larves d'ichneumons , parviennent à fe tranf-former & à fe changer en chryfalides , probablement parce que ces larves qui ne font pas encore parvenues à leur groffeur , ne les ont pas autant épuifées & ne percent point leur peau pour en fortir ; mais après quelques jours , on voit fortir de ces chryfalides les larves qui les percent de tous côtés pour fe filer enfuite des coques , ce qui fait également périr la chryfalide. D'autres larves ne fortent point de cette façon des chryfalides des chenilles ; elles y reftent enfermées après les avoir fait périr , elles fe tranf-forment dans leur intérieur , & on voit fortir d'une chryfalide de chenille un ichneumon parfait & aîlé , au lieu du papillon ou de la phalêne qu'on s'attendoit d'avoir.

Lorfque les larves d'ichneumons, après être parvenues à leur groffeur , font forties du corps de la chenille qui les renfermoit , elles fe filent comme les chenilles une petite coque de foie. Cette coque eft de la figure d'un œuf un peu allongé. Les petites efpéces qui habitent en grand nombre dans le corps d'une feule chenille , & qui en fortent en même tems , filent ces coques les unes à côté des autres , ce qui forme une maffe cotonneufe , telle qu'eft celle que donnent les *ichneumons à coton* : ou bien ces petites coques rangées fymétriquement les unes à côté des autres, imitent un rayon de ruches d'abeilles, comme on le voit dans la troifiéme efpéce de ce genre. Les grandes eſpéces au contraire qui n'habitent jamais que ſeules , ou tout au plus deux à la fois dans le corps d'un inſecte , ſe ſilent des coques ſéparées. Ces coques plus groſſes que les précédentes,ſont toutes blanches lorſqu'elles viennent d'être filées : peu de tems après elles ſo:t joliment bariolées de bandes tranſverſes brunes & blanches. L'inſecte pour produire cette variété de couleurs , fortifie d'abord ſa coque de bandes de ſoie plus fortes par endroits. Enſuite lorſque la coque eſt achevée , il répand une liqueur brune, qui pénétrant dans les endroits les plus minces de la coque , leur donne cet e couleur , tandis que les bandes plus épaiſſes & plus fortes en ſoie reſtent blanches. On rencontre ſouvent des coques d'ichneumons ainſi bariolées , do:t les bandes ſont plus ou moins ſerrées. D'autres grandes eſpéces d'ichneumons ne ſe filent point de coques, mais ſe transforment en chryſalides dans l'intérieur des chenilles, ou de leurs nymphes qui leur ſervent de coques.

Les nymphes d'ichneumons ſont molles , blanchâtres , & on y diſtingue aiſément toutes les parties de l'inſecte parfait qui en doit ſortir. Quelques-unes de celles qui ſont renfermées dans des coques, ont une propriété ſinguliere, c'eſt de faire ſauter la coque qui les contient. Si on met ces coques ſur ſa main ou ſur une table , on eſt ſurpris de les voir ſauter & ſouvent s'élancer de pluſieurs lignes en l'air. Le méchaniſme par lequel l'inſecte fait ainſi ſauter ſa coque, paroît fort difficile à appercevoir. Ce qu'il y a de plus probable , c'eſt que l'inſecte s'allongeant , & pouſſant par cette action les deux extrémités de ſa coque , force quelques endroits du milieu de cette même coque à rentrer en-dedans , enſuite lorſque l'inſecte ſe replie ſubitement , les bouts de ſa coque qui étoient allongés ſe rapprochent l'un de l'autre , & le milieu ſe rétabliſſant par un mouvement élaſtique & ſe trouvant pouſſé en - dehors, frappe le plan ſur lequel la coque eſt poſée , & l'en éloigne par le même effort, ce qui la rejette & la fait ſauter en l'air.

Les ichneumons ou les infectes parfaits qui fortent des chryfalides, font ordinairement allongés & éfilés. Leur tête eft petite , & les antennes de la plûpart font longues proportionément à leur grandeur. Ils ont tous quatre aîles veinées, attachées à leur corcelet, dont les deux fupérieures font plus longues que les autres. Leurs pattes font au nombre de fix & affez grandes ; les dernieres fur-tout font plus longues que les autres. Le ventre eft allongé & ne tient au corcelet que par un filet mince , quelquefois affez long : enfin dans les femelles le ventre eft terminé par un aiguillon plus ou moins long , accompagné des deux côtés de demi-fourreaux qui reffemblent au véritable aiguillon , enforte que l'infecte paroît en avoir trois.

Les efpéces que renferme ce genre , font en très-grand nombre , & plufieurs d'entr'elles offrent des fingularités remarquables. Nous ne nous arrêterons ici qu'à quelques-unes des plus frappantes. Quelques ichneumons méritent d'être confidérés pour leur petiteffe finguliere. De ce nombre font les quatre premieres efpéces de ce genre , dont les unes habitent fouvent par centaine à la fois dans le corps d'une feule chenille , & fe filent enfuite des coques ramaffées en peloton ; les autres n'habitent qu'une à une dans le corps des pucerons , que leur petiteffe empêche d'en contenir davantage. D'autres ichneumons attirent les regards par la longueur de leur aiguillon. La cinquiéme efpéce , que nous avons appellée l'*ichneumon à longue queue* , furpaffe toutes les autres par cet endroit : fon aiguillon eft deux fois plus long que fon corps. Dans quelques efpéces , les cuiffes poftérieures font déméfurément groffes , dans d'autres ce font les jambes , ce qui leur donne un port tout-à-fait extraordinaire. Dans la plûpart de ces infectes , le ventre eft ou cylindrique ou applati en-deffous ; quelques-uns au contraire l'ont applati fur les côtés , enforte que le ventre eft aigu en-deffous & en-deffus , & que vû de côté , il paroît large & repréfente une efpéce de coutelas ou de faucille. Beaucoup d'efpéces ont leurs antennes miparties de blanc & de noir, d'autres ont les pattes ou le corps bariolés ; quelques-unes ont des bandes noires fur les aîles.

Enfin une derniere remarque à faire, c'eft que dans quelques efpéces de ce genre les mâles font aîlés, tandis que leurs femelles n'ont point d'aîles. On feroit fort embaraffé de reconnoître ces ichneumons fans aîles, fi les trois aiguillons qu'ils portent & le mouvement perpétuel de leurs antennes ne les décéloit pas. Ces deux caracteres les font auffi-tôt diftinguer, car du refte ces ichneumons non aîlés ont à la premiere vûe beaucoup de reffemblance avec les fourmis. Nous avons trouvé dans ce pays-ci trois efpéces de ces ichneumons fans aîles, dont une eft très-petite, & peut-être y en a t-il davantage. Les pays étrangers en ont auffi, & je me fouviens d'en avoir vû une efpéce affez grande dans le cabinet de M. de Reaumur qui l'avoit rangée parmi les fourmis.

1. ICHNEUMON *ferico conglobato albo. Linn. faun. fuec. n.* 951.

Linn. fyft. nat. edit. 10, *p.* 568, *n.* 67. Ichneumon niger pedibus ferrugineis.
Journal des favans, 1713, *p.* 474. Mouche à coton.
Derrh. phyfico-theol. l. 8, *c.* 6, *n.* 21.
Raj. inf. 255, *n.* 13. Vefpa ichneumon parva, crucigena nullis in cauda fetis, toto corpore, antennis & pedibus nigris.
Frifch. germ. 6, *p.* 24, *t.* 10.
Reaum. inf. 2, *tab.* 35, *fig.* 6.
Aft. Upf. 1736, *p.* 29, *n.* 10. Ichneumon tophos fericeos exftruens.

L'ichneumon à coton blanc.
Longueur 1 *ligne.*

On trouve fouvent dans les prés des efpéces de boules foyeufes, blanches, d'un pouce environ de long, & de la forme d'un œuf, attachées aux tiges des herbes. Elles reffemblent à la premiere vûe à une coque de quelque chenille. Mais fi on ouvre une de ces boules, on voit que c'eft un amas de petites coques recouvertes d'une couche de foie. Toutes ces coques font filées par des petites

larves

larves d'ichneumons qui s'y métamorphofent, & en les
gardant on en voit fortir les petites mouches-ichneumons
en très-grande quantité. Elles font noires, leurs antennes
font au moins de la longueur de leurs corps, leurs aîles
font diaphanes avec un petit point marginal brun, & leurs
pattes font entrecoupées de couleur fauve & de noir. A
l'extrémité du ventre des femelles, on voit trois petits aiguillons courts qui partent de deffous le ventre, & qui
paroiffent davantage en le preffant.

2. I C H N E U M O N *ferico conglobato flavo. Linn. faun.*
    fuec. n. 952.

Linn. fyft. nat. edit. 10, *p.* 568, *n.* 68. Ichneumon niger pedibus flavis.
Goed. lat. 1, *p.* 59, *n.* 11. *& gall. tom.* 2, *tab. xj.*
Lift. Goed 17, *n.* 7.
Raj. cantabr. p. 35.
Raj. inf. 254, *n.* 12. *& p.* 260. Mufca brafficariæ erucæ.
Derrh. phyfico-theol. l. 8, *c.* 6, *n.* 21.
Reaum. inf. tom. 2, *tab.* 33, *f.* 2, 7, 8, 12, 13.
Merian europ. 1, *t.* 45.
Act. Upf. 1736, *p.* 29, *n.* 11. Ichneumon parafiticus erucarum minimus.
De Geer inf. p. 575 *&* 704, *tab.* 16, *f.* 1 — 6. Petit ichneumon noir à
    corps allongé & ovale, & à jambes d'un jaune foncé, qui vit en fociété dans
    les chenilles.
Rofel. inf. vol. 2, *tab.* 4. Bombyl. & vefp.

L'ichneumon à coton jaune.
Longueur 1 ¼ *ligne.*

Ceux-ci vivent en compagnie comme les précédens.
Ordinairement ils dépofent leurs œufs dans le corps de
quelque chenille, & principalement de celle du papillon
blanc du chou. Les petites larves qui en viennent, vivent
dans le corps de la chenille & fe nourriffent de fa fubftance, ce qui la fait périr. Quelquefois cependant elle parvient à fe changer en chryfalide, mais bientôt après elle
périt fans fe transformer en papillon. Les petites larves
parvenues à leur groffeur, fortent du corps de la chenille
ou de la chryfalide qu'elles percent de tous côtés & fe
mettent à filer des petites coques jaunes les unes à côté
des autres; mais ces coques ne forment point de boules

Tome II.   S f

régulieres & ne font pas recouvertes d'une couche de foie,
comme dans l'efpéce précédente, enforte que l'on diftingue très-bien chaque coque en particulier. Au bout de
quelques jours on en voit fortir de petits ichneumons femblables aux précédens, fi ce n'eft qu'ils font un peu plus
grands, que leurs pattes font jaunes & que leurs antennes
n'égalent pas tout-à-fait la longueur de leur corps.

3. ICHNEUMON *ferico alveari-formi.*

Reaum. inf. tom. 2, tab. 35, f. 7. La coque.

L'ichneumon à coques en forme de rayons de ruche.
Longueur 1 ligne.

Les coques de cette efpéce font toutes pofées les unes
à côté des autres dans leur longueur, & forment des efpéces de tablettes plattes des deux côtés. Sur chaque face
on voit les extrémités de ces petites coques cylindriques,
qui font ouvertes lorfque l'infecte en eft forti & qui repréfentent très-bien les cellules d'un rayon de mouches à
miel. Pendant long-tems j'ai rencontré de ces coques
tantôt grifes, tantôt brunes, mais prefque toujours les
petites mouches en étoient forties, & celles qui ne l'é-
toient pas périffoient avant que de fe tranfformer. Enfin
je fuis parvenu à avoir quelques-uns de ces ichneumons
qui font femblables aux précédens, mais plus éfilés. Leur
couleur eft noire, leurs pattes font brunes, & leurs antennes ont les deux tiers de la longueur de leur corps.

4. ICHNEUMON *aphidum. Linn. faun. fuec.*
n. 953.

Linn. fyft. nat. edit. 10, p. 568, n. 65. Ichneumon niger, pedibus rufis, antennis filiformibus longis.

L'ichneumon des pucerons.
Longueur 1 ligne.

Parmi les pucerons qui couvrent les plantes & les arbres, on en voit qui font morts, & dont le corps brun,

gros & luifant refte collé à la feuille. Ces pucerons ont été piqués par des petits ichneumons, qui ont dépofé leurs œufs dans leur corps. Ces œufs venant à éclore, la petite larve vit dans le corps du puceron qu'elle fait périr. Elle fait enfuite fa coque dans ce cadavre qui paroît dur & gros, & elle en fort fous la forme d'infecte parfait & aîlé par une ouverture qu'elle fait à la peau. Ce petit ichneumon femblable aux précédens, eft noir avec les pattes jaunes, & les antennes prefqu'auffi longues que fon corps. On le voit quelquefois voltiger fur les pucerons, s'y arrêter & approcher fon aiguillon & fon ventre de l'anus du puceron pour y dépofer fon œuf.

Nous avons vû en parlant des cinips, que la petite larve de cet ichneumon n'étoit pas en fûreté dans le corps du puceron. Il furvient fouvent un petit cinips dont nous avons parlé, qui vient auffi dépofer fon œuf dans le même endroit, & dont la larve tue celle de l'ichneumon, enforte que l'on voit alors fortir de ces pucerons morts, des cinips & non pas des ichneumons.

5. **ICHNEUMON** *ater, pedibus rufis, fetis ani corpore duplo longioribus.*

Linn. faun. fuec. n. 959. Ichneumon ater, pedibus rufis.
Linn. fyft. nat. edit. 10, *p.* 563, *n.* 30. Ichneumon manifeftator.
Raj. inf. 256. Vefpa ichneumon tota nigra, præter pedes qui crocei funt, (maf.)
Raj. ibid. 261. Mufca tripilis corpore tenui admodum & prælongo, fetis a cauda, omnium, quas unquam vidi, longiffimis, exeuntibus, (fæmina.)
Act. Upf. 736, *p.* 29, *n.* 3. Ichneumon cauda tripili, abdomine tereti atro, pedibus filiformibus rubris.
Reaum. inf. tom. 6, *tab.* 29, *f.* 16.
De Geer. inf. pag. 703, *tab.* 36, *fig.* 9. Ichneumon noir à corps allongé & cylindrique, & à jambes rouffes, de la grande efpéce.

L'ichneumon à longue queue.
Longueur 10 *lignes. Largeur* 1 ½ *ligne.*

Ce grand & fingulier ichneumon eft tout noir, à l'exception de fes pattes qui font d'un roux fauve. Ses antennes ont les trois quarts de la longueur de fon corps, & les foies de fa queue en ont au moins le double. Cette efpéce eft celle de ce genre qui a la plus longue queue. Des trois foies qui la compofent, deux font noires, groffes & velues, ce font celles des côtés qui fervent de gaines. Celle du milieu qu'elles enveloppent & qui eft le véritable aiguillon, eft brune, liffe, plus mince & plus roide, elle part du deffous du ventre, au lieu que les autres naiffent de fa pointe. Les aîles qui font grandes, ont un point marginal brun. Tout l'infecte eft allongé, mais fon ventre fur-tout eft fort long & plus gros par le bout. On rencontre fouvent cet ichneumon voltigeant dans les bois.

N. B. J'en ai trouvé une autre efpéce toute femblable, mais plus petite de près de moitié. Je penfe qu'elle n'eft qu'une variété de la précédente, n'y trouvant aucune autre différence que celle de la grandeur.

6. ICHNEUMON *ater, pedibus rufis, fetis ani longitudine corporis, abdomine lævi.*

L'ichneumon noir à queue de la longueur du corps & ventre liffe.

Longueur 7 lignes. Largeur 1 ½ ligne.

Cette efpéce eft noire avec les pattes fauves. Elle fe diftingue des autres qui en approchent, parce que les poils de fa queue font de la longueur de fon corps, & l'animal eft affez gros & large. Son ventre eft liffe & c'eft en quoi cet ichneumon différe du fuivant.

7. ICHNEUMON *ater, pedibus rufis, fetis ani longitudine corporis, abdomine tuberculis lateralibus.*

L'ichneumon noir à queue de la longueur du corps, & ventre à tubercules.

Longueur 6 lignes. Largeur ⅓ ligne.

La feule différence qui foit entre cette efpéce & la précédente, dépend; 1°. de la largeur; celle-ci eft plus grefle & plus mince: 2°. des tubercules qui font des deux côtés

du ventre, favoir deux fur chaque anneau. Ces tubercules font liffes & élevés. On trouve cette efpéce & la précédente fur les arbres.

8. ICHNEUMON *ater, pedibus rufis, fetis ani corpore
triplo brevioribus, abdomine fere feffili.*

Reaum. inf. tom. 2, tab. 35, f. 23.

L'ichneumon à pattes fauves & courte queue.
Longueur 6 lignes.   Largeur 1 ½ ligne.

Cette efpéce plus groffe & moins éfilée que la précédente, lui reffemble pour les couleurs. Elle eft noire & fes
pattes font d'une couleur fauve rougeâtre. Elle différe de
l'efpéce ci-deffus ; 1°. par la longueur différente de fa
queue qui n'égale gueres que le tiers ou même le quart
de la longueur de fon corps, & dont les filets font roides.
2°. Par le haut des cuiffes qui eft noir dans cette efpéce, au lieu que dans l'autre il eft de la même couleur
que le refte des pattes. Cet ichneumon vient dans les
coques & les chryfalides des papillons. Il n'y en a ordinairement qu'un dans chaque coque. Les antennes de cet infecte font noires, auffi longues que fon corps & compofées d'environ trente-fix articles.

9. ICHNEUMON *ater, pedibus rufis, fetis ani
corpore triplo brevioribus, abdominis bafi tenui longa
petiolata.*

L'ichneumon à pattes fauves & ventre en filet.
Longueur 3 ½ lignes. Largeur ⅓ ligne.

Celui-ci eft long, éfilé & reffemble beaucoup à l'avant
derniere efpéce. Il eft pareillement noir & fes pattes font
fauves. Ses antennes font de la longueur de la moitié de
fon corps, mais les filets de fa queue qui font minces,
n'égalent pas le tiers du corps. La bafe des cuiffes eft noire comme dans l'efpéce précédente dont celle-ci différe
en ce que fon ventre eft mince comme un fil, fur-tout en

haut ; n'allant en groffiffant que vers le bas, au lieu que le ventre de l'ichneumon précédent eft gros par-tout , quoique le bas foit un peu plus gros que le refte.

10. ICHNEUMON *niger , pedibus rufis , fronte flava.*

L'ichneumon noir à pattes fauves & devant de la tête jaune.
Longueur 3 lignes. Largeur ½ ligne.

Ses antennes font noires, un peu pâles en-deffous , & de la longueur de la moitié de fon corps. Tout l'animal eft noir, à l'exception du devant de la tête qui eft jaune. Ses pattes font de couleur fauve, mais fes pieds de derriere font noirs. Les aîles ont un point marginal bien marqué.

11. ICHNEUMON *niger , pedibus ferrugineis, femoribus pofticis craffis globofis.*

L'ichneumon noir à pattes brunes & groffes cuiffes.
Longueur 2 ⅔ lignes. Largeur ½ ligne.

Ce petit ichneumon eft tout noir , il n'y a que fes pattes qui foient d'une couleur fauve brune. Ses antennes font de la longueur des deux tiers de fon corps. Mais ce qui fait le caractere fpécifique de cet infecte , ce font fes cuiffes poftérieures qui font groffes & prefque fphériques. On le trouve fouvent dans les maifons fur les fenêtres.

12. ICHNEUMON *niger , pedibus ferrugineis, femoribus pofticis craffis denticulo armatis.*

Linn. fyft. nat. edit. 10 , p. 565 , n. 47. Ichneumon niger , abdomine fubcylindrico , pedibus ferrugineis , femoribus clavatis , pofticis dentatis.

L'ichneumon noir à pattes brunes & groffes cuiffes dentelées.
Longueur 3 ½ lignes. Largeur ⅓ ligne.

Il eft tout noir , fes pattes feules font d'un brun fauve. Ses antennes font de la longueur des trois quarts de fon corps. Ses cuiſſes poſtérieures ſont ſingulieres. Elles ſont groſſes, preſque rondes & armées intérieurement d'une pointe ou petite dent aigue, ce qui fait le caractere particulier de cette eſpéce.

13. ICHNEUMON *niger, pedibus rufis, genubus annulo albo.*

L'ichneumon noir à pattes fauves & genoux blancs.
Longueur 5 lignes. Largeur ⅓ ligne.

Ses antennes ſont de la longueur des deux tiers de ſon corps. Elles ſont noires, ainſi que la tête, le corcelet & le ventre. Les pattes ſont d'une couleur fauve un peu rougeâtre, mais à l'origine de chaque jambe il y a un anneau blanc. On apperçoit auſſi à l'origine des cuiſſes, ſur cette eſpéce de tête ronde qui les joint au corps, un petit point blanc.

Cet inſecte varie. Dans les uns la groſſe tête qui joint les pattes au corps eſt fauve comme les cuiſſes, dans les autres elle eſt noire. Dans les derniers l'anneau blanc des pattes eſt plus apparent. Dans tous, les filets du ventre ſont noirs, & égalent environ la longueur de la moitié du ventre.

14. ICHNEUMON *niger, pedibus rufis, femorum baſi puncto albo.*

L'ichneumon noir à pattes fauves, & point blanc à la baſe des cuiſſes.
Longueur 5 lignes. Largeur ⅓ ligne.

Ses antennes ſont de la longueur de ſon corps. Tout l'inſecte eſt noir & allongé. Ses pattes ſont fauves à l'exception des tarſes poſtérieurs. Sur la petite piéce de la baſe des cuiſſes qui eſt noire, il y a un petit point blanc.

N. B. *Idem apice thoracis puncto albo.*

Cette variété, qui eſt un peu plus grande, mais du reſte toute ſemblable à l'eſpéce ci-deſſus, n'en différe que par

un petit point blanc, qui se trouve à la pointe du corcelet.

15. ICHNEUMON *niger, pedibus albidis, alarum puncto nigro.*

De Geer. ins. pag. 585 & 704, tab. 27, fig. 26. Ichneumon noir à corps allongé & ovale, à jambes d'une feuille-morte jaunâtre.

L'ichneumon noir à pattes blanchâtres.
Longueur 1 ⅓ ligne. Largeur ⅓ ligne.

Ce petit ichneumon est tout noir & lisse. Ses antennes sont de la longueur de son corps. Ses pattes sont blanchâtres. Ses aîles qui sont diaphanes ont un point noir au bord extérieur. Il est sorti de têtes de *cirsium* où habitoient des larves de charanson dont il avoit fait périr quelques-unes.

16. ICHNEUMON *totus niger, tibiis posticis clavatis, abdomine longo, tenui, falcato.*

Linn. faun suec. n. 985. Ichneumon tibiis posticis clavatis.
Mouff. t. lat. 64, f. 1, 2. Musca triplis 1.
Reaum ins. tom. 4, tab. 10, f. 14.
Act. Upf. 1736, p. 28, n. 2. Ichneumon cauda triplici, abdomine superne fla-vescente, pedibus clavatis.
Ibid. p. 29, n. 17. Ichneumon cauda inermi, abdomine falcato, pedibus clava-tis. mas.

L'ichneumon tout noir à pattes postérieures très-longues & grosses.
Longueur 6 lignes. Largeur ⅔ ligne.

Cet ichneumon est noir, mince & long; on voit cependant un petit anneau blanc à l'origine de ses jambes & des tarses près de l'articulation. Les pattes postérieures sont plus longues que les autres & ont sur-tout des jambes fort grosses. Le ventre qui est mince, applati, plus gros vers le bout & recourbé, est terminé par trois aiguillons très-déliés & plus longs que le corps de l'animal; les deux latéraux sont noirs & un peu blanchâtres vers le bout, & celui du milieu est un peu fauve. Les aîles sont blanches & dia-phanes.

17.

17. ICHNEUMON *niger, tibiis posticis clavatis,
abdomine tenui falcato circa medium fulvo.*

*L'ichneumon noir à pattes postérieures grosses & milieu du
ventre fauve.*
Longueur 5 lignes. Largeur ½ ligne.

On prendroit volontiers cette espéce pour une variété
de la précédente. Elle lui ressemble infiniment & elle n'en
différe que par les marques suivantes. 1°. Elle n'a point
d'anneaux blancs à l'origine des jambes & des tarses, mais
elle est toute noire, à l'exception du milieu du ventre ;
savoir, le quatriéme & le troisiéme anneau & le bas du
second qui sont de couleur fauve. 2°. Ses aiguillons sont
plus courts que son corps & n'égalent guères que la moitié
de la longueur du ventre ; ils sont tout noirs. 3°.Les antennes plus courtes que dans l'espéce ci-dessus ne sont que de
la longueur de la tête & du corcelet pris ensemble, ce
qui fait environ le tiers de la longueur de l'animal.

18. ICHNEUMON *niger, femoribus posticis crassi-
ssimis fulvis puncto albido.*

*L'ichneumon noir à pattes postérieures fauves, très-grosses
& tachetées.*
Longueur 3 ½ lignes. Largeur ⅓ ligne.

Je n'ai pû examiner cet animal que sur un seul individu
en mauvais état & mutilé, mais sa figure est si singuliere
que je n'ai point voulu le passer sous silence. Il est d'une
couleur noire matte. Ses antennes sont à peu près de la
longueur de la moitié de son corps. Les piéces qui sont à
la base des cuisses postérieures, sont aussi longues que les
cuisses auxquelles elles ressemblent,& leur couleur est noire. Les véritables cuisses sont très-grosses, ovales, de
couleur fauve, avec un point blanchâtre un peu citron
vers leur extrémité du côté intérieur. Les jambes sont
minces & en arc pour se pouvoir courber & appliquer sur
la cuisse ; elles sont noires. Les aîles sont aussi noirâtres.

Tome II. T t

19. **ICHNEUMON** *niger , tibiis rufis , femoribus posticis clavatis , abdomine longo falcato.*

L'ichneumon noir à pattes fauves , à cuisses postérieures grosses & ventre en faucille.
Longueur 4 lignes.　Largeur ⅓ ligne.

Ses antennes qui sont longues , sont toutes noires , ainsi que sa tête , son corcelet & son ventre ; ce dernier est très-long & fait à lui seul les deux tiers de la longueur de l animal. Il est très-mince , éfilé & recourbé en faucille. Les cuisses sont noires & les jambes fauves. Les pattes de derriere plus longues que les autres , ont leurs cuisses très-grosses. Cette forme des pattes & la figure du ventre, font aisément reconnoître cette espéce.

20. **ICHNEUMON** *luteus , capite thoraceque fusco apice flavo.*

L'ichneumon jaune à tête & corcelet noir avec la pointe jaune.
Longueur 10 lignes.　Largeur 1 ½ ligne.

Ses antennes sont de la longueur des deux tiers de son corps. Leur couleur est brune tirant sur le fauve. Sa tête est brune , avec les yeux noirs & la levre supérieure d'un jaune citroné. La couleur de son corcelet est d'un brun noir , mais sa pointe est jaune. Le ventre un peu applati, est jaune, ainsi que les pattes. Les ailes sont aussi teintes de jaune.

21. **ICHNEUMON** *luteus totus. Linn. faun. suec. n. 967.*

Linn. syst. nat. edit. 10 , p. 566 , n. 51. Ichneumon luteus, thorace striato , abdomine falcato.
List Goed. 59 , f. 20. C.
Goed. belg. 2 , p. 135 , f. 37. & *gall. tom.* 3 , tab. 37 , fig. Infima.
Raj inf. 252 , n. 6. Vespa ichneumon major tota fulva , alis amplis, anterioribus nota fulva circa medium marginem anteriorem insignibus.
Act. Upf. 1736 , p. 29 , n. 15. Ichneumon flavus, abdomine falcato , alis erectis.
Reaum. inf. tom. 6 , tab. 30 , fig. 9.

L'ichneumon jaune à ventre en faucille.
Longueur 10 lignes.   Largeur 1 ⅓ ligne.

Cette grande & belle efpéce a les yeux noirâtres & tout le refte du corps d'un jaune roux. Ses antennes font un peu moins longues que fon corps. Son ventre eft fait en arc & plat des côtés , enforte qu'il reffemble à un coutelas courbe ou à une faucille. Il tient au corcelet par un pédicule long, très-mince & femblable à un filet qui eft compofé de fes premiers anneaux. Les aiguillons font très-courts & débordent à peine le ventre. Les aîles membraneufes ont un point marginal jaunâtre.

N B. J'en ai une variété plus petite d'un tiers.

22. ICHNEUMON *capite thoraceque nigris , antennis pedibus abdomineque falcato , luteis.*

Reaum. inf. tom. 2 , tab. 34 , fig. 6.

L'ichneumon à tête & corcelet noirs , & ventre jaune en faucille.
Longueur 9 lignes.   Largeur ⅓ ligne.

C'eft précifément la même forme de corps que dans l'efpéce précédente. Son ventre eft auffi applati par les côtés & recourbé en forme de faucille ; fes antennes font auffi de la longueur de fon corps & les aiguillons de fa queue fort courts. La différence de cette efpéce confifte en ce que fa tête & fon corcelet font noirs , & tout le refte de fon corps jaune , tant les antennes & les pattes que le ventre.

23. ICHNEUMON *luteus ; oculis , thorace infra , abdominifque falcati apice nigris.*

Linn. faun. fuec. n. 969. Ichneumon totus luteus , abdominis apice nigro.
Linn. fyft. nat. edit. 10 , p. 564 , n. 51. Ichneumon luteus , abdomine falcato , apice nigro.
Raj. inf. 253 , n. 7. Vefpa ichneumon precedenti congener , fed minor , tum corpore , tum alis , verum imo abdomine feu cauda nigra.
Albin. inf. tab. 7 , f. e.

T t ij

L'ichneumon jaune à corcelet noir en-deſſous & extrémité
du ventre noire.
Longueur 8 lignes.   Largeur 1 ¼ ligne.

Ses antennes auſſi longues que ſon corps , ſont d'un
jaune fauve. Le reſte de ſon corps eſt de la même couleur,
à l'exception des yeux , du deſſous du corcelet & de l'extrémité du ventre qui ſont noirs. Les aîles ſont auſſi jaunes.
Cet inſecte reſſemble tout-à-fait pour la forme aux deux
précédens , ſon ventre eſt fait de même en coutelas & applati des côtés. Les filets de ſa queue ſont très - courts &
peu apparens.

24. ICHNEUMON *niger , abdomine falcato , pedibus*
abdominiſque medio flavis.

Linn. faun. ſuec. n. 975. Ichneumon niger ; abdomine antice luteo , pedibuſque luteis.
Linn. ſyſt. nat. edit. 10 , *p.* 565 , *n.* 46. Ichneumon niger , abdomine falcato ,
ſegmentis 2°. 3°. 4°. que rufis , pedibus tenuibus ferrugineis.
Raj. inf. 255 , *n.* 17. Veſpa ichneumon major & longior , abdomine multo tenuiore ligamento pectori adnexo.
Act. Upſ. 1736 , *p.* 29 , *n.* 16. Ichneumon niger , abdomine falcato ſuperne
luteo , alis erectis.
De Geer inf. p. 705. & 574 , *tab.* 6 , *fig.* 11 , 12. Ichneumon noir à corps en
forme de faux , dont le milieu eſt jaune-rougeâtre & à jambes antérieures
jaunes.

L'ichneumon noir à pattes & milieu du ventre citron.
Longueur 6 lignes.   Largeur 1 ligne.

La forme du corps de celui-ci eſt encore la même que
celle des trois précédens. Ses antennes ſont de la longueur
de ſon corps. Tout l'inſecte eſt noir , à l'exception du
milieu de ſon ventre ; ſavoir , le ſecond , le ſecond , le troiſiéme & le
quatriéme anneau , & des pattes qui ſont de couleur
citron , encore les cuiſſes poſtérieures ſont - elles ſouvent
noires. Les aîles ſont brunes.

25. ICHNEUMON *luteus , thoracis faſciis tribus*
longitudinalibus fuſcis.

L'ichneumon jaune à corcelet rayé.
Longueur 5 lignes.   Largeur ¾ ligne.

Cet insecte est par-tout d'un jaune un peu fauve, seulement ses yeux sont noirs,& il y a sur son corcelet trois bandes brunes longitudinales, une au milieu & une de chaque côté, ce qui fait paroître le corcelet rayé de fauve & de brun. La levre supérieure est plus jaune que le reste du corps, les antennes égalent les trois quarts de la longueur de celui-ci, & le ventre est un peu applati. C'est autour des chênes que l'on trouve fréquemment cette espéce.

26. ICHNEUMON *fuscus, capite abdominisque apice nigris.*

L'ichneumon brun à tête & bout du ventre noirs.
Longueur 2 lignes. Largeur $\frac{1}{7}$ ligne.

Ses antennes de la longueur de son corps, sont de couleur brune. Sa tête est noire ; son corcelet est brun, avec un peu de noir à la pointe. Son ventre est fauve, mais son premier anneau & les derniers de la pointe sont noirs. Les pattes sont brunes, & les ailes sont très-transparentes avec un point marginal brun.

La coque de ce petit ichneumon est blanchâtre, satinée, avec deux anneaux bruns, un en-haut, l'autre en-bas, ce qui la fait ressembler à un petit baril.

27. ICHNEUMON *flavo-ferrugineus, apice thoracis nigro.*

L'ichneumon jaune à pointe du corcelet noire.
Longueur 2 $\frac{1}{3}$ lignes. Largeur $\frac{1}{7}$ ligne.

Il est par-tout d'un jaune un peu fauve, si ce n'est à la partie postérieure de son corcelet qui est noire. Ses antennes sont de la longueur de son corps, & les filets de sa queue très-courts & peu apparens.

28. ICHNEUMON *flavo, rufo, nigroque variegatus, thoracis apice flavo.*

L'ichneumon fauve à taches noires & pointe du corcelet jaune.
Longueur 5 $\frac{1}{2}$ lignes. Largeur 1 ligne.

Ses antennes qui font fauves , égalent les deux tiers
de la longueur de fon corps. Sa tête eft de la même couleur , avec les yeux noirs & une tache pareillement noire
fur fa partie poftérieure. Son corcelet eft rayé de bandes
longitudinales noires & brunes , avec du jaune fur les
côtés & fa pointe de même jaune. Le ventre fauve & luifant a une tache noire fur le milieu de chaque anneau en-
deffus. Les pattes font fauves , mais la partie intérieure
des cuiffes eft noire & les articulations font jaunes. Les aîles font un peu brunes , avec un point marginal fauve. Cet
ichneumon eft forti de la coque de la chenille commune
qu'il avoit tuée.

29. I C H N E U M O N *fufcus , nigro maculatus , alis
nigris.*

L'ichneumon brun à taches noires & aîles noirâtres.
Longueur 2 lignes.　Largeur ⅓ ligne.

Ses antennes font noires & prefqu'auffi longues que fon
corps. Sa tête & tout l'animal font d'un fauve brun. Sur la
tête il y a une tache noire , & de plus les yeux font noirs.
Le corcelet a en-devant trois taches noires , une au milieu
& deux fur les côtés , & de plus une quatriéme tache à la
pointe. Le ventre plus jaune que le refte du corps , a
en-deffus au milieu une raie longitudinale de taches
noires , dont il y en a une fur le milieu de chaque anneau.
Les pattes font brunes , avec les articulations plus claires.
Les filets du ventre font noirs , mais celui du milieu ou
l'aiguillon eft fauve. Les aîles font noirâtres.

Cet infecte varie : on en trouve dont la tête & le corcelet font prefque tout noirs , & dont les pattes font très-
brunes. Dans tous , le ventre a un pédicule très-mince &
affez allongé.

30. I C H N E U M O N *linearis rufus nigro maculatus ,
alis albis cruciatis.*

L'ichneumon fauve à taches noires & aîles croifées.
Longueur 1 ½ ligne.　Largeur ¼ ligne.

Il approche infiniment du précédent. Il n'en différe que parce que ; 1°. fes antennes ne font pas noires , mais brunes & moins longues que fon corps ; 2°. fon ventre eft prefque tout noir en-deffus ; 3°. fes pattes font d'un fauve clair fans mélange d'autres couleurs ; 4°. enfin fes aîles font diaphanes, appliquées & croifées fur le corps de l'infecte. Les filets de la queue dans la femelle font noirâtres & prefque de la longueur du corps. Pour les aîles , elles débordent le ventre d'un bon tiers. Le ventre affez long & égal, a un pédicule court , en quoi cet infecte différe encore du précédent.

31. ICHNEUMON *niger, fronte punctifque humerorum flavis.*

L'ichneumon noir à petites taches jaunes.
Longueur 7 lignes. Largeur 1 ligne.

Il eft tout noir , à l'exception des taches jaunes fuivantes. Premiérement les yeux font entourés d'une ligne jaune plus large fur le devant , ce qui rend la partie antérieure de la tête jaune pour la plus grande partie. Secondement, au-deffus de l'attache des aîles fupérieures , il y a une raie jaune oblique , & plus bas fur le côté un point de même couleur. Le deffus du corcelet a un femblable point de chaque côté près l'attache des aîles inférieures. A l'origine de chaque cuiffe en-deffous il y a auffi un point jaune. Toutes ces taches font fort petites. Les antennes font de la grandeur des deux tiers du corps. L'individu que j'ai eft un mâle , enforte que je ne fais comment font les filets de la queue dans la femelle.

32. ICHNEUMON *atro-cœrulefcens , abdominalibus fegmentis utrinque macula flava.*

L'ichneumon noir à ventre tacheté de citron fur les côtés.
Longueur 6 ½ lignes. Largeur 1 ⅓ ligne.

Ses antennes font de la longueur de fon corps. Elles

font,ainſi que tout l'animal,d'une couleur noire matte. Sur le ventre cette couleur tire un peu ſur le pourpre & paroît comme veloutée. Tous les anneaux du ventre ont de chaque côté une tache d'un jaune citron excepté le dernier anneau. Les aîles ſont noirâtres. Le premier anneau du ventre eſt moins en filet qu'il ne l'eſt ordinairement dans les inſectes de ce genre.

33. I C H N E U M O N *ater , punctatus , pedibus rufis , abdominis baſi utrinque macula flava.*

L'ichneumon noir chagriné à pattes fauves & deux taches jaunes ſur le ventre.
Longueur 2 ½ lignes.   Largeur ⅓ ligne.

Il eſt tout noir , chagriné , matte & nullement luiſant. Sa forme reſſemble aſſez à celle de l'ichneumon , (n°. 36) *à plaque de poils bruns ſur le ventre.* Ses antennes ont le tiers de la longueur de ſon corps. Ses pattes ſont rougeâtres , & le ſecond anneau de ſon ventre a de chaque côté une grande tache jaune. Les aîles ont leur bord & un point marginal bruns.

34. I C H N E U M O N *niger , femoribus poſticis rufis ; abdominis medio utrinque macula alba.*

L'ichneumon noir à cuiſſes poſtérieures fauves & deux taches blanches ſur le ventre.
Longueur 4 lignes.   Largeur ⅓ ligne.

Ses antennes n'ont guères que la longueur de la moitié de ſon corps. Tout l'animal eſt noir & liſſe , à l'exception de ſes cuiſſes poſtérieures qui ſont d'un fauve roux , & de deux petites taches blanches allongées , une de chaque côté au milieu du ventre ſur le troiſiéme anneau.

35. I C H N E U M O N *niger , pedibus rufis ; thoracis baſi linea , apice puncto , albis ; abdominis ſegmento ; 1°. punctis duobus ; 2°. margine , albis.*

L'ichneumon

*L'ichneumon noir à pattes rougeâtres , à corcelet & ventre
tachetés de blanc.*
Longueur 3 lignes. Largeur ⅔ ligne.

Ce joli ichneumon eſt noir. Ses antennes égalent la
moitié de la longueur de ſon corps. Son corcelet a ſur
ſa baſe une raie blanche tranſverſe un peu en arc , & à ſa
pointe une tache de même couleur. Le premier anneau du
ventre a de chaque côté un point blanc , & le ſecond
eſt tout bordé de blanc. Les pattes ſont d'une couleur
fauve rougeâtre.

36. I C H N E U M O N *ater , alis extremo fuſcis ,*
     abdominis apice villoſo ferrugineo.

De Geer. inſ. p. 577. & 705 , tab. 36 , fig. 2. Ichneumon noir , dont le corps ſe
termine en boule allongée , qui eſt gris-verdâtre , luiſant & comme ſatiné.

L'ichneumon noir à plaque de poils bruns ſur le ventre.
Longueur 4 lignes. Largeur 1 ligne.

Ses antennes ſont de la longueur des deux tiers de ſon
corps. Tout l'animal eſt noir , chagriné & un peu velu.
Son ventre ne paroît compoſé que de quatre anneaux ,
mais le dernier qui eſt fort gros , eſt réellement compoſé
de quatre autres qui ſemblent confondus & paroiſſent n'en
former qu'un. C'eſt ſur ce gros anneau que ſe trouve
une touffe de poils qui forme une plaque noire ou brune
ſuivant le ſens où on la regarde. Les ailes ſont brunes
& preſque noires vers leur bout, du moins les ſupérieures.
Cet ichneumon eſt ſorti de la coque de différentes phalênes dans les chenilles deſquelles ſes œufs avoient été
dépoſés.

37. I C H N E U M O N *niger , alis faſcia duplici*
     tranſverſa nigra.

L'ichneumon noir à deux bandes ſur les aîles.
Longueur 3 ¼ lignes. Largeur ⅔ ligne.

Sa couleur eſt toute noire & ſon corps eſt liſſe. Ses anten-

Tome II.   V v

nes égalent les deux tiers de fa longueur. Ses aîles ont deux bandes larges, tranfverfes, de couleur noire. Celle du bout eft plus large que l'autre. Cet infecte a le port d'une abeille.

38. ICHNEUMON *totus niger.*

L'ichneumon tout noir.
Longueur 1 ligne.

Tout l'infecte eft noir & liffe, quelquefois cependant il y a une petite tache de couleur citron à l'extrémité du ventre. Ses antennes font de la longueur des deux tiers de fon corps, & les filets de fa queue font prefqu'auffi longs que l'animal. Ses aîles font noires.

39. ICHNEUMON *totus ater, antennis medio albis.*

Linn. fyft. nat. edit. 10, p. 563, *n.* 23. Ichneumon ater totus, antennis fafcia alba.
Reaum. inf. tom. 6, tab. 29, f. 1, 2, 3, 4.
De Geer. inf. p. 581. & 704, tab. 24, fig. 10. Ichneumon tout noir à corps allongé & ovale, dont les antennes ont au milieu une petite tache blanche.

L'ichneumon noir à anneaux blancs aux antennes.
Longueur 6 lignes.   Largeur 1 ligne.

Ses antennes font prefque de la longueur de fon corps. Elles ont dans leur milieu trois ou quatre articles blancs l'un à côté de l'autre, ce qui fait que le milieu de l'antenne eft blanc & forme une efpéce d'anneau. Tout le refte de l'infecte eft d'un noir matte; fes aîles mêmes font noirâtres; on voit feulement à l'origine des cuiffes poftérieures une petite tache blanche. Le premier anneau du ventre qui tient au corcelet eft long & mince. On trouve fouvent cet ichneumon dans les nids de guêpes-maçones, où il fait du ravage, dévorant les larves de ces guêpes.

40. ICHNEUMON *niger, thoracis apice antennarumque medio albis.*

L'ichneumon noir, avec la pointe du corcelet & le milieu des antennes blancs.
Longueur 5 lignes.   Largeur ¼ ligne.

Il ne différe du précédent qu'en ce que la pointe de son corcelet est blanche, & que sa couleur noire est luisante & non pas matte. Du reste, il a des anneaux blancs au milieu des antennes, & une petite tache blanche à l'origine de chaque cuisse : peut-être n'est-ce qu'une variété.

41. ICHNEUMON *ater, femoribus testaceis, antennis medio albis. Linn. faun. suec. n.* 955.

L'ichneumon noir à cuisses rougeâtres & anneau blanc aux antennes.

Longueur 4 ½ *lignes. Largeur* ⅔ *ligne.*

Ses antennes égalent les trois quarts de la longueur de son corps ; elles sont noires, avec quelques anneaux blancs dans leur milieu. Tout l'animal est noir, excepté ses pattes qui sont rougeâtres, encore dans les pattes postérieures n'y a-t-il que les cuisses qui soient de cette couleur, & le reste est noirâtre. Les ailes sont brunes : le ventre est long & ses filets égalent les deux tiers de sa longueur. J'ai trouvé cet ichneumon dans les taillis.

42. ICHNEUMON *ater ; pedibus rufis, tibiis posticis apice nigris, antennis medio albis. Linn. faun. suec. n.* 962.

Act. Ups. 1736, p. 50, *n.* 21. Ichneumon antennis spiralibus, corpore atro, ventre subfalcato, pedibus luteis.

L'ichneumon noir à pattes rougeâtres & anneau blanc aux antennes.

Longueur 2 ⅔ *lignes. Largeur* ¼ *ligne.*

Ses antennes qui égalent environ la longueur de son corps, sont noires, avec le milieu blanc. Sa tête, son corcelet & son ventre sont noirs. Ses pattes sont d'une couleur fauve rougeâtre, il n'y a que les bouts des jambes postérieures qui soient noirs, ainsi que les tarses. Les ailes sont brunes & les filets de la queue sont à peu près de la longueur du ventre.

On voit que cet insecte différe peu du précédent. Cependant , à les voir l'un auprès de l'autte , ils ont un port différent , qui prouve que celui-ci n'eſt point une ſimple variété.

43. ICHNEUMON *niger , pedibus rufis , tibiis antennifque medio albis.*

L'ichneumon noir à pattes rougeâtres, à taches blanches ſur les jambes & anneau blanc aux antennes.
Longueur 5 lignes. Largeur ⅔ ligne.

L'inſecte eſt noir. Ses antennes qui ont le tiers de la longueur de ſon corps, ſont blanches au milieu. Ses pattes ſont de couleur fauve , mais la piéce de la baſe eſt noire avec un point blanc , & les cuiſſes ont une tache blanche en-deſſus dans leur milieu.

44. ICHNEUMON *niger , pedibus rufis , tarfis poſticis antennifque medio albis.*

L'ichneumon noir à pattes rougeâtres , avec le milieu des tarſes & des antennes blanc.
Longueur 4 lignes.

Sa couleur eſt noire , avec un peu de blanc à la baſe du ventre , & le milieu des antennes auſſi de couleur blanche. Ses pattes ſont rougeâtres à l'exception des tarſes & des extrémités des jambes qui ſont noirs , ſi ce n'eſt que le milieu des tarſes poſtérieurs a deux anneaux , ſavoir le ſecond & le troiſiéme qui ſont blancs. Les filets de la queue ſont un peu plus longs que le corps , les deux latéraux ſont noirs & celui du milieu ou l'aiguillon eſt brun.

45. ICHNEUMON *niger , pedibus rufis , geniculis antennarumque medio albis.*

L'ichneumon noir à pattes rougeâtres , avec les genoux & le milieu des antennes blancs.
Longueur 4 lignes. Largeur ⅔ ligne.

Cette eſpéce eſt noire. Ses antennes qui ont la moitié

de la longueur du corps, font blanches au milieu. Son corcelet a latéralement & un peu en-deſſus quatre ou cinq petites taches blanches de chaque côté. Les bords des anneaux du ventre ont auſſi un peu de blanc ſur les côtés. Les filets de la queue ſont un peu moins longs que le ventre. Les pattes ſont de couleur fauve, avec quelques taches blanches à leur origine, & l'articulation du genou eſt blanchâtre. Le point marginal des aîles eſt aſſez marqué.

46. ICHNEUMON *niger, abdomine toto ferrugineo antennis annulo albo.*

L'ichneumon noir, à ventre & jambes fauves, & anneau blanc aux antennes.

Longueur 3 ½ lignes.   Largeur ⅓ ligne.

Sa tête & ſon corcelet ſont tout noirs. Ses antennes pareillement noires & blanches dans leur milieu, ſont preſque de la longueur de la moitié du corps. Le ventre eſt tout entier de couleur fauve. Les pattes ſont de la même couleur, à l'exception des cuiſſes qui ſont groſſes & noires. Les aiguillons ſont de la longueur du tiers du ventre. Les aîles ſont un peu brunes.

47. ICHNEUMON *niger, abdomine pone ferrugineo, antennis medio albis.*

L'ichneumon noir à ventre fauve vers le bas, & anneau blanc aux antennes.

Longueur 6 ½ lignes.

Les deux tiers poſtérieurs de ſon ventre ſont de couleur fauve, & le milieu de ſes antennes eſt blanc. Tout le reſte de l'inſecte eſt noir.

48. ICHNEUMON *niger, abdomine ferrugineo apice nigro, antennis annulo albo. Linn. faun. ſuec. n. 970. Planch. 16, fig. 1.*

Act. Upf. 1736, *p.* 29, *n.* 7. Ichneumon aculeo triplici, pedibus abdomine-que teftaceis, apice nigro.

L'ichneumon noir à ventre & pattes fauves & anneau blanc aux antennes.
Longueur 3 *lignes.　Largeur* ½ *ligne.*

Sa tête & fon corcelet font noirs, fes antennes font brunes avec quelques anneaux blancs dans leur milieu. Les pattes & le ventre font fauves, mais l'extrémité du ventre eft noire. Le ventre eft affez gros, à l'exception des premiers anneaux qui partent du corcelet & qui font min-ces. Les filets de la queue font courts & noirâtres.

N.B. Il y en a une variété, qui a de plus le premier anneau des tarfes poftérieurs blanc.

49. ICHNEUMON *niger, abdomine antice ferrugineo, poftice nigro punctis tribus albis, thoracis apice annu-loque antennarum albo.*

Linn. faun. fuec. n. 978. Ichneumon abdomine antice ferrugineo, poftice nigro, punctis quatuor albis, antennis albo annulo.
Act. Upf. 1736, *p.* 30, *n.* 22. Ichneumon abdomine teftaceo, apice nigro, punctis quatuor albis.

L'ichneumon noir à bande fauve fur le ventre, avec la pointe du corcelet & anneau des antennes blancs.
Longueur 5 *lignes.　Largeur* ¼ *ligne.*

Ses antennes font noires avec quelques anneaux blancs dans leur milieu. Sa tête eft toute noire. Son corcelet qui eft de même couleur, a une tache blanche à fa pointe. Le premier anneau du ventre plus mince & plus étroit que les autres, eft noir, le fecond & le troifiéme font de couleur fauve, les quatre derniers font noirs, & ont, à l'exception du premier de ces quatre, chacun un point blanc fur leur milieu en-deffus, ce qui fait une raie de trois points blancs, à l'extrémité du ventre. Les pattes font d'un fauve un peu clair, à l'exception des cuiffes pof-térieures qui font noires. Les aîles font brunes. On trouve cet insecte dans les bois. Les filets de sa queue sont très-courts.

N.B. A. *Idem femoribus omnibus nigris.*
B. *Idem femoribus nigris , tibiisque omnibus basi albis , apice nigris.*

Ce sont deux variétés de l'espéce ci-dessus , dont l'une a toutes les cuisses noires, au lieu que la nôtre n'avoit que les cuisses postérieures de cette couleur. L'autre, outre les cuisses noires, a la moitié supérieure de toutes les jambes blanche, & la moitié inférieure noire. Peut-être que la quarante-troisiéme espéce n'est aussi qu'une variété de celle-ci.

50. ICHNEUMON *niger , abdomine ferrugineo ; apice nigro , tibiis antennisque annulo albo.*

L'ichneumon noir à ventre fauve en-devant , & à anneaux blancs aux pattes & aux antennes.
Longueur 2 ½ lignes. Largeur ½ ligne.

Sa tête & son corcelet sont tout noirs. Ses antennes sont de la même couleur avec leur milieu blanc ; elles sont de la longueur des trois quarts du corps. Le ventre qui part du corcelet par un filet mince , a les quatre premiers anneaux fauves , & les derniers noirs. Les pattes sont aussi fauves , mais la base des jambes du milieu & de derriere a un anneau blanc bien marqué. Les tarses & les jambes postérieures sont noirs. Les aiguillons de la queue sont pareillement noirs & de la longueur du tiers du ventre.

51. ICHNEUMON *niger , abdomine ferrugineo ; pone nigro , apice albo ; antennis medio albis.*

Linn. syst. nat. edit. 10 , p. 563 , n. 23. Ichneumon niger, pedibus subclavatis abdomineque ferrugineis, segmentis duobus ultimis nigris , ano albido.

L'ichneumon noir , à ventre fauve en-devant , noir posté-

rieurement & terminé de blanc ; & à anneau blanc aux
antennes.
Longueur 3 ½ *lignes.*   Largeur ½ *ligne.*

Ses antennes qui égalent au moins les deux tiers de la longueur de son corps, sont noires, avec leur milieu blanc. Sa tête & le corcelet sont tout noirs. Les quatre premiers anneaux du ventre sont fauves, les autres sont noirs à l'exception du dernier qui est blanc. Les pattes sont aussi fauves avec les articulations des pattes postérieures noires. Les aîles sont un peu brunes & les filets de la queue de la longueur de la moitié du ventre environ.

52. ICHNEUMON *niger ; thoracis apice , abdominis*
   medio , pedibufque flavo variegatis , antennis medio
   albis.

L'ichneumon panaché de noir & citron à anneau blanc
   aux antennes.
Longueur 7 *lignes.*   Largeur 1 ⅓ *ligne.*

Cet ichneumon reffemble beaucoup à une guêpe. Ses antennes qui sont affez groffes, compofées d'une quarantaine d'articles courts, & courbées en cornes de bélier, n'égalent pas la moitié de la longueur de son corps. Elles sont de couleur noire, & blanches dans leur milieu. La tête est toute noire, ainfi que le corcelet, qui a une tache citronée triangulaire à fa pointe. Le ventre est noir, à l'exception du fecond & du troifiéme anneau qui font de couleur citron. Il y a auffi quelquefois fur fes derniers anneaux une tache jaune, mais qui n'est pas conftante. Les cuiffes sont noires, les jambes jaunes en-haut, noires vers le bas, & les tarfes d'un jaune un peu fauve. Cet ichneumon est très-carnaffier. Il attaque les autres infectes & les dévore.

53. ICHNEUMON *niger , fronte , thoracifque apice*
   albis , tibiis palmifque albo variegatis.
                                         L'ichneumon

L'ichneumon à pointe du corcelet blanche & pattes pana-
chées de blanc.
Longueur 7 lignes. Largeur 1 ligne.

Ses antennes font prefque de la longueur de fon corps ;
elles font noires. Tout l'animal eft de la même couleur,
mais fa levre fupérieure & la pointe de fon corcelet font
d'un blanc un peu citron. Les cuiffes des pattes antérieures
font noires, & leurs jambes & leurs pieds font blancs. Les
pattes poftérieures ont pareillement leurs cuiffes noires,
mais leurs jambes & leurs pieds font moitié blancs moitié
noirs. Les aîles font un peu brunes, avec le point marginal
noirâtre.

54. I C H N E U M O N *niger, pedibus ferrugineis ;*
thoracis apice, maculifque abdominis quatuor albis,
antennarum medio albo.

L'ichneumon noir à pointe du corcelet & taches du ventre
blanches.
Longueur 6 lignes. Largeur 1 ⅓ ligne.

Cette efpéce eft une des plus belles. Ses antennes font
de la longueur des deux tiers de fon corps. Elles font noires, avec leur milieu blanc. Sa tête eft noire, avec une
petite raie jaune au-deffus des yeux. Le corcelet pareillement noir a un peu de blanc à fa pointe. Le ventre eft
noir, avec quatre taches blanches, deux fur le fecond anneau & deux fur le troifiéme, une de chaque côté. Les
pattes font rougeâtres, mais l'origine des cuiffes eft noire,
avec un petit point blanc, & de plus les tarfes des pattes
poftérieures font noirs. Les aîles ont un point marginal
brun.

55. I C H N E U M O N *niger, pedibus ferrugineis, apice*
thoracis albo.

L'ichneumon noir à pieds rougeâtres & pointe du corcelet
blanche.
Longueur 6 lignes. Largeur 1 ligne.

Tome II. X x

Cette efpéce eft toute noire, elle a feulement les pattes fauves, & une tache blanche à la pointe de fon corcelet. Le point marginal de fes aîles eft jaunâtre. Cet ichneumon eft forti d'une coque de phalêne.

56. **ICHNEUMON** *niger, pedibus ferrugineis, thoracis abdominifque apice albo.*

L'ichneumon noir à pointe du corcelet & bout du ventre blancs.

Longueur 4 lignes. Largeur ⅔ ligne.

Il reffemble au précédent pour les couleurs. Il eft noir, fes pattes font rougeâtres, ainfi que l'attache des cuiffes, qui dans l'efpéce précédente eft noire. Ses antennes font de la longueur de la moitié de fon corps, noires en-haut & un peu fauves à leur bafe. La pointe du corcelet a une tache blanche, & le dernier anneau du ventre eft blanc. Les filets de la queue font de la longueur de la moitié du ventre & noirs, à l'exception de l'aiguillon du milieu qui eft rougeâtre. Ses aîles font noirâtres.

J'ai trouvé affez fréquemment cet ichneumon à la fin de l'été fur les tiges de *fcirpus,* au bord des étangs & des mares : peut-être dépofe-t-il fes œufs dans le corps de quelqu'infecte aquatique.

57. **ICHNEUMON** *niger, fronte thoracifque apice flavis, pedibus abdominifque medio ferrugineis.*

L'ichneumon noir à pointe du corcelet jaune, avec les pattes & le milieu du ventre fauves.

Longueur 5 lignes. Largeur ¾ ligne.

Ses antennes noires font de la longueur des deux tiers de fon corps. Sa tête eft noire, avec la levre fupérieure & l'origine des antennes jaunes. Le corcelet auffi noir a une tache jaune à fa pointe, & deux petites raies de même couleur devant l'attache des aîles, une de chaque côté. Le ventre eft noir, mais fon milieu; favoir, le fecond, le troisiéme & le quatriéme anneau sont d'un fauve rougeâtre. Les pattes sont aussi de couleur fauve. Les aîles sont noirâtres & plus courtes que le ventre.

N. B. J'en ai une variété dont les cuisses postérieures sont noires.

58. ICHNEUMON *niger, fronte flava, antennis pedibus abdominifque medio ferrugineis.*

L'ichneumon noir, à antennes, pattes & milieu du ventre fauves.

Longueur 5 lignes. Largeur ⅔ ligne.

Cette espéce approche beaucoup de la précédente ; la principale différence consiste en ce que ses antennes sont de couleur fauve, & que son corcelet est tout noir sans points ni raies jaunes. Du reste sa tête est noire, avec la levre supérieure jaune ; ses pattes sont fauves ; le second, le troisiéme & le quatriéme anneau du ventre sont de la même couleur & les autres sont noirs. Les filets de sa queue sont très-courts & ne paroissent presque point.

Ceux que j'ai de cette espéce sont des femelles, & ceux de la précédente sont des mâles : peut-être les unes sont-elles les femelles des autres, & pour lors ces deux ichneumons ne différeroient que par le sexe. C'est ce que le hasard seul peut faire connoître ; il faudroit les trouver accouplés.

59. ICHNEUMON *niger ; fronte, thoracis apice, tibiis ex parte, abdominifque medio flavis.*

Linn. faun. suec. n. 983. Ichneumon niger, tibiis segmentoque secundo tertioque abdominis flavis.

L'ichneumon noir, à pointe du corcelet, partie des pattes & milieu du ventre fauves.

Longueur 4 ⅔ lignes. Largeur ⅓ ligne.

Sa tête, ses antennes & son corcelet sont noirs. Sur sa tête, on voit la levre supérieure & la base des antennes qui font d'un jaune citron. La pointe du corcelet a une tache de même couleur. Le premier anneau du ventre plus mince que les autres eft noir ; le fecond & le troifiéme font jaunes & les derniers font noirs , mais le quatriéme a deux taches fauves , une de chaque côté. Les pattes font jaunes, à l'exception des cuiffes poftérieures & de la partie inférieure des jambes. Les antennes font de la longueur des deux tiers du corps. Le ventre de cet infecte eft applati.

60. **ICHNEUMON** *niger , thoracis apice flavo , humeris pedibufque ferrugineis ; fegmentis abdominalibus margine albidis.*

L'ichneumon noir à pointe du corcelet jaune , & partie antérieure du corcelet fauve.
Longueur 3 lignes. Largeur ½ ligne.

Sa tête & fes antennes font noires ; celles-ci font prefque de la longueur de fon corps. Le corcelet eft fauve en-devant , noir poftérieurement , avec une tache jaune fur la pointe , fuivie d'un petit point jaune. Les pattes font d'un fauve clair , mais les tarfes de la derniere paire font noirâtres. Le ventre eft noir , avec un petit trait blanchâtre au bord de chaque anneau. Les aîles font tranfparentes & ont un point marginal brun. C'eft dans les bois qu'on trouve cette petite efpéce.

61. **ICHNEUMON** *niger , fronte , thoracis apice , pedibus , abdomineque fupra flavis , thorace flavo maculato.*

L'ichneumon arlequin.
Longueur 6 lignes. Largeur 1 ligne.

Ses antennes égalent prefque la longueur de fon corps , elles font noires en-deffus , pâles en-deffous. Ses yeux font noirs , ainfi que fa tête , dont la levre fupérieure eft jaune & le deffous des yeux. Le corcelet pareillement noir , a en-

devant près de la tête une tache jaune en forme de V. Sa
pointe eſt auſſi jaune , & en-deſſous il a de chaque côté
quatre taches jaunes , une petite à l'attache de l'aile , une
pareille un peu plus bas , une ſemblable auprès de la
ſeconde paire de pattes , & une grande allongée à l'attache
de la premiere paire. Les pattes ſont toutes de couleur
jaune citron. Le ventre dont le pédicule eſt mince , eſt de
couleur noire , mais en-deſſus , il a une grande tache jaune
qui s'étend depuis la moitié du premier anneau , juſqu'au
quatriéme & même un peu ſur le cinquiéme. Les aîles
ſont un peu brunes. Cette eſpéce m'a été apportée.

62. **ICHNEUMON** *niger , abdomine antice fulvo ,
petiolo brevi.*

*L'ichneumon noir à ventre fauve en-devant & court pé-
dicule.*

Longueur 5 ½ lignes. Largeur 1 ligne.

Il eſt tout noir , ſeulement les trois premiers anneaux
de ſon ventre ſont fauves. Le premier ne forme qu'un pédicule fort court , en quoi cette eſpéce eſt très-aiſée à diſtinguer de la ſuivante. Les antennes ſont de la longueur
du tiers du corps , & compoſées d'environ quatorze ou
quinze anneaux. Les aîles ſont noirâtres. Cet inſecte varie
pour la grandeur. J'en ai qui ſont moitié plus petits que
les autres.

63. **ICHNEUMON** *niger , abdomine fulvo , poſtice
nigro , petiolo longiſſimo.*

Friſch. germ. 2 , pag. 6 , t. 1 , f. 6 , 7.

*L'ichneumon noir à ventre fauve en-devant & à long pé-
dicule.*

Longueur 10 lignes. Largeur 1 ¼ ligne.

La figure de Friſch eſt très-bonne & repréſente parfaitement bien ce bel inſecte. Il eſt noir. Ses antennes ſont
courtes , elles n'égalent pas la cinquiéme partie de la lon-

gueur de son corps , & elles ne sont composées que de
douze anneaux , au lieu que celles des autres espéces de ce
genre sont longues & composées d'une quantité prodi-
gieuse d'articles très-courts & qu'on ne peut presque distinguer. Le ventre est fauve , excepté ses quatre derniers
anneaux qui sont d'un noir bleuâtre. Mais ce qui rend cet
insecte remarquable , c'est que le premier & le second
anneau du ventre sont très - longs & comme un fil , auquel sont attachés les autres qui sont ramassés & plus
courts , représentant la figure d'un œuf. Les aîles sont brunes , courtes , croisées les unes sur les autres , & le ventre
les déborde de près de moitié. Les pattes sont longues.

    Cet insecte est carnassier, il attaque souvent les autres
& dévore de grosses araignées. C'est un spectacle amu-
sant , lorsque dans un bois on rencontre aux prises ces deux
animaux , & que l'on voit l'ichneumon piquer avec son
aiguillon qui est très-court & déchirer avec ses machoires
l'araignée qui succombe à la fin dans ce combat.

64. ICHNEUMON *niger , abdomine antice rufo ;
postice nigro , palmis anticis albis.*

*L'ichneumon noir à ventre fauve en-devant & tarses anté-
rieurs blancs.*

Longueur 4 lignes. Largeur 1 ligne.

    Ses antennes sont de la longueur de son corps. Tout
l'insecte est noir , à l'exception du second & du troisiéme
anneau du ventre qui sont fauves , & des tarses des deux
pattes antérieures qui sont blanchâtres. Le premier anneau
du ventre est fort mince.

65. ICHNEUMON *niger , abdominis medio , pedibusque anterioribus rufis , palmis posticis albis. Linn. faun.
suec. n. 982.*

*L'ichneumon noir à ventre fauve au milieu & pieds de der-
riere blancs.*

Longueur 3 ⅔ lignes. Largeur ⅓ ligne.

Sa tête, ſes antennes & ſon corcelet ſont noirs, il y a ſeulement un peu de blanc à la levre ſupérieure & à l'origine des antennes. Le ventre eſt fauve, mais ſa baſe & ſa pointe ſont noires. Les quatre pattes antérieures ſont toutes fauves. Les deux poſtérieures ſont noires avec les tarſes blancs. Les antennes ont les trois quarts de la longueur du corps. J'ai trouvé cet inſecte dans les taillis.

66. ICHNEUMON *niger; abdominis medio, pedibuſque rufis, palmis poſticis nigris.*

L'ichneumon noir à pattes & milieu du ventre fauves, & pieds de derriere noirs.
Longueur 5 ½ lignes. Largeur 1 ligne.

Ses antennes ſont noires & de la longueur des deux tiers de ſon corps. Sa tête & ſon corcelet ſont de la même couleur ſans aucune tache. Le ſecond & le troiſiéme anneau du ventre ſont fauves, les autres ſont noirs. Les quatre pattes de devant ſont toutes fauves, ainſi que les cuiſſes poſtérieures, mais les jambes & les tarſes des pattes de derriere ſont noirs. La tête des cuiſſes eſt auſſi noire, & l'on voit deſſus un petit point citron.

67. ICHNEUMON *niger, pedibus ferrugineis, tibiis poſticis albo nigroque variegatis. Linn. faun. ſuec. n. 963.*

L'ichneumon noir, à pattes poſtérieures panachées.
Longueur 3 ¼ lignes. Largeur ½ ligne.

Ses antennes ſont noirâtres & à peu près de la longueur de ſon corps. Le devant de ſa tête a un peu de jaune, & le reſte eſt noir. Son corcelet & ſon ventre ſont tout noirs. Les quatre pattes de devant ſont rougeâtres; les cuiſſes des pattes poſtérieures ſont de la même couleur, mais leurs jambes ſont panachées de quatre anneaux alternativement blancs & noirs. Les aîles ſont un peu brunes. On trouve communément cet ichneumon autour des fleurs dans les pays de bois.

N.B. J'en ai une variété un peu plus petite & qui diffère de l'efpéce-ci-deffus par deux petites raies blanches qui font fur fon corcelet devant l'attache des aîles, & de plus parce que l'origine de fes cuiffes eft blanche.

68. ICHNEUMON *niger, pedibus fegmentorumque abdominis margine ferrugineis, tibiis pofticis albo nigro fulvoque variegatis.*

L'ichneumon noir à anneaux du ventre rougeâtres, & pattes poftérieures panachées.
Longueur 2 ½ lignes. Largeur ⅓ ligne.

Ses antennes font brunes & prefque de la longueur de fon corps : fa tête & fon corcelet font tout noirs. Son ventre eft auffi noir, mais fes anneaux font bordés de brun. Les pattes de devant & les cuiffes des pattes poftérieures font de couleur fauve. Les jambes de ces mêmes pattes ont d'abord un anneau noir, puis un blanc, enfuite un de couleur fauve, & leurs tarfes font entrecoupés de blanc & de brun. Les filets du ventre font noirs & du tiers de fa longueur.

69. ICHNEUMON *niger, abdomine coccineo.*

L'ichneumon noir à ventre couleur de cerife.
Longueur 4 lignes. Largeur 1 ligne.

Ses antennes, fa tête, fon corcelet, fes aîles, fes pattes & les aiguillons de fa queue font noirs. Le ventre eft d'un rouge vif, imitant la couleur de cerife. Ses antennes font prefque de la longueur de fon corps, & les filets de fa queue font moins longs de moitié que fon ventre. J'ai trouvé ce bel ichneumon au mois de juin dans le bois de Boulogne.

70. ICHNEUMON *niger, thorace abdomineque rubris.*

L'ichneumon

L'ichneumon noir à corcelet & ventre rouges.
Longueur 2 ½ lignes.   Largeur ⅓ ligne.

Ses antennes font de la longueur des deux tiers de fon corps. Elles font noires, ainſi que ſa tête, ſes pattes & ſes ailes. Le corcelet eſt d'un rouge aſſez vif, & le ventre d'un rouge jaunâtre ; il y a auſſi quelque peu de noir ſur le milieu des anneaux ſupérieurs du ventre. Cet inſecte porte ſes ailes croiſées ſur ſon corps, & à la premiere vûe on eſt tenté de le prendre pour l'eſpéce de tipule que nous nommons mouche de ſaint-Marc.

71. ICHNEUMON *niger punctatus, capite thoraceque antice rubro maculatis, pedibus fuſcis.*

L'ichneumon à corcelet tacheté de rouge en-devant.
Longueur 4 lignes.   Largeur ½ ligne.

Ses antennes font de couleur noire, & égalent la longueur du tiers de ſon corps. Sa tête eſt preſque toute d'un rouge brun avec un peu de noir. Son corcelet eſt noir, mais il a ſur le devant pluſieurs plaques d'un rouge foncé. Le ventre eſt noir & éfilé, & ſon pédicule eſt mince & long. Ses pattes font brunes. Les filets de la queue ont preſque la moitié de la longueur du ventre.

72. ICHNEUMON *niger lævis, thorace antice pedibuſque fuſcis.*

L'ichneumon noir, à pattes & corcelet en-devant de couleur brune.
Longueur 2 lignes.   Largeur ⅓ ligne.

Sa tête & ſes antennes font noires : celles-ci font de la longueur de la moitié du corps. Son corcelet eſt brun en-devant, noir vers le bout. Le ventre eſt ovale, aſſez court, de couleur noire, avec un peu de brun à la baſe du ſecond anneau. Les pattes font brunes : les filets de la queue ont le tiers de la longueur du ventre. Ce petit ichneumon eſt ſorti d'un nid d'araignée dont il avoit dévoré les œufs.

Il ressemble à une fourmi, ou aux ichneumons dont les femelles n'ont point d'aîles & dont nous allons bientôt parler.

73. ICHNEUMON *ater*, *abdomine subsessili, segmentis duobus anticis rufis, alis nigricantibus.*

L'ichneumon noir avec les deux anneaux antérieurs du ventre rougeâtres & les aîles noires.
Longueur 3 lignes. Largeur ⅓ ligne.

Cet ichneumon est tout noir, à l'exception des deux anneaux antérieurs de son ventre qui sont gros & rougeâtres. Tout le ventre est assez ramassé & tient au corcelet par un filet si court, qu'il semble presqu'attaché comme celui des abeilles. Les aîles sont noirâtres & les pattes longues.

74. ICHNEUMON *ater; abdomine subsessili, segmentis tribus anticis rufis, alis nigricantibus.*

Linn. faun. suec. n. 977. Ichneumon ater ; abdominis sessilis segmentis anticis rufis , alis fuscis.
Linn. syst. nat. edit. 10, *p.* 570, *n.* 10. Sphex nigra, alis fuscis, abdomine antice ferrugineo, cingulis nigris.
Frisch. germ. 2 , *p.* 11 , *t.* 1 , *fig.* 13.
Raj. inf. 254 , *n.* 9. Vespa ichneumon major , capite thorace & pedibus nigris , abdominis anteriore parte rubra , posteriore nigra.
Act. Upf. 1736 , *p.* 50 , *n.* 25. Ichneumon ater , alis nigricantibus , abdomine medio superiore testaceo.

L'ichneumon noir , avec les trois anneaux antérieurs du ventre rougeâtres , & les aîles noires.
Longueur 5 lignes, Largeur 1 ligne.

Ses antennes sont grosses, noires, courtes, n'égalant que la moitié de la longueur du corps & composées de onze articles. Sa tête & son corcelet sont noirs. Le ventre est de la même couleur à l'exception des trois premiers articles qui sont rougeâtres, & souvent bordés d'un peu de noir. Les pattes sont noires & les aîles noirâtres. Ces pattes sont assez longues & le ventre tient au corcelet par

un filet court. On voit que cette efpéce approche beaucoup de la précédente, dont elle différe par fa grandeur
& la forme de fes antennes. Sa larve fait des trous en
terre, dans lefquels elle enfouit les corps des chenilles
qu'elle a tué pour y dépofer fes œufs, après quoi elle re-
bouche ces trous.

75. I C H N E U M O N *niger, abdomine capiteque*
flavis, alis nigricantibus.

L'ichneumon noir à ventre & tête jaunes.
Longueur 2 ¼ lignes. Largeur ½ ligne.

Ses antennes font noires & prefqu'auffi longues que fon
corps. Sa tête eft d'un jaune rougeâtre avec les yeux noirs.
Le corcelet & les pattes font auffi noirs. Le ventre eft
d'un beau jaune clair ; à fon extrémité font les trois filets
auffi longs que le corps, & dont les deux latéraux font
noirs, tandis que celui du milieu, ou l'aiguillon, eft rougeâtre. Les aîles font noirâtres. Ce petit ichneumon eft une
des jolies efpéces de ce genre. Je l'ai attrappé en voltigeant.

76. I C H N E U M O N *niger, pedibus abdominifque*
poflica parte ferrugineis.

L'ichneumon noir à pattes & partie fupérieure du ventre
rougeâtres.
Longueur 2 ⅓ lignes. Largeur ⅓ ligne.

Ses antennes font de la longueur de la moitié de fon
corps, elles font noires, ainfi que fa tête & fon corcelet.
Ses pattes font de couleur rougeâtre. Le ventre eft de la
même couleur à l'exception de fes anneaux antérieurs, du
moins en-deffus. Ces premiers anneaux font noirs & très-
minces. Les filets de la queue font de la longueur de la
moitié du ventre.

77. I C H N E U M O N *niger, pedibus abdominifque*
antica parte ferrugineis.

L'ichneumon noir à pattes & partie antérieure du ventre rougeâtres.
Longueur ¼ ligne.

Cette efpéce eft des plus petites & reffemble à un moucheron. Ses antennes font noires & de la longueur de fon corps. Sa tête & fon corcelet font noirs. Son ventre eft fauve en-devant, noir poftérieurement. Les pattes font de couleur rougeâtre. Les filets de fa queue font prefque de la longueur de fon corps, & le ventre tient au corcelet par un pédicule très-délié.

78. ICHNEUMON *niger fronte flava, pedibus ferrugineis, abdomine rufo apice nigro.*

L'ichneumon noir à ventre & pattes fauves & levre jaune.
Longueur 5 lignes.   Largeur ⅓ ligne.

Ses antennes font brunes & de la longueur de fon corps. Sa tête eft noire, avec la levre fupérieure d'un jaune citron. Son corcelet eft tout noir. Le ventre eft fauve, à l'exception de fon dernier anneau qui eft noir. Les pattes font auffi de couleur fauve. Les aîles tranfparentes ont un point marginal noir. Les filets du ventre font fi courts qu'on ne les voit qu'en le preffant.

79. ICHNEUMON *niger fronte flava, pedibus ferrugineis ; abdomine rufo, poftice nigro, petiolo tenui longo.*

L'ichneumon noir à long filet, à pattes & partie antérieure du ventre fauves.
Longueur 5 lignes.   Largeur ½ ligne.

Ses antennes font noires, minces & prefque de la longueur du corps. Sa tête eft noire, avec fa levre fupérieure d'un jaune citron. Son corcelet eft tout noir. Son ventre tient au corcelet par un pédicule mince comme un fil qui fait les deux tiers de fa longueur. Il eft rougeâtre & noir vers le bout, avec les filets affez courts. Les pattes font fauves, mais l'origine des quatre antérieures eft de couleur

citron & celle des poftérieures eft noire. Les aîles plus
courtes que le corps font un peu brunes & prefque fans
point marginal.

80. ICHNEUMON *niger, pedibus abdomineque ferru-*
   gineis.

Linn faun.fuec. n. 971. Ichneumon niger, abdomine toto ferrugineo.
Act. Upf. 1736, p. 29, n. 6. Ichneumon aculeo triplici erecto, collari nigro,
   abdomine pedibufque teftaceis.

L'ichneumon noir à pattes & ventre fauves.
Longueur 1 ¾ ligne.

Cette petite efpéce a la tête, les antennes & le corcelet noirs, fon ventre & fes pattes font de couleur fauve. Le
pédicule qui tient fon ventre eft fort mince & long ;
ce ventre eft gros vers le bout, un peu applati fur les
côtés comme un coutelas, & les filets de l'aiguillon font
très-courts. Sur les aîles, il y a un point marginal fort gros
pour leur grandeur.
   L'efpéce que décrit M. Linnæus à l'endroit cité, paroît
la même que la nôtre, fi ce n'eft que la fienne eft plus
grande : peut-être n'eft-ce qu'une variété.

81. ICHNEUMON *niger, antennis pedibus abdomi-*
   neque ferrugineo-fufcis, fetis ani corpore paulo longio-
   ribus.

L'ichneumon noir à antennes, pattes & ventre fauves.
Longueur 3 lignes.   Largeur ½ ligne.

Ses antennes dont la longueur égale celle des deux
tiers du corps, font d'un fauve brun, ainfi que les pattes &
le ventre. La tête & le corcelet font noirs. Les filets de fa
queue font un peu plus longs que fon corps, & tous trois de
la même couleur que le ventre. Les aîles font un peu brunes.

82. ICHNEUMON *niger, pedibus abdominifque medio*
   ferrugineis.

L'ichneumon noir à pattes & milieu du ventre fauves.
Longueur 3 lignes.

Ses antennes font de la longueur des deux tiers de fon corps, elles font noires, ainfi que la tête & le corcelet. Les pattes font de couleur fauve, les cuiffes poftérieures font cependant noirâtres. Le ventre eft fauve dans fon milieu & noir à la pointe & à la bafe. Les aîles ont un point marginal noir.

Cet infecte varie pour la couleur de fes antennes qui font quelquefois rougeâtres. Les cuiffes poftérieures font auffi noires dans les uns, fauves dans les autres. Il vient fur l'oignon, le porreau, l'ail & les autres plantes de cette claffe. On trouve quelquefois les feuilles de ces plantes couvertes de petites coques, dont le tiffu compofé de mailles reffemble à un refeau. J'en ai ramaffé plufieurs qui m'ont donné cet ichneumon & fes variétés.

83. ICHNEUMON *ater, pedibus anticis pallidis, femoribus pofticis abdominifque medio ferrugineis.*

L'ichneumon noir, à pattes antérieures pâles, poftérieures fauves & milieu du ventre rougeâtre.
Longueur 2 ¼ lignes. Largeur ½ ligne.

Ses antennes, fa tête & fon corcelet font d'un noir matte. Son ventre eft de la même couleur, à l'exception d'un peu de rouge brun fur le fecond & fur le troifiéme anneau. Les quatre pattes de devant font d'une couleur jaunâtre pâle. Quant à celles de derriere, elles font noires, mais leurs cuiffes font fauves. Les antennes font à peu près de la longueur du corps, & les aîles font diaphanes, avec un point marginal noir. Cet ichneumon vient dans les coques de papillons.

84. ICHNEUMON *niger, pedibus quatuor anticis luteis, abdomine fubtus fulvo.*

L'ichneumon noir à pattes antérieures citronées & ventre fauve en-deffous.
Longueur 3 lignes. Largeur ½ ligne.

Ses antennes auſſi longues que ſon corps, ſont brunes, ſa
tête & ſon corcelet ſont noirs. Le ventre en-deſſus eſt
noir, avec un peu de blanc au bord des anneaux, en-deſſous il eſt fauve, excepté vers le haut qui eſt jaune. Les
quatre pattes antérieures ſont d'un jaune citron, les poſtérieures ſont noires, avec un peu de jaune en-deſſous. Les
aîles ont un point marginal noir.

85. ICHNEUMON *niger ; alis albis, faſcia duplici
nigra, poſteriore majore. Linn. faun. ſuec. n. 984.*

Linn. ſyſt. nat. edit. 10, p. 566, n. 55. Ichneumon ater, antennis pedibuſque
ferrugineis, alis albis faſciis duabus nigris.

L'ichneumon à deux bandes ſur les aîles.
Longueur 1 ½ *ligne. Largeur* ⅓ *ligne.*

Ses antennes ſont de la longueur des deux tiers de ſon
corps. Elles ſont brunes, un peu claires, ainſi que les pattes & les aiguillons de ſa queue. Le reſte de l'animal eſt
noir. Les aîles diaphanes ont deux bandes tranſverſes brunes, une ſupérieure plus étroite, l'autre inférieure & poſtérieure plus large. L'inſecte porte ſouvent ſes aîles croiſées ſur le dos. On le trouve communément dans les maiſons ſur les fenêtres.

86. ICHNEUMON *linearis, antennis longitudine
corporis, tentaculis ſetaceis, femoribus clavatis. Linn.
faun. ſuec. n. 986.*

Linn. ſyſt. nat. edit. 0, p. 564, n. 34. Ichneumon corpore nigro immaculato,
abdomine cylindrico pedibus rufis, tentaculis ſetaceis.

L'ichneumon brun en filet.
Longueur 2 *lignes. Largeur* ¼ *ligne.*

Ce petit ichneumon eſt très-allongé, preſque comme
un filet. Sa couleur eſt brune un peu claire. Ses antennes
ſont de la longueur de ſon corps. A ſa têt⁻ auprès des machoires, ſont deux appendices ou filets blancs de la longueur du corcelet. Le ventre qui naît d'un pédicule fort
mince, eſt gros par le bout & forme la maſſe. Les cuiſſes

font prefque de la même forme. Les filets de l'aiguillon font de la longueur du corps. Les aîles que l'infecte porte croifées , ont une tache confidérable près le bord extérieur. On trouve fouvent cet infecte dans les maifons fur les fenêtres.

87. ICHNEUMON *linearis albus , fufco maculatus , abdominis petiolo tenui longo.*

L'ichneumon blanc.
Longueur 2 lignes.   Largeur ⅓ ligne.

Ses antennes font blanches , & un peu brunes vers le bout. Sa tête eft blanche , avec les yeux réticulés & les trois petits yeux liffes noirs. Sur le corcelet , il y a une tache brune en-devant , deux autres devant les attaches des aîles , & fa partie poftérieure eft de la même couleur , le refte eft blanc. Le ventre tient au corcelet par un long pédicule mince & blanc , duquel part le refte de cette partie qui eft ovale , avec une large bande tranfverfe brune. Les pattes & les filets de la queue font blancs. Les aîles font de la même couleur , avec un point marginal brun. Cet infecte eft rare. Je ne l'ai trouvé qu'une feule fois voltigeant fur un chêne. S'il étoit plus grand , ce feroit une des jolies efpéces de ce genre.

88. ICHNEUMON *linearis fufcus , capite abdominifque apice nigris , antennis corpore longioribus.*

L'ichneumon aiguillette.
Longueur 1 ⅓ ligne.   Largeur ½ ligne.

Ce petit ichneumon eft mince , délié & longuet. Ses antennes font noires , fines & plus longues que fon corps. Sa tête eft noire & le refte du corps eft d'un brun clair , à l'exception de l'extrémité du ventre qui eft noire. Ce ventre eft formé en fufeau , & tient au corcelet par un pédicule fort mince. Les aîles font de la longueur du corps , & l'animal les porte croifées fur lui.

89. ICHNEUMON *ni-*
ger, pedibus abdominifque
annulo duplici ferrugineis.
Maf.

ICHNEUMON *apterus,*
fulvus ; capite antennarum
apice, abdominifque fafcia
duplici tranfverfa, nigris.
Fœmina.

L'ichneumon à anneaux fur le ventre & femelle fans aîles.
Longueur 2 ⅓ lignes. Largeur ⅓ ligne.

Le mâle eft noir : fes antennes font de la longueur
de fon corps. Ses pattes font de couleur fauve, & il y a fur
fon ventre qui eft mince & éfilé deux bandes tranfverfes
ou anneaux de même couleur que les pattes. Ses aîles font
grandes, avec un point noir marginal bien marqué.

La femelle plus groffe que fon mâle, & femblable à la
premiere vûe à une fourmi, a les antennes de couleur
brune, noires vers le haut & de la longueur de la moitié
de fon corps. Sa tête eft noire ; fon corcelet & fes pattes
font fauves. Le ventre eft de même couleur, avec deux
bandes tranfverfes noires. Le ventre eft affez gros, mais
fon premier anneau eft délié.

Cet ichneumon eft forti de nids d'araignées dont il
avoit dévoré les œufs. Il paroît que cette efpéce dépofe
fes œufs principalement dans ces nids.

90. ICHNEUMON *niger, pedibus rufis, geniculis*
fufcis ; fœminá aptera.

L'ichneumon à pattes variées de fauve,& femelle fans aîles.
Longueur 1 ligne.

L'infecte eft noir, fes pattes font fauves, mais leurs articulations font brunes, ce qui les rend panachées. Ses antennes font de la longueur de fon corps & de couleur brune. La femelle n'a point d'aîles, & porte à l'extrémité
de fon ventre les trois aiguillons qui font de la longueur
de cette partie. J'ai trouvé le mâle & fa femelle accouplés
fur une charmille du Jardin Royal.

Tome II. Z z

91. **ICHNEUMON** *niger , pedibus antennarumque basi ferrugineis , fœmina aptera.*

L'ichneumon noir à pattes & base des antennes fauves, & femelle sans aîles.
Longueur 2 ¼ lignes.   Largeur ¼ ligne.

Ses antennes sont de la longueur de son corps. Sa tête, son corcelet , ses antennes & son ventre sont noirs. Ce dernier est allongé & tient au corcelet par un pédicule fort mince. Les pattes & la base des antennes sont de couleur fauve. Les filets de la queue sont très-courts. Je n'ai que la femelle qui n'a point d'aîles. Le mâle doit en avoir , mais je ne le connois pas.

92. **ICHNEUMON** *bedeguaris niger , pedibus abdominisque medio ferrugineis.*

L'ichneumon du bedeguar.
Longueur 1 ⅖ ligne.

Le bedeguar du rosier qui donne naissance à deux espéces de cinips & à un diplolepe , produit encore cet ichneumon , & quelquefois en est tout rempli. Il faudroit savoir si ces insectes ne se détruisent pas l'un l'autre. Ce qu'il y a de certain , c'est que celui-ci est un véritable ichneumon. Ses antennes sont de la longueur de la moitié de son corps. Elles sont noires , ainsi que sa tête & son corcelet : ses pattes sont fauves. Le ventre allongé , qui tient au corcelet par un pédicule mince , est fauve au milieu , noir à la base & à la pointe. La femelle porte à la queue trois aiguillons bruns presque de la longueur de son ventre. Les aîles ont un point marginal noir assez gros.

VESPA.
LA GUÊPE.

Antennæ fractæ , articulo primo longiore.	Antennes brisées, dont le premier anneau est très-long.

Alæ inferiores breviores.   Aîles inférieures plus courtes.

Os maxillosum, lingua membra-   Bouche armée de machoires,
nacea inflexa.   avec une trompe membraneuse couchée en-dessous.

Aculeus ani simplex subulatus.   Aiguillon simple & en pointe.

Abdomen petiolo brevissimo tho-   Ventre attaché au corcelet par
raci connexum.   un pédicule court.

Ocelli tres.   Trois petits yeux lisses.

Corpus glabrum.   Corps rase.

Ce genre & le suivant différent de tous ceux de cette section par deux caracteres. Le premier consiste dans la forme de leurs antennnes, qui sont brisées ou coudées dans leur milieu, de façon que la premiere portion de cette partie, celle qui est entre la tête & l'angle que forme l'antenne, n'est composée que d'un seul article, ou d'une seule piéce longue, tandis que le reste de l'antenne a plusieurs anneaux courts, ordinairement jusqu'au nombre de dix. L'autre caractere dépend de la configuration de l'aiguillon, qui dans ces insectes n'est qu'une simple pointe comme une aléne, ou du moins paroît tel à la vûe, car au microscope on voit qu'il est un peu hérissé. Ces deux caracteres se rencontrent également dans ce genre & dans le suivant qui renferme les abeilles. L'un & l'autre ont aussi toutes les autres marques caractéristiques que nous avons détaillées, & sur-tout cette espéce de trompe membraneuse, qui sort de la bouche entre les machoires, qui se replie en-dessous, & qui, en l'examinant de près, paroît composée de plusieurs parties appliquées les unes à côté des autres. Nous aurions donc pû réunir ensemble les guêpes & les abeilles, puisque les unes & les autres se ressemblent par tant d'endroits. Quelques Naturalistes l'ont fait & ont mis tous ces insectes dans un seul genre. Mais comme ce genre seroit très-chargé, & que d'ailleurs les guêpes sont ordinairement distinguées des abeilles, même par les personnes qui savent le moins l'histoire naturelle, nous avons cru devoir séparer ces insectes. Les guêpes ont le corps rafe & liffe ; les abeilles au contraire l'ont plus ou moins velu. Cette diftinction nous a fervi pour établir la différence de ces deux genres. Ceux qui ne la jugeront pas fuffifante , pourront , s'ils le veulent , les réunir enfemble.

Le travail des guêpes n'eft pas auffi fini , ni auffi parfait que celui des abeilles ; néanmoins il en approche beaucoup & mérite l'attention d'un Naturalifte. Avant que de faire leur ponte , ces infectes doivent préparer un logement pour recevoir leurs œufs. Pour cet effet , les guêpes conf-truifent une efpéce de gâteau compofé de plufieurs cellu-les hexagones les unes à côté des autres , qui forment une étendue plus ou moins grande. Ce gâteau femblable à un rayon des ruches de mouches à miel , n'eft pas compo-fé de cire. Il reffemble à un papier brouillard brun & très-fort. La guêpe le forme avec des brins de bois , des fibres de bois pourri extrêmement fines , qu'elle imbibe d'une liqueur gommeufe qu'elle fait fortir de fa bouche , & qui donne à ce mélange beaucoup de confiftance. Pour lors , elle l'étend avec fes machoires & fes pattes , & elle en conftruit les parois minces des cellules de fon gâteau. On voit fouvent des guêpes le long des vieux chaffis & des bois pourris des bâtimens , qui enlevent de petites portions de bois pour conftruire leur ouvrage. Ces gâteaux font plus ou moins grands fuivant les différentes efpéces de guêpes. La *guêpe-frelon* en conftruit de très-grands dans l'intérieur des vieux bois , fouvent dans les greniers des maifons ; ceux-là n'ont qu'une vingtaine de cellules , mais toutes fort grandes proportionément à la grandeur de cet infecte. D'autres guêpes plus petites font des gâteaux , où il y a un bien plus grand nombre de cellules. On trouve auffi fort fouvent dans les champs de pareils gâteaux , mais plus petits , compofés feulement d'une douzaine de cellules , & attachés à quelque tige d'arbriffeau par une efpéce de pé-dicule. Ce font les nids de la guêpe commune. Nous décrirons encore dans un moment des nids de guêpes d'une conftruction différente.

Les guêpes ne conſtruiſent pas leur gâteau tout-à-la-fois, elles commencent par former une certaine étendue de la baſe, ſur laquelle elles élevent les cellules du milieu; enſuite peu à peu elles pratiquent à l'entour de nouvelles cellules, qui augmentent la circonférence du gâteau. On trouve quelquefois des gâteaux dans cet état. Les cellules du milieu ſont finies, ſouvent déja occupées par une larve ou une nymphe de guêpe, tandis que celles de la circonférence ſont vuides & ſeulement à moitié conſtruites.

Lorſque les cellules, ou quelques-unes d'entr'elles ſont finies, les guêpes y dépoſent leurs œufs. Ces œufs ſont allongés & ils ſont collés par un de leurs bouts à un des parois de la cellule. Il n'y en a jamais qu'un dans chaque cellule. Quelques jours après qu'il a été dépoſé, la larve en ſort. Elle eſt alors fort petite, & elle reſſemble à un ver blanchâtre, ſans pattes, & dont le corps eſt compoſé d'une douzaine d'anneaux. La guêpe a ſoin de nourrir ces petites larves. Elle leur apporte une eſpéce de miel brun, doux au goût, mais moins pur & moins agréable que le miel des abeilles. A meſure que la larve croît, elle change pluſieurs fois de peau, & lorſqu'elle eſt parvenue à toute ſa groſſeur, elle ſe change en nymphe. Mais avant ce dernier changement elle eſt quelque tems ſans prendre de nourriture, & pour lors les guêpes meres ferment la cellule où eſt la larve, avec une eſpéce de calotte qu'elles conſtruiſent de la même matiere que le reſte du gâteau. C'eſt dans cette cellule ainſi fermée, que la larve ſe change en chryſalide. Ainſi toutes les fois qu'on trouve un gâteau de guêpe dont pluſieurs cellules ſont fermées, on eſt ſûr, en les ouvrant, de trouver des chryſalides plus ou moins avancées, ou des larves prétes à le devenir. Ces chryſalides des guêpes, ainſi que celles des abeilles, ſont peut être celles de tous les inſectes, dans leſquelles on reconnoît le mieux toutes les parties de l'inſecte parfait qui en doit ſortir. Les antennes, les pattes, les moignons des

aîles , tout en un mot se distingue , & on peut avec la
pointe d'une épingle séparer toutes ces parties qui sont
molasses & repliées contre le corps de la nymphe. Plus
la nymphe est avancée , plus ces parties prennent de consistance , & enfin un ou deux jours avant que la nymphe
se change en insecte parfait , on n'apperçoit guéres de différence entr'elle & la guêpe. Pour lors la nymphe quitte
l'enveloppe fine & légere qui la couvre , & avec ses machoires fortes elle rompt cette espéce de dôme qui couvre sa cellule , & en sort sous la forme d'insecte aîlé &
parfait. Au bout de quelques instans, lorsque toutes ses parties sont ressuyées , séchées & bien affermies, la nouvelle
guêpe prend son essort , se met à l'ouvrage , & travaille
avec celles qui lui ont donné le jour, à la construction de
nouvelles cellules , ou à nourrir les petites larves.

Telles sont les manœuvres des guêpes qui vivent en
société au nombre de douze, de vingt, & souvent davantage. Car en général les sociétés des guêpes ne sont pas à
beaucoup près aussi nombreuses que celles des abeilles.
Mais outre ces guêpes, il y en a d'autres dont les manœuvres sont fort différentes.

Les unes vivent seules, on pourroit les appeller guêpes
solitaires. Ces guêpes, du nombre desquelles est celle dont
le premier anneau du ventre est figuré en poire & le second en cloche , se construisent des nids fort singuliers.
Ce sont des espéces de boules composées d'une terre fine,
que la guêpe pétrit avec de l'eau & probablement avec
quelque liqueur un peu gluante qui lui donne plus de
consistance. Ces boules creuses en-dedans sont ouvertes
par en-haut. Lorsqu'elles sont achevées, la guêpe y dépose un œuf, elle nourrit la larve qui en éclot, & ensuite elle ferme pareillement avec son mortier de terre l'ouverture du nid dans lequel la larve se change en chrysalide , & dont elle sort sous la forme d'insecte parfait , en
perçant les côtés de cette espéce de prison. Chaque nid
ne contient qu'un insecte : lorsqu'il est fermé , & que le

petit infecte n'a plus befoin de fa mere, elle va ailleurs conftruire un autre nid, où elle dépofe pareillement un œuf. Le travail de chaque nid doit être long, & l'infecte ne doit pas pondre un nombre d'œufs bien confidérable. Auffi ces guêpes font-elles bien moins communes.

Enfin il y a d'autres guêpes que l'on pourroit appeller guêpes maçonnes & qui travaillent dans les murs. Ce font de petites efpéces de guêpes dorées & parées des couleurs les plus brillantes. On voit ces petites guêpes roder autour des murs à la campagne, entrer dans les petits trous qui y font & en fortir fouvent. C'eft dans ces trous que ces guêpes font leurs nids, qu'elles enduifent de mortier de terre qu'elles délayent, & où elles forment, pour dépofer leurs œufs, des efpéces de cellules irrégulieres. Ces œufs y éclofent, & leurs larves s'y changent en chryfalides & en infectes parfaits de la même maniere que celles des autres guêpes.

Le nombre des efpéces de guêpes ne laiffe pas que d'être confidérable. On pourroit les divifer en guêpes communes & guêpes dorées, comme nous le ferons en traitant les efpéces. Les unes & les autres donnent fouvent des variétés, ainfi que nous l'obferverons, & peutêtre diminueroit-on le nombre des efpéces, fi on fuivoit ces infectes de près. Les mâles & les femelles peuvent avoir des différences qui les faffent prendre pour des efpéces tout-à-fait diftinctes. C'eft ce qu'on ne peut certifier que d'après une obfervation bien fuivie. Ce que nous difons, pourroit avoir lieu principalement dans les petites guêpes dorées, dont je foupçonne qu'une grande partie n'eft que variété, ou ne différe que par le fexe. Ceux qui auront le tems ou l'occafion de fuivre ces particularités plus en détail, pourront par la fuite nous donner des obfervations plus fûres, & rectifier ce que nous donnons fur cet article.

Il ne nous refte, avant que de détailler les efpéces, qu'à dire un mot fur ce que quelques-unes d'entr'elles nous

offrent de particulier. La *guêpe-frelon* , la premiere des
efpéces que nous donnons,eſt remarquable par ſa groſſeur.
Cet inſecte a un pouce de long & ſa piqûre eſt des plus
vives & des plus mauvaiſes. De plus , il mord avec force,
& l'on ne peut employer aſſez de précautions pour s'en
ſaiſir. La guêpe commune & celle à anneaux bordés de
noir , nous offrent un grand nombre de variétés. J'en décris quatre de chacune de ces eſpéces. Les trois eſpéces
de guêpes à premier anneau du ventre en poire ſont remarquables par la forme de cet anneau.Les deux premieres
pourroient bien n'être que variétés l'une de l'autre. La
troiſiéme a une autre ſingularité , c'eſt que le ſecond anneau de ſon ventre eſt très-grand , & forme comme une
cloche ſous laquelle les autres ſont retirés , c'eſt une
des guêpes ſolitaires qui forment un nid de terre figuré
en boule.La *guêpe déginguendée*,& celle qui la précéde,ont
toutes les deux les cuiſſes poſtérieures monſtrueuſes , ce
qui leur donne un port extraordinaire ; la premiere a de
plus un pédicule long & mince , par lequel ſon ventre
tient au corcelet , ce qui eſt particulier à cette eſpéce.

Les guêpes dorées mériteroient d'être conſidérées preſque toutes l'une après l'autre pour la beauté , la richeſſe &
la vivacité de leurs couleurs. La ſeconde de ces eſpéces a
de plus une ſingularité digne d'attention ; ce ſont des
pointes qui terminent le bord inférieur des derniers anneaux de ſon ventre , & qui vûes à la loupe paroiſſent très-
joliment arrangées & travaillées. Nous allons examiner
plus en détail toutes ces ſingularités dans les deſcriptions
que nous donnerons des différentes eſpéces de guêpes.

1. VESPA *thorace nigro , antice rufo immaculato , abdominis inciſuris puncto nigro duplici contiguo.*

Linn. faun. ſuec. n. 988. Apis thorace nigro , antice rufo &c. *idem.*
Linn. ſyſt. nat. edit. 10, *p.* 572 , *n.* 1. Veſpa crabro.
Mouffet. inſ. lat. 50. Crabro.
Merr. pin. 196. Crabro.
Raj. inſ. 250. Crabro vulgaris.

Friſch.

Frisch. germ. 9, p. 21, tab. 11, f. 1, Crabro.
Swammerd. bibl. tab. 26, f. 9.
Reaum. inf. tom. 6, tab. 18, f. 1.

La guêpe frelon.
Longueur 1 pouce. Largeur 4 lignes.

Ses antennes & fa tête font d'une couleur fauve un peu brune. Sa levre fupérieure eft jaune & fes yeux font noirâtres. Le corcelet eft noir au milieu , & brun fur le devant, fur les côtés & par derriere. Les pattes font de la même couleur brune tirant fur le maron. Le premier anneau du ventre eft noir , mêlé de brun, & bordé d'un peu de jaune citron ; les autres font noirs à leur partie fupérieure , dont une portion eft recouverte par l'anneau de deffus , & jaunes à leur partie inférieure. Sur cette couleur jaune , .fe trouvent deux taches noires fur chaque anneau , une de chaque côté qui tient à la couleur noire d'en-haut.

Cette groffe efpéce de guêpe fait fon nid dans les troncs d'arbres creux & dans les charpentes des greniers. Ses gâteaux ou rayons font faits d'une matiere femblable à un gros papier ou parchemin roux. Elle eft très - vorace & dévore les autres infectes , même les abeilles.

2. **VESPA** *thorace lineolis trium parium differentium flavefcentium* *.

* *Punctis incifurarum nullis.* Maf.   * *Punctis nigris incifurarum libe-ris.* Fœmina.

Reaum. inf. tom. 6, tab. 14, f. 3 , 4.   *Reaum. inf. tom. 6, tab. 14, f. 5 , 6 , 7.*

Linn. faun. fuec. n. 1589. Apis thorace lineolis trium parium differentium flavefcentium . punctis nigris incifurarum liberis.
Linn. fyft. nat. edit. 10, p. 572 , n. 2. Vefpa vulgaris,
Mouffet. lat. 52. Vefpa.
Merret. pin. 196. Vefpa flava major.
Raj. inf. 250. Vefpa vulgaris.
Frifch. germ. 9, p. 23, t. 12, f. 2.
Swammerd. bibl. t. 26 , f. 8.
Rofel. inf. vol. 2 , tab. 7. Bombyl. & vefp.

La guêpe commune.
Longueur 8 lignes. Largeur 2 $\frac{1}{2}$ lignes.

Tome II.   **Aaa**

Ses antennes font noires , beaucoup plus longues dans
le mâle que dans la femelle. Dans les mâles , la tête eft
jaune ; dans la femelle, il n'y a que la levre fupérieure qui
foit jaune , le refte eft d'un brun fauve. Le corcelet dans
tous les deux eft noir, avec fix taches jaunes , trois de
chaque côté ; favoir , une raie oblique devant l'attache
des aîles , une tache affez grande à la partie poftérieure du
corcelet , & une poftérieure à celle-là & plus allongée
tranfverfalement. De plus , à la naiffance des aîles , il y a
encore un peu de jaune. Les pattes font jaunes , avec
quelque peu de noir aux cuiffes. Quant au ventre , il
différe beaucoup dans les deux fexes. Le ventre du mâle
eft compofé de fept anneaux, qui font noirs dans leur partie fupérieure qui eft cachée , & jaunes à leur partie inférieure. Sur cette partie jaune , on ne voit aucuns points
noirs en-deffus , fi ce n'eft au premier anneau qui en a de
très-petits ; mais dans le milieu du deffus de l'anneau , il y
a feulement une avance triangulaire que forme la couleur
noire. En-deffous, il y a trois rangs longitudinaux de points
noirs qui tiennent à la bande de même couleur.

La femelle n'a que fix anneaux au ventre , dont les couleurs font femblables à celles de celui du mâle , excepté
que chaque anneau a en-deffus deux gros points noirs latéraux, un de chaque côté , ifolé & qui ne tient point à la
bande noire , fi ce n'eft fur le premier anneau. La femelle
eft auffi plus groffe & plus large que le mâle.

On voit fouvent cette guêpe l'été dans les maifons : elle
eft carnaffiere & mange fur-tout les mouches.

☞ Nous avons quelques guêpes que l'on trouve dans
les maifons & les jardins , & qui ne me paroiffent que des
variétés de la guêpe commune à laquelle elles reffemblent
beaucoup. Je vais les indiquer en peu de mots.

A. *Vefpa thorace lineolis trium parium differentium*
　　flavefcentium , punctis nigris incifurarum connexis.

Elle ne différe que parce que les points latéraux de

fon ventre ne font point ifolés , mais tiennent à la bande noire.

> **B.** *Vefpa thorace lineolis quatuor parium differentium flavefcentium , punctis nigris incifurarum connexis.*

Outre que les points noirs du ventre ne font pas ifolés , celle-ci a de plus à la partie poftérieure de fon corcelet trois paires de taches jaunes , au lieu de deux qui fe trouvent dans la guêpe commune. La précédente & celle-ci font des individus mâles.

> **C.** *Vefpa thorace lineolis quinque parium differentium flavefcentium , punctis nigris incifurarum connexis.*

Elle différe de la précédente , en ce que auprès des lignes obliques jaunes qui font devant l'attache des aîles , il y en a de chaque côté une autre en fens contraire. De plus , la partie antérieure du corcelet eft bordée de jaune , & les antennes font brunes. Celles-ci font des femelles.

> **D.** *Vefpa thorace lineolis duorum parium differentium flavefcentium , punctis nigris incifurarum connexis.*

Elle n'a que deux taches à la partie poftérieure du corcelet , & les deux lignes obliques devant les aîles , ce qui fait quatre en tout ou deux paires.

3. VESPA *nigra , abdomine flavo , fegmentis margine nigris.*

La guêpe à anneaux bordés de noir.
Longueur 5 ½ lignes. Largeur 1 ½ ligne.

Ses antennes qui font auffi longues que fon corcelet, font de couleur fauve ; quelquefois cependant elles varient pour la couleur & font noirâtres. Les pattes font auffi noires mêlées d'un peu de jaune. La levre fupérieure eft jaune & le refte de la tête eft noir. Le corcelet eft pareillement noir, mais fur fa partie antérieure , il y a une bande jaune tranfverfe , divifée quelquefois en deux dans son milieu. De plus , on voit un point jaune élevé de chaque côté à l'attache des aîles , & un autre un peu devant cette attache : enfin il y a deux autres points à côté l'un de l'autre à la partie postérieure du corcelet , & en outre deux taches latérales oblongues , une de chaque côté un peu en dessous. Les anneaux du ventre sont jaunes , avec un peu de noir en-haut & une bordure noire en-bas, ensorte qu'il n'y a qu'une bande jaune dans le milieu , qui dans les anneaux supérieurs est quelquefois partagée en deux ; mais comme le noir du haut de l'anneau est caché par l'anneau supérieur , tous les anneaux paroissent jaunes & bordés de noir. Les aîles sont brunes sur-tout vers leur bord du bout.

☞ Cette espéce donne les variétés suivantes.

A. *Vespa nigra , thorace punctis octo luteis , singulis segmentis abdominalibus fasciis transversis luteis , primis interruptis.*

B. *Vespa nigra , thorace punctis decem luteis , singulis segmentis abdominalibus fasciis transversis luteis.*

C'est celle que nous venons de décrire ci-dessus.

C. *Vespa nigra , thoracis basi lineolis duabus flavis , apice linea flava , singulo segmento abdominali fascia transversa lutea , secunda & tertia interrupta.*

Linn. faun. suec. n. 992. Apis nigra , thorace basi apice que flavescente , abdomine fasciis quatuor flavis , tertia interrupta.
Linn. syst. nat. edit. 10 , p. 573 , n. 10. Vespa arvensis.

Celle-ci a les pattes jaunes , mais ses cuisses sont noires. Ses antennes sont toutes noires , à l'exception d'un petit point jaune au bout du premier anneau , le plus long de tous.

D. *Vespa nigra , thoracis basi lineolis duabus flavis , apice linea flava , singulo segmento abdominali fascia transversa lutea , quatuor primis interruptis.*

Elle différe de la précédente, parce que toute la premiere piéce de ses antennes est jaune. Elle a aussi une tache jaune sur les côtés du corcelet, outre les deux lignes de la base & celle de la pointe. Enfin les quatre premieres bandes jaunes du ventre sont interrompues dans leur milieu.

E. *Vespa nigra, thoracis basi lineolis duabus flavis, apice linea flava, singulo segmento abdominali, excepto 1°. & 3°. fascia transversa lutea.*

Elle ressemble en tout à la précédente, excepté qu'il n'y a point de bande jaune sur le premier & le troisiéme anneau de son ventre qui sont tout noirs, ce qui fait que la premiere bande jaune est fort éloignée des autres.

4. VESPA *nigra, segmentis abdominalibus margine flavis.*

'La guêpe à anneaux bordés de jaune.
Longueur 5 lignes. Largeur 1 ½ ligne.

Ses antennes sont noires & ne vont pas jusqu'à la moitié de son corcelet. Sa tête est noire, avec la levre supérieure jaune, & une raie de même couleur sous les yeux. Son corcelet est noir, avec une raie jaune transverse à sa base, & une semblable à sa pointe. Les pattes sont jaunes. Tous les anneaux du ventre sont noirs en-haut & bordés de jaune en-bas. Le noir du haut emp ette sur le jaune au milieu du dessus de l'anneau & forme en cet endroit une avance triangulaire.

Il est aisé de distinguer cette espéce de la précédente à laquelle elle ressemble; 1°. par les taches du corcelet qui sont fort différentes; 2°. par les anneaux du ventre dont le bord est noir dans la précédente & jaune dans celle-ci, quoique dans l'une & dans l'autre le ventre soit rayé de bandes jaunes & noires alternativement. On trouve souvent ces deux espéces sur les fleurs dans les jardins.

5. VESPA *nigra , thorace maculis quindecim flavis , segmentis abdominalibus margine luteis, secundo macula utrimque flava.*

La guêpe à anneaux bordés de jaune & deux taches jaunes.
Longueur 5 ½ lignes.　Largeur 1 ⅓ ligne.

Ses antennes de la longueur du tiers de son corps , font noires en- deſſus , brunes en - deſſous , à l'exception de la premiere piéce qui eſt jaune en-deſſous. La levre ſupérieure eſt jaune , avec un point noir , quelquefois diviſé en deux dans ſon milieu. Les machoires ont auſſi un peu de jaune. Sur la tête derriere les antennes , il y a une raie jaune tranſverſe ; le reſte de la tête eſt noir. Le corcelet a en-devant une bande jaune à ſa baſe , enſuite de chaque côté , une ligne oblique devant l'attache de l'aîle , puis un point à cette même attache ; & une autre tache à côté & plus en-devant ; vers ſa pointe , eſt une premiere paire de taches triangulaires , en deſcendant une ſeconde de taches tranſverſes , puis une troiſiéme de lignes longitudinales , enfin plus bas , deux taches irrégulieres près la naiſſance des cuiſſes poſtérieures. Toutes ces différentes taches & raies forment le nombre de quinze. Les anneaux du ventre ſont noirs bordés de jaune. Le ſecond qui eſt plus large , a outre cela dans ſon milieu deux taches jaunes , une de chaque côté. Les pattes ſont un peu fauves , avec les cuiſſes noires. Cette guêpe vient dans ces petits gâteaux ou guêpiers gris que l'on trouve dans la campagne , attachés ſouvent par un pédicule aux tiges des arbuſtes.

6. VESPA *thorace nigro maculis flavis , abdomine flavo , faſciis quatuor nigris , antennis longis.*

La guêpe à longues antennes , & quatre bandes noires ſur le ventre.
Longueur 5 lignes.　Largeur 1 ligne.

Ses antennes ſont au moins de la longueur des deux

tiers de fon corps. Elles font tantôt fauves , tantôt noires ,
& reffemblent pour leur longueur & leur forme à celles
des ichneumons. Sa tête eft noirâtre , jaune en-deffus.
Son corcelet eft noir, avec deux taches jaunes en croiffant,
l'une à côté de l'autre vers fa bafe , une autre petite à
l'attache des aîles , & une impaire à la pointe du corcelet.
De plus de chaque côté du corcelet un peu en-deffous , il
y en a quatre autres. Le ventre eft jaune , mais le premier ,
le fecond , le troifiéme & le quatriéme anneau ont à leur
bafe une bande noire , ce qui fait quatre bandes de cette
couleur fur le ventre. Les pattes font mêlées de fauve &
de jaune.

7. **VESPA** *nigra , abdomine fafciis tribus flavis , tertia
remotiſſima , primo articulo infundibuliformi.*

Linn. faun. fuec. n. 996. Apis glabra nigra , abdomine fafciis tribus flavis, tertia
&c. idem.

*La guêpe à premier anneau du ventre en poire & trois ban-
des jaunes.*
Longueur 5 lignes.   Largeur 1 ligne.

Cet infecte varie pour la grandeur & les couleurs. Ses
antennes font noires , jaunes à leur bafe & un peu plus
longues que la tête. Celle-ci eft noire , avec fa levre fupérieure jaune. Le corcelet eft auffi noir , avec deux points
jaunes à fa bafe , deux autres à l'origine des aîles , &
une petite ligne tranfverfe de même couleur à fa partie
poftérieure. Les pattes font jaunes , mais les cuiffes font
noires en partie. Le premier anneau du ventre eft fait
en poire & eft tout noir. Le fecond a fur fa partie poftérieure une tache jaune prefque divifée en deux. Le troifiéme dans les mâles eft tout jaune , dans les femelles il a un
peu de noir au milieu de fa partie fupérieure. Le quatriéme eft tout noir. Le cinquiéme eft bordé de jaune. Le
fixiéme & dernier dans les femelles eft tout noir , dans les
mâles il eft bordé de jaune , & dans ces derniers il y en a un
feptiéme tout noir. Les mâles font d'un tiers plus petits

que les femelles. Dans tous les aîles font brunes. Cette
guêpe n'eft pas commune. Son corps , vû à la loupe ,
paroit ponctué & chagriné.

N. B. Cette efpéce varie pour la couleur du corcelet ,
qui dans quelques-unes eft abfolument noir fans taches
jaunes.

8. V E S P A *nigra , abdomine fafciis quinque flavis ;
primo articulo infundibuliformi.*

*La guêpe à premier anneau du ventre en poire & cinq ban-
de. jaunes.*
Longueur 4 lignes. Largeur ¾ ligne.

Ses antennes font noires , fi ce n'eft à leur bafe qui
eft jaune. La levre fupérieure eft jaune & le refte de la
tête noir. Le corcelet eft de la même couleur , avec une
petite raie jaune tranfverfe à fa bafe , qui fouvent eft divifée en deux par fon milieu , & une autre femblable à la
pointe. Outre cela , les mâles ont un peu de jaune à l'attache des aîles , ce qui n'eft point dans les femelles. Le
premier anneau du ventre eft fait en poire & tout noir. Les
cinq fuivans font noirs & bordés de jaune , ce qui fait cinq
bandes tranfverfes fur le ventre. Le dernier anneau de la
pointe eft tout noir. Dans les mâles , les trois premieres
bandes jaunes font quelquefois interrompues dans leur
milieu. Les pattes dans les deux fexes font jaunes , avec
un peu de noir aux cuiffes.

9. V E S P A *nigra , abdomine fafciis quinque flavis ;
prima remotiffima.*

Linn. faun. fuec. n. 990. Apis nigra , abdomine fafciis quinque &c. idem.
Linn. fyft. nat. edit. 10 , p. 572 , n. 4. Vefpa parietum.
Frifch germ. 9 , t. 12 , f. 1.

*La guêpe à cinq bandes jaunes fur le ventre , la premiere
éloignée des autres.*
Longueur 4 lignes. Largeur 1 ligne.

Ses antennes font noires , mais leur premier anneau qui
eft

eſt le plus long,eſt jaune en-deſſous. Dans les unes , toute la levre ſupérieure eſt jaune ; dans d'autres il n'y a que deux taches en croiſſant , une de chaque côté qui ſe regardent , & deux petites taches à la baſe des machoires. Ces dernieres ſont les femelles. Toutes ont ſur la tête entre les deux antennes un petit point jaune , le reſte de la tête eſt noir. Le corcelet l'eſt auſſi , avec deux taches jaunes à ſa baſe , qui ſouvent ſe touchent , de plus deux points jaunes à l'origine de chaque aîle , & deux autres au bout du corcelet ; ſuivis d'une petite raie tranſverſe de même couleur. Tous les anneaux du ventre ſont bordés de jaune , excepté le dernier , mais le ſecond anneau étant plus grand que les autres , la premiere bande ſe trouve fort diſtante des ſuivantes. Cette premiere eſt plus large , ſur-tout ſur les côtés. Le ſecond anneau eſt ſi grand,que l'inſecte retire ſouvent tous les autres & les cache ſous celui-là.

N. B. Il y a une variété de cette guêpe , dans laquelle le corcelet eſt tout noir , à l'exception des deux points jaunes de ſa baſe qui ſe touchent , & où de plus la premiere bande jaune du ventre , celle qui eſt ſéparée des autres par un grand intervalle , n'eſt pas plus large qu'elles , & n'eſt point à moitié diviſée en deux dans ſon milieu.

10. V E S P A *nigra , abdominis articulo primo infundibuliformi , ſecundo campanulato maximo.* Planch. 16 , fig. 2.

Linn. faun. ſuec. n. 1002. Apis nigra abdominis primo articulo infundibuliformi &c. *idem.*
Linn. ſyſt. nat. edit. 10 , *p.* 573 , *n. 9.* Veſpa coarctata.
Friſch. germ. 9 , p. 17 , *t. 9.*

La guêpe à premier anneau du ventre en poire & le ſecond en cloche.
Longueur 5 lignes. Largeur 1 ligne.

Ses antennes ſont noires , avec un peu de jaune ſur leur premier anneau. Sa tête eſt pareillement noire , avec un petit point jaune entre l'origine des antennes , & une ta-

che de même couleur à la bafe de la levre fupérieure.
Le corcelet qui eft noir a une tache jaune à fa bafe , une
autre à fa pointe , aux côtés de laquelle font fouvent deux
petits points jaunes de chaque côté, un point jaune à l'origine des aîles , & une tache à côté en-deffous. Tous les
anneaux du ventre font bordés de jaune. Le premier, plus
long que les autres , eft fait en poire allongée , & a de chaque côté un petit point jaune ; le fecond , le plus grand
de tous , eft fait en cloche , & a de chaque côté une bande
jaune oblique qui defcend vers l'extérieur. Cet anneau
eft fi grand , que l'infecte peut cacher & retirer tous les
autres fous celui-là. Les pattes font jaunes , avec un peu
de noir aux cuiffes , & les aîles font noirâtres.

Cet infecte conftruit fur les tiges des plantes & fur-tout
des bruyeres, des petits nids fphériques qu'il fait avec une
terre fine. Lorfque le nid eft fait , il y laiffe une ouverture
en-haut , par laquelle il le remplit de miel & y dépofe un
œuf. Pour lors il ferme cette ouverture. La petite larve
étant fortie de l'œuf, fe nourrit du miel, après quoi elle fe
métamorphofe & fort enfin fous la forme de guêpe par une
ouverture qu'elle fait au côté de cette boule. Chaque nid
ne contient qu'un feul infecte.

11. VESPA *nigra , abdomine punctorum flavorum ordine
quadruplici longitudinali.*

La guêpe noire à raies de points jaunes fur le ventre.
Longueur 3 ½ *lignes.* Largeur 1 *ligne.*

Cette efpéce eft une des plus rares & des plus jolies. Sa
tête & fes antennes font noires ; il y a feulement une très-
petite raie jaune prefqu'imperceptible de chaque côté fur
le deffus de la tête proche les yeux , & une autre de couleur fauve poftérieurement derriere chaque œil. Le corcelet eft noir & chagriné, avec deux petites taches jaunes à fa
bafe , une de chaque côté. Chaque anneau du ventre a quatre points jaunes, ce qui fait quatre bandes longitudinales
de points jaunes fur le ventre. Les pattes font de couleur

fauve , & il y a un point de même couleur à l'attache des aîles. Ces aîles font un peu brunes.

12. VESPA *nigra , abdominis fegmento primo margine flavo , fecundo & tertio puncto duplici luteo.*

La guêpe noire à premier anneau du ventre bordé de jaune , avec deux points fur le fecond & le troifiéme.
Longueur 4 lignes. Largeur ⅓ ligne.

Sa tête , fon corcelet & fes antennes font tout noirs. Le ventre l'eft auffi , à l'exception d'une bande jaune qui borde fon premier anneau , & de quatre points de même couleur , deux fur le fecond , & deux fur le troifiéme anneau , un de chaque côté. Les points du troifiéme anneau font les plus gros. Les pattes font variées de jaune & de noir. La forme de cette efpéce eft allongée.

13. VESPA *nigra , abdominis fegmentis primo & fecundo utrimque puncto albo , pedibus ferrugineis.*

La guêpe noire à quatre points blancs fur le ventre.
Longueur 2 ⅓ lignes. Largeur ⅓ ligne.

Cette guêpe eft noire , avec quelques poils blancs fur le haut de fa tête. Sur le premier & le fecond anneau de fon ventre , il y a de chaque côté une tache blanche , ce qui fait quatre taches en tout. Ses antennes font un peu fauves vers le bout. Il en eft de même des pattes , dont les cuiffes & les jambes font en partie noires & le refte fauve , avec les articulations blanchâtres.

14. VESPA *nigra , fronte , thoracifque bafi flavis.*
La guêpe noire , à levre fupérieure & bafe du corcelet jaunes.
Longueur 3 lignes. Largeur ¼ ligne.

Cette guêpe eft toute noire , à l'exception de fa levre fupérieure , qui dans les unes eft toute jaune , & dans d'autres eft feulement jaune des deux côtés & noire au milieu. Son

corcelet a aüſſi une raie jaune tranſverſe fort fine à ſa
baſe , & un petit point jaune à l'origine des aîles. Enfin
dans quelques-unes , il y a un peu de jaune à la baſe des
jambes & des tarſes poſtérieurs , ce qui n'eſt pas conſtant.
Ces différences , comme auſſi la grandeur qui varie beaucoup , pourroient bien venir de la diverſité du ſexe. On
trouve pendant l'été cette guêpe en grande quantité ſur les
fleurs avec la ſuivante.

N. B. V E S P A *nigra , fronte flava.*

Cette vatiété plus petite d'un tiers , a le corcelet tout
noir , ſans aucun mêlange de jaune. Son ventre eſt très-
liſſe.

1 5. V E S P A *nigra , femoribus poſticis globoſis ſerratis ,
tibiis arcuatis , alarum baſi , genubuſque flavis.*

La guêpe noire à cuiſſes poſterieures fort groſſes.
Longueur 1 ½ lignes.   Largeur ⅔ ligne.

Elle eſt toute noire : ſon ventre eſt beaucoup plus luiſant que le reſte de ſon corps. Il y a un petit point jaune
à l'attache de ſes aîles , & une petite tache ſemblable aux
articulations des pattes. Mais ce qui fait le caractere de
cette eſpéce , ce ſont ſes cuiſſes poſtérieures qui ſont très-
groſſes , formées en globe un peu allongé , & garnies de
dents d'un côté. La jambe faite en arc pour ſe conformer à la figure de la cuiſſe , eſt reçue dans une rainûre de
cette même cuiſſe du côté dentelé.

1 6. V E S P A *femoribus poſticis craſſis , globoſis , ſerratis ,
denticulo donatis ; abdominis globoſi petiolo tenui longo.*

La guêpe déginguendée.
Longueur 3 ½ lignes.

Cette eſpéce a la forme la plus ſinguliére , quoiqu'elle
approche un peu de la précédente. Ses antennes ſont noires & briſées , comme celles des inſectes de ce genre. Sa

tête eſt noire avec deux taches rondes en-deſſus entre les
yeux. Son corcelet eſt pareillement noir avec deux petites
taches jaunes , une de chaque côté à l'attache des aîles.
Les quatre pattes antérieures ſont de même noires , mais
l'articulation de la cuiſſe & de la jambe ſont jaunes du
moins dans les femelles , car les mâles ont toute la jambe
jaune & ſeulement le haut de la cuiſſe noir. Quant aux
pattes de derriere elles partent d'une piéce aſſez longue
de couleur noire , à laquelle tient la cuiſſe qui eſt courte,
groſſe, ronde, globuleuſe , un peu applatie vers l'intérieur, dentelée à cet endroit, avec une plus longue dent
vers le haut. Cette cuiſſe eſt jaune avec une tache noire
en-deſſus. La jambe eſt noire & figurée en arc ou en faulx
pour ſe conformer à la cuiſſe contre laquelle elle s'applique. Le ventre eſt court, noir, liſſe & globuleux , & il
part du corcelet par un pédicule jaune preſqu'auſſi long
que lui, en quoi cette guêpe reſſemble un peu à un
ichneumon. On trouve cette belle eſpece dans les endroits
aquatiques.

17. VESPA *tota nigro-cæruleſcens.*

La guêpe noire.
Longueur 3 ¼ lignes. Largeur ⅔ ligne.

Cette guêpe eſt toute d'un noir un peu bleuâtre , ſans
mêlange d'autre couleur. Elle reſſemble beaucoup, à la
couleur près , à celle du n°. 14. Vûe de près , elle paroît
pointillée, en quoi elle varie , car il y en a qui ſont plus
pointillées les unes que les autres.

18. VESPA *rubra , thorace lineolis longitudinalibus*
nigris, abdomine maculis flavis.

La guêpe rouge à bandes noires ſur le corcelet , & points
jaunes ſur le ventre.
Longueur 3 ½ lignes. Largeur 1 ligne.

Le fond de la couleur de cette belle eſpéce , eſt d'un

rouge un peu brun , plus clair & plus vif en quelques endroits. Sur le haut de fa tête , derriere les antennes, il y a
une affez grande tache noire. Le corcelet a trois larges bandes longitudinales noires , une au milieu & une de chaque
côté. Outre cela la partie poftérieure du corcelet qui touche au ventre , eft noirâtre. Le ventre n'a point de marques noires , mais le fecond anneau a de chaque côté une
grande tache jaune ; le troifiéme en a de femblables , mais
bien plus petites. Le quatriéme anneau a une bande tranfverfe jaune , interrompue dans fon milieu. Les aîles font
bordées de brun. Les antennes & les pattes font entiérement de couleur rouge.

G U E S P E S D'O R É E S.

19. **V E S P A** *viridi - cærulea , abdomine , thoracifque
antica parte ruberrimis.*

La guêpe dorée à corcelet mi-parti de rouge & de vert.
Longueur 2 ½ lignes.   Largeur ⅓ ligne.

Ses antennes font noires. Sa tête eft d'un beau vert
doré , avec un peu de rouge poftérieurement à l'endroit
des petits yeux liffes. Les gros yeux réticulés font bruns.
Un peu plus de la moitié antérieure du corcelet eft d'un
beau rouge cuivreux & matte ; la partie poftérieure eft
d'un vert doré entremêlé de bleu. Le ventre eft d'un rouge très-éclatant ; il eft liffe & le refte du corps eft chagriné , ce qui rend fa couleur très-riche. Les pattes font d'un
vert cuivreux & les aîles brunes.

Cette guêpe a un caractere qui fe trouve dans les fuivantes qui font auffi dorées ; c'eft que le bas du corcelet
a de chaque côté une épine latérale bien marquée. Cette
marque caractériftique me feroit penfer que toutes ces
guêpes pourroient bien n'être que des variétés ou des différences de fexe. C'eft ce qu'il faudroit examiner.

20. **V E S P A** *thorace viridi-cæruleo , abdomine inaurato,
pone cupreo dentato.*

Linn. faun. fuec. n. 1004. Apis nitida, thorace viridi-cæruleo, abdomine inaurato.

Linn. fyft. nat. edit. 10, *p.* 571, *n.* 23. Sphex glabra nitida, thorace viridi, abdomine aureo, apice quadridentato.

Act. Upf. 1736, *p.* 28, *n.* 5. Apis parietina nitida, collari cæruleo, abdomine aureo.

Frifch. germ. 9, *p.* 19, *t.* 10, *f.* 1. Vefpa argillacea variegata feu fuperbe colorata.

Raj. inf. 275. Penultima & antepenultima.

La guêpe dorée à corcelet vert, & derniers anneaux du ventre épineux.

Longueur 4 lignes. Largeur 1 ligne.

Cette guêpe eft enrichie des plus belles couleurs. Le devant de fa tête eft d'un vert doré, & la partie poftérieure d'un bel azur. Le corcelet eft de même azuré avec quelque mêlange de vert. Le bout de ce corcelet fe termine de chaque côté par des pointes épineufes comme dans l'efpéce précédente. Le ventre à fa partie antérieure eft d'un beau vert doré, & fa partie poftérieure eft d'un rouge cuivreux, imitant la couleur de cuivre de rofette bien poli. L'avant dernier anneau du ventre eft couronné de petites pointes fines & ferrées, & le quatriéme ou dernier anneau fe termine par quatre épines plus groffes & bien marquées. Le deffous du ventre eft plat, renfoncé & de couleur verte. Tout l'infecte eft pointillé par deffus, ce qui rend fa couleur très-brillante. Ses antennes font noires & fes pattes vertes & dorées.

Cette guêpe fe loge dans les trous des murs, entre les pierres & dans le mortier qui les joint. On la voit fouvent fortir de ces trous où elle fait fon nid & fon ouvrage.

21. VESPA *thorace viridi-cæruleo, abdomine aurato-cupreo, pone inermi.*

La guêpe dorée à corcelet vert & derniers anneaux du ventre liffes.

Longueur 2 ⅟₇ lignes. Largeur ¼ ligne.

Elle reffemble beaucoup à la précédente pour fa forme & fes couleurs. Sa tête & fon corcelet font colorés de vert & de bleu azuré. Son ventre prefqu'hémifphérique, eft par-tout d'un beau rouge cuivreux. Il n'eft compofé que de trois anneaux qui font liffes & unis, fans pointes ni épines. Cette efpéce fe trouve avec la précédente dont elle pourroit bien ne différer que par le défaut de fexe. Elle fe replie aifément en boule, appliquant fa tête & fon corcelet contre fon ventre qui eft plat en-deffous.

22. VESPA *cærulea nitens.*

Linn. fyft. nat. edit. 10, p. 572, n. 25. Sphex cyanea.

La guêpe dorée bleue.
Longueur 2 ⅓ *lignes. Largeur* ⅔ *ligne.*

23. VESPA *viridis nitens.*

La guêpe dorée verte.
Longueur 1 ½ *ligne. Largeur* ½ *ligne.*

Je joins enfemble ces deux guêpes qui ne font que variétés ou diverfités de fexe. La premiere eft d'un bleu pourpre & doré avec un peu de vert à la partie antérieure de fon corcelet, & à la partie poftérieure du ventre. Ce ventre eft liffe, mais la tête & le corcelet font pointillés & chagrinés.

La feconde eft toute verte avec le ventre pareillement liffe & le refte du corps pointillé. Toutes deux ont les antennes noires, & deux épines latérales au bas du corcelet.

24. VESPA *capite thoraceque rubro cupreo, abdomine rufo pone nigro.*

La guêpe dorée cuivreufe à ventre fauve & noir.
Longueur 2 *lignes. Largeur* ¼ *ligne.*

Sa tête & fon corcelet font d'un rouge cuivreux doré & très-éclatant. En-deffous le corcelet eft vert doré; en-deffus il a quelques fillons longitudinaux & tranfverfes, & ne fe termine pas par deux épines comme dans les précédentes, mais il va en diminuant. Les pattes font de même

Lanium gorganicum
j. d. pl.
9. Mai —

me couleur que la tête & le corcelet. Le ventre n'eſt point doré, mais ſa partie antérieure eſt de couleur fauve, & ſa partie poſtérieure eſt noire. Cette guêpe a un aiguillon très-gros pour ſa grandeur.

APIS.

L'ABEILLE.

Antennæ fraɕæ, articulo primo lóngiore.
Antennes briſées, dont le premier anneau eſt très-long.

Alæ inferiores breviores.
Aîles inférieures plus cour-tes.

Os maxilloſum, linguâ membranaceâ inflexâ.
Bouche armée de machoi-res, avec une trompe mem-braneuſe couchée en - deſ-ſous.

Aculeus ani ſimplex ſubu-latus.
Aiguillon ſimple & en pointe.

Abdomen petiolo breviſſimo thoraci connexum.
Ventre attaché au corcelet par un pédicule court.

Ocelli tres.
Trois petits yeux liſſes.

Corpus villoſum.
Corps velu.

Familia 1ª. *Corpore villoſo.*
Apis proprie diɕa.
1ᵉ. Famille. Abeilles propre-ment dites.

———— 2ª. *Corpore hirſutiſſi-mo.*
Apis-bombylius.
2ᵉ. ————— Abeilles bour-dons.

Le caraɕere de ce genre eſt le même que celui du gen-re précédent : il n'y a entr'eux qu'une ſeule différence ; les guêpes ont le corps raſe & liſſe, au lieu que les abeilles l'ont velu. Parmi ces dernieres, les unes ne ſont que mé-diocrement velues, ce ſont celles que l'on connoît en gé-néral ſous le nom d'abeilles ; les autres ſont très-velues & beaucoup de perſonnes leur donnent le nom de bour-dons. Mais comme on donne ce même nom aux mâles des véritables abeilles, nous avons cru devoir réunir tous ces insectes dans un seul & même genre, en conservant cependant la distinction des abeilles en *abeilles proprement dites* ou médiocrement velues, & en abeilles très-velues, ou *abeilles - bourdons* ; d'après quoi nous avons divisé ce genre en deux familles.

Les travaux des abeilles, ou du moins de plusieurs d'entr'elles, sont beaucoup plus parfaits & plus considérables, que ceux des guêpes dont nous avons déja parlé. Nous allons commencer leur détail par l'examen du travail de l'abeille domestique ou des ruches, & ensuite nous parlerons des abeilles sauvages, qui offrent des particularités différentes.

Les abeilles domestiques vivent ensemble en société, comme personne ne l'ignore. La ruche où elles habitent est ordinairement composée de trois différentes sortes d'abeilles. Il y a une, deux ou trois femelles, suivant que la ruche est plus ou moins considérable ; un certain nombre de mâles, tantôt soixante, cent, deux cent, plus ou moins ; & beaucoup de mulets, ou d'abeilles qui n'ont point de sexe, & qui composent tout le reste des habitans de la ruche. Ces dernieres sont par milliers. Les femelles ont été décorées par quelques Naturalistes anciens du nom de rois. Ils s'imaginoient qu'il n'y avoit jamais qu'un seul roi dans un essain, qu'il en étoit le chef, & que lorsque ce roi venoit à périr, le désordre & l'anarchie s'emparoient de toute la société qui bientôt périssoit aussi. Nous ne nous arrêterons pas à toutes ces fables & à quantité d'autres contes semblables, que plusieurs auteurs ont débités très-sérieusement. Le travail des abeilles & toutes leurs opérations sont assez admirables par elles-mêmes, sans y ajouter un merveilleux qui n'existe pas.

On reconnoît les femelles des abeilles à leur grandeur. Elles surpassent ordinairement par leur taille les mulets & les mâles. Leurs antennes sont composées de quinze piéces & leur ventre de sept anneaux. C'est sur-tout cette

derniere partie qui eſt allongée & fort groſſe dans les femelles, & qui ſurpaſſe la longueur de leurs aîles. Malgré
cette groſſeur du ventre, on ne conçoit pas comment il
peut encore contenir la quantité prodigieuſe d'œufs que
dépoſent ces inſectes. Il eſt vrai que la plus grande partie
de l'intérieur du ventre eſt occupée par les ovaires, qui
forment deux paquets de houppes toutes remplies d'œufs
plus ou moins avancés. L'extrémité du ventre de ces femelles eſt armée d'un aiguillon plus long que celui des
autres abeilles, & un peu recourbé vers le ventre. Ces
inſectes s'en ſervent peu, ne ſortant pas ordinairement de
la ruche.

Les mâles ſont moins longs que les femelles, mais
plus gros que les mulets. Leurs antennes n'ont que onze
piéces, leurs yeux ſont plus gros de beaucoup que ceux
des mulets, leur corcelet eſt plus velu & leur ventre
plus liſſe. Ces inſectes n'ont point d'aiguillon à l'extrémité de leur ventre, mais ſi on preſſe cette extrémité,
on en fait aiſément ſortir une eſpéce de corps charnu
accompagné de deux crochets. Ce ſont les parties de
la génération, & le corps charnu du milieu eſt la
vraie partie du mâle, auquel les crochets ne ſervent
qu'à arrêter & à fixer la femelle pendant l'accouplement.

Enfin les mulets plus petits que les femelles & que
les mâles, compoſent la plus grande partie de la ruche ou
de l'eſſain. Leurs antennes ſont compoſées de quinze
anneaux comme celles des femelles, & leurs yeux ſont
plus petits. Outre leur taille, ils ſont encore reconnoiſſables par les eſpéces de broſſes, qui ſont à la partie in·é-
rieure de leurs cuiſſes poſtérieures. Ces broſſes plus grandes & plus remarquables dans les mulets que dans les
mâles, & qui manquent abſolument dans les femelles,
étoient néceſſaires aux premiers pour ramaſſer la cire qu'ils
rapportent à la ruche, comme nous le dirons dans un
inſtant. Les mulets ont un aiguillon qui ne ſe trouve pas

dans les mâles & les anneaux de leur ventre font au nombre de fept.

Toutes ces abeilles ont à la tête deux machoires fortes, une à gauche, l'autre à droite, & entre les deux machoires une efpéce de trompe ou de langue accompagnée de deux lames dures écailleufes qui la recouvrent. Cette trompe, avec fes étuis, eft plus longue dans les abeilles ouvrieres que dans les mâles.

Parmi ces trois différentes fortes d'abeilles qui compofent l'effain, il n'y a qu'une forte fur qui roule le travail, ce font les mulets. Les femelles & les mâles ne fervent uniquement qu'à la propagation de l'efpéce ; les mulets nourriffent les petits, ramaffent le miel, & conftruifent les rayons de la ruche.

Ces rayons ou gâteaux font des efpéces de plans de cire, fur lefquels des deux côtés font conftruites des cellules hexagones, formées pareillement de cire : mais avant que de conftruire ces rayons, lorfque les abeilles entrent dans une ruche neuve, elles ont un autre travail à faire. Elles commencent par enduire tout l'intérieur de leur ruche d'une matiere réfineufe, odorante, plus ferme & plus dure que la cire, que l'on connoît fous le nom de *propolis*. Cet enduit leur eft néceffaire pour boucher les petites ouvertures qui peuvent fe trouver à la ruche, & la garantir du froid & des infectes qui pourroient y pénétrer. Les abeilles tirent la matiere de la *propolis* de cette efpéce de réfine que fourniffent les jeunes bourgeons du peuplier, du faule & de plufieurs autres arbres, avant que ces bourgeons foient épanouis. Lorfque l'intérieur de la ruche eft ainfi enduit, les abeilles commencent à conftruire les rayons ou gâteaux de cire, dont nous avons parlé. Ces gâteaux font ordinairement pofés perpendiculairement ou prefque perpendiculairement, attachés au haut de la ruche d'où ils paroiffent pendre & foutenus d'efpace en efpace par des traverfes auffi de cire, qui les attachent aux côtés. C'eft pour épargner aux mouches ce dernier travail,

que ceux qui en ont foin ont attention de mettre dans
l'intérieur de la ruche plufieurs bâtons pofés tranfverfalement, qui foutiennent les rayons & les empêchent de fe
détacher. Ces gâteaux font pofés les uns à côté des autres,
de façon qu'il ne refte entre deux qu'un paffage étroit, capable de laiffer paffer feulement deux mouches de front.
Beaucoup de Naturaliftes ont admiré avec raifon la régu-
larité des cellules qui font élevées fur le plan des gâteaux
des deux côtés. Néanmoins ce joli ouvrage paroît un peu
moins furprenant, fi on fait attention que des cellules qui
feroient travaillées pour être rondes, & qui en même
tems feroient appliquées & preffées les unes auprès des
autres, ne peuvent manquer de prendre par leur com-
preffion mutuelle une figure hexagone, fi d'ailleurs la matiere dont elles font compofées eft affez molle pour céder
à la preffion. C'eft précifément le cas où fe trouvent les
cellules des abeilles. Leurs parois ne font compofés chacun que d'une lame de cire mince, & elles font preffées
les unes contre les autres ; l'infecte fe trouve donc forcé
de leur donner la figure d'un hexagone, qui ne laiffe aucun vuide entre les cellules, & il ne pourroit leur donner
une figure plus convenable.

La cire dont eft compofé le gâteau eft blanche, lorfque
le rayon eft récemment conftruit ; par la fuite elle jaunit
& même lorfque les ruches font un peu anciennes, les
vapeurs de la ruche donnent à cette cire une couleur brü-
ne prefque noire. Les abeilles commencent par conftruire
une partie du gâteau ; enfuite elles en étendent peu à
peu les bords en ajoutant de nouvelles cellules dans cette
circonférence. Quelquefois lorfqu'elles font preffées, elles
rempliffent les cellules avant que de finir le gâteau, &
l'on en voit où elles ont déja dépofé du miel, ou bien qui
contiennent des œufs fans être encore achevées. Au refte
l'ouvrage va très-vîte ; comme les ouvrieres font en très-
grand nombre, un gâteau d'une grandeur confidérable eft
quelquefois fini en quelques heures de tems. J'ai vû un

effain qui en une feule nuit en avoit fait quatre ou cinq,
chacun de la grandeur de la main. La cire dont les abeilles fe fervent pour conftruire leurs gâteaux & que nous fa-
vons leur fouftraire pour notre ufage, leur eft fournie par
les fommets des étamines des fleurs. Si on examine les
étamines de quelque fleur bien ouverte, on voit que leurs
fommets donnent une pouffiere plus ou moins jaune fuivant les différentes plantes. C'eft cette pouffiere que les
abeilles ramaffent, & lorfque les fommets ne font pas
affez ouverts, elles favent les pincer avec leurs machoires, pour en faire fortir la pouffiere. Les abeilles en chargent tout leur corps qui eft velu, elles le couvrent de
poudre jaune en s'enfonçant dans le fond de la fleur, &
enfuite elles fe nétoyent le corps avec leurs pattes, &
ramaffent cette poudre qui eft ordinairement jaune, &
tantôt de couleur verte ou blanche ou rougeâtre, fuivant
les plantes qui la fourniffent, elles la pétriffent & elles
en forment deux efpéces de boules fouvent groffes comme un grain de poivre, que l'on voit attachées à leurs
pattes de derriere ; les palettes velues qui font au dedans
de leurs pattes poftérieures, leur fervent à cet ufage : ces
boules de cire s'y attachent, & les abeilles chargées de
ce butin regagnent leur ruche. C'eft - là qu'elles dépofent
ces deux boules de cire, que d'autres reçoivent pour les
mettre en ufage, tandis que les premieres retournent faire
une nouvelle récolte fur les fleurs. Souvent les abeilles
n'employent pas cette cire fur le champ, elles la dépofent
dans des cellules & font des magafins de cette cire brute
pour s'en fervir par la fuite. Mais cette matiere que les
abeilles ont rapportée, n'eft pas encore de la véritable
cire, elle n'en a ni la moleffe ni la ductilité, & elle ne
peut être mife en ufage dans cet état. Il faut que l'abeille
l'avale, qu'elle lui faffe fubir une efpéce de digeftion dans
fon corps, après quoi elle la rend par fa trompe fous une
forme liquide propre à être employée à fes travaux. Il
paroît qu'il s'y mêle dans l'eftomach de l'abeille quelque

liqueur qui la perfectionne & la rend plus maniable. Peut-être aussi que la partie la plus grossiere en est séparée, tant pour servir d'aliment à l'abeille, que pour être rendue avec ses excrémens.

Les cellules dont les gâteaux de cire sont composés, ont deux usages. Elles servent indifféremment aux abeilles, soit à y déposer leur miel, soit à y mettre leurs œufs & à y élever leurs larves. Nous allons commencer par le premier de ces usages, après quoi nous examinerons le second, qui nous conduira à observer les différentes métamorphoses de ces insectes.

Outre la cire que les abeilles retirent des étamines des fleurs & qui leur sert à construire leurs gâteaux, elles recueillent encore sur les mêmes fleurs une liqueur épaisse, visqueuse, douce & sucrée, dont elles composent leur miel. Cette liqueur leur est fournie par des glandes ou des points glanduleux qui se trouvent dans la plûpart des fleurs, & qui ont reçu des Botanistes modernes le nom de glandes nectariferes à cause de la douceur du liquide qu'elles séparent. Les abeilles succent cette liqueur avec leur trompe & la reçoivent dans leur estomach. Une partie de ce miel brut sert à leur nourriture, elles rejettent par leur trompe le reste qui a subi quelque préparation dans leur corps, & se trouve converti en véritable miel. Si on tue une abeille qui vient de se gorger ainsi de miel, on trouve à la partie supérieure de son ventre une espéce de vésicule transparente, jaune & remplie du miel le plus doux. C'est ce que les enfans savent très-bien, & souvent à la campagne ils vont chercher ces vésicules dans le corps des abeilles, & sur-tout des grosses velues, connues sous le nom de *bourdons*. Ces vésicules ne sont autre chose que l'estomach de l'abeille rempli de miel. Lorsqu'elle a ainsi fait sa récolte elle revient à sa ruche. C'est-là qu'elle rend & dégorge, pour ainsi dire, le miel. Une partie lui sert à donner à manger aux autres abeilles qui travaillent dans l'intérieur de la ruche. Celle qui revient

de la campagne leur offre du miel dont elles prennent ;
ce qui empêche que l'ouvrage ne foit interrompu. Une
autre partie du miel eſt employée pour donner à manger
aux petites larves qui font dans différentes cellules. Enfin
le furplus qui n'eſt pas confommé fur le champ, eſt mis
en réferve dans des cellules des gâteaux. Les abeilles
femblent prévoir qu'il viendra une faifon où le froid faifant
difparoître les fleurs, les privera de la nourriture qui leur
eſt néceſſaire : elles font donc provifion pour l'hiver ; elles
rempliffent de miel un nombre de cellules, & lorfqu'elles
font pleines, elles les couvrent d'une efpéce de dôme de
cire qui leur fert de couvercle. C'eſt dans ces cellules que
le miel fe trouve renfermé.

D'autres cellules font deſtinées à un autre ufage, elles
fervent à élever les petits. La femelle ou les femelles qui
font prodigieufement fécondes, paroiffent devoir s'accoupler de bonne heure. Dès les premieres chaleurs du printems, elles font fécondées & commencent à pondre. Pour
cet effet la femelle va de cellule en cellule, elle enfonce
dans chacune l'extrémité de fon ventre & y dépofe un feul
œuf qui s'attache au fond ou aux parois. Elle en dépofe
ainfi plufieurs centaines dans un feul jour. Ces œufs font
oblongs, un peu recourbés, clairs & limpides, plus gros
par un bout & plus minces par l'autre, qui eſt celui par
lequel ils font attachés dans la cellule.

Au bout de quatre ou cinq jours les petites larves éclofent & fortent de l'œuf. Ces larves reffemblent à des petits
vers blancs, compofés d'une tête un peu plus dure & plus
brune que le reſte du corps, & de treize anneaux qui forment le reſte de l'animal. Elles n'ont point de pattes &
de chaque côté elles font munies de dix ſtigmates par lefquels elles refpirent. Ces larves font ordinairement recourbées & ramaſſées en rond dans le fond de la cellule. On
ne fauroit concevoir la tendreſſe & les foins qu'ont les
abeilles ouvrieres ou mulets pour ces petites larves nouvellement éclofes. Quoiqu'elles ne foient point leurs meres,

res, elles les élevent avec la plus grande attention, &
c'eſt une nouvelle preuve que toutes les actions des abeilles, comme celles des autres inſectes, n'ont pour but
que la propagation de leur eſpéce. Ces abeilles vont fréquemment porter à manger à ces larves, elles leur dégor-
gent du miel qui eſt avidemment reçu, & elles en laiſſent
une quantité ſuffiſante dans la cellule. On voit ſouvent
les abeilles ſe promener ainſi de cellule en cellule, &
porter à manger aux larves qui y ſont. Ces larves ſi bien
nourries, groſſiſſent promptement. Dans cet intervalle
elles changent pluſieurs fois de peau, préciſément de la
même façon que les chenilles, & enfin lorſqu'elles ſont
parvenues à leur groſſeur, elles ſe préparent à ſe métamorphoſer. C'eſt alors que la larve, qui juſques-là n'a
fait aucun ouvrage, commence à travailler. Elle file par
le moyen d'une filiere qui eſt placée à ſa levre inférieure,
comme dans les chenilles, elle tapiſſe tout l'intérieur de
ſa cellule de fils de ſoie fins, & ſeulement un peu plus
forts dans la partie ſupérieure. En même tems les abeilles
ouvrieres ferment cette cellule à l'extérieur, par le moyen
d'un couvercle de cire, qu'elles conſtruiſent, & la larve
ſe trouve ainſi tout-à-fait renfermée. Pour lors après s'être
vuidée de ſes excrémens, elle quitte ſa peau qui ſe fend
le long de la partie ſupérieure de ſon dos, & elle ſe trouve changée en une véritable nymphe. Cette nymphe eſt
molle, blanchâtre, & on y diſtingue très-bien toutes les
parties de l'abeille parfaite qu'elle doit produire. Au bout
de quelques jours, lorſque toutes ces parties ont acquis
aſſez de force & de conſiſtence, la jeune abeille quitte
l'enveloppe légere de nymphe, elle déchire le couvercle
de cire qui ferme ſa cellule, avec ſes machoires qui ſont
dures & fortes, & elle en ſort ſous la forme d'inſecte parfait. Dans ce premier moment elle paroît toute humide.
Les autres abeilles la léchent avec leurs trompes, elle-
même s'eſſuie, & au bout de quelques minutes elle prend
ſon eſſort, va travailler à la campagne & ſouvent rapporte

de la cire dès fa premiere fortie , fans fe tromper de chemin & fachant retrouver la ruche qu'elle fembleroit ne
devoir pas encore connoître. Dès que les jeunes abeilles
ont quitté l'état de nymphe & font forties de leurs cellules , d'autres abeilles ouvrieres vont nétoyer la cellule où
chacune d'elles étoit renfermée. Elles la découvrent, elles
emportent la dépouille de la nymphe & la foie qui la fer-
moit , mais il refte une partie des fils de foie qui tapif-
foient les parois , fous lefquels font les différentes dépouilles de la larve , ce qui retrécit la cellule ; enforte que ces
cellules deviennent plus étroites , lorfque plufieurs œufs
y ont été dépofés les uns après les autres. Souvent après
avoir été nétoyées , ces cellules fervent aux abeilles à y
dépofer du miel.

Telles font les métamorphofes des abeilles & les atten-
tions qu'elles ont pour leurs petits. Mais ces mêmes foins
font encore redoublés pour les larves des mâles & encore
plus pour celles des femelles qui font en très petit nombre.
Les cellules où doivent être dépofés des œufs qui donneront des mâles , font plus grandes que les autres , elles font
ordinairement placées au bord des gâteaux , leur grandeur
les rend reconnoiffables. Celles qui font deftinées aux femelles font encore plus grandes & de figure ronde , en
quoi elles différent des autres cellules ; elles font auffi plus
fortes , rien n'y eft épargné. Il femble que les abeilles
fachent le nombre des mâles & des femelles qui doivent
éclore dans la ruche ; elles ne font que la quantité de cellules néceffaires pour les uns & pour les autres. Lorfque
leurs larves font éclofes , elles redoublent leurs foins & paroiffent leur prodiguer la nourriture.

Du refte ces mêmes mâles , dont les abeilles ouvrieres
ont un fi grand foin tant qu'ils leur font néceffaires pour
féconder la femelle , éprouvent bientôt leur barbarie ,
lorfqu'elles n'en ont plus befoin. Dès le mois de juin , ou
au plûtard au commencement de juillet , les abeilles tuent
à coups d'aiguillons tous les mâles de la ruche , qui dé-

pourvus d'une pareille arme , ne peuvent fe défendre.
Elles font plus , elles arrachent des cellules ceux qui font
encore fous la forme de larve & les déchirent avec leurs
machoires , après en avoir eu jufqu'alors le plus grand
foin. Elles n'épargnent pas davantage ceux qui font déja
en nymphes , on ne voit par toute la ruche que carnage.
La femelle a été fuffifamment fécondée , elle pondra jufqu'à l'hiver , & parmi les œufs il fe trouvera de nouveaux
mâles & de jeunes femelles pour l'année fuivante. Les
abeilles ne veulent donc point conferver leurs mâles qui
font devenus inutiles , & qui ne fortant pas de la ruche ,
confommeroient fans travailler le miel dont elles ont befoin. Lorfque cette expédition cruelle eft faite , les abeilles
fe remettent à l'ouvrage & amaffent le miel pour l'hiver.
L'ufage où font les abeilles de tuer ainfi tous les mâles
dans un certain tems de l'année , nous inftruit fur la durée
de la vie des abeilles de ce fexe. Quelques mois la terminent ; ils ne font faits que pour féconder les femelles ; leur
deftination remplie , on les fait périr. Mais la durée de
la vie des autres abeilles , n'eft pas fi aifée à déterminer.
Quelques Naturaliftes les font vivre pendant un grand
nombre d'années. Ce qu'il y a de fûr , c'eft que tous les ans
il en périt une grande quantité , enforte qu'en moins de
deux ans une ruche doit fe renouveller prefqu'entiérement.

La ponte d'une feule femelle eft très-confidérable , tellement que tous les habitans de la ruche ne peuvent plus y
refter au bout d'un certain tems. C'eft ce qui en oblige
une partie d'aller ailleurs chercher un autre domicile. On
appelle ces colonies qui fortent de la ruche , des *effains*.
Chaque ruche en fournit plufieurs pendant un été plus ou
moins , fuivant que la ruche eft plus ou moins nombreufe.
Les premiers effains , ceux qui fortent au commencement
de l'été , font ordinairement les plus forts , & en donnent
eux - mêmes quelquefois un autre avant la fin de l'été. On
peut juger par-là de la prodigieufe fécondité d'une feule

femelle, puifqu'une ruche où il n'y en a qu'une, eft quelquefois compofée de quarante mille habitans.

Lorfque les effains font prêts à partir, on apperçoit du trouble & de la confufion dans la ruche : les abeilles ne fortent pas comme à l'ordinaire. Vers le chaud du jour, entre dix heures du matin & trois heures après-midi, l'effain part, voltige d'abord par pelotons, enfuite fous la forme d'un gros nuage & s'élevant en l'air, va s'attacher à quelqu'arbre ou à quelqu'autre endroit. Il y a toujours une femelle dans l'effain, point de mâles, & le refte eft compofé de mulets tant jeunes que vieux. Mais au défaut de mâles, la femelle eft fécondée & donnera des œufs qui en produiront. La femelle eft toujours avec le gros de l'effain, & lorfqu'elle s'eft arrêtée avec lui dans quelqu'endroit, le refte des mouches vient bientôt rejoindre la troupe. Souvent les effains s'élevent fort haut & font portés au loin. C'eft pour lors autant de perdu pour le propriétaire. Ceux qui cultivent & élevent les abeilles, ont grand foin de ne pas les laiffer échapper. Lorfque l'effain part, le bruit que l'on fait avec des chaudrons & du fable fin jetté en l'air, l'obligent à fe fixer bientôt : peut-être les abeilles prennent-elles ce fable pour des gouttes de pluie, & le fon des poëlons pour le bruit du tonnere. Quoi qu'il en foit, dès qu'elles font arrêtées, on leur offre une nouvelle ruche toute préparée, enduite de terre en-dedans, & frottée de plantes aromatiques & de miel. L'effain s'en accommode & bientôt il y travaille.

Tant qu'il y a une femelle dans un effain ou dans une ruche, les abeilles travaillent avec la plus grande ardeur. Si la femelle périt, ces infectes perdant l'efpérance de la multiplication, ceffent leurs travaux, la ruche ou l'effain dépérit promptement. Qu'on leur donne une autre femelle, on les voit reprendre leurs travaux avec la plus grande activité. Il fuffit quelquefois de leur donner un œuf ou une larve qui doive produire une femelle : l'efpérance d'avoir bientôt un chef eft fuffifante pour les encourager à foutenir leurs ouvrages. Souvent il y a deux ou trois femelles dans une ruche : fi elle n'eft pas trop nombreufe elles vivent enfemble tranquillement , mais fi la ruche eft nombreufe , & que les abeilles craignent une trop grande multiplication fur tout à l'entrée de l'hiver , où la difette eft à craindre , elles tuent toutes les femelles , comme elles ont tué les mâles , à l'exception d'une feule. C'eft fur cette feule femelle que roule toute l'efpérance de la ruche , c'eft elle qui doit donner naiffance à toutes les abeilles qui y naîtront & aux effains qu'elle produira , dont chacun fera compofé de plufieurs milliers de mouches. Cette femelle a été fuffifamment fécondée par plufieurs centaines de mâles , pour pondre par la fuite tant de milliers d'œufs.

Il ne paroît guères poffible d'appercevoir l'accouplement de cette femelle qui ne fort point de la ruche. Les ruches de verre que les obfervateurs ont inventées & par le moyen defquelles on découvre une partie de ce qui fe paffe dans la ruche , n'inftruifent pas davantage fur cet article. La femelle eft toujours entourée de tant d'autres abeilles qui la cachent à nos yeux , qu'il eft affez difficile de la découvrir & abfolument impoffible de la fuivre un peu de tems. Cette difficulté a fait donner à la mere abeille par quelques Naturaliftes de grandes louanges fur fa retenue & fa pudeur. Ils auroient pû s'en épargner les frais , s'ils avoient fait attention qu'il n'eft pas étonnant qu'on n'apperçoive pas deux infectes accouplés parmi trente ou quarante mille autres qui vont & viennent perpétuellement.

Les abeilles domeftiques que nous élevons avec foin , à caufe de la cire & du miel qu'elles produifent , ont été d'abord fauvages , ainfi que les autres efpéces de ce genre. On en trouve encore quelquefois qui font domiciliées dans des troncs d'arbres au milieu des bois , ou dans des creux de rochers. L'utilité qu'on en retire les a fait placer dans des ruches , où l'on peut recueillir leur miel & leur cire. On fait cette récolte de deux façons différentes. Les uns font périr toutes les mouches par le feu ou l'eau bouillante , & retirent enfuite tout le miel & toute la cire. Cette cruelle maniere de profiter du travail de ces infectes, n'eft pas avantageufe au propriétaire qui perd ainfi une ruche entiere & les effains qu'elle auroit pû donner. D'autres fe contentent d'enfumer la ruche , ce qui chaffe & éloigne les abeilles , & pour lors on prend les rayons de cire chargés de miel , ayant foin cependant d'en laiffer une partie pour la nourriture des abeilles. De cette maniere on ne perd que les œufs , les larves & les nymphes qui fe trouvent dans les gâteaux qu'on enleve , le refte de la ruche fubfifte , & les abeilles travaillent fur nouveaux frais pour réparer ce qu'on leur a dérobé , & faire une nouvelle provifion pour l'hiver.

Dès que cette derniere faifon approche , que le froid fe fait fentir & que la campagne eft dépeuplée de fleurs , les abeilles reftent engourdies dans leurs ruches. Elles fortent au plus pendant quelques inftans dans les jours d'hiver un peu doux , lorfqu'il fait un beau foleil. Mais fi le froid eft vif , elles reftent immobiles. Pour lors elles ont à craindre deux extrémités également dangereufes pour elles. Le trop grand froid en fait fouvent périr beaucoup , quelqu'attention que l'on ait de tenir les ruches au midi & bien couvertes ; & un hiver trop doux ne leur eft pas moins redoutable. N'étant point engourdies par le froid , elles ont befoin de prendre de la nourriture , & fouvent leur provifion de miel eft finie avant la fin de l'hiver , ce qui les fait périr de faim. Il faut alors avoir attention de leur donner du miel autour de leurs ruches , fi on veut les conferver.

Outre le froid & la faim qui font périr les ruches , elles ont encore d'autres ennemis à craindre. Les mulots les dévorent pendant l'hiver , lorfque ces infectes font engourdis , & que ces animaux peuvent pénétrer dans la ruche. Les moineaux , les guêpes-frelons , & d'autres infectes leur font la chasse. La larve d'un insecte coleoptere dont nous avons parlé & auquel nous avons donné le nom de *clerus*, s'insinue, comme nous l'avons dit, dans les ruches, à l'aide des tuyaux ou chemins couverts qu'elle se forme, & qui la mettent à l'abri des aiguillons des abeilles, dont elle dévore les larves & les nymphes. Une espéce de teigne fait à peu près la même manœuvre, & tous ces insectes font un tort considérable aux ruches. Les abeilles elles-mêmes se causent souvent la mort, en voulant se servir de leur aiguillon pour blesser d'autres animaux qui les incommodent ou qui leur nuisent. Quoique cet aiguillon paroisse très-uni & ttès-lisse à la vûe, il est cependant armé de petits crochets imperceptibles semblables aux barbes d'une fleche. Lorsque l'abeille a enfoncé son aiguillon & qu'elle veut le retirer trop vîte, il reste dans la plaie & avec lui l'abeille perd la vesicule du venin qui est à la racine de l'aiguillon & les ligamens qui l'attachent. L'abeille ainsi blessée ne peut pas vivre long-tems, elle ne tarde pas à périr. La piqûre que cause l'aiguillon de cet insecte est accompagnée de douleurs, chaleurs, cuissons, gonflement & rougeur. Ces symptômes ne sont pas dûs à la piqûre seule, mais à la liqueur vénimeuse qui s'introduit dans l'ouverture que fait l'aiguillon. Cette liqueur vient de la vesicule dont nous venons de parler qui se trouve à la base de l'aiguillon de l'abeille ; elle coule dans l'instant de la piqûre & s'insinue dans la plaie. Les accidens qu'elle excite, ressemblent en petit à ceux du venin de la vipere ; on peut les amortir & les arrêter par les mêmes remédes qui réussissent dans la morsure de ce serpent. Il s'agit de frotter l'endroit piqué avec quelqu'alkali fort & pénétrant, la douleur est passée en peu de tems.

Nous ne nous étendrons pas sur les propriétés du miel & de la cire que personne n'ignore, sur le profit qu'ils produisent & la maniere de les recueillir. Ces détails étrangers à notre objet, ne feroient qu'allonger l'histoire des abeilles domestiques, sur laquelle nous ne nous sommes déja que trop étendus. Nous allons donc paffer à l'examen des autres abeilles.

Parmi ces abeilles, les unes font remarquables par leur figure & d'autres par leurs travaux. Nous pouvons mettre au rang des premieres l'*abeille à crochets*. Ces crochets au nombre de cinq qu'elle porte aux deux derniers anneaux de fon ventre, font affez remarquer cette efpéce, qui d'ailleurs eft une des plus belles. Nous l'examinerons plus en détail, lorfque nous en parlerons en particulier. L'*abeille à longues antennes* n'eft pas moins remarquable par la longueur de fes antennes qui égale celle du corps, & par la forme de ces antennes qui font refferrées à l'origine de chaque anneau. Quelques efpéces font fingulieres par leur couleur dorée ou cuivreufe, foit fur tout le corps, foit fur le ventre feul. Enfin quelques-unes ont des aîles noirâtres & comme nébuleufes, tandis que les autres en ont de claires & diaphanes.

D'autres abeilles méritent encore plus d'être confidérées par la fingularité de leurs travaux, quoiqu'elles n'approchent pas cependant pour cet article de l'abeille domeftique. Les abeilles-maçonnes ont été ainfi appellées, parce qu'elles travaillent réellement avec le mortier & le ciment, & qu'au lieu de conftruire des rayons de cire, elles fe font des nids de maçonnerie. Ces abeilles ramaffent de la terre avec leurs machoires, elles la détrempent avec une liqueur vifqueufe & gluante qu'elles rendent par leur trompe & elles en forment leur habitation. C'eft ordinairement le long des murs expofés au plein midi, qu'on trouve à la campagne ces nids d'abeilles maçonnes. Chacun reffemble à un petit paquet de terre informe de fix ou fept pouces de diametre qu'on auroit jetté contre le mur. Ceux qui ne connoiffent pas ces nids, n'imagineroient jamais que cet amas de terre fût l'ouvrage d'un infecte. C'eft cependant une abeille qui l'a formé, & on peut juger combien un pareil travail lui a coûté, fi l'on penfe que l'abeille ne peut apporter chaque fois que quelques grains de fable

&

& de terre. Elle parvient cependant par des voyages réitérés à former un groupe de maçonnerie lourd , pesant
& fort considérable. L'extérieur de ce nid informe & ter-
reux, empêche que les oiseaux ne le puissent découvrir , &
n'aillent dévorer les larves de ces abeilles dont ils sont fort
friands. Ce même extérieur empêche les hommes même
d'y faire attention. En revanche , l'intérieur de ce nid est
fait avec beaucoup de soin. Si on l'ouvre, on voit qu'il est
composé en-dedans d'une douzaine ou d'une quinzaine
de loges séparées les unes des autres par des murs épais, &
dans chacune desquelles on trouve une larve ou une nymphe d'abeille. La mere ne construit pas toutes ces loges à
la fois. A mesure que chaque loge est finie , elle y dépose
un œuf, la remplit de la quantité de miel suffisante pour la
nourriture de la larve qui en doit naître , & ensuite ferme
cette loge & en construit une autre à côté d'elle. La larve
qui naît de chaque œuf trouve donc une nourriture convenable que sa mere lui a préparée. Lorsqu'elle l'a consom-
mée & qu'elle est parvenue à sa grosseur, elle se met à filer
pour tapisser d'un enduit mince de soie la loge qui la renferme , & ensuite elle s'y transforme en nymphe. Enfin
lorsqu'elle quitte l'état de nymphe & qu'elle parvient à
celui d'insecte parfait, elle perce avec ses machoires qui
sont fortes , les parois de sa prison , elle en sort & bientôt
après elle prend son vol. Quand toutes les abeilles sont
sorties de ce nid , on voit à sa surface autant d'ouvertures
qu'il y a de loges dans l'intérieur. Je n'ai point distingué de
mulets parmi ces abeilles , & ayant examiné toutes celles
d'un nid qui étoient prêtes à éclore & déja transformées ,
je n'y ai trouvé que des femelles & une couple de mâles.

Le bois fournit à d'autres abeilles une matiere propre à
faire leurs nids. Elles parviennent, à l'aide de leurs machoires, à percer les vieux bois pourris, elles en détachent
peu à peu des brins & y creusent des ouvertures profondes
dans lesquelles elles déposent leurs œufs. On a nommé ces
abeilles *charpentieres* , à cause de leur travail. On voit

quelquefois ces infectes détacher un à un les fils du bois
avec affez de promptitude. Le trou qu'elles creufent eft
fuffifamment large pour qu'elles puiffent y être contenues.
Quand il eft affez profond, l'abeille s'y enfonce, mais
dans un autre fens ; elle y entre le derriere le premier, &
va par ce moyen dépofer un œuf qui s'attache au fond
du trou, à caufe de la liqueur gluante qui l'enduit. Cela
fait, l'abeille mere amaffe dans cette loge la quantité
de miel fuffifante pour la nourriture du petit qui éclora,
enfuite elle ferme la loge avec un mêlange de brins de
bois & d'une efpéce de glu qu'elle rend par fa trompe. La
larve éclôt dans cet endroit, s'y nourrit, y groffit &
s'y change en nymphe, & enfuite en infecte parfait. Pour
lors, elle perce l'enduit qui ferme l'ouverture de fa loge &
elle fe met à voler.

Les abeilles *mineufes* travaillent un peu différemment
des précédentes. On leur a donné ce nom parce qu'elles
creufent la terre comme les mineurs, & qu'elles y font
des mines & des fentiers fouterrains. Ces abeilles font
très-communes dans ce pays-ci, où nous en comptons
plufieurs efpéces, comme on le verra dans le détail. C'eft
ordinairement dans les terres des foffés ou des chemins,
coupées perpendiculairement ou prefqu'à plomb, qu'on
trouve ces abeilles. Le long de ces terrains qui forment
des efpéces de murs, on voit nombre de trous ronds, di-
rigés horizontalement, dans lefquels entrent de petites
abeilles & d'où elles fortent. Si on fuit ces trous, on
apperçoit que la plûpart font affez profonds, ou lorfqu'ils
ne le font pas, on voit fouvent une abeille qui en fort,
emportant un peu de terre avec fes machoires. Cette
abeille mine peu à peu la terre & forme fon trou. Ces trous
ne menent quelquefois qu'à un feul fentier, d'autres fois
ils font divifés au bout en plufieurs culs-de-fac fuivant les
différentes efpéces de mineufes. A l'extrémité ou aux extrémités de ce trou, l'abeille dépofe un, ou plufieurs œufs,
avec lefquels elle renferme des provifions de miel, & de

ces œufs fortent les petites larves qui groffiffent & fe métamorphofent en nymphes & en infectes parfaits. Il eft à
remarquer que ces abeilles ont foin de creufer leurs trous
affez bas , pour que l'humidité qui eft vers la fuperficie de
la terre ne puiffe pas pénétrer jufqu'à l'habitation de leurs
petits.

Nous ne finirions pas , fi nous voulions examiner en
détail toutes les induftries des différentes abeilles, dont les
unes font leurs nids dans les premiers trous qu'elles rencontrent , & dans les crevaffes des murs ; les autres les ta-
piffent de feuilles artiftement coupées ; d'autres parmi les
mineufes enduifent l'intérieur de leurs nids de lames qu'elles coupent dans les pétales des fleurs. Ces détails nous
meneroient trop loin , & ce que nous avons dit fuffit pour
mettre un obfervateur intelligent en état de fuivre les travaux différens de ces infectes & de découvrir leurs manœuvres fingulieres. Nous finirons ce qui nous refte à dire
fur les abeilles , par un détail fuccint de ce qui regarde
les abeilles très-velues , connues fous le nom de *bourdons* ,
qui compofent la feconde famille de ce genre.

La premiere de ces efpéces a été nommée avec raifon
par M. de Reaumur, l'abeille *perce-bois* , parce qu'elle travaille dans les bois qu'elle perce & déchire pour y former
les loges dans lefquelles elle dépofe fes œufs. Cette abeille
choifit volontiers les bois de charpente , quelquefois une
porte épaiffe ou un chaffis. Elle perce ce bois avec fes machoires , & pratique fuivant la longueur du bois un long
tuyau ouvert par les deux bouts. Elle y conftruit enfuite
plufieurs cellules à la fuite les unes des autres , & divifées
par des planchers qu'elle forme avec des brins de bois bien
collés enfemble , par le moyen d'une liqueur gluante qui
fort de fa trompe, ce qui forme du tout un compofé ferme
& dur. Avant que l'abeille ferme chaque loge , elle y
dépofe un œuf , avec une fuffifante quantité de miel pour
la nourriture du petit qui en fortira. Cela fait , elle ferme
la loge en conftruifant le plancher dont nous avons parlé , &

elle fait la même chofe pour la loge fuivante , allant ainfi de loge en loge tout le long du tuyau jufqu'à l'ouverture. Les petites larves , après être éclofes , métamorphofées en nymphes & changées en infectes parfaits , fortent de leurs loges en perçant les planchers qui les ferment. Mais comme les œufs les premiers dépofés font du côté par où l'abeille a commencé , & les derniers du côté de l'ouverture par où elle a fini , les premieres abeilles qui éclofent ne fortent pas par cette derniere ouverture ; ce qu'elles ne pourroient faire fans traverfer & percer toutes les autres loges dont les infectes ne font pas encore fortis : elles ont l'attention d'ouvrir la leur du côté oppofé , & elles éclofent toutes ainfi fucceffivement , & fortent par les loges qui font déja vuides. Cette efpéce d'abeille eft remarquable par fa groffeur , par la couleur noire de fon corps , & le violet foncé de fes aîles. Le poil dont elle eft toute couverte nous a porté à la ranger dans la feconde famille , quoique fes manœuvres foient différentes de celles des autres efpéces connues fous le nom de *bourdons.*

Ces prétendus *bourdons* ou *faux-bourdons* , comme les àppelle M. de Reaumur , ont été ainfi nommés , à caufe du bourdonnement qu'ils font en volant. Ils font tous très-velus , & plus gros de beaucoup que les autres abeilles. Parmi les différentes efpéces de ces infectes dont nous donnons le détail , je craindrois qu'il n'y eût quelques variétés, & encore plus de fimples différences de fexe , ce qu'il faudroit examiner. Ce qu'il y a de certain , c'eft que tous les mâles que j'ai pû trouver , ne piquent point , non plus que ceux des abeilles domeftiques. Mais il faudroit rechercher fi ces mâles , leurs femelles & leurs mulets ne différent point les uns des autres quant aux couleurs. Quoi qu'il en foit , les ouvrages de ces différens bourdons font tous les mêmes. C'eft fous terre qu'ils travaillent & fur-tout fous les gazons , dont les racines liant la terre , forment une voûte plus folide au fouterrain que pratiquent ces infectes.

On en voit un nombre confidérable voltiger fur un gazon, on n'a qu'à les fuivre, on appercevra un endroit où ils difparoiffent, & en regardant de près, on découvrira l'ouverture de leur habitation. S'ils ne font que la commencer, tous les infectes feront occupés à fouir la terre, & à tranfporter dehors les molécules qu'ils en détachent. Les trous qu'ils pratiquent font vaftes & fpacieux, auffi beaucoup d'infectes fe mettent-ils à l'ouvrage. Car ces abeilles vivent en fociété comme les abeilles domeftiques, mais leurs compagnies font moins nombreufes, puifque les plus fortes troupes ne vont guères à une centaine. C'eft dans ces fouterrains que ces abeilles velues font des gâteaux femblables à ceux des abeilles ordinaires, en ce qu'ils font pareillement compofés de cellules hexagones, mais ils en différent par beaucoup d'autres endroits. Premiérement, les cellules de ces gâteaux font beaucoup plus grandes, de même que ces infectes font plus gros que l'abeille domeftique, & de plus je n'ai jamais obfervé de cellules que d'un feul côté, au lieu que les gâteaux de cire des ruches ont leurs deux furfaces chargées de cellules. Secondement, la matiere dont ces gâteaux font compofés eft fort différente de la cire des abeilles ; c'eft une efpéce de parchemin brun & fort que ces infectes compofent avec des brins de bois pourri qu'ils réduifent en pâte, par le moyen d'une liqueur gommeufe dont la nature les a pourvus. Ces abeilles velues forment avec cette pâte leurs gâteaux, de la même maniere que les abeilles domeftiques conftruifent les leurs, c'eft-à dire, à l'aide de leurs machoires & de leurs pattes. Enfin ces gâteaux à cellules font entourés d'une frange épaiffe de lames minces, contournées, femblables à des feuilles féches, & dont le tiffu eft le même que celui du gâteau. Comme ces gâteaux font dans des fouterrains où l'humidité pourroit pénétrer, ces lames ou feuilles qui les entourent, fervent probablement à garantir de cette humidité les cellules qui contiennent les œufs & les petits de ces infectes. Ce que j'avance

paroît confirmé par la manœuvre qu'employe la derniere
efpéce de ces infectes. Au lieu d'entourer fon gâteau de
ces lames qui font longues à conftruire , elle le munit
de foin , ou de paille en-dehors & de crin en-dedans. Son
nid reffemble à celui d'un oifeau , & au milieu de ce
nid elle conftruit les cellules du gâteau que le foin &
le crin mettent à l'abri de toute humidité. C'eft dans les
cellules de ces gâteaux , que ces infectes dépofent leurs
œufs , avec une quantité de miel néceffaire pour la nourriture des petits qui écloront. Ce miel eft doux , agréable ,
& on en trouve fouvent l'eftomach de ces infectes rempli ;
mais il n'eft pas poffible d'en ramaffer une certaine quantité , ces abeilles-bourdons ne faifant point de provifion
pour l'hiver comme les abeilles domeftiques , & fe contentant de ramaffer ce qui eft néceffaire pour chaque petit.
Ayant examiné des gâteaux affez confidérables , je n'ai jamais trouvé de cellules remplies de miel , toutes étoient
occupées par des larves ou des nymphes. Probablement
ces efpéces d'abeilles n'ont pas befoin de provifions pour
leur hiver. Celles qui paffent cette faifon reftent engourdies pendant tout ce tems , comme beaucoup d'autres infectes , qui pendant cette efpéce de létargie ne diffipent
point & ne prennent point de nourriture. Elles doivent
même être beaucoup plus engourdies par le froid que les
abeilles domeftiques qui vivent en grandes troupes,& par-
là fe réchauffent mutuellement. L'accroiffement & la
nourriture de leurs petits , leurs métamorphofes , leurs
nymphes font tout-à-fait femblables à celles des abeilles
des ruches , à la grandeur près ; ainfi nous ne répéterons
pas ce que nous avons dit fur cet article. Les cellules
où les petits font ainfi renfermés , & où ils fe métamorphofent , font couvertes par les meres d'un petit dôme
brun de même fubftance que les parois de la cellule.

Les infectes parfaits qui en fortent, font brillans pour
leurs couleurs. Tout leur corps eft couvert de poils ferrés ,
noirs , jaunes , ou blancs par taches & par bandes , & ces

petits animaux reffemblent à un velours de plufieurs couleurs. On les trouve fréquemment l'été fur les fleurs à
la campagne & dans les jardins. Nous allons examiner
actuellement en détail toutes ces différentes efpéces d'a-
beilles.

PREMIERE FAMILLE.

Abeilles proprement dites.

1. APIS *gregaria. Linn. faun. fuec. n.* 1003.

Linn. fyft. nat. edit. 10 , *p.* 576 , *n.* 17. Apis pubefeens, thorace fubgrifeo, ab-
  domine fufco , pedibus pofticis glabris utrinque margine ciliatis.
Mouffet. lat. 2. Apis.
Merian. europ. 2 , *p.* 19 , *t.* 1.
Aldrov. inf. 20.
Jonft. inf. 1 , *t.* 2.
Charlet. exerc. 36.
Merret. pin. 196. Apis domeftica feu vulgaris alveatium.
Raj. inf. 240. Apis.
Swammerd. bibl. nat. t. 17 , *f.* 1 , 3 , 4.
Reaum. inf. 5 , *t.* 21 , 23 , *t.* 22 , *f.* 1 , 2 , 4.
Dale pharmac. 386 , *n.* 15. Apis.

{ *Mâles ou bourdons.*

{ *Mouff. lat.* 37. Fucus.
{ *Merret. pin.* 196. Fucus.

L'abeille domeftique ou *des ruches.*
Longueur 6 *lignes. Largeur* 2 ½ *lignes.*

Nous ne nous arrêterons pas à décrire ici l'abeille ordinaire , tout le monde connoît fa forme & fa couleur ,
& quant à fon travail nous l'avons décrit affez au long dans
l'hiftoire de ce genre , enforte que nous ne ferions que répéter ici ce que nous avons détaillé plus haut. On peut
donc confulter fur cet article , ainfi que fur les différentes
métamorphofes de cet infecte, ce que nous avons rapporté
dans le difcours qui eft à la tête de ce genre.

2. A P I S *fubhirfuta fufca , abdomine nitido , pedibus
  villofis.*

L'abeille brune à ventre liffe & pattes velues.
Longueur 4 *lignes. Largeur* ¼ *ligne.*

Cette espéce ressemble très-fort à l'abeille commune des ruches. Sa couleur est la même , & à la premiere vûe on les prendroit l'une pour l'autre. Mais outre que celle - ci est plus petite , elle a encore d'autres différences. D'abord elle est moins velue , & ses pattes au contraire sont bien plus velues & plus chargées de poils que dans l'espéce commune. De plus son ventre , du moins à sa partie supérieure , est très-lisse & luisant , & son premier anneau est arrondi par le haut , & nullement applati du côté qu'il regarde le corcelet, en quoi cette espéce différe de la précédente. Cette derniere différence est la plus essentielle. Tout l'insecte est assez allongé.

Cette espéce varie beaucoup pour la grandeur.

3. APIS *abdomine fasciis flavis interruptis , apice spina quintuplici recurvâ armato.*

Linn. syst. nat. edit. 10 , p. 577 , *n.* 21. Apis nigra , pedibus anticis hirsutissimis , ano multidentato , abdomine maculis flavis.
Swammerd. bibl. nat. tab. 26 , *fig. iv.*

L'abeille à cinq crochets.
Longueur 7 *lignes. Largeur* 2 ⅓ *lignes.*

Cette espéce a un caractère distinctif particulier ; ce sont cinq petites pointes recourbées en crochets qui sont à l'extrémité de son ventre ; savoir, trois sur le dernier anneau , deux sur les côtés & une au milieu , & deux sur l'avant dernier anneau , une de chaque côté. Mais ces crochets ne se trouvent que dans les mâles & les femelles, ils manquent dans les mulets. Ces derniers beaucoup plus petits que les autres , ont la tête noire un peu velue , avec la levre supérieure & les côtés des machoires jaunes , & deux petites raies de même couleur derriere les yeux. Leur corcelet qui est noir , a de chaque côté une petite raie jaune proche l'attache des aîles , & un point de même couleur postérieurement. Les anneaux du ventre au nombre de six , ont chacun une bande jaune assez large interrompue dans son milieu , mais dont l'interruption est plus large
dans

dans les anneaux supérieurs que sur les inférieurs. Le ventre en-dessous a un duvet épais de couleur fauve. Les pattes sont brunes, avec du jaune sur le dessus des jambes & des tarses , & un duvet fauve semblable à celui du ventre.

Les mâles plus gros que les mulets , en différent , premiérement, parce que leur corcelet qui est noir, a de chaque côté une raie longitudinale jaune, au lieu de la petite ligne & du point de même couleur qui se voyent sur celui des mulets. De plus , leur ventre a sept anneaux , dont le dernier qui a trois crochets est tout noir , les six autres ont chacun une bande jaune interrompue dans son milieu. Outre cela sur les trois premiers anneaux , on voit de chaque côté un point noir, posé sur la bande jaune, mais qui n'est point isolé.

Enfin les femelles les plus grosses de toutes sont aussi beaucoup plus velues. Elles n'ont point de jaune sur le corcelet, mais un duvet brun & serré. Leur ventre a sept anneaux comme celui des mâles. Les deux premiers n'ont qu'une tache jaune triangulaire de chaque côté. Les deux suivans ont une bande jaune interrompue dans son milieu , avec un point noir de chaque côté. Le cinquiéme & le sixiéme ont la même bande légérement interrompue & sans aucun point. Enfin le septiéme ou dernier anneau est tout noir. Le ventre est plus velu que celui des mâles & des mulets, & il a de chaque côté beaucoup de poils bruns qui cachent en partie les taches jaunes. Les pattes ont des poils blanchâtres.

On voit ces abeilles souvent en grande quantité pendant l'été sur les fleurs , principalement sur les fleurs radiées & à fleurons. Elles ressemblent d'abord à des guêpes , à l'exception qu'elles sont velues.

4. APIS *nigra, thorace abdominisque basi superne lana rufa.*

L'abeille maçonne à poils roux.

Longueur 7 lignes. Largeur 2 ⅓ lignes.

Tome II.   F f f

Celle-ci eſt aſſez velue. Sa levre ſupérieure & le haut de ſa tête ſont chargés de poils jaunâtres. Le deſſus de ſon corcelet eſt tout couvert de poils roux, ainſi que la partie ſupérieure de ſon ventre, du moins en-deſſus. Les pattes ont auſſi des poils de même couleur, le reſte du corps eſt noir.

Ces abeilles ſont du nombre de celles que M. de Reaumur a appellées *abeilles maçonnes*, à cauſe de leur travail. Pour conſtruire leur nid, elles choiſiſſent un mur expoſé au midi, & ordinairement quelque angle de ce mur formé par des pierres ou des corniches qui débordent. Là elles conſtruiſent pluſieurs loges avec de la terre délayée, à laquelle elles ajoutent une liqueur un peu gluante, & dans chacune des loges elles dépoſent un œuf, après l'avoir remplie de miel. Enſuite elles ferment chaque loge. Le groupe de ce nid peut contenir dix, douze ou quinze de ces loges ſemblables les unes aux autres, & tout cet amas reſſemble à un peu de terre que l'on auroit jettée contre le mur dans le tems qu'elle étoit délayée. Lorſque la larve eſt ſortie de l'œuf, elle ſe nourrit du miel contenu dans ſa loge, après quoi elle la tapiſſe de ſes fils, elle paſſe par l'état de nymphe & devient abeille parfaite. Pour lors, elle fait avec ſes machoires une ouverture à ſon premier logement, & elle en ſort, laiſſant le nid vuide & percé de différens côtés ſuivant le nombre d'inſectes qui en eſt ſorti. On trouve ſouvent ces nids ſur les murs des maiſons de campagne.

5. **A P I S** *nigra, abdomine ſupra lineis albis, ſubtus lana fulva.*

Linn. faun. ſuec. n. 1010. Apis nigra, abdomine ſupra lineis quatuor albis, ſubtus lana fulva.
Linn. ſyſt. nat. edit. 10, *p.* 575, *n.* 4. Apis centuncularis.
Raj. inſ. 242, *n.* 6. Apis ſylveſtris corpore longo anguſto, parva nigra, dorſo lanugine rara fulva obſito, abdomine ſupino nigro glabro ſplendente, prono lanugine rufa denſa veſtito.

L'abeille charpentiere à ventre velu & roux en-deſſous.
Longueur 6 lignes. Largeur 2 ½ lignes.

Cette espéce est noire. Les poils de son corcelet, de ses pattes & du devant de sa tête font un peu gris. Le ventre est lisse, noir en-dessus, & le bord de ses anneaux est couronné de poils blanchâtres ; en - dessous le ventre est très-velu, & ses poils sont roux. Les mulets sont plus petits d'un tiers que les mâles, mais du reste n'en diffèrent point.

Cette abeille fait son nid dans de vieux bois, dans des troncs d'arbres pourris qu'elle perce, & c'est pour cela qu'on l'a nommée la charpentiere.

6. APIS *nigra, hirsutie flava, abdomine supra glabro nitente cupreo.*

Raj. ins. 242, *n.* 4. Apis sylvestris, corpore productiore, vulgari mellifica paulo minor, thorace fulvo, abdomine nigro.

L'abeille fauve à ventre cuivreux.
Longueur 4 lignes. Largeur 1 ligne.

Sa tête, son corcelet, ses pattes & le dessous de son ventre sont couverts de poils roux assez serrés. Son ventre en-dessus est très-lisse, un peu brillant & cuivreux. Ses antennes sont noires, un peu plus longues que la tête & assez fines.

7. APIS *nigra, thorace hirsuto fulvo, abdomine glabro incisuris albis.*

Raj. ins. pag. 244. Apis sylvestris in terra foramen sibi fodiens.

L'abeille mineuse à corcelet roux & velu.
Longueur 3 ½ lignes. Largeur 1 ligne.

Sa tête, son corcelet & ses pattes sont couverts de poils fauves. Ses antennes sont lisses & noires. Son ventre est noir & lisse, mais chaque anneau est bordé de poils blanchâtres, ce qui forme sur le ventre qui est noir des bandes transverses de couleur blanche.

Cette petite abeille fait en terre des trous dans lesquels elle dépose ses œufs, d'où sortent les petits après leur métamorphose. Elle varie pour la grandeur.

8. APIS *nigra, hirsutie cinerea.*

L'abeille grise.
Longueur 5 ½ lignes. Largeur 2 lignes.

Cette espéce est noire, mais sa tête, son corcelet, le dessus de ses pattes, & le haut de son ventre sont couverts de poils gris. Ses antennes & le bas de son ventre sur-tout en-dessus sont noirs & lisses. Ses antennes qui s'étendent presque jusqu'au bout du corcelet, sont composées de treize anneaux; le premier est le plus long; le second qui se trouve à l'endroit où l'antenne est ployée, est très-court & sphérique, les onze autres se distinguent difficilement & semblent ne former qu'une seule piéce. Les aîles ont beaucoup de nervures qui représentent une espéce de reseau vers leur milieu; ces nervures ne paroissent point sur le bout de l'aîle qui est un peu brun.

Cette abeille se met dans des trous horizontaux qu'elle pratique dans les terrains coupés perpendiculairement.

9. APIS *nigra; hirsutie cinerea, fronte flava, incisuris abdominalibus albis.*

L'abeille grise à levre jaune & à houppe aux pattes du milieu.
Longueur 6 lignes. Largeur 2 lignes.

Cette espéce ressemble beaucoup à la précédente, elle est de même toute couverte de poils gris, mais sa levre supérieure, le devant de sa tête, & la base de ses antennes sont d'un jaune citron. Elle a encore un autre caractere spécifique, c'est que ses pattes du milieu sont fort velues, & ont sur-tout à l'extrémité de la jambe & du pied, deux houppes de poils assez longs. Ces houppes cependant ne se rencontrent pas dans toutes ces abeilles, les mâles n'en ont point & sont moins velus que les autres. Les poils du bord des anneaux du ventre sont blancs, ce qui forme des bandes transverses blanches sur cette partie.

10. APIS *hirfutie flavefcens , fronte flava ; antennis articulatim compreffis corpus æquantibus.*

Linn. fyft. nat. edit. 10 , *p.* 574 , *n.* 1. Apis antennis filiformibus longitudine corporis hirfuti fulvique.

Raj. inf. 243. Apis fylveftris domefticæ fimilis , antennis nigris longiffimis retro reflexis.

L'abeille à longues antennes.
Longueur 6 lignes. Largeur 2 ½ *lignes.*

Cette efpéce eft couverte de poils jaunâtres , roux , quelquefois un peu gris qui font répandus fur tout fon corps. Les mulets ont le bas du ventre un peu plus liffe , les mâles & les femelles l'ont velu comme par anneaux. Dans tous , la levre fupérieure & le devant de la tête font d'un jaune citron , & de plus dans les femelles la bafe des antennes & les côtés des machoires font de la même couleur. Mais ce qui caractérife fur - tout cet infecte , c'eft la longueur de fes antennes qui égale celle de tout le corps. Elles font noires & compofées de treize anneaux , dont les onze derniers ne font diftingués que par un refferrement ou étranglement , ce qui les fait paroître comme un fil tord. L'animal les porte renverfées fur le dos.

11. APIS *fubhirfuta cinerea , abdomine nigro , fegmentis albidis ; fronte flavefcente. Linn. faun. fuec. n.* 1007.

L'abeille à levre jaune & anneaux du ventre blanchâtres.
Longueur 4 lignes. Largeur 1 ⅓ *ligne.*

Cette abeille a beaucoup de rapport avec la précédente. Elle eft velue , & fes poils font gris , tirant un peu fur le fauve. Le ventre eft plus liffe & noir , feulement fes anneaux font bordés de poils gris & blanchâtres. La levre fupérieure & le devant de la tête de l'infecte font d'un jaune citron. Enfin fes antennes font noires femblables à celles de l'efpéce précédente , mais elles n'égalent que la moitié de la longueur du corps.

Cette efpéce forme dans la terre des trous horizontaux

qui font fort longs & divifés au bout en plufieurs cellules. On voit ces trous dans les terreins coupés perpendiculairement en forme de murs.

12. APIS *hirfutie cinerea , pedibus labioque fuperiore flavefcentibus ; abdomine glabro nigro , incifuris rufis.*

L'abeille à levre & pattes jaunes & anneaux du ventre fauves.
Longueur 3 ½ lignes.　Largeur ¾ ligne.

Elle eft noire. Sa tête & fon corcelet font couverts de poils un peu gris. Sa levre fupérieure & fes pattes, à l'exception cependant des cuiffes,font d'un jaune un peu citron ; les cuiffes font noires. Le ventre eft liffe , d'un brun foncé & noirâtre , & le bord de chaque anneau eft d'un brun clair tirant fur le fauve. Ses antennes font noires & s'étendent prefque jufqu'au bas du corcelet.

13. APIS *hirfuta , pedibus croceis , abdomine nigro; incifuris albis.*

L'abeille à pattes jaunes & anneaux du ventre blancs.
Longueur 7 lignes.　Largeur 1 ⅓ ligne.

Ses antennes font un peu plus longues que le tiers de fon corps. Leur couleur varie , quelquefois elles font noires , & d'autres fois jaunes , avec un peu de noir feulement à l'extrémité. Les pattes font d'un jaune fouci. Tout le refte du corps de l'infecte a des poils d'une couleur fauve un peu pâle , à l'exception du ventre qui eft noir , mais dont les anneaux font un peu blancs vers le bord & un peu velus. Cet infecte eft étroit & allongé : on le trouve communément dans les jardins fur les fleurs.

14. APIS *nigra , pedibus croceis , abdomine leviter cupreo.*

L'abeille à pattes jaunes & ventre un peu cuivreux.
Longueur 3 lignes.　Largeur ⅔ ligne.

Cette petite efpéce eft noire , peu velue , & de couleur

un peu cuivreuſe ſur-tout ſur le ventre. Ses pattes ſont
d'un jaune ſouci, ainſi que ſes antennes qui ſont à peu près
de la longueur de la moitié du corps. Elle a aſſez de reſſemblance avec la précédente.

15. APIS *tota viridi-cuprea.*

L'abeille verdâtre & cuivreuſe.
Longueur 3 ½ lignes. Largeur 1 ligne.

Sa couleur eſt par-tout verdâtre & un peu cuivreuſe.
Elle eſt médiocrement velüe. Les poils du bord des anneaux du ventre ſont blancs, & ceux des pattes plus longs
que les autres ſont un peu jaunes.

16. APIS *nigro-cœruleſcens, alis nebuloſis, fronte femo-
ribuſque poſticis hirſutie flavis.*

Raj. inſ. p. 243. Apis ſylveſtris muraria nigra.

L'abeille bleuâtre à aîles nébuleuſes.
Longueur 6 lignes. Largeur 2 lignes.

Elle eſt d'un noir bleuâtre & aſſez liſſe ; elle n'a de poils
que ſur le devant de la tête, au bout du corcelet & aux
pattes poſtérieures en-deſſus. Ces poils ſont d'un jaune
pâle ; les aîles ſont noires principalement vers leurs bords,
mais leur milieu eſt plus clair, ce qui rend l'aîle nébuleuſe.
Cette abeille fait ſon nid dans les trous des murailles à
demi-ruinées.

17. APIS *nigra, abdomine rufo nitido, apice nigro.*

L'abeille noire à ventre brun & liſſe.
Longueur 4 ½ lignes. Largeur 1 ¼ ligne.

Tout l'inſecte eſt noir, preſque liſſe, ſon ventre ſeul eſt
de couleur brune, avec les deux derniers anneaux un peu
noirs. Ce ventre eſt très-liſſe & luiſant. Les antennes qui
vont juſqu'à la moitié du corcelet, ſont compoſées de treize articles, dont le premier eſt plus long, le ſecond fort
court & globuleux, & les onze autres peu diſtincts. Les aîles ſont brunes.

N. B. Il y en a une toute semblable qui pourroit bien n'être qu'une variété de celle-ci. Elle est beaucoup plus petite, n'ayant que deux lignes de long sur une demi-ligne de large. Du reste sa forme & sa couleur sont les mêmes ; elle semble seulement avoir un peu plus de noir à l'extrémité du ventre.

18. APIS *nigra, abdomine rufo nitido, incisuris nigris.*

L'abeille noire, à ventre brun & anneaux noirs.
Longueur 4 lignes.   Largeur 1 ligne.

Sa tête & son corcelet sont noirs & couverts de poils roux peu serrés. Les pattes sont pareillement noires avec quelques poils semblables. Le ventre est lisse, brun, luisant, & ses anneaux sont tous bordés de noir, qui forme des bandes transverses sur le ventre.

SECONDE FAMILLE.

Abeilles - bourdons.

19. APIS *hirsuta atra, alis violaceis.*

Linn. syst. nat. edit. 10, p. 578, n. 29. Apis hirsuta atra, alis cœrulescentibus.
Petiv. gazoph. t. 12, *f.* 5. Bombylius lusitanicus e nigro cœrulescens.
Reaum. ins. tom. 6, *tab.* 5, *f.* 1, 2.

L'abeille perce-bois.
Longueur 10 *lignes.   Largeur* 3 ½ *lignes.*

Cette abeille est toute noire & velue. Ses aîles sont aussi d'un noir violet. On la voit souvent voltiger sur les fleurs en bourdonnant. Elle fait son nid dans de vieux bois, comme nous l'avons expliqué dans le discours préliminaire de ce genre.

20 APIS *hirsuta atra, ano fusco. Linn. faun. suec. n.* 1014.

Linn. syst. nat. edit. 10, p. 579, n. 35. Apis subterranea.
Act. Ups. 1736, p. 28, n. 14. Apis hirsuta nigra, abdominis apice fusco.
Raj. ins. 246, n. 1. Bombylius maximus, totus niger, exceptis duobus extremis abdominis annulis rubris.

L'abeille

L'abeille noire à ventre brun vers l'extrémité.

Elle eſt à peu près de la groſſeur & de la figure de l'abeille perce-bois. Ses ailes ſont noires, ainſi que tout ſon corps ; l'extrémité de ſon ventre ſeulement eſt brune, & il y a quelques poils jaunes, mais peu apparens autour du col.

21. A P I S *hirſuta atra, ano fulvo. Linn. faun. ſuec. n.* 1015.

Linn. ſyſt. nat. edit. 10, *p.* 579, *n.* 31. Apis lapidaria.
Act. Upſ. 1736, *p.* 28, *n.* 13. Apis hirſuta nigra, abdominis apice rubro.
Raj. inſ. p. 246, *n.* 2. Bombylius minor, præcedenti concolor, abdomine imo pallidius rubente ſeu fulvo.
Reaum. inſ. tom. 6, *tab.* 1, *fig.* 1, 2, 3, 4.
Friſch. germ. 9, *p.* 25, *n.* 2.

L'abeille noire avec les derniers anneaux du ventre fauves.

Sa grandeur varie beaucoup ; j'en ai qui ont neuf lignes de long, & preſque cinq de large ; d'autres n'ont que ſix lignes & demie de longueur, & deux & demie de largeur. Les unes & les autres ſont toutes noires avec les trois derniers anneaux du ventre couverts de poils fauves rougeâtres. Elles n'ont aucun poil jaune ſur le col.

22. A P I S *nigra, fronte baſique thoracis flavis, ano fulvo.*

Raj. inſ. p. 247, *n.* 10. Bombylius medius niger, ano fulvo ſeu rufo, cum duplici tranſverſa area lutea, altera ſuper ſcapulas, altera per medium abdomen.

L'abeille noire à couronne du corcelet citron, & extrémité du ventre fauve.
Longueur 6 lignes. Largeur 2 ½ lignes.

Elle eſt noire : les poils du devant de ſa tête, ainſi que ceux du col ou de la baſe du corcelet ſont de couleur citron. Les derniers anneaux du ventre ſont couverts de poils fauves.

23. A P I S *nigra, thoracis abdominiſque baſi flavis, ano fulvo.*

Tome II. Ggg

Raj. inf. p. 247. n. 7.

L'abeille noire à couronne du corcelet & haut du ventre
citron, & l'extrémité du ventre fauve.
Longueur 6 lignes. Largeur 2 ½ lignes.

Sa tête est toute noire. Les poils du col ou de la base
du corcelet font de couleur citron, ainsi que ceux du haut
du ventre. Le milieu du ventre est noir & ses derniers
anneaux font couverts de poils fauves.

N. B. A P I S *flava, abdominis medio nigro, ano fulvo.*

Celle-ci paroît n'être qu'une variété de la précédente
dans laquelle le jaune citron de la base du corcelet couvre
toute cette partie, enforte qu'elle est par-tout de cette
couleur, à l'exception d'une petite bande noire vers son
extrémité. Le ventre est comme dans l'espéce ci-deffus,
mais le devant de la tête est couvert de poils citrons.

24. A P I S *nigra, thoracis abdominisque bafi flavis;*
ano albo.

L'abeille à couronne du corcelet & haut du ventre citron,
& l'extrémité du ventre blanche.
Longueur 7 lignes. Largeur 4 lignes.

Sa tête est toute noire. Les poils de la base de son corcelet, ainsi que ceux du haut de son ventre font d'un beau
citron & forment deux bandes brillantes. Le milieu du
ventre est noir & ses derniers anneaux font couverts de
poils blancs.

Parmi ceux que je décris, il y a des mâles & des femelles; celles-ci font plus grandes d'un tiers que les autres.

25. A P I S *nigra, thoracis bafi & apice, abdominisque*
bafi flavis, ano albo.

Linn. faun. fuec. n. 1018. Apis hirfuta fulva, abdominis medio nigro, ano
albo

Linn. fvft. nat. edit. 10, p. 579, *n.* 33. Apis hypnorum.

Act. Upf. 1736, p. 28, *n.* 17. Apis hirfuta, collari fulvo, abdominis bafi fulva,
medio nigro, ano albo.

L'abeille à couronne & extrémité du corcelet, & haut du
ventre citron , & l'extrémité du ventre blanche.
Longueur 7 lignes. Largeur 3 lignes.

Sa tête est noire : les poils de la base & de l'extrémité
du corcelet sont de couleur citron, & le milieu est noir.
Le haut du ventre a de même des poils citrons, son milieu est noir, & les derniers anneaux sont couverts de
poils blancs. Ceux que je décris sont tous mâles.

26. A P I S *nigra, thoracis basi flava, ano supra flavo*
apice albo.

L'abeille à couronne du corcelet citron , & extrémité du
ventre mi-partie de citron & de blanc.
Longueur 10 lignes. Largeur 4 lignes.

Cette grande espéce est noire. Le haut ou la base de son
corcelet a une bande de poils jaunes citrons. Les deux
tiers supérieurs du ventre sont noirs, ensuite il y a quelques poils jaunes, & son extrémité est blanche. Les aîles
sont brunes.

27. A P I S *nigra, abdomine fulvo.*

L'abeille noire à ventre fauve.
Longueur 5 ½ lignes. Largeur 3 lignes.

Sa tête & son corcelet sont entiérement noirs ; son ventre est tout couvert de poils fauves.

28. A P I S *thorace fulvo , abdomine flavo ano fulvo.*

Linn. syst. nat. edit. 10, *p.* 579 , *n.* 32. Apis muscorum.
Linn. faun. suec. n. 1017. Apis hirsuta fulva , abdomine flavo.
Act. Upf. 1736, *p.* 28 , *n.* 18. Apis hirsuta , collari fulvo, abdomine flavo.
Frisch. germ. 9, *pag.* 26 , *n.* 8.
Reaum ins. tom. 6, *tab.* 2 , *fig.* 1, 2 , 3.

L'abeille fauve, à ventre jaune & extrémité fauve.
Longueur 5 lignes. Largeur 2 ½ lignes.

Cette abeille a la tête noire. Son corcelet est tout couvert de poils roux, & les poils de son ventre sont jaunes,

si ce n'est vers l'extrémité où ils sont aussi roux. Ses pattes & ses antennes sont noires. Elle fait un nid sphérique entouré de paille ou de foin en-dehors, muni de crin en-dedans, & rempli de petites cellules en godets.

FORMICA.
LA FOURMI.

Antennæ fractæ, articulo primo longiore.	Antennes brisées dont le premier anneau est très long.
Alæ inferiores breviores, neutris nullæ.	Aîles inférieures plus courtes, & point d'aîles dans les mulets.
Os maxillosum.	Bouche armée de machoires.
Abdomen petiolo brevi thoraci connexum cum squama intermedia.	Ventre attaché au corcelet par un pédicule court, avec une petite écaille entre deux.
Ocelli tres.	Trois petits yeux lisses.

La fourmi a beaucoup de caracteres communs avec les insectes dont nous avons traité en dernier lieu & sur-tout avec les guêpes & les abeilles : mais parmi les caracteres différens que nous donnons de ce genre, il y en a deux qui lui sont propres & essentiels. Le premier & le principal consiste dans cette petite écaille relevée qui se trouve placée dans la fourmi précisément entre le corcelet & le ventre, à l'endroit où ces deux parties se tiennent par un pédicule mince & court. Cette écaille se trouve dans toutes les espéces de fourmis, dans tous les individus soit mâles soit femelles, soit dépourvus de sexe ou mulets. L'autre caractere n'est pas si distinctif, il ne se voit qu'en comparant ces dernieres fourmis aux autres. Les mâles & les femelles de ce genre sont aîlés, mais il y a des fourmis ouvrieres, des fourmis dépourvues de sexe, comme dans les abeilles, qui n'acquiérent jamais d'aîles. Ce caractere est propre à la fourmi, mais pour le voir il faut suivre ces insectes avec attention, au lieu que le caractere précédent se trouve dans toutes les fourmis, dans tous les âges, dans tous les fexes, & ne fe trouve que dans la fourmi feule.

D'après ce que nous venons de dire, on voit déja que dans les fociétés de fourmis qui font toutes nombreufes, il y en a de trois différentes fortes, de même que dans les ruches des abeilles, favoir des mâles, des femelles, & des ouvrieres qui n'ont point de fexe. Les deux premieres ont des aîles, les dernieres n'en ont point, & n'en acquiérent jamais, quoique différens Naturaliftes ayent avancé le contraire: Les mâles font de toutes les fourmis les plus petites : je les ai toujours trouvés moins gros que les fourmis ouvrieres, malgré ce que quelques auteurs ont prétendu. Ces mâles, outre leur petiteffe, font reconnoiffables par la groffeur de leurs yeux, qui eft confidérable par rapport à leur corps, & de plus ils font aîlés. Les femelles pareillement aîlées font très-grandes & très-groffes, & furpaffent de beaucoup toutes les autres fourmis, mais leurs yeux font plus petits à proportion que ceux des mâles. Enfin les ouvrieres tiennent le milieu pour la groffeur entre les mâles & les femelles, elles ont les machoires plus grandes que les uns & les autres, & elles font dépourvues d'aîles. On ne rencontre guéres dans les fourmilieres que les ouvrieres & les femelles. Ces dernieres s'y rendent pour dépofer leurs œufs. Les mâles volent aux environs, & vont s'accoupler avec les femelles qui voltigent auffi, mais ils ne s'approchent guéres de l'habitation générale. C'eft peut-être ce qui aura trompé différens Naturaliftes, qui voyant dans les fourmilieres des fourmis aîlées beaucoup plus groffes que les autres, auront indiftinctement regardé ces fourmis comme des mâles & des femelles. De-là ils ont avancé que les mâles étoient plus gros que les ouvrieres. Mais ces fourmis aîlées n'étoient toutes que des femelles. On ne voit guéres les mâles à la fourmiliere, mais on les trouve plus aifément le foir en été, voltigeans tout accouplés avec leurs femelles Ces dernieres en volant les emportent en l'air avec elles, &

on eſt tout ſurpris en les attrappant au vol, de voir qu'au lieu d'un ſeul inſecte on en a ſaiſi deux, dont il y en a un infiniment petit par rapport à l'autre qui eſt cinq ou ſix fois plus gros que lui.

Quoique la fourmi ſoit un inſecte des plus communs, que l'on eſt à portée de voir & d'examiner tous les jours, il en eſt cependant peu ſur leſquels on ait débité autant de contes & de faits controuvés. Preſque tous les auteurs ont attribué à la fourmi une prévoyance & une intelligence ſupérieure, qui lui faiſoient amaſſer des proviſions conſidérables pour paſſer l'hiver. Ils ont été plus loin, ils ont décrit dans le plus grand détail les prétendus greniers ſouterrains que conſtruiſoient ces inſectes, les galeries différentes qui y conduiſoient, & la police & l'ordre qui régnoient dans ces villes ſouterraines. Il eſt fâcheux que tous ces détails ſi beaux & ſi élégamment décrits, n'ayent jamais exiſté que dans l'imagination & les ouvrages des auteurs qui en ont parlé. D'autres Naturaliſtes modernes qui paroiſſent avoir obſervé davantage les fourmis, & avoir apperçu le peu de fondement de toutes ces fables, ont néanmoins donné dans d'autres erreurs ; les uns en attribuant au bout d'un certain tems des aîles à tous les habitans de la fourmiliere, même aux fourmis ouvrieres ou ſans ſexe ; les autres en faiſant les mâles beaucoup plus gros qu'ils ne ſont ; d'autres enfin en s'imaginant qu'après un certain tems les fourmis aîlées perdoient leurs aîles. Nous allons nous borner à décrire ſuccinctement l'hiſtoire de ces inſectes, en rectifiant les faits qui ont été avancés ſans fondement, & en débaraſſant notre récit du faux merveilleux dont on a décoré les fourmis.

Ces petits inſectes habitent ordinairement des trous ſouterrains, qu'ils creuſent volontiers au pied d'un arbre ou d'un mur, dans un terrein ferme & ſec : c'eſt ce que l'on nomme la fourmiliere. L'entrée de cette habitation eſt un peu ceintrée en voute, ſoutenue par des racines d'arbres ou de plantes, qui empêchent en même tems l'eau

de pénétrer dans cette ouverture. Quelquefois il y a deux
ou trois entrées pour une feule demeure. Elles conduifent
à une cavité fouterraine enfoncée fouvent d'un pied &
plus en terre, affez large, irréguliére en-dedans, mais
fans aucune féparation ni galerie. C'eft dans cette ouverture que fe retirent les fourmis & qu'elles fe mettent à
l'abri. On fent qu'une pareille cavité doit avoir coûté
beaucoup de peines & de travaux à des infeêtes auffi petits. Ils ne peuvent détacher à la fois qu'une très-petite
molécule de terre, & l'emporter enfuite dehors à l'aide
de leurs machoires. Mais le nombre des ouvrieres fupplée
à leur force & à leur grandeur. Ce nombre prodigieux de
fourmis travaille à la fois fans s'incommoder & s'embaraf-
fer. Elles ont foin de fe partager en deux bandes dont l'u-
ne eft compofée des fourmis qui emportent la terre dehors, l'autre de celles qui rentrent pour travailler, par ce
moyen l'ouvrage va continuellement & fans interruption.
Ce font les fourmis ouvrieres ou fans fexe qui feules font
chargées de ce pénible travail, les mâles & les femelles
ne font rien. Ce font auffi ces mêmes ouvrieres qui feront
pareillement feules occupées de l'éducation & de la nourriture des petits. Lorfque la fourmiliere eft creufée, les
fourmis s'y retirent les foirs, & ce n'eft qu'après ce travail fait qu'elles penfent à manger ; jufques-là on les voit
uniquement occupées de leurs travaux, pas une ne porte
de la nourriture à l'habitation. Mais leur ouvrage fini,
elles vont à la picorée. Tout leur eft bon, fruits, graines,
infeêtes morts, charognes, pain, fucre, elles mangent de
tout. Dès qu'elles ont trouvé quelque butin, elles s'en
chargent pour le porter à la fourmiliere, & en faire part
à leurs compagnes. On voit ces infeêtes porter ou tirer
des fardeaux beaucoup plus péfans qu'eux. Si le morceau
eft trop lourd, les fourmis fe mettent quelquefois trois ou
quatre après, ou bien elles le déchirent avec leurs machoires & l'emportent piéce à piéce. Il femble que celles
qui ont fait quelque bonne découverte en faffent part à

leurs compagnes. En effet, dès qu'elles font retournées au domicile commun, on voit toute la fourmiliere fe mettre en marche & former une efpéce de proceffion. Toutes vont l'une après l'autre prendre une part du butin, & elles le rapportent dans le méme ordre à la fourmiliere, en formant une autre bande qui n'interrompt point la file de celles qui viennent. Si dans la marche quelqu'une vient à périr par accidens ou autrement, quelques-unes emportent auffi tôt fon corps affez loin.

La nourriture que les fourmis rapportent ainfi à leur habitation n'eft point mife en réferve ; elle eft confommée entr'elles fur le champ, & fur-tout elle eft partagée à leurs petits. On trouve tout au plus dans le fouterrain quelques reftes qui n'ont pû être mangés tout de fuite, encore les fourmis les emportent-elles promptement dehors dès qu'ils commencent à fermenter ou à fe gâter.

Mais le principal foin des fourmis regarde leurs petits. Ces infectes reffemblent en cela aux abeilles & à beaucoup d'autres. Ils ne travaillent avec tant d'ardeur & d'activité que pour la propagation de leur efpéce. Ce font les femelles ailées qui dépofent leurs œufs. C'eft pour cette raifon qu'on trouve ces femelles dans les fourmilieres mêlées avec les ouvrieres, mais en beaucoup plus petit nombre. On les voit fur-tout dans le fort de l'été, dans le tems de la ponte. Dans les tems froids il n'y en a aucune, toute la fourmiliere n'eft compofée que des ouvrieres qui n'ont point d'aîles. Le feul travail des femelles eft de dépofer leurs œufs ; les ouvrieres ont foin du refte. Ces œufs font blancs, petits & prefqu'imperceptibles. Au bout de quelques jours il en fort une petite larve blanche, & femblable en tout à un vermiffeau. Cette larve groffit beaucoup, elle devient même plus groffe que les fourmis, & ce font ces efpéces de vermiffeaux ou larves blanches, que l'on nomme improprement œufs de fourmis. Les ouvrieres ont les plus grands foins de ces petites larves. Comme elles font tendres & délicates, elles ont attention vers

le

le milieu du jour pendant la chaleur de les apporter à
l'entrée de leurs fouterrains pour leur faire fentir l'influen-
ce de l'air doux. A l'approche de la nuit, elles les repor-
tent au fond de la fourmiliere, pour les garantir du froid.
On voit les fourmis porter avec leurs machoires ces larves fouvent beaucoup plus groffes qu'elles, fans cependant les bleffer. Elles les nourriffent avec le même foin ;
dès qu'elles ont été à la picorée, elles commencent par
donner à manger à ces petits ; pour elles, elles ne mangent qu'après qu'ils en ont eu fuffifamment. Si les vivres
font rares, elles donnent tout à leurs petits, toutes les
autres font diette. Auffi ces larves fi bien nourries croif-
fent-elles fort vîte. Lorfqu'elles font fort groffes, comme
elles n'ont point de pattes, elles reffemblent à une efpéce
d'œuf allongé. Quelques Naturaliftes même ont cru que
ces prétendus œufs de fourmis étoient des efpéces de coques qui renfermoient leurs larves, & croiffoient avec
elles. Quoi qu'il en foit, lorfque la larve eft parvenue à fa
groffeur, elle fe change en nymphe. Swammerdam affure
pofitivement qu'avant cette métamorphofe, la larve fe
file une coque dans laquelle la nymphe eft renfermée.
Pour moi je n'ai pû découvrir aucune de ces coques dans
les fourmilieres : mais comme les nymphes font dans les
commencemens fort molles & prefque fluides, elles font
enveloppées d'une peau blanche tendre & tranfparente,
qui a plus l'air d'une pellicule que d'une coque filée. A
mefure que la nymphe fe fortifie & prend de la confiftence, cette peau qui paroiffoit remplie de fluide, fe colle
& s'applique fur les différentes parties de la nymphe, qui
deviennent très-reconnoiffables. Dans cet état on diftingue fur la nymphe toutes les parties de la fourmi, de même que dans les nymphes des abeilles, des guépes & de
plufieurs autres infectes.

Les fourmis ont pour ces nymphes les mêmes foins
qu'elles ont eu pour leurs larves, fi ce n'eft qu'elles n'ont
pas befoin de leur donner de nourriture. Enfin lorfque la

nymphe eft parvenue à fa perfection, elle quitte fon enveloppe & devient un infecte parfait, une véritable fourmi, aîlée fi elle eft mâle ou femelle, & fans ailes lorfqu'elle eft du nombre des ouvrieres. Swammerdam paroît penfer que les mâles font les feuls parmi les fourmis qui ayent des ailes, mais j'ai fouvent trouvé des femelles aîlées, & même des mâles & des femelles accouplés enfemble & tous les deux aîlés. Cet accouplement ne fe fait point dans la fourmiliere, c'eft ordinairement en l'air qu'il fe paffe, & ces infectes volent attachés enfemble, comme nous l'avons déja dit. La femelle fécondée va enfuite retrouver la fourmiliere pour y dépofer fes œufs. Cela fait, tous les mâles périffent, ainfi qu'une grande partie des femelles, & on ne trouve guéres que des ouvrieres dans le commencement de l'hiver. Dans cette mauvaife faifon elles reftent dans leur fouterrain, où elles font engourdies fans aucun mouvement, comme beaucoup d'autres infectes, & entaffées les unes fur les autres. On voit par-là combien il feroit inutile à ces infectes de faire les provifions qu'on leur a attribué, & combien leur prétendue prévoyance feroit mal entendue, puifque pendant le froid ils font fans mouvement & ne peuvent prendre de nourriture. Auffi réellement ne font-ils aucun amas. Mais dès que les premieres chaleurs du printems fe font fentir, les fourmis commencent à fe réveiller de leur état léthargique, & elles fortent de leur demeure pour aller jouir de l'air & chercher des alimens.

Il eft facile de juger par le détail que nous venons de donner, à quoi fe réduit tout ce que l'on a avancé d'extraordinaire & de merveilleux fur les fourmis. Ce que l'on doit le plus admirer dans ces infectes, c'eft leur tendreffe pour leurs petits.

Les fourmis ont beaucoup d'ennemis. Les oifeaux de différentes efpéces, & beaucoup d'infectes leur font la guerre. Nous avons parlé de la jolie chaffe que leur fait le fourmilion.

On a cru pendant long-tems que ces animaux portoient une grande amitié aux pucerons qu'ils recherchent, autour desquels ils s'amaffent, & qu'ils femblent lécher & caref-fer. Mais en parlant des pucerons nous avons fait voir que cette prétendue amitié n'étoit fondée que fur ce que les fourmis font fort friandes d'une efpéce de liqueur fucrée & mielleufe que rendent les pucerons & dont fouvent ils font enduits.

Quand aux efpéces de fourmis dont nous allons donner le détail, elles ne font pas nombreufes; nous n'en con-noiffons que fix, peut-être y en a-t-il encore quelques autres que nous n'avons pas obfervées.

1. **FORMICA** *nigra, alarum dimidio fufco.*

La grande fourmi à aîles à moitié brunes.
Longueur 7 lignes. Largeur 1 ligne.

Cette fourmi la plus grande de celles que je connoiffe dans ce pays-ci, eft toute noire, liffe, mais peu luifante. Ses aîles qui font plus longues que fon ventre, & qui dé-bordent le corps d'un tiers, ont leur moitié fupérieure bru-ne avec des nervures plus foncées, & leur moitié infé-rieure blanche.

2. **FORMICA** *nigra, antennis pedibufque flavis.*

La fourmi noire à antennes & pattes jaunes.
Longueur 3 ½ lignes. Largeur ¼ ligne.

Sa couleur eft noire à l'exception de fes pattes & de fes antennes qui font jaunes. Ces dernieres font environ de la longueur de la moitié du corps. Le ventre eft plus luifant que le refte de l'infecte. Les yeux font affez petits, comme dans toutes les efpéces de ce genre. Les aîles qui ne font guéres plus longues que le corps font blanches, avec des vaiffaux bruns dans leur partie fupérieure, & un point marginal brun. Cette fourmi eft affez rare.

3. **FORMICA** *fufca, pedibus rufis, thorace macula flava.* Planch. 16, fig. 4.

La fourmi brune à pattes fauves.
Longueur 4 lignes.   Largeur ⅔ ligne.

Je foupçonne cette efpéce d'être la même que M. Linnæus a défignée fous le nom de *formica magna* faun. fuec. n. 1019 , & que Raj appelle *hippomyrmex* , page 69 de fon hiftoire des infectes. Quoi qu'il en foit , la nôtre eft toute d'une couleur brune noirâtre à l'exception de fes pattes qui font rougeâtres , & d'une tache de même couleur prefque quarrée , divifée en deux vers le haut qui fe trouve fur le corcelet. Le devant de ce corcelet eft auffi un peu rougeâtre. Les aîles plus longues que le ventre , font veinées de brun dans leur partie fupérieure. Les mâles de cette efpéce n'égalent pas la cinquiéme partie de la groffeur de leurs femelles.

4. FORMICA *fufca , thorace fulvo.*

Linn. faun. fuec. n. 1020. Formica rufa.
Linn. fyft. nat. edit. 10 , p. 580 , *n.* 2. Formica thorace compreffo ferrugineo , capite abdomineque nigris.
Raj. inf. p. 69. Formica media rubra.
Act. Stockholm. 1741 , p. 39. Piff-myror.

La fourmi brune , à corcelet fauve.
Longueur 3 lignes.   Largeur ½ ligne.

La partie poftérieure de fa tête , fon ventre & fes pattes font de couleur brune. Le devant de fa tête & fon corcelet font d'un fauve jaunâtre. Cette efpéce eft une des plus communes dans les jardins.

5. FORMICA *fufca.* Linn. faun. fuec. *n.* 1021.

Linn. fyft. nat. edit. 10 , p. 580 , *n.* 3. Formica cinereo-fufca, tibiis pallidis.
Raj. inf. p. 69. Formica media , nigro colore fplendens.
Act. Stockhol. 1741 , p. 40 , Swart - myror.

La fourmi toute brune.
Longueur 2 ½ lignes.   Largeur ⅓ ligne.

Sa couleur eft toute brune. Elle eft fort liffe & luifante. Ses aîles débordent fon corps de près de moitié : elles font blanches & leurs nervures ne font prefque point marquées.

6. FORMICA *atra. Linn. faun. fuec. n.* 1023.

Linn. fyft. nat. edit. 10, *p.* 580 , *n.* 4. Formica tota nigra nitida , tibiis cine-rafcentibus.
Raj. inf. p. 69. Formica minor e fufco nigricans.
Aët. Stockhol. 1741 , *p.* 41. Sma-myror.

La fourmi toute noire.
Longueur 1 ⅓ *ligne.* *Largeur* ¼ *ligne.*

Elle eft toute noire & peu luifante. Ses aîles débordent le ventre de plus de moitié , & font un peu brunes dans leur partie fupérieure.

☞ Il faut remarquer que les dimenfions que nous avons données des différentes efpéces de fourmis , font toutes prifes fur celles qui font aîlées, & particuliérement fur les femelles qui font les plus grandes. Les mâles & les mulets font beaucoup plus petits.

SECTION CINQUIÉME.

INSECTES DIPTERES.
o u
INSECTES A DEUX AÎLES.

Tous les inſectes que nous avons examinés dans les ſections précédentes, ont quatre aîles, ſoit que toutes les quatre ſoient minces & tranſparentes, ſoit que les deux aîles ſupérieures ſoient épaiſſes, dures, opaques & forment des eſpéces d'étuis comme dans les coleopteres. Les petits animaux que renferme cette cinquiéme ſection, différent des autres en ce qu'ils n'ont que deux aîles. Ce caractere facile à appercevoir, les diſtingue aiſément, & leur a fait donner le nom de *dipteres*, *inſecta diptera*, qui veut dire inſectes à deux aîles.

Ces inſectes ſont compoſés, comme la plûpart des autres, de trois parties principales; ſavoir, la tête, le corcelet & le ventre.

Dans la tête, on remarque d'abord les deux gros yeux à reſeau plus ou moins grands, ſuivant les différens genres, mais qui d'ailleurs n'ont rien de particulier dans les inſectes de cette ſection, ſi cependant on en excepte le genre des taons, dont les yeux ſont remarquables par leurs couleurs. Ces nuances différentes des yeux des taons, ſe perdent & diſparoiſſent lorſque l'inſecte eſt mort, enſorte qu'on ne peut les appercevoir ſur le ſec. Mais lorſque l'animal eſt vivant, on voit différentes rayures rouges, jaunes & verdâtres qui panachent l'œil en formant des eſpéces de canelures.

Outre ces deux grands yeux à reſeau, la plûpart de ces inſectes ont les petits yeux liſſes dont nous avons déja parlé. Il y a cependant deux genres ſur leſquels il n'en paroît

aucun, celui des coufins & l'hippobofque. M. de Reaumur
prétend auffi dans un endroit de fon Ouvrage, que les
tipules en font dépourvues. Néanmoins je les ai apperçus
fur ces infectes. Ainfi, à l'exception du coufin & de l'hippobofque, tous les autres genres de cette fection ont
des petits yeux liffes. Ces yeux font placés fur la partie
poftérieure de la tête,& je les ai toujours obfervés au nombre de trois fur les infectes à deux aîles, ni plus ni moins,
quoique de grands Naturaliftes en ayent attribué jufqu'à
quatre à certaines mouches & deux feulement à d'autres.

Les antennes varient beaucoup dans cette fection, auffi
font-elles une partie confidérable du caractere de ces infectes. La mouche, le ftomoxe & la volucelle nous en
offrent qui font d'une forme particuliere, & qui ne reffemblent en aucune façon à celles des infectes que nous
avons vûs jufqu'ici. Dans ces différens genres, l'antenne
eft compofé de quelques articulations dont les premieres
font petites & courtes, & la derniere qui eft grande, large & applatie forme une efpéce de palette. Outre cette
finguliere configuration, on voit partir latéralement de
l'avant dernier anneau de cette antenne une efpéce de
poil, qui dans les unes eft liffe & velu dans les autres. Le
genre du bibion a encore des antennes dont la forme mérite d'être examinée. Elles font compofées d'anneaux applatis & lenticulaires enfilés par leur milieu, ce qui les fait
reffembler à ces anciens ifs découpés qu'on voit encore
dans quelques jardins. Toutes ces antennes différentes
font placées fur le devant de la tête. Il y a cependant un
genre, c'eft celui de la nemotele, où les antennes ne paroiffent pas pofées fur la tête même, mais fur une efpéce
de bec ou gaine pointue qui couvre la trompe & lui fert
d'étui.

La bouche eft de toutes les parties de la tête celle qui
varie le plus parmi les genres de cette fection. Nous en
avons auffi tiré un des principaux caracteres. Quelques infectes, comme l'œftre, paroiffent n'en point avoir du tout;

on apperçoit feulement au devant de la tête trois petits
points noirs qui paroiffent tenir lieu de la bouche, mais qui
ne peuvent fervir à ces infectes pour prendre de la nourriture. Auffi n'en prennent-ils point lorfqu'ils font devenus
infectes parfaits. Dans ce dernier état, ils ne vivent que
fort peu de tems, affez feulement pour s'accoupler & dépofer leurs œufs, après quoi ils périffent fans avoir pris
aucune nourriture, & fans avoir eu befoin d'en prendre.
D'autres infectes, comme l'afile, le ftomoxe, le coufin,
ont à la bouche une trompe fimple plus ou moins aigue,
creufe en-dedans, avec laquelle ils favent piquer les animaux & pomper le fang qui leur fert de nourriture. La
trompe de quelques-autres eft plus finguliere. C'eft un
corps flexible, membraneux, creux en-dedans, ouvert
par le bout, qui peut fe gonfler, fe dilater, & s'appliquer
plus ou moins fortement aux différens corps qu'il rencontre. Cette trompe paroît reffembler en petit à celle de
l'éléphant. L'infecte fait l'étendre, la raccourcir, la ployer
en différens fens, à caufe de fa grande flexibilité. Beaucoup d'infectes de cette fection font pourvus d'une pareille
trompe. Elle eft nue & fimple dans la mouche, dans la
mouche-armée, dans le fcatopfe, & ces infectes la retirent feulement dans une fente qui eft au-devant de leur
tête. Dans la volucelle & la nemotele, il y a une efpéce de
bec dur, ou une gaine avancée fous laquelle cette trompe
fe loge. Enfin dans le taon qui eft pourvu d'une pareille
trompe, on obferve des corps durs blanchâtres & pointus,
des efpéces de groffes dents qui l'accompagnent à droite
& à gauche, & dont l'infecte fe fert pour mordre fortement, & pouvoir enfuite fuccer le fang des animaux qu'il
a mordus. Enfin la derniere efpéce de bouche eft celle
des tipules & des bibions qui eft accompagnée de ces barbillons que nous avons déja remarqués à la bouche de
quelques-autres infectes. Dans ceux-ci ils font longs,
compofés de plufieurs piéces articulées enfemble & au
nombre de quatre, deux de chaque côté.

Parmi

Parmi des infectes qui fe reffemblent affez & qui approchent les uns des autres, on eft étonné de rencontrer autant de variété par rapport à la conformation de la bouche, qui eft une partie fi effentielle à l'animal. On n'en fera pas cependant furpris, quand on fera attention à la différence de la nourriture propre à ces différens infectes. La nature les a tous pourvus d'une bouche la plus convenable pour prendre l'aliment qui leur eft deftiné. L'œftre n'en prend point, il n'a point de bouche, à peine apperçoit-on quelques traces qui défignent l'endroit ou elle devroit fe trouver. Le taon, le coufin, l'afile, l'hippobofque & le ftomoxe fe nourriffent du fang des animaux qu'ils piquent & qu'ils incommodent fouvent beaucoup : il leur falloit un inftrument fort & long qui pût percer la peau fouvent très-dure des grands animaux, & pénétrer à travers fon épaiffeur, jufqu'aux vaiffeaux fanguins qui rampent deffous. La mouche, la volucelle, le fcatopfe & quelques-autres font moins carnaffiers : ils fe nourriffent de matieres plus tendres, prefque fluides & qui font à leur portée. Une fimple trompe leur fuffit pour fuccer des nourritures prefque liquides. On voit par ce court détail que nous pourrions facilement étendre, que ces petits animaux ont tous reçu la conformation la plus propre à leur maniere de vivre, & plus on étudiera l'hiftoire des infectes, plus on fera convaincu de cette vérité.

Le corcelet eft la feconde partie du corps des infectes de cette fection. Il fuit la tête, à laquelle il eft attaché par un petit étranglement tellement conftruit, que la tête tourne fur le corcelet comme fur un pivot. C'eft une efpéce de col court & délié comme un fil. La forme du corcelet varie peu dans ces différens infectes, il eft feulement plus ou moins arrondi. Celui du coufin & de la tipule l'eft tellement, que ces infectes font comme boffus. Mais ce même corcelet mérite d'être confidéré par beaucoup d'autres endroits. D'abord on voit à fa partie inférieure les origines des fix pattes dont ces animaux font pourvus, qui toutes

partent du corcelet. Sur ſes côtés, on apperçoit quatre
ſtigmates, deux de chaque côté, un plus haut, l'autre plus
bas, & enfin ſur le dos vers la pointe du corcelet ſont attachées les deux aîles. Examinons maintenant ces différentes
parties en détail.

Les pattes dans tous ces inſectes ſont au nombre de ſix
& rangées par paires. Elles ſont compoſées de trois parties,
comme dans les autres inſectes que nous avons examinés
juſqu'à préſent ; ſavoir, la cuiſſe, la jambe & le pied. Les
deux premieres de ces parties n'ont rien de remarquable,
mais la troiſiéme, ou le pied que nous appellons auſſi le
tarſe, eſt compoſée de cinq piéces ou articles dans tous les
inſectes de cette ſection. Ce nombre dans tous eſt uniforme, au lieu que dans les ſections précédentes il varie, &
cette variété nous a même ſervi à diviſer ces ſections en
ordres différens. Le dernier article du tarſe dans tous ces
inſectes, eſt garni d'eſpéces de griffes ou onglets crochus,
au nombre de deux dans la plûpart, & de quatre ou de ſix
dans les hippoboſques. De plus, ce dernier anneau a
encore une particularité, du moins dans un très-grand
nombre d'animaux de cette ſection : c'eſt qu'en-deſſous il
eſt garni d'eſpéces de pelottes ou éponges qui ſervent à
l'inſecte à appliquer intimément ſa patte ſur les corps les
plus liſſes, & à le ſoutenir dans une poſition perpendiculaire, dans laquelle il ſembleroit devoir tomber. Quelque
liſſe, quelque poli que nous paroiſſe un corps, une glace
par exemple, il a une infinité de petites cavités & inégalités que le microſcope fait appercevoir. Ces pelottes molles
des pattes qui peuvent ſe gonfler & ſe retirer, ſe moulent
aux inégalités de la ſurface des corps, & cette application
intime produit une forte adhéſion, à peu près comme
deux hemiſpheres dont les ſurfaces ſont très-unies, étant
appliqués l'un contre l'autre, ſe tiennent fortement par le
contact intime, & ne peuvent être ſéparés qu'avec beaucoup
de peine. C'eſt à l'aide de ces pelottes que les mouches,
par exemple, marchent fermement le long des glaces, & ſe

tiennent même pofées contre le haut d'un plancher fans fe
laiffer tomber.

Ces pattes font extrêmement longues & fines dans quelques-uns de ces infectes. Les couſins & certaines tipules
les ont démefurément grandes, auſſi longues que celles
des faucheurs. Elles le font même tellement dans certaines
tipules, qu'à peine paroiſſent-elles pouvoir porter leur
corps, qui balance perpétuellement lorſque ces infectes
font en repos & pofés fur leurs pattes.

Nous avons déja vû que les ſtigmates qui fervent à la
reſpiration des infectes, font au nombre de quatre fur le
corcelet de la plûpart. Ils font très-marqués & très-diſtincts
fur les infectes de cette ſection. Comme le corcelet dans
le plus grand nombre de ces petits animaux eſt aſſez liſſe, il
laiſſe appercevoir ces ſtigmates, qui reſſemblent à des
eſpéces de boutonnieres pofées un peu en biais, & qui
font au nombre de deux de chaque côté du corcelet. On les
voit très-bien dans la mouche commune, du moins le ſtigmate ſupérieur, car pour celui d'en-bas l'aîle en dérobe la
vûe en partie.

Enfin la partie la plus remarquable du corcelet, c'eſt l'o-
rigine des aîles. Ces aîles au nombre de deux feulement
naiſſent de l'extrémité de la partie ſupérieure du corcelet.
Elles font minces, claires & tranſparentes comme du talc,
ornées feulement de quelques nervures. Il n'y a que les aîles des couſins fur leſquelles on apperçoit, fur-tout à l'aide
de la loupe, quelques petites écailles femblables à celles
dont les aîles des papillons & des phalénes font couvertes,
mais beaucoup plus petites & pofées feulement le long
des nervures. Sous l'origine des aîles, ces petits animaux
ont une partie qui eſt particuliere aux infectes de cette fection, & qui fe trouve conſtamment dans tous les genres
qui la compofent. On a donné à cette partie le nom de balancier, & réellement elle reſſemble tout-à-fait à un
balancier. C'eſt un petit ſtilet mince plus ou moins long,
dont l'extrémité eſt terminée par une tête ou eſpéce de

I i i ij

boule. Ce balancier a un mouvement affez vif, & l'infecte
le met fouvent en action. Quelques Naturaliftes l'ont fait
entrer avec raifon dans les caracteres des infectes à deux
aîles, d'autant plus qu'il eft particulier à ces infectes. Mais
comme les deux aîles de ces infectes fuffifent pour les faire
reconnoître, & que ce caractere eft aifé à appercevoir,
nous n'avons pas cru devoir parler du balancier & multiplier les fignes caractériftiques. Quant à l'ufage de cette
partie fi effentielle aux infectes à deux aîles, c'eft ce qu'il
ne nous eft pas aifé de déterminer. Ce balancier tient-il
lieu dans ces infectes des deux aîles qui femblent leur manquer & qui fe trouvent dans les fections précédentes? Ou
bien leur fert-il de contrepoids pour garder l'équilibre lorfqu'ils volent, à peu près comme ces bâtons armés de poids
par les bouts dont fe fervent les danfeurs de corde pour fe
foutenir. C'eft ce qu'ont penfé plufieurs Naturaliftes, à
caufe de la figure de ces balanciers, quoique leur petiteffe
femble démentir cet ufage : peut-être ont-ils été donnés à
l'infecte pour exciter le bourdonnement qu'il produit en
volant.

Quoi qu'il en foit, ces balanciers s'apperçoivent au premier coup d'œil dans les tipules & les coufins, où ils font
grands & à découvert. Dans la plûpart des autres infectes,
il faut les chercher pour les voir. Ils font fouvent recouverts par une efpéce de petit aîleron qui fe trouve fous l'o-
rigine de l'aîle. Cet aîleron reffemble au commencement
d'une aîle qui auroit été tronquée près du corcelet. C'eft
une membrane dure, blanchâtre qui eft tournée & recourbée, & qui forme fouvent une cavité femblable à un cuilleron. Dans les infectes qui font pourvus de cette partie,
c'eft ordinairement fous le cuilleron qu'eft placé le balancier. Nous ne connoiffons pas plus certainement l'ufage
de cette partie que celui du balancier. Quelques Naturaliftes l'ont comparée à une efpéce de tambour fur lequel le
balancier frappe continuellement, ce qui produit, à ce
qu'ils prétendent, le bourdonnement que l'infecte fait en

volant. Mais ſi l'aîleron doit avoir un pareil uſage , comment expliquer le méchaniſme du bourdonnement que produiſent les couſins qui n'ont qu'un balancier ſans aîlerons.

Outre les parties que nous avons remarquées dans le corcelet , & qui ſont communes à tous les inſectes de cette ſection , il y en a encore d'autres qui ne ſe rencontrent que dans le ſeul genre de la mouche-armée , & qui ont ſervi à la dénommer & à la caractériſer. Ce ſont des pointes , des eſpéces d'épines aſſez fortes & pointues qui ſe trouvent au bas de la partie ſupérieure du corcelet , & qui varient pour le nombre ſuivant les différentes eſpéces de ce genre. Dans la plûpart de ces eſpéces il n'y en a que deux , quelques-unes au contraire en ont juſqu'à ſix. Nous parlerons plus au long de cette partie , en examinant le genre des mouches-armées en particulier.

Le ventre eſt la troiſiéme & derniere partie du corps des inſectes. Dans ceux que nous examinons , il n'offre rien de particulier. Il eſt compoſé de pluſieurs anneaux qui ont chacun deux ſtigmates , un de chaque côté , un peu endeſſous , à la jonction de la partie ſupérieure de l'anneau avec l'inférieure. Car les anneaux du ventre ne ſont pas circulaires & d'une ſeule piéce ; mais ils ſont formés de deux piéces ou demi anneaux , un en-deſſus du ventre , l'autre en-deſſous qui ſe joignent ſur les côtés. Cette conformation donne au ventre de l'inſecte la liberté de groſſir & de s'étendre lorſqu'il eſt rempli d'œufs , ce qu'il ne pourroit pas faire aiſément , ſi les anneaux fermes qui le compoſent étoient d'une ſeule piéce. La groſſeur & la longueur du ventre varie ſuivant les différens genres de cette ſection , & même dans les eſpéces différentes du même genre. Cependant en général il n'eſt pas fort allongé , ſi ce n'eſt dans deux genres ſeuls , celui des tipules & celui des couſins qui ont le ventre long & cylindrique. On verra par la ſuite que ces deux genres ont beaucoup de rapport enſemble.

Les larves qui produifent les différens infectes de cette
fection ne laiffent pas que de varier entr'elles pour leur
forme. La plus grande partie de ces larves reffemble à des
efpéces de vers mols , fans pattes , & dont la tête n'eft
point écailleufe , mais auffi molle que le refte du corps , &
n'a pas de figure conftante , enforte qu'elle groffit & s'allonge en différens fens , fuivant que l'infecte la dirige. On
n'apperçoit fouvent point d'yeux à cette tête , mais elle eft
pourvue d'une bouche , tantôt en forme de fimple fuçoir,
tantôt armée de crochets ou d'une efpéce de dard. Comme
ces larves font la plûpart dépourvues de pattes , elles ne
font que ramper : elles gonflent leurs anneaux poftérieurs
& les raccourciffent , ce qui fait avancer leur train de derriere , & enfuite après l'avoir fixé , elles allongent les
anneaux de devant & les fixent pour attirer de nouveau
leur partie poftérieure. Quelques unes font aidées dans
cette efpéce de marche affez lente , par quelques mammelons qu'on remarque en-deffous de leur corps & qui femblent tenir lieu de pattes. Toutes ces larves ont plufieurs
ftigmates qui leur fervent à pomper l'air. Ordinairement
on en remarque deux à la partie antérieure de leur corps ,
un de chaque côté , & deux autres plus grands à la partie
poftérieure. Ces derniers ont fouvent une configuration
finguliere. Nous détaillerons ces différences dans l'examen
de chaque genre , & on appercevera en même tems la
caufe de cette différente conftruction qui dépend ordinairement du genre de vie de l'infecte. La plûpart de ces larves , tant qu'elles font dans ce premier , état ne changent
point de peau , comme font celles des autres infectes que
nous avons examinés jufqu'ici ; mais lorfqu'elles font parvenues à leur groffeur , le plus grand nombre s'enfonce en
terre pour s'y métamorphofer. La maniere dont ces larves
s'y changent en nymphes , différe un peu de tout ce que
nous avons vû jufqu'à préfent. D'abord la larve fe retire ,
prend une figure ronde allongée qui approche beaucoup
de celle d'un œuf. Pour lors fa peau devient brune , fe

durcit , & acquiert une confiftance affez forte pour former une efpéce de coque folide & moins groffe que la larve. L'infecte fe trouve ainfi renfermé dans une véritable coque formée de fa propre peau ; c'eft-là qu'il prend une autre figure. D'abord il eft mollaffe & reffemble à une efpéce d'œuf mol & blanc. Quelques Naturaliftes ont donné à l'infecte dans cet état le nom de *boule allongée*. Dans ce tems on ne diftingue aucune des parties de l'infecte : tout eft confus , & fi l'on ouvre la coque , ce qu'elle contient ne reffemble nullement à une nymphe. Mais après quelques jours , cette efpéce de boule fe raffermit , on commence à y diftinguer quelques parties de l'infecte parfait qui en doit venir , & enfin ces parties fe développant fucceffivement , on parvient à appercevoir dans la nymphe tous les membres différens de l'infecte parfait auquel il ne manque qu'une certaine confiftance. Lorfqu'il l'a acquife , l'infecte ouvre cette coque dans laquelle il eft renfermé , en faifant fauter fa partie fupérieure , comme une efpéce de calotte , qui fouvent en fe détachant fe fépare en deux demi-calottes. Telle eft en général la manœuvre qu'employent la plùpart des infectes de cette fection pour fe métamorphofer , & fur laquelle nous allons faire quelques réflexions.

Nous avons dit que les larves de ces infectes avoient ordinairement deux ftigmates antérieurs , & deux autres plus grands à leur partie poftérieure. Ces derniers varient prodigieufement dans les différens genres , & même dans les différentes efpéces de cette fection. Tantôt ces ftigmates font nuds & fimples ; tantôt ils font larges , & l'ouverture de chacun paroît renfermer en-dedans trois petits trous ou trois petits ftigmates contenus dans une même cavité médiocrement profonde. D'autres fois , on remarque que le bord de cette ouverture des ftigmates poftérieurs eft relevée en bourrelet , pour les défendre du contact des matieres vifqueufes & à demi-fluides , au milieu defquelles vivent plufieurs de ces infectes ; dans d'autres les stigmates sont élevés , prominens & forment des espéces de petites cornes , dont l'extrémité est ouverte & donne passage à l'air que respire l'animal. Enfin dans les larves de plusieurs tipules , ces stigmates postérieurs sont accompagnés d'appendices charnues quelquefois fort longues.

Lorsque la larve se métamorphose & que sa peau devient une coque dure & solide dans laquelle l'insecte est renfermé , il se fait beaucoup de changemens dans la forme de l'insecte. La coque a des stigmates comme la larve , il y en a deux ou quatre à la partie antérieure & deux autres à la postérieure. Mais souvent les larves qui avoient des espéces de cornes à leurs stigmates les perdent en se changeant en coques , & celles qui n'en avoient point en acquiérent. On voit ces petites coques dont les unes ont deux ou quatre cornes antérieurement , & d'autres quelques-unes postérieurement. Ce changement paroît d'abord difficile à se faire ; aussi l'est-il réellement , & on ne conçoit pas comment l'insecte peut l'exécuter. Pour le comprendre , il faut regarder la peau de la larve qui devient une coque , comme une espéce d'habillement large que porteroit une personne & dont elle retireroit sa tête & ses bras pour s'envelopper dedans comme dans un sac. La larve ici fait la même chose. Elle retire de dedans les avances & les éminences que forme sa peau , les cornes de ses stigmates. La peau pour lors n'étant plus soutenue , s'affaisse , & ces éminences disparoissent à mesure qu'elle durcit , ensorte qu'on ne les apperçoit plus sur la coque. La larve fait plus ; elle détache de même de sa peau tout son corps , qui se resserrant ensuite sous la forme de nymphe , n'en remplit plus toute la cavité , de sorte qu'il y a souvent un intervalle vuide entre la nymphe & la peau de la coque. C'est ce qu'on apperçoit bien sensiblement dans la larve de la mouche-armée , qui ressemble à un ver long dont la nymphe ne remplit qu'une partie , tellement que ses derniers anneaux sont vuides & transparens. D'un autre côté , lorsque l'animal s'est ainsi débarrassé de sa peau ,

avant

avant qu'elle fe durciffe , il déploye fouvent d'autres cornes , qui auparavant étoient couchées fur lui en-deffous de fa peau extérieure. Comme celle-ci eft encore molle , elle cede à la fortie de ces cornes , qui paroiffent fur la coque & durciffent avec elle. C'eft , pour me fervir de la comparaifon que nous avons déja apportée , c'eft , dis-je , comme fi une perfonne qui fe feroit enveloppée dans un fac , pouffoit & étendoit fon bras qu'elle tenoit auparavant appliqué contre fon corps , & le faifoit paroître à travers le fac qui le couvre.

Sous cette efpéce de coque dure , les infeétes ne prennent pas tout de fuite la forme de nymphe ; ils paffent d'abord , comme nous l'avons dit , par une efpéce d'état moyen & reffemblent à une boule un peu allongée. Si on ouvre la coque dans ce tems , on trouve cette boule qui ne reffemble point à l'infeéte. Mais après quelques jours d'intervalle , on y trouve une nymphe dont toutes les parties font très-reconnoiffables. Cet état de *boule allongée* , comme l'ont appellé des auteurs modernes , a été regardé comme très différent de la nymphe. Cependant c'eft la même nymphe , ce font les mêmes enveloppes , les mêmes parties intérieures , il n'y a de différence que dans le plus ou le moins de confiftence & de fluidité. Tant que les parties de la nymphe font molles & prefque fluides , elles pouffent prefqu'également en tout fens , comme font tous les liquides , la membrane qui les renferme. Il faut donc qu'elle prenne une forme approchante de celle d'une boule , à caufe de la preffion prefqu'égale en tous fens qu'elle éprouve. Mais à mefure que les différentes parties de la nymphe s'affermiffent & prennent plus de confiftence , la preffion devient plus inégale. Certaines parties pouffent au-dehors la membrane qui les enferme , & on voit la figure de l'infeéte fe former & fe tracer fur cette enveloppe.

Enfin lorfque l'infeéte parfait fort de fa coque , il fait fauter la partie fupérieure de cette coque , comme une

Tome II.   K k k

efpéce de calotte hémifphérique, qui fouvent dans cette action fe divife en deux demi-calottes. Deux chofes furprennent également dans cette opération : la première, comment un infecte encore mol & tendre, dépourvu d'inftrumens propres à cet effet, peut rompre une coque auffi dure que la fienne; la feconde, pourquoi cette coque dans tous fe fend au même endroit & avec les mêmes circonftances !

Pour expliquer ce mécanifme, il faut examiner un de ces infectes fortir de fa coque. Si on obferve, par exemple, une mouche dans cet inftant, on voit que la partie fupérieure de fa coque eft foulevée par une efpéce de caroncule molle, ou une tubérofité qui eft fur le devant de la tête de l'infecte, & qui fe dilatant & fe contractant alternativement, parvient à faire fauter & détacher cette calotte fupérieure de la coque. On n'apperçoit point cette tubérofité fur la tête de la mouche, elle difparoît totalement dans l'infecte parfait, probablement parce que fa tête prenant plus de confiftence, ainfi que toutes les parties, la peau devenue dure ne peut plus ceder & fe dilater en cet endroit. On voit déja le mécanifme qu'employe l'infecte pour ouvrir fa coque. Mais il refte encore une autre difficulté, c'eft de favoir comment une pareille impulfion qui ne paroît pas bien forte, eft cependant capable d'ouvrir une coque affez dure, & pourquoi elle s'ouvre toujours au même endroit ? Pour réfoudre ces deux queftions, il ne s'agit que d'examiner une coque avec un peu d'attention. En la regardant de près, on apperçoit à fa partie fupérieure une trace circulaire, & une autre verticale qui coupe la première par le milieu, & fe joint avec elle par fes extrémités. Ces traces font précifément à l'endroit où la coque doit s'ouvrir : fi on y infinue la pointe d'une épingle fine, la coque s'ouvre, les deux demi-calottes fe féparent. Il paroît donc qu'elles ne tiennent que foiblement. Lorfque la peau de la larve fe durcit pour former la coque l'endroit de la jonction de ces deux demi-calottes tant

entr'elles qu'avec le reste de la coque, ne se durcit point,
il reste un sillon mol & tendre, afin que l'insecte puisse facilement enlever ces deux parties & sortir de sa prison.

La transformation des insectes à deux ailes, telle que
nous venons de la décrire, est souvent achevée en quinze
jours ou trois semaines, quelquefois cependant elle dure davantage, ce qui dépend des espéces différentes, &
de la saison plus ou moins chaude. Il y a aussi quelques
différences dans les manœuvres qu'employent ces petits
animaux. La plûpart, comme nous l'avons dit, s'enfoncent en terre pour s'y transformer. Il y en a cependant
quelques-uns qui, quoique du même genre, ne cherchent
point à se retirer en terre. Parmi les mouches, par exemple, plusieurs restent à l'air, & s'y changent en coque.
Les coques de la plûpart approchent de la figure d'un
œuf, mais nous avons des espéces de mouches qui se
nourrissent de pucerons, dont la coque est allongée &
gonflée par une de ses extrémités, ensorte qu'elle représente la figure d'une larme. La coque de la mouche-armée ne différe point pour la forme extérieure de sa larve
qui ressemble tout-à-fait à un ver. Nous verrons dans le
détail des genres, toutes ces différences dont plusieurs
offrent des singularités assez curieuses. Mais avant que de
finir ce qui regarde ces insectes, nous ne pouvons nous
empêcher de remarquer deux genres qui se ressemblent
beaucoup & qui différent considérablement de tous les
autres de cette section, ce sont les genres des tipules &
des cousins. Leurs larves ont des machoires, une bouche,
des yeux, & ne ressemblent point à toutes celles que nous
avons décrites. Leurs nymphes sont encore plus singulié-
res & s'écartent davantage de celles des autres insectes,
quoiqu'elles ayent comme elles des petites cornes pour
respirer l'air. Enfin leur metamorphose est si différente,
qu'elle mérite d'être considérée en particulier. Nous la
détaillerons par la suite en examinant ces deux genres.

Lorsque les différens changemens des insectes à deux

aîles sont finis, & que l'insecte parfait vient de sortir de sa coque, il est ordinairement plus mol, & il paroît plus gros & plus pâle qu'il ne le sera par la suite, de plus tout son corps est humide ; au bout de quelques minutes il se séche, toutes ses différentes parties acquiérent plus de consistence & diminuent de volume, sa couleur devient plus foncée & plus brune, & l'insecte est en état de voler & de prendre son essort.

En général le mâle est plus petit que sa femelle, comme cela est ordinaire dans les insectes. Dans les cousins & quelques espéces de tipules, ce mâle se distingue de la femelle par ses antennes qui forment de belles panaches, tandis que celles de la femelle sont de simples filets.

Après que ces insectes sont sortis de leur coque, ils ne tardent pas à s'accoupler. Cet accouplement se fait d'une maniere assez singuliére, du moins dans une grande partie de ces insectes. Le mâle a au derriere deux espéces de pinces, ou deux crochets avec lesquels il saisit la partie postérieure de sa femelle, ensorte qu'elle ne peut lui échapper. Mais c'est tout ce qu'il peut faire, presque tout le reste de l'accouplement dépend de la femelle. Celleci allonge pour lors une espéce de cône charnu, en-dessous duquel se trouve la partie du sexe. Il faut qu'elle introduise cette avance dans le corps du mâle, pour aller recevoir la partie masculine qui ne sort point au dehors. Ainsi dans ces insectes, c'est le mâle qui a une ouverture propre à recevoir la partie de la femelle.

Cette derniere ainsi fécondée dépose souvent des centaines d'œufs ; il y a cependant quelques espéces qui n'en font que très-peu. On trouve des mouches qui n'en déposent que deux ou trois à la fois, mais ce n'est pas le plus grand nombre. Ces œufs, suivant les différentes espéces de ces insectes, varient infiniment pour leur couleur, leur forme & leur figure. Les uns sont lisses, d'autres diversement canelés ; plusieurs sont ovales, d'autres ronds, &

quelques-uns de forme très-irréguliere. Nous verrons ces
différences en traitant les différens genres de cette section
& leurs espéces. Quelques femelles au contraire ne font
point d'œufs, mais des petits tout vivans, elles font vivipares. Nous parlerons de quelques mouches qui font dans
ce cas. Il paroît étonnant que parmi les insectes d'un même genre, il y ait des espéces vivipares, tandis que toutes les autres font ovipares. Cela néanmoins paroîtra moins
singulier, fi on fait attention à la différence légere qui
conftitue les uns & les autres. Dans les ovipares, l'œuf fort
du corps avant que le petit foit éclos ; dans les autres ce
même petit fort de l'œuf encore contenu dans le ventre
de fa mere, & paroît au jour fous fa forme naturelle. Les
femelles vivipares ont comme les ovipares des œufs,
mais qu'elles couvent dans leur intérieur & qui ne paroiffent point. Si on ouvre ces femelles fécondées, avant que
leurs petits foient fortis, tantôt on trouve le petit tout
vivant dans le ventre de fa mere & tantôt on y trouve un
petit œuf, lorfqu'il n'y a pas long-tems que cet infecte
s'eft accouplé.

Tous les infectes de cette section voltigent dans l'air,
lorfqu'ils font devenus insectes aîlés & parfaits. Mais auparavant tandis qu'ils ne font que fous la forme de larves, leur habitation varie beaucoup fuivant les différentes
espéces. Les larves des coufins, celles de beaucoup de
tipules, celles des mouches-armées, & celles de quelques
espéces de mouches vivent dans l'eau, elles font aquatiques. La larve de l'oeftre & celle du taon vont fe loger
dans le corps des grands animaux, aux dépens defquels
elles fe nourriffent. Le fondement des chevaux, les cavités du nez des moutons & des bœufs, le gofier du cerf &
d'autres animaux fervent à loger les premieres, qui fe
nourriffent des fucs fales qu'elles trouvent dans ces endroits. Le taon va dépofer fes œufs fur le bœuf & d'autres quadrupedes, fous la peau defquels fe loge fa larve,
qui vit d'une espéce de fanie qui fuinte continuellement

de la playe qu'elle produit. Plulieurs larves de mouches détruifent les pucerons qui leur fervent de pâture , d'autres vivent au milieu des chairs puantes & pourries , & quelquefois dans des matieres encore plus fales , enforte que ces infectes aîlés qui ont un air fi propre , ont pris naiffance au milieu de l'ordure & de la fange. Après avoir quitté ces endroits dégoûtans , les infectes parfaits vont les retrouver pour y dépofer leurs œufs : ils favent ce qui conviendra à leurs petits , & ils les mettent à même de trouver une nourriture convenable dès qu'ils feront éclos. Quelque défagréable que paroiffe l'hiftoire de pareils animaux, leur prévoyance eft admirable, leurs manœuvres ont quelque chofe d'intéreffant , & nous efpérons que ce détail curieux dédommagera amplement le lecteur du dégoût qu'ils pourroient lui caufer. Nous allons d'abord donner une table , dans laquelle nous réunirons les caracteres des différens genres de cette fection , après quoi nous examinerons chaque genre en particulier.

SECTION CINQUIÉME
De la claſſe des Inſectes.

INSECTES A DEUX AÎLES.

GENRES.   *CARACTERES.*

L'OESTRE.
{ Antennes ſetacées qui naiſſent d'un bouton.
Trois points au lieu de bouche.
Trois petits yeux liſſes.

LE TAON.
{ Antennes ſetacées coniques, diviſées en quatre par-
ties.
Bouche compoſée d'une trompe & de dents qui ſe
joignent.
Trois petits yeux liſſes.

L'ASILE.
{ Antennes ſetacées coniques, diviſées en quatre par-
ties.
Bouche formée par une trompe ſimple & aigue.
Trois petits yeux liſſes.

LA MOUCHE-ARMÉE.
{ Antennes ſetacées & briſées.
Bouche avec une trompe ſans dents.
Extrémité du corcelet armée de pointes.
Trois petits yeux liſſes.

LA MOUCHE.
{ Antennes formées par une palette platte & ſolide,
avec une ſoie ou poil latéral.
Bouche avec une trompe ſans dents.
Trois petits yeux liſſes.

LE STOMOXE.
{ Antennes formées par une palette avec un poil la-
téral velu.
Bouche formée par une trompe ſimple & aigue.
Trois petits yeux liſſes.

LA VOLUCELLE.
{ Antennes formées par une palette avec un poil la-
téral velu, & placées ſur la tête.
Bouche formée par une trompe renfermée dans une
gaine ou un bec aigu.
Trois petits yeux liſſes.

La Nemotele.
{ Antennes grenues terminées par une pointe & placées sur la gaine de la trompe.
Bouche formée par une trompe renfermée dans une gaine ou un bec aigu.
Trois petits yeux lisses. }

Le Scatopse.
{ Antennes filiformes.
Bouche avec une trompe sans dents.
Trois petits yeux lisses. }

L'Hippobosque.
{ Antennes setacées très-courtes, composées d'un seul poil.
Bouche formée par une espece de bec cylindrique & obtus.
Point de petits yeux lisses. }

La Tipule.
{ Antennes filiformes, un peu pectinées, (souvent en panache dans les mâles) beaucoup plus longues que la tête.
Bouche accompagnée de barbillons recourbés & articulés.
Trois petits yeux lisses. }

Le Bibion.
{ Antennes en if, perfoliées, presqu'aussi courtes que la tête.
Bouche accompagnée de barbillons recourbés & articulés.
Trois petits yeux lisses. }

Le Cousin.
{ Antennes pectinées (en panache dans les mâles.)
Bouche formée par un tuyau mince & filiforme.
Point de petits yeux lisses. }

SECTIO

SECTIO QUINTA

Classis Insectorum.

INSECTA DIPTERA.

GENERA.	CARACTERES.
OESTRUS. *L'Oestre.*	Antennæ setaceæ è globulo prodeuntes. Os nullum, puncta tantum tria. Ocelli tres.
TABANUS. *Le Taon.*	Antennæ setaceo-conicæ è quatuor partibus. Os proboscide dentibusque conniventibus. Ocelli tres.
ASILUS. *L'Asile.*	Antennæ setaceo-conicæ quadri-partitæ. Os rostro subulato acuto. Ocelli tres.
STRATIOMYS. *La Mouche-armée.*	Antennæ setaceæ fractæ. Os proboscide absque dentibus. Thoracis apex aculeatus. Ocelli tres.
MUSCA. *La Mouche.*	Antennæ è patella plana, solida, seta laterali seu pilo. Os proboscide absque dentibus. Ocelli tres.
STOMOXYS. *Le Stomoxe.*	Antennæ patellatæ, seta laterali pilosa. Os rostro subulato, simplici, acuto. Ocelli tres.
VOLUCELLA. *La Volucelle.*	Antennæ patellatæ, seta laterali pilosa, capiti insidentes. Os proboscide, vagina acuta seu rostro reconditum. Ocelli tres.

Tome II.   L l l

NEMOTELUS.
La Némotele.
{ Antennæ moniliformes, stylo terminatæ, rostro in-
fidentes.
Os proboscide, vagina acuta, seu rostro recondi-
tum.
Ocelli tres.

SCATOPSE.
Le Scatopse.
{ Antennæ filiformes.
Os proboscide absque dentibus.
Ocelli tres.

HIPPOBOSCA.
L'Hippobosque.
{ Antennæ setaceæ brevissimæ ex unico pilo.
Os rostro cylindrico obtuso.
Ocelli nulli.

TIPULA.
La Tipule.
{ Antennæ filiformes subpectinatæ (maribus sæpe plu-
mosæ) capite multo longiores.
Os tentaculis incurvis articulatis.
Ocelli tres.

BIBIO.
Le Bibion.
{ Antennæ taxiformes, perfoliatæ, capitæ vix lon-
giores.
Os tentaculis incurvis articulatis.
Ocelli tres.

CULEX.
Le Cousin.
{ Antennæ pectinatæ (maribus plumosæ.)
Os siphone filiformi.
Ocelli nulli.

O E S T R U S.
L'OESTRE.

Antennæ setaceæ e globulo prodeuntes.	Antennes sétacées qui naissent d'un bouton.
Os nullum, puncta tantum tria. Ocelli tres.	Trois points au lieu de bouche. Trois petits yeux lisses.

Deux caracteres distinguent surement l'oestre de tous les autres insectes à deux aîles ; le premier consiste dans la forme de ses antennes qui sont fort courtes & fort petites : ce n'est qu'un simple filet mince, mais qui sort d'une grosse base, qui représente un bouton rond. L'autre caractere consiste dans la bouche, ou pour mieux dire, dans le défaut de bouche de cet insecte. Car l'oestre n'en a point, on apperçoit seulement trois petits points enfoncés à l'endroit où la bouche devroit se trouver, soit que ces petits enfoncemens servent à l'insecte de suçoirs pour tirer quelque peu de nourriture liquide, soit que l'oestre ne prenne point absolument de nourriture lorsqu'il est devenu insecte parfait, ce qui est plus probable, & qui lui seroit commun avec plusieurs autres insectes.

C'est ordinairement dans le corps des grands animaux qu'on peut trouver les larves des oestres, tantôt dans le fondement des chevaux, tantôt dans les cavités du nez des bœufs & des moutons, quelquefois sous la peau des bœufs, suivant les différentes espéces de ce genre, car chacune a son habitation particuliere. Ces larves ressemblent à des espéces de vers couts, mols, & qui n'ont point de pattes. Ils ont tous à leur partie postérieure deux grands stigmates, dont chacun contient souvent plusieurs ouvertures. On remarque dans ces larves quelques variétés suivant les endroits où elles vivent.

Celle de l'*oestre des bœufs* vit sous la peau des bœufs & des vaches. On voit sur le dos de ces animaux des élévations, des espéces de tumeurs ou de bosses. Ces bosses font formées par une larve d'oeftre, qui vit fous la peau de l'animal. Si on les examine de près, on voit dans quelqu'endroit de la tumeur une ouverture à la peau, par laquelle on apperçoit la partie poftérieure de la larve, qui eft toujours appliquée à cette ouverture, & qui refpire l'air par le moyen des ftigmates qu'elle a à cet endroit. Cette larve n'a pour toute bouche qu'une fimple cavité enveloppée & accompagnée poftérieurement de quatre mamelons charnus. C'eft avec cette bouche qu'elle fucce perpétuellement la fanie & les liqueurs qui fuintent de l'ulcere qu'elle entretient fous la peau de l'animal, & qui lui fervent de nourriture. Les deux ftigmates de fa partie poftérieure font grands & formés en croiffant, & outre ces ftigmates, l'infecte a encore au derriere huit petits trous pofés fur une même ligne, qui peuvent lui fervir à rejetter l'air pompé par les ftigmates. On voit aifément cette conformation de la partie poftérieure de la larve, en examinant l'ouverture de quelque boffe qui fe trouve fur le dos d'un bœuf attaqué par ces infectes. Comme la larve tient fon derriere appliqué à l'ouverture de cette tumeur, on voit au dehors les ftigmates fans dilater la cavité. On croiroit que ces larves ainfi renfermées fous la peau d'un bœuf, & qui y fuccent continuellement, devroient incommoder cet animal & lui caufer de la douleur. Il ne paroît pas cependant qu'il s'en inquiéte, & l'on voit des bœufs dont le dos eft chargé de plufieurs de ces tumeurs, qui font auffi tranquilles & auffi-bien nourris que ceux qui n'en ont pas.

Lorfque la larve a pris toute fa croiffance fous la peau du bœuf, elle cherche à en fortir pour fe métamorphofer ; un endroit auffi humide ne feroit pas propre à cette opération. Elle commence d'abord pendant quelques jours à élargir peu à peu avec fon derriere l'ouverture de la tumeur, & lorfqu'elle eft fuffifamment ouverte pour lui donner paffage, elle en fort à reculons. Dès qu'elle en eft fortie entiérement, elle tombe à terre, mais fans fe blef-

fer, à cause de la molesse de son corps, qui céde aisément. Pour lors elle s'enfonce sous quelque pierre pour
se métamorphoser.

Les larves des autres espéces d'oestres, celles qui vivent dans le fondement des chevaux, on dans le nez des
moutons, font voir dans leur conformation quelques différences, qui leur étoient nécessaires à cause des endroits
où elles vivent. Ces larves sont verdâtres ou jaunâtres,
quand elles sont jeunes, & elles deviennent brunes, lorsqu'elles sont parvenues à leur grosseur. Leur bouche est
semblable à celle de la larve de l'oestre des bœufs, mais
elle est de plus accompagnée de deux crochets qui leur
servent à se cramponner dans l'intestin, ou dans la cavité des narines, & à empêcher qu'elles ne soient poussées
en-dehors par les matieres qui passent dans ces endroits,
& par le mouvement péristaltique des intestins. C'est par
la même raison que les onze anneaux dont leur corps est
composé, sont tous bordés de pointes triangulaires, dont
l'angle aigu est tourné vers le derriere de l'insecte. La
maniere dont ces pointes sont arrangées, permet bien à
l'insecte de s'avancer & de monter dans la cavité où il
vit, & empêche qu'il ne puisse rebrousser chemin & reculer malgré lui. Enfin les stigmates postérieurs de ces insectes sont renfermés dans une espéce de bourse, qui
lorsqu'elle est ouverte, laisse voir six sillons, qui sont les
véritables ouvertures des stigmates. Cette bourse met à
couvert les stigmates, & empêche que les liqueurs vis-
queuses au milieu desquelles vivent ces insectes, n'en
puissent boucher l'entrée. Ces larves parvenues à leur
grosseur, sortent de la cavité où elles sont renfermées,
soit du fondement, soit du nez des animaux sur lesquels
elles vivent, elles tombent à terre comme les larves de
l'oestre des bœufs, & la métamorphose des unes & des
autres est tout-à fait semblable.

C'est ordinairement par terre, sous quelque pierre, que
se fait cette métamorphose. Lorsque les larves des oestres

se sont arrêtées dans quelque retraite semblable, au bout
de quelque tems elles prennent une figure ovale, approchante de celle d'un œuf; leur peau se durcit, acquiert
une couleur brune très-foncée, & forme une espéce de
coque. C'est dans cette coque formée par sa propre peau,
que la larve prend d'abord la figure d'une espéce de boule allongée & ensuite celle de chrysalide ou nymphe.
Cette nymphe se fortifie, prend de la consistence, & enfin sort de sa coque en faisant sauter la partie supérieure
de cette même coque qui se partage en deux.

L'insecte parfait qui en sort est gros, court, plus ou
moins velu, semblable à une grosse mouche. Il vit peu
de tems sous cette derniere forme. Aussi ne tarde-t-il pas
à s'accoupler & à déposer ses œufs. Il cherche pour cet
effet l'endroit qui sera le plus convenable pour ses petits.
Ceux dont les larves doivent vivre dans le fondement des
chevaux ou dans le nez des moutons, vont s'insinuer dans
les ouvertures de ces cavités, & collent fortement leurs
œufs dans leur intérieur; c'est-là que leurs petits doivent
éclore. La chaleur & l'humidité de ces endroits facilite
leur sortie de l'œuf. On voit souvent les grands animaux
fort agités & dans une espéce de fureur par l'inquiétude
que leur causent ces insectes, qui veulent s'introduire
dans leur nez ou leur fondement, & c'est à cause de
cette agitation furieuse qu'excitent ces insectes, qu'on
leur a donné le nom d'*oestrus*.

L'oestre des bœufs, celui dont la larve vit dans les tumeurs qu'elle produit sur le dos des bœufs & des vaches, a
plus de peine pour déposer ses œufs. Il faut qu'il perce le
cuir dur & épais de ces quadrupedes. Aussi la nature lui
a-t-elle donné une espéce de tariere à cinq pointes qui
forme un trou rond, à l'aide duquel il dépose profondément son œuf sous le cuir de l'animal qu'il a piqué.

Nous ne décrirons que trois espéces de ce genre; il y en
a cependant quelques-autres dont différens auteurs modernes ont parlé, mais que nous n'avons pas eu occasion

de rencontrer. A mesure que les Naturalistes les trouveront , ils pourront les décrire & les ajouter aux espéces que nous allons donner.

1. OESTRUS *villosus ; pallido-flavescens , abdominis medio cingulo nigro , apice fulvo.*

Linn. faun. suec. n. 1028. Oeftrus ani equorum.
Linn. syft. nat. edit. 10 , p. 584 , *n.* 3. Oeftrus alis immaculatis, thorace nigro, fcutello pallido ; abdomine nigro , bafi albo apiceque fulvo.
Reaum. inf. tom. 4 , *tab.* 35 , *f.* 1 — 5.
It. gotl. 277. Vermes hæmorrhoidum cæcarum facie.

L'oeftre du fondement des chevaux.
Longueur 5 *lignes. Largeur* 2 *lignes.*

Cet oeftre eft fort velu , fur-tout le mâle. Son corps eft noir , mais ses poils font jaunâtres. Le milieu du corcelet eft moins chargé de poils , enforte qu'on voit le noir du fond en cet endroit. Le haut du ventre eft très velu , fon milieu eft liffe & noir, & le bout eft velu, mais les poils de cette extrémité font d'une autre couleur que ceux du refte du corps , ils font de couleur fouci. La femelle eft plus allongée & moins velue que le mâle. Les aîles de l'un & de l'autre font comme enfumées de brun , mais fur-tout celles de la femelle. Leurs antennes font très-courtes : ce n'eft qu'un filet qui fort d'une bafe brune & globuleufe ; leurs pattes font jaunâtres.

La larve de cet infecte fe loge , comme nous l'avons dit, dans le fondement des chevaux , auquel elle tient fortement par les crochets dont elle eft armée. On l'apperçoit même à l'extérieur, c'eft-là qu'elle fe nourrit & qu'elle groffit. Lorfqu'elle eft préte à faire fa métamorphofe , elle fe laiffe tomber, & s'enfonce dans la terre , où fans changer de peau, fon corps fe durcit, comme il arrive aux larves des autres infectes de cette fection. De cette chryfalide ou coque , fort l'oeftre que l'on voit voltiger autour des chevaux & les tourmenter , lorfqu'il cherche à dépofer fes œufs dans leur fondement.

2. O ESTRUS *cinereus , nigro maculatus & punctatus.*
Planch. 17 , fig. 1.

Linn. faun. fuec. n. 1027. Oeftrus finus frontis ruminantium.
Linn. fyft. nat. edit. 10 , *p.* 585 , *n.* 5. Oeftrus alis immaculatis , thorace
abdomineque ferrugineo nigro maculato.
Reaum. inf. tom. 4 , *tab.* 35 , *f.* 21 — 24.

L'oeftre des moutons.
Longueur 5 *lignes. Largeur* 1 ⅓ *ligne.*

Le fond de fa couleur eft gris. Il eft parfemé de taches
noires & de petites tubercules de même couleur qui le
rendent comme chagriné. Son corps eft affez rafe ; le
devant de fa tête eft d'un jaune pâle & fes pattes font un
peu brunes. Ses aîles font veinées de noir , mais non
pas jufqu'en bas. Ces veines longitudinales font terminées
par une autre tranfverfe joliment gaudronnée.

Sa larve habite dans les finus frontaux du nez des moutons. Lorfqu'elle eft prête de fe métamorphofer , elle
en fort , elle tombe & s'enfonce dans la terre pour s'y
changer en coque.

3. O ESTRUS *thorace flavo , cingulo nigro ; alis nigra
fafcia , pedibus pallidis. Linn. faun. fuec. n.* 1024.

Linn. fyft. nat. edit. 10 , *p.* 584 , *n.* 1. Oeftrus alis maculatis , thorace flavo faf-
cia fufca , abdomine flavo apice nigro.
Raj. inf. p. 271. Mufca bipennis oeftrum dicta, alis membranaceis punctis crebris
nigrioribus velut afperfis.
Derrham. phyfico-theol. l. 8 , *c.* 6 , *n.* 11.
Frifch. germ. 5 , *p.* 21 , *t.* 7. Vermis in ftercore vaccino.
Reaum. inf. tom. 4 , *tab.* 36 , 37 , 38.

L'oeftre des bœufs.

Cet oeftre reffemble pour la groffeur à une groffe mouche ou à un petit bourdon. Ses yeux font noirs , & le bouton de fes antennes duquel fort le poil latéral , eft applati &
en palette. Son corcelet eft jaune , avec une bande tranfverfe noire entre les aîles qui va de l'une à l'autre. Le bout
ou la pointe de ce corcelet, a auffi quelques poils noirs mêlés avec des poils fauves. Le ventre eft de la même couleur

fauve ,

fauve, avec des bandes tranfverfes noires formées par les bords fupérieurs & inférieurs de chaque anneau qui font de cette couleur. Le dernier article du ventre eft noir. Les balanciers des aîles font blancs & les pattes font de couleur pâle. Le bout du ventre fe termine par une queue recourbée en-deffous, mais qui ne pique point. Les aîles couchées fur le ventre font joliment panachées ; le fond de leur couleur eft blanc, mais dans leur milieu elles ont une large bande brune tranfverfale, & outre cela trois points bruns, l'un vers la pointe de l'aîle, le fecond un peu plus bas vers le bord intérieur, & le troifiéme entre la bande tranfverfe & le corps de l'infecte proche le bord intérieur.

Cet infecte dépofe fes œufs fous le cuir des bœufs, & il en fort des larves de couleur ardoifée, dont la peau eft comme chagrinée. Ces larves font convexes du côté du ventre, & plattes du côté du dos. Elles n'ont point de crochets à leurs bouches comme la plûpart des larves des infectes à deux aîles, mais feulement deux boutons écailleux. La larve groffiffant fous la peau du bœuf, produit un ulcere, d'où il fuinte un pus & des humeurs dont elle fe nourrit. Quand elle eft parvenue à fa groffeur, elle fort du corps de l'animal, fe laiffe tomber à terre, s'y enfonce & s'y métamorphofe en coque & enfuite en oeftre.

TABANUS.

LE TAON.

Antennæ fetaceo conicæ è quatuor partibus.	Antennes fétacées coniques, divifées en quatre parties.
Os probofcide dentibufque coniventibus.	Bouche compofée d'une trompe & de dents qui fe joignent.
Ocelli tres.	Trois petits yeux liffes.

Le taon a deux caracteres bien diftinctifs, dont l'un

Tome II. M m m

consiste dans la figure de ses antennes , & l'autre dans la forme de sa bouche. Le premier distingue ce genre de tous ceux de cette section, à l'exception du genre de l'asile qui suit & qui a des antennes à peu près semblables. Le second lui est absolument propre & ne se rencontre dans aucun autre genre.

Les antennes qui constituent le premier de ces caracteres , forment une espéce de fil court qui se termine en pointe par le bout. Elles sont composées de plusieurs anneaux, ordinairement au nombre de sept, dont les trois premiers sont très-distincts & plus gros que les autres, & forment trois parties différentes dans l'antenne. Les quatre autres sont courts , paroissent confondus ensemble, & ne forment qu'une piéce qui semble continue , & qui est la quatriéme & derniere piéce de l'antenne. Souvent le troisiéme anneau est plus gros que les deux premiers, & dans plusieurs espéces , il a une pointe ou appendice latérale plus ou moins longue, ce qui donne à l'antenne une forme assez singuliere, & même l'a fait quelquefois paroître comme fourchue.

La bouche du taon qui forme l'autre caractere propre de ce genre,est assez singuliere. Elle a une espéce de trompe , mais cette trompe n'est pas seule & isolée , comme nous verrons qu'elle se trouve dans plusieurs genres de cette section ; elle est accompagnée à droite & à gauche d'espéces de grosses dents blanchâtres & pointues , outre les étuis qui enveloppent la trompe. Ces dents se joignent ensemble par leurs extrémités,lorsque l'insecte les rapproche , mais elles peuvent s'écarter & se mouvoir à droite & à gauche. Comme le taon se nourrit du sang des chevaux, des bœufs & d'autres quadrupedes dont la peau est dure & épaisse , il paroît que ces espéces de crocs aigus lui ont été donnés pour percer ce cuir épais & pouvoir ensuite succer avec sa trompe le sang qu'il en a fait sortir. C'est par cette raison que ces insectes incommodent extrêmement les chevaux & les bœufs pendant l'été. Ils les piquent de tous côtés, fuccent leur fang & les agitent tellement qu'ils les rendent comme furieux.

C'eft ordinairement dans les prés bas & les bois humides, qu'on trouve les taons en abondance. Je ne connois ni leurs larves ni leurs nymphes. L'analogie porte à croire qu'elles reffemblent à celles de l'oeftre, & je penferois que la larve pourroit bien vivre dans l'eau, l'infecte parfait fe trouvant volontiers dans les endroits aquatiques.

Le taon, pour le port extérieur, reffemble affez à une mouche extraordinairement groffe. Ses yeux font gros, & lorfque l'animal eft vivant, ils font panachés, du moins dans plufieurs efpéces, de raies d'un jaune vert & de bandes brunes rougeâtres. Son ventre eft gros & large : fes aîles font affez fortes & ornées de nervures confidérables. Dans quelques efpéces, ces aîles font joliment panachées de taches blanches & de bandes noires. Les couleurs de ces infectes font en général affez obfcures.

1. **TABANUS** *thorace cinereo ; abdomine flavefcente , fegmentis fingulis triangulo albo.*

Linn. faun. fuec. n. 1045. Tabanus grifeus, abdominis fegmentis fingulis triangulo albo.

Linn. fyft. nat. edit. 10, *p.* 601 , *n.* 1. Tabanus oculis virefcentibus, abdominis dorfo maculis albis trigonis longitudinalibus.

Act. Upf. 1736, *p.* 31 , *n.* 17. Tabanus vulgaris grifeus , incifuris dorfi macula trigona albicante notatis.

Jonft. inf. tab. 8 , *ord.* 2 , *f.* 21 , 22.

Reaum. inf. tom. 4, *tab.* 17, *fig.* 8.

Le taon à ventre jaunâtre & taches triangulaires blanches.
Longueur 11 *lignes. Largeur* 4 *lignes.*

Sa tête eft grife, mais fes yeux bruns & prefque noirs, en occupent la plus grande partie, laiffant entr'eux fort peu d'intervalle. Dans cette efpéce & dans les autres de ce genre, la tête eft large, courte, applatie de haut en bas. Le corcelet eft de couleur grife. Le ventre eft jaunâtre, principalement en-haut fous les aîles. Le milieu & le bas font bruns, avec une tache blanche triangulaire au milieu : chaque anneau, ce qui fait une bande longitudinale de taches , dont la pointe regarde le corcelet. Les cuiffes font noirâtres & les jambes jaunes. Les aîles font un peu obfcures , avec des veines brunes plus foncées.

Ce taon pendant l'été incommode beaucoup les bœufs & les chevaux.

2. TABANUS *cinereus , thorace fafciis longitudinalibus albis , abdominis fegmento fingulo triangulo maculifque albis.* Planch. 17 , fig. 2.

Le taon gris à taches blanches triangulaires fur le ventre.
Longueur 7 lignes.   Largeur 2 ½ lignes.

Sa tête eft de couleur grife , à l'exception des yeux qui font noirâtres & fort grands. Le corcelet qui eft gris en-deffous & fur les côtés , eft brun par deffus , avec cinq bandes grifes longitudinales & un peu de poil fur chaque côté. Le ventre en-deffous eft tout gris , en-deffus il eft brun , avec une tache grife triangulaire placée au milieu de chaque anneau , dont la pointe regarde le corcelet. Aux côtés de cette tache , en font deux autres irrégulieres prefque rondes & de même couleur. Les bords du ventre font aigus & blanchâtres. Les pattes font un peu jaunâtres , à l'exception des cuiffes qui font grifes. Les aîles font tranfparentes & veinées de brun. Cet infecte varie pour la grandeur. On le voit voler l'été dans les prés & les pâturages.

3. TABANUS *fufcus , tibiis albido-pallidis.*

Le taon brun à jambes blanchâtres.
Longueur 7 lignes.   Largeur 3 lignes.

Ce grand taon eft brun & luifant : fon corcelet eft affez velu , & fes poils font d'un brun châtain. Le ventre a quelques poils femblables fur fes bords , mais le deffus eft liffe & d'un brun foncé. Les aîles font auffi un peu brunes, mais inégalement ; elles font plus foncées en quelques endroits qui forment de grandes taches longues au milieu de l'aî & plus claires dans le refte. Les pattes de même cou^{leur}

que le corps, ont leurs jambes d'un blanc pâle, avec cette différence que dans les pattes de devant , il n'y a que le haut de la jambe & le bas de la cuiffe de cette couleur , au lieu que dans la feconde & la troifiéme paire , cette même couleur regne fur le bout de la cuiffe & fur toute la jambe , excepté à fa derniere extrémité.

4. TABANUS *totus niger* , *antennis dichotomis.*

Le taon noir à antennes fourchues.
Longueur 7 lignes.   Largeur 3 lignes.

La couleur de tout l'infecte eft noire , fes ailes même le font. Tout l'animal eft liffe , à l'exception de quelques poils noirs & courts fur les côtés du corcelet. Mais un caractere fpécifique de ce taon, qui le peut faire aifément reconnoître , confifte dans la forme de fes antennes , dont la feconde piéce a une appendice ou dent latérale femblable à une feconde antenne un peu plus courte que la premiere ; ce qui fait paroître les antennes comme fourchues.

5. TABANUS *fufcus* ; *alis cinereis punctis minutiffimis albis.*

Linn. faun. fuec. n. 1050. Tabanus fufcus ; alis cinereis punctis minutiffimis albis ; oculis viridibus, lineolis quatuor undulatis fufcis.
Linn. fyft. nat. edit. 10., *p.* 602 , *n.* 11. Tabanus oculis fafciis quaternis undatis , alis fufco punctatis.
Act. Upf. 1736 , *p.* 31 , *n.* 20. Tabanus fufcus, alis cinereis punctatis.

Le taon à ailes brunes piquées de blanc.
Longueur 4 lignes.   Largeur 1 ligne.

Tout l'infecte eft d'un brun cendré. Quand il eft en vie fes yeux font verts , avec des raies brunes finuées. Entre les yeux , eft un grand efpace gris , fur lequel font deux taches noires mattes bien vifibles , & une poftérieure beaucoup plus petite. Je n'ai pu découvrir, ni fur cette efpéce , ni fur les deux précédentes, les petits yeux liffes. Le corcelet eft brun , avec des raies longitudinales , grifes , ferrées , au nombre de fept environ. Le ventre qui eft un peu cendré,

a le bord de chaque anneau plus blanc. Les aîles brunes &
cendrées, font toutes piquées de petits points blancs, avec
une tache marginale noire. Les pattes font de la même
couleur que le corps, à l'exception des jambes qui font entrecoupées d'anneaux alternativement bruns & blancs.
Cette efpéce eft une des plus communes dans les prés. Ses
yeux font très-beaux.

6. TABANUS *niger, thorace lineis duabus longitudi-*
nalibus cinereis, abdominis fegmentis limbo cinereo.

Le taon noir à anneaux du ventre bordés de blanc.
Longueur 3 lignes. Largeur 1 ligne.

Ses yeux font bruns & le refte de fa tête eft gris, avec
deux taches noires luifantes placées entre les deux yeux
& qui fe touchent l'une l'autre. Sur le derriere de la tête
on voit très-diftinctement les trois petits yeux liffes. Le
corcelet eft noirâtre avec deux bandes longitudinales grifes bien marquées qui fe voyent en-deffus. Le ventre de
même couleur que le corcelet, a chaque anneau bordé
de gris. Ce ventre eft plus éfilé & plus allongé, & fa pointe eft plus menue que dans les efpéces précédentes. Le
deffous de l'infecte eft tout noir ainfi que les cuiffes, mais
le refte des pattes eft un peu jaunâtre. Les aîles ont un
peu de jaune; leurs veines fur-tout & leur point marginal font d'un jaune fauve. Cet infecte eft affez liffe.

N. B. J'en ai une variété plus velue, encore plus noire
& fur laquelle on voit fort peu de gris. Son corcelet fur-
tout eft prefque tout noir. L'une & l'autre fe trouvent
dans les prés voifins des bois.

7. TABANUS *cinereus, tibiis fulvis.*

Le taon gris à jambes fauves.
Longueur 4 lignes. Largeur 1 ligne.

Sa couleur eft toute grife, mais plus claire encore en-
deffous qu'en-deffus. Ses jambes & fes pieds font d'une

couleur fauve un peu pâle. Ses aîles font un peu jaunâtres vers le haut & le bord extérieur, & diaphanes dans
tout le refte. Je n'ai qu'un individu de cette efpéce, qui
n'eft pas des plus communes. N'ayant point examiné les
yeux fur l'animal vivant, je ne puis affurer fi celui-ci eft
le même que M. Linnæus a défigné n°. 1048, de la
fauna fuecica. Il paroît lui reffembler beaucoup.

8. TABANUS *fufcus, abdominis lateribus pedibufque flavis, alis maculis fufcis.*

Linn. faun. fuec. n. 1049. Tabanus fufcus, alis maculis fufcis albifque variis, oculis fulvo-viridibus, punctis nigris.

Linn. fyft. nat. edit. 10, *p.* 602 , *n.* 12. Tabanus oculis nigro-punctatis, alis maculatis.

Act. Upf. 1736, *p.* 31, *n.* 21. Tabanus fufcus, alis cinereis, maculis albis nigrifque.

Ibid. n. 22. Tabanus fufcus, alis fufcis, maculis nigris.

Raj. inf. p. 272. Mufca bipennis pulchra, alis maculis albis amplis pictis.

Le taon brun, à côtés du ventre jaunes, & aîles tachetées de noir.

Longueur 4 ½ *lignes. Largeur* 1 *ligne.*

Sa tête eft brune : dans l'animal vivant les yeux font
mêlés de vert & de couleur fauve, avec quelques points
noirs. Les trois premiers anneaux des antennes font gros
& pâles, les autres forment un filet mince & noir. Le
corcelet eft brun avec quelques bandes longitudinales
grifes. Les côtés & le haut du ventre font jaunes, & chaque anneau de cette partie, a une tache triangulaire brune, le bas du ventre eft brun. Les pattes font jaunes à
l'exception des tarfes qui font noirâtres. Les aîles font
blanches, mais chargées de plufieurs taches brunes &
noires.

9. TABANUS *fufcus, abdominis lateribus pedibufque flavis; alis immaculatis albis.*

Le taon brun, à côtés du ventre jaunes & aîles blanches.

Je penfe que celui-ci pourroit bien n'être qu'une variété du précédent. Il lui reffemble en tout pour la grandeur, les couleurs & la forme, & en particulier pour la figure de fon ventre qui eft allongé. Il n'y a de différence que dans les aîles qui dans celui-ci n'ont aucunes taches.

10. T A B A N U S *fufcus, abdomine antice luteo, alarum margine exteriore, faciifque duabus tranfverfis nigris.*

Le taon à deux bandes noires fur les aîles.
Longueur 5 lignes. Largeur 1 ⅓ ligne.

Parmi les infectes de ce genre, cette efpéce eft une des plus belles & des plus aifées à reconnoître. Elle eft brune, il y a cependant deux ou trois bandes longitudinales plus pâles fur fon corcelet. La partie fupérieure du ventre, favoir les deux premiers anneaux qui font environ le tiers de tout le ventre, font de couleur jaune, le refte eft brun. Les aîles ont leur bord extérieur noir, ainfi que deux larges bandes tranfverfes qui tiennent à ce bord, le refte de l'aîle eft blanc. On voit diftinctement dans cette efpéce les dents de la bouche qui font noires, au lieu que dans prefque toutes les autres elles font blanches. La trompe femblable à celle des mouches, en différe, en ce qu'elle eft creufe & forme une gaine qui renferme un aiguillon femblable à celui des afiles, mais compofé de cinq piéces. On trouve ce taon dans les bois humides.

N. B. Il y en a une variété qui a fur la bande noire tranfverfe de l'aîle, une tache blanche comme le fond des aîles.

11. T A B A N U S *cinereus, abdomine flavo maculis triangularibus nigris, alarum margine exteriore, fafciaque tranfverfa marmorata fufca.*

Le taon à une feule bande noire panachée.
Longueur 4 lignes. Largeur 1 ligne.

Ce taon approche un peu du précédent. mais il en différe par plufieurs endroits. Outre qu'il eft plus petit, fon
ventre

ventre eſt par-tout d'un jaune ſale, avec deux taches noires triangulaires ſur chaque anneau. Le corcelet eſt gris &
chargé de trois bandes longitudinales noires. Les yeux
ſont noirs & le reſte de la tête eſt gris. Les antennes fort
grandes & preſqu'auſſi longues que le corcelet, ſont griſes
à leur baſe, noires dans le reſte. Enfin les aîles qui ſont
joliment travaillées, ont leur bord extérieur irréguliérement chargé d'un noir brun, & de plus elles ont une bande tranſverſe de même couleur dans leur milieu, mais
cette bande eſt interrompue par deux ou trois taches
blanches de la couleur du fond. Outre les trois petits
yeux liſſes qui ſont noirs & poſés à l'ordinaire au derriere de la tête entre les yeux, & proche les uns des autres comme en un bouquet, cet inſecte ſemble en avoir
trois autres plus grands; un entre les yeux derriere l'attache des antennes & devant les petits yeux, & les deux
autres devant l'attache des antennes au-deſſus de la bouche, un à droite, l'autre à gauche. Tous les trois ſont
noirs, liſſes, aſſez grands & paroiſſent très-bien à cauſe
de la couleur griſe de la tête de ce petit animal. Cet inſecte a été trouvé dans les prairies.

ASILUS.
L'ASILE.

Antennæ ſetaceo - conicæ quadripartitæ.	Antennes ſétacées, coni-ques, diviſées en quatre par-ties.
Os roſtro ſubulato acuto.	Bouche formée par une trom-pe ſimple & aigue.
Ocelli tres.	Trois petits yeux liſſes.

L'aſile, que d'autres appellent la *mouche-aſile*, différe des
autres genres de cette ſection par la forme de ſes antennes,
qui lui eſt commune avec le genre précédent, & on la diſtingue de ce dernier genre par la ſtructure de ſa bouche,
qui a une trompe ſimple, aigue & piquante.

Tome II.   N n n

Ses antennes font femblables à un gros fil qui fe termineroit en pointe. Elles font compofées de plufieurs articles dont les trois premiers font diftinéts & les autres ne paroiffent former qu'une feule piéce & font confondus, enforte que toute l'antenne ne paroit compofée que de quatre piéces, quoiqu'il y en ait réellement davantage. Dans quelques efpéces la derniere piéce, celle qui termine l'antenne, eft plus groffe & forme une efpéce de maffue, qui cependant finit toujours en pointe vers le bout. Ces efpéces paroiffent différer un peu des autres par cet endroit, ainfi que par la longueur de leur trompe qui eft plus confidérable que dans la plûpart des autres afiles.

En général ces infeétes ont le corps allongé, leur ventre fur-tout eft long & affez mince. Leurs pattes font grandes, & les anneaux du tarfe ou du pied qui font au nombre de cinq, font courts & un peu figurés en cœur. Ces infeétes demandent à être pris avec précaution ; ils piquent affez fortement avec leur trompe aigue. Ils s'en fervent pour piquer différens animaux, & en tirer le fang qu'ils pompent & fuccent par cette même trompe qui eft creufe en-dedans. Ces afiles incommodent beaucoup les troupeaux dans les bas prés, où ils font fréquens. Je ne connois ni leurs larves ni leurs nymphes qui probablement fe plaifent dans les endroits humides, & peut-être même vivent dans l'eau.

Les efpéces de ce genre font affez nombreufes.

1. A S I L U S *lanigerus, alarum bafi fufca.*

Linn. faun. fuec. n. 1119. Culex lanigerus, alis femifufcis.
Linn. fyft. nat. edit. 10, p. 606, *n.* 1. Bombylius alis femi-nigris.
Aldrov. inf. p. 350, *f.* 10. Mufca X.
Mouffet. lat. 65, *f.* 5. *A gauche.*
Hoffnag. inf. t. 8, *f.* 5.
Petiv. gazop. 56, *tab.* 36, *n.* 5. Mufca apiformis probofcide porreéta, alis maculatis.
Ibid. p. 67, *tab.* 42, *n.* 9. Mufca apiformis probofcide porreéta, alis non maculatis.
Aét. Upf. 1736, p. 31, *n.* 14. Idem nomen.

Raj. inf. pag. 273. Mufca bombyliformis denfe pilofa nigra, abdomine obtufo
ad latera rufo.
Reaum. inf. tom. 4, *tab.* 8, *f.* 11, 12, 13.

Le bichon.
Longueur 4, 5 *lignes. Largeur* 2 *lignes.*

Nous avons rangé dans ce genre cet infecte qui en a
tous les caracteres par fa trompe & la forme de fes antennes. Cette trompe eft mince, noire, longue, égalant les
deux tiers ou les trois quarts de la longueur de l'infecte,
& fouvent divifée en deux à fon extrémité. L'animal la
porte toujours avancée devant lui, & fouvent il en fait fortir une autre plus fine qui y eft renfermée comme dans un
étui. Les antennes de la longueur de la tête, font un peu
coudées dans leur milieu. Pour les pattes elles font fines,
déliées & longues pour la grandeur de l'infecte. Elles font
noires ainfi que les antennes. Tout l'infecte eft court &
ramaffé, & pareillement de couleur noire, mais couvert
d'un duvet touffu, cotonneux & blanchâtre. Ses aîles fort
longues pour fon corps, ont leur partie fupérieure noire
proche la bafe, principalement du côté du bord extérieur,
le refte eft d'un clair obfcur. Cet infecte vole dans les jardins autour des fleurs, qui fucce avec fa trompe fans
s'arrêter & en volant continuellement. Il ne pique point &
on peut le prendre impunément. Il varie pour la grandeur.

2. ASILUS *hirfutus ferrugineus, alis fulvis, femoribus*
nigris.

L'afile velu de couleur fauve.
Longueur 9 *lignes. Largeur* 3 *lignes.*

Ses yeux, fa trompe & fes antennes font noirs. Sa tête
eft couverte de poils fauves. Le fond de la couleur du
corcelet & du ventre eft noir, mais ils font auffi couverts
de poils fauves, enforte que cette derniere couleur femble être celle de l'infecte. Les aîles font jaunes ainfi que
les pattes, à l'exception feulement des cuiffes qui font
noires. Cet infecte fe trouve dans les prés.

3. **ASILUS** *ferrugineus , abdominis articulis tribus , prioribus atris , posterioribus quatuor flavis. Linn. faun. suec. n.* 1031. Planch. 17 , fig. 3.

Linn. syst. nat. edit. 10, *p.* 605 , *n.* 3. Asilus abdomine tomentoso antice nigro, postice flavo inflexo.
Mouffet. lat. p. 46. Vespæ species. fig. exter.
Jonst. inst. t. 9 , *f.* 2. Musca boaria aldrov. tab. 1.
Hoffn inst. t. 16 , *f.* 10.
Raj. ins. p. 267. Musca maxima crabroniformis.
Frisch. germ. 3 , *p.* 38 , *t.* 8. *Tertii ordinis.* Musca rapax magna, abdomine luteo maculato.
Reaum. ins. tom. 4 , *tab.* 8 , *fig.* 3.
Act. Upf. 1736 , *p.* 29 , *n.* 8. Ichneumon collari gibbo, abdomine ovato acuto.

L'asile brun , à ventre à deux couleurs.
Longueur 1 *pouce.*   *Largeur* 2 ½ *lignes.*

Cette espéce est la plus grande de toutes celles de ce genre que nous avons dans ce pays-ci. Sa trompe plus courte que sa tête, est de couleur noire ainsi que ses yeux. Son corcelet grand & convexe en-dessus est de couleur de rouille. Les pattes sont de la même couleur , ainsi que les aîles , qui ont pourtant quelques taches noirâtres presque triangulaires à leur bord intérieur. Les trois premiers anneaux du ventre sont noirs , mais les quatre suivans sont jaunes & un peu velus. Le bout ou l'extrémité est brune & se termine en pointe.

On trouve ce gros insecte dans les prés humides où il vole fort vîte ; il faut prendre garde à ses doigts en le prenant , car il pique fortement.

4. **ASILUS** *niger , abdominis segmentis tribus a tergo rufis. Linn. faun. suec. n.* 1036.

L'asile noir à tache fauve sur le ventre.
Longueur 10 *lignes.*   *Largeur* 2 ½ *lignes.*

Cet asile est noir , presque sans poils , si ce n'est en quelques endroits & particuliérement sur le devant de la tête. Son ventre est composé de sept anneaux dont le quatriéme & le cinquiéme sont d'un brun fauve , rougeâtre ,

outre deux taches de même couleur aux côtés du troiſiéme. De plus les anneaux vûs à un certain jour, ont ſur chaque côté une tache blanche formée par des poils très-
courts, ce que l'on apperçoit plus diſtinctement ſur le quatriéme anneau que ſur les autres. Les aîles ſont nébuleuſes & les pattes brunes.

5. A S I L U S *totus niger ſubhirſutus, alis atris.*

L'aſile tout noir.
Longueur 8 lignes. Largeur 1 ½ ligne.

Il eſt couvert de poils longs, mais peu ſerrés. Tout
ſon corps eſt d'un noir foncé ſans mêlange d'aucune autre couleur. Ses aîles ſont auſſi très-noires. Je l'ai trouvé
pluſieurs fois ſur les bords de la ſeine.

6. A S I L U S *niger hirſutus, tibiis halteribuſque ferrugineis, alis nigro undulatis.*

*L'aſile noir velu, à pattes & balanciers fauves, & aîles
noires ondées.*
Longueur 7 lignes. Largeur 1 ½ ligne.

Il eſt noir & velu. Les poils de ſon corcelet vûs à un
certain jour paroiſſent un peu dorés, & forment quatre
raies longitudinales de cette couleur. Les balanciers ſont
jaunes. Les cuiſſes ſont noires & le reſte des pattes eſt de
couleur fauve avec un peu de noir aux tarſes. Les aîles
ont des ondes de brun, qui ſuivent la direction des veines qui ſont noires. Cette eſpéce n'eſt pas rare dans les
prés.

7. A S I L U S *niger glaber; antennis, femoribus,
halteribus, tibiiſque ſecundi & poſtici paris rufis, alis
fuſco undulatis.*

*L'aſile noir liſſe, à antennes, cuiſſes & balanciers fauves,
& aîles ondées de brun.*
Longueur 7 ½ lignes. Largeur 1 ½ ligne.

Sa couleur eſt noire par-tout, à l'exception des ſix cuiſfes, des jambes de la feconde & de la troifiéme paire ; des antennes & des balanciers qui font de couleur fauve. Le corcelet a de chaque côté une raie longitudinale & une tache, qui à un certain jour paroît d'un jaune doré & foyeux. Cette raie & cette tache font formées par de très-petits poils. Le troifiéme, quatriéme & cinquiéme anneau du ventre ont auffi de chaque côté une petite tache blanche pareillement formée par des petits poils. Les antennes font compofées de quatre articles dont le troifiéme eft le plus long, & le quatriéme ou dernier très-court & pointu. Les aîles ont des ondes de brun, qui fuivent la direction des nervures, & l'intervalle qui eft entre elles eft blanc. Cet afile a été trouvé à Fontainebleau.

8. A S I L U S *niger glabèr, femoribus halteribufque ferrugineis, alis nigris.*

Linn. faun. fuec. n. 1037. Afilus corpore atro glabro, alis nigris, femoribus halteribufque ferrugineis.
Linn. fyft. nat. edit. 10, *p.* 606, *n.* 11. Afilus œlandicus.
Reaum. inf. tom. 4, *tab.* 22, *f.* 7, 8.

L'afile noir liffe, à pattes & balanciers fauves, & aîles toutes noires.
Longueur 6 ½ lignes. Largeur 1 ligne.

Il eft tout noir, liffe & luifant. Ses pattes, tant les cuiffes, que les jambes, font de couleur fauve, mais les tarfes, & le bas des jambes poftérieures font noirs. Les balanciers font de la même couleur que les pattes. Les aîles font étroites & très-noires. Cette efpéce a le haut du ventre plus étroit que le bas. On la trouve dans les bois humides.

9. A S I L U S *niger glaber, femoribus halteribufque ferrugineis, alis albis venis nigris.*

L'afile noir liffe, à pattes & balanciers fauves, & aîles blanches veinées.
Longueur 5 lignes. Largeur 1 ligne.

Il reſſemble beaucoup au précédent pour ſa forme. Son corps eſt noir & liſſe. Ses pattes font de couleur fauve avec un trait noir ſur le deſſus des cuiſſes. Les jambes & les tarſes poſtérieurs ſont noirâtres. Les balanciers tirent ſur le jaune pour la couleur, & les aîles ſont blanches & finement veinées. Cette eſpéce eſt la plus commune de toutes. On la trouve par-tout dans les campagnes & les jardins. Elle varie pour la grandeur.

10. A S I L U S *niger glaber, femoribus tibiiſque rufis, alarum puncto marginali nigro.*

L'aſile noir liſſe, à pattes fauves & tarſes noirs.
Longueur 2 lignes. Largeur ⅓ ligne.

Le corps de cet inſecte eſt noir & liſſe. Ses pattes ſeules ſont de couleur fauve à l'exception des pieds ou tarſes qui ſont noirs. Ses aîles ſont blanches & ont un point marginal noir & long. Le caractere de cette eſpéce eſt d'avoir la premiere piéce des tarſes poſtérieurs auſſi longue que les quatre autres & beaucoup plus groſſe qu'elles.

11. A S I L U S *niger glaber, halteribus albis, alis ſubrotundis obſcuris margine nigro.*

L'aſile noir liſſe, à balanciers blancs & aîles bordées de noir.
Longueur 3 lignes. Largeur ⅖ ligne.

Cette petite eſpéce eſt toute noire, liſſe & peu allongée. Les balanciers de ſes aîles ſont blancs, & les aîles ſont d'une teinte un peu obſcure, bordées d'un point marginal long & noir. Ces aîles ſont larges & ovales.

12. A S I L U S *antennis capite longioribus clavatis acuminatis, nigro rufoque varius glaber, ſegmentis abdominalibus ſecundo & tertio margine flavis, alis fuſco nebuloſis.*

Linn. faun. ſ. ec. n. 1030. Aſilus antennis capite longioribus clavatis acuminatis, ſegmentis abdominalibus glabris, margine flavis, fronte glabra.

Linn. ſyſt. nat. edit. 10, *p.* 604, *n.* 4. Conops antennis clavatis mucronatis luteis, abdomine ſubcylindrico glabro, ſegmentis quatuor margine flaveſcentibus.

Reaum. inſ. tom. 4, *tab.* 33, *f.* 12, 13.

L'aſile à antennes en maſſue & aîles brunes.
Longueur 5 ½ *lignes. Largeur* 1 ½ *ligne.*

A la premiere vûe on prendroit cette eſpéce pour une guêpe. Elle eſt liſſe : ſes antennes ont leur derniere piéce groſſe en fuſeau allongé & pointu, & elles ſont grandes & plus longues que la tête. Le devant de la tête eſt d'un jaune citron ainſi que les balanciers, les pattes ſont fauves. Le corcelet eſt varié de noir & de fauve rougeâtre. Il en eſt de même des anneaux du ventre dont quelques-uns ſont bordés de jaune citron, principalement le ſecond & une partie du troiſiéme ſur les côtés. Les aîles ſont brunes, ondées & nébuleuſes. On trouve ce bel aſile dans les prés.

13. A S I L U S *antennis capite longioribus clavatis acuminatis, nigro rufoque varius, glaber, ſegmentis abdominalibus omnibus margine flavis, alis fuſcis margine albo.*

L'aſile à antennes en maſſue, & aîles brunes bordées de blanc.
Longueur 4 *lignes. Largeur* 1 ⅓ *ligne.*

Cette eſpéce reſſemble beaucoup à la précédente, & a l'air & le port d'un ichneumon. Ses antennes ſont noires, allongées, groſſes par le bout, un peu moins cependant que dans l'autre. Sa trompe pareillement noire, eſt longue & fine. Le devant de ſa tête eſt de couleur citron. Le corcelet eſt noir, bordé de couleur fauve, ſur-tout aux angles extérieurs du haut ſur les épaules. Le ventre fauve mêlé de noir, a tous ſes anneaux bordés de jaune citron ; il eſt plus étroit que dans l'eſpéce ci-deſſus, ſur-tout vers le haut, & il reſſemble à celui d'un ichneumon. Les balanciers ſont de couleur citron, & les pattes fauves, excepté

les

les tarfes qui font noirs. Les aîles plus courtes que le ventre , font brunes au milieu & blanches aux bords , ce qui les rend fort belles. On trouve cet infecte avec le précédent , dont il pourroit bien n'être qu'une variété.

14. A S I L U S *antennis capite brevioribus clavatis fetofis , nigro rufoque varius , glaber , alis nigris , oris aculeo in medio incurvato.*

L'afile panaché de fauve & de noir à aîles noires.
Longueur 4 lignes. Largeur 1 ½ ligne.

Il y a encore peu de différence entre cette efpéce & les deux précédentes. Ses antennes beaucoup plus courtes que fa tête , ont leur derniere partie groffe , avec quelques foies latérales. Elles font fauves & le devant de la tête eft de couleur citron. Le corps eft panaché comme dans les afiles précédens de brun & de noir , de façon cependant que le noir domine fur le corcelet & le brun fur le ventre , ainfi que fur les pattes. Les aîles plus courtes que le ventre , font noirâtres. Un autre caractere de cette efpéce , c'eft que fa trompe fine & auffi longue que la moitié de fon corps , a dans fon milieu une articulation où elle fe replie & fe coude , quelquefois à angle aigu.

15. A S I L U S *niger glaber , fronte pedibufque rufis , oris aculeo in medio incurvato.*

L'afile noir liffe à pattes & devant de la tête fauve.
Longueur 3 lignes. Largeur 1 ligne.

Il eft noir & liffe , mais le devant de fa tête & fes pattes font fauves. Ses antennes font pareillement fauves , & ont la derniere piéce plus groffe , avec quelques poils latéraux comme dans l'efpéce précédente. Sa trompe eft auffi femblable à celle de l'efpéce ci-deffus : elle eft longue , fine , noire & pliée dans fon milieu.

16. A S I L U S *cinereus hirfutus.*

Linn. fyft. nat. edit. 10 , p. 606 , n. 9. Afilus hirtus cinereus.

Frisch. inf. 3 , p. 35 , tab. 7.

L'asile cendré.
Longueur 6 lignes.   Largeur 1 ligne.

Il est velu & d'une couleur grise cendrée. En regardant
son corcelet à un certain jour , il paroît chargé de bandes
longitudinales de poils dorés. Le bord des anneaux du
ventre paroît un peu brun , sur-tout dans le milieu , où il y
a une tache allongée comme triangulaire de cette couleur.
Les parties du sexe sont longues , noires & débordent de
beaucoup le ventre. Les pattes sont grises & les aîles diaphanes , avec des veines noires. Tout l'insecte est allongé ,
son ventre sur-tout est long & se termine en pointe. On
trouve assez communément cet asile dans les jardins & les
campagnes.

17. A S I L U S *lividus , thoracis lineis dorsalibus tribus*
nigris. Linn. faun. suec. n. 1033.

Linn. syst. nat. edit. 10 *, p.* 606 *, n.* 1. Asilus tipuloides.

L'asile à pattes fauves allongées.
Longueur 4 lignes.   Largeur ⅔ ligne.

Cette espéce a les yeux de couleur grise , un peu brune ;
ses antennes sont noires & sa trompe est de couleur pâle ,
longue , réfléchie en-dessous le long du corcelet. Celui-ci
est d'une couleur cendrée obscure , avec trois lignes noires
longitudinales en-dessus. Le ventre dans les femelles est de
la même couleur que le corcelet ; dans les mâles , il est &
plus allongé , & de couleur jaune pâle , ainsi que le sont
les pattes dans l'un & dans l'autre sexe. Les aîles des mâles
sont d'un jaune brun , celles des femelles sont blanches &
transparentes. Dans tous , les pattes sont fort longues pour
la grandeur du corps.

18. A S I L U S *pallido-fulvus , thorace lineis dorsalibus*
tribus nigris , alis incumbentibus reticulatis.

L'asile fauve à aîles réticulées.
Longueur 3 ½ lignes.   Largeur ½ ligne.

La couleur de cette efpéce eft d'un jaune pâle , à l'exception des yeux qui font bruns , & de trois raies noires longitudinales que l'on voit fur le corcelet. Le ventre a auffi en-deffus fur le milieu de chaque anneau une tache triangulaire brune. Les aîles font couchées fur le corps : elles font tranfparentes, très-veinées & comme réticulées. La trompe de la tête eft prefqu'auffi longue que le corcelet. En regardant de près l'infecte , on voit qu'elle forme un tuyau qui renferme trois aiguillons dans une rainure placée en-deffous.

19. A S I L U S *viridis nitens , pedibus albidis.*

L'afile vert doré.
Longueur 2 ½ lignes. Largeur ½ ligne.

Tout le corps de cette efpéce eft d'un vert doré : les pattes feules font pâles , blanchâtres , tirant un peu fur le jaune. Les aîles font un peu brunes. On trouve cet afile fur les fleurs.

20. A S I L U S *niger , pedibus anticis articulo tarfi primo craffo clavato.*

L'afile noir à pieds de devant en maffue.
Longueur ½ ligne. Largeur ⅓ ligne.

Cette très-petite efpéce eft noire , fes pattes font de couleur livide , & fes aîles veinées de noir. Mais ce qui la fait fûrement reconnoître , c'eft que la premiere articulation des tarfes ou pieds de devant eft groffe & en maffue. On trouve cet infecte quelquefois fur les fleurs.

S T R A T I O M Y S.
L A M O U C H E - A R M É E.

Antennæ fetaceæ fractæ.	Antennes fétacées & brifées.
Os probofcide abfque dentibus.	Bouche avec une trompe fans dents.

Thoracis apex aculeatus.	Extrémité du corcelet armée de pointes.
Ocelli tres.	Trois petits yeux lisses.
Familia 1ª. *Thoracis aculeis duobus.*	Famille 1ᵉʳᵉ. Corcelet armé de deux pointes.
———— 2ª. *Thoracis aculeis sex.*	———— 2ᵉ. Corcelet armé de six pointes.

Ce genre a été peu connu jusqu'ici, quoique Swammerdam en ait parlé sous le nom d'*asile*, & ait donné son histoire que M. de Reaumur a rapportée de nouveau dans ses Mémoires pour servir à l'histoire des insectes. Goedart paroît avoir connu la larve de ces animaux, qu'il a nommée le *chamæleon*, probablement parce qu'elle change de couleur, & Aldrovande a appellé cette même larve *intestinum terræ* parce qu'elle ressemble à un ver. Mais ni l'un ni l'autre ne paroissent avoir connu l'insecte parfait. M. de Reaumur, qui d'après Swammerdam en a donné la figure, l'a appellée *mouche-armée*, nom que nous avons conservé en françois, & que nous avons traduit par le mot latin *stratiomys*.

Le caractere de ce genre consiste dans la réunion de tous ceux que nous avons donnés, & sur-tout dans ces espéces de pointes que portent ces insectes à l'extrémité de leur corcelet, ce qui forme un caractere particulier à ce genre. Quant aux autres, ils lui sont communs chacun en particulier avec quelques-autres insectes de cette section.

La larve de la mouche-armée vit dans l'eau. Aussi M. Linnæus qui n'a connu que cette larve, sans avoir vû l'insecte parfait, l'a-t-il appellée, *oestre aquatique, oestrus aquæ.* S'il eut vû l'insecte aîlé, il auroit aisément apperçu qu'il différe de l'oestre. Cette larve ressemble à un long ver sans pattes & un peu applati, de couleur brune verdâtre ou jaunâtre. Elle est un peu plus grosse du côté de la tête & plus mince du côté de la queue. Sa tête est petite, oblongue, écailleuse. Les premiers anneaux sont plus courts que

les autres ; les derniers font plus longs , plus menus &
cylindriques. Le dernier de tous eft auffi le plus allongé ; il
égale quelquefois pour la longueur les cinq ou fix premiers
pris enfemble. La peau de cette larve eft forte & dure ,
mais cependant flexible. Son peu de foupleffe rend fa
démarche finguliere. Elle ne peut ployer chaque anneau ,
il faut qu'elle les coude en leur faifant faire différens
angles à leur jonctions , ce qui donne à l'infecte un air
tortu. Cette larve vit de petits infectes aquatiques , auffi
remarque-t-on à fa bouche quelques crochets durs &
écailleux accompagnés de barbillons dont elle fe fert pour
attraper & faifir fa proie. Entre ces armes offenfives fe
trouve l'ouverture de fa bouche , qui eft munie d'un
fucçoir dont l'infecte fe fert pour pomper fa nourriture.
L'autre extrémité de la larve, ou fa queue, eft encore plus
remarquable. Au bout de cette partie , on voit une ouverture qui fert à l'infecte de ftigmate , & à l'aide de laquelle
il pompe l'air. Cette ouverture eft entourée d'une frange
comme rayonnante de poils barbus qui empêchent l'eau
d'y pénétrer. L'infecte applique ordinairement l'ouverture
& la frange bien étalée à la furface de l'eau pour refpirer
l'air , & il refte fouvent long-tems dans cette fituation
la tête en bas. Quand il veut s'enfoncer dans l'eau , il
reploye les barbes de la frange & en forme une efpéce de
boule , fous laquelle l'ouverture du ftigmate fe trouve cachée , enforte que l'eau ne peut y pénétrer.

Quand la larve de la mouche-armée parvenue à fa groffeur , veut fe métamorphofer , elle ne change point de figure ; feulement fa peau fe durcit , cette larve refte fans
mouvement , & même elle n'en peut faire aucun , elle devient inflexible. Ainfi la peau de cette larve lui fert de
coque , comme dans les genres précédens , avec cette
différence cependant , que cette peau ne change aucune-
ment de figure pour former la coque. C'eft dans cette
efpéce de coque , fous cette peau endurcie , que la larve
prend la forme de nymphe. Mais cette nymphe eft beau-

coup plus courte que la larve , elle ne remplit pas à beaucoup près toute ſa longueur , & les quatre derniers anneaux de la coque reſtent vuides. L'inſecte demeure ſous
cette forme pendant onze ou douze jours. On diſtingue
dans la nymphe toutes les différentes parties de l'inſecte
parfait , & lorſqu'elles ont acquis aſſez de conſiſtence & de
fermeté , l'inſecte aîlé ſort de ſa coque , en faiſant ſauter les
deux premiers anneaux qui ſe ſéparent comme une calotte.

La mouche - armée , après avoir vécu dans l'eau ſous la
forme de larve & ſous celle de nymphe , devient dans ſon
dernier état habitante de l'air , & elle ne retourne vers
l'eau que pour y dépoſer ſes œufs qu'elle ſait y devoir
éclore. Cet inſecte à bien des égards reſſemble aux mouches : ſa forme , ſes aîles & la trompe de ſa bouche paroiſſent le rapprocher de ce genre. Mais deux autres caracteres
l'en diſtinguent ; ſavoir , ſes antennes & ſon corcelet. Les
antennes qui reſſemblent à un fil , ſont coudées dans leur
milieu & forment un angle preſque droit. Toute la partie
qui eſt depuis la tête juſqu'à la courbure,n'eſt formée que
par une ſeule piéce longue ; à l'angle même de la courbure , ſe trouve une ſeconde piéce très - courte. Enſuite , le
reſte de l'antenne,depuis l'angle qu'elle forme juſqu'à ſon
extrémité , ſemble compoſé d'une ſeule & unique piéce ,
quoiqu'il y ait réellement pluſieurs anneaux , mais tellement ſerrés & réunis , qu'on ne peut guères les diſtinguer
les uns des autres. Le corcelet porte un autre caractere
que nous avons dit être particulier à ce genre ; ce ſont des
pointes aigues que l'on remarque à ſon extrémité , & qui
ont fait donner à cet inſecte le nom de *mouche-armée*. Ces
eſpéces d'épines dont le corcelet eſt armé , ſont au nombre
de deux dans la plûpart des eſpéces. Mais nous en avons
trouvé une mieux armée que les autres à cet endroit. Elle
a ſix pointes au bout du corcelet , trois de chaque côté. Il
n'eſt pas aiſé de déterminer l'uſage de ces pointes , dont il
ne paroît pas que l'inſecte ſe ſerve pour ſe défendre. Il y a

une efpéce, c'eft celle *à corcelet rouge fatiné*, qui outre ces pointes de l'extrémité du corcelet, en a encore deux autres latérales , une de chaque côté. Leur ufage n'eft pas plus aifé à découvrir que celui des autres pointes.

En général , ces infectes ont le ventre large & plat. Ils font affez liffes : leurs couleurs fans être éclatantes, font belles , & ce genre n'eft pas un des moins intéreffans de cette fection.

PREMIERE FAMILLE.

1. STRATIOMYS *fufca , thorace fubhirfuto ferru-*
   gineo , abdomine glabro ovato plano , lunulis fex luteis,
   Planch. 17 , fig. 4.

Linn. fyft. nat. edit. 10 , *p.* 589 , *n.* 3. Mufca antennis filatis clavatis , fcutello
  bidentato luteo , abdomine nigro , fafciis lateralibus luteis.
Linn. faun. fuec. n. 1083.
Linn. faun. fuec. n. 1029. Oeftrus aquæ.
Goed. belg. 1 , *p.* 128 , *t.* 70. Chamœleo. *& gall. tom.* 2 , *tab. lxx.*
Lift. Goed. 355 , *t.* 144.
Frifch. germ. 5 , *p.* 28 , *t.* 10. Tabanus aquaticus. Infectum & larva.
*Swammerdam. in-*4°. 138 , *t.* 4. Tabanus.
Swamm. bibl. nat. t. 42 , *f.* 2.
Rofel. inf. vol. 2 , *t.* 5. Mufc.
Reaum. inf. tom. 4 , *tab.* 25 , *fig.* 7.

La mouche-armée à ventre plat chargé de fix lunules.
Longueur 6 lignes. Largeur 2 lignes.

Sa tête reffemble beaucoup à celle des oeftres : les yeux en occupent la plus grande partie, ils font bruns , ainfi que le deffus de l'animal. Le corcelet eft un peu velu & fes poils font de couleur fauve. Le bout du corcelet eft jaune, ainfi que les deux pointes qui en naiffent. Le ventre large, plat & prefque circulaire a fix taches triangulaires , un peu formées en croiffant , de couleur jaune tirant fur le fouci , trois de chaque côté vers le bord , outre une feptiéme tache impaire de même couleur placée à l'extrémité du ventre. En deffous, le ventre eft jaune, avec quelques ta-ches noires. Les pattes font auffi jaunes , à l'exception des cuiſſes qui ſont brunes. Les aîles ont leur bord extérieur brun.

Ces inſectes ſont éclos chez moi. Ils ſont venus des larves que j'avois élevées dans l'eau, & qui ſont figurées dans Swammerdam & l'ouvrage de M. de Reaumur. Ces larves compoſées de onze ou douze anneaux, ont à leur extrémité un pinceau de poils qu'elles appliquent à la ſurface de l'eau en l'évaſant en entonnoir & qui entoure leur ſtigmate. Leur métamorphoſe ſe fait de la maniere que nous l'avons dit dans le diſcours qui eſt à la tête de ce genre.

2. STRATIOMYS *fuſca*, *thorace hirſuto ferrugineo, abdomine glabro ovato plano immaculato.*

La mouche-armée à ventre plat & brun.

Je croirois celle-ci ſimple variété de la précédente. Elle lui reſſemble pour la grandeur, la forme & même pour les couleurs. Seulement ſon corcelet eſt un peu plus velu ſans tache jaune, & le ventre eſt tout brun ſans aucune tache. Le deſſous du ventre & les pattes ſont auſſi de couleur brune. Ses antennes ſont plus courtes de moitié que celles de l'eſpéce ci-deſſus. Elle eſt écloſe chez moi de larves toutes ſemblables à celles de la premiere eſpéce.

3. STRATIOMYS *nigra*, *thorace ſericeo rubro utrinque ſpinoſo.*

Schæffer. diſſertat. die ſattelfliege. in-4°. 1753, fig.

La mouche-armée à corcelet rouge ſatiné.
Longueur 5 lignes. Largeur 2 lignes.

Cette eſpéce eſt toute noire, ſes aîles même ſont de cette couleur. Il n'y a que ſon corcelet qui ſoit en-deſſus d'un rouge brillant & comme ſatiné. Si on le regarde à la loupe, on voit que ce ſont de très-petits poils de cette couleur qui le font ainſi paroître ſatiné. De plus, ce corcelet a une autre particularité. Outre les deux pointes de
l'extrémité

l'extrémité du corcelet qui font communes à toutes les mouches-armées de cette famille , & qui font longues dans cette efpéce , le corcelet a encore deux épines latérales fort aigues , une de chaque côté , ce qui eft particulier à cette efpéce & qui la fait aifément reconnoître.

4. STRATIOMYS *fufca ; abdomine viridi , fafcia longitudinali nigra.*

Linn. fyft. nat. edit. 10 , *p.* 589 , *n.* 5. Mufca antennis filatis clavatis , fcutello bidentato nigro , abdomine viridi , medio nigro angulato.

La mouche-armée à ventre vert.
Longueur 3 ½ *lignes. Largeur* 1 *ligne.*

Ses antennes font de couleur noire & plus courtes que fa tête. Ses yeux qui font verts , font ornés d'une bande violette qui les traverfe prefque dans le milieu , & de plufieurs points de même couleur , du moins dans l'infecte vivant , & ils occupent prefque toute la tête. Le corcelet eft brun tant en-deffus qu'en-deffous & quelquefois vert à fa pointe. Le ventre eft par-tout d'une belle couleur verte claire , mais en-deffus il a fur fon milieu une bande noire longitudinale plus large vers le bas qu'en haut & qui regne tout le long du ventre. Les pattes font jaunâtres & les aîles très-tranfparentes. Cet infecte m'a été donné.

5. STRATIOMYS *nigra , tibiis albidis , alarum margine exteriore nigro.*

La mouche-armée noire à pattes blanches.
Longueur 3 *lignes. Largeur* 1 ½ *ligne.*

Elle eft toute noire , à l'exception des jambes & des tarfes qui font blanchâtres. Le bord extérieur de fes aîles eft auffi noir. Le bout du corcelet eft un peu velu , enforte que les pointes de cette partie font difficiles à appercevoir parmi les poils.

6. STRATIOMYS *atra , thorace abdomineque maculis flavis.*

Tome II.   Ppp

La mouche-armée noire à taches jaunes.
Longueur 3 lignes. Largeur 1 ligne.

La couleur de cette belle espéce la fait reſſembler à une guêpe. Elle eſt d'un noir matte , mais le bout de ſon corcelet & les pointes qui en naiſſent ſont d'un jaune citron. Chaque côté du corcelet eſt auſſi chargé de deux taches de même couleur , l'une plus haut , l'autre plus bas proche l'attache de l'aîle. Le ventre pareillement noir , eſt auſſi couvert en-deſſus de cinq taches jaunes ; ſavoir , deux de chaque côté oblongues , & deſcendant obliquement pour gagner les bords du ventre , & une unique à ſon extrémité Les cuiſſes ſont noires , mais les jambes & le haut des tarſes ſont jaunâtres. Ce que cette eſpéce a de particulier , c'eſt que ſes antennes ſont plus courtes que dans les autres , & terminées par une ſoie,preſque comme celles de la nemotele , dont nous parlerons bientôt. Cette belle eſpéce a été trouvée proche Fontainebleau.

7. **STRATIOMYS** *luteo-vireſcens , thorace lineis tribus longitudinalibus , abdomine tribus tranſverſis arcuatis nigris.*

Reaum. inſ. tom. 4 , tab. 22 , fig. 17.

La mouche-armée jaune à bandes noires.
Longueur 2 ½ lignes. Largeur ⅔ ligne.

Ses yeux ſont bruns & occupent preſque toute ſa tête ; il y a ſeulement entre les yeux,à la partie poſtérieure,un petit point jaune. Le fond de la couleur du corcelet & du ventre , eſt d'un jaune verdâtre. Sur le corcelet, il y a trois bandes noires longitudinales qui s'uniſſent vers le bas , un peu avant la pointe du corcelet qui eſt jaune , ainſi que les épines qui en naiſſent. Aux deux côtés du corcelet , ſont deux points noirs allongés comme les commencemens d'autres bandes Le ventre a en - deſſus trois bandes tranſ-verſes noires qui ne vont pas juſqu'aux bords. Ces bandes forment des arcs dont les extrémités regardent la tête , &

le milieu le bout de l'animal. La partie du milieu des deux premieres bandes forme un angle un peu pointu, la troifiéme ou derniere eft arrondie. En-deſſous, le corcelet eft noirâtre & le ventre jaune. Les pattes font auſſi jaunes & les aîles très-tranſparentes, avec leur bord extérieur un peu brun. On trouve cette mouche-armée dans les prés.

SECONDE FAMILLE.

8. STRATIOMYS *nigra, alis nigris, femoribus abdomineque luteis.*

La mouche-armée noire à ventre & cuiſſes jaunes.
Longueur 1 ⅔ lignes. Largeur ½ ligne.

Cette eſpéce eft allongée. Sa tête, ſon corcelet & ſes aîles font noires; le ventre & les cuiſſes font jaunes, & le reſte des pattes noir. Elle porte ſes aîles applaties & croiſées ſur ſon ventre. Les ſix pointes qui terminent ſon corcelet, font rangées en demi-cercle comme des rayons, au nombre de trois de chaque côté.

MUSCA.

LA MOUCHE.

Antennæ e patella plana ſolida, ſeta laterali ſeu pilo.	Antennes formées par une palette platte & ſolide avec une ſoie ou poil latéral.
Os proboſcide abſque dentibus.	Bouche avec une trompe ſans dents.
Ocelli tres.	Trois petits yeux liſſes.
Familia 1ᵃ. *Alis variegatis.*	Famille 1ᵉʳᵉ. Mouche à aîles panachées.
———— 2ᵃ. *Ore larvato.*	———— 2ᵉ. Mouches à maſque.
———— 3ᵃ. *Variegatæ.*	———— 3ᵉ. Mouches panachées.
———— 4ᵃ. *Auratæ.*	———— 4ᵉ. Mouches dorées.

La mouche eſt un inſecte des plus communs & des plus
connus. Son caractere n'eſt pas non plus difficile à connoître. Il dépend de deux parties, ſavoir des antennes & de
la bouche : c'eſt la configuration de ces deux parties, qui
conſtitue le caractere de la mouche.

Les antennes de cet inſecte ſont formées par quelques
piéces très-petites & très-courtes, & terminées par une
palette plus groſſe, applatie, plus ou moins allongée,
compoſée de pluſieurs piéces, tellement unies, qu'il n'eſt
pas aiſé de les diſtinguer. Du milieu ou du bas de cette
palette, part latéralement un poil, une eſpéce de ſoie, qui
ſe trouve ainſi placée ſur le côté de l'antenne d'où elle
ſort. Quant à la bouche de la mouche, elle n'a ni dents ni
machoires : c'eſt une ſimple trompe nue, molle, flexible,
ouverte par le bout, avec laquelle ce petit animal ſucce
& pompe les liqueurs dont il ſe nourrit.

De ces deux caracteres, le premier eſt commun à la
mouche, au ſtomoxe, à la volucelle & à la némotele,
qui ont tous des antennes ſemblables, & il les diſtingue
de tous les autres genres : le ſecond caractere, celui de la
bouche, eſt propre à la mouche, & au ſcatopſe ſeul, qui
différe de la mouche par ſes antennes. Cette derniere eſt
la ſeule dans laquelle ces deux marques caractériſtiques
ſoient réunies, enſorte qu'on ne peut la confondre avec
aucun autre inſecte.

Ce que nous avons dit à la tête de cette ſection ſur les
métamorphoſes des inſectes qu'elle renferme, peut s'appliquer en particulier à la mouche ; ainſi pour éviter des
répétitions inutiles, nous nous étendrons peu ſur les changemens de ce genre.

En général les larves des mouches reſſemblent à des
eſpéces de vers mols, blanchâtres, ſans pattes, dont la
tête eſt molle & de figure variable. Le corps de ces larves eſt compoſé de pluſieurs anneaux, & leur bouche n'eſt

autre chofe qu'une efpéce de fucçoir , qui fouvent eft accompagné d'un dard dur & pointu, & de deux crochets
écailleux placés latéralement, avec lefquels cet infecte fe
tient accroché & en même tems pioche & déchire les
différentes matieres qui lui fervent de nourriture. Ces
larves refpirent l'air par quatre ftigmates, dont deux font
pofés antérieurement, un de chaque côté, affez ordinairement à la jonction du fecond & du troifiéme anneau, &
les deux autres font à l'extrémité du corps. Ces deux derniers font plus grands que les précédens & varient pour
la forme : quelquefois ils font cachés & comme enfoncés
fous une efpéce de bourrelet, d'autres fois ils font élevés
& reffemblent à deux cornes. Ordinairement dans l'ouverture de chacun de ces deux grands ftigmates, on apperçoit trois autres ouvertures plus petites , femblables à
trois petits ftigmates renfermés dans le grand.

La demeure ordinaire de ces larves varie fuivant les
efpéces différentes de mouches auxquelles elles appartiennent. Ces larves ont auffi quelques différences finguliéres entr'elles qui méritent d être obfervées.

Il y en a qui vivent fur les arbres & les plantes , & qui
fe nourriffent des pucerons qu'on y rencontre fouvent
par bandes très - nombreufes : celles-là font très - voraces.
Leur corps eft un peu allongé ; elles l'allongent encore
davantage, elles étendent leur tête, & au défaut des yeux
qui paroiffent leur manquer , elles femblent s'en fervir
pour tâter & faifir les pucerons. Lorfqu'elles les ont trouvés , elles les percent avec le dard de leur bouche , qu'elles retirent enfuite fous le fecond anneau de leur corps ,
& fuccent à leur aife leur proie par le moyen de leur trompe. Comme ces larves fe nourriffent de pucerons , quelques Naturaliftes ont appellé les mouches qu'elles produifent , *mouches aphidivores* , comme qui diroit, man-
geufes de pucerons.

D'autres larves de mouches vivent dans les chairs des
animaux morts & dans d'autres matieres pourries. Les

mouches bleues de la viande font de ce nombre. On fait combien on a de peine pendant l'été, à préferver la vian- de de l'approche de ces mouches : elles y dépofent leurs œufs, & c'eft de ces œufs qu'éclofent ces vers blancs qu'on voit dans la viande qui fe pourrit, & qui ne font autre chofe que les larves de ces mouches. Ces larves, outre leur dard, ont à la bouche les crochets écailleux dont nous parlions tout-à-l'heure. Elles s'en fervent, ainfi que de leur dard, pour piocher & déchiqueter la viande, qu'elles fuccent enfuite. Souvent, pour la rendre plus ten- dre & plus facile à déchirer, elles l'arrofent d'une liqueur vifqueufe & gluante, qui la rend plus aifée à fe gâter & en accélere la putréfaction. Auffi en peu de jours voit-on cette viande prefque réduite en une matiere pourrie, affez fluide, dans laquelle nagent en grande quantité ces larves blanches qui la trouvent fort à leur goût. D'autres larves femblables, mais plus petites, ne s'attachent pas à la viande, mais à une autre matiere pareillement très- fujette à la pourriture. Le fromage fait leurs délices, elles s'en nourriffent, elles y vivent. Ces petites larves n'attirent point l'attention pour leur forme qui n'a rien de fingulier, mais fi on les fuit de près, elles préfentent un phénomene particulier. La larve de ces mouches à laquelle Swammerdam a donné fans fondement le nom d'*acarus*, faute fouvent à la hauteur de fix pouces, ce qui eft étonnant, vû fa petiteffe. On ne conçoit pas d'a- bord comment ce petit infecte peut exécuter un pareil faut, on n'apperçoit à l'extérieur aucun organe qui paroiffe pouvoir l'aider à fauter. Pour découvrir fa manœuvre, il faut l'examiner & le fuivre attentivement. Alors on voit cette petite larve fe dreffer fur fa partie poftérieure, & fe tenir dans cette pofition gênante par le moyen de quel- ques tubercules qui font au dernier anneau de fon corps. Alors elle fe courbe, elle forme une efpéce de cercle, & amenant fa tête vers fa queue, elle enfonce les deux crochets de fa bouche dans deux finuofités qui font à la

peau du dernier anneau, & les tient ainfi fortement ac-
crochés. Toute cette opération eft faite en un inftant.
Pour lors l'infecte fe contracte & fe redreffe vivement &
preftement, tellement que les crochets font un peu de
bruit en fortant des enfoncemens dans lefquels ils étoient
retenus. Ce mouvement vif faifant frapper fortement le
corps à terre, fait rebondir l'infecte : il faute & faute fouvent très-haut par ce mouvement élaftique. On voit fouvent ces larves en grande quantité dans le vieux fromage
à moitié pourri, mais perfonne avant Swammerdam n'a-
voit obfervé la jolie manœuvre de cet infecte. D'autres
larves femblables vivent dans la fiente & les excrémens
de l'homme & des animaux. Comme elles n'offrent rien
de particulier, nous ne nous arrêterons pas à confidérer
des infectes fi fales & fi mal-propres.

L'eau fert auffi d'habitation à quelques larves de mouches, mais ce ne font point les eaux claires, pures &
tranfparentes ; c'eft dans les eaux bourbeufes, puantes,
dans les cloaques & les latrines que fe plaifent ces infectes.
Quelque dégoûtantes cependant que paroiffent ces larves, elles méritent l'examen & l'attention d'un Naturalifte. Semblables à des efpéces de vers, elles ont en-deffous fept paires de mammelons courts & membraneux
qui reffemblent à des jambes, & qui en font réellement
l'office : mais ce qu'il y a de plus fingulier, c'eft que ces
efpéces de larves, au lieu de ftigmates, ont à l'extrémité
du corps une longue queue qui s'éléve à la furface de
l'eau pour pomper l'air. Cette queue a fait nommer ces
infectes par M. de Reaumur, les *vers à queue de rat.*
Quoique le corps de la larve n'ait pas plus de fept à
huit lignes de long, cette queue peut s'allonger beaucoup, fuivant que la furface de l'eau eft plus élevée : elle
fe prolonge quelquefois jufqu'à cinq pouces s'il eft néceffaire. Le tuyau qui compofe cette queue n'eft pas fimple ; il eft compofé de deux, dont l'un entre dans l'autre,
comme ceux des lunettes d'approche. Tous deux font ca-

pables d'allongement, & le dernier se termine au bout
par un mammelon qui donne entrée à l'air. C'est par-là
que cet insecte respire, & c'est par cette raison qu'il étend
sa queue jusqu'à la surface de l'eau, pour recevoir l'air
par ce stigmate allongé. Aussi ces larves ne vivent-elles
pas dans des eaux profondes, où leur queue ne pourroit
parvenir à la surface du liquide.

Les nymphes de toutes ces larves sont renfermées dans
des coques formées par la peau même de l'insecte, qui
se durcit. Ces coques ont, de même que les larves, des
stigmates à leur partie antérieure & à leur partie postérieure. C'est sous cette coque ferme & solide, que la larve se change d'abord en boule allongée & ensuite en nymphe, dans laquelle on reconnoît toutes les parties de l'insecte parfait ou de la mouche qui en doit sortir.

Ces coques de mouches ont quelques différences entr'elles suivant les larves qui les ont produites, & les
mouches différentes qui en doivent sortir. Nous avons
déja dit dans le discours général qui est à la tête de cette section, que les mouches aphidivores, qui vivent sur les
plantes & se nourrissent de pucerons, avoient des coques
qui n'étoient pas rondes, comme les autres, mais plus
grosses par un bout & pointues par l'autre, ensorte qu'elles
imitoient la figure d'une larme. Lorsque la larve de ces
mouches veut se métamorphoser ainsi, elle commence
par jetter & faire sortir de sa bouche une liqueur gluante,
avec laquelle elle se fixe sur une feuille, ou sur une tige
de plante. Quelques heures après elle change de figure &
prend la forme singuliere que nous venons de décrire.
Cette coque est platte en-dessous, du côté où elle est collée à la feuille, & arrondie en-dessus. Mais ce qu'elle a
de plus singulier, c'est que la partie la plus grosse qui répond au derriere de la larve, renferme la tête de la nymphe & de la mouche, tandis que l'autre qui est éfilée,
& qui dans la larve formoit la tête, renferme la partie
postérieure de la chrysalide. Il semble que l'insecte, avant
que

que de se changer en nymphe se soit retourné bout à bout
dans cette coque. Elle est transparente dans les commencemens : elle devient opaque sur la fin, lorsque l'insecte
est formé & prêt à en sortir.

La coque des mouches bleues de la viande & de beaucoup d'autres mouches, n'a rien de singulier. Elle est
ovoïde, & les anneaux qu'on y distingue très-bien, la
font ressembler à un petit baril arrondi par les deux
bouts. Ces coques sont ordinairement d'un brun plus ou
moins foncé. Mais une coque moins simple & bien plus
singuliere, c'est celle de ces larves aquatiques à queue de
rat dont nous avons parlé plus haut. La coque de ces
insectes n'est pas moins remarquable que leurs larves. Ces
larves sortent de l'eau pour se métamorphoser, & vont
s'enfoncer en terre, comme beaucoup d'autres. Leur coque se trouve formée par leur peau, qui devient brune & se
durcit. Mais la forme de la coque différe beaucoup de
celle de la larve. D'abord la longue queue qu'elle avoit
se raccourcit, & devient beaucoup plus petite. De plus
on voit naître à la tête de la coque quatre petites cornes,
qui sont un peu courbées & posées en quarré. Ces cornes servent à la nymphe pour respirer, & répondent aux
quatre stigmates du corcelet de la mouche qui en doit
sortir. Enfin la mouche parfaite sort de cette coque au
bout de huit ou dix jours, en faisant sauter la partie supérieure de sa coque, dont la calotte se divise en deux
piéces.

Plusieurs autres coques de mouches ont de semblables
cornes au nombre de deux ou de quatre, Leur usage est
le même dans toutes : elles servent à la nymphe pour
respirer. J'en ai sur-tout remarqué sur plusieurs coques des
mouches masquées, dont nous parlerons bientôt, & dont
les larves se trouvent assez fréquemment dans l'eau.

L'insecte parfait sort de sa coque, en faisant séparer la
partie supérieure de cette coque, par le moyen de cette
espéce de corps charnu, qui se voit sur la partie antérieure

Tome II.   Q q q

ae la tête , & qui difparoît enfuite , lorfque l'infecte eft
reffuyé & féché. Nous avons dit que c'étoient les mouvemens alternatifs de contraction & de dilatation de ce tubercule , qui forçoient la coque à s'ouvrir , & nous avons
expliqué le méchanifme par lequel l'ouverture fe faifoit
toujours à la même place & au même endroit,

Lorfque la mouche parfaite & ailée vient de fortir de
cette coque , elle paroît d'abord fort petite. En peu de
tems elle fe développe & groffit finguliérement , elle paroît plus groffe qu'elle ne doit être , mais en fe féchant
elle diminue un peu , & reprend le véritable volume
qu'elle doit avoir.

Ces mouches , après leur métamorphofe , ne tardent pas
beaucoup à s'accoupler. C'eft fur-tout dans ce genre que
l'accouplement fe fait de la maniere finguliére que nous
avons rapportée. La partie du mâle eft ouverte , & c'eft
elle qui reçoit celle de la femelle , qui entre dans le corps
du mâle pour être fécondée. En voyant cette manœuvre
tout-à-fait contraire à ce qui fe paffe dans les autres animaux & même dans les infectes , on eft tenté de croire
qu'on fe trompe & qu'on a d'abord pris le mâle pour la
femelle ; mais il n'y a pas à fe méprendre fur cet article :
outre que les femelles font plus groffes & ont le ventre
plus rebondi que les mâles , il fuffit d'ouvrir le ventre
d'une d'entr'elles , on y trouvera les œufs qu'elle doit
dépofer.

Nous avons dit que ces œufs varioient pour la couleur
& pour la forme. Par exemple , ceux des mouches bleues
de la viande , font de couleur de nacre , ils font oblongs ,
un peu courbés , avec une languette fuivant leur longueur,
qui s'entr'ouve pour laiffer fortir la petite larve qui en doit
éclore. Ceux de la mouche , dont la larve eft *à queue de
rat* , font blancs , oblongs , & vûs à la loupe ils paroiffent
chagrinés. La mouche ne les dépofe pas dans l'eau où
doit habiter la petite larve qui en proviendra , mais proche de l'eau dans un endroit humide , d'où les larves

naiſſantes puiſſent aller gagner l'eau. D'autres œufs bien plus ſinguliers, ſont ceux de la mouche *merdivore*, dont la larve vit dans la fiente. Ces œufs qui ſont blancs & oblongs, ont à un de leurs bouts deux eſpéces d'aîlerons, qui s'écartent l'un de l'autre comme deux cornes. Une pareille conformation étoit néceſſaire à cauſe de l'endroit où cet inſecte dépoſe ſes œufs. Il les place, & les pique dans les excrémens des cochons, des vaches & autres ſemblables. Ces aîlerons empêchent que l'œuf ainſi piqué, ne puiſſe enfoncer trop avant ; une partie de l'œuf, depuis l'origine des cornes, reſte dehors, & le petit naiſſant ne riſque pas de périr enſeveli ſous la matiere qui doit faire ſon aliment. Tous les œufs des mouches ne ſont pas auſſi ſinguliers ; néanmoins en les regardant à la loupe, on en voit beaucoup qui ſont diverſement cannelés & travaillés, tandis que d'autres ſont liſſes, ſimples & unis.

D'autres mouches ne font point d'œufs, elles ſont vivipares : leurs petites larves ſortent toutes vivantes du corps des meres. Ces inſectes ne peuvent pas faire à la fois autant de petits que les mouches ovipares fonr d'œufs. Les œufs tiennent peu de place, au lieu que les petits étant plus gros, ne peuvent guères être plus de deux enſemble dans le ventre d'une mouche. Ainſi ces mouches ne font que deux petits à la fois, tandis que les ovipares font des centaines d'œufs. Les eſpéces qui ſont dans ce cas ne ſont pas nombreuſes, nous n'en connoiſſons que deux, quoique peut-être il y en ait davantage. Ces deux eſpéces de mouches vivipares ſe trouvent l'une & l'autre ſur le lierre.

Quant aux eſpéces de ce genre, elles ſont fort nombreuſes, & quoique nous donnions le détail d'environ quatre-vingt eſpéces, je ſuis perſuadé qu'il y en a encore pluſieurs que nous avons omis. Comme ces eſpéces offrent toutes certaines différences, nous avons cru devoir en profiter pour les diſtribuer en cinq familles différentes, ce qui facilite la recherche que l'on peut faire de quelque eſpéce. Nous avons rangé dans la premiere famille les mouches dont les aîles ont des couleurs différentes qui les panachent & les bigarrent. Tantôt , c'eſt une partie de l'aîle qui eſt d'une couleur , tandis que le reſte eſt autrement coloré ; tantôt , ce ſont des bandes , des zig-zags , ou des points qui diverſifient les aîles , tantôt enfin , il n'y a que la baſe de l'aîle qui ſoit colorée. La ſeconde famille renferme des mouches qui ont un caractere ſingulier. Toutes ont ſur le devant de la tête une pellicule ordinairement de couleur claire tirant ſur le blanc ou ſur le jaune qui paroît comme renflée , & qui forme à l'inſecte une eſpéce de maſque , ce qui a fait donner à ces mouches le nom de *mouches maſquées*. Ces inſectes ont le corcelet allongé , les palettes des antennes plus longues que dans les autres eſpéces , & quelquefois les aîles arrondies par le bout. Toutes ces particularités leur donnent un port aiſé à reconnoître. Les larves qui donnent naiſſance à ces mouches maſquées , viennent dans l'eau & y font leurs métamorphoſes. On trouve ſouvent ces larves dans les eaux dormantes parmi la *lentille d'eau*. Leurs coques qui ne ſont formées que par la peau de la larve endurcie , ſont remarquables par deux petites cornes aigues qu'elles portent à l'endroit de la tête. Lorſque la mouche ſort de ſa coque , ces deux petites cornes reſtent à la calotte qui ſe détache. Nous avons placé ces mouches immédiatement après la premiere famille , parce que pluſieurs d'entr'elles ont les aîles panachées ou pointillées , ce qui les rapproche des premieres. Nous avons renfermé dans la troiſiéme famille les mouches , dont le corps lui-même eſt panaché de pluſieurs couleurs. Parmi ces eſpéces , il y en a de très-jolies. C'eſt à cette famille que ſe réuniſſent les mouches *aphidivores* , celles dont les larves ſe nourriſſent de pucerons ; la plûpart de ces mouches ayant le corps panaché de pluſieurs couleurs. Mais nous n'avons pas cru devoir ſéparer ces aphidivores & en former une famille à part , d'autant que ce n'eſt que dans la larve qu'on peut obferver cette diftinction , & non pas dans l'infecte parfait qui ne mange point de pucerons. D'ailleurs ces mouches étant variées & bariolées , fe trouvent naturellement rangées dans cette famille. La fuivante nous préfente les plus brillantes efpéces de mouches , les *mouches dorées*. Ces efpéces ne font pas fi nombreufes , mais plus éclatantes pour la couleur , foit dorée , foit cuivreufe qui brille , tantôt fur leur ventre , tantôt fur leur corcelet & fouvent fur tous les deux. Enfin nous terminons ce genre par une derniere famille qui comprend les *mouches ordinaires* , celles qui font les plus communes & qui n'ont rien de remarquable.

Nous ne dirons rien de plus fur les efpéces que nous allons détailler chacune en particulier.

PREMIERE FAMILLE.

Mouches à aîles panachées.

1. MUSCA *nigra ; alis nigris apice macula rotunda alba.*

Linn. faun. fuec. n. 1051. Mufca alis nigris , apice albis.
Linn. fyft. nat. edit. 10 , *p.* 599 , *n.* 84. Mufca antennis fetariis alis nigris apice albis.
Act. Upf. 1736 , *p.* 33 , *n.* 50. Mufca nigra alis fufcis , apicibus albis.

La mouche à aîles noires & tache blanche à l'extrémité.
Longueur 2 *lignes. Largeur* ⅓ *ligne.*

Cette petite mouche eft liffe & toute noire : fes aîles font pareillement noires , mais l'extrémité de l'aîle fe termine par une tache ronde de couleur blanche. J'ai trouvé cette mouche dans le Jardin Royal fur les fleurs.

2. MUSCA *atra hirfuta , margine alarum tenuiore finuato-albicante.*

Linn. faun. fuec. n. 1067. Mufca atra , margine alarum tenuiore finuato-albicante.
Linn. fyft. nat. edit. 10 , *p.* 590 , *n.* 7. Mufca antennis filatis fubulatis , corpore hirto atro , alis dimidiato nigris.

Act. Upf. 1736, *p.* 32, *n.* 35. Mufca atra, alarum margine inferiore albefcente lacerato.

Aldrov. inf. 348, *t.* 2, *fig.* 13.

Jonft. inf. t. 8. Mufcarum aldrovandi. *ord.* 2, *f.* 13.

Reaum. inf. tom. 6, *tab.* 27, *f.* 13.

La mouche à aîles noires bordées de blanc ondé.
Longueur 6 *lignes. Largeur* 2 ½ *lignes.*

Cette mouche varie beaucoup pour la grandeur : j'ai donné les dimenfions de la plus grande que j'aye, mais il y en a de beaucoup plus petites. Elle eft toute noire & velue, feulement les bords des anneaux de fon ventre ont chacun deux ou quatre taches blanches. Les aîles font auffi noires, à l'exception de leur bord intérieur qui eft blanc. Ce blanc forme différentes finuofités, enforte que l'aîle paroît comme déchiquetée. Ces aîles font longues & beaucoup plus grandes que le corps. On trouve fouvent cette mouche dans les jardins.

3. MUSCA *cinerea, alis albis apice macula rotunda radiata.*

La mouche à l'étoile.
Longueur 1 ⅓ *ligne. Largeur* ⅓ *ligne.*

Cette petite mouche eft de couleur cendrée, il n'y a que l'extrémité de fon corcelet & celle de fon ventre, qui foient noires. Ses pattes font de couleur fauve. Ses aîles font très-blanches, à l'exception d'une tache ronde affez grande & de couleur noirâtre pofée fur l'extrémité, des bords de laquelle fortent des nervures qui forment comme des rayons, enforte que cette tache reffemble à un afterifque.

4. MUSCA *alis albis, apice nigris. Linn. faun. fuec. n.* 1052.

Linn. fyft. nat. edit. 10, *p.* 599, *n.* 86. Mufca vibrans.

Act. Upf. 1736, *p.* 33, *n.* 49. Mufca nigra vibrans, alis albis apicibus nigris.

La mouche à aîles vibrantes ponctuées.
Longueur 2 ½ *lignes. Largeur* ½ *ligne.*

Cette mouche eſt de forme preſque cylindrique : ſa couleur eſt noire, ſon ventre cependant eſt ſouvent un peu doré. Sa tête eſt rouge, & les pattes ſont jaunes dans les femelles, noires dans les mâles. Le ventre ne ſe termine pas en pointe, mais il eſt aſſez obtus par le bout. Les aîles ſont blanches, avec un point ou petite tache ronde & noire vers le bout. La grandeur de cette mouche varie. On la voit ſouvent ſur les arbres, & elle eſt très-aiſée à reconnoître par le mouvement de ſes aîles qu'elle éleve & baiſſe continuellement.

5. MUSCA *atra, baſi alarum ferruginea. Linn. faun. ſuec. n.* 1077.

Linn. ſyſt. nat. edit. 10, *p.* 596, *n.* 56. Muſca groſſa.
Reaum. inſ. tom. 4, *tab.* 26, *fig.* 10.

La mouche noire à baſe des aîles jaune.
Longueur 3 ½ *lignes. Largeur* 1 ⅓ *ligne.*

Cette eſpéce eſt toute noire, à l'exception de ſes yeux qui ſont bruns ; d'une tache dorée au-devant de chaque œil, des écailles de deſſous les aîles qui ſont blanchâtres, & de la baſe de ſes aîles qui eſt de couleur fauve. Son corps eſt parſemé de quelques poils noirs & longs, ſemblables à des petits crins. Elle reſſemble beaucoup à la trente - quatriéme eſpéce ; elle a, comme elle, un ventre gros hémiſphérique, dans lequel elle ne porte jamais que deux gros œufs à la fois. Elle les dépoſe dans les bouzes de vaches. On trouve cette mouche dans les prés.

6. MUSCA *nigra, abdominis baſi maculis fulvis ; alarum faſcia tranſverſa nigra, baſi fulva.*

La mouche noire à baſe des aîles & du ventre fauve.
Longueur 4 *lignes. Largeur* 1 ½ *ligne.*

Elle eſt d'une couleur noire un peu luiſante. La baſe de ſa tête ſous les yeux, eſt un peu blanchâtre. Au haut de ſon ventre, ſont deux taches fauves, une de chaque côté, qui en - deſſous du ventre ſe réuniſſent, enſorte que toute

la bafe du ventre eft fauve en - deffous. Les aîles affez
allongées, ont dans leur milieu une bande tranfverfe noire
& large, & au-deffus de cette bande la bafe de l'aîle eft de
couleur fauve. Tout le corps de l'infecte eft un peu allongé. Je l'ai trouvé au printems.

7. MUSCA *thorace atro, abdomine fufco ; bafi alarum*
　ferruginea.

Reaum. inf. tom. 4, *tab.* 29, *fig.* 9.

La mouche noire à ventre brun & bafe des aîles fauve.

Sa grandeur eft un peu moindre que cellé de l'efpéce
précédente. Sa tête eft noire fans tache dorée devant
les yeux : le corcelet eft de même d'un noir matte ; le
ventre eft brun & les aîles ont leur bafe un peu fauve.

Cette efpéce fe trouve l'automne fur le lierre dans
les bois. Elle a une particularité, c'eft qu'elle eft vivipare,
& qu'elle fait des petites larves toutes formées, au lieu
que la plûpart des autres font ovipares. Elle n'eft pas
cependant la feule. On en trouvera encore une dans la
quatriéme fection qui vient auffi fur le lierre & qui eft pareillement vivipare.

8. MUSCA *alis albis, linea undulata fufca figmoïdæa.*

Linn. faun. fuec. n. 1063. Mufca alis albis, linea geminata littera S fufca, ocu-
　lis viridibus.
Linn. fyft. nat. edit. 10, *p.* 600, *n.* 97. Mufca cardui.
Blanck. belg. 189, *t.* 16, *fig.* F.
Goed. gall. tom. 2, *tab.* L.
Lift. Goed. 313, *p.* 102, *t.* 129.
Reaum. inf. tom. 3, *tab.* 44, *f.* 1, 2. & *tab.* 45, *f.* 12, 13, 14.

La mouche à zig-zag fur les aîles.
Longueur 2 ½ *lignes.　Largeur* ½ *ligne.*

La couleur de cette mouche eft d'un brun noir, fes
pattes font d'une couleur un peu plus claire, fa tête eft
jaunâtre & fes yeux font d'un beau vert. Ses aîles font
blanches, mais fur chacune il y a une bande noire ondée
en zig-zag affez large, qui traverfe quatre fois l'aîle en
　　　　　　　　　　　　　　　　　　　defcendant

descendant obliquement d'un côté à l'autre. L'extrémité inférieure du corcelet est blanche , & non pas l'extrémité du ventre, comme il est marqué par erreur dans la *Fauna suecica.*

Cette mouche dépose ses œufs dans les tiges & les têtes de *cirsium* & de chardons, ce qui y produit des tubérosités monstrueuses , dans lesquelles habite la larve où elle se métamorphose , & d'où sort la mouche parfaite. En examinant la femelle de cet insecte , on apperçoit à l'extrémité de son ventre, l'instrument qui lui sert à piquer les têtes des chardons. Le dernier anneau de ce ventre est renflé vers sa base , & il en sort une espéce de pointe fine & dure , composée de deux piéces l'une au bout de l'autre , dont la derniere est très-aigue. Quelque fine que soit cette derniere piéce , elle a cependant dans sa longueur une fente ou rainure , pour le passage des œufs qu'elle fait couler dans les têtes de chardons qu'elle a piquées.

9. MUSCA *alis unguiculatis , albo fuscoque reticulatis , linea undulata sigmoïdæa nigriore.*

La mouche à aïles réticulées avec une tache en zig zag.
Longueur 2 lignes. Largeur ½ ligne.

Sa couleur est brune : sa tête , ses pattes & la pointe de son corcelet tirent plus sur le jaune. Ses aîles sont réticulées de brun , ensorte que le blanc forme des petites taches rondes. Outre ce reseau , il y a sur l'aîle une raie ondée en zig-zag de couleur plus brune , qui traverse cinq fois la largeur de l'aîle en descendant obliquement d'un bord à l'autre. Les aîles sont onguiculées , c'est-à-dire, que vers le milieu de leur bord extérieur il y a une petite pointe en crochet.

10. MUSCA *alis unguiculatis , albo fuscoque reticulatis , macula duplici nigra.*

La mouche à aîles réticulées avec deux taches noires.
Longueur 3 ½ lignes. Largeur 1 ligne.

Tome II.   R r r

Elle approche beaucoup de la précédente pour la forme
& la couleur ; mais outre qu'elle eſt plus grande , ſa couleur eſt plus cendrée & le ventre un peu brun. Les aîles
ſont réticulées de brun , comme dans l'eſpéce précédente,
& outre ce reſeau , il y a deux taches noires plus foncées
que le reſeau : l'une placée vers le milieu de l'aîle & de
forme allongée , deſcend obliquement du bord extérieur
vers l'intérieur ; l'autre placée plus bas, touche le bord extérieur & inférieur de l'aîle , & elle eſt plus arrondie. C'eſt
ſur-tout par ces deux taches , que cette eſpéce différe des
précédentes à zig - zag. Dans celle - ci , le crochet du bord
extérieur de l'aîle eſt plus ſenſible que dans la précédente.
Les larves de cette mouche habitent dans les têtes de
l'aunée. (*Enula campana.*)

11. M U S C A *nigra , alis albo nigroque reticulatis ,
faſciis tranſverſis obſcurioribus.*

La mouche à aîles réticulées à bandes.
Longueur 2 ½ lignes. Largeur ⅐ ligne.

Elle eſt noirâtre , avec une petite raie blanche ſous les
yeux. Ses aîles ſont chargées d'un fort reſeau noir , & ont
trois ou quatre bandes tranſverſes encore plus noires que
le reſte. Tout cela donne à l'inſecte un air noirâtre. J'ai
trouvé cette mouche dans des jardins.

12. M U S C A *flava , alis fulvis , macula triplici , punctiſque plurimis fuſcis.*

*La mouche à aîles jaunes chargées de points & de trois
taches brunes.*
Longueur 2 ½ lignes.   Largeur ⅔ ligne.

La forme de cette mouche eſt arrondie & courte. Tout
ſon corps eſt d'un jaune un peu fauve. Ses aîles ſont preſque de la même couleur & chargées de beaucoup de petites taches brunes , parmi leſquelles il y en a trois plus
remarquables & plus grandes , dont une eſt au milieu
du bord extérieur, une autre plus bas attenant le bord inté-

rieur, & la troisiéme occupe la pointe de l'aîle. Cette espéce approche beaucoup de celle que décrit M. Linnæus, n°. 1057 de la *Fauna suecica*.

13. MUSCA *cinerea, alis albis, macula triplici punctisque plurimis fuscis.*

La mouche à aîles blanches chargées de points & de trois taches brunes.

J'avois d'abord regardé cette mouche comme une variété de l'espéce précédente, à laquelle elle ressemble pour sa grandeur & les taches de ses aîles ; mais la forme de son corps est différente, celle-ci est plus allongée. Sa couleur est cendrée : ses aîles sont blanches, chargées de points bruns, & de trois taches plus remarquables, dont les deux premieres sont placées comme celles de l'espéce ci-dessus, & la troisiéme vers le bord extérieur, à une distance assez marquée de la pointe de l'aîle, qui dans cette espéce est blanche, en quoi elle différe encore de la précédente.

14. MUSCA *alis unguiculatis albis, fasciis tribus fuscis, thoracis apice flavo.*

Linn. faun. suec. n. 1064. Musca alis unguiculatis albis, fasciis quatuor fuscis, thoracis apice flavo.

La mouche des têtes de chardons.
Longueur 1 ⅓ *ligne. Largeur* ½ *ligne.*

Sa tête est jaune & ses yeux sont bruns. Son corcelet est cendré & sa pointe est jaune. Le ventre est noir & les pattes sont fauves. On voit sur les aîles, qui sont blanches, trois bandes brunes : la premiere est transverse, un peu en arc, & ne va pas jusqu'au bord intérieur de l'aîle ; la seconde plus basse, traverse toute la largeur de l'aîle ; la troisiéme, jointe à la seconde au bord extérieur de l'aîle, parcoure ce bord jusqu'à sa pointe. Le bord extérieur de cette aîle a une très-petite dent à l'endroit de la premiere bande. L'efpéce de Linnæus pourroit bien être une variété de celle-ci, d'autant que la nôtre femble avoir un petit trait, qui tient la place d'une bande qui lui manque proche la bafe de l'aîle. Toutes les deux fe trouvent fur les feuilles & les fleurs de chardons & de *cirfium*. Elles viennent de larves qui fe logent dans les têtes de ces chardons, qui les mangent & qui y font leurs métamorphofes.

15. MUSCA *flavefcens ; alis albis , fafciis quatuor tranfverfis fufcis , nonnullis connexis , thorace punctis nigris.*

La mouche jaune à quatre bandes brunes fur les aîles.
Longueur 2 ½ lignes. Largeur 1 ligne.

Sa couleur eft d'un jaune un peu fauve, fes yeux font noirs, & la partie inférieure de fon corcelet eft chargée de taches noires & rondes. Ces taches font diftribuées en cinq bandes longitudinales de trois points chacune. Les aîles blanches & fans onglet, ont quatre bandes tranfverfes brunes, dont les deux d'en-bas font réunies enfemble au bord extérieur de l'aîle. Le ventre plus gros dans les femelles que dans les mâles, a quelques raies noires tranfverfes.

16. MUSCA *nigra ; alis albis , fafciis quinque tranfverfis nigris , nonnullis connexis.*

La mouche noire à cinq bandes noires fur les aîles.
Longueur 1 ⅓ ligne. Largeur ⅓ ligne.

Cette petite mouche eft toute noire. Ses aîles font blanches, avec cinq larges bandes noires tranfverfes qui laiffent peu de blanc entr'elles. De ces cinq bandes, la premiere occupe la bafe de l'aîle, & n'eft féparée de la feconde que par un petit trait blanc prefqu'imperceptible : la feconde & la troifiéme s'uniffent vers le bord intérieur de l'aîle : entre cette troifiéme & la quatriéme, eft un intervalle blanc affez confidérable ; enfin la quatriéme & la cinquiéme s'uniffent au bord extérieur de l'aîle ; le bout des aîles eft blanc. J'ai quelquefois trouvé cette petite mouche en grande quantité dans les bois.

17. M U S C A *fulva* , *alis unguiculatis fulvis fufco marmoratis , maculis albis.*

La mouche à aîles marbrées.
Longueur 3 lignes. Largeur 1 ligne.

Sa couleur eft d'un fauve roux. Ses aîles grandes & larges , font brunes , rouffes , enfumées & comme marbrées de raies & de taches brunes & noires. De plus , chaque aîle a plufieurs taches blanches ; 1°. plufieurs petites , rangées d'efpace en efpace le long du bord extérieur ; 2°. plufieurs longues & contigues , formant une bande longitudinale qui parcoure le milieu de l'aîle depuis fa bafe , jufqu'aux deux tiers de fa longueur ; 3°. quelques - unes affez marquées placées au bord intérieur. Le bout de l'aîle eft de couleur plus foncée que la bafe.

18. M U S C A *nigra , alis fufcis , fafcia duplici tranfverfa alba.*

La mouche noire à deux bandes blanches fur les aîles.
Longueur 1 ligne. Largeur ½ ligne.

Cette très-petite mouche eft allongée. Sa couleur eft d'un noir liffe , comme du jayet. Ses aîles font couchées fur les côtés de fon corps qu'elles enveloppent , comme s'il n'y en avoit qu'une , ce qui lui donne une forme un peu cylindrique. On reconnoît aifément cette petite efpéce par la couleur de fes aîles qui font d'un brun noir , avec deux bandes tranfverfes blanches , l'une vers la bafe de l'aîle , l'autre plus bas vers les deux tiers. Les pattes font allongées & noires , à l'exception de leur bafe qui eft pâle & un peu fauve. Chaque fois qu'on voit cet infecte , on a peine à le prendre pour une mouche , & à la premiere vûe , il reffemble à un cloporte. On le trouve fouvent fur les feuilles des arbres dans les bois. Il marche vîte.

Seconde Famille.

Mouches à masque.

19. MUSCA *cinerea* , *alis subfulvis* , *fasciis quatuor
transversis nigris* , *tertia interrupta.*

*La mouche cendrée à quatre bandes noires sur les aîles ;
dont la troisiéme est divisée en deux.*
Longueur 3 lignes.　Largeur ⅓ ligne.

La couleur de cette mouche est grise , avec quelques
poils noirs clair-semés. Sa tête est jaune , & elle a en-
devant une pellicule qui lui forme un masque. Ses pattes
sont brunes : ses aîles plus longues que le corps , le débordent de près de moitié : elles sont un peu jaunâtres , & sur
chacune , il y a quatre bandes transverses brunes & noirâtres. La premiere de ces bandes , celle qui est la plus
proche de la base de l'aîle , est courte & ne forme qu'une
tache oblongue : la seconde est plus large , & ne va
cependant que depuis le bord extérieur de l'aîle , jusqu'au
milieu de sa largeur : la troisiéme en occupe toute la
largeur d'un bord à l'autre , mais elle est interrompue
dans son milieu & partagée en deux : enfin la quatriéme
est précisément à la pointe de l'aîle qu'elle occupe toute
entiere. J'ai trouvé cette mouche dans les prés.

20. MUSCA *cinerea* , *nigro punctata* , *alis albo fuscoque
marmoratis.*

La mouche cendrée à points & aîles marbrées.
Longueur 3 lignes.　Largeur ⅓ ligne.

Cette mouche est toute grise , à l'exception du masque
antérieur de sa tête qui est blanc , ainsi que ses antennes
qui sont blanchâtres & assez grosses. Sa tête , son corcelet
& une partie de son ventre , sont chargés de points noirs ,
qu'on voit très-bien à la loupe , & de chacun desquels part
un poil. Les aîles débordent le ventre d'un bon tiers ,

ce qui fait paroître l'infecte auffi long que nous l'avons marqué. Ces aîles font blanchâtres, avec des bandes tranf-verfes brunes, mais peu diftinctes, ce qui les rend comme irréguliérement marbrées de blanc & de brun. On m'a apporté cette jolie mouche.

21. MUSCA *alis fufco teffelato-reticulatis.*

La mouche à aîles réticulées de brun.
Longueur 3 lignes. Largeur ½ ligne.

Sa tête eft un peu fauve, le mafque du devant eft d'une couleur jaune claire & les yeux font bruns. Le corcelet en-deffus eft noirâtre, un peu cendré. Le ventre eft fau-ve dans les mâles; dans les femelles il eft un peu noirâ-tre en-deffus. Les pattes font de couleur fauve. Mais ce qui fait aifément reconnoître cette efpéce de mouche, ce font les aîles qui font blanches, tranfparentes, avec un refeau brun, formée de mailles quarrées, compofées de beaucoup de bandes tranfverfes, que coupent en droite ligne les nervures de l'aîle & plufieurs raies longi-tudinales.

22. MUSCA *thorace nigro, abdomine fulvo clavato, alis fufco nebulofis.*

La mouche à corcelet noir, à gros ventre jaune & aîles enfumées.
Longueur 2 ½ lignes. Largeur ⅓ ligne.

Sa tête eft jaune & fon mafque eft gros & blanc. Son corcelet eft noir, avec deux bandes de poils, qui vûs à un certain jour, paroiffent blancs. Les côtés & le deffous de ce corcelet font bruns. Le ventre eft pareillement d'un brun fauve. Sa forme eft finguliére : ce ventre eft étroit à fa bafe & va en groffiffant jufqu'à fon extrémité, où il fe termine par un bout affez gros, à peu près comme dans les ichneumons. Les pattes font de la même couleur que le ventre. Les aîles arrondies & courtes, font comme enfumées de brun. Ce brun ou noir, est plus sensible vers le bord extérieur de l'aîle, & forme de plus trois bandes transverses un peu plus marquées, entre lesquelles il y a des espaces plus blancs. J'ai trouvé cette mouche sur des couches humides dans des jardins.

23. MUSCA *fulva, abdomine flavo, segmenti primi & secundi margine nigro, alis fulvo nebulosis.*

La mouche à zones.
Longueur 8 lignes.   Largeur 3 lignes.

Son masque est gros & jaune, & ses yeux sont bruns : son corcelet lisse & luisant est d'un jaune fauve. Son ventre est gros, d'un jaune assez clair, avec deux bandes noires & larges qui terminent le premier & le second anneau. Les aîles ont des nervures d'un jaune un peu brun, sur-tout vers le bout. Les pattes sont d'un brun noir.

24. MUSCA *cinerea, thorace fasciis nigris, alarum margine externo maculis fuscis, medio punĉto nigro.*

La mouche à taches brunes sur le bord de l'aîle & point noir au milieu.
Longueur 3 lignes.   Largeur ⅔ ligne.

La tête de cette mouche est rougeâtre & ses yeux sont bruns. Les palettes de ces antennes sont très-longues. Son corcelet est entrecoupé de bandes longitudinales alternativement noires & cendrées. Son ventre est noirâtre. Ses aîles plus longues que le ventre, ont sur leur bord extérieur trois ou quatre taches brunes, dont la derniere qui termine l'aîle est la plus grande. De plus sur le milieu de l'aîle, il y a un point noir, outre une nervure transverse bien marquée, qui est un peu plus bas. Les pattes sont de couleur fauve.

25. MUSCA *cinerea, thorace fasciis fuscis, alarum margine externo flavescente, singula punĉtis tribus nigris.*
La

La mouche à bord des aîles jaunâtre , & trois points noirs fur chacune.

Longueur 3 lignes. Largeur ⅓ ligne.

Elle reffemble infiniment à la précédente , fa couleur feulement eft un peu plus brune , & fon mafque eft plus blanc. De plus fes aîles ont leur bord extérieur jaunâtre & trois points noirs , favoir un fur le milieu de l'aîle , un plus bas attenant le bord extérieur , & un troifiéme vis-à-vis ce dernier , près du bord intérieur. Les pattes font d'une couleur brune fauve.

La larve aquatique qui m'a donné cette mouche , étoit d'un beau vert clair de pomme. Sa coque plus brune avoit deux tubérofités, une de chaque côté , plus haut que le milieu , & à fa partie antérieure elle portoit deux petites cornes aigues. La mouche en eft fortie chez moi. On trouve fouvent ces larves parmi les lentilles d'eau.

26. MUSCA *nigra, abdomine fulvo fafcia longitudinali nigra , alis albo fufcoque variegatis.*

La mouche à aîles géographiques.

Longueur 4 ½ lignes.

Sa tête eft brune avec le mafque jaunâtre. Son corcelet eft noir & fa pointe eft brune. Le ventre eft tout brun , & n'a qu'une bande longitudinale noire en-deffus , qui fe termine en pointe au quatriéme anneau , fans aller fur le cinquiéme & fur le fixiéme ou dernier. Les aîles font irréguliérement panachées de brun & de blanc , ce qui leur donne quelque reffemblance avec une carte de géographie.

TROISIÉME FAMILLE.

Mouches panachées.

27. MUSCA *nigra , flavo variegata , alis fufcis , antennis capite brevioribus.* Planch. 18, fig. 1.

La mouche imitant la guêpe à courtes antennes.
Longueur 4 lignes.   Largeur 1 ligne.

Cette mouche reffemble tout-à-fait à une guêpe, &
lorfque je l'ai rencontrée, j'ai prefque toujours héfité à
la prendre avec les doigts. Ses yeux font d'un brun rougeâtre, & le refte de fa tête eft de couleur citron, à l'exception des antennes qui font brunes, & d'une raie de
même couleur, qui partant de leur bafe, defcend en droite ligne, poftérieurement entre les yeux. Le corcelet qui
eft noir & liffe, a de chaque côté une bande jaune longitudinale, & fa pointe eft auffi jaune. En-deffous il y a
de chaque côté du corcelet quatre taches du même jaune, trois l'une à côté de l'autre au-deffus de l'aîle, &
une quatriéme plus bas que cette attache. Le ventre compofé de quatre anneaux, eft d'un noir matte, avec une
bande jaune tranfverfe fur chaque anneau, ce qui fait quatre bandes, dont les fupérieures font interrompues dans
leur milieu. Les quatre pattes antérieures font toutes
jaunes : les deux poftérieures n'ont que leurs cuiffes jaunes
& le refte eft noir. Les aîles lavées de brun, ont leur
bord extérieur plus épais & noirâtre. Tout le jaune de cet
infecte eft brillant & comme citronné. J'ai trouvé cette
belle mouche fur les fleurs.

28. M U S C A *nigra, flavo variegata, alis fufcis ;*
antennis capite longioribus.

La mouche imitant la guêpe, à longues antennes.

Il y a beaucoup de reffemblance entre cette efpéce &
la précédente. Elle en différe cependant un peu par la
forme de fon ventre dont les bords font aigus & légérement bordés, par l'extrémité de fon corcelet, qui au lieu
d'être toute jaune comme dans la précédente, a une tache noire dans fon milieu, & par fes pattes qui font toutes jaunes. Le refte de la forme & des couleurs eft tout-
à-fait femblable. Mais la différence principale & fpécifi-

que de ces deux espéces, consiste en ce que les antennes
de la précédente sont très-courtes, peu apparentes & d'un
brun pâle, au lieu que dans celles-ci elles sont allongées
presque comme dans les asiles, plus longues d'un bon
tiers que la tête, & de couleur noire. Ces antennes vûes
de près paroissent composées de quatre piéces. La premiere est courte & ronde comme un bouton du milieu
duquel naît la seconde. Celle-ci & la troisiéme sont allongées. De cette troisiéme part la quatriéme, outre un
filet en poil latéral, comme dans les autres mouches. Les
aîles de cette espéce sont plus jaunâtres que celles de la
précédente.

29. MUSCA *thorace nigro, flavo maculato, abdomine
flavo, fasciis transversis nigris.*

*La mouche à corcelet noir, taché de jaune; & ventre jau-
ne, à bandes noires.*

Longueur 5 ½ lignes. Largeur 2 ½ lignes.

Le devant de sa tête est citron, avec une bande noire
longitudinale dans le milieu. Ses yeux sont bruns, & ses
antennes noires sont de la longueur de la tête & semblables à celles des deux espéces précédentes. Son corcelet
est noir, & a en-dessus deux bandes longitudinales plus
pâles, outre deux taches de chaque côté, & l'extrémité ou la pointe jaunes, avec une tache noire au milieu de ce jaune. Les pattes & le ventre sont de couleur
citronnée. Sur le ventre, on voit en-dessus plusieurs lignes
noires transverses: d'abord le haut de chaque anneau est
noir, ce qui forme des lignes qui traversent tout le ventre: de plus sur le milieu de chaque anneau est une autre
bande transverse de même couleur & plus large, qui se
termine sans aller jusqu'aux côtés du ventre, & qui par
son milieu tient à la ligne noire de la base de l'anneau.
Les aîles ont leur bord extérieur un peu fauve, & le reste
est transparent. Les balanciers sont jaunes. On trouve
cette mouche dans les endroits arides des bois.

S s s ij

30. MUSCA *hirfuta nigra, thorace antice, abdomine-*
que fupra flavis.

Reaum. inf. tom. iv, tab. 34, fig. 9, 10.

La mouche velue noire & fauve, imitant le bourdon.

Cette mouche reffemble à un bourdon de grandeur
médiocre. Son corcelet eft très-velu à fa partie antérieure,
& les poils font de couleur fauve ; fa partie poftérieure eft
peu velue & prefque noire. Le ventre eft pareillement
tout couvert en-deffus d'un duvet de poils de couleur
fauve ; & en-deffous il eft noir, ayant feulement quelques
poils de la même couleur que ceux de deffus. Lorfqu'on
voit cette mouche, on feroit tenté de la prendre pour un
bourdon, fi on ne faifoit attention à fes antennes en palettes & à fes aîles qui ne font qu'au nombre de deux.
La larve qui lui donne naiffance, habite dans les oignons
de narciffes qu'elle ronge, ce qui excite la pourriture de
cette racine & la fait périr.

31. MUSCA *lutea, thorace lineis tribus longitudina-*
libus, abdomine plurimis tranfverfis nigris.

La mouche jaune à bandes noires.
Longueur 1 $\frac{1}{7}$ ligne.   Largeur $\frac{1}{4}$ ligne.

La grandeur de cette efpéce varie beaucoup. Il y en a
qui font encore plus petites que les dimenfions que nous
donnons. Leur tête eft rougeâtre & leurs yeux font bruns.
Le deffous du corcelet & du ventre, & les pattes font
d'un jaune citron. En-deffus le corcelet a trois larges
bandes noirâtres féparées par des bandes jaunes plus
étroites. Le deffus du ventre eft noir avec des anneaux
citrons, un fur chaque article. L'extrémité du corcelet a
une grande tache jaune.

On trouve ces mouches fur les feuilles des plantes :
elles marchent lentement & quelquefois elles fautent à
quelques lignes de l'endroit où elles font.

32. **MUSCA** *nigra, abdomine hemisphærico rufo,
punctorum nigrorum ordine longitudinali.*

*La mouche noire à ventre hémisphérique roux tacheté de
noir.*
Longueur 3 lignes.   Largeur ¼ ligne.

Ses yeux font rougeâtres. Sa tête en-devant eft de couleur pâle avec deux taches comme dorées devant les yeux.
Le corcelet eft un peu velu , & il eft noir ainfi que les
pattes. Le ventre eft roux, hémifphérique, avec une bande longitudinale de quatre points fur fon milieu, outre
deux petites taches oblongues de même couleur, une de
chaque côté vers le bas. Une chofe affez finguliére, c'eft
que le ventre paroît tout d'une piéce, & que l'on a beaucoup de peine à appercevoir la diftinction des quatre anneaux dont il eft compofé. Les aîles font tranfparentes,
mais leur bafe eft un peu fauve. Les antennes font grandes & égalent la longueur de la tête. Il y a quelquefois à
chaque angle fupérieur du corcelet, une tache jaunâtre
qui n'eft pas conftante.

33. **MUSCA** *nigra, abdomine hemisphærico luteo,
fafcia longitudinali nigra.*

Linn. faun. fuec. n. 1076. Mufca nigra , lateribus abdominis teftaceis.
Act. Upf. 1736, p. 32, *n.* 31. Mufca nigra , abdominis lateribus flavis , alis
   albis.
Raj. inf. p. 271. Mufca bipennis major diverficolor , cauda fetis nigris
   obfita.
Reaum. inf. tom. iv , tab. 31, *fig.* 9, 10, 11.   ·

La mouche noire, à ventre jaune, noir dans le milieu.
Longueur 4 ½ lignes.   Largeur 1 ½ ligne.

Elle a la tête noire avec les yeux bruns , & une tache
dorée de chaque côté devant les yeux. Son corcelet eft
noir, feulement fa pointe eft fouvent un peu jaune. Le
ventre compofé de cinq anneaux , eft jaune avec une large bande noire qui le traverfe longitudinalement dans
fon milieu, enforte que ce milieu eft noir, & que les cô-

tés font jaunes. Les cuiffes font noires , & le refte des pattes eft ou fauve ou noir. Les aîles font d'une couleur brune obfcure & ont un peu de jaune à leur bafe. Tout le corps de l'animal eft parfemé de quelques poils noirs affez longs , mais fur-tout les deux derniers anneaux du ventre en ont de plus longs & en plus grande quantité. On trouve cette mouche dans les campagnes humides. Sa larve eft du nombre de celles *à queue de rat* , comme celle de la mouche du n°. 52. Elle vient dans les eaux dormantes & fangeufes.

34. MUSCA *fufca, marginibus incifurarum abdominis cinereis , alis ferrugineis. Linn. faun. fuec. n.* 1088.

Aᶜᵗ. Upf. 1736 , *p.* 32 , *n.* 38. Mufca glabra , abdomine annulis fufcis palli-difque cinᶜto.

La mouche brune à bandes tranfverfes blanchâtres fur le ventre.

Longueur 4 ½ *lignes.   Largeur* 1 ½ *ligne.*

Cette mouche eft brune : fon corcelet eft un peu velu & le poil dont il eft couvert eft de couleur cendrée. Le ventre plus noir eft compofé de quatre anneaux bordés de blanc , ce qui forme trois bandes tranfverfes blanches fur le ventre. Les pattes font brunes , mais le haut des jambes eft blanc. La partie fupérieure des aîles eft jaunâtre , & le bas eft tranfparent. On trouve fouvent cette mouche fur les fleurs.

35. MUSCA *nigra, marginibus incifurarum abdominis flavis , alis fufcis.*

La mouche noire, à bandes tranfverfes jaunes fur le ventre.

Longueur 3 *lignes.   Largeur* ⅔ *ligne.*

Sa couleur eft noire & fes yeux font bruns. Les balanciers de fes aîles font jaunes. Le ventre eft compofé de fept anneaux bordés de jaune , & de plus le fecond & le troifiéme anneau ont un peu de jaune fur les côtés fous les aîles. Les pattes font toutes noires , & les aîles font d'un brun noirâtre, à l'exception du bout qui eſt un peu plus clair. Cette mouche ſe trouve ſur les fleurs. Sa larve eſt de couleur jaune avec des raies ondées. Ses ſtigmates poſtérieurs ſont formés en tuyaux ſouvent relevés. Elle eſt du nombre de celles qui mangent des pucerons.

36. **M U S C A** *thorace cinereo, abdominis baſi faſcia lutea interrupta, marginibus inciſurarum exalbidis.* Linn. faun. ſuec. n. 1078.

Linn. ſyſt. nat. edit. 10, p 591, *n.* 19. Muſca antennis ſetariis tomentoſa , abdomine ſegmento luteo, cinguliſque tribus albis, ſegmento primo lateribus luteo.

Aĉt. Upſ. 1736, *p.* 32, *n.* 37. Muſca abdomine fuſco, annulis luteis, lateribus flavis.

Albin. angl. 13, *ſ.* M. L.

Reaum. inſ. tom. iv, tab. 31, *ſ.* 8.

Merian. europ. 1, *t.* 2.

La mouche cendrée à bandes blanches ſur le ventre & deux grandes taches jaunes ſur le premier anneau.
Longueur 4½ lignes. Largeur 1½ ligne.

Sa tête eſt griſe & les yeux ſont bruns. Le fond de la couleur de ſon corcelet eſt brun, mais il eſt couvert de poils gris ſouvent un peu jaunâtres. Le ventre compoſé de quatre anneaux, eſt en-deſſous d'un jaune pâle : en-deſſus il eſt noir avec une bande jaune , tranſverſe , & large ſur le premier anneau, mais interrompue dans ſon milieu, ce qui forme ſeulement deux grandes taches , une de chaque côté. Le bord de cet anneau eſt blanc , ainſi que celui des deux ſuivans, enſorte qu'il y a trois raies blanches tranſverſes & étroites ſur le ventre. Les pattes ſont brunes à l'exception de la partie ſupérieure des jambes qui eſt blanche. Les aîles ſont diaphanes, claires, & ont un petit point marginal noir au milieu de leur bord extérieur.

37. **M U S C A** *abdomine ovato nigro , lunularum pari cinguliſque tribus flaveſcentibus. Linn. faun. ſuec. n.* 1089.

Linn. ſyſt. nat. edit. 10 , *p.* 593 , *n.* 38. Muſca antennis ſetariis nigra nudiuſ-
cula , thorace immaculato , abdomine cingulis quatuor flavis , primo interrupto.

Act. Upſ. 1736 , *p.* 32 , *n.* 41. Muſca nigra glabra ; abdomine cingulis luteis ,
ſuperioribus dimidiatis cincto.

Goed. gall. tom. 2 , *tab. xlj.*

Liſt. Goed. 315 , *f.* 133.

*La mouche à quatre bandes jaunes ſur le ventre , dont la
premiere eſt interrompue.*

Longueur 4 ½ *lignes.   Largeur* 1 ⅓ *ligne.*

Sa tête eſt jaune , mais ſes antennes & ſa trompe ſont
noires & ſes yeux ſont bruns. Au bas de la tête ſont quelques poils. Le corcelet eſt noir & luiſant , mais il paroît
jaune , à cauſe des poils de cette couleur dont il eſt couvert ; ſa pointe ſeule eſt liſſe & de couleur citronnée. Le
ventre moins velu que le corcelet , eſt noir & compoſé de
quatre anneaux. Sur le premier , eſt une bande jaune
interrompue dans ſon milieu , ou ſi l'on veut , il y a deux
taches jaunes oblongues , un peu en croiſſant , & qui ſe
touchent preſque l'une l'autre. Le ſecond anneau a une
bande jaune aſſez large vers ſa baſe : il en eſt de même du
troiſiéme qui a de plus le bord jaune. La bande du quatriéme ſe confond avec le bord du troiſiéme ; enſorte qu'il
y a en tout quatre bandes , dont la premiere eſt interrompue. Les femelles qui ſont plus groſſes que les mâles , ont
un anneau de plus au ventre , & par conſéquent cinq bandes jaunes , dont la derniere termine le ventre. Les pattes
ſont jaunes , ainſi que le deſſous du ventre de l'inſecte. La
larve de cette mouche eſt du nombre des aphidivores qui
ſe nourriſſent de pucerons. On la trouve particuliérement
ſur le groſellier.

38. MUSCA *fuſca , abdominis baſi faſcia lutea
interrupta.*

La mouche brune à deux taches jaunes à la baſe du ventre.

Longueur 4 ½ *lignes. Largeur* 1 ⅓ *ligne.*

Sa couleur eſt brune , mais elle eſt légérement parſemée
de

de poils un peu gris. Sur les côtés du ventre vers sa bafe,
il y a deux grandes taches jaunes, une de chaque côté,
pofée en partie fur le premier & en partie fur le fecond
anneau. Dans les femelles, le bord du premier anneau
qui eft noir, divife chaque tache en deux, dont l'une eft fur
le premier & l'autre fur le fecond anneau. Les pattes font
brunes, avec la partie fupérieure des jambes blanche. Les
aîles qui font tranfparentes, ont un point marginal noir
vers le milieu du bord extérieur. On trouve cette mouche
fur les fleurs. Je ferois tenté de la regarder comme une
fimple variété de la trente-troifiéme efpéce.

39. MUSCA *thorace ftriis quatuor flavis*; *abdominalibus fegmentis tribus interrupto-flavis. Linn. faun fuec.
n. 1081.*

Linn. fyft. nat. edit. 10, *p.* 591, *n.* 17. Mufca antennis fetariis tomentofa,
thorace lineis quatuor, abdomine fafciis tribus interruptis flavis.
Reaum. inf. tom. 4, *tab.* 31, *f.* 1 — 8.
Frifch. germ. 4, *p.* 26, *t.* 13.

*La mouche à corcelet ftrié & bandes jaunes interrompues
fur le ventre.*
Longueur 6 lignes. Largeur 2 lignes.

Sa tête eft jaune, un peu velue & fes yeux font bruns. Le
corcelet a quatre bandes longitudinales jaunes, féparées
par trois bandes noires plus larges; ce corcelet eft un peu
velu. Le ventre eft brun en-deffus & compofé de quatre
anneaux, dont les trois premiers ont chacun une bande
jaune interrompue dans leur milieu, ou fi l'on veut deux
taches, une de chaque côté. Ces bandes font plus étroites
à mefure qu'elles s'éloignent du corcelet : fouvent la derniere n'eft point interrompue, mais feulement fon milieu
eft comme étranglé. En-deffous, le haut du ventre eft jaune & le bas eft brun. Les pattes font brunes, avec le haut
des jambes & un peu du bas des cuiffes de couleur jaune.
Les cuiffes poftérieures font plus groffes que les autres.
Les aîles ont un petit point marginal brun. On trouve

cette mouche fur les fleurs. Sa larve habite dans l'eau. Elle eft du nombre de celles que M. de Reaumur appelle *à queue de rat.* Elle eft fufpendue dans l'eau par un long fil qui lui fert à pomper l'air.

40. MUSCA *thorace nigro-viridi , apice flavo ; abdomine nigro fafciis tranfverfis luteis , alternis majoribus.*

La mouche à bandes jaunes alternativement plus larges fur le ventre.
Longueur 4 lignes. Largeur 1 ligne.

Le devant de fa tête eft jaune & fes yeux font d'un brun rougeâtre. Le corcelet eft noirâtre tirant fur le vert , avec quelques poils , fa pointe eft jaune , & en-deffous il eft noir. Le ventre compofé de quatre anneaux , eft jaune en-deffous & noir en-deffus , mais entrecoupé par des bandes jaunes, au nombre de fix environ , dont il y en a alternativement trois plus larges en commençant par la premiere qui eft interrompue dans fon milieu , & trois beaucoup plus étroites. Les pattes font toutes jaunes. On trouve très-fréquemment cette mouche dans les jardins.

41. MUSCA *thorace nigro-viridi , apice flavo ; abdomine nigro fafciis luteis tranfverfis æqualibus.*

Linn. faun. fuec. n. 1097. Mufca abdomine arcubus tribus luteis reflexis.
Linn. fyft. nat. edit. 10 , p. 594 , *n.* 40. Mufca antennis fetariis nigra nuda , thorace maculato , abdomine cingulis quatuor fcutelloque flavis.
Act. Upf. 1736 , p. 32 , *n.* 42. Mufca fufca , abdomine acuminato , circulis luteis retrorfum flexis cincto.

La mouche à pointe du corcelet & bandes fur le ventre de couleur jaune.
Longueur 4 lignes. Largeur ¾ ligne.

Elle a quelque reffemblance avec la précédente. Le devant de fa tête eft de même jaune , & fes yeux font bruns. Le corcelet eft d'un noir un peu verdâtre , affez liffe , avec une bande jaune de chaque côté , & fa pointe eft auffi jaune. Le deffous du corcelet eft noirâtre , orné de taches d'un jaune un peu vert. Les pattes & le deffous du ventre font pareillement jaunes. Le ventre compofé de cinq anneaux, eft étroit & prefque cylindrique dans les mâles, & fon extrémité eft un peu plus groffe : dans les femelles il eft plus large. En-deffus, fa couleur eft noire, avec une bande jaune tranfverfe fur le milieu de chaque anneau, ce qui fait cinq bandes jaunes, dont les trois premieres font affez droites ; feulement elles font quelquefois interrompues & comme coupées dans leur milieu : les deux dernieres font ondées, irrégulieres & comme gauderonnées. Les aîles font tranfparentes & n'ont pas de point marginal. On trouve cette mouche fréquemment fur les fleurs.

42. MUSCA *thorace nigro ; abdomine atro , paribus tribus macularum rotundarum lutefcentium.*

La mouche à points jaunes ronds fur le ventre.
Longueur 4 lignes. Largeur 1 ⅓ ligne.

Sa tête eft noire, à l'exception des yeux qui font bruns : fon corcelet eft d'un noir luifant. Son ventre compofé de quatre anneaux, eft ovale & d'un noir matte. Il eft chargé de fix taches jaunes & rondes ; favoir, deux petites, femblables à deux points fur le premier anneau, deux beaucoup plus grandes fur le fecond, & deux moyennes fur le troifiéme. Le quatriéme anneau eft tout noir. En-deffous, le ventre eft d'un jaune pâle.Les pattes font d'un jaune brun.

La larve de cette mouche fe nourrit des pucerons qui fe trouvent fur les plantes.

43. MUSCA *thorace nigro - viridi apice flavo ; abdomine oblongo , paribus tribus trigonorum lutefcentium.*

Linn. faun. fuec. n. 1093. Mufca abdomine oblongo, paribus tribus trigonorum lutefcentium.
Linn. fyft. nat. edit. 10, *p.* 594, *n.* 43. Mufca mellina.
Aft. Upf. 1736, *p.* 32, *n.* 43. Mufca fufca, dorfo tribus paribus trigonorum luteis notato.

La mouche à points jaunes triangulaires fur le ventre.
Longueur 4 lignes. Largeur ¾ ligne.

La grandeur de cette mouche varie beaucoup. Du reſte, elle reſſemble tout-à-fait à la précédente pour la forme & les couleurs. Il n'y a entr'elles que deux différences bien ſenſibles. La premiere, c'eſt que la pointe du corcelet de celle-ci eſt jaune, au lieu que celle de la précédente eſt ſemblable au reſte du corcelet, & de plus les côtés du corcelet ont une bande jaune longitudinale & irréguliere. La ſeconde, c'eſt que les quatre premiers anneaux du ventre ſont chargés chacun de deux taches jaunes un peu triangulaires, ſur-tout le quatriéme, de façon que la pointe des taches regarde le bout du ventre. Le cinquiéme ou dernier anneau eſt jaune, avec un point noir au milieu. Le reſte de l'inſecte eſt ſemblable au précédent, & il vit comme lui ſur les arbres, où ſa larve ſe nourrit de pucerons.

44. MUSCA *thorace nigro-viridi ; abdomine oblongo, paribus tribus tetragonorum luteſcentium.*

Linn. faun. ſuec. n. 1092. Muſca abdomine oblongo, paribus tribus tetragonorum luteſcentium.

La mouche à ſix points jaunes quarrés ſur le ventre.
Longueur 3 lignes.   Largeur ½ ligne.

Sa tête eſt noirâtre & ſes yeux ſont bruns. Son corcelet eſt d'un noir un peu verdâtre ſans aucune tache. Le ventre compoſé de quatre anneaux, eſt blanchâtre en-deſſous, & en-deſſus d'un noir matte : il eſt preſque cylindrique. Son premier anneau a deux points jaunes approchans de la figure quarrée. Le ſecond & le troiſiéme ont chacun deux taches de même couleur exactement quarrées, mais celles du troiſiéme ſont plus petites. Le dernier & quatriéme anneau eſt tout noir. Les quatre pattes antérieures ſont jaunes, & les deux poſtérieures noires, avec les articulations jaunes.

Il y a une variété de cette mouche, dont les taches du ventre ſont plus grandes & toutes les ſix pattes jaunes.

La larve de cet inſecte eſt plus étroite vers la tête,

& plus groffe du côté du ventre, prefque de la forme d'une bouteille allongée. Elle habite fur les arbres & les plantes où elle fe nourrit de pucerons.

45. MUSCA *nigro-viridis , abdomine paribus duobus tetragonorum lutefcentium.*

La mouche à quatre points jaunes quarrés fur le ventre.
Longueur 3 ½ lignes. Largeur 1 ligne.

Elle eft moins allongée & plus large que la précédente. Ses yeux font rouges, avec une large bande noire tranfverfe fur chacun; fon corcelet & fon ventre font d'un noir verdâtre. Sur le premier & le fecond anneau du ventre, font quatre taches jaunes quarrées, deux fur chacun, une de chaque côté. Les pattes font noires, mais leurs genoux & le haut des tarfes font pâles. Les aîles font un peu brunes.

46. MUSCA *thorace nigro-viridi , abdomine atro ovato , tribus paribus lunularum albicantium.*

Linn. faun. fuec. n. 1090. Mufca abdomine ovato , tribus paribus lunularum albicantium.
Linn. fyft. nat. edit. 10 , *p.* 594 , *n.* 39. Mufca antennis fetariis nigra mediufcula , thorace immaculato , abdomine bis tribus lunulis flavis recurvatis.
Act. Upf. 1736 , *p.* 32 , *n.* 39. Mufca fufca glabra, dorfo abdominis tribus paribus albarum lunularum notato.
Lift. Goed. 319 , *f.* 134.
Merian. europ. 2 , *t.* 39.
Alb. angl. 66.
Reaum. inf. tom. 3 , *tab.* 31 , *f.* 9.
Frifch. germ. 11 , *p.* 17 , *tab.* 22 , *fig.* 1.

La mouche à fix taches blanches en croiffant fur le ventre.
Longueur 6 lignes. Largeur 1 ⅓ ligne.

Sa tête eft jaune & fes yeux font gros & bruns. Son corcelet eft d'un vert un peu noirâtre , luifant & chargé de quelques poils bruns. Le ventre eft ovale , allongé , compofé de quatre anneaux : il eft blanc en-deffous , d'un noir matte en-deffus , chargé de fix taches blanches diftribuées par paires. La premiere paire fe trouve fur le premier

anneau & ſes taches ſont allongées. Sur le ſecond , eſt une
ſeconde paire de taches formées en croiſſant , dont les
pointes & la concavité regardent le corcelet. Il y en a
deux pareilles ſur le milieu du troiſiéme anneau. Le quatriéme & dernier eſt plus petit , tout noir , bordé cependant
d'un peu de jaune. Les pattes ſont noirâtres , avec les articulations jaunes. On trouve cette mouche dans les jardins.
Sa larve ſe nourrit de pucerons. Elle eſt d'une belle couleur verte , avec une bande ou raie , tantôt blanche , tantôt
jaunâtre tout le long de ſon dos. Ses ſtigmates poſtérieurs
ne ſont formés que par des points.

47. M U S C A *aurata* ; *abdomine nigro , tribus paribus
linearum albicantium.*

*La mouche dorée à trois paires de raies blanches ſur le
ventre.*
Longueur 3 ½ lignes. Largeur 1 ligne.

· La tête & le corcelet de cet inſecte ſont d'un vert doré.
Son ventre eſt arrondi & noirâtre , chargé en - deſſus de ſix
raies obliques blanchâtres , formées par des petits poils
blancs , chaque anneau a deux de ces raies ou bandes. Les
pattes ſont noires & les genoux ſont pâles. Les aîles ſont
un peu brunes.

48. M U S C A *thorace nigro-viridi apice flavo ; abdomine
atro , quatuor paribus macularum oblongarum flaveſcen-
tium.*

*La mouche brune à huit taches jaunes oblongues ſur le
ventre.*
Longueur 3 lignes. Largeur 1 ligne.

Ses yeux ſont bruns ; le devant de ſa tête , ſes pattes &
le deſſous de ſon ventre ſont jaunes. Son corcelet eſt d'un
vert noirâtre , avec la pointe jaune. Le ventre eſt ovale , un
peu allongé , de couleur noire matte , compoſé de quatre
anneaux. Chacun de ces anneaux eſt chargé de deux taches

jaunes oblongues , ou fi l'on veut , d'une bande tranfverfe jaune interrompue dans fon milieu & partagée en deux. Souvent la bande du dernier anneau n'eft pas tout-à-fait interrompue dans le milieu , feulement les côtés font plus larges & defcendent plus bas. Le bord extérieur des aîles eft plus épais & un peu brun. La larve de cette mouche fe nourrit de pucerons.

49. M U S C A *oblonga , femoribus pofticis majoribus.* *Linn. faun. fuec. n.* 1096.

Linn. fyft. nat. edit. 10 , *p.* 594 , *n.* 44. Mufca antennis fetariis glabra nigra , abdomine utrinque albo maculato, femoribus pofticis clavatis dentatis.
Act. Upf. 1736 , *p.* 33 , *n.* 45. Mufca oblonga nigra , abdominis lateribus inæqualiter albis , pedibus pofticis longis.

La mouche à groffes cuiffes.
Longueur 3 ½ *lignes. Largeur* ⅔ *ligne.*

Cette mouche eft étroite & allongée. Elle eft liffe & le fond de fa couleur eft noir. Le devant de fa tête & les côtés de fon corcelet, principalement vers fa bafe , font de couleur jaune. Le ventre eft compofé de quatre anneaux , dont le deuxiéme & le troifiéme ont à leur bafe de chaque côté une tache jaune. Le deffous des trois premiers anneaux du ventre eft auffi jaune , & le deffous du quatriéme eft noir. Les quatre pattes antérieures font d'une couleur un peu fauve ; les deux dernieres ont leurs cuiffes beaucoup plus longues & plus groffes que les autres ; l'animal s'en fert pour fauter. Ces dernieres pattes font noires , à l'exception de deux points jaunes fur chaque cuiffe , un en-deffous , l'autre en deffus , & d'un anneau pareillement jaune au milieu de la jambe. Cette mouche eft très-commune dans les jardins , où fa larve fe nourrit de pucerons.

50. M U S C A *nigra , abdominis medio ferrugineo , antennis bafi coalitis.*

La mouche à antennes réunies.
Longueur 3 *lignes. Largeur* 1 *ligne.*

Elle eſt toute noire , à l'exception du milieu de ſon ventre qui eſt fauve , enſorte que des ſix anneaux dont il eſt
compoſé , le premier eſt noir , le ſecond noir au milieu &
fauve ſur les côtés , le troiſiéme entiérement fauve , le
quatriéme noir au milieu , fauve aux côtés , & les ſuivans ſont tout noirs. Les aîles ſont auſſi un peu brunes à
leur bord extérieur , & ont deux petits points ſur leur
milieu. Les antennes de cet inſecte ont une forme aſſez
particuliere : elles partent toutes deux de la même baſe ,
ou d'une élévation cylindrique qui eſt ſur le devant de la
tête , & leur filet latéral ne part que du bout de l'avant-
dernier anneau.

51. MUSCA *atra , abdominis faſcia tranſverſa rubra.*

La mouche noire à bande rouge tranſverſe ſur le ventre.
Longueur 2 lignes. Largeur ½ ligne.

Cette petite mouche eſt d'une forme ramaſſée. Sa couleur eſt d'un noir un peu matte : ſeulement il y a une
large bande tranſverſe rougeâtre ſur le ventre , qui couvre le troiſiéme anneau & preſque tout le ſecond. Les
antennes ont une palette allongée. Cette mouche eſt aſſez
rare , mais facile à reconnoître.

52. MUSCA *fuſca ; ſegmentis abdominalibus tribus*
margine albidis , primo latere flavo ; thorace vix macu-
lato. Linn. faun. ſuec. n. 1084.

Albin. inſ. t. 63, fig. e, f, g.
Liſt. Goed. 307, t. 126. Vermiculus porcinus.
Goed. gall. tom. 2 , tab. 2.
Merian. europ t. 20.
Swammerd. bib. nat. tob. 38, f. ix. C.
Reaum. inſ. tom. 4, tab. 20 , fig. 7.
Raj. inſ. p. 272. Muſca apiformis , tota fuſca , cauda obtuſa , ex ejula caudata
in latrinis degente orta.

La mouche apiforme.
Longueur 5 ½ lignes. Largeur 1 ¾ ligne.

Cette eſpéce reſſemble infiniment à une abeille , pour
ſa

fa couleur , fa groffeur , & les poils dont fon corps eft couvert, enforte qu'on n'ofe la prendre avec la main avant que de s'être affuré qu'elle n'a que deux aîles. Ses yeux font bruns , & le devant de fa tête eft blanchâtre , à caufe de quelques petits poils blancs dont il eft couvert. Le corcelet eft brun , velouté , chargé de quelques bandes longitudinales peu marquées & un peu plus brunes que le refte : quelquefois la pointe du corcelet eft jaunâtre. Le ventre compofé de quatre anneaux varie pour la couleur. Il eft conftamment brun , avec une large tache jaune de chaque côté du premier anneau , tache qui paroît auffi en-deffous du ventre , & qui même occupe quelquefois tout le deffous du premier anneau , qui dans ce cas eft jaune de ce côté. Pour le refte du ventre , quelquefois les trois premiers anneaux font bordés de blanc , d'autres fois ils ne le font point. Dans quelques mouches , outre cette bordure , il y a fur le fecond anneau une tache jaune de chaque côté , comme fur le premier. Dans toutes , le milieu des aîles eft d'un jaune roux , & les pattes font brunes ; avec le haut des jambes & des tarfes de couleur blanche.

La larve de cette mouche a une longue queue par laquelle elle pompe l'air. On peut voir fa figure dans Goedart , Swammerdam & Reaumur aux endroits cités. Cette larve vient dans les latrines , les eaux croupies & autres endroits femblables autour defquels on rencontre fouvent fa mouche , qui fe trouve auffi fréquemment fur les fleurs. Cette larve vient auffi dans la bouillie des chiffons dont on fait le papier , fur quoi M. Linnæus obferve un fait fingulier , qu'on auroit peine à croire , s'il n'étoit affuré par un auffi grand Naturalifte. C'eft que lorfqu'on bat cette bouillie pour en faire du papier , la larve quoique fortement frappée à coups de marteau , n'eft point écrafée , ne périt point , & donne enfuite fa mouche. Si cette obfervation eft véritable , elle eft bien étonnante.

QUATRIÉME FAMILLE.

Mouches dorées.

53. MUSCA *thorace, abdomineque viridi nitente, pedibus nigris.*

Linn. faun. suec. n. 1098. Musca thorace abdomineque viridi nitente.
Linn. syst. nat. edit. 10, *p.* 595, *n.* 50. Musca cæsar.
Act. Ups. 1736, *p.* 33, *n.* 54. Musca carnivora viridi-ænea, abdomine obtuso.
Merian. europ. 1, *tab.* 49.
Reaum. ins. tom. 4, *tab.* 8, *fig.* 1, *& tab.* 19, *f.* 8, *& tab.* 24, *fig.* 13, 14, 15.
Raj. ins. p. 272. Musca bipennis, carnariæ vulgaris fere magnitudine, thorace
    & abdomine supino cæruleo colore pulchro nitente, capite nigro.

La mouche dorée commune.
Longueur 3 *lignes.   Largeur* 1 *ligne.*

Ses yeux font rougeâtres. Tout le reste de son corps est d'un vert doré & brillant. On voit cependant sur le corps quelques poils noirs, si on y regarde de près. Les pattes font noires. Il y a sur le corcelet deux sillons transversaux qui semblent le partager en trois parties. Le ventre est composé de quatre anneaux, & les aîles ont plusieurs nervures tant longitudinales que transverses.

Cette mouche dépose ses œufs dans les charognes, autour desquelles on la trouve en quantité. Elle vient peu dans les maisons, mais elle est très-commune dans les jardins, les campagnes & les bois. Elle varie pour la grandeur.

54. MUSCA *thorace abdomineque viridi sericeo, pedibus pallidis, alis albis.*

La mouche verte cuivreuse à pattes blanches.
Longueur 2 ½ *lignes.   Largeur* ½ *ligne.*

Ses yeux font bruns : tout son corps est d'un beau vert doré clair & comme satiné. Le ventre a cinq anneaux, dont le dernier est très-long. Les pattes longues & grêles font d'une couleur pâle blanchâtre. Les aîles ont quelques nervures longitudinales & transverses peu marquées.

Tout l'infecte eſt allongé & parſemé de quelques poils noirs aſſez forts. On trouve cette mouche dans les jardins. Elle n'eſt pas des plus communes.

55. MUSCA *thorace abdomineque viridi ſericeo, pedibus pallidis, alarum medio fuſco.*

La mouche verte cuivreuſe à aîles mi-parties de brun & de blanc.
Longueur 2 ½ *lignes. Largeur* ⅔ *ligne.*

Elle reſſemble tout-à-fait à la précédente, dont je crois qu'elle ne différe que par le ſexe, celle-ci étant mâle & l'autre femelle. Le dernier anneau de ſon ventre eſt de même allongé, mais au bout on voit les crochets & les parties maſculines. Sur le milieu de l'aîle il y a une grande tache ou bande noirâtre qui occupe la moitié de la longueur, laiſſant le haut tranſparent, ainſi que le bas de l'aîle qui paroît blanc & comme laiteux, & où le blanc forme une eſpéce de tache ronde.

Cette mouche & la précédente, ſe trouvent dans les endroits humides. Elles ont les pattes & le corps allongés, & elles courent très-bien ſur la ſurface des eaux dormantes & tranquilles.

56. MUSCA *thorace abdomineque viridi nitente, pedibus ferrugineis, alis trinervis.*

La mouche dorée à trois nervures ſur les aîles.
Longueur 1 ¼ *ligne. Largeur* ¼ *ligne.*

Cette petite eſpéce a les yeux rougeâtres, & tout le corps d'un vert doré; mais elle différe des précédentes; 1°. par ſa petiteſſe & la forme de ſon corps qui eſt fort allongé. 2°. Par ſon corcelet, dont le haut eſt très-convexe, & qui de plus n'a qu'un ſeul ſillon tranſverſe vers le bas, qui diſtingue la pointe du reſte du corcelet. 3°. Par ſes pattes qui ſont d'un fauve obſcur. 4°. Enfin par ſes aîles qui n'ont que trois nervures longitudinales placées vers le bord extérieur, le reste de l'aîle n'ayant aucune nervure. On trouve cette petite mouche dans les bois.

57. MUSCA *thorace cœruleo nitente, abdomine viridi nitente. Linn. faun. suec. n.* 1099.

Linn. syst. nat. edit. 10, *p.* 595, *n.* 51. Musca cadaverina.
Act. Ups. 1736, *p.* 33, *n.* 56. Musca carnivora, pectore cæruleo æneo, abdomine viridi æneo.
List. goed. p. 305, *fig.* 123.

La mouche dorée à corcelet bleu & ventre.vert.
Longueur 2 *lignes.   Largeur* ½ *ligne.*

Ses yeux sont rougeâtres : sa tête & son corcelet sont d'un bleu brillant, & son ventre est d'un vert doré. Ses pattes sont noires & un peu verdâtres. En regardant de près, on voit que le corps est parsemé de quelques poils noirs. Cette mouche vient dans les charognes.

58. MUSCA *thorace viridi-nitente, abdomine cæruleo nitente. Linn. faun. suec. n.* 1100.

Act. Ups. 1736, *p.* 33, *n.* 55. Musca carnivora viridi-ænea, abdomine acuminato.

La mouche à corcelet vert & ventre bleu.
Longueur 3 ½ *lignes.   Largeur* ⅔ *ligne.*

Cette espéce est allongée & applatie : elle porte souvent ses aîles croisées & couchées à plat sur le ventre, comme s'il n'y avoit qu'une seule aîle. Ses yeux sont bruns & sa tête est noire ; son corcelet est d'un vert doré. Le ventre composé de cinq anneaux est bleu, imitant souvent la couleur de l'acier bruni. Les aîles sont brunes & les pattes noires avec les articulations blanches. La larve de cette mouche habite dans les matieres pourries.

59. MUSCA *thorace nigro, abdomine cæruleo. Linn. faun. suec. n.* 1102.

Linn. syst. nat. edit. 10, *p.* 595, *n.* 52. Musca vomitoria.
List. goed. 304, *f.* 122.
Raj. ins. pag. 271, Musca carnivora, abdomine colore cæruleo nitente.

Act. Upſ. 1736, p. 33 , *n.* 57. Muſca abdomine cæruleo obtuſo.
Reaum. inſ. 4 , *tab.* 8 , *fig.* 1 , *tab.* 19 , *f.* 8, *t.* 24 , *f.* 13 , 15.
Roſel. inſ. vol. 2 , *tab.* 9 , & 10. Muſc.

La mouche bleue de la viande.

Longueur 4 *lignes. Largeur* 1 ⅐ *ligne.*

On ne connoît que trop cette groſſe mouche bleue, qui
l'été cherche à dépoſer ſes œufs ſur la viande , ce qui la
fait corrompre en très-peu de tems. Ses yeux ſont bruns :
le devant de ſa tête eſt ſouvent blanchâtre, un peu doré
& le derriere eſt noir. Les poils des antennes ſont bran-
chus & forment une petite panache , au lieu que dans la
plûpart des eſpéces de mouches le poil latéral des antennes
eſt ſimple. Le corcelet eſt noir avec quelques bandes longitudinales cendrées peu marquées. Le ventre compoſé
de quatre anneaux , eſt gros & d'un bleu foncé. Les pattes ſont noires.

Quelquefois la couleur du ventre varie & eſt un peu
verdâtre. C'eſt cette variété que M. Linnæus a déſignée
comme eſpéce, dans ſa *fauna ſuecica* , n. 1101 , ſous le
nom de *muſca thorace nigro , abdomine viridi.*

60. MUSCA *cœrulea, baſi alarum ferruginea.*

Reaum. inſ. tom. 4 , *p.* 413.

La mouche bleue à baſe des aîles fauve.

Elle eſt de la même grandeur que la précédente, à laquelle elle reſſemble infiniment. Elle n'en différe que parce que ſon corcelet eſt un peu bleuâtre, & que la baſe de
ſes ailes eſt de couleur fauve.

Cette mouche ſe trouve en automne ſur le lierre, &
elle a la ſingularité de n'être point ovipare , comme les
autres de ce genre , mais vivipare de même que la ſeptiéme eſpéce qui ſe trouve auſſi ſur le lierre & a pareillement la baſe des aîles fauve.

61. MUSCA *oblonga , capite viridi , thorace aureo ;
abdomine cupreo , alis macula fuſca. Linn. faun. ſuec.
n.* 1103.

Linn. syst. nat. edit. 10, *p.* 598, *n.* 71. Musca cupraria.
Reaum. inf. 4, *tab.* 22, *fig.* 7, 8.

La mouche dorée à tache brune sur les aîles.
Longueur 4 *lignes.   Largeur* ¼ *ligne.*

Cette efpéce reffemble beaucoup à la cinquante-feptiéme, par fa forme allongée & applatie, & par fon port
d'aîles. Ses yeux font gros & bruns; le refte de la tête
eft vert. Le corcelet eft d'une couleur noire dorée. Le
ventre allongé & applati eft compofé de cinq anneaux,
& fa couleur eft d'un pourpre cuivreux & brillant. Les
pattes font noires, un peu dorées avec les articulations
blanches. Les aîles longues ont un point marginal oblong,
duquel part une tache brune qui traverfe l'aîle en deve-
nant plus claire vers le bord intérieur. On trouve cette
mouche à la campagne.

62. M U S C A *oblonga, thorace æneo; abdomine anterius*
flavo, pofterius nigro. Linn. faun. fuec. n. 1104.

Act. Upf. 1736, *p.* 32, *n.* 33. Mufca nigra, abdomine anterius fulvo, alis
immaculatis.

La mouche dorée à ventre brun & noir.
Longueur 4 *lignes.   Largeur* 1 *ligne.*

La forme de celle-ci approche de la précédente & de
la cinquante-feptiéme. Sa tête eft d'un noir un peu doré,
& fes yeux font bruns. Le corcelet eft de la même couleur que la tête, mais plus doré. Le ventre eft compofé
de cinq anneaux, dont le premier & le dernier font fort
courts : il eft jaune en-devant & noir poftérieurement.
Cette couleur jaune du ventre varie, elle eft tantôt plus
claire & tantôt brune & fauve : elle occupe la plus grande partie du ventre. Les pattes font noires à l'exception
du haut des jambes & des tarfes qui ont des anneaux blanchâtres. Les aîles ont un point marginal oblong un peu
brun. On trouve cette mouche dans les pays de bois.

63. MUSCA *thorace viridi nitente , abdomine æneo , tarsorum annulo albo.*

La mouche verdâtre à anneau blanc aux tarses.
Longueur 1 ¼ ligne. Largeur ⅓ ligne.

Ses yeux sont bruns & comme tachetés. Le reste de sa tête est noirâtre, & porte en-dessus derriere les antennes une éminence pulpeuse, qui ne paroît que lorsqu'on la presse. Le corcelet est d'un vert un peu doré, & le ventre d'un brun un peu cuivreux. Les aîles sont blanches : elles débordent le corps de près de moitié, & l'insecte les porte souvent croisées. Les pattes sont noirâtres à l'exception de la premiere piéce des tarses, qui est blanche. J'ai trouvé au printems cette mouche en grande quantité sur les plantes qui venoient dans des couches ; peut-être sa larve habite-t-elle dans le fumier ou terreau de ces mêmes couches.

64. MUSCA *tota plumbea.*

La mouche brune bronzée.
Longueur 2 ½ lignes. Largeur 1 ligne.

Ses yeux qui sont bruns , se touchent l'un l'autre sur le derriere de la tête dans les mâles, & sont plus éloignés dans les femelles. Le reste du corps est d'un brun plombé & bronzé, ce qui peut faire distinguer cette mouche de toutes les autres ; du reste, pour sa grandeur, elle approche assez de la mouche commune.

CINQUIÉME FAMILLE.

Mouches communes.

65. MUSCA *nigra ; abdomine nitido tessellato , thorace lineolis pallidioribus longitudinalibus ; ano fulvo.*

Linn. faun. suec. n. 115. Musca nigra, abdomine nitido tessellato, thorace lineis pallidioribus longitudinalibus , major.
Linn. syst. nat. edit. 10, p. 596, *n.* 53. Musca vulgaris.

Aldrov. inf. p. 348. tab. 2 , fig. 16.
Jonft. inft. 70 , t. 8 , f. 16. Mufca decima fexta.
Frifch. germ. 7 , p. 21 , t. 14.
Reaum. inf. tom. 4, tab. 29 , f. 4 , 5 . 6.
Raj. inf. p. 270. Mufca carnaria vulgaris.

La grande mouche à extrémité du ventre rougeâtre.
Longueur 4 ½ lignes. Largeur 1 ½ ligne.

Ses yeux font rougeâtres avec un trait blanc un peu doré en-deffous , & une raie dorée au devant de la tête. Le
fond de la couleur de l'infecte eft noir avec quatre raies
grifes longitudinales fur le corcelet, qui fe trouve entrecoupé par ces bandes grifes & noires , de façon que la
bande du milieu eft noire. Le ventre compofé de cinq anneaux, eft panaché de taches alternativement grifes & noires , à peu près comme un échiquier ; l'extrémité du dernier anneau eft rougeâtre & les pattes font noires.

Cette mouche eft fort commune : on la voit fouvent
autour de la viande & dans les jardins. Sa groffeur la diftingue à la premiere vûe, de la mouche commune, à laquelle elle reffemble beaucoup. Elle a encore une particularité , c'eft qu'elle eft vivipare & qu'elle fait des petites
larves toutes vivantes & non pas des œufs.

66. MUSCA *nigra ; abdomine nitido teffellato , thorace*
lineolis pallidioribus longitudinalibus ; ano concolore.

Linn. faun. fuec. n. 1106. Mufca nigra , abdomine nitido teffellato , thorace
lineis pallidioribus longitudinalibus, minor.
Linn. fyft. nat. edit. 10 , p. 596 , n. 54. Mufca domeftica.
Aldrov. inf. p. 348 , tab. 2 , fig. 23. Mufca vulgaris domeftica.
Flor. lapp. 359 , n. 517. Mufca domeftica.
Aft. Upf. 1736 , p. 33 , n. 58. Mufca domeftica.
Raj. inf. p. 270. Mufca bipennis major , thorace glabro ftriato, abdomine
fupino nigro toto, maculis albis punctato.

La mouche commune.
Longueur 3 lignes. Largeur ¾ ligne.

Il eft inutile de s'étendre fur la defcription de cette
mouche qui eft la plus commune, & qu'on trouve en
quantité dans nos maifons pendant l'été. D'ailleurs elle
reffemble

reffemble beaucoup à la précédente. Elle en différe cependant 1°. par fa grandeur, étant beaucoup plus petite :
2°. par l'extrémité de fon ventre qui n'eft pas rougeâtre ,
mais de même couleur que le refte : 3°. par le nombre des
anneaux de fon ventre, n'en ayant que quatre : 4°. parce
qu'il y a cinq bandes grifes fur fon corcelet, & qu'une
de ces bandes en occupe le milieu , ce qui eft le contraire
de l'efpéce précédente : 5°. enfin parce que celle-ci eft
ovipare.

67. MUSCA *cinerea tota , pilis nigris.*

La mouche cendrée à poils noirs.
Longueur 1 ⅓ *ligne.* *Largeur* ½ *ligne.*

Cette efpéce approche infiniment de la mouche commune, mais elle eft un peu plus petite. Sa principale différence confifte en ce que fon corcelet & fon ventre font
par-tout d'une couleur cendrée obfcure , fans aucune tache ni raie, avec quelques poils noirs affez longs. Sa larve
vient dans le fumier.

68. MUSCA *cinerea, thorace quinque maculis nigris ,*
abdomine maculis tridentatis. Linn. faun. fuec. n.
1112.

Linn. fyft. nat. edit. 10 , *p.* 597 , *n.* 62. Mufca *pluvialis.*

La mouche cendrée à points noirs.
Longueur 2 ½ *lignes.* *Largeur* ⅓ *ligne.*

Ses yeux font rougeâtres avec une bande dorée en-
devant. Tout le refte du corps de l'infecte eft d'une couleur blanche cendrée. Le corcelet eft chargé de cinq taches noires liffes , favoir deux petites à la bafe , enfuite
trois plus grandes & plus longues , rangées tranfverfalement , outre deux autres petites fur la pointe du corcelet.
Le ventre eft compofé de quatre anneaux , dont le premier eft tout gris, le fecond , le troifiéme & le quatriéme ont chacun trois taches noires triangulaires , qui font

Tome II. X x x

souvent unies enfemble à la bafe de l'anneau. Les pattes font noires & les aîles tranfparentes. On trouve fouvent cette mouche fur les feuilles où elle fe tient fort tranquille dans les tems humides.

69. MUSCA *hirfuta cinerea, alis puncto obfcuro.*

Linn. faun. fuec. n. 1068. Mufca hirfuta grifea, alis puncto obfcuro.
Linn. fyft. nat. edit. 10, *p.* 599, *n.* 80. Mufca ftercoraria.
Merret. pin. 100. Mufca ftercoraria.
Charlet. onom. 42. Mufca merdivora.
Reaum. inf. tom. 4, *tab.* 17, *fig.* 1, 2, 3.
Act. Upf. 1736, *p.* 32, *n.* 28. Mufca ftercoraria.

La mouche merdivore.
Longueur 3 *lignes. Largeur* ⅔ *ligne.*

Cette efpéce varie beaucoup pour la grandeur & les couleurs : les mâles différent auffi très-fort de leurs femelles. Les uns & les autres ont les yeux roux, le devant de la tête jaunâtre, la bafe & le bord extérieur des aîles un peu jaune, avec un point brun au milieu de l'aîle, outre une petite raie tranfverfe de même couleur un peu plus bas, ce qui fait le caractère fpécifique de cette mouche. Quant au refte, les mâles font gris & couverts d'un duvet jaune un peu aurore ; les femelles n'ont point ce duvet, mais font feulement parfemées de quelques poils gris ou noirs en petite quantité. Leur couleur eft ou un peu fauve, avec quelques bandes noires fur le ventre, ou toute grife, ou grife, avec quatre taches noires affez confidérables placées en quarré fur le corcelet, fans compter quelques-autres petites dans l'intervalle, & deux ou trois taches brunes fur chaque anneau du ventre. Cette mouche eft très-commune. Sa larve habite dans les ordures, les fientes, les crottins de cheval & les boufes de vaches.

70. MUSCA *nigra, alis fufcis, pedibus fpinofis.*

La mouche noire à pattes épineufes.
Longueur 3 ½ *lignes. Largeur* 1 *ligne.*

Elle eft noire fans mélange d'autre couleur ; fon ventre eft long & mince, prefque cylindrique. Ses aîles font brunes, & elle les porte affez fouvent couchées fur fon corps. Ses pattes font auffi noires, avec les jambes & les tarfes un peu fauves. Ces derniers font longs & fort épineux. J'ai trouvé cette mouche accouplée fur des arbres.

71. MUSCA *thorace nigro, lineolis quatuor longitudinalibus albidis ; abdomine fufco, medio caracteribus nigris.*

La mouche à caracteres noirs.
Longueur 3 ½ lignes. Largeur 1 ligne.

Ses yeux font bruns, rougeâtres, & le refte de fa tête eft noir, avec deux lignes dorées devant les yeux. Le corcelet eft noir, chargé de quatre bandes longitudinales d'un blanc un peu gris. Le ventre eft d'un brun clair, principalement fur les côtés, car au milieu il eft chargé de points, de lignes & de caracteres noirs. Il y a d'abord une ligne longitudinale de points oblongs ; favoir, un fur le premier, autant fur le fecond & fur le troifiéme anneau, & deux fur le quatriéme. Ces petites taches noires font entourées d'un cercle un peu gris. A leurs côtés, vis-à-vis de l'intervalle qui eft entre chacune, fe trouve de chaque côté une tache un peu large d'un noir un peu moins foncé, ce qui forme comme des croix les unes fur les autres. Enfin les côtés du ventre font chargés de taches brunes foncées, une fur chaque anneau. Le deffous du ventre eft jaunâtre, les pattes font noires & les aîles un peu brunes. Tout l'animal eft un peu velu. J'ai trouvé cette finguliere mouche au Jardin du Roi fur les fleurs.

72. MUSCA *nigra, alis incumbentibus, pedibus ferrugineis.*

La mouche noire à pattes fauves.
Longueur 2 ½ lignes. Largeur ⅓ ligne.

Cette mouche allongée & fort femblable pour la figure à la derniere efpéce de *mouche-armée*, eft toute d'un noir

peu brillant ; fes pattes feules font d'un jaune un peu fauve. Elle porte fes aîles croifées & couchées fur le corps ,
comme fi elle n'avoit qu'une feule aîle. On la trouve fur
les plantes , où elle eft affez tranquille & fe laiffe prendre
aifément , fur-tout lorfque le tems eft humide & pluvieux.

73. MUSCA *nigra* , *alis incumbentibus* , *halteribus*
abdominifque macula albis.

La mouche noire à tache blanche fur le ventre.
Longueur 2 ¼ lignes.   Largeur ½ ligne.

Elle eft allongée , étroite & de couleur noirâtre. Ses
yeux font gros , bruns & occupent prefque toute la tête.
Son corcelet eft liffe & comme un peu bronzé. Ses pattes
font de couleur fauve , & les balanciers des aîles font
blancs. Sur le milieu de fon ventre en-deffus , on voit une
grande tache blanche , qui examinée de près , eft compofée de trois lignes blanches ou bandes tranfverfes. Ces
bandes font pofées fur le quatriéme, cinquiéme & fixiéme
anneau du ventre , dont le haut eft blanc & le petit bord
inférieur noir. Les aîles font couchées fur le corps de l'infecte , elles font veinées & leur bord extérieur eft un
peu plus brun que le refte.

74. MUSCA *nigra* , *alis divaricatis* , *pedibus nigris.*

La mouche toute noire.
Longueur 2 lignes.   Largeur ½ ligne.

On feroit tenté de prendre cette efpéce pour la mouche
du n°. 1 , ou du moins pour une variété de cette mouche.
Elle lui reffemble tout-à-fait pour la grandeur , la forme &
la couleur. Elle n'en différe que parce que celle-ci n'a
point la tache blanche qui fe voit au bout des aîles de
la premiere. Celle que nous décrivons eft toute noire ,
affez liffe & luifante. Ses aîles même font noires & elle les
porte éloignées l'une de l'autre , comme la mouche commune , en quoi elle différe de la précédente. Cette efpéce
eft commune dans les jardins.

75. MUSCA *nigra , tarfis anticis clavatis craffis.*

La mouche à tarfes antérieurs très-gros.
Longueur 2 lignes. Largeur ⅓ ligne.

Cette mouche eft d'un noir liffe, peu foncé. Son ventre eft allongé & fe termine en pointe. Ses aîles un peu brunes ont leur bord extérieur plus épais. Mais ce qui la fait très-aifément diftinguer de toutes les autres, c'eft que les tarfes ou pieds de fes pattes antérieures font très-gros & prefque globuleux, ce qui forme un très-bon caractere fpécifique. Cette efpéce eft rare.

76. MUSCA *atra ; alis albis , marginis extérioris medietate fuperna linea nigra.*

La mouche noire, avec un trait noir fur la moitié du bord extérieur de l'aîle.
Longueur 1 ligne. Largeur ½ ligne.

Le corps de cette petite efpéce eft court, ramaffé, & fes pattes font longues, fur-tout les poftérieures. Sa couleur eft d'un noir matte & velouté. Ses aîles font blanches & tranfparentes : feulement leur bord extérieur eft chargé dans fa partie fupérieure d'un trait noir, qui defcendant jufqu'à la moitié de l'aîle, remonte en faifant un angle très-aigu. On croit d'abord voir la patte repliée à travers de l'aîle. Ce caractere fpécifique fait facilement reconnoître cette petite mouche qui fe trouve fur les fleurs.

77. MUSCA *nigra, alis fufcis , oculis rubris.*

La mouche noire à aîles brunes & yeux rouges.
Longueur 1 ½ ligne. Largeur ⅓ ligne.

Cette petite efpéce eft d'un noir affez brillant ; fes yeux feulement font rouges, & les tarfes de fes pattes poftérieures un peu bruns. Les aîles font auffi de couleur brune, & l'animal les porte fouvent croifées fur fon ventre.

On trouve fréquemment cette mouche dans les endroits humides & aux environs des fumiers.

78. M U S C A *nigra , fronte alba , abdominis lateribus ferrugineis.*

Linn. syst. nat. edit. 10 , p. 597 , *n.* 60. Musca lateralis.
Linn. faun. suec. n. 1107. Musca nigra , fronte alba.
Act. Ups. 1736 , p. 33 , *n.* 60. Musca atra obtusa , fronte alba.

La mouche noire , avec le devant de la tête blanc & les côtés du ventre fauves.
Longueur 3 ½ *lignes.* *Largeur* ¼ *ligne.*

Le fond de sa couleur est noir , & elle a sur le corps quelques poils noirs , longs & clair - semés. Ses yeux sont bruns , & le devant de sa tête est d'un blanc argenté. Les cuisses & les côtés du ventre , principalement en-dessous , sont de couleur fauve. Cette mouche ressemble beaucoup à la mouche commune , mais elle est plus rare , & on ne la trouve guères qu'à la campagne. Sa grandeur varie beaucoup ; on en voit qui sont du double plus grosses que les autres. Ses couleurs varient aussi un peu , car quelquefois tout son ventre est fauve , à l'exception d'une bande longitudinale noire dans son milieu.

79. M U S C A *fusca , alis macula marginali fusca.*

La mouche à point marginal brun sur les aîles.
Longueur 2 ½ *lignes.* *Largeur* ⅓ *ligne.*

Cette espéce est brune : le devant de sa tête est un peu gris. Son corcelet est chargé de deux bandes longitudinales plus noires que le reste. Son ventre composé de quatre anneaux , se termine en pointe assez aigue , & est souvent chargé d'un petit duvet gris. Ses pattes , sur-tout celles de derriere , sont très-longues pour la grandeur de son corps. Ses aîles sont veinées , souvent un peu obscures , & ont à leur bord extérieur une tache marginale brune assez large. J'ai souvent trouvé cette mouche en grande quantité dans les bois.

80. **MUSCA** *fufca , alis puncto marginali fufco ,
pedibus flavefcentibus.*

La mouche à point marginal fur les aîles & pattes jaunes.
Longueur 1 ½ ligne.   Largeur ⅓ ligne.

Celle-ci reffemble beaucoup à la précédente pour fa
forme , mais elle eft plus petite , & fa couleur tire davantage fur le gris. Son corcelet eft rond , court & gros , &
fon ventre eft allongé. Ses pattes font jaunes & toutes fort
longues. Ses aîles ont un point marginal jaunâtre un peu
brun.

81. **MUSCA** *cinerea , pedibus flavefcentibus.*

La mouche grife à pattes longues & jaunes.
Longueur 1 ⅔ ligne.   Largeur ⅓ ligne.

Sa tête eft noirâtre & fes yeux font bruns. Tout le corps
eft gris , mince & allongé. Les pattes font longues & jaunes. Les aîles claires & tranfparentes n'ont pas de point
marginal. Elle approche beaucoup de la précédente & fe
trouve avec elle fur les fleurs.

82. **MUSCA** *nigra , pedibus flavis , antennis abdomineque tenuibus productis.*

*La mouche noire à pattes jaunes & ventre allongé, fembla-
ble à un ichneumon.*
Longueur 4 lignes.   Largeur ⅓ ligne.

Il n'y a prefque perfonne qui à la premiere vûe ne
prenne cette mouche pour un ichneumon. Sa forme allongée , la longueur de fes antennes , fa couleur même , tout
la fait paroître différente des mouches. Elle en a cependant les antennes , la trompe & tout le caractere. Ses antennes font formées d'une palette compofée de plufieurs
articles peu diftincts , un peu plus longue que la tête , du
côté de laquelle fort un ftile ou poil. Elles font noires ,
ainfi que tout le corps , à l'exception des pattes qui font

jaunes. Le ventre est étroit & long , comme dans les ichneumons, faisant à lui seul les deux tiers de la longueur de
l'insecte. Il se termine en pointe & surpasse la longueur
des pattes. Les aîles plus courtes que le ventre & au nombre de deux , comme dans toutes les mouches , sont ner-
veuses , fortes & un peu brunes. Cette mouche est très-
rare , nous ne l'avons trouvée qu'une seule fois.

83. MUSCA *nigra , pedibus flavis alarum margine
externo nigro.*

*La mouche noire à pattes jaunes & bord extérieur des aîles
noir.*
Longueur 1 *ligne.* *Largeur* ⅓ *ligne.*

Sa couleur est noire , sa forme est étroite & allongée , &
le ventre sur-tout se termine en pointe. Les pattes plus
longues que son corps , ont leurs cuisses assez grosses
& sont de couleur jaunâtre. Les aîles un peu plus longues
que le ventre & peu écartées , ont leur bord extérieur
noir. Cette très-petite mouche se trouve sur les fleurs.

84. MUSCA *nigra pedibus rufis , alis vibrantibus
immaculatis.*

La mouche à aîles vibrantes sans taches.
Longueur 2 ½ *lignes.* *Largeur* ⅓ *ligne.*

Elle est fort allongée , comme on le voit par les dimen-
sions que nous donnons ; & ressemble beaucoup à la mouche à aîles vibrantes ponctuées du n°. 4 , principalement
par la maniere dont elle éleve & baisse ses aîles. Son corps
est tout noir & lisse. Son ventre est composé de six anneaux
qui sont bordés d'un peu de jaune. Ses pattes sont jaunes
& fort longues. Les aîles aussi longues que le ventre , n'ont
aucune tache noire , mais seulement quelques nervures
longitudinales peu marquées. On troûve souvent cette
mouche dans les bois sur les feuilles des arbres.

85. MUSCA *ferrugineo-fusca , subpilosa , oculis ferrugineis , alis trinervis.*

Linn.

Linn. faun. fuec. n. 1111. Mufca nigra , fubpilofa , oculis ferrugineis , aliæ
nervofis.
Linn. fyft. nat. edit. 10 , *p.* 597 , *n.* 66. Mufca cellaris.
Act. nat. curiof. ann. 12 , *obf.* 58.
Raj inf. p. 26. Mufca vini vel cerevifiæ acefcentis.
Reaum. inf. tom. 5 , *tab.* 8 , *fig.* 7 , 11 , 12.

La mouche du vinaigre.
Longueur 1 ¼ *ligne. Largeur* ⅓ *ligne.*

Sa couleur eft d'un fauve brun , & elle eft tant foit peu
chargée de poils ; fes yeux font d'un brun plus foncé.
Son ventre eft compofé de fix anneaux , dont la bafe eft
plus noire que le refte. Le deffous de l'infecte eft plus
clair que le deffus. Ses aîles affez larges , ont trois nervures longitudinales , outre leur bord extérieur qui eft
plus épais. Cette efpéce de mouche eft large , elle a le
ventre court , & elle marche très lentement. On la trouve fouvent morte dans le vin & le vinaigre. Elle eft atti-
rée par toutes les liqueurs qui s'aigriffent & elle y dépofe
fes œufs ; quelquefois elle faute. C'eft une efpéce des
plus communes.

86. MUSCA *flava , oculis nigris. Linn. faun. fuec. n.*
1114.

Linn. fyft. nat. edit. 10 , *p.* 600 , *n.* 88. Mufca flava.

La mouche jaune aux yeux noirs.
Longueur 1 *ligne. Largeur* ½ *ligne.*

Elle eft toute jaune , à l'exception des yeux feuls qui
font noirs. Son corps eft large & écourté. Ses aîles font
blanches & ont quelques nervures jaunâtres peu apparentes. On la trouve fur les fleurs & même quelquefois
dans les maifons.

87. MUSCA *flava , abdomine fupra fufco , thorace
tribus ftriis nigris. Linn. faun. fuec. n.* 1113.

La mouche jaune à bandes noires fur le corcelet.
Longueur 1 ½ *ligne. Largeur* ¼ *ligne.*

Tome II. Yyy

Elle a la tête jaune, avec les yeux bruns, & une tache noire triangulaire sur le derriere de cette partie. Le corcelet a en-deſſus trois bandes noires longitudinales, dont celle du milieu ne paroît que la ſuite de la tache triangulaire de la tête. La pointe du corcelet eſt jaune. Le ventre en-deſſus a ſur ſon milieu une large bande noire, avec du jaune ſur les côtés, de façon que les bords du noir ſont comme dentelés. Les pattes ſont toutes jaunes, & le deſſous de l'inſecte mêlé de jaune & de noir. On trouve cette petite mouche ſur les fleurs : elle marche fort lentement & ſemble pareſſeuſe à s'envoler.

88. MUSCA *flaveſcens, oculis nigris, alis incumbentibus glaucis.*

La mouche jaune à aîles bleuâtres & croiſées.
Longueur 1 ligne. Largeur ⅓ ligne.

Ses yeux ſont noirs. Tout ſon corps eſt d'un jaune un peu foncé, & de forme écourtée & un peu large. Ses pattes ſont d'un jaune plus clair. Ses aîles couchées ſur le ventre & croiſées l'une ſur l'autre, ſont d'une couleur bleuâtre.

STOMOXYS. *Aſili ſpec. linn.*

LE STOMOXE.

Antennæ patellatæ ſeta laterali piloſa.	Antennes formées par une palette avec un poil latéral velu.
Os roſtro ſubulato ſimplici acuto.	Bouche formée par une trompe ſimple & aigue.
Ocelli tres.	Trois petits yeux liſſes.

Le ſtomoxe a des antennes tout-à-fait ſemblables à celles de la mouche, & terminées comme les ſiennes par une palette platte & ſolide, avec un poil qui en ſort ſur le côté, & qui regardé de près, paroît tout velu, & ſemble former une aigrette ou panache. Il reſſemble auſſi à la

mouche commune pour la couleur, la forme & la groffeur:
feulement fes aîles plus écartées & fon ventre qui eft plus
court, lui donnent un port qui le fait reconnoître quand on
le regarde avec attention. Mais un autre caractere qui
fépare tout-à-fait ce genre de celui des mouches, eft celui
qui fe tire de la forme de la bouche. Le ftomoxe a une
trompe dure, noire, pointue par le bout, avec laquelle il
pique les hommes & les animaux, fur-tout en automne
où il eft très-commun. C'eft ce qui lui a fait donner le
nom de ftomoxe, comme qui diroit infecte à bouche pointue. Comme cet infecte vient très-abondamment vers l'automne, & qu'il reffemble tout-à-fait à la mouche, cela
a donné lieu de dire que les mouches d'automne piquoient.
Mais fi on prend ces prétendues mouches & qu'on les
compare avec les mouches ordinaires, on verra que ces
dernieres n'ont point l'inftrument avec lequel le ftomoxe
pique. Cette différence a fait mettre cet infecte au nombre des afiles par M. Linnæus, mais il différe de ceux ci
par fes antennes, enforte que nous avons cru devoir en
faire un genre. Je ne connois point la larve, ni la nymphe du ftomoxe, peut-être que leur reffemblance avec
celles des mouches m'auront empêché de les reconnoître.
Je n'ai trouvé qu'une feule efpéce de ce genre.

1. STOMOXYS. Planch. 18, fig. 2.

Linn. faun. fuec. n. 1042. Afilus cinereus glaber ovatus.
Linn. fyft. nat. edit. 10, *p.* 604, *n.* 2. Conops antennis fubplumatis cinerea
   glabra ovata.

Le ftomoxe.
Longueur 3 lignes.   Largeur 1 ligne.

On trouve cet infecte par-tout, particuliérement en
automne, où il fatigue beaucoup les chevaux & les pique
jufqu'au fang.

❀

Y y y ij

VOLUCELLA. *Muscæ spec. linn.*

LA VOLUCELLE.

Antennæ patellatæ seta laterali pilosa capiti insidentes.	Antennes formées par une palette, avec un poil latéral velu & placées sur la tête.
Os proboscide vagina acuta seu rostro reconditum.	Bouche formée par une trompe renfermée dans une gaine, ou un bec aigu.
Ocelli tres.	Trois petits yeux lisses.

La volucelle jusqu'ici avoit été confondue avec la mouche : il est vrai qu'elle lui ressemble pour la forme & les antennes. Elle a aussi une trompe semblable à celle de la mouche, mais cette trompe n'est pas à nud ; elle est renfermée dans une espéce de gaine, ou bec dur assez saillant, placé au devant de la tête de la volucelle, que ce bec allonge & fait paroître pointue. De plus, sa trompe cachée dans la rainure de ce bec, est longue & divisée en deux parties, au lieu que celle de la mouche est simple & membraneuse.

J'ai trouvé la larve de cet insecte sur le rosier, & je n'ai point apperçu de différences entr'elle & celles des mouches : elle commençoit à se métamorphoser, & de sa coque est sorti l'insecte parfait de la premiere espéce de ce genre.

Je ne connois que trois espéces de volucelles.

1. **VOLUCELLA** *abdomine antice albo, postice nigro; alis albis, nigra macula.* Planch. 18, fig. 3.

Linn. faun. suec. n. 1073. Musca abdomine anterius albo, posterius nigro, alis albis nigra macula.
Act. Upf. 1736, p. 32, n. 30. Idem.

La volucelle à ventre blanc en-devant.
Longueur 5 ½ lignes.   Largeur 3 lignes.

Ses yeux sont d'un brun rougeâtre, le devant de sa tête

& l'étui qui renferme sa trompe font d'un jaune liſſe & luifant. Son corcelet eſt noir, chargé de quelques poils bruns, avec sa pointe quelquefois un peu jaune, & d'autres fois noire comme le reſte, car elle varie pour la couleur. Le ventre a sa moitié inférieure noire, & sa moitié ſupérieure blanche tranſparente, tant en-deſſus qu'en-deſſous ; mais quelquefois en-deſſus ce blanc eſt diviſé en deux dans son milieu par une petite raie noire longitudinale. Les pattes font toutes noires. Les aîles font blanches, tranſparentes, quelquefois un peu jaunes vers leur baſe : leur milieu a une large tache ou bande tranſverſe noire. Leur pointe eſt auſſi noirâtre, & depuis la tache noire juſqu'à cette pointe, il y a des veines brunes qui deſcendent. Cet inſecte vient sur les roſiers.

2. VOLUCELLA *tota nigra, pilis fulvis ; alis albis, macula nigra.*

La volucelle à ventre tout noir.
Longueur 5 ½ lignes. Largeur 3 lignes.

Je crois celle-ci variété de la précédente. Les aîles, la tête, les pattes & le corcelet font tout-à-fait femblables aux ſiens. Il n'y a de différence qu'en ce qu'elle eſt plus velue & chargée de poils fauves, & en ſecond lieu, en ce que son ventre eſt tout noir, & n'a point sa partie ſupérieure blanche. Cette eſpéce ſe trouve avec la précédente.

3. VOLUCELLA *thorace nigro, apice fulvo ; abdomine flaveſcente.*

La volucelle à ventre jaunâtre.
Longueur 4 lignes. Largeur 1 ½ ligne.

Sa tête, & ſur-tout la pointe qui reçoit la trompe, eſt d'un jaune de couleur de corne. Ses yeux font bruns. Son corcelet eſt noir, ſur-tout en-deſſus. mais sa pointe eſt de couleur fauve & liſſe. Son ventre eſt de couleur jaune un peu cendrée, & ſes pattes font jaunâtres. Ses aîles font toutes blanches. Cette eſpéce eſt rare ici.

NEMOTELUS. *Muscæ spec. linn.*

LA NEMOTELE.

Antennæ moniliformes , stylo terminatæ , rostro insidentes.	Antennes grenues, terminées par une pointe & placées sur la gaine de la trompe.
Os proboscide , vagina acuta seu rostro reconditum.	Bouche formée par une trompe renfermée dans une gaine ou un bec aigu.
Ocelli tres.	Trois petits-yeux lisses.

Les antennes de la nemotele sont singulieres : elles sont moniliformes , c'est à-dire , composées d'articles courts , menus , comme des grains ronds enfilés ensemble , à peu près comme les perles d'un collier. Ces grains ou articles ronds , sont au nombre de cinq , dont les inférieurs sont plus gros & plus larges , & les autres vont en diminuant. Au bout de ces cinq articles ronds , se trouve une sixiéme piéce longue & filiforme qui termine l'antenne. C'est d'après cette construction , que nous avons donné à ce genre le nom de *nemotele* , qui veut dire insecte à antennes *terminées par un fil.* Outre cette forme singuliere & propre à ce genre , les antennes ont encore une autre particularité : elles sont posées sur une espéce de bec ou pointe , presque comme dans les charansons. Cette pointe ou gaine aigue & creuse en-dedans , sert à loger sa trompe , comme dans le genre précédent. On voit par ce détail que la nemotele ressemble à la volucelle par la forme de sa bouche , mais qu'elle en différe par la forme & la position de ses antennes. Quant au genre des mouches , elle en différe de toutes façons , ses antennes & sa trompe ne ressemblent nullement aux leurs. Nous avons donc cru devoir faire un genre des nemoteles , qu'on avoit jusqu'ici confondu mal-à-propos avec les mouches , auxquelles elles ne ressemblent que par leur port extérieur.

On trouve ces insectes sur les fleurs : je ne connois point leurs larves qui doivent approcher beaucoup de celles des mouches.

1. NEMOTELUS *niger , abdomine niveo , fasciis duabus nigris.* Planch. 18 , fig. 4.

Linn. faun. suec. n. 1082. Musca nigra, abdomine niveo, fasciis duabus nigris.

La nemotele à bande.
Longueur 2 lignes. Largeur ⅓ ligne.

Cette espéce a la tête assez grosse & les yeux bruns noirâtres. Son corcelet est d'un noir lisse. Le ventre assez large , est d'un beau blanc en-dessus , mais entrecoupé de noir en quelques endroits. Premiérement , il y a un peu de noir à la base du premier anneau au milieu. Le second anneau est tout blanc : le troisiéme & le quatriéme font blancs , avec un peu de noir à leur bord inférieur. Le reste du ventre & ses bords latéraux font blancs. Les balanciers font de même couleur. En-dessous , l'animal est noir & ses pattes le font aussi , à l'exception des jambes qui font plus claires. On trouve cet insecte sur les fleurs.

2. NEMOTELUS *niger , abdomine punctis albis.*

La nemotele noire à ventre tacheté de blanc.
Longueur 2 ½ lignes. Largeur ¼ ligne.

Sa couleur est toute noire , à l'exception des parties suivantes qui font d'un blanc un peu citron ; savoir , les pattes , les côtés du corcelet qui ont quelquefois deux ou trois taches de cette couleur , ce qui n'est pas cependant constant , & paroît ne se trouver que dans les mâles ; les bords du ventre qui font de même terminés par un peu de blanc , & une raie longitudinale de taches pareilles sur le milieu du ventre , formée par une suite de taches qui se trouvent posées chacune sur le milieu de chaque anneau. Cet insecte se trouve dans les prés humides.

SCATHOPSE.

LE SCATOPSE.

Antennæ filiformes.	Antennes filiformes.
Os proboscide absque dentibus.	Bouche avec une trompe sans dents.
Ocelli tres.	Trois petits yeux lisses.

Le *scatopse* , comme qui diroit *mouche à ordures* , à cause des endroits sales où l'on découvre plusieurs de ces insectes , n'a été décrit jusqu'ici par aucun Naturaliste. Sa figure ressemble à celle d'une petite mouche : sa trompe est aussi tout - à - fait semblable à celle de la mouche , mais le scatopse différe de ce genre par la forme de ses antennes qui ne sont point à palettes , mais semblables à un fil.

Les larves des scatopses ressemblent à des petits vers à anneaux & sans jambes. Les unes se trouvent dans les latrines & les fumiers humides ; celles de la seconde espéce sont plus singulieres : elles habitent dans l'intérieur des feuilles de bouis , dans des cavités qu'elles se pratiquent dans ces feuilles. Les unes & les autres se transforment en nymphes , mais différentes de celles des mouches & de la plûpart des insectes de cette section. La peau de la larve ne se durcit point pour former une coque, mais cette larve quitte sa peau & se convertit en une nymphe , dans laquelle on découvre toutes les parties de l'insecte parfait qui en doit sortir. Au bout de quelque tems , l'insecte sort de la nymphe. Celui qui vient dans les feuilles de bouis se métamorphose dans la même cavité où il a vécu , & lorsqu'il devient ailé , il a un travail de plus à faire , c'est de percer la tumeur où il est enfermé. Cette opération lui est aisée , parce qu'il reste toujours à ces tumeurs une petite ouverture , grande comme un point, qui n'a besoin que d'être dilatée pour laisser passer l'insecte.

1.

1. SCATHOPSE *nigra.*

Le fcatopfe noir.
Longueur 1 ligne. Largeur ⅓ ligne.

Cette efpéce de moucheron eft d'un noir foncé, liffe &
brillant. Sa tête eft petite. Ses antennes plus longues que
fa tête font filiformes, cylindriques, compofées de onze
anneaux ou articles : vûes à la loupe elles paroiffent noueufes. Sa bouche eft garnie d'une trompe femblable à celle
des mouches. Son corcelet eft rond, & fon ventre médiocrement allongé. Ses aîles qui débordent le ventre d'un
grand tiers, n'ont qu'une feule nervure noire proche leur
bord extérieur, mais cette nervure fe repliant, paroît
double. L'infecte porte fes aîles croifées l'une fur l'autre
& couchées à plat fur le ventre. On trouve ce fcatopfe
dans les lieux humides & fouvent dans la fange & les latrines, où je l'ai vû plufieurs fois accouplé. Dans cet accouplement, je n'ai guéres apperçu le mâle pofé fur la femelle : ils font fouvent dans une fituation oppofée, enforte
que les deux extrémités du ventre qui fe touche, font couvertes par les aîles des deux individus, & que les têtes font
oppofées & aux deux bouts, de façon qu'il fembleroit
qu'il n'y a qu'un feul infecte long, avec deux têtes aux
deux extrémités. Plufieurs autres infectes s'accouplent
de cette façon.

2. SCATHOPSE *flava, alis albis.* Planch. 18, fig. 5.

Le fcatopfe du bouis.
Longueur 1⅓ ligne.

Les yeux de cette efpéce font noirs, & fes antennes un
peu brunes font prefque de la longueur de la moitié de
fon corps. Son corcelet, fon ventre & fes pattes font jaunes, & fes aîles font blanches & plus longues que fon
corps. L'infecte les porte croifées & couchées fur lui. La

larve de ce fcatopfe eft de couleur jaune : elle perce le deffous des feuilles de bouis & fe loge dedans à peu près comme les petites *chenilles mineufes* des teignes, ce qui forme plufieurs groffeurs larges au revers de ces feuilles. Après avoir pris fon accroiffement, elle fe transforme dans le même endroit en une nymphe jaune qui a deux points noirs aux endroits ou feront placés les yeux de l'infecte parfait. De cette nymphe fort le fcatopfe aîlé, qui perçant la tumeur ou loge dans laquelle il a habité, entraîne fouvent avec lui une partie de fa dépouille de nymphe, qui refte attachée à la feuille dont elle fort à moitié.

HIPPOBOSCA.

L'HIPPOBOSQUE.

Antennæ fetaceæ breviffimæ ex unico pilo.	Antennes fétacées très-courtes, compofées d'un feul poil.
Os roftro cylindrico obtufo.	Bouche formée par une efpéce de bec cylindrique & obtus.
Ocelli nulli.	Point de petits yeux liffes.

Nous avons deux efpéces d'hippobofques, l'une appellée la *mouche-à chien*, parce qu'elle s'attache fortement aux chiens ; l'autre connue fous le nom de *mouche araignée*, attendu qu'elle a quelque reffemblance avec une araignée.

Le caractere de ces infectes eft très-aifé à reconnoître. Leurs antennes font très petites, très-courtes & compofées feulement d'un fimple poil, enforte qu'on a de la peine à les appercevoir ; de plus leur bouche a une efpéce de trompe ou bec cylindrique & obtus par le bout. Ajoutez à ces caracteres que ces infectes font durs, applatis & comme écailleux, & qu'ils font les feuls de cette fection avec les coufins, qui n'ont point de petits yeux liffes. On les trouve fréquemment l'été attachés, foit fur les quadrupedes, soit sur les oiseaux. Je ne connois point encore leurs larves.

1. HIPPOBOSCA *pedibus tetradactylis, alis crucia-tis.* Planch. 18, fig. 6.

Linn. faun. suec. n. 1043. Hippobosca pedibus tetradactylis.
Linn. syst. nat. edit. 10, *p.* 607, *n.* 1. Hippobosca alis obtusis, thorace albo variegato.
Mouffet. inf. 59. Hippoboscus.
Frisch germ. 5, *p.* 43, *t.* 7. Ricinus volans.
Act. Upf. 1736, *p.* 31, *n.* 27. Musca equina tenax.
Reaum. inf. tom. 6, *tab* 48.

La mouche à-chien.
Longueur 1 ½ *lignes. Largeur* 1 *ligne.*

La mouche à-chien est large, platte, luisante & comme écailleuse. Sa tête est jaune & ses yeux sont bruns. Son corcelet & son ventre sont aussi jaunes avec des ondes brunes. Les pates sont entrecoupées de jaune & de brun. Les ailes croisées l'une sur l'autre, débordent le corps de plus de moitié ; elles sont transparentes, lavées d'un peu de jaune avec leur bord extérieur & un point près de ce bord de couleur brune.

Cette mouche s'attache pendant l'été aux chiens , aux chevaux, aux bœufs, qu'elle pique & fatigue beaucoup.

2. HIPPOBOSCA *pedibus sexdactylis , alis divaricatis.*

Linn. faun. suec. n. 1044. Hippobosca pedibus sexdactylis.
Linn. syst. nat. edit. 10, *p* 607, *n.* 3. Hippobosca alis subulatis.
Reaum. inf. tom. 4, *tab.* 11, *fig.* 1 —— 5. *La mouche-araignée.*

La mouche - araignée.
Longueur 3 *lignes. Largeur* 1 ⅓ *ligne.*

La mouche-araignée différe de la mouche-à-chien en ce qu'elle est plus large : sa tête est plus allongée & de couleur jaune. Son corcelet applati est plus court , & d'un jaune obscur sans mélange d'autre couleur. Le ventre est gros, plat , large, de couleur obscure. Les ailes courtes & étroites, ne vont que jufqu'à l'extrémité du ventre qu'elles laiffent à découvert entr'elles, étant éloignées l'une de l'autre : elles ne reffemblent prefque qu'à des moignons d'aîles. Ses pattes affez longues , font jaunâtres & fe terminent par deux onglets divifés chacun en trois griffes. La longueur des pattes , la groffeur du ventre , & la petiteffe des aîles, donnent à cet infecte la figure d'une araignée, ce qui l'a fait appeller *mouche-araignée*. On le trouve dans les nids d'hirondelles aux petits defquelles il s'attache.

TIPULA.

LA TIPULE.

Antennæ filiformes , fubpectinatæ (maribus fæpe plumofæ) capite multo longiores.	Antennes filiformes un peu pectinées (fouvent en panache dans les mâles) beaucoup plus longues que la tête.
Os tentaculis incurvis articulatis.	Bouche accompagnée de barbillons recourbés & articulés.
Ocelli tres.	Trois petits yeux liffes.
Familia 1a. Alis patentibus.	Famille 1ere. A aîles étendues, ou tipules couturieres.
——— 2a. *Alis incumbentibus.*	——— 2e. A aîles rabatues ou tipules culiciformes.

Le principal caractere des tipules dépend de la forme de leur bouche qui eft accompagnée de quatre barbillons, deux de chaque côté. Ces barbillons font compofés de plufieurs piéces articulées enfemble , & l'infecte les tient ordinairement recourbés en-devant. La tipule & le bibion dont nous parlerons dans le genre fuivant , font les deux feuls infectes de cette fection dans lefquels la bouche foit ainſi conſtruite ; mais le bibion différe de la tipule, par ſes antennes, comme nous le verrons. Celles de la tipule ſont comme un fil long compoſé de pluſieurs nœuds ou articles , & en regardant de près, on voit qu'elles ſont peĉtinées, c'eſt-à-dire que de chaque nœud naît un fil ou poil , enſorte que la réunion de tous ces poils latéraux imite la figure des dents d'un peigne. Ces poils ſont bien plus apparens dans les mâles que dans les femelles , & ſouvent dans ceux-là ils ſont ſi nombreux & ſi longs,qu'ils forment une belle panache touffue. C'eſt ce qu'on remarque principalement dans les petites eſpéces de tipules.

Outre ces caraĉteres qui font reconnoître aiſément les inſeĉtes de ce genre , la longueur extraordinaire de leurs pattes, & l'allongement de leur corps qui eſt mince & étilé , leur donnent encore un port ſingulier , qui les fait diſtinguer au premier coup d'œil.

En général la tête de ces inſeĉtes eſt petite, & leurs antennes ſont belles & longues. Leur corcelet eſt court , renflé ſur le dos , & forme comme une boſſe. Le ventre eſt long & mince , particuliérement dans les mâles ; les pattes ſont fines & longues, preſque de la longueur de celles du faucheur, & elles peuvent à peine ſoutenir le corps qui balance & vacille preſque perpétuellement deſſus. Les aîles qui naiſſent du corcelet , ſont grandes & au nombre de deux. Les balanciers poſés ſous l'origine de ces aîles , ſont très-viſibles dans ces inſeĉtes , où ils ſont à découvert ; au lieu que dans la plûpart des autres genres de cette ſeĉtion , ils ſont recouverts par des eſpéces d'aîlerons. Les grandes tipules tiennent leurs aîles étendues , écartées l'une de l'autre , ainſi que de leur corps , au lieu que les petites eſpéces qui reſſemblent pour la forme à des couſins , & qu'on a nommées par cette raiſon *tipules culiciformes* , portent leurs aîles couchées ſur le dos à côté l'une de l'autre. C'eſt d'après ce port d'aîles, que nous avons diviſé ce genre en deux familles. La premiere renferme les grandes tipules *à aîles étendues* , que l'on appelle

dans quelques campagnes *couturiers* ou *tipules couturieres;*
la feconde comprend les petites tipules à aîles couchées
& *rabatues* fur le dos , ou *tipules culiciformes.*

Les larves de ces infeétes varient beaucoup pour leurs
formes & leurs demeures. Celles des grandes tipules ne
reffemblent point à celles des petites : même parmi ces
dernieres il y en a dont les larves font fi différentes les
unes des autres , qu'on ne croiroit jamais qu'elles duffent
donner des infeétes d'un même genre & fort femblables.
En général cependant les unes & les autres reffemblent
affez à des vers. Celles des grandes tipules font fouvent
brunes , allongées ; elles ont deux yeux à la tête & fix pattes au devant du corps. Elles ont beaucoup de rapport
avec les larves de quelques infeétes coleopteres , & je ne
m'imaginois pas d'abord qu'elles appartinffent à des tipules. Je les ai trouvées dans des troncs de faules pourris ,
au milieu de la pouffiere qui fe ramaffe dans le creux de
ces arbres , fur-tout vers le bas, où cette efpéce de tan eft
plus humide & comme en boue. Ces larves quittent leur
peau pour fe métamorphofer , à la différence de celles
des mouches , & elles fe changent en une nymphe qui
fouvent eft affez finguliére. On voit à la tête de cette
nymphe deux petites cornes qui lui fervent à pomper l'air ;
elles font fines , affez longues & un peu courbées. Le ventre a tous fes anneaux garnis vers leurs bords , de petites
pointes tellement dirigées vers l'extrémité poftérieure, que
la nymphe , par fes mouvemens , peut bien avancer en
avant , mais nullement reculer. Ces nymphes habitent ,
ainfi que leurs larves , dans le tan des arbres pourris , où
on les rencontre quelquefois. C'eft de ces nymphes que
fortent les grandes tipules , en déchirant la peau qui les
recouvre.

Les larves des petites tipules culiciformes , habitent la
plûpart dans l'eau. Ces larves n'ont rien de commun entr'elles que leurs ftigmates. Il y en a deux à la tête &
deux à la queue. Du refte, dans les unes les ftigmates pof-

térieurs font de fimples ouvertures , dans d'autres ces ouvertures font entourées d'appendices charnues ; plufieurs
ont pour ftigmates des tuyaux cylindriques ; qui dans
quelques-unes font environnés de longues appendices
femblables aux bras des polypes, ce qui les a fait appeller
par M. de Reaumur *vers polypes*. On voit par-là combien
ces larves varient. Elles ne font pas moins différentes
pour leurs couleurs. La plûpart font rouges, d'autres grifes , quelques-unes brunes. Prefque toutes ont à leur partie antérieure deux efpéces de fauffes jambes courtes ,
ou de petits tubercules , comme des moignons de bras.
Quelques-unes de ces larves nagent agilement dans l'eau :
d'autres fe font des trous dans la terre des bords des ruiffeaux , dans lefquels l'eau pénétre & où elles fe retirent ,
enfin quelques-unes fe conftruifent des efpéces de coques
de foie , qui couvrent une partie de leur corps , à peu
près comme font les larves des teignes. Nous verrons
dans le détail des efpéces, des exemples de toutes ces
variétés.

Les nymphes de ces larves ne font guères moins différentes que les larves elles mêmes ; elles ont à la vérité
quelque chofe de commun entr'elles & avec celles des
grandes tipules : c'eft de fe dépouiller de leur peau pour
fe transformer en nymphes ; & de plus elles ont toutes
deux ftigmates à la partie antérieure , à l'endroit qui répond au corcelet, mais à cela près , elles varient beaucoup pour le refte. Nous voyons quelques-unes de ces
nymphes refter immobiles dans les trous que leurs larves
ont halirés , d'autres nagent & courent vivement dans
l'eau. Plufieurs ont les ftigmates fupérieurs fimples , d'autres les ont formés par deux efpéces de cornets , ou deux
tuyaux qui s'évafent en-haut & qu'elles appliquent fouvent à la fuperficie de l'eau , pour pomper l'air. Ces
dernieres approchent beaucoup de celles des coufins ,
comme on le verra bientôt.

Les tipules qui viennent de ces différentes larves ,

font très-nombreufes. Les grandes volent & courent dans les prés, & c'eft pour cette raifon qu'il paroît que la nature leur a donné de fi longues pattes, qui les élévent comme fur des échaffes, afin que les herbes des prés ne les arrêtent pas lorfqu'elles marchent. Les petites tipules volent fouvent le foir par troupes & par légions au bord des eaux, où quelquefois on en eft couvert. Leur reffemblance avec les coufins les fait craindre, mais elles ne font aucun mal. Les unes & les autres s'accouplent après être devenues infectes parfaits. Il eft aifé de diftinguer les mâles & les femelles, par la différence des antennes que nous avons marquée ci-deffus, & par la groffeur du ventre qui eft beaucoup plus confidérable dans les femelles que dans les mâles.

Ces infectes fervent de pâture aux poiffons & aux infectes aquatiques voraces, tandis qu'ils font fous la forme de larves : devenus aîlés, ils font pourfuivis par les oifeaux qui en attrapent & en détruifent beaucoup.

La plûpart des grandes tipules font affez joliment bigarrées, plufieurs ont de plus leurs aîles panachées. Les petites tipules culiciformes font finguliéres pour leur fineffe & leur délicateffe ; dès qu'on les touche, on les écrafe. Plufieurs font du plus beau vert ; d'autres noires comme le jayet. Quelques efpéces font remarquables par la longueur de leurs pattes antérieures, qu'elles ne pofent point à terre, lorfqu'elles font arrêtées, mais qu'elles tiennent élevées & qu'elles agitent, comme fi c'étoient des antennes. Les mâles ne reffemblent fouvent point à leurs femelles, & on ne croiroit jamais que ce fuffent des animaux de même efpéce, fi on ne les trouvoit accouplés enfemble. Il y a des mâles noirs, déliés & minces, dont les femelles font groffes, courtes & blanchâtres ; auffi avons-nous eu foin de tirer principalement nos defcriptions des mâles & jamais des femelles feules.

PREMIERE

PREMIERE FAMILLE.

Tipules couturieres.

1. TIPULA *corpore nigro , fulvo ,flavoque variegato.*
Planch. 19 , fig. 1.

Linn. faun. fuec. n. 1123. Tipula corpore nigro fulvoque variegato.
Linn. fyft. nat. edit. 10 *, p.* 585 *, n.* 3. Tipula alis macula fufca , abdomine
atro fafciis fulvis.
Act. Upf. 1736 *, p.* 30 *, n.* 2. Tipula abdomine annulis luteis nigrifque alter-
nantibus.
Raj. inf. p. 72 *, n.* 4. Tipula elegans , dorfo & fcapulis nigris , ventre croceo ,
alis macula fufca notatis , lævis & fplendens.
Reaum. inf. tom. 5 *, tab.* 1 *,f.* 14 , 15 , 16.

La tipule variée de brun , de jaune & de noir.
Longueur 7 lignes.　Largeur 1 ligne.

Cette tipule eft la plus belle & la plus brillante efpéce
de ce genre. Le fond de fa couleur eft noir , mais le corcelet a , vers fa circonférence , plufieurs taches fauves &
fafrannées. Le ventre plus large dans les femelles & plus
long dans les mâles, a aufli fur chaque anneau quelques
taches d'un jaune clair , autrement figurées dans les mâles
que dans les femelles , & un peu de couleur fauve à fa
bafe. Les pattes font de la même couleur fauve dans les
deux fexes , les tarfes feulement font noirs & les cuiffes
poftérieures ont dans leur milieu un anneau noir. Les aîles
font un peu fauves fur-tout à la bafe & au bord extérieur
avec des veines brunes & un point marginal noirâtre. Les
antennes des mâles font grandes , figurées en peigne , ou
avec un double rang de poils de chaque côté dans toute
leur longueur ; celles des femelles font très-peu peétinées
& paroiffent à la premiere vûe prefque fimples. Les unes
& les autres font noires, excepté à leur origine où elles
font fauves.

La larve qui produit cet infeéte eft longue , liffe , de
couleur jaunâtre , fort luifante , compofée de quatorze
anneaux , & elle a antérieurement fix petites pattes. Elle

Tome II.　　　　　　　　　　　A a a a

fe trouve dans les troncs des arbres pourris parmi l'efpéce de tan qui fe forme dans ces troncs. La chryfalide qui
en vient, eft d'un brun couleur d'écorce & d'une forme
finguliére. Chacun de fes anneaux eft comme couronné
de petites pointes tournées un peu vers la queue, & fa
tête eft ornée de deux cornes minces, déliées, affez longues
& recourbées. L'infecte parfait qui en vient, fe trouve
fouvent dans les prés.

2. TIPULA *alis albis fufco variegatis.*

Linn. faun. fuec. n. 1121. Tipula alis exalbidis, macula nivea, rivulis fufcis.
Linn. fift. nat. edit. 10, *p.* 585 , *n.* 2. Tipula rivola.
Act Upf. 1736, *p.* 50, *n.* 1. Tipula lapponica cinerea, alis albis, rivulis fufcis.
Act. Stockolm. 1739 , *t.* 3, *f.* 8.
Raj. inf. pag. 72, *n.* 2. Tipula maxima, alis majoribus ex fufco & albo va-
    riegatis.

La tipule à aîles panachées.
Longueur. Mâle 10 *lignes. Femelle* 14 *lignes.*

Cette efpéce ; la plus grande de toutes celles que nous
ayons , a les yeux noirs & tout le corps d'un brun cendré. La queue dans la femelle fe termine par une pointe
fourchue & dans le mâle qui eft plus petit, par une efpéce de maffue. Ses pattes font brunes avec un peu de noir au
bas des cuiffes. Ses aîles larges & plus grandes que fon
corps, font joliment panachées : leur fond eft blanc, elles
ont à leur bord extérieur trois grandes taches brunes prefque triangulaires, qui fe touchent au bord de l'aîle & s'a-
vançent jufqu'au milieu de fa largeur. Au bord intérieur
elles en ont trois femblables, mais moins foncées. Entre
ces deux rangs de taches, font des plaques & des bandes
blanches fur le milieu de l'aîle. La premiere de ces plaques blanches, la plus proche de la bafe de l'aîle, eft formée en lozange & a au milieu une tache brune. Le bout
de l'aîle eft plus entremêlé de petites taches que le refte.
On trouve cette efpéce dans les prés.

J'ai eu d abord quelque doute que ce fût cette efpéce
que M. Linnæus eût voulu décrire, du moins fa defcrip-

tion y va peu ; mais la phrafe de Rai qu'il cite eſt bien celle de notre eſpéce. De plus celle qui ſuit dans l'ouvrage cité de M. Linnæus, n°. 1122, n'eſt pas différente, c'eſt le mâle de la nôtre & je les ai trouvés accouplés enſemble.

3. T I P U L A *alis exalbidis, linea marginali fuſca.* *Linn. faun. ſuec. n.* 1124.

Linn. ſyſt. nat. edit. 10 , *p.* 585 , *n.* 4. Tipula alis hyalinis coſta marginali fuſca.
Liſt. goed. 331 , *fig.* 139.
Goed. belg. 1 , *p.* 165 , *tab.* 44.
Bradl. natur. p 25 , *f.* 3.
Friſch. germ. 4 , *t.* 12.
Reaum. inſ. tom. 4 , *tab.* 11 , *fig.* 7 , & *tom.* 5 , *tab.* 3 , *f.* 1 , 2.
Raj. inſ. p. 72 , *n.* 1. Tipula vulgaris ſeu longipes.
Leuwenhoeck. epiſt. 1693 , *dec.* 20 , *f.* 4 , 5 , & 1714 , *octob.* 16 , *f.* 4.
Act. Upſ. 1736 , *p.* 31 , *n.* 6. Tipula cinerea, alis cinereis , margine exteriore fuſco.

La tipule à bords des aîles bruns.
Longueur 8 , 9 *lignes. Largeur* 1 *ligne.*

De toutes les grandes eſpéces de tipules, celle-ci eſt la plus commune dans ce pays-ci. Sa couleur eſt par-tout la même, d'un brun cendré. Les aîles ſont auſſi un peu brunes, mais principalement au bord extérieur, où il y a une longue bande brune qui le parcourt ſans aller cependant juſqu'au bout, & qui ſemble formée par les plis de l'aîle. Ces aîles ſont plus longues que le corps dans les mâles & plus courtes dans les femelles, le corps de celles ci étant allongé & finiſſant en pointe, au lieu que celui des mâles eſt plus court & gros par le bout. Dans les deux ſexes, les pattes ſont fort longues. On ne voit guères de différence dans cette eſpéce entre les antennes des mâles & celles des femelles, qui ſont les unes & les autres en filets ſimples & ſans poils latéraux. On trouve ſouvent dans les prairies cette tipule dont le vol eſt lourd.

4. T I P U L A *alis cineraſcentibus , lunula alba marginali. Linn. faun. ſuec. n.* 1126.

Linn. ſyſt. nat. edit. 10 , *p.* 586 , *n.* 8. Tipula lunata.

Act. Upf. 1736 , p. 30, *n* 4 Tipula cinerea, alis fufcis, macula lunata alba.
Raj. inf. p. 73 , *n.* 10. Tipula feptimæ fimilis , paulo tamen major, oculis
    viridefcentibus.

La tipule à aîles cendrées avec une tache blanche mar-
    ginale.
Longueur 8 *lignes.*   *Largeur* 1 ⅓ *ligne.*

Elle approche beaucoup de la précédente pour la grandeur , la forme & la couleur ; feulement il y a fur les côtés
du ventre du mâle deux bandes longitudinales plus claires,
une de chaque côté ; tout le refte du corps eft de couleur
cendrée. Les aîles font auffi un peu obfcures avec des
veines affez foncées : mais ce qui fait reconnoître cette
efpéce ; c'eft qu'au lieu de tache marginale noire au bord
de l'aîle , il y a une plaque blanche , tranfparente & claire , où l'on n'apperçoit point les nervures de l'aîle qui perdent leur couleur en cet endroit. On trouve cette tipule
dans les prés avec la précédente dont elle approche beaucoup.

5. **T I P U L A** *alis fubfufcis , thorace flavo caractheribus*
    nigris , abdomine luteo punctorum nigrorum lineis tribus
    longitudinalibus.

Raj. inf. p 73 , *n.* 7.
Linn. faun. fuec. n. 1130. Tipula alis membranaceis puncto fufco , abdomine
    flavo , lineis tribus fufcis longitudinalibus.
Linn. fyft. nat. edit. 10, p. 586 , *n.* 11. Tipula cornicina.
Rofel. inf. vol. 2 , *tab.* 1. Mufc. & culic.

La tipule jaune à points noirs rangés en trois bandes fur
    le ventre.
Longueur 6 *lignes.*   *Largeur* 1 *ligne.*

Cette efpéce eft jaune , fur-tout fa tête & fon corcelet
font d'un jaune citron. Ses antennes , fes yeux , & les appendices de fa bouche font noirs. Son corcelet a en-deffus
quelques taches longitudinales noires , qui forment trois
bandes obliques. Le ventre plus long dans les femelles,
eft de couleur jaune un peu plus foncée que celle
du corcelet , & chargé de points noirs rangés en trois

bandes longitudinales, une au milieu & une de chaque
côté du ventre. L'extrémité du ventre eſt de couleur fauve. Les aîles ſont un peu obſcures, & n'ont aucun point
marginal, mais ſeulement des veines noires; ce qui me
fait un peu douter que cette eſpéce ſoit celle que M. Linnæus a voulu déſigner dans l'endroit que jai cité. Les
pattes ſont fort longues, noirâtres, excepté les cuiſſes qui
ſont de couleur fauve, ſur tout à leur partie ſupérieure.
On trouve cette tipule très-communément dans les
prés.

6. TIPULA *flava, alis ſubfuſcis, punĉlo marginali
fuſco, thorace caraĉtheribus nigris, abdomine linea
longitudinali nigra.*

*La tipule jaune à tache marginale ſur les aîles, & à ban-
de brune ſur le ventre.*
Longueur 5 lignes. Largeur 1 ligne.

Celle-ci pourroit bien n'être qu'une variété de la précédente. Elle lui reſſemble pour la grandeur, les couleurs
& la forme : elle n'en différe qu'en deux choſes. Premiérement ſes aîles ont un point marginal brun, très-apparent
& bien marqué : ſecondement ſon ventre, qui eſt d'un
jaune plus brun que le corcelet, n'a qu'une bande brune
longitudinale non interrompue ſur ſon milieu. Les pattes
ſemblent auſſi moins noires que dans la précédente. On
la trouve avec elle dans les prés.

7. TIPULA *flava oculis nigris.*

La tipule jaune aux yeux noirs.
Longueur 4 lignes. Largeur ⅔ ligne.

Tout ſon corps eſt jaune à l'exception des yeux qui ſont
noirs. Ses aîles ont auſſi une petite teinte de jaune &
n'ont pas de point marginal, du moins bien marqué,
mais ſeulement un endroit un peu plus jaune, proche leur
bord extérieur. Ses pattes ſont fort longues. Cette tipule
varie un peu pour la grandeur.

8. **TIPULA** *nigra, pedibus, abdominifque maculis utrinque lividis, alis nigro maculatis.*

Linn. faun. fuec n. 1134. Tipula alis nigro maculatis, corpore nigro.
Linn. fift. nat. edit. 10 , p. 586 , *n.* 7. Tipula contaminata.

La tipule noire à taches jaunes & aîles maculées.
Longueur 5 *lignes. Largeur* 1 *ligne.*

Ses antennes & tout fon corps font d'un noir liffe & luifant, feulement fes pattes font d'un jaune livide , à l'exception des articulations qui font noires, & le fecond, le troifiéme , le quatriéme & le cinquiéme anneau du ventre font chargés chacun de deux points ou taches du même jaune , une de chaque côté. L'avant-dernier anneau eft tout noir & le dernier eft jaunâtre. Les aîles ont cinq ou fix taches noirâtres , placées le long de leur bord extérieur , alternativement plus grandes & plus petites , enforte que les unes ne reffemblent qu'à un point , & que les autres placées dans l'intervalle, forment une bande tranfverfe , compofée de plufieurs points. On trouve cette tipule dans les prés.

9. **TIPULA** *fufca ; alis albis punĉto marginali duplici fufco.*

La tipule brune à double point marginal.
Longu ur 3 *lignes. Largeur* ½ *ligne.*

Sa couleur eft cendrée , mais le deffus du corcelet & du ventre font p'us bruns. Cette couleur brune eft comme par anneaux fur le ventre. La tête eft petite pour le corps de l'animal & fes yeux font noirs. Les pattes font fort longues , & les ailes débordent de près de moitié le corps de l'infeĉte. Elles font blanches , tranfparentes , avec deux points marginaux bruns , l'un fupérieur plus petit & rond , l'autre un peu inférieurement plus grand & oblong , duquel part une petite raie ou nervure tranfverfe , qui coupe l'aile en faifant quelques angles. Ces deux points marginaux font le caraĉtere fpécifique de cette tipule.

10. TIPULA *alis fuscis , corpore atro. Linn. faun.*
suec. n. 1132.

Linn. syst. nat. edit. 10 *, p.* 586 *, n.* 12. Tipula nigra.

La tipule noire à aîles brunes.
Longueur 3 lignes. Largeur ½ ligne.

Elle est toute noire , mais nullement brillante ni lisse.
Ses aîles pareillement noirâtres, ont des veines noires &
un point marginal oblong peu marqué. J'ai trouvé cette
espéce au commencement du printems , dès la fin du
mois de mars.

11. TIPULA *tota atra lævis.*

La tipule toute noire.
Longueur 2 ½ *lignes. Largeur* ¾ *ligne.*

Cette espéce est toute noire. Son corps est lisse & un peu
luisant. Ses pattes font assez longues & ses aîles font arrondies , courtes & de couleur noirâtre.

12. TIPULA *atra , abdomine utrinque limbo ferrugineo.*

La tipule noire à ventre bordé de jaune.
Longueur 3 lignes. Largeur 1 ligne.

Elle est toute noire , à l'exception des bords de son ventre , qui de chaque côté font d'un jaune fauve. Ses aîles
font noires & débordent le ventre d'un bon tiers par le bas.
Ses pattes ne font pas si longues à proportion que dans
la plùpart des espéces précédentes.

13. TIPULA *plumbea , alis albis.*

La tipule de couleur plombée à aîles blanches.
Longueur 3 lignes. Largeur 1 ligne.

Sa couleur est d'un brun foncé & plombé , fans mélange
d'aucune autre couleur. Ses aîles font claires & tranfparentes fans point marginal. Ses pattes font fort longues
& les aîles débordent le corps d'un quart.

14. TIPULA *flavefcens , puncto marginali alarum cinereo.*

La tipule jaune à point marginal de couleur cendrée.
Longueur 2 ½ lignes. Largeur ⅓ ligne.

Ses yeux font noirs , le refte de fon corps eft d'un jaune pâle , un peu brun fur le deffus du ventre. Les pattes font très-longues & très-fines. Ses aîles blanches & veinées ont un point marginal de couleur cendrée , un peu blanchâtre proche leur bord extérieur. On trouve cette efpéce dans les prés avec les précédentes.

SECONDE FAMILLE.

Tipules culiciformes.

15. TIPULA *alis albo fufcoque teffellatis , corpore fufco. .*

La tipule à aîles en damier.
Longueur 2 ½ lignes. Largeur ½ ligne.

Sa tête eft petite , ronde & noire. Ses antennes courtes & feulement deux fois auffi longues que la tête , font pareillement noires. Tout fon corps eft d'un brun livide. Ses pattes font un peu plus claires , à l'exception des tarfes qui font noirâtres. Ses aîles que l'infecte porte croifées fur lui , & qui débordent le corps de près de moitié , font joliment tachetées de brun. Ces taches fe trouvent pofées alternativement , ce qui forme avec le blanc de l'aîle une efpéce de damier ou d'échiquier. On trouve communément cet infecte dans les prés.

16. TIPULA *fufca , thorace virefcente ; alis pellucidis ; puncto nigro.*

Linn. faun. fuec. n. 1135. Tipula, thorace virefcente ; alis membranacei coloris , puncto nigro.
Linn. fyft. nat. edit. 10, p. 587 , n. 19. Tipula plumofa.
Iter. œland. 40 . 41 , 86 , 160.
Reaum. inf. tom. 4 , tab. 14 , fig. 12 ·Larva.

Goed.

Goed. belg. 3 , p. 35 , f. X.
Lift. Goed. 336 , f. 140.

La tipule à corcelet vert & point marginal noir fur les aîles.

Longueur 3 lignes. Largeur ⅓ ligne.

Le corps de cette tipule eft brun, fon corcelet feule-ment eft un peu verdâtre : fes yeux font noirs & les anneaux de fon ventre ont chacun une bande plus pâle. Ses pattes font d'une couleur plus claire que le refte du corps ; celles de devant font beaucoup plus longues que les autres. Sous le corcelet, eft une boffe ou groffe appendice fituée entre la premiere & la feconde paire de pattes. Les aîles couchées fur le corps de l'infecte font blanches & tranfpa-rentes, avec un point noir ou brun vers leur milieu proche leur bord extérieur, formé par la réunion des nervures. Le mâle a fes antennes en panaches touffues, ornées de quan-tité de petits poils, & de plus fa queue qui eft terminée par deux crochets, déborde fes aîles, & il la porte ordi-nairement relevée. La femelle a les antennes moins char-gées de poils, & fa queue qui ne déborde pas les aîles n'eft point relevée.

La larve qui donne cet infecte, eft longue, rouge, com-pofée de douze anneaux, avec une queue divifée en deux & comme fourchue. Elle a deux pattes proche la tête & deux autres avant la queue, fans crochets, mais feule-ment couronnées de poils, & outre cela, à l'avant-dernier anneau de fon corps, on voit quatre appendices filiformes plus longues que les pattes. Cette larve fe trouve dans l'eau des étangs & des ruiffeaux, où elle forme dans la terre & dans la glaife de longs tuyaux, dans lefquels elle fe métamorphofe, & d'où fort la tipule, qui dans le moment de fa naiffance eft d'un beau vert, mais qui brunit enfuite. L'infecte aîlé fe trouve partout, mais fur-tout dans les endroits aquatiques.

17. TIPULA *fufca , abdomine anterius viridi. Linn.*
faun. fuec. n. 1136.

Tome II.   Bbbb

Linn. fyft. nat. edit. 10 , *p.* 587 , *n.* 20. Tipula virefcens , alis immaculatis, pedibus anticis longiffimis.

La tipule brune à ventre de couleur verte en-devant.
Longueur 2 *lignes.* *Largeur* ¼ *ligne.*

Cette efpéce varie beaucoup pour la grandeur & la groffeur. Le ventre dans la plûpart eft cylindrique, long & mince comme un filet, du moins dans les mâles. Tout l'infecte eft brun, à l'exception du ventre qui eft vert, encore les trois derniers anneaux & quelquefois les quatre derniers font-ils bruns. Les aîles font tranfparentes fans taches ni points & couchées fur le ventre. Les pattes font blanchâtres avec un peu de noir aux articulations ; celles de devant font fines & très-longues. Les antennes font en plumet ou panache, du moins celles du mâle. On trouve cet infecte très-communément dans les bois fur les feuilles des arbres , & même il vient dans les maifons fur les vitres des fenêtres.

18. **TIPULA** *pedibus anticis maximis antenniformibus motatoribus , annulo albo. Linn. faun. fuec. n.* 1137.

Linn. fyft. nat. edit. 10 , p. 587 , *n.* 21. Tipula motatrix.
Frifch. germ. 11 , p. 7 , *t.* 13. Culex luteo-viridis , pedibus antenniformibus.

La tipule à pattes en forme d'antennes , ornées d'un anneau blanc.
Longueur 1 *ligne.* *Largeur* ¼ *ligne.*

La couleur de cette tipule varie : les unes font d'un vert clair, les autres d'une couleur rouge pâle comme couleur de chair, avec différentes taches noires. Le deffus de fon corcelet a trois bandes noires longitudinales , dont les deux latérales font plus longues que celle du milieu. Les pattes font noires, mais une partie du milieu des jambes eft blanche & forme une efpéce d'anneau long. Les pattes de devant font fort longues, & lorfque l'infecte eft pofé , il les tient en l'air & les agite comme des antennes. Les antennes beaucoup plus courtes que ces pattes , forment un plumet orné de beaucoup de poils, du moins dans les mâles. On trouve cette tipule dans les bois & les prés, & sa larve vient dans l'eau. Sa grandeur varie beaucoup.

19. TIPULA *pedibus anticis maximis antenniformibus motatoribus immaculatis.*

    a. *Corpore viridi.*
    b. *Corpore fusco, abdomine annulis pallidis octo.*

Reaum. inf. tom. 3, *tab.* 14, *f.* 11 — 14.

La tipule à pattes en forme d'antennes sans anneaux.
Longueur 2 ½ *lignes. Largeur* ⅓ *ligne.*

Nous avons deux variétés de cette espéce, qui pourroient même faire deux espéces différentes, si leur grandeur permettoit d'appercevoir distinctement toutes leurs différences.

La premiere a le corps tout vert & les yeux noirs : sur son corcelet il y a trois bandes longitudinales d'un jaune rougeâtre ; elle approche beaucoup de l'espéce précédente.

La seconde un peu plus grande que l'autre, est toute brune, avec huit anneaux ou bandes transverses pâles sur le ventre, & trois bandes longitudinales noirâtres sur le corcelet. Ses pattes sont plus pâles que son corps.

Toutes deux ont les pattes de devant très-longues, & lorsqu'elles sont posées, elles les tiennent en l'air & les agitent comme des espéces d'antennes. Toutes deux ont un petit point noir sur le milieu de l'aîle, près le bord extérieur, formé par la jonction de deux nervures, comme dans l'avant-derniere espéce. Enfin dans toutes les deux, les antennes des mâles forment de beaux plumets. On les trouve avec l'espéce précédente.

La larve de la derniere des deux est rouge, & se rencontre dans l'eau. Elle habite dans une espéce de coque brune faite

de foie, au moins pour la plus grande partie. Cette coque
a la figure d'un fuſeau renflé dans ſon milieu.

20. TIPULA *pedibus albis annulis nigris, alis albis
cinereo maculatis.*

Linn. faun. ſuec. n. 1139. Tipula pedibus albis, annulis novem nigricantibus
alis albo cinereoque maculatis.
Linn. ſyſt. nat. edit. 10, *p.* 587, *n.* 24. Tipula monilis.

La tipule à pattes d'arlequin.
Longueur 1 ⅓ *ligne.　Largeur* ¼ *ligne.*

Sa couleur eſt noire, mais ſes pattes ſont blanches avec
des anneaux noirs qui les entrecoupent très-joliment. Ces
anneaux ſont aux articulations & au milieu de chaque
partie des pattes, comme de la cuiſſe, de la jambe, &c.
ce qui fait aiſément reconnoître cette eſpéce. Les aîles
ſont blanches avec un point marginal noir, & des taches
cendrées aſſez grandes. On trouve cette tipule dans les
prés & ſur les fenêtres des maiſons.

21. TIPULA *viridis, alis albis immaculatis. Linn.
faun. ſuec. n.* 1140.

La tipule verte à aîles blanches ſans taches ni points.
Longueur 1 ¼ *ligne.　Largeur* ⅓ *ligne.*

Ses yeux ſont noirs. La couleur de ſon corps eſt d'un
vert jaunâtre, & le ventre eſt d'un très-beau vert, ainſi
que les pattes qui ſont fort longues, ſur-tout celles de
devant. Les aîles ſont blanches, ſans taches ni points, &
l'animal les tient couchées ſur ſon ventre. Les articulations des pattes ſont noirâtres & les antennes du mâle
forment de beaux plumets.

Les femelles ſont différentes : elles ſont plus courtes
des deux tiers, plus ramaſſées, & d'une couleur jaunâtre.
Les antennes ſont courtes, & ne ſont preſque pas chargées de poils.

Cette petite tipule eſt commune par-tout.

22. TIPULA *viridis, alarum faſcia transverſa fuſca.*

La tipule verte à bande tranſverſe ſur les aîles.
Longueur 1 ½ ligne.   Largeur ⅓ ligne.

Son corcelet & ſes pattes ſont d'un vert jaunâtre, & ſon ventre eſt d'un vert plus clair. Il eſt plus gros, plus court, & moins en filet que dans les eſpéces précédentes. Les aîles plus longues que le ventre, ſont chargées vers leur milieu d'une bande tranſverſe un peu brune & aſſez large, ce qui fait aiſément reconnoître cette eſpéce. Les antennes forment ſur la tête des mâles, de très-beaux plumets.

23. TIPULA *fuſca; alis albidis, punĉto quadruplici fuſco.*

Reaum. inſ. tom. 5, tab. 5, fig. omnes.

La tipule brune à quatre points bruns ſur les aîles.
Longueur 1 ⅓ ligne.   Largeur ⅙ ligne.

Le mâle de cette eſpéce eſt tout brun; ſon corcelet eſt gros & ſon ventre allongé en filet. Ses pattes ſeules ſont plus pâles & leurs articulations ſont brunes. Ses antennes forment des plumets touffus.

La femelle, plus courte & plus groſſe, n'a que deux tiers de ligne de long: elle eſt d'une couleur plus claire; ſon corcelet ſeulement eſt chargé de trois raies longitudinales brunes, & les jointures des pattes ſont d'un brun foncé. Ses antennes ſont courtes & très-peu velues.

Les deux ſexes ont les aîles blanches avec quatre points bruns ſur chaque aîle, quoique la figure de M. de Reaumur n'en marque que trois. Un de ces points eſt en haut, un autre en bas, & il y en a ſur la même ligne au milieu, deux autres de forme quarrée, dont l'un eſt proche le bord intérieur, l'autre près le bord extérieur de l'aîle. Cette jolie tipule ſe trouve ſouvent aux vitres des fenêtres.

Sa larve vient dans l'eau: elle eſt rouge & reſſemble à un ver qui a en-devant deux eſpéces de bras, & poſ-

térieurement quatre cordons, dont deux partent du dernier anneau & deux de l'avant-dernier. Cette conformation singuliére a fait nommer ces larves par M. de Reaumur, *vers polypes*.

24. TIPULA *fusca*, *alis albis fusco reticulatis*.
Planch. 19, fig. 2.

La tipule à aîles reticulées.
Longueur 1 ½ ligne.

Sa couleur est brune par-tout, mais les mâles ont quelques taches pâles sur le corcelet, & les bords des anneaux
de leur ventre sont d'une couleur un peu plus claire, ce
que n'ont point les femelles qui sont par-tout du même
brun. Celles-ci sont plus courtes & plus grosses que les
mâles, & elles ont leurs antennes en filets, tandis que
les mâles les ont en plumets. Dans les deux sexes les aîles
sont reticulées de brun, & ce reseau brun étant large, le
blanc du fond de l'aîle forme des espéces de taches blanches isolées. La couleur brune des aîles est plus foncée
dans les femelles que dans les mâles.

La larve de cet insecte vient dans l'eau. Elle est grise,
mince, longue de près de trois lignes, & on voit à sa
queue quatre aigrettes de poils, dont deux aux côtés qui
partent du corps même, & deux tout au bout, portées
sur des pédicules. Sa nymphe court aussi assez vivement
dans l'eau. Elle ressemble à celle du cousin, ayant comme elle, vers le derriere de la tête, deux petits cornets
qu'elle applique souvent à la surface de l'eau, pour pomper l'air. Elle est composée de neuf anneaux, & sa queue
se termine par une espéce de nageoire barbue & velue.

25. TIPULA *fusca*, *alis albis immaculatis*.

La tipule brune à aîles blanches.
Longueur 1 ⅓ ligne. Largeur ¼ ligne.

Elle est toute brune & allongée. Ses pattes de devant

font fort longues. Ses antennes forment de beaux plumets, & ses aîles sont blanches sans aucune tache.

26. TIPULA *atra, alis niveis.*

La tipule noire à aîles blanches.
Longueur 1 ligne. Largeur ⅛ ligne.

Le mâle de cette petite espéce, est allongé comme les
précédens, avec le ventre mince & en filet. Sa couleur
est par-tout d'un noir matte. Ses antennes forment de
beaux plumets. Ses aîles sont d'un blanc laiteux, qui se
fait d'autant plus remarquer, que son corps est fort
noir.

La femelle est très-différente, & il faut les avoir vûs
accouplés ensemble, pour n'en pas faire une autre espéce. Elle est courte, grosse, de couleur jaune avec les
yeux noirs. On trouve cette tipule par-tout dans les bos-
quets des jardins.

27. TIPULA *luteo fuscoque variegata, pedibus nigris,*
tibiis albis.

La tipule à pattes noires & jambes blanches.
Longueur 1 ¼ ligne. Largeur ⅓ ligne.

Cette espéce est une des plus jolies que nous ayons.
Sa tête est jaune avec un peu de brun en-dessus, & ses
yeux sont noirs. Son corcelet a en-dessus quatre taches
brunes, une en devant, une en arriere & une sur chaque
côté; toutes les quatre sont assez grandes & ne laissent
entr'elles qu'un médiocre intervalle jaune. Le dessous du
corcelet est jaune. Le ventre a alternativement des bandes jaunes & brunes, mais qui ne sont pas à égale distance. Les pattes sont noires, mais les jambes, du moins
dans leur milieu, sont d'un beau blanc. Les aîles n'ont
point de taches, & les antennes du mâle forment des
plumets.

On trouve communément cette tipule dans les jardins
& les bois.

28. TIPULA *atro-fufca, alis nigris, abdomine conico acuto.*

La tipule noire à aîles noires.
Longueur 1 ⅔ ligne. Largeur ½ ligne.

Cette efpéce eft d'un noir brun & matte. Ses aîles font auffi noirâtres. Elle eft affez grande. Ses antennes font filiformes, nullement barbues & approchent de celles du bibion, mais elles font toutes d'une venue, & trois fois plus longues que la tête. Cet infecte a le ventre gros, conique, terminé en pointe. A la premiere vûe, il reffemble à une mouche. On le trouve dans les endroits humides des maifons & dans les jardins proche les murs humides, expofés au nord. Le mâle eft moitié plus petit que fa femelle.

BIBIO. *Tipulæ fpec. linn.*
LE BIBION.

Antennæ taxiformes perfoliatæ, capite vix longiores.	Antennes en if, perfoliées, prefqu'auffi courtes que la tête.
Os tentaculis incurvis articulatis.	Bouche accompagnée de barbillons recourbés & articulés.
Ocelli tres.	Trois petits yeux liffes.

Le bibion eft appellé dans quelques Ouvrages, *la mouche de Saint Marc*; probablement parce que l'on apperçoit quelquefois de très-bonne heure au printems, vers le tems de la fête de Saint Marc, quelques efpéces de ce genre qui font fort hâtives. Ce genre avoit été confondu jufqu'à préfent avec celui des tipules, auquel il reffemble à la vérité pour la conformation de fa bouche qui eft accompagnée de longs barbillons recourbés & compofés de plufieurs piéces articulées enfemble, précifément comme dans les tipules, dont il différe beaucoup par la forme de fes antennes. Ces dernieres, dans les

bibions,

bibions font très-courtes, fouvent à peine auffi longues
que la tête, & de plus elles font compofées d'anneaux
courts, grenus, enfilés les uns dans les autres, & repré-
fentant en quelque façon ces anciens ifs découpés par articles, dont on ornoit autrefois les jardins. Outre ce caractere qui éloigne ce genre de celui des tipules, les bibions ont encore un port tout-à-fait différent de celui
de ces infectes : ils font plus gros, moins éfilés, leurs aîles font larges, courtes & affez femblables à celles des
mouches.

C'eft dans les bouzes de vaches & dans la fange, qu'on
rencontre les larves de ces infectes. Ces larves, différentes de celles de la plûpart des infectes de cette fection,
reffemblent à des efpéces de vers allongés. Elles ont une
petite tête écailleufe, & leur corps compofé d'anneaux eft
hériffé de quelques poils, ce qui leur donne l'air de petites chenilles. Auffi les ai-je pris d'abord pour les chenilles
de quelque phalêne. Les ftigmates de ces larves font auffi
femblables à ceux des chenilles ; ils font fimples, pcfés
fur les côtés des anneaux, peu apparens, & ces infectes
n'ont point les deux grands ftigmates poftérieurs qu'on
remarque dans les larves des mouches & des tipules. Je
ne fais fi ces larves en groffiffant, changent plufieurs fois
de peau, comme les chenilles & beaucoup d'autres. Mais
lorfqu'elles veulent fe métamorphofer, elles la quittent
entiérement, & l'on voit pour lors la nymphe qui eft
molle & dans laquelle on reconnoît affez bien plufieurs
des parties qui doivent compofer le corps de l'infecte
parfait.

Lorfque cet infecte eft forti de fon état de nymphe, on
le voit voltiger dans les jardins & fouvent dans les maifons. Son vol eft lourd & il eft très-aifé à prendre. Parmi les efpéces de ce genre, il y en a quelques-unes qui
offrent des particularités remarquables. *Le bibion rouge
de faint Marc* eft fingulier en ce que le mâle ne reffemble
point du tout à fa femelle. Celle-ci a le corcelet rouge &

Tome II.   C c c c

le ventre jaunâtre, elle eft groffe, large & liffe, tandis
que le mâle eft plus éfilé, tout noir & velu. Je ne me
ferois jamais imaginé que ces deux individus ne différaf-
fent que par le fexe, fi je ne les avois trouvés très-fréquemment accouplés enfemble. Les deux bibions à aîles frangées font très-jolis & méritent d'être examinés de près,
pour découvrir la fineffe & la délicateffe de leurs parties,
que leur petiteffe ne permet pas d'abord d'appercevoir. Ces
petits infectes courts & ramaffés, ont de très-jolies antennes
& leurs aîles paroiffent démésurément grandes & larges
pour le petit volume de leur corps. Ces aîles vûes de
près, font également bordées d'une belle & grande frange
de poils qui eft admirable.

1. BIBIO *atro-fufcus*, *pedibus lividis, alarum puncto*
marginali fufco.

Le bibion noir à pattes jaunâtres & point marginal.
Longueur 3 lignes.   Largeur 1 ligne.

Sa couleur eft d'un noir brun matte & nullement brillant : l'infecte eft très-peu velu. Ses pattes font d'une couleur jaune livide. Ses cuiffes, fur-tout les antérieures, font
groffes. Les aîles un peu brunes, font chargées d'un point
marginal noirâtre. Ses antennes font de la moitié de la
longueur de fa tête. Il y a quelques différences entre le
mâle & la femelle. Celle-ci eft prefque brune en-deffous,
au lieu que le mâle eft tout noir : le mâle a les cuiffes noires & le refte des pattes plus foncé pour la couleur, que
dans la femelle qui a toutes les pattes & même les cuiffes
d'un jaune livide plus clair.

2. BIBIO *ater hirfutus*, *alis albis margine exteriore*
nigro.

Linn. faun. fuec. n. 1145. Tipula atra oblonga hirta, alis nigricantibus.
Linn. fyft. nat. edit. 10, p. 588, *n.* 29. Tipula febrilis.
Act. Upf. 1736, p. 33, *n.* 61. Mufca oblonga atra hirfuta, alis fufcis incum-
bentibus, pedibus nigris.
Petiv. gazoph. 22, *t.* 14, *f.* 4. Mufca oblonga noftras nigra.

Goed. belg. 1 , *p.* 31 , *t.* 6.
Lift. Goed. 260 , *t.* 108.
Reaum. inf. tom. 5 , *tab.* 8 , *fig.* 1 , 2 , 3.

Le bibion de faint Marc , noir.
Longueur 4 ½ *lignes. Largeur* 1 *ligne.*

Ce bibion eft affez long, tout noir & un peu velouté.
Il porte , comme le fuivant , fes aîles croifées fur fon
corps. Elles font blanches, tranfparentes , & leur bord
extérieur eft plus épais & noir. Le mâle & la femelle font
de même couleur , feulement la femelle a le ventre plus
gros & plus court. Ce bibion s'envole difficilement , &
fe laiffe aifément prendre. On le trouve communément
au commencement de l'été fur les arbres.

3. BIBIO *alis albis margine exteriore nigro , thorace
abdomineque rubris.* Planch. 19 , fig. 3.

Linn. faun. fuec. n. 1147. Tipula alis albis , margine exteriore nigris , thorace
abdomineque rubro.
Linn. fyft. nat. edit. 10, *p.* 588, *n.* 31. Tipula hortulana.
Act. Upf. 1736 , *p.* 33 , *n.* 62. Mufca corpore rubro , capite pedibufque nigris ,
alis albidis margine exteriore nigro cum puncto.
Reaum. inf. tom. 5 , *tab.* 7 , *fig.* 7 , 8 , 9 , 10. Mouches de faint Marc.

Le bibion de faint Marc , rouge.
Longueur 4 *lignes. Largeur* 1 *ligne.*

Sa tête , fes pattes & fes antennes font noires. La tête
eft fort petite & les antennes font encore plus courtes
que la tête. Le corcelet eft rouge & liffe, & le ventre eft
plus jaunâtre. A la jonction du ventre & du corcelet, il y
a un peu de noir. Les aîles font d'un tranfparent un peu
brun, & ont leur bord extérieur épais & noir. Celles que
nous venons de décrire font les femelles.

Leurs mâles font tout noirs & tout-à-fait femblables
aux bibions de l'efpéce précédente , fi ce n'eft qu'ils font
plus petits & qu'ils ont les cuiffes de devant plus groffes.
Sans cela on les regarderoit comme une fimple variété
plus petite de l'efpéce ci-deffus ; mais l'accouplement
fait voir qu'on ne doit pas les confondre , quoiqu'ils leur

reſſemblent beaucoup & qu'ils différent conſidérablement de leurs femelles.

Les larves de ces bibions ſe trouvent dans les bouzes de vache.

4. **BIBIO** *alis deflexis cinereis , ovato-lanceolatis , ciliatis, immaculatis.*

Linn. faun. ſuec. n. 1148. Tipula alis deflexis cinereis ovato-lanceolatis ciliatis.
Linn. ſyſt. nat. edit. 10 , *p.* 588 , *n.* 31. Tipula phalænoides.
Act. Upſ. 1736 , *p.* 31 , *n.* 13. Culex alis depreſſis margine villoſis.
Friſch. germ. 11 , *p.* 6 , *t.* 11. Culex parvus cinereus , alis pendulis.
Leuwenhoec. epiſt. 1692 , *jun.* 24 , *p.* 473 , *f.* 2 , 3.

Le bibion à aîles frangées & ſans taches.
Longueur ⅔ *ligne. Largeur* ⅓ *ligne.*

Sa couleur eſt noirâtre ; ſes aîles ſont de couleur un peu cendrée, ſtriées de veines longitudinales, plus longues du double que le corps de l'inſecte, en forme de fer de pique & frangées finement par tous leurs bords. L'animal les porte poſées latéralement un peu en toît, à peu près comme les phalênes. Les antennes un peu plus longues que la tête, ſont compoſées de onze articles demi-circulaires, enfilés comme des grains de chapelet par un petit fil très-mince.

On trouve très-communément ce petit bibion dans les endroits humides, renfermés, & le long des mûrs des latrines.

5. **BIBIO** *alis deflexis cinereis , ovato-lanceolatis , ciliatis , nebuloſo-maculatis.*

Le bibion à aîles frangées & couvertes de taches nébuleuſes.
Longueur 1 *ligne. Largeur* ½ *ligne.*

Il reſſemble tout-à-fait au précédent pour la forme & les couleurs, il eſt ſeulement un peu plus grand, & ſes aîles frangées à leur bord, ont des taches tranſverſes, nébuleuſes, noirâtres. Ces taches des aîles paroiſſent formées de petits poils , ou de petites écailles à peu près comme celles des papillons , car elles s'en vont aifément en frottant l'aîle. On trouve cet infecte fur les arbres dans les bois touffus & couverts.

CULEX.

LE COUSIN.

Antennæ pectinatæ (maribus plumofæ.)	Antennes pectinées (en panache dans les mâles.)
Os fiphone filiformi.	Bouche formée par un tuyau mince & filiforme.
Ocelli nulli.	Point de petits yeux liffes.

Le genre des coufins eft très-aifé à reconnoître par le concours des deux caracteres que nous donnons. De tous ceux de cette fection , il n'y a que le genre des tipules qui ait les antennes pectinées , mais leur bouche eft très-différente de celle des coufins qui ont une trompe mince & très-éfilée. Auffi les coufins font-ils affez généralement connus ; ils ne font confondus qu'avec les petites tipules culiciformes qui leur reffemblent pour le port & la figure extérieure. Tout Naturalifte évitera aifément cette erreur, en examinant avec un peu de foin la bouche des uns & des autres.

. Il y a peu de genres qui ayent été examinés avec autant d'attention , & dont on ait décrit les manœuvres avec autant d'exactitude que celui des coufins. Swammerdam, M. de Reaumur & plufieurs autres auteurs fe font plûs à décrire dans le plus grand détail , toutes les métamorpho-fes du coufin, qui font très-finguliéres ; ils ont donné fon hiftoire fort au long , & l'ont accompagnée de figures , la plûpart très-exactes. Nous nous bornerons donc à donner le précis de l'hiftoire d'un genre qui eft déja fort connu.

. La larve du coufin fe trouve dans l'eau & fur-tout dans

les eaux dormantes & tranquilles. Les réfervoirs , les baquets que l'on tient dans les jardins , en font ordinairement remplis. Cette larve eft compofée de neuf anneaux en tout, fans compter fa tête. A la tête, on remarque deux yeux , deux machoires aigues & plufieurs aigrettes de poils. Le premier anneau qui fuit la tête, eft beaucoup plus gros que les autres. Ceux qui fuivent, font plus petits & vont toujours en diminuant de groffeur jufqu'au dernier. De ce dernier anneau , part un tuyau long, évafé & frangé par le bout. C'eft une efpéce de ftigmate, un tuyau par lequel cet infecte refpire & pompe l'air. Pour cet ufage , l'infecte s'éleve vers la furface de l'eau , & y applique le bout frangé de fon tuyau qui a une libre communication avec l'air extérieur , tandis que le refte de fon corps eft plongé dans l'eau la tête en bas. On voit trèsfouvent l'infecte tranquille dans cette pofture, & fi on l'examine fans agiter l'eau, on apperçoit de tems en tems fes excrémens fortir de l'ouverture de l'anus qui eft au dernier anneau du côté oppofé au tuyau. Dès qu'on agite l'eau, cette petite larve fe précipite au fond en faifant des zig-zags & nageant avec la plus grande agilité. Cette larve fe nourrit de monocles & autres petits infectes aquatiques.

Lorfqu'après avoir changé plufieurs fois de peau, elle eft parvenue à fa groffeur, qui ne va qu'à deux ou trois lignes de long tout au plus, elle fe change en nymphe. Pour cet effet, elle fe dépouille entiérement de fa peau, qui fe fend d'abord à l'endroit du plus gros anneau dont nous avons parlé , & dans ce dépouillement, elle perd fon tuyau poftérieur, par lequel elle refpiroit. Mais au lieu de ce tuyau, la nymphe qui fort de la larve, en acquiert deux autres placés à fa partie antérieure.

Cette nymphe eft des plus fingulieres. Sa partie antérieure qui eft beaucoup plus groffe que le refte de fon corps, eft tellement recourbée, que fa tête femble rentrer en-devant dans la poitrine , & que c'eft le dos du corcelet qui se trouve faire la partie la plus élevée du corps. Qu'on imagine un homme qui auroit la tête, le col & le haut des épaules courbés en-devant, de façon que son visage fût collé contre sa poitrine, & que ses épaules fissent le haut de son corps : telle est à peu près la figure de la nymphe du cousin. Du dos du corcelet qui fait le haut de son corps, partent deux stigmates allongés, deux tuyaux respiratoires évasés par leur ouverture, comme des espéces de cornets. Le reste de son corps est composé d'anneaux qui vont en diminuant vers le bout & dont le dernier se termine en une espéce de queue applatie qui sert à la nymphe à nager & à courir dans l'eau. Cette nymphe est aussi agile que sa larve ; elle a aussi également besoin de respirer l'air extérieur. Aussi elle s'éleve souvent en haut & elle approche de la surface de l'eau ses deux cornets aëriens, par lesquels, dans cet état, elle paroît comme suspendue, restant tranquille & immobile. Dès qu'elle sent le moindre mouvement dans l'eau, elle se précipite au fond par le moyen des anneaux de son ventre, & surtout de la nageoire de sa queue. On voit, quoiqu'un peu confusément, dans cette nymphe, les antennes, les pattes, en un mot toutes les parties de l'insecte parfait qui en doit sortir. Tant qu'elle reste en cet état, elle ne prend point de nourriture, & elle n'en a pas besoin quoiqu'elle se donne beaucoup de mouvement.

Au bout de huit ou dix jours, on voit sortir l'insecte parfait de sa nymphe. Pour opérer ce changement, la nymphe se tient à la surface de l'eau. Pour lors sa peau s'ouvre dans sa partie supérieure entre les deux tuyaux respiratoires du corcelet. Alors le cousin commence à dégager par cette ouverture sa tête & son corcelet, ensuite ses pattes de devant, à l'aide desquelles il tire le reste de son corps, s'appuyant sur sa dépouille qui lui sert comme de batteau pour le soutenir sur l'eau. Dès qu'il est tout-à-fait sorti, il déploye ses ailes avec lesquelles il s'éloigne de l'eau qui lui devient aussi nuisible qu'elle lui étoit néceſſaire auparavant. Il arrive même ſouvent que des couſins à moitié ſortis de leur dépouille de nymphe, ſont renverſés par le vent ou le mouvement de l'eau, & qu'ils périſſent ainſi noyés, ſans avoir pû ſe dégager tout-à-fait de leur enveloppe.

L'inſecte parfait, le couſin ſorti de ſa coque ſe retire ordinairement dans les bois humides, toujours auprès des eaux où il doit aller dépoſer ſes œufs. Sa tête eſt petite. On y remarque les yeux, les antennes & la trompe. Ses yeux ſont aſſez grands & à reſeau ; mais cet inſecte n'a que ces deux yeux ; on n'apperçoit point ſur le derriere de ſa tête ces petits yeux liſſes que nous avons remarqués dans beaucoup d'inſectes, & qui ſe trouvent dans preſque tous ceux de cette ſection. Ses antennes ſont aſſez longues : celles de la femelle ſont compoſées de pluſieurs articles qui ſe diſtinguent & dont chacun donne naiſſance à quatre poils, deux de chaque côté, ce qui leur donne la figure d'un peigne double. Celles des mâles ſont bien plus barbues : les filets des côtés ſont plus longs & plus nombreux, enſorte que leurs antennes forment une eſpéce de plumet ou panache très-belle. La trompe qui part du devant de la tête, eſt fort longue, elle égale les deux tiers de la longueur du corps. Cette trompe eſt compoſée de pluſieurs piéces aigues, fermes & très-fines, renfermées dans un étui qui paroît lui-même aſſez délié. Outre cet étui, on voit encore aux côtés de la trompe, deux eſpéces de demi-fourreaux, qui ſe joignant enſemble, enveloppent la trompe & ſon étui. Ces demi-fourreaux, dans les femelles, ſont ſimples, & ne recouvrent guères que la moitié de la trompe ; mais dans les mâles ils égalent ou même ſurpaſſent la longueur de la trompe, & ſe terminent au bout par de belles panaches ou houppes de poils, qui accompagnent la trompe à droite & à gauche. Lorſque l'inſecte veut piquer & ſe ſervir de ſa trompe, il inſere aſſez profondément les petites piéces contenues dans l'étui, juſqu'à ce qu'il ſoit parvenu à un

vaiſſeau

vaiffeau fanguin. L'étui qui eft flexible, fe recourbe pour lors à mefure que les piéces de la trompe s'enfoncent & il ne pénétre pas avec elles dans la peau. L'ouverture faite, l'infecte attire le fang qui monte de lui-même entre les aiguillons de la trompe, à peu près par le même méchanifme qui fait monter les liqueurs dans les tuyaux capillaires.

Le corcelet du coufin eft gros pour cet infecte. Il eft arrondi en-deffus & comme boffu. Sa couleur eft brune, avec quelques bandes longitudinales plus foncées. Des deux côtés du corcelet, vers le bas, tirent leur origine les aîles de l'infecte, & fous l'attache des aîles on voit les petits balanciers qui font très-marqués & fort apparens dans le coufin, où ils font à nud & nullement recouverts d'aîlerons, comme dans plufieurs autres infectes à deux aîles. Les aîles du coufin, au nombre de deux, font oblongues, claires & tranfparentes, avec plufieurs nervures. Si on les regarde à la loupe, on voit que les nervures & les bords des aîles font garnis de plufieurs petites écailles femblables en petit, à celles dont font couvertes les aîles des phalênes & des papillons. Enfin au deffous du corcelet, on apperçoit l'origine des fix pattes de cet infecte. Ces pattes prennent naiffance d'efpéces de tubercules affez gros, qui font à la partie inférieure du corcelet. Elles font longues & déliées, fur-tout celles de derriere, & leur derniere partie qui forme le pied ou le tarfe de l'infecte, eft compofée de cinq piéces ou articulations.

Le ventre eft la derniere partie du corps du coufin. Il eft long, étroit, prefque cylindrique & compofé de huit anneaux. Sa couleur eft grife & on remarque feulement fur chaque anneau une bande tranfverfe plus brune.

On trouve le foir les coufins en quantité, fouvent beaucoup trop grande, dans les bois & au bord des ruiffeaux. C'eft-là qu'ils s'accouplent. Lorfque la femelle, après

avoir été fécondée, veut dépofer fes œufs, elle va retrouver l'eau d'où elle eft fortie ; elle y fait fa ponte. Ses
œufs femblables à un œuf très-allongé, imitent une petite quille, & l'infecte en pond toujours un grand nombre
à la fois, qui font attachés les uns contre les autres, &
forment ainfi un petit grouppe qui nage fur la furface de
l'eau. Cet amas d'œufs a ordinairement la figure d'un petit
bateau. Les œufs qui le compofent, touchent la furface de
l'eau par une de leurs pointes, & fe foutiennent l'un
l'autre dans cette pofition droite. Il paroît d'abord fort
difficile de concevoir comment l'infecte, en dépofant
fes œufs fur l'eau, les peut faire tenir dans cette direction.
L'obfervation feule nous apprend l'induftrie dont fe fert
pour cela le coufin. Cet infecte, en battant des aîles, fe
foutient fur la furface de l'eau, fur laquelle font pofées fes
pattes poftérieures plus longues que les autres. Ces dernieres pattes, ainfi appliquées fur l'eau, font en même
tems un peu croifées l'une fur l'autre. Dans cette pofition, l'infecte dépofe le premier œuf, qu'il foutient à
l'aide de fes pattes de derriere dans une direction verticale. Cela fait, il en dépofe un fecond qui fe colle au premier par une efpéce de glu qui l'enduit, & qu'il foutient
pareillement entre fes jambes croifées. Il continue pour
les autres la même manœuvre, qui devient plus aifée,
lorfqu'un certain nombre d'œufs collés enfemble, forme
une furface d'une certaine étendue qui peut fe foutenir
d'elle-même fur l'eau. Enfin, lorfque le coufin a dépofé
tout le grouppe d'œufs, qui forme, comme nous l'avons
dit, une efpéce de petit bateau pointu par les deux
bouts & terminé à chaque extrémité par un feul œuf, il
l'abandonne à lui-même & le laiffe flotter fur la furface
de l'eau. On trouve dans l'été une quantité confidérable de ces petits grouppes d'œufs de coufins, flottans
fur les eaux dormantes. Plufieurs deviennent la pâture
des poiffons ou de différens infectes, les autres donnent
des petites larves de coufins, qui éclofent au bout de

quelques jours. Ces larves fortent de leurs œufs par la partie inférieure qui touche l'eau , & dès qu'elles font éclofes , elles fe mettent à nager & à chercher leur nourriture.

Telles font les différentes métamorphofes du coufin ordinaire. Outre cette efpéce , nous en donnons encore une autre toute femblable , mais beaucoup plus petite, dont les aîles font panachées de points & de bandes noires. Quoique je ne connoiffe pas fa larve, l'analogie fait penfer que les manœuvres que cette efpéce employe, ne doivent pas beaucoup différer de celles du coufin commun.

1. CULEX *cinereus , abdomine annulis fufcis octo.* *Linn. faun. fuec. n.* 1116. Planch. 19 fig. 4.

Linn. fyft. nat. edit. 10 , *p.* 602 , *n.* 1. Culex pipiens.
Act. Upf. 1736 , *p.* 31 , *n.* 10. Culex vulgaris.
Flor. lap. on. 363. Culex vulgaris.
Reaum. inf tom. 4, *tab.* 43 , *f. omnes, &* 44 , *f. omnes.*
Swammerd. in-40. 95 — 99, *tab.* 2 , 3. Culex.
Swammerd. bibl. nat. t. 31 , *f.* 4 , *& fuivant , tab.* 32.
Blanck. belg. 171 , *t.* 15 , *fig.* A. B. C. D. Culex.

Le coufin commun.
Longueur 2 lignes. Largeur ½ ligne.

Nous avons donné dans le difcours qui eft à la tête de ce genre, la defcription de ce petit animal & de fes différentes métamorphofes. Si on eft curieux de connoître cet infecte encore plus particuliérement, on peut confulter Swammerdam , M. de Reaumur & quelques autres Naturaliftes qui ont donné fon hiftoire dans le plus grand détail.

2. CULEX *alis maculis tribus obfcuris , antennis apice bifurcis.*

Linn. faun. fuec. n. 1117. Culex alis aqueis , maculis tribus obfcuris.
Linn. fyft nat edit. 10 , *p.* 603 , *n.* 2. Culex pulicularis.
Flor. lap. on. 365. Culex lapponicus minimus.
Act. Upf. 1736, *p.* 31 , *n.* 12. Culex lapponicus minimus.

*Derrham. phyſico-theol. l. 4, c. 11, n. 20, ſ. 5, 6, 7. Culex minimus nigri-
cans maculatus.*

Le couſin à trois taches ſur les aîles.
Longueur ¾ ligne. Largeur ⅛ ligne.

Ce très-petit couſin eſt mince, allongé & de couleur
brune. Ses antennes, velues comme celles des couſins
communs, ſont fourchues par le bout. Ses aîles ſont
blanches, chargées de trois points bruns le long du bord
extérieur, deſquels partent autant de bandes tranſverſes
moins brunes. L'inſecte tient ſes aîles couchées ſur ſon
corps & un peu croiſées l'une ſur l'autre, enſorte que
les bandes des deux aîles ſe joignent & ſe confondent.
On trouve ce couſin dans les bois dès le printems. Je
l'ai trouvé à la butte du Jardin Royal, où il y a beaucoup d'arbres réſineux. M. Linnæus dit qu'il pique très-
fort, ce que je n'ai pas été curieux d'éprouver.

SECTION SIXIÉME.

INSECTES APTERES
OU
INSECTES SANS AÎLES.

CETTE section, la derniere de la classe des insectes, commence à s'éloigner des précédentes ; aussi est-elle très-aisée à caractériser. Tous les insectes qui la composent n'ont point d'aîles, & n'en acquiérent jamais, en quoi ils différent beaucoup de tous les autres, dont les uns ont deux aîles nues, les autres quatre aîles, ou nues, ou couvertes de petites écailles, & plusieurs des étuis plus ou moins épais & écailleux qui recouvrent leurs aîles. Mais outre ce défaut d'aîles qui fournit un caractere très-distinct, ces insectes ont encore plusieurs différences toutes assez singulieres. Les insectes que nous avons examinés jusqu'ici passent tous par plusieurs états ; ils sortent de l'œuf sous la forme de larves, & font pendant un certain tems dans l'état de nymphes ou de chrysalides, avant que de devenir insectes parfaits. Il n'en est pas de même dans cette section. La puce est la seule de ces insectes, qui subisse ces changemens & qui passe par ces trois états, tous les autres sortent de l'œuf sous leur forme parfaite ; ce font dès le premier moment des insectes parfaits : les petites araignées en sortant de l'œuf, les cloportes, les podures dès le premier instant de leur naissance, ont la même figure qu'ils conserveront toute leur vie ; à la grandeur près, ils ne changent point ; ou s'il s'opére en eux quelqu'espéce de changement, il ne consiste que dans l'accroissement successif de leurs parties, précisément comme dans les quadrupedes.

Parmi ces insectes, les uns sortent d'un œuf, ces petits animaux sont ovipares, d'autres sont vivipares & leurs petits sortent tous vivans du corps de la mere : tels sont les cloportes & les aselles. C'est ce qu'on peut observer tous les jours. On peut même faciliter, & pour ainsi dire accélérer l'espéce d'accouchement de ces insectes. Si on prend une femelle de cloporte, dont le ventre est gros & rempli de petits, & que l'on étende un peu fortement cet animal, de façon que la peau de son ventre s'entr'ouvre, on voit sortir du corps de cette mere une foule de petits cloportes vivans qui courent légérement, qui dans leur espéce sont des animaux parfaits, & ne différent des gros cloportes que par leur petitesse.

Dans ces premiers tems, lorsque ces insectes naissans sont encore petits, ils ne sont point en état de s'accoupler & de travailler à la propagation de leur espéce ; il faut qu'ils ayent pris leur croissance. Ainsi il en est de ces insectes comme des quadrupedes ; quoiqu'ils paroissent parfaits en naissant, ils ont besoin de croître, pour acquérir toute leur perfection, au lieu que les autres insectes croissent sous la forme de larve, & sont capables de s'accoupler, dès qu'ils sont parvenus à leur dernier état d'insectes parfaits.

Le corps de ces insectes est composé de trois parties, comme dans tous les autres ; savoir, de la tête, du corcelet & du ventre ; mais il y en a plusieurs parmi eux, où ces trois différentes parties ne sont pas bien distinctes. On les reconnoît aisément dans le pou, la podure, la forbicine & quelques-autres. Dans l'araignée & le faucheur, il semble qu'il n'y ait pas de tête ; la bouche, les yeux & les antennes sont placés au devant du corcelet, qui paroît en tenir lieu. Les monocles & les binocles, ainsi que plusieurs tiques, semblent pareillement avoir la tête & le corcelet tellement confondus ensemble, qu'il n'est pas aisé de les distinguer. Enfin les cloportes, les aselles, les scolopendres & les jules, dont le corps est composé d'un grand nombre d'anneaux qui font tous femblables, ont un tête très-diftincte, mais on ne voit rien qui caractérife en eux la diftinction du corcelet & du ventre. Ces deux parties font compofées d'une fuite des mêmes anneaux.

Outre ces différences qui font déja très-fenfibles, les infectes de cette fection en offrent encore beaucoup d'autres dans le détail de leurs différentes parties. Les antennes par lefquelles nous allons commencer, & qui font une des parties effentielles de la tête des infectes, fe trouvent dans ceux de cette fection, comme dans tous les autres, mais elles varient pour leur forme & même pour leur nombre. Tous les infectes que nous avons examinés jufqu'ici, nous ont fait voir conftamment deux antennes. L'afelle en a quatre diftribuées en deux paires. Quant à la forme des antennes, quelques genres en ont qui font fimples & filiformes, d'autres les ont finguliérement conftruites. Peut-on rien voir de plus joli que la figure des antennes de la pince, qui font armées à leur extrémité d'une efpéce de ferre, & qui reffemblent tout-à-fait aux pinces des écreviffes & des crabes, à la grandeur près ? Les antennes de l'araignée ont quelque chofe de bien plus fingulier encore. C'eft à l'extrémité de ces antennes qui fe terminent en bouton, que les mâles portent les parties du fexe, que plufieurs Naturaliftes ont inutilement cherchées dans ces infectes, ne s'étant pas imaginé qu'un animal dût avoir les parties de la génération fituées fur le haut de fa tête. Nous examinerons plus en détail cet article curieux, en parlant des araignées. Le faucheur qui a tant de rapports avec l'araignée, a des antennes différentes, mais qui ne font guères moins extraordinaires. Ces antennes font coudées, forment un angle très - aigu, & à l'endroit de cet angle, elles font plus groffes que par - tout ailleurs. Celles de l'afelle & du cloporte font fimplement coudées & compofées de plufieurs piéces, qui à leur jonction forment différens angles. Mais il y a encore un genre dont les antennes méritent d'être remarquées : c'est le genre des monocles. Les antennes de ces petits animaux font branchues, hérissées de plusieurs poils latéraux, & dans plusieurs espéces de ce genre, elles forment une jolie aigrette, qui paroît servir de rame à l'insecte pour nager & sauter dans l'eau.

Les yeux de ces insectes n'offrent guères moins de singularités que leurs antennes. Aucun d'eux n'a ces petits yeux lisses que nous avons observés sur beaucoup d'insectes à deux & à quatre aîles, mais en récompense le nombre de leurs yeux offre des variétés singulieres. Les autres insectes ont tous deux grands yeux à reseau ni plus ni moins. Beaucoup de genres de cette section font dans le même cas, mais il y en a deux qui font bien singuliers par rapport au nombre de leurs yeux, ce font les monocles & les araignées. Les monocles n'ont qu'un seul œil, ce font des espéces de cyclopes, plus petits, mais plus réels que ceux de la fable, & c'est ce qui les a fait appeller monocles. Les araignées au contraire ont huit yeux, tous placés sur le devant du corcelet, qui tient lieu de tête dans ces insectes, mais diversement rangés suivant les différentes espéces. Un pareil animal, s'il étoit plus gros, sembleroit un monstre aussi singulier que l'argus des Poëtes. Cependant l'araignée à laquelle la nature semble avoir prodigué l'organe de la vûe, est peut-être moins douée de ce sens que la plûpart des autres insectes. Leurs yeux, comme nous l'avons dit, font taillés à facettes, & font le même effet que des milliers d'yeux réunis ensemble. Ceux de l'araignée font simples, lisses & nullement à reseau, ensorte qu'avec ses huit yeux, elle voit peut-être réellement moins que la plûpart des insectes qui n'en ont que deux. La position des yeux du faucheur, des monocles, des binocles & de quelques-autres genres, est la même que celle des yeux de l'araignée : c'est sur le corcelet qui semble tenir lieu de tête, que ces yeux font posés. Ceux du faucheur paroissent même plus mal situés que les autres ;

ils

ils font fur le dos de l'animal, où leur ufage femble ne devoir pas être fort libre.

La bouche des infectes fans aîles offre peu de fingularités, fur-tout en comparaifon des antennes & des yeux.
Quelques-uns de ces infectes ont une trompe pointue
& aigue, avec laquelle ils piquent, telle eft la forme de la
bouche du pou & de la puce. Les araignées & quelques-
autres ont des machoires pointues. D'autres, comme les
monocles & les binocles, ont des efpéces de fucçoirs.

Le corcelet eft la feconde partie du corps de ces infectes. Dans plufieurs il eft très-diftinct & apparent ; le corcelet du pou, de la podure, de la forbicine fe fait aifément
appercevoir. Mais il n'en eft pas de même dans plufieurs
autres infectes de cette fection. Plufieurs ont le corcelet &
la tête tellement confondus, que tous les deux femblent
ne faire qu'une feule partie. Il n'eft pas poffible de trouver
la féparation de la tête & du corcelet du faucheur, de l'a-
raignée, de plufieurs crabes, &c. D'autres infectes ont au
contraire le corcelet & le ventre tellement femblables
pour la conformation, que ces parties fe confondent enfemble, & ne forment qu'une feule & même fuite. Tels
font les cloportes, les ïules, les fcolopendres, &c. En général, le corcelet dans la plûpart des genres de cette fection n'offre pas beaucoup de particularités. En-deffus il eft
nud & dépourvu d'aîles, en-deffous, on apperçoit les pattes de l'animal qui tiennent au corcelet, ou toutes, ou en
partie. Ceux de ces infectes qui ont fix, huit, ou dix pattes,
les ont toutes attachées au corcelet ; tous les autres, dont
les pattes excédent le nombre de dix, font dans un cas
différent : leurs pattes nombreufes prennent également
leur origine du corcelet & du ventre, qui font continus,
femblables, & paroiffent ne former qu'une feule partie.

Le ventre, cette derniere partie du corps de ces infectes, n'a rien de particulier. Dans les uns il eft oblong,
dans d'autres plus large & prefque globuleux, enfin dans
quelques-uns il n'eft que la fuite du corcelet. C'eft dans

ces derniers que plufieurs pattes tirent leur origine du deffous du ventre : tels font les cloportes, les afelles, les fcolopendres, les ïules, &c. Ces infectes reffemblent à des
vers, leur corps eft long & uniforme, & toute la longueur
de ce corps donne naiffance à un nombre de pattes plus ou
moins confidérable.

A l'extrémité de ce ventre, on remarque dans quelques-uns de ces infectes des appendices, tantôt au nombre
de deux, quelquefois au nombre de quatre, & même dans
quelques-uns en nombre plus confidérable. D'autres infectes, comme les crabes, ont une queue plus ou moins
longue, & dont le bout fe termine par des écailles.

Mais ce qu'il y a de plus fingulier dans plufieurs de ces
infectes, c'eft la pofition des parties de la génération. Dans
le plus grand nombre, elles fe trouvent placées à l'extrémité du ventre comme dans les autres infectes. Ceux-
là s'accouplent à la maniere ordinaire : il n'y a rien de
fingulier dans l'accouplement du pou, de la puce, de
la podure & de plufieurs autres. Mais il n'en eft pas de
même de quelques-autres genres de cette fection. Nous
avons déja remarqué plus haut, que les araignées mâles
portoient les parties de leur fexe à l'extrémité de leurs antennes, dont le bout plus gros s'entr'ouvre pour laiffer
fortir une efpéce de membre. Dans les femelles de ces
infectes, la pofition de la partie du fexe eft toute différente. C'eft une efpéce de fente qui fe trouve fituée en-
deffous du ventre vers fon origine, près de fon attache
avec le corcelet. Une conformation auffi différente entre le
mâle & la femelle, fembleroit devoir rendre l'accouplement de ces infectes difficile, & même prefqu'impoffible. Il s'exécute cependant très-facilement, comme je l'ai
obfervé plufieurs fois, & la nature a fû tirer avantage
de cette pofition finguliere, ainfi que nous le ferons voir
en parlant des araignées. Le genre des crabes, qui eft fort
analogue à celui des araignées, lui reffemble auffi en
quelque forte par la conformation des parties du mâle.

Dans cet animal , la partie du fexe fe trouve à la racine d'une patte qui eft plus groffe que les autres. Peut-être que les monocles & les binocles qui ont tant d'analogie avec les araignées & les crabes , leur reffemblent encore par cet endroit. C'eft ce que la petiteffe de ces infectes , qui d'ailleurs ne vivent que dans l'eau , ne nous a pas permis d'examiner. Je ferois du refte porté à le croire.

Le nombre des pattes de ces infectes varie beaucoup. Tous ceux que nous avons obfervés jufqu'ici,n'en avoient que fix ou même moins ; j'entends les infectes parfaits , & non pas les larves & les chenilles. Dans cette fection , il y a de même plufieurs infectes , tels que le pou , la forbicine , la puce , &c. qui n'ont que fix pattes , mais plufieurs en ont davantage. La pince , la tique , l'araignée , le faucheur en ont huit. Les crabes en ont dix. L'afelle , le cloporte font fournis de quatorze : on en compte trente , foixante fur les fcolopendres , & enfin elles font prefqu'innombrables dans les ïules , auxquels la nature a prodigué les pattes par centaines. Ces pattes ont quelques fingularités dans différens genres. Dans tous elles font compofées de trois parties , la cuiffe , la jambe & le tarfe ou pied , mais cette derniere partie dans quelques genres eft compofée d'un grand nombre de piéces. Jufqu'ici nous avons vû dans les infectes que nous avons examinés , que leurs tarfes étoient compofés de deux , trois , quatre ou cinq piéces & jamais davantage. Ici elles font bien plus nombreufes dans certains genres : dans quelques-uns même , comme dans le faucheur , il y en a une fi prodigieufe quantité, qu'il n'eft pas poffible de les compter : elles font fi petites & fi ferrées vers l'extrémité,qu'elles fe confondent enfemble. Dans d'autres infectes , comme la forbicine , l'origine des pattes eft remarquable par des efpéces d'écailles qui la recouvrent. Les pattes poftérieures de la puce font fort longues , & elle s'en fert comme d'un reffort pour s'élancer en l'air & fauter vivement. Enfin , les crabes ont les pattes antérieures fendues à l'ex-

trémité & figurées en pinces , que tout le monde connoît
& avec lesquelles ils serrent fortement.

Les endroits où vivent ces insectes , la nourriture qui
leur est propre , varient beaucoup suivant les différens
genres. Les uns habitent sur la terre , d'autres dans des
trous de murs ou sur les plantes , quelques-uns se trouvent
sur le corps des grands animaux & plusieurs autres vivent
dans l'eau. Ces derniers se nourrissent d'herbes aquatiques ou de petits insectes , & servent quelquefois eux-
mêmes de pâture à d'autres ; on sait que les monocles
sont souvent dévorés par les poissons & même par les
polypes. L'araignée au contraire vit des mouches , des
moucherons , des tipules qu'elle prend dans ses filets. Il est
vrai qu'elle est quelquefois la victime des guêpes & des
frelons qu'elle a voulu prendre , & qui la déchirent avec
leurs fortes machoires , tandis qu'ils la piquent avec leur
aiguillon. D'autres insectes de cette section s'attachent aux
grands animaux & même à l'homme , dont le sang sert de
pâture aux poux & aux puces , tandis que les oiseaux , les
chiens & d'autres bêtes sont pareillement incommodés par
les puces , leurs espéces particulieres de poux , & plusieurs
tiques & mites qui les dévorent. C'est ce que nous verrons
plus en détail , en examinant en particulier les différens
genres de cette section.

Il ne nous reste plus, pour terminer ce que nous avons à
dire sur les insectes de cette section , qu'à faire remarquer
l'analogie qui se rencontre dans la plûpart des genres qui la
composent. Ces insectes tous dépourvus d'aîles , sont pour
la plus grande partie couverts d'une espéce de test , d'é-
caille , ou de croute dure , qui a fait donner à plusieurs le
nom d'insectes crustacés. Quelques Naturalistes même
prétendent distinguer les crustacés d'avec les autres insectes , & en faire une classe particuliere d'animaux. Mais les
antennes dont ils sont pourvus & leurs autres caracteres, les
rapprochent nécessairement des autres insectes & les ran-
gent sous cette classe. Parmi ces insectes crustacés , ceux

dont le teſt ou la croute eſt la plus apparente , ſont les crabes , les écreviſſes , &c. Leur teſt dur & comme oſſeux leur
tient lieu réellement d'os. Ils n'en ont point d'autres , &
l'intérieur de ces cavités n'eſt rempli que par une ſubſtance
charnue. Les extrémités des fibres ſont attachées à l'intérieur de la croute ou du teſt , préciſément de la même maniere dont les muſcles des quadrupedes ſont attachés à
leurs os. C'eſt ce que tout le monde peut appercevoir
ſur une patte d'écreviſſe. Mais outre les crabes , beaucoup
d'autres genres de cette ſection , j'oſe même dire preſque
tous , ont une pareille conformation , & ſont de véritables
cruſtacés , quoique moins durs que la crevette & l'écreviſſe. Les araignées , par exemple , qui approchent des crabes , même pour leur figure extérieure , ſont revêtues d'un
teſt aſſez dur , & qui même réſiſte tellement , qu'on a quelque peine à enfoncer une épingle dans le corps d'une
groſſe araignée , tandis que l'intérieur de ſon corps eſt
mou. Les monocles & binocles ont un ſemblable teſt , qui
même dans les monocles à coquilles eſt ſi dur , qu'on a
quelque peine à le rompre. Il a la dureté d'une coquille &
on lui en a donné le nom. Les binocles , dont pluſieurs
reſſemblent tout-à-fait à des crabes , ſont revêtus d'une
pareille croute. Quoique les cloportes , les aſelles , les
iules & les ſcolopendres n'ayent pas une croute ſeule
& continue pareille à celle dont nous venons de parler , &
que leur corps ſoit compoſé de pluſieurs lames & anneaux , ce ſont néanmoins des petits cruſtacés , dont
le teſt eſt formé de pluſieurs écailles , de croutes jointes &
articulées enſemble , de la même maniere qu'elles le ſont
dans la queue du homar & de l'écreviſſe. On ne peut pas
plus leur conteſter le nom de cruſtacés , que celui de
coquille à l'*oſcabrion* ou lepas , dont la coquille ſe trouve
compoſée de pluſieurs morceaux articulés enſemble. La
tique & la pince ſe rapportent aux cruſtacés pour la forme
& pour le teſt extérieur , quoique cette derniere partie
ſoit moins dure dans la tique , & par-là devienne capable

d'extenfion plus ou moins grande. Enfin, le pou, la podu-re, la forbicine font de tous ces infectes les plus mols, mais le plus ou le moins ne peut changer l'état & l'ordre naturel de ces petits animaux.

Il paroît donc que tous ceux de cette claffe ont une certaine analogie entr'eux par cette efpéce de teft dur qui les recouvre, mais on ne doit pas pour cette raifon les féparer des autres infectes. Outre les antennes dont ils font tous pourvus & qui font le caractere effentiel des in-fectes, ils s'en rapprochent encore par cette propriété même d'être recouverts d'un teft dur & renitent. Les autres infectes font pareillement couverts, comme nous l'avons vû, de lames ou anneaux durs & femblables à de la corne flexible. Tout l'extérieur de leur corps eft muni d'une pareille couverture. Quoique cette peau folide foit plus flexible que le teft des cruftacés, elle en approche cependant beaucoup, & elle n'en différe que par le plus ou le moins de flexibilité. C'eft donc une raifon de plus pour ne point féparer les uns des autres ces infectes que la nature a rapprochés. Un Naturalifte ne craindra point de réunir dans la même claffe le crabe & le hanneton, & il laiffera le fimple & fuperficiel curieux faire dans un cabinet de parade la frivole diftinction d'infectes & de cruftacés.

Nous allons réunir dans une feule table, les caracteres des différens genres qui compofent cette fection, après quoi nous examinerons chacun de ces genres en détail.

SECTION SIXIÉME
De la claffe des Infeƈtes.

INSECTES SANS AÎLES.

GENRES.   **CARACTERES.**

LE POU.
{ Six pattes.
Deux yeux.
Antennes filiformes.
Ventre fimple.

LA PODURE.
{ Six pattes.
Deux yeux.
Antennes filiformes.
Queue fourchue, repliée à l'extrémité du ventre &
faifant le reffort pour aider l'infeƈte à fauter.
Corps couvert de petites écailles.

LA FORBICINE.
{ Six pattes, dont l'origine eft large & écailleufe.
Deux yeux.
Bouche avec deux barbillons mobiles.
Antennes filiformes.
Trois filets au bout du ventre.
Corps couvert de petites écailles.

LA PUCE.
{ Six pattes propres à fauter.
Deux yeux.
Bouche recourbée en - deffous.
Antennes filiformes.
Ventre fimple & arrondi.

LA PINCE.
{ Huit pattes.
Deux yeux.
Antennes en pinces de crabe, plus longues que la
trompe.

LA TIQUE.
{ Huit pattes.
Deux yeux.
Antennes fimples plus courtes que la trompe,

LE FAUCHEUR. {
Huit pattes.
Deux yeux,
Antennes formant un angle aigu.
Deux longs barbillons semblables à des antennes.

L'ARAIGNÉE. {
Huit pattes.
Huit yeux.

LE MONOCLE. {
Six pattes.
Un seul œil.
Antennes branchues avec plusieurs poils latéraux.
Corps crustacé.

LE BINOCLE. {
Six pattes.
Deux yeux.
Antennes simples & setacées.
Queue fourchue.
Corps crustacé.

LE CRABE. {
Dix pattes, les deux premieres en forme de pinces.
Deux yeux.
Antennes filiformes.
Queue composée de plusieurs lames.
Corps crustacé.

LE CLOPORTE. {
Quatorze pattes.
Deux antennes coudées.

L'ASELLE. {
Quatorze pattes.
Quatre antennes brisées, dont deux sont plus longues.

LA SCOLOPENDRE. {
Vingt-quatre pattes au moins, souvent davantage.
Corps applati.
Antennes filiformes composées de plusieurs articles courts.

L'ÏULE. {
Plus de cent pattes.
Corps arrondi & cylindrique.
Antennes composées de cinq articles.

SECTIO

SECTIO SEXTA
Classis Insectorum.

INSECTA APTERA.

GENERA.	*CARACTERES.*
PEDICULUS. *Le Pou.*	Pedes fex. Oculi duo. Antennæ filiformes. Abdomen fimplex.
PODURA. *La Podure.*	Pedes fex. Oculi duo. Antennæ filiformes. Abdomen cauda bifurca inflexa, faltatrix. Corpus fquamis tectum.
FORBICINA. *La Forbicine.*	Pedes fex origine lata & fquamofa. Oculi duo. Os tentaculis duobus mobilibus. Antennæ filiformes. Abdominis cauda tripilis. Corpus fquamis tectum.
PULEX. *La Puce.*	Pedes fex faltatorii. Oculi duo. Os inflexum. Antennæ filiformes. Abdomen fimplex fubrotundum.
CHELIFER. *La Pince.*	Pedes octo. Oculi duo. Antennæ cheliformes roftro longiores.
ACARUS. *La Tique.*	Pedes octo. Oculi duo. Antennæ fimplices roftro breviores.

P H A L A N G I U M.
Le Faucheur.
{ Pedes octo.
Oculi duo.
Antennæ angulosæ.
Tentacula duo longa antenniformia.

A R A N E A.
L'Araignée.
{ Pedes octo.
Oculi octo.

M O N O C U L U S.
Le Monocle.
{ Pedes sex.
Oculus unus.
Antennæ multiplices, setis plurimis lateralibus.
Corpus crusta tectum.

B I N O C U L U S.
Le Binocle.
{ Pedes sex.
Oculi duo.
Antennæ simplices setaceæ.
Cauda bifida.
Corpus crusta tectum.

C A N C E R.
Le Crabe.
{ Pedes decem, primi cheliformes.
Oculi duo.
Antennæ filiformes.
Cauda foliosa.
Corpus crusta tectum.

O N I S C U S.
Le Cloporte.
{ Pedes quatuordecim.
Antennæ duæ fractæ.

A S E L L U S.
L'Aselle.
{ Pedes quatuordecim.
Antennæ quatuor fractæ, duæ longiores.

S C O L O P E N D R A.
La Scolopendre.
{ Pedes ad minimum viginti - quatuor, sæpe plus.
Corpus planum.
Antennæ filiformes, articulis brevibus plurimis.

Ï U L U S.
L'Ïule.
{ Pedes plus quam centum.
Corpus teres cylindraceum.
Antennæ articulis quinque.

PEDICULUS.

L E   P O U.

Pedes fex.	Six pattes.
Oculi duo.	Deux yeux.
Antennæ filiformes.	Antennes filiformes.
Abdomen fimplex.	Ventre fimple.

Le pou eft affez connu par lui-même ; néanmoins, comme parmi les efpéces de ce genre il y en a quelques-unes qui paroiffent différer des autres , le caractere de cet infecte fervira à faire connoître que ces efpéces différentes doivent toutes fe rapporter à ce genre.

Parmi les caracteres du pou , les deux premiers qui confiftent dans le nombre des pattes & des yeux , fervent à faire diftinguer cet animal d'un grand nombre de genres de cette fection ; il n'en refte que quatre auxquels il reffemble pour ces parties, & qui ont comme lui fix pattes & deux yeux. Mais la forme de fes pattes qui font fimples, le diftingue aifément de la forbicine & de la puce , & la conformation de fon ventre empêche qu'on ne le confonde avec la podure & le binocle , dont le ventre a des appendices très-remarquables.

De tous les infectes de cette fection , celui avec lequel le pou a été le plus aifément confondu , eft la tique. Rhedi qui a donné d'excellentes obfervations fur les poux , eft lui-même tombé dans cette erreur , & a joint avec eux plufieurs tiques. Il ne s'agit cependant que d'examiner de près ces infectes, on verra que le pou n'a que fix pattes , tandis que la tique en a huit , ce qui empêchera de confondre des petits animaux fi différens.

La figure des poux varie beaucoup fuivant les différentes efpéces : les uns font oblongs , & c'eft le plus grand nombre , d'autres font larges & courts ; quelques-uns font minces, longs & très-éfilés , tels que ceux de plufieurs oi-

F f f f ij

feaux. En général, leurs antennes font très-courtes, leur tête eft affez groffe, leurs yeux font faillans, leur ventre eft compofé de plus ou moins d'anneaux, depuis fix jufqu'à dix. Leurs pattes font compofées de trois parties, dont la derniere ou le tarfe eft formée de trois piéces.

Les poux habitent fur l'homme & les différens animaux, tant quadrupedes que volatils. Il y en a cependant une petite efpéce, c'eft le *pou du bois*, qui femble n'attaquer aucun animal, & ne fe trouver que dans les papiers & les vieux bois. Tous les autres font carnaffiers & fe nourriffent du fang des différens animaux fur lefquels ils fe trouvent. Pour cet effet, ils ont à la partie antérieure de la tête, un peu en-deffous, une efpéce d'avance, de laquelle ils favent faire fortir une trompe creufe en-dedans, qu'ils inférent dans la peau de l'animal, & avec laquelle ils pompent le fang. La plùpart des animaux font fujets à cette vermine, chacun a fon pou particulier. Quelquesuns même fervent de domicile à plufieurs efpéces, & nous verrons dans le détail, que le bœuf, la poule, le pluvier, le paon, le cigne, le cerf, l'oye, &c. en ont plufieurs efpéces. L'homme même eft attaqué par deux efpéces de poux, l'une connue fous le nom de pou ordinaire, & l'autre fous celui de morpion.

Les poux font ovipares & même leurs œufs font gros, ce font eux que l'on appelle les *lentes*. Le pou ne tarde pas à fortir de cet œuf, après quoi il change plufieurs fois de peau, & très-peu de tems après il eft lui-même en état de pondre. Auffi ces vilains infectes pullulent-ils beaucoup. Une chofe qui pourroit contribuer à la grande propagation de ces animaux, c'eft qu'ils paroiffent hermaphrodites. Swammerdam qui a difféqué plufieurs fois des poux & qui en a donné une très-bonne hiftoire, affure avoir trouvé à tous un ovaire & jamais la partie mâle extérieure. Le pou feroit-il un hermaphrodite d'un genre particulier? Pourroit-il fe féconder lui-même? Parmi les vers il y en a beaucoup qui font hermaphrodites, mais ils ne

peuvent fe féconder feuls , ils ont befoin d'un accouplement qui eft double & réciproque entre les deux individus
accouplés. Tous deux font en même tems l'office de mâle
& de femelle. Il feroit fingulier que le pou n'eût pas
befoin d'accouplement , & un fait de cette nature demanderoit à être fuivi , & prouvé par de bonnes obfervations
pour pouvoir être affuré.

1. PEDICULUS *humanus. Linn. faun. fuec. n.* 1153.
& *fyft. nat. edit.* 10.

Rhedi. experim. t. 18. Pediculus ordinarius.
Mouff-t. lat. p. 15 . Pediculus.
Swammerd. in 4°. *p.* 169 , *t.* 7. Pediculus.
Bonani. micrograph. f. 55.
Merret. pin. 201. Pediculus in capite.
———— *ibid.* Pediculus corporeus maculatus.

Le pou ordinaire.

Nous ne nous arrêterons pas à donner une longue def-
crip tion du pou qui eft affez connu. On fait que l'homme ,
le chef & le roi des animaux, eft cependant la pâture & la
demeure ordinaire de cette vermine. On peut voir cet infecte fort groffi au microfcope dans les figures de Rhedi &
de Swammerdam.

2. PEDICULUS *inguinalis. Rhedi. exper. t.* 19 , *f.* 1.
& *fyft. nat. edit.* 10.

Linn. faun. fuec. n. 1154. Pediculus pubis.
Petiv. gazop. t. 6 , *f.* 9. Pediculus inguinalis.
Mouff. t. lat. p. 200. Pediculus ferus.
Raj. inf. p. 8. Pediculus ferus.
Merret. pin. p. 202. Pediculus-morpio.

Le morpion.

Cet infecte eft plus court , plus large , plus arrondi que
le pou ordinaire : il eft auffi d'une couleur plus brune
& d'une confiftence plus dure. Il s'attache aux poils du
pubis des perfonnes fales & mal-propres & y tient fortement. Sa piqûre vive l'a fait appeller par quelques Naturaliftes , *pediculus ferox.*

3. **PEDICULUS** *bovis , abdomine lineis tranſverſis octo ferrugineis. Linn. faun. ſuec. n.* 1155.

Linn. ſyſt. nat. edit. 10, *p.* 611, *n.* 10. Pediculus bovis tauri.

Le pou du bœuf, à ventre chargé de huit bandes tranſverſes.

Cette eſpéce eſt très-petite & blanche. Sa tête eſt d'une couleur un peu fauve, ainſi que ſes pattes, dont l'extrémité eſt plus blanche. Son ventre eſt blanc & eſt chargé en-deſſus de huit bandes tranſverſes d'un rouge fauve & en-deſſous de cinq bandes tranſverſes ſemblables. Ces bandes, tant en-deſſus qu'en-deſſous, ne vont point juſqu'aux bords du ventre. Ces bords cependant paroiſſent plus foncés que le reſte, à cauſe de huit points de couleur brune dont ils ſont tachés. On trouve ce pou ſur les vaches & les bœufs.

4. **PEDICULUS** *bovis, abdomine plumbeo. Linn. faun. ſuec. n.* 1156.

Linn. ſyſt. nat. edit. 10, *p.* 611, *n.* 11. Pediculus bovis vituli.

Le pou du bœuf, à ventre de couleur plombée.

Celui-ci eſt plus grand que le précédent. Ses pattes ſont courtes & groſſes. Elles ſont de couleur griſe, ainſi que ſa tête & ſon corcelet. Son ventre eſt de couleur bleuâtre plombée. Il eſt gros & ſe termine en pointe. On trouve cette eſpéce ſur les vaches avec la précédente.

5. **PEDICULUS** *circi, fuſcus oblongus ; abdomine flaveſcente , medio lateribuſque fuſcis.* Planch. 20, fig. 1.

Le pou du buſard.
Longueur 4 *lignes. Largeur* 1 *ligne.*

Ce pou eſt le plus grand que je connoiſſe, il a au moins quatre lignes de long. Sa couleur eſt brune claire, à l'exception du ventre qui eſt jaunâtre, avec cependant les bords bruns & une bande longitudinale de même couleur dans son milieu. Sa tête est allongée & terminée en devant par une section droite, comme si elle étoit coupée quarrément. Ses antennes sont très-courtes & ses yeux sont gros. Son corcelet est un peu taillé en cœur, & a un large rebord. Le ventre composé de dix anneaux, est oblong, & a sur les côtés un rebord brun. On trouve ce pou sur un grand oiseau aquatique, le busard des marais, que Bellon a désigné sous le nom de *circus*.

6. PEDICULUS *subflavescens ; abdomine ovato, medio diaphano, macula fusca ; lateribus punctato-ferrugineis.*

Le pou du moineau franc.
Longueur ¼ ligne.

Sa tête est grosse, luisante, de couleur fauve, avec les yeux noirs & les antennes courtes. Son corcelet est étroit & de même couleur que la tête. Le ventre est ovale, un peu allongé, d'un blanc sale, diaphane, & qui laisse entrevoir l'intestin de l'animal, ce qui représente une tache noire. Les bords du ventre de chaque côté sont terminés par des points ou taches brunes rondes. C'est entre les plumes du moineau franc, que l'on trouve cette espéce. Lorsque ce pou est jeune, il paroît tout blanc, à l'exception de la tache noire du milieu du ventre.

7. PEDICULUS *oblongus, filiformis, albicans, corporis lateribus utrinque ferrugineis.*

Rhedi exper. tab. 2, *f.* 1. Pulex columbæ major.

Le pou du pigeon.
Longueur 1 ligne.   Largeur ⅓ ligne.

Celui-ci est long, étroit, presque filiforme, un peu plus large cependant vers la partie inférieure de son ventre. Sa tête est allongée en fuseau, avec des antennes presqu'aussi longues qu'elle. Son ventre est fort étroit du haut,

Sou corps eſt d'un blanc jaunâtre , bordé des deux côtés d'une raie brune. Cette bordure eſt plus rougeâtre dans les jeunes qui ont le corps plus blanc. Il eſt commun ſur les pigeons.

8. **PEDICULUS** *albo nigroque varius ; abdomine ovato oblongo , utrinque inciſuris nigris.*

Linn. faun. ſuec. n. 1158. Pediculus corvi.
Rhedi exper. tab. 16. Pulex corvi. *Fig. optima.*

Le pou du corbeau.
Longueur 1 *ligne.*

Ce pou eſt un des plus beaux , ſi cependant un pou peut être un joli animal. Sa couleur dans le fond eſt griſe. Sa tête eſt petite & noire & ſes antennes ſont courtes & re-courbées en arrière , ce qui fait un effet aſſez ſingulier. Son col eſt court, ſes pattes ſont auſſi courtes , tachetées de noir ainſi que les antennes. Le ventre eſt ovale, preſ-que rond , applati , de couleur cendrée, orné de chaque côté de huit bandes noires à la jonction des anneaux , ce qui fait une jolie bigarrure. Le corps de cet inſecte eſt fort dur & on peut le preſſer fortement dans les doigts ſans le tuer. On le trouve ſur le corbeau ordinaire entre les plumes de cet oiſeau. Lorſque ce pou eſt jeune, il eſt blanc avec une ſimple rangée de points noirs de chaque côté du ventre.

9. **PEDICULUS** *galli-pavonis.*

Linn. faun. ſuec. n. 1160. Pediculus meleagridis.
Rhed. exper. tab. 1 , *fig.* 2. Pediculus accipitris.

Le pou du dindon.

Ses antennes ſont courtes. Sa tête eſt applatie , arron-die ſur le devant, & forme par derriere des angles aigus , preſque ſemblables à des dents pointues. Son corcelet , figuré en cœur , a des angles de chaque côté. Son ventre compoſé de huit ou neuf anneaux, eſt gris ſur les côtés, &
blanc

blanc au milieu, dans toute fa longueur. C'eft fur les dindons qu'on trouve cette efpéce de pou. Rhedi le donne comme l'ayant trouvé fur l'épervier, & il peut très-bien fe faire que cette efpéce attaque deux oifeaux différens.

10. PEDICULUS *gallinæ, abdominis margine nigro. Linn. faun. fuec. n.* 1165.

Rhed. inf tab. 16. Pulex capi.
Frifch. germ. 11, p. 24, *tab.* 24. Pediculus galli.

Le pou de la poule à ventre bordé de noir.

Les antennes de ce pou font petites, & l'infecte les tient fouvent en mouvement. Sa tête eft blanche arrondie en-devant. Son corcelet eft large & anguleux ou pointu fur les côtés. Le ventre eft applati & finit en pointe mouffe. Ses bords font noirs, mais le milieu eft blanc & tranfparent, à l'exception d'une tache noire vers le corcelet, qui n'eft autre chofe que le cœur de l'infecte qui paroit à travers les membranes. On trouve ce pou fur les poules avec le fuivant.

11. PEDICULUS *gallinæ, thorace capiteque utrinque mucronato. Linn. faun. fuec. n.* 1166.

Le pou de la poule à tête & corcelet pointus des deux côtés.

Ses antennes font fort courtes : fa tête eft d'une forme affez finguliére; elle eft arrondie en-devant & repréfente une efpéce de croiffant dont les angles ou pointes regardent le corcelet. Celui ci eft court, large, armé de chaque côté d'une pointe droite aigue & faillante. Le ventre compofé de huit anneaux, eft allongé. Tout le corps eft parfemé de quelques poils gris. Cet infecte plus petit que le pou ordinaire, fe trouve fur les poules.

12. PEDICULUS *ligni antiqui. Linn. faun. fuec. n.* 1168.

Tome II. Gggg

Linn. syst. nat. edit. 10 , **p.** 610 , *n.* 2. Termes abdomine oblongo , ore ru-
bro , oculis luteis.
Blanck. belg. 169 , *t.* 14 , *fig.* F. Pediculus ligni.
Raj. inf. p. 8. Pediculo cognatus & fimilis.
Bradl. nat. tab. 27 , *f.* 3.

Le pou du bois.

Cette efpéce eft plus petite que le pou ordinaire ; elle
varie pour la couleur & pour la grandeur. Quelquefois
elle eft toute blanche ou grife , d'autres fois de couleur
plombée , dans d'autres le ventre eft taché d'une bande
annulaire brune , après laquelle , proche la queue , fe
trouve un point brun. Toutes ont les antennes fines , environ de la longueur du corps , les yeux jaunâtres , & aux
deux côtés de chaque anneau du ventre , un point rougeâtre plus ou moins marqué.

On trouve communément cet infecte fur les vieux bois,
les vieilles tables , dans les livres qu'on remue peu : il
court , & même il faute un peu lorfqu'on le touche. Celui
qu'on trouve ainfi dans les maifons , eft plus blanc. Il fe
rencontre auffi dans la campagne & dans les jardins , fur
les murs & les troncs des arbres , & pour lors il eft plus
brun & un peu velu. Quelques auteurs ont prétendu que
c'étoit cet infecte qui faifoit ce petit bruit , cette efpéce
de petit battement comme de montre , que l'on entend
quelquefois dans les chaffis & les boiferies , & ont donné à cet animal le nom de *pediculus pulfatorius , horolo-
gium mortis* &c. Derrham dans fa Théologie Phyfique,
paroît de ce fentiment. Cependant je crois pouvoir affurer que ce bruit eft produit par un dermefte , comme je
l'ai dit en fon lieu , quoique d'autres l'attribuent à une
araignée.

N. B. Outre les efpéces de poux que nous avons décrites , on en trouve encore plufieurs dans les auteurs
que nous n'avons point vûs , & dont nous ne donnerons
ici que les noms d'après Rhedi & M. Linnæus.

1°. PEDICULUS *accipitris abdomine oblongo.*

Pulex accipitris. *Rhed. exper. tab. 1, f. 1.*

2°. PEDICULUS *accipitris abdomine ovato.*

Pulex accipitris. *Rhed. exper. tab. 1, f. 3.*

3°. PEDICULUS *gruis. Linn. faun. fuec. n. 1162.*

Pulex gruis *Rhed. exper. tab. 3.*
Pediculus gruis. *Frifch. germ. 5, p. 15, tab. 4.*

4°. PEDICULUS *fulicæ.*

Pulex fulicæ. *Rhed. exper. tab. 4.*

5°. PEDICULUS *picæ.*

Pulex picæ. *Rhed. exper. tab. 5.*

6°. PEDICULUS *ardeæ.*

Pulex ardeæ. *Rhed. exper. tab. 6.*

7°. PEDICULUS *ardeolæ.*

Pulex albardeolæ. *Rhed. exper. tab. 7.*

8°. PEDICULUS *cygni, abdomine oblongo immaculato.*

Pulex cygni. *Rhed. exper. tab. 8.*

9°. PEDICULUS *cygni abdomine ovato utrinque lineis fufcis notato.*

Pulex cygni fecundi generis. *Rhed. exper. tab. 9, fig. 3.*

10°. PEDICULUS *lari.*

Pulex lari. *Rhed. exper. tab. 9.*

11°. PEDICULUS *anferis, capite ovato, abdomine oblongo, incifuris utrinque maculatis.*

Pulex anferis fylveftris. *Rhed. exper. tab. 10, fig. 1.*

12°. PEDICULUS *anferis, capite triangulari, abdomine immaculato.*

Rhed. exper. tab. 10, f. 2.

13°. PEDICULUS *pluvialis, abdominis margine simplici.*

Pulex avis pluvialis. *Rhed. exper. tab.* 11 , *f.* 1.

14°. PEDICULUS *pluvialis , abdominis margine dentato ferrato.*

Rhed. exper. tab. 11 , *f.* 2.

15°. PEDICULUS *querquedulæ.*

Pulex querquedulæ. *Rhed. exper. tab.* 12.

16°. PEDICULUS *falconis tinnunculi. Linn. faun. fuec. n.* 1157.

Pulex tinnunculi. *Rhed. exper. tab.* 13.

17°. PEDICULUS *pavonis , antennis dichotomis capite longioribus , abdomine utrinque maculato.*

Pulex pavonis. *Rhed. exper. tab.* 14.

18°. PEDICULUS *pavonis , antennis fimplicibus capite brevioribus , abdomine immaculato.*

Pulex albi pavonis. *Rhed. exper. tab.* 15.

19°. PEDICULUS *fturni.*

Pulex fturni candidi. *Rhed. exper. tab.* 17.

20°. PEDICULUS *fternæ. Linn. faun. fuec. n.* 1161.

21°. PEDICULUS *recurviroftræ. Linn. faun. fuec. n.* 1163.

22°. PEDICULUS *hœmathopi. Linn. faun. fuec. n.* 1164.

23°. PEDICULUS *lagopi. Linn. faun. fuec. n.* 1167.

24°. PEDICULUS *afini. Rhed. exper. tab.* 21.

25°. PEDICULUS *cervi , abdomine fufco , medio albo. Rhed. exper. tab.* 23 , *f.* 1.

26°. **PEDICULUS** *cervi, abdominis incifuris punctis nigris. Rhed. exper. tab.* 23 *, f.* 2.

Ces vingt-fix efpéces doivent fe trouver dans ce pays-ci. Il y en a outre cela plufieurs étrangers, tels que le pou du chameau, celui du tigre, du belier & de la poule d'afrique, & autres qui ne font pas les moins finguliers. Si on examine attentivement les animaux, on pourra encore en trouver un plus grand nombre, chacun des grands animaux en nourriffant beaucoup de petits.

PODURA.
LA PODURE.

Pedes fex.	Six pattes.
Oculi duo.	Deux yeux.
Antennæ filiformes.	Antennes filiformes.
Abdominis cauda bifurca inflexa faltatrix.	Queue fourchue, repliée à l'extrémité du ventre, & faifant le reffort pour aider l'infecte à faurer.
Corpus fquamis tectum.	Corps couvert de petites écailles.
Familia 1ᵃ. *Globulofæ.*	Famille 1ᵉʳᵉ. Globuleufes.
——— 2ᵃ. *Longæ.*	——— 2ᵉ. Allongées.

La podure eft un petit infecte fort commun & cependant fort peu connu de la plûpart des Naturaliftes. Néanmoins ce petit animal offre quelques fingularités très-remarquables. Il approche un peu du pou pour la forme, il lui reffemble par plufieurs caracteres; il a le même nombre de pattes & d'yeux, & fes antennes font tout-à-fait femblables à celles du pou, fi ce n'eft qu'elles font plus longues. Mais la podure a un caractere effentiel & très-remarquable, qui lui eft abfolument propre. A l'extrémité du ventre de cet infecte, on apperçoit une longue queue, qui égale les deux tiers de la longueur du ventre, & dont la derniere moitié pour le moins eft fendue en deux. Cette efpéce de queue fourchue ne paroît pas d'abord en examinant l'animal, parce qu'elle eft repliée en-deffous, & appliquée le long du ventre. Mais fi on veut prendre cet infecte lorfqu'il court à terre, il fait très-bien faire ufage de cette fourche, & s'en fervir pour échapper des mains qui le pourfuivent. C'eft avec fa queue feule que l'infecte exécute ce faut. Cette queue fourchue eft dure & élaftique : l'infecte ne fe contente pas de la tenir courbée fous fon ventre ; il y a encore dans le deffous du ventre une efpéce de rainure, dans laquelle entre cette queue, & dans le milieu de cette rainure un petit bouton à tête affez groffe, du moins dans plufieurs efpéces, dont la tête fe trouve prife entre les deux branches de cette queue fourchue. Lorfque l'infecte marche fimplement, il tient fa queue fous fon ventre appliquée dans la rainure & retenue par le bouton dont nous venons de parler. Mais s'il veut fauter, il fait agir le ligament par lequel fa queue eft attachée à fon ventre & qui eft recourbé ; il le redreffe & par-là fait fortir avec vivacité cette fourche élaftique de la rainure où elle étoit retenue, tant par les bords de cette rainure que par la tête du bouton. Cette queue jouant ainfi comme un reffort, frappe fortement contre terre & fait fauter en l'air tout le corps de l'infecte. Si on peut faifir une podure, il ne s'agit que de preffer légérement fon ventre pour faire jouer & étendre la queue qui étoit repliée en-deffous, & la voir ainfi étendue.

Outre cette queue finguliere, qui fait le caractere effentiel de la podure, cet infecte en a encore un autre, qui n'eft pas moins remarquable, quoiqu'il lui foit commun avec le genre fuivant : c'eft d'avoir tout fon corps couvert de petites écailles. Si on touche légérement une podure, on voit les couleurs de cet infecte difparoître, & il refte fur les doigts une petite pouffiere, qui n'eft autre chofe qu'une quantité de petites écailles colorées, fort

femblables en petit à celles qui font fur les aîles des phalénes & des papillons.

Les podures fe trouvent ordinairement à terre , dans
les endroits humides , fous les feuilles & les pierres.
Leurs antennes font affez longues , leur tête & leur corcelet fort diftinéts. Les unes font allongées , les autres
font courtes & ont le ventre tout rond , auffi large que
long. Cette conformation différente nous a fervi à diftri-
buer les efpéces de ce genre en deux familles. Les unes
& les autres fautent également. Elles paroiffent fe nourrir de l'humidité de la terre fur laquelle on les trouve.
Parmi les efpéces de podures , il y en a une aquatique qui
fe trouve en quantité fur les bords de l'eau , & même
fur l'eau. Cet infeéte faute & marche fur la furface de
l'eau , auffi aifément que le font les autres fur la terre la
plus ferme.

PREMIERE FAMILLE.

Podures globuleufes.

1. PODURA *fufco-nigra; abdomine globofofignaturis
ferrugineis.*

La podure noirâtre à taches fauves fur le ventre.
Longueur ½ ligne.

Ses antennes font à peu près de la longueur de fon
corps. Son ventre eft rond & gros. Tout l'infeéte eft d'un
brun noirâtre liffe , à l'exception de la fourche de fa queue
qui eft de couleur plus pâle , & de trois ou quatre taches
irréguliéres , de couleur de rouille ou fauve , placées de
chaque côté du ventre. C'eft fous les pierres un peu humides que j'ai trouvé ce petit infeéte.

2. PODURA *viridis, oculis nigris , capite flavefcente,
antennis in medio fraétis.*

Linn. faun. fuec n. 1172. Podura viridis fubglobofa.
Linn. fyft. nat. edit. 10 , p. 608 , n. 1. Podura viridis.
Aét. Upf. 1736 , p. 37 , n. 2. Pulex viridis plantarum.

La podure verte aux yeux noirs.
Longueur ¼ ligne.

Elle est ronde, de couleur verte claire. Sa tête est plus jaune que le reste de son corps, avec deux yeux très-noirs sur le sommet. Ses antennes sont de la longueur de sa tête & coudées dans leur milieu. Le ventre a, vers sa partie postérieure qui est très grosse, deux angles, un de chaque côté, ce qui fait un peu ressembler cet insecte à un puceron. Entre ces deux angles, le ventre de l'animal se termine un peu en pointe. A peine apperçoit-on le corcelet qui est très-petit. On trouve cet insecte sur les plantes, dès le mois d'avril.

3. **PODURA** *fusca non nitens, antennis longitudine corporis.*

La podure brune enfumée.
Longueur ½ ligne.

Elle est presque toute ronde, de couleur brune, semblable à de la suie de cheminée, nullement brillante ni luisante. Ses antennes sont de la longueur de son corps & ses yeux sont placés sur le haut de la tête derriere les antennes. Cette tête est presque ronde. L'insecte saute très-bien: on le trouve sur les écorces d'arbres.

S e c o n d e   F a m i l l e.

Podures allongées.

4. **PODURA** *fusco nigroque variegata villosa.* Planch. 20, fig. 2.

La podure commune velue.
Longueur 2 lignes.　Largeur ½ ligne.

C'est une des plus grandes espéces que nous ayons dans ce pays-ci. Elle paroît à la premiere vûe d'un brun couleur de suie; mais lorsqu'on l'examine de près, on voit qu'elle est d'un brun jaunâtre, tout entrecoupé de taches

&

& de raies noires. Sa tête & son corcelet sont fort velus
& leurs poils se détachent aisément & restent aux doigts
lorsqu'on touche l'insecte. Le ventre est assez lisse. Les
antennes composées de quatre articles, sont de la longueur des deux tiers du corps. On trouve très-communément cette espéce sous les pierres.

5. PODURA *livido-lutea, annulis transversis nigris.*

La podure jaune à anneaux noirs.
Longueur ⅔ ligne.

La couleur de cette petite espéce est d'une couleur livide un peu pâle. Ses pattes ont leurs articulations noirâtres, & le ventre a plusieurs bandes transverses ou anneaux de couleur noire, ordinairement au nombre de sept.
On la trouve sous les pierres. Peut-être ne différe-t-elle
de la précédente que par l'âge, car je serois porté à
croire que c'est la même encore jeune, c'est ce qu'il faudroit examiner & que je n'ai pu découvrir.

6. PODURA *nigra, thoracis limbo antennarumque
baſi flavis, pedibus furcaque pallidis.*

La podure porte-anneau.
Longueur 1 ⅓ ligne.

Cette espéce est une des plus grandes & des plus belles
de ce genre. Sa couleur est d'un noir lisse & brillant,
mais la base de ses antennes est jaune, & le bord inférieur
du corcelet est de la même couleur, ce qui forme une
bande transverse jaune en anneau sur le milieu du corps
de l'insecte. Les pattes & la fourche de la queue sont
d'une couleur pâle blanchâtre. J'ai trouvé cet insecte sur
les vieux bois, comme celui que décrit M. Linnæus
faun. suec. n. 1177, auquel il paroît ressembler. La seule
différence sensible consiste dans la bande jaune du corcelet formant un anneau qui se trouve dans notre espéce &
dont M. Linnæus ne parle point dans la sienne.

Tome II. H h h h

7. PODURA *atra viatica.*

Linn. faun. fuec. n. 1179. Podura viatica.

La podure noire terreſtre.
Longueur 1 ⅕ *ligne.*

Celle-ci eſt une des plus grandes, mais ſa grandeur varie. Elle eſt cylindrique, d'une couleur noire matte, &
vûe à la loupe, elle paroît un peu velue. Ses antennes
ſont aſſez groſſes & égalent la moitié de la longueur du
corps. On la trouve ſouvent en grande quantité à la fois,
enſorte que la terre paroît toute noire par le grand nombre de ces inſectes qui la couvrent. Mais ſi on veut les
prendre, ils ſautent tous & le noir diſparoît & ſe répand
de côté & d'autre.

8. PODURA *atra aquatica.*

Linn. faun. fuec. n. 1178. Podura aquatica nigra.
Linn. ſyſt. nat. edit. 10, *p.* 609, *n.* 8. Podura aquatica.
De Geer. Act. Stockolm. 1740, *p.* 279, *tab.* 3, 4.
Act. Upſ. 1740, *p.* 57, *t.* 3. Podura aquatica tota nigra.

La podure noire aquatique.

Il y a beaucoup de reſſemblance entre celle-ci & la
précédente, elle eſt ſeulement des deux tiers plus petite.
Ses antennes ſont plus longues à proportion & égalent à
peu près la longueur du corps. Sa couleur noire, quoique
matte, eſt auſſi un peu moins foncée.

C'eſt ſur les eaux dormantes que ſe trouve en grandes
troupes cette podure. Elle ſe tient ſur l'eau proche les
bords, & couvre toutes les feuilles des plantes aquatiques.

9. PODURA *plumbea.*

Linn. faun. fuec. n. 1175. Podura teres plumbea.
Linn. ſyſt. nat. edit. 10, *p.* 609, *n.* 4. Podura teres fuſco-cœrulea nitida.

La podure griſe commune.
Longueur 1 *ligne.*

Elle est par-tout de la même couleur grise, plombée & luisante. Cette couleur est produite par des petites écailles argentées ou plombées, semblables à celles des aîles des papillons, dont tout son corps est couvert. Si on touche cet insecte, ces écailles se détachent & on voit à nud le corps qui est blanchâtre. La queue de cette espéce est grande & presqu'aussi longue que son corps. On la trouve par-tout, sur les arbres, dans les prés, mais toujours seule & jamais par troupes.

10. PODURA *violacea.*

La podure violette.

Elle est un peu plus petite que la précédente, par-tout de la même couleur violette un peu plombée. On la trouve avec la *commune,* & elle pourroit bien n'en être qu'une variété ou n'en différer que par l'âge, car elle est constamment plus petite.

FORBICINA.

LA FORBICINE.

Pedes sex origine lata & squamosa.	Six pattes dont l'origine est large & écailleuse.
Oculi duo.	Deux yeux.
Os tentaculis duobus mobilibus.	Bouche avec deux barbillons mobiles.
Antennæ filiformes.	Antennes filiformes.
Abdominis cauda tripilis.	Trois filets au bout de la queue.
Corpus squamis tectum.	Corps couvert de petites écailles.

La forbicine est un insecte très-commun, que presque tout le monde connoît de vûe, & dont cependant presqu'aucun Naturaliste n'a parlé. Son port, sa couleur argentine, & sa légéreté à courir le font remarquer, & il n'est

guères poſſible d'ouvrir de vieux chaſſis, de remuer des
bois humides, ſans trouver de ces inſectes. Ils reſſemblent
à des petits poiſſons qui courroient fort vîte. Mais en
examinant de près ces inſectes, on voit qu'ils portent des
caracteres qui les rendent encore plus reconnoiſſables.
Outre le nombre des pattes & des yeux, outre les petites écailles argentées qui couvrent tout le corps de la
forbicine & le rendent brillant; cet inſecte a trois caracteres eſſentiels, dont un ſeul ſuffiroit pour le diſtinguer
de tous les autres genres. Le premier de ces caracteres
conſiſte dans la forme des pattes qui ſont larges & applaties, ſur-tout à leur origine, & qui de plus, à cet endroit de leur naiſſance, ſont recouvertes de grandes &
larges plaques minces ſemblables à de grandes écailles.
Une partie de la cuiſſe de l'inſecte eſt cachée ſous ces
écailles, & lorſqu'il replie ſes pattes, il peut les tenir
preſqu'entiérement à couvert. Le ſecond caractere de la
forbicine conſiſte dans les deux barbillons mobiles & longs
qui accompagnent la bouche de cet inſecte. Ce genre
eſt le ſeul de ceux de cette ſection où l'on voye de ſemblables barbillons. Enfin le troiſiéme & dernier caractere
dépend de la conformation de la queue de la forbicine.
Cette queue eſt garnie de trois grands filets, dont l'un eſt
droit & dans la même direction que le corps: c'eſt celui
du milieu. Les deux autres des côtés ſont dans une direction différente & forment avec le corps & le filet du milieu, un angle preſque droit. Outre ces trois grands filets,
l'extrémité du ventre de la forbicine eſt encore garnie
d'autres petits filets latéraux courts & aigus, qui reſſemblent à des petites pattes écourtées, & qui ſervent à la
ſeconde eſpéce de forbicine, à ſauter & s'élancer en
l'air.

On trouve ces inſectes dans les fentes des chaſſis qui
ne ſont pas ſouvent ouverts, ſous les planches qui ſervent
d'appui aux fenétres, pourvû qu'il y ait un peu d'humidité. Il paroît que cet inſecte ſucce les bois humides. Peut-

être se nourrit-il aussi des poux de bois qui sont communs dans les mêmes endroits. De tous les Naturalistes que j'ai consultés, il n'y a qu'Aldrovande qui ait donné une assez mauvaise figure de cet insecte. Il l'a appellé *forbicina*, peut-être à cause de quelque ressemblance avec le *perce oreille*, en latin *forficula*. J'ai conservé à cet animal le même nom de forbicine. Je n'en connois que deux espéces.

1. **FORBICINA** *plana*. Planch. 20, fig. 3.

Linn. syst. nat. edit. 10, *p.* 608. Lepisma squamosa, cauda triplici.
Aldrov. inf. p. 570, *tab.* 2, *fig.* 5. Forbicina.

La forbicine platte.
Longueur 4 *lignes.* *Largeur* 1 ½ *ligne.*

Le corps de cette espéce est allongé, & composé de neuf ou dix anneaux qui vont en diminuant, de la tête à la queue. Ses antennes sont longues, minces, filiformes, & égalent la longueur des deux tiers du corps. Sa bouche a deux longues appendices, composées de plusieurs articles, à peu près comme celles des tipules. Ses pattes sont au nombre de six, trois de chaque côté, larges, courtes & blanchâtres. Elles sont renfermées & reçues dans autant de rainures qui sont dans la partie inférieure de l'animal, & leur origine est couverte d'une large lame ou écaille de forme ovale. Mais outre ces six pattes, l'insecte en a six autres, courtes, minces, qui sont de fausses pattes, trois de chaque côté, placées vers l'extrémité du corps avant la queue. Ces espéces d'appendices sont très-courtes. La queue se termine par trois longs filets, l'un au milieu plus allongé & posé en long, & deux autres posés en travers, un de chaque côté, ensorte que les trois forment ensemble une espéce de croix. Ces filets sont minces, fins, & vûs à la loupe, ils paroissent un peu velus. L'insecte est de couleur plombée, luisante & argentée à cause des petites écailles de cette couleur dont il est couvert. Par ce même endroit, il ressemble, sur-tout en-

deſſous, à ces petits poiſſons blancs argentés. On le trouve dans les jardins, ſous les caiſſes, & dans les fentes
des chaſſis des fenêtres des maiſons, où il eſt fort commun. Il court très-vite & eſt difficile à prendre. Lorſqu'on
le touche, il perd une partie de ſes écailles, & ſa molleſſe
fait qu'on l'écraſe aiſément.

2. FORBICINA *teres ſaltatrix*.

La forbicine cylindrique.
Longueur 4 ½ lignes. Largeur 1 ligne.

La couleur de celle-ci eſt plus foncée que celle de la
précédente. Son corps eſt preſque cylindrique, au lieu
que celui de l'autre eſt applati ; il diminue vers le bout &
il eſt tout couvert d'écailles très-petites. Ses yeux poſés
ſur le derriere de la tête ſont noirs & ſe touchent. Ses
antennes ſemblables à des fils, ſont plus longues que ſon
corps. Sa bouche a quatre appendices courbes, ſemblables à celles des tipules, deux en haut plus longues &
compoſées de ſix articles, & deux inférieures & plus
courtes, compoſées ſeulement de deux piéces. Outre
les ſix pattes, l'inſecte à huit paires d'épines ou de fauſſes pattes courtes, mobiles, ſavoir deux à chaque anneau, dont il ſe ſert pour ſauter. La queue eſt terminée
par trois filets, dont celui du milieu, plus long du double que les deux autres, égale la longueur du corps. On
trouve cet inſecte dans les mêmes endroits que le précédent, mais bien plus rarement ici. Il y a quelques Pro-
vinces où il eſt très-commun.

PULEX.

LA PUCE.

Pedes ſex ſaltatorii.	Six pattes propres à ſauter.
Oculi duo.	Deux yeux.
Os inflexum.	Bouche recourbée en-deſſous.

Antennæ filiformes.   Antennes filiformes.
Abdomen simplex subrotundum.   Ventre simple & arrondi.

Nous ne nous arrêterons pas à décrire la puce qui
est connue de tout le monde. D'ailleurs on peut consulter
la figure que nous donnons de cet insecte grossi à la loupe ;
on y verra la figure terrible de ce petit animal, que la nature a couvert d'écailles dures & fermes, & dont la bouche est armée d'une trompe aigue, avec laquelle il succe
le sang de l'homme & des animaux. Cette trompe & la
forme des pat es postérieures de la puce, qui sont très-
longues & qui lui servent à sauter, constituent le caractere
essentiel de ce genre. Mais ce qui mérite le plus d'être remarqué, c'est la production singuliere de cet insecte. De
tous les insectes sans aîles qui composent cette section, la
puce est la seule qui se métamorphose comme les insectes
des autres sections, & qui ne sorte pas toute formée, ou
d'un œuf, ou du ventre de sa mere. La puce est ovipare,
elle pond de petits œufs, qui s'attachent à la base des
poils des animaux, par une matiere gluante dont ils sont
enduits ; quelquefois elle se contente de les mettre dans
les endroits où les animaux vont se coucher, ou sur des
couvertures de lit. De ces œufs, éclosent au bout de quatre
ou cinq jours, des petites larves longues, à plusieurs
pattes, composées d'anneaux, & semblables à des petits
vers bruns, dont le corps est garni de quelques poils
longs, mais en petite quantité. Ces larves vivent sur les
animaux, cachées entre leurs poils. L'espéce de crasse que
fournit la transpiration, leur sert de nourriture. On peut
aussi les nourrir dans des boëtes avec des mouches dont
elles sont fort friandes. Elles sont petites, vives, agiles, &
elles rampent comme des chenilles. Lorsqu'elles sont parvenues à leur grandeur, au bout de douze ou quinze
jours, elles forment de petites coques blanches en dedans
comme du papier, sales en-dehors & couvertes de poussiere. Dans ces coques, sont renfermées les nymphes ou
chrysalides, qui sont d'abord blanches & qui brunissent

enfuite. C'eft de ces nymphes que fort la puce ou l'infecte parfait, après avoir fubi ces trois métamorphofes.

La puce, par cet endroit, paroît s'écarter beaucoup de tous les infectes de cette fection, dont elle fe rapproche par fes autres caracteres. Nous ne connoiſſons qu'une feule efpéce de ce genre, qui fe trouve fur les animaux & fur l'homme, & particuliérement fur les femmes & les enfans, dont la peau plus tendre & plus délicate femble l'attirer davantage. On fait que cet infecte pique fortement & qu'il faute avec beaucoup d'agilité.

Les merveilles que quelques auteurs rapportent à fon fujet, fervent à juftifier également fa force prodigieufe & l'adreffe furprenante de quelques ouvriers qui ont fû l'enchaîner & l'atteler à de petits chariots. Au.rapport de Mouffet, un nommé Mark, Anglois, avoit fait une chaîne d'or de la longueur du doigt, avec un cadenat fermant à clef. Une puce attachée par cette chaîne la tiroit avec facilité, & le tout, y compris le petit animal, pefoit à peine un grain. Hoock raconte un fait encore plus furprenant. Un ouvrier Anglois avoit conftruit en ivoire un caroffe à fix chevaux, un cocher fur le fiége, avec un chien entre fes jambes, un poftillon, quatre perfonnes dans le caroffe & deux laquais derriere, & tout cet équipage étoit traîné par une puce.

1. P U L E X. Planch. 20, fig. 4.

Linn. faun. fuec. n. 1171. Pulex ater.
Linn. fyft. nat. edit. 10, *p.* 614, *n.* 1. Pulex probofcide corpore breviore.
Baker. p. 191, *tab.* 13, *fig.* 61.
Tranfact. philof. tom. 3, *n.* 249, *tab.* 10, *f.* 1 — 6.
Mouffet. p. 275.
Lewenhoeck. epift. 1, *p.* 357, *fig.* 7.
Hoock. micrograph. p. 61, *tab.* 32.
Bonan. micrograph. fig. 56.
Merret. pin. 102.
Raj. inf. 7. Pulex vulgaris.
Frifch germ. 11, *p.* 8. Pulex.
Rofel. inf. vol. 2, *tab.* 2, 3, 4. Mufcar. & culic.

La puce.

CHELIFER.

CHELIFER. *Acari spec. linn.*

LA PINCE.

Pedes octo.	Huit pattes.
Oculi duo.	Deux yeux.
Antennæ cheliformes rostro longiores.	Antennes en pinces de crabe plus longues que la trompe.

La pince est ainsi appellée, à cause de la forme de ses antennes qui représentent à leur extrémité une espéce de pince fourchue semblable aux pinces des crabes & des écrevisses, que l'on connoît en latin sous le nom de *chelæ.* C'est aussi de-là que ce genre est nommé en latin *chelifer,* comme qui diroit *porte-pince.*

Ce genre différe des précédens par le nombre de ses pattes : il en a huit, au lieu qu'ils n'en ont que six. Ce caractere le distingue de tous les insectes de cette section, à l'exception de la tique, du faucheur & de l'araignée qui ont pareillement huit pattes ; mais l'araignée a huit yeux, au lieu que la pince n'en a que deux. Il ne reste donc plus que deux genres avec lesquels on pourroit la confondre, la tique & le faucheur. Elle s'en fait aisément distinguer par un autre caractere, ce sont ses antennes fendues par le bout & qui imitent les pinces. Il est donc impossible de confondre la pince avec ces différens genres.

Cette figure des antennes, la forme du corps des pinces qui sont larges & courtes, les font beaucoup ressembler à des petits crabes. Elles les imitent même par leur démarche. Lorsque l'on touche la pince, ou qu'elle évite quelqu'objet qu'elle rencontre, elle marche souvent à reculons ou de côté comme les crabes.

On trouve ces insectes dans les lieux humides sous les pierres & les pots à fleurs des jardins. Ils paroissent se nourrir de poux de bois & autres petits insectes.

Nous ne connoissons que deux espéces de ce genre, toutes deux petites. La premiere a été appellée *scorpion-arai-gnée*, parce qu'elle tient de l'araignée pour la figure, & du scorpion pour la forme de ses antennes. La seconde espéce est encore plus petite, & ses pinces sont beaucoup plus fines que celles de la premiere.

1. CHELIFER *fuscus, abdomine lineis transversis.*

Linn. faun. suec. n. 1187. Acarus pedibus primi paris cheliformibus.
Linn. syst. nat. edit. 10, *p.* 616, *n.* 7. Acarus antennis cheliformibus, abdomine ovato depresso. *Ibid.* Acarus cancroïdes.
Frisch germ. 8, *p.* 2, *tab.* 1. Scorpio-araneus.
It. Oeland. 84. Acarus scorpio-araneus dictus.
Rosel. ins. vol. 3, *supplem. tab.* 64.

Le scorpion-araignée.
Longueur 1 *ligne. Largeur* ½ *ligne.*

Son corps est de couleur un peu brune, & son ventre a des sillons transversaux. Ses pattes sont au nombre de huit, quatre de chaque côté, & outre cela il a en-devant deux longues antennes, de la longueur du corps, plus grosses que les pattes, composées de quatre articles ou nœuds arrondis & dont le dernier est allongé & terminé par deux pinces. Ces antennes ressemblent précisément aux pattes des crabes. M. Linnæus les a prises pour des pattes, comme on le voit par sa phrase; dans ce cas, cet insecte auroit dix pattes, seroit un vrai crabe, mais il n'auroit point d'antennes, ce qui l'éloigneroit de la classe des insectes. On doit donc regarder cette partie comme ses antennes, & ne compter que huit pattes à cet animal. Au devant de sa tête, il a vers sa bouche deux petites pinces qu'il remue en marchant.

On trouve cette espéce dans les jardins sous les pots, où on met des fleurs, sous les écorces des arbres à moitié détachées, & même dans les endroits peu fréquentés des maisons, & quelquefois dans les livres qu'on remue peu. Elle se nourrit des poux de bois qu'elle détruit.

2. CHELIFER *totus ruber, antennis extremo bisetis.*
Planch. 20, fig. 5.

Linn. faun. suec. n. 1205. Acarus petrarum ruber , antennis rostro longioribus.
Linn. syst. nat. edit. 10 , *p.* 618 , *n.* 26. Acarus longicornis.

La pince rouge.
Longueur ⅓ ligne.

Sa forme est allongée & comme en poire. Sa tête est
pointue en-devant , & je n'y ai point remarqué vers la
bouche les deux petites pinces que l'on voit dans le précédent. Ses antennes plus longues que sa tête , ressemblent à
celles du scorpion-araignée , si ce n'est que les articulations dont elles sont composées sont plus grèles , plus
minces , & que la pince de l'extrémité est formée par
deux longs filets , dont l'un est un peu plus court que l'autre. Le ventre est entièrement d'une couleur rouge foncée. Les pattes au nombre de huit , sont assez longues
& d'un rouge un peu plus pâle. On trouve cet insecte sous
les pierres & sous les écorces d'arbres.

ACARUS.

LA TIQUE.

Pedes octo.	Huit pattes.
Oculi duo.	Deux yeux.
Antennæ simplices rostro brevio-res.	Antennes simples plus courtes que la trompe.

La tique , comme nous l'avons dit en parlant du genre
précédent , se distingue de l'araignée , à laquelle elle
ressemble beaucoup par le nombre différent de ses yeux.
La forme de ses antennes qui sont simples & plus courtes
que sa trompe , empêche qu'on ne la confonde avec la
pince & le faucheur.

Ce genre est assez nombreux , mais beaucoup d'espéces
sont trop petites pour être apperçues à la vûe simple.
Il faut employer le microscope pour les découvrir , souvent
même avec peine. Nous n'avons point parlé de ces petites
espéces microscopiques qui sont trop petites pour laisser

appercevoir leurs différences spécifiques. Les mittes , les cirons font de ce genre , ce font de vraies tiques. Nous détaillerons les efpéces les plus communes & les plus groffes parmi ces animaux infiniment petits.

En général la tête des tiques eft très-petite. Leurs antennes font fort courtes , & ordinairement moins longues que l'efpéce de bec aigu & pointu qui forme la bouche de ce petit animal. Ce bec eft une efpéce de fourreau qui renferme une trompe fort fine , que l'infecte enfonce dans la peau des animaux fur lefquels il vit. Le corcelet de la tique n'eft pas plus grand que fa tête , & il eft tellement confondu avec le ventre , qu'il ne s'en diftingue que parce qu'il eft plus ferme & plus dur. Le ventre eft la partie la plus groffe & la plus confidérable de l'infecte. Ce ventre eft ordinairement plus mol que le refte du corps, & dans quelques efpéces , comme la *tique des chiens* , il eft capable d'une fi grande extenfion , que l'infecte ainfi gonflé paroît fept ou huit fois plus gros.

Les tiques viennent d'œufs , les meres font ovipares. Il faudroit que leur groffeur permît d'examiner leur accouplement , qui probablement doit être fingulier , & avoir quelque rapport avec celui des araignées & des crabes auxquels ces infectes font analogues.

Plufieurs efpéces de ce genre font carnaffieres & vivent fur différens animaux , mais au défaut de ces animaux, elles favent trouver leur nourriture fur les plantes & les arbres dans les bois. Les chiens , les oifeaux , les mouches, les coleopteres font attaqués par différentes tiques , que quelques auteurs ont défignées à tort par le nom de poux. L'homme même n'en eft pas exempt , & une des plus vilaines & des plus infupportables maladies dont il eft attaqué , paroît n'être dûe qu'à des petites tiques ou cirons, qui s'introduifant fous la peau , y caufent ces furieufes démangeaifons qui accompagnent la galle. D'autres tiques moins à redouter , ne fe trouvent que fur terre fous les pierres humides. Parmi ces dernieres , il y en a une dont

le corps eſt éclatant par ſa belle couleur d’un rouge vif
& couleur de feu. L’eau ſert auſſi de domicile à quelques
tiques qui ſavent très - bien nager dans cet élément , &
qui peut - être s’attachent aux poiſſons ou à d'autres animaux aquatiques. Enfin il y en a une derniere eſpéce fort
petite & qui n’eſt remarquable que par ſes ouvrages. C’eſt
elle qui file ces toiles que le vent emporte en l’air &
que l’on voit ſi ſouvent en automne voltiger & tomber
dans les campagnes. Cette eſpéce travaille ordinairement
vers le mois d’octobre , & nous l’avons appellée le tiſſerand d’automne.

1. A C A R U S *lividus , antennis brevibus ſubclavatis ;*
abdomine antice macula ovata fuſca nitente.

Linn. faun. ſuec. n. 1193. Acarus abdomine livido , antice ovato fuſco , an-
tennis clavatis.
Linn. ſyſt. nat. edit. 10 , *p.* 615 , *n.* 6. Acarus globoſo - ovatus macula baſeos
rotunda , antennis clavatis.
Raj. inſ. p 10. Ricinus caninus.
Friſch. germ. 5 , *p.* 41 , *t. 19.* Pediculus caninus.

La tique des chiens.
Longueur 1 ⅓ *ligne. Largeur* ⅓ *ligne.*

La forme de cet inſecte eſt ovale : ſa couleur eſt d’un
brun quelquefois rougeâtre , d’autres fois jaunâtre. Son
ventre fait la plus grande partie de ſon corps , & il a ſur le
devant une tache plus brune , plus liſſe & plus élevée que
le reſte , dont la forme eſt ovale. Sous le ventre , ſe trouve
l’anus de l’inſecte. Son corcelet eſt fort petit , ainſi que
ſa tête. Sa trompe eſt grande , ſaillante & diviſée en deux
parties. Les antennes ſont à peu près de la longueur de
cette trompe , elles ſont groſſes pour leur grandeur & un
peu figurées en maſſues.

Cette tique s’attache aux chiens : pour lors elle groſſit
conſidérablement & a quelquefois ſept ou huit lignes de
long. C’eſt ſon ventre ſeul qui s’enfle ainſi , car toutes les
autres parties reſtent toujours dans leur groſſeur ordinaire. Quand elle eſt ainſi gonflée , elle eſt d’un brun un

peu gris. On la voit souvent pendue aux oreilles des chiens de chasse, qui en gagnent beaucoup dans les bois, où se trouve communément cette tique.

2. ACARUS *humanus subcutaneus. Linn. faun. suec.* *n.* 1194.

Ettmull. act. lips. 1682, *p.* 319.
Rivin. diss. exanth. p. 18, *f.* A. B.
Act. Ups. 1736, *p.* 37, *n.* 5. Acarus scabiei.
Bonani microgr. cur. f. 113.

Le ciron de la galle.

Cet insecte presqu'imperceptible, est de forme ovale. Sa tête & ses pattes sont un peu brunes. Son ventre est blanchâtre, avec deux lignes grisâtres peu marquées & courbées, dont les pointes regardent la partie postérieure de l'animal. Ce ciron s'enfonce sous la peau & produit les petites vésicules qui se trouvent sur les galleux. Il suit les rides de la peau, & en marchant il forme différentes vésicules proche les unes des autres. Sa marche & ses piqûres causent les démangeaisons que l'on sent dans cette maladie. On peut l'enlever avec une pointe d'éguille. Tiré ainsi hors de la peau, il reste souvent immobile, mais si on le réchauffe avec l'haleine, il court fort vite. C'est par le moyen de ces insectes que la galle se communique si aisément, les vêtemens des galleux en étant souvent remplis. Les amers & les préparations mercurielles font périr ces cirons, & c'est par ce moyen qu'ils détruisent la galle.

3. ACARUS *casei antiqui.*

Linn. faun. suec. n. 1195. Acarus farinæ.
Blanck. belg. p. 158, *t.* 14, *f.* A, B.
Bonan. nat. cur. dec. 2. *ann.* 10. *app.* 34. Acarus ex arido caseo.
Bonan. microgr. cur. f. 112.
Riv. prurit. 8, *f.* D, E, F, G, I, K, L, N.

Le ciron du fromage.

Le ciron du fromage ressemble beaucoup à celui de la

galle, mais il eſt un peu plus grand. Son ventre gros,
ovale & blanchâtre, n'a point de bandes griſes, comme
dans le précédent. Sa tête & ſes pattes ſont un peu brunes.
Si on regarde cet inſecte au microſcope, on voit qu'il
a ſur le corps quelques poils longs, ce que l'on n'apperçoit
pas dans celui qui précéde. On trouve communément ce
ciron dans le vieux fromage ; il ſe trouve auſſi dans la farine, & j'ai eu des pains à cacheter réduits en pouſſiere par
ce petit inſecte.

4. ACARUS *inſectorum rufus, ano albicante.* **Linn.**
faun. ſuec. n. 1195.

Linn. ſyſt. nat. edit. 10, *p.* 618, *n.* 24. Acarus rufus, ano albicante.
Liſt. loq. 381. Pediculus ſubflavus ſcarabæis infeſtus.
Blank. belg. 168, *tab.* 14, *f.* H. Pediculus inſectorum volatilium.
Friſch. germ. 4, *p.* 17, *tab.* 10. Pediculus ſcarabæi currens.
Act. Upſ. 1736, *p.* 37, *n.* 2. Acarus inſectorum coleoptratorum.
Reaum. inſ. tom. 6, *tab.* 4, *f.* 13, 14.
Roſel. inſ. tom. 4, *tab.* 1, *f.* 10, 11.

La mitte des coleopteres.
Longueur ¼ *ligne.*

Le corps de cette mitte eſt dur, écailleux, liſſe &
de couleur fauve, à l'exception de ſa partie ſupérieure qui
eſt blanchâtre. Il eſt difficile, à la vûe ſimple, de diſtinguer
la tête & le corcelet de cet inſecte. Ses pattes ſont longues, ſur-tout les poſtérieures, quoique M. Linnæus diſe
le contraire. Cette tique court aſſez vîte. On la trouve par
troupes ſur les coleopteres, le ſcarabé, le hanneton &
quelquefois ſur les frelons, principalement ſous le ventre.

5. ACARUS *gymnopterorum ruber, punctorum coccineo-*
rum utrinque pari. **Linn. faun. ſuec. n.** 1208.

Linn. ſyſt. nat. edit. 10, *p.* 618, *n.* 23. Acarus abdomine rubro, lateribus
punctis binis coccineis.
Reaum inſ. tom. 5, *tab.* 38, *f.* 1, 2, 3.

La mitte rouge des mouches.

Quoique cette mitte foit un peu plus groffe que la fuivante, elle eft cependant très-petite. On la voit comme un
point rouge attaché aux mouches & aux moucherons,
& le microfcope ou la loupe peuvent feuls faire diftinguer
fes pattes & toutes fes parties. Elle eft d'un beau rouge
couleur de feu , avec deux points d'un rouge ponceau de
chaque côté du ventre, l'un plus haut , l'autre plus bas.

6. ACARUS *rufus mufcarum , pedibus pofticis longis
filiformibus. Linn faun. fuec. n.* 1209.

Linn. fyft. nat. edit. 10, *p.* 617 , *n.* 21. Acarus mufcarum.

La mitte brune des mouches.

Cette mitte eft infiniment petite. Elle reffemble à un
petit point brun , & fi elle ne remuoit point , on auroit
peine à croire que ce fût un infecte. La loupe fait voir que
c'eft une vraie tique , & on apperçoit fur-tout les pattes
poftérieures de l'infecte qui font fines & longues. On
trouve cette mitte fur les mouches. J'en ai vû quelques-
unes qui en avoient le ventre toutes couvertes.

7. ACARUS *terreftris ruber abdomine depreffo. Linn.
faun. fuec. n.* 1200.

Linn. fyft. nat. edit. 10 , *p.* 617 , *n.* 19. Acarus abdomine depreffo , tomentofo ,
poftice retufo , terreftris.
Blank. belg. 170 , *t.* 14 , *f.* I. Araneus terreftris fcarlatinus.
Lift. aran. 100 , *f.* 38. Araneus exiguus coccineus vulgo anglice à Tant dictus.
Raj. inf. p. 41 , *n.* 38. Araneus *idem.*
Petiv. muf. 65 , *n.* 701. Araneus anglicus coccineus minimus.
It. Oeland. 84. Acarus coccineus terreftris.
Rofel. inf. vol. 3 , *fupplem.* 1 , *tab.* 25.

La tique rouge fatinée terreftre.
Longueur 1 ⅓ *ligne. Largeur* ⅔ *ligne.*

Le corps de cette tique eft ovale , un peu allongé , médiocrement applati vers le ventre , mollaffe , pulpeux , de
couleur rouge de carmin , foyeux & comme fatiné. On le
trouve à terre dans les prés & les gazons un peu fecs.
Il marche moins vîte que beaucoup d'efpéces de ce genre.

8.

8. ACARUS *aquaticus ruber abdomine depreffo. Linn. faun. fuec. n.* 1199.

Linn. *fyft. nat. edit.* 10, *p.* 617 , *n.* 18. Acarus abdomine depreffo tomentofo , poftice obtufo , aquaticus.
Charlet. onom. 47. Bupreftis arancolæ.
Frifch. germ. 8 , *p.* 5 , *t.* 3. Araneus aquaticus ruber parvus.

La tique rouge fatinée aquatique.

Elle reffemble tout-à-fait à la précédente pour la grandeur , la forme & la couleur , & on feroit tenté de croire que c'eft la même efpéce , fi ce n'eft que celle-ci ne peut vivre hors de l'eau & que l'autre y périt. C'eft dans les eaux dormantes qu'on trouve cette tique qui nage fort vîte.

9. ACARUS *aquaticus niger , abdominis medio lateribufque flavis.* Planch. 20 , fig. 7.

La tique aquatique panachée.
Longueur ⅓ *ligne.*

Cette petite tique groffe comme un grain de navette eft arrondie. Son corps eft noirâtre , mais fur le milieu il y a une bande longitudinale jaune qui fe partage en deux vers la tête , & s'élargit vers le bas. Les deux bords du corps de l'infecte ont pareillement des bandes jaunes qui fe joignent en haut & en bas avec celle du milieu. Les pattes font longues & fines , & paroiffent à la loupe hériffées de poils.

Cette tique vit dans l'eau où je l'ai trouvée. Elle nage très-vîte à l'aide de fes longues pattes. Sa petiteffe empêche de voir la beauté de fes couleurs , qu'on n'apperçoit bien qu'avec la loupe.

10. ACARUS *petrarum ruber , pedibus anticis longitudine corporis.*

La tique rouge des pierres à pattes antérieures fort longues.
Longueur ⅓ *ligne.*

Tome II.   K k k k

Sa forme eſt arrondie , un peu ovale , ſon corps eſt gros & figuré en boule. Ses pattes ſont courtes , à l'exception de celles de devant qui ſont plus longues que les autres , & qui égalent la longueur de tout le corps. Tout l'inſecte eſt d'un rouge foncé , mais les pattes ſont d'une couleur plus claire & plus vive que le reſte.

On le trouve ſur les pierres, il ne marche pas fort vîte.

11. A C A R U S *petrarum niger* , *abdomine globoſo lucido* , *femoribus ſubclavatis.*

La tique noire & liſſe des pierres.
Longueur ¼ ligne.

Cette petite eſpéce eſt noire , ronde , liſſe & luiſante. Sa tête eſt un peu aigue. Ses pattes ſont longues pour ſa grandeur , & leurs cuiſſes ſont groſſes , du moins celles des deux paires antérieures. Cette tique marche aſſez lentement , elle eſt dure & réſiſte un peu quand on l'écraſe. On la trouve ſur les pierres.

12. A C A R U S *ater* , *lateribus abdominis antrorſum acutis.*

Linn. ſyſt. nat. edit. 10 , *p.* 616 , *n.* 13. Acarus ater , lateribus nigro-ſub-coleoptratis.
Linn. faun. ſuec. n. 1211. Acarus ater, lateribus coleoptro acutis.

La tique noire à ventre anguleux en-devant.

Cette petite tique ſemblable à un point rond , eſt noire & liſſe. Son ventre , du côté qui regarde la tête , a un angle de chaque côté , & ſur les bords on apperçoit une rainure & un repli tout à l'entour , comme ſi le ventre étoit couvert d'étuis ſemblables à ceux des coleopteres. On trouve ce petit inſecte ſur les pierres & les vieux murs, ſouvent en grande quantité. Il court aſſez vîte.

13. A C A R U S *fuſcus* , *autumnalis* , *textor.*

Le tiſſerand d'automne.

La couleur de cette eſpéce eſt brune , un peu jaunâtre.

Elle a une particularité, c'est qu'elle file de la toile comme lès araignées, ce que ne fait aucune autre efpéce de ce genre. On voit fouvent l'écorce des arbres en automne couverte de haut en bas, principalement du côté du nord, de toiles fines, qui font paroître le tronc de l'arbre liffe & luifant. Ces toiles fourmillent de ces petits infectes & font leur ouvrage. Le vent emporte fouvent ces toiles en l'air, & on les voit tomber en grande quantité en automne dans les campagnes & les jardins. C'est ce que le peuple nomme des *fils de la vierge*. Plufieurs Naturaliftes ont cru que ces fils étoient des vapeurs condenfées, d'autres les ont pris pour des toiles d'araignées, mais ce font les toiles de nos *tifferands*, dont on trouve fouvent encore un bon nombre pris dans leurs filets & que le vent a fait voyager.

14. ACARUS *fufcus ovatus, pedibus pallidis, vefperti-lionis.*

Baker. microfc. tab. xv. The loufe oft bat.

La tique de la chauve-fouris.
Longueur 1 ligne.

On m'a donné cette petite tique, qui eft brune, ovale, & qui reffemble en petit à la tique des chiens. Ses pattes font d'un brun un peu plus clair que le refte de fon corps. Elle avoit été trouvée en affez grande quantité fui le corps d'une chauve-fouris.

PHALANGIUM. *Acari fpec. linn.*
LE FAUCHEUR.

Pedes octo.	Huit pattes.
Oculi duo.	Deux yeux.
Antennæ angulofæ.	Antennes formant un angle aigu.
Tentacula duo longa antenniformia.	Deux longs barbillons femblables à des antennes.

Sans être Naturalifte, on connoît le faucheur : on fait

combien cet infecte approche pour fa forme de l'araignée, dont cependant il diffère par le nombre de fes yeux. Ce genre fe fait auffi diftinguer de la tique & de la pince, par la forme finguliere de fes antennes. Elles font compofées de deux piéces : l'une qui eft droite , part de la tête ou de la partie antérieure de l'animal : l'autre s'articule avec cette premiere , mais latéralement , formant avec elle un angle aigu , elle eft plus groffe à l'endroit de l'articulation , avec une pointe ou éperon poftérieurement , & fine vers l'autre extrémité.

Outre ces finguliercs antennes , le faucheur a deux longs barbillons , plus longs dans le mâle que dans la femelle & qui font à côté des antennes. Quel eft l'ufage de ces barbillons ? Seroit-ce à cet endroit que les parties du mâle feroient placées à peu près comme dans les araignées ! L'analogie porteroit à le croire : cependant ces parties ne fe terminent pas en bouton , & ne font point plus groffes à leur extrémité ; elles font feulement plus longues dans les mâles. Il faudroit voir l'accouplement de ces infectes , pour réfoudre cette difficulté.

La tête du faucheur eft affez finguliere ; elle eft confondue avec le corcelet , & ne fait avec lui qu'une feule & même piéce. C'eft donc fur ce corcelet joint avec la tête , ou fur cette partie qui tient lieu de l'un & de l'autre , que font pofés les yeux au nombre de deux. L'infecte femble les porter fur le dos , où ils font pofés l'un à côté de l'autre , & féparés feulement par une efpéce de crête longue & aigue.

Les pattes du faucheur font fort longues , & leur derniere partie ou le tarfe paroît compofé d'un nombre infini d'anneaux courts. Comme cet infecte court dans les champs , la nature paroît lui avoir donné de très-longues pattes pour pouvoir marcher dans les prés par deffus le gazon & les herbes , de même que les tipules ont reçu de longues pattes pour le même ufage.

Lorfqu'on faifit un faucheur , fouvent il s'échappe en

laiſſant dans les doigts une ou deux de ſes pattes qui ſe détachent aiſément de ſon corps. Les enfans connoiſſent cette propriété de cet inſecte , & ils s'amuſent même à détacher ainſi les pattes qui remuent encore long-tems après avoir été ſéparées du corps de l'animal. Mais ce qu'il faudroit examiner , ce ſeroit de s'aſſurer s'il ne repouſſe pas de nouvelles pattes au faucheur , après que les ſiennes ont été arrachées, à peu près comme il repouſſe des pattes aux crabes & aux écreviſſes , lorſque les leurs ont été caſſées. Je ſerois très-porté à le croire , à cauſe de l'analogie qui ſe trouve entre ces animaux. De plus , j'ai trouvé une fois un faucheur qui avoit ſept grandes pattes , & la huitiéme plus petite que les autres des deux tiers au moins. C'étoit l'avant derniere. Cette petite patte auroit-elle repouſſé après avoir été détachée ? L'obſervation ſeule pourroit en inſtruire , & ce fait demanderoit à être ſuivi.

Nous ne connoiſſons qu'une ſeule eſpéce de faucheur.

1. PHALANGIUM. Planch. 20 , fig. 6.

Linn. ſyſt. nat. edit. 10 , *p.* 618 , *n.* 1. Phalangium abdomine ovato , ſubtus albo.
Linn. faun. ſuec. n. 1186. Acarus pedibus omnibus longiſſimis.
Aldrov. inſ. 607 , *t.* 608 , *f.* 4. Araneus xiv.
Mouffet. lat. 234 , *f.* 4. Araneus longipes.
Hoffnag. inſ. 2 , *t.* 9.
Goed. belg. 2 , *p.* 197 , *f.* 49. & *gall. tom.* 3 , *tab.* 49.
Liſt. Goed. 348 , *f.* 143.
—— *Angl.* 95 , *t.* 1 , *fig.* 35. Araneus cincreus criſtatus.
Raj. inſ. 39 , *n.* 35. Araneus *idem.*
Jonſt. inſ t. 18 , *f.* 31.
Bradl. natur. t. 24 , *f.* 2.

Le faucheur.

ARANEA.
L'ARAIGNÉE.

Pedes octo.	Huit pattes.
Oculi octo.	Huit yeux.

Il n'eſt pas beſoin de caracteres pour faire diſtinguer l'a-

raignée ; tout le monde connoît cet infecte. Néanmoins,
comme on pourroit le confondre avec quelques genres
qui en approchent, le caractere que nous donnons de cet
animal empêchera cette méprife. L'araignée eft la feule
entre tous les genres de cette fection, qui ait en même
tems huit pattes & huit yeux, ce qui diftingue fuffifamment cet infecte.

Le corps de l'araignée eft compofé de deux parties
qui tiennent enfemble par un étranglement fort mince.
La partie antérieure tient lieu de la tête & du corcelet, &
la partie poftérieure eft le ventre de l'animal. C'eft à la
premiere de ces parties, que font placés antérieurement
les yeux, les antennes & la bouche de l'araignée.

Les yeux font au nombre de huit, différemment rangés, fuivant les diverfes efpéces de ce genre. Ils font
liffes, brillans comme du jayet ou du verre, & tout-à-fait
immobiles. Comme leur ftructure différe de celle des yeux
de la plûpart des autres infectes qui font taillés à facettes
& par-là multiplient les objets, la nature paroît avoir
voulu dédommager les araignées, dont les yeux font
fimples & ne multiplient point les objets, en leur accor-
dant un plus grand nombre d'yeux. Lifter, & quelques-
autres Naturaliftes, ont cru que le nombre d'yeux n'étoit
pas fixe & uniforme dans les araignées, que les unes
avoient huit yeux, tandis que d'autres n'en avoient que
fix. Il eft vrai qu'il y a des araignées, qui à la premiere
infpection, paroiffent n'avoir que fix yeux ; mais, en les regardant de plus près, on voit que les yeux qui font aux
extrémités des rangées, ne font pas fimples comme ils
le paroiffent d'abord. Ces yeux qui femblent plus gros,
font un compofé de deux yeux diftincts, quoique fort proches l'un de l'autre ; ils fe touchent, mais fans fe confondre. Ainfi ces araignées ont véritablement huit yeux
comme toutes les autres. On peut donc affurer que toutes
les araignées ont conftamment huit yeux, ni plus ni
moins.

Quant à la maniere dont ces yeux font placés , nous avons dit que cet arrangement varioit fuivant les différentes efpéces de ce genre. Dans les unes , ils font rangés fur deux lignes en croiffant, de façon que les deux yeux du milieu de chaque ligne fe regardent & femblent former à eux quatre une efpéce de quarré , tandis que les quatre autres des côtés defcendent , enforte que ceux de la rangée poftérieure font les plus éloignés. Dans d'autres , les quatre yeux du milieu font rangés de même & forment le quarré , tandis que les deux autres de chaque côté fe touchent & font pofés obliquement. D'autres fois, les deux yeux antérieurs font à côté l'un de l'autre , pofés fur une ligne tranfverfe , & les fix autres au nombre de trois de chaque côté , forment un bouquet où ils font rangés en triangle. Dans d'autres araignées , les yeux font rangés fur deux lignes , dont la premiere eft formée par fix yeux , tandis qu'il n'y en a que deux à la feconde. Enfin , dans quelques efpéces , comme l'araignée vagabonde , l'araignée-loup & la fauteufe , il y a une premiere rangée tranfverfe de quatre yeux , & les quatre autres forment enfuite un quarré plus ou moins parfait. Dans ces dernieres , tous les yeux ne font pas d'égale groffeur, il y en a de beaucoup plus petits , & d'autres beaucoup plus gros que les premiers. On fent combien ces arrangemens différens d'yeux peuvent fervir à fixer fûrement les efpéces de ce genre. Auffi nous en fommes-nous fervi , & ceux qui voudront fuivre & examiner les différentes araignées dont nous n'aurons pas parlé , pourront mettre en ufage avec fuccès cette marque fpécifique.

Ces yeux font tous placés fur le devant de la partie antérieure , ou du corcelet de l'infecte , un peu vers le haut. C'eft à cette même partie devant les yeux , que l'on apperçoit la bouche de l'araignée. Elle confifte dans deux fortes tenailles terminées par des efpéces de griffes f rt aigues , dont la pointe eft dirigée en bas. Ces tenailles ou griffes font mobiles & fe remuent aifément de haut en

bas , & même de droite à gauche. C'est avec ces instru-
mens que l'araignée saisit , pince & tue sa proie. Ces mêmes pointes lui servent aussi de bouche : quoique leur extrémité soit fort aigue , elle est cependant percée vers le
bout , & le dedans des tenailles est creux , ensorte que l'a-
raignée succe par-là les humeurs de la mouche ou de tel
autre insecte qu'elle a saisi.

A côté de cette bouche devant les yeux , se trouvent
aussi les antennes de l'insecte. Ces antennes sont composées de plusieurs piéces articulées ensemble , & ressemblent beaucoup aux pattes , elles sont seulement plus petites. Dans l'araignée femelle , elles sont plus longues , &
d'égale grosseur par-tout : mais dans le mâle , elles sont
terminées par une derniere piéce plus grosse qui forme
une espéce de bouton. C'est dans ce bouton que sont renfermées les parties du sexe du mâle , il les porte en
aigrette sur sa tête , & il les met en action dans l'instant de
l'accouplement dont nous parlerons tout à l'heure.

Le reste de la partie antérieure de l'araignée , son corcelet est tantôt lisse , tantôt couvert de poils , suivant les
espéces , mais toujours muni d'une croute ferme & assez
forte qui lui sert de peau. C'est en - dessous de ce corcelet
que sont attachées les huit pattes de l'araignée. Ces pattes
sont composées de trois piéces , la cuisse , la jambe &
le tarse , dont chacune est formée de deux piéces , dont la
plus courte se trouve près de l'origine ou de l'articulation
de ces différentes parties. La derniere de toutes , ou le
tarse , est terminée par des petites griffes ou ongles recourbés avec lesquels l'araignée se tient & court sur sa toile.

Le ventre ou l'autre partie du corps de l'araignée
est moins dur que son corcelet. C'est au haut de cette partie , en-dessous, que se trouve la partie du sexe dans les
femelles , qui consiste dans une espéce de fente que l'animal dilate & entr'ouvre dans le moment de l'accouplement. Nous expliquerons dans un moment cette manœuvre. A l'extrémité du ventre , outre l'anus de l'animal, on
apperçoit

apperçoit plusieurs mammelons les uns à côté des autres,
souvent au nombre de six, qui vûs de près & à la loupe,
paroissent composés de plusieurs autres plus petits. Ces
mammelons sont les filieres des araignées, c'est par ces
conduits qu'elles rendent la liqueur singuliere avec laquelle elles filent leurs toiles.

Cet ouvrage des araignées, a de tout tems piqué la
curiosité des Naturalistes & des Physiciens. Ils ont admiré
l'industrie avec laquelle ces insectes savoient filer des
toiles qui sont si artistement travaillées, & dont les formes
& les contours sont différens suivant les espéces d'araignées. En effet toutes les araignées filent, celles même
qui ne font point de toiles enveloppent leurs œufs d'un
tissu de soie épais & fort serré. Quant à leur maniere
de filer, on peut diviser les araignées en plusieurs bandes
de travailleuses. Les unes, comme celles des jardins
& des bois, font ces toiles pendues perpendiculairement,
& formées de plusieurs fils rangés circulairement, autour.
d'un centre commun où se tient souvent l'insecte. D'autres, comme les araignées domestiques, font des toiles
serrées, posées horizontalement dans les angles des murs
& des fenêtres. Les grosses araignées des trous & des
caves munissent & tapissent de toile le trou où elles se
retirent, & ne filent au dehors que quelques soies qui
aboutissent à ce trou, dont elles tiennent tendue & ouverte l'entrée. Quelques araignées, comme les vagabon-
des & les sauteuses,ne filent point d'ordinaire, elles vont à
la chasse, elles courent & sautent sur leur proie, sans
avoir besoin de filets. Enfin, les araignées aquatiques
attachent aux plantes dans l'eau quelques filets irréguliers
dont nous verrons l'usage.

Lorsque ces différentes araignées veulent commencer
leur ouvrage, elles font d'abord sortir des mammelons
qui sont au bout de leur ventre, une goutte de cette liqueur gluante qui est la matiere dont elles composent
leurs fils. Elles attachent cette goutte contre un mur

ou un arbre , & enfuite s'éloignant de cet endroit , elles
filent en marchant , & vont affujettir l'autre bout de ce
premier fil à quelque mur ou quelqu'autre branche. Si
c'eft par exemple l'araignée domeftique , celle qui fait ces
toiles ferrées horizontales , elle attache à l'autre parois de
l'angle du mur ce fil : de-là elle revient fur ce premier fil ,
en en filant un à côté qu'elle attache de même , jufqu'à
ce qu'elle ait garni tout l'endroit où doit être fa toile de
pareils fils dans la même direction. Pour lors , elle fait
d'autres fils dans un fens contraire , enforte qu'ils coupent
les premiers à angles droits. Comme la matiere de ces
fils eft gluante , ils s'attachent , ils fe collent aux premiers
& font corps avec eux. Par ce moyen , fa toile eft ferme , &
elle reffemble à nos toiles & à nos étoffes qui ont des fils
en deux fens , à la différence près que la trame & la chaîne
ne font point entrelaffées , mais fimplement appliquées &
collées l'une contre l'autre.

C'eft avec la même induftrie , que l'araignée des jardins
file fa toile perpendiculaire à refeau. Elle attache de
même un fil , dont elle fixe l'autre bout à une autre branche. Souvent elle fe laiffe pendre à fon fil , & le vent
la porte à un autre arbre où elle en fixe l'autre extrémité. Cela fait , elle retourne au milieu de fon fil , où elle en
attache un fecond , dont l'autre extrémité eft collée à
quelque branche , non loin du premier. Elle en file ainfi
plufieurs qui partent tous d'un centre commun , & qui
en s'éloignant , s'écartent les uns des autres comme les
rayons d'un cercle. Pour lors , la moitié de fon ouvrage eft
fait ; il ne lui refte qu'à filer des fils qui fe collent fur
les premiers , & qui étant éloignés les uns des autres
de quelque diftance , font pofés circulairement autour
d'un centre commun. Cet affemblage forme ces jolis
refeaux , au centre defquels fe place l'araignée pour atten-
dre fa proie , & qu'elle ne quitte que pour fe retirer fous
quelque feuille qu'elle garnit d'une toile irréguliere , à
laquelle aboutiffent plufieurs de fes fils. Il feroit trop long

de fuivre toutes les autres araignées dans leur travail , mais on peut juger de leur induſtrie par l'exemple de celles-ci.

Lorſque l'araignée a fini ſa toile , l'endroit où elle ſe tient eſt , comme nous l'avons dit,celui où aboutiſſent tous ſes fils ; c'eſt-là leur centre de réunion. Auſſi , dès qu'une mouche , un moucheron ou un autre inſecte , ſe trouvant pris dans ſa toile , ſe débat & agite même légérement les fils , l'araignée en eſt avertie , elle ſent ce mouvement , & accourt à l'endroit où ſa proie eſt embarraſſée dans ſes filets. Si l'inſecte eſt petit , l'araignée s'en ſaiſit avec ſes pinces & le tranſporte à l'endroit de ſa retraite , où elle le ſucce tranquillement ; mais s'il eſt plus gros , ſi c'eſt une groſſe & forte mouche qui ſe débatte beaucoup , l'araignée commence par la garotter de fils , dont elle l'entoure juſqu'à ce qu'elle ne puiſſe plus faire aucuns mouvemens , & pour lors elle l'emporte , ou ſi elle ne peut l'emporter , elle la dévore ſur la place. Enfin , ſi l'inſecte eſt beaucoup plus fort que l'araignée & qu'elle ne puiſſe s'en ſaiſir en aucune façon , elle l'abandonne , elle l'aide même à ſe débarraſſer de ſes filets , que la mouche déchireroit , & elle en rompt quelques-uns pour que cette mouche puiſſe s'en aller , après quoi elle répare ſa toile. Quelquefois l'araignée par ſon imprudence devient la proie des inſectes qu'elle vouloit prendre. Des guêpes , des ichneumons ſe trouvent pris dans des toiles d'araignées un peu fortes , & l'araignée venant à ſe jetter ſur ces inſectes , dont la peau eſt ferme & dure , non-ſeulement elle ne peut les bleſſer , mais elle eſt elle-même mutilée & déchirée par les machoires & l'aiguillon des ces animaux qui emportent enſuite l'araignée à demi - morte , pour ſervir de pâture à leurs petites larves. Les grands ichneumons font encore plus ; ils fondent ſur les araignées des jardins lorſqu'elles ſont ſuſpendues au milieu de leur toile à reſeau , & les emportent ſouvent toutes entieres à leurs petits.

L l l ij

La plûpart des araignées ne font que fuccer les humeurs des infectes qu'elles prennent. Leurs pinces qui font creufes en dedans, leur fervent à cet ufage, précifément comme celles du fourmilion qui font conftruites de même. Elles leur tiennent lieu de machoires & de bouche. Lorfqu'elles ont ainfi fuccé l'infecte, elles rejettent le corps fec & très-reconnoiffable. J'ai cependant vû quelques araignées, & en particulier les araignées aquatiques, qui paroiffoient attaquer les parties folides des infectes qu'elles dévoroient, enforte qu'il reftoit à peine quelque veftige des animaux qu'elles avoient mangés. L'araignée-loup eft auffi dans le même cas.

Ce ne font pas feulement les autres infectes que les araignées dévorent, elles s'attaquent & fe mangent mutuellement. Si une araignée vient dans la toile d'une autre, il s'éleve entr'elles un furieux combat qui eft ordinairement fuivi de la mort de la plus foible. L'autre, quoiqu'étrangere, refte en poffeffion de la toile. Souvent les vieilles araignées vont ainfi s'emparer de force de la toile de quelque jeune. Avec l'âge, le réfervoir de la liqueur qui leur fournit des fils s'épuife, elles ne peuvent plus faire de toile, qui cependant leur eft néceffaire pour attraper leur proie : il faut donc s'emparer de l'ouvrage de quelqu'autre plus foible. Souvent cette derniere n'attend pas qu'elle foit attaquée, elle s'enfuit, elle abandonne fon ouvrage & en va recommencer un autre ailleurs. La nature a donné à ces animaux affez de matiere de fils, pour refaire plufieurs fois leur toile. On en a vû qui l'ont recommencée jufqu'à fix & fept fois de fuite, feulement les dernieres toiles étoient plus minces que les premieres. L'ouvriere épargnoit l'étoffe & la matiere qui n'étoient plus fi abondantes. Après cet effort de travail, cette matiere eft tout-à-fait épuifée, & dans ce cas, il faut que l'araignée périffe ou qu'elle s'empare d'une autre toile.

On conçoit que l'accouplement entre des infectes qui

fe dévorent l'un l'autre, ne doit pas fe faire fans certaines précautions, fans quoi ces animaux tomberoient fouvent dans des embuches; auffi y a-t-il peu d'infectes qui en employent autant que l'araignée. Hors le tems & la faifon de l'accouplement, elles évitent leurs femblables, ce n'eft que dans cette faifon qu'on en voit fouvent deux fur la même toile. C'eft ordinairement à la fin de feptembre & au commencement d'octobre que s'accouplent les araignées des jardins. Je ne fais fi cette faifon, déja froide, eft pareillement celle de l'amour pour les autres efpéces. Je me contenterai de parler de celles-ci que j'ai examinées & obfervées plufieurs fois.

Depuis le commencement d'octobre jufqu'au milieu, on voit fur les toiles à refeau dans les jardins, des araignées femelles qui fe tiennent tranquilles, la tête en bas vers le milieu de la toile. Si on examine les environs, on apperçoit bientôt auprès de cette toile le mâle qui va & vient. Ce dernier fe diftingue aifément de fa femelle par la taille de fon ventre, qui eft beaucoup plus petit, & par fes antennes terminées par un gros bouton. Le mâle s'avance doucement fur la toile, il s'approche infenfiblement de fa femelle qui refte toujours dans la même place, & lorfqu'il en eft enfin tout proche, il lui touche légérement la patte avec l'extrémité d'une des fiennes, & recule auffi-tôt de quelques pas, comme s'il avoit peur. Bientôt après il fe rapproche & réitere plufieurs fois cette manœuvre, que j'ai vû durer un bon quart d'heure. Ces mouvemens font les préludes de l'accouplement, ces animaux femblent fe tâter & faire connoiffance enfemble. Pendant ce tems, les antennes du mâle s'entr'ouvrent par le bout, on voit que le bouton qui les termine eft humide. Pour lors le mâle, devenu plus hardi, s'approche plus près de la femelle, qui a toujours la tête en bas, & qui préfente en haut le deffous de fon ventre, dont la fente eft entr'ouverte. Lorfqu'il en eft tout proche, il porte vivement une de fes antennes dans cette fente que la femelle a dans la partie supérieure de son ventre, & se retire aussi-tôt. Un moment après il se rapproche & porte de même l'autre antenne, & ainsi plusieurs fois alternativement. J'ai suivi ce jeu pendant plus d'une demi-heure, sans que le mâle se soit lassé. On voit par ce détail, que cet accouplement ne consiste presque que dans un simple attouchement ; il semble qu'il ne se fasse aucune introduction, ou s'il s'en fait, elle doit être bien légere. Ces mouvemens sont si prompts, qu'on a peine à appercevoir autre chose. Cependant en regardant ces insectes de fort près, on découvre une partie charnue qui sort du bouton entr'ouvert de l'antenne du mâle, & qui est portée dans la partie de la femelle. Dès que le mâle se retire, ce tubercule charnu rentre dans le bouton & on ne l'apperçoit plus. Pendant ces accouplemens réitérés, la femelle reste immobile, elle fait seulement quelques mouvemens des pattes chaque fois que son mâle la caresse.

Les femelles ainsi fécondées ont, quelque tems après ; un ventre fort gros, & ensuite elles déposent leurs œufs. Ces œufs sont nombreux, petits, ronds, luisans, tantôt blancs, tantôt jaunes, & ordinairement la mere les renferme dans une petite boule ou coque ronde de soie blanche & beaucoup plus épaisse que celle de sa toile. Elle tient cette coque à côté d'elle dans son nid, & plusieurs espéces l'emportent souvent avec elles lorsqu'elles vont & viennent. On les voit traîner cette boule de soie, aussi grosse que leur corps. Ces insectes ont, ainsi que les autres, le plus grand attachement pour leurs petits.

Ceux-ci ne tardent guères à sortir de ces œufs, qui sont si bien défendus contre les injures de l'air. Dès que ces petites araignées sont écloses, elles se mettent à filer. Ce premier tems de leur vie est le seul où elles vivent en famille, bientôt elles se séparent & pour lors elles deviennent ennemies. Les petites araignées croissent considérablement dans ces premiers jours, quoique souvent elles ne mangent point, ne pouvant encore attraper de mouches. A mefure qu'elles croiffent, elles changent de peau, & bien des Naturaliftes ont remarqué que les grandes araignées, celles même qui ont acquis toute leur croiffance & qui font déja vieilles, changeoient une fois de peau tous les ans vers le printems, comme les écreviffes & les crabes.

On fait que les mouches, les moucherons, les papillons, les chenilles, les cloportes & beaucoup d'autres infectes font la nourriture ordinaire des araignées. Nous avons de plus expliqué la maniere dont elles fuccent & dévorent leur proie. Mais une chofe qui paroît toujours étonnante, c'eft le long jeûne que peuvent fupporter ces animaux. Non-feulement ils paffent l'hiver entier fans manger, comme beaucoup d'autres infectes, mais fouvent ils font des mois de fuite pendant l'été fans prendre de nourriture. La plûpart des araignées ne vont point à la chaffe, elles ne courent point après leur proie, il faut qu'elle vienne les chercher, qu'elle tombe dans leurs piéges; s'il ne fe prend rien dans leurs filets, elles jeûnent patiemment. J'ai quelquefois nourri des araignées dans des tubes de verre pour les obferver. Il m'eft fouvent arrivé d'oublier & de négliger ces infectes. J'en avois une fur-tout que j'avois prife au commencement du printems, & qui devoit n'avoir pas mangé de tout l'hiver. Je l'oubliai pendant trois mois entiers, & l'ayant retrouvée au bout de ce tems, elle vivoit encore fans avoir pris de nourriture, feulement elle paroiffoit foible & languiffante.

Plufieurs auteurs prétendent que les araignées vivent très-long-tems : il y en a qui leur donnent quatre & cinq ans de vie. Il faudroit pour affurer la deffus quelque chofe de pofitif, s'être donné la peine d'élever & de nourrir plufieurs petites araignées.

Les efpéces de ce genre font très-nombreufes. Celles qui font décrites dans Lifter & M. Linnæus, paffent une trentaine, & probablement il y en a encore davantage. Mais souvent les différens auteurs ont trop multiplié les espéces de ce genre. L'araignée toute petite, est quelque-fois fort différente pour la forme & la couleur, de ce qu'elle sera, lorsqu'elle aura pris toute sa croissance. En changeant de peau, elle change assez souvent tellement pour la couleur, qu'il semble que ce soit une autre araignée. Ces changemens considérables ont induit en erreur, & peuvent tous les jours faire prendre pour deux espéces différentes, la même araignée observée en différens tems. Pour éviter cet inconvénient, nous avons pris soin d'élever les araignées, de les nourrir dans des petits tubes de verre, afin d'observer tous leurs changemens de couleur, & c'est par cette raison que le nombre d'araignées que nous décrivons, est beaucoup moins considérable qu'il n'auroit été, aimant mieux passer sous silence les espéces que nous n'avons pas suivies, que de risquer de donner la même espéce sous deux noms différens. On sent qu'un pareil soin nous a dû coûter de la peine & de l'attention, & même il nous eût peut-être été impossible de suivre ainsi ces insectes, si nous n'eussions été aidés dans ce travail par un habile Naturaliste, qui pourra donner un jour une histoire détaillée des araignées. En atendant cet ouvrage, nous donnons ici l'histoire abrégée d'un nombre d'espéces.

Nous avons eu soin, dans l'arrangement de ces espéces différentes, de joindre ensemble celles dont les yeux sont placés de même, comme on le verra en parcourant les ordres ou familles qui composent ce genre.

Nous ne nous étendrons pas ici sur les petits manéges particuliers de quelques espéces, dont nous parlerons en décrivant chacune en particulier. On verra dans ce détail, avec quelle agilité l'*araignée-loup*, appellée par quelques Naturalistes, araignée vagabonde, court dans les champs après sa proie, sans filer de toile, tandis que la plûpart des autres espéces attendent tranquillement leur gibier &

meurent

meurent de faim plutôt que de l'aller chercher. On ad-
mirera, avec raifon, la maniere dont fautent quelques
araignées, nommées par cette raifon, *araignées fauteufes*.
L'araignée aquatique nous fera voir que l'eau, dans laquelle périffent la plûpart des araignées, devient le domicile de quelques-unes, qu'elles favent filer dans cet
élément, qu'elles favent même s'y procurer une habitation, dans laquelle elles font à fec au milieu de l'eau.
On fera forcé d'admirer l'induftrie avec laquelle cet animal entraîne des globules d'air dans le fond de l'eau, en
forme de cavité ronde, qu'elle aggrandit en y introduifant de l'air de plus en plus, de forte qu'elle peut entrer
& fe retirer toute entiere dans cette efpéce de globe ou
veffie aërienne entourée d'eau.

Nous ne défignerons les différentes familles de ce genre
que par la pofition de leurs yeux.

PREMIERE FAMILLE.

Yeux en lunule

1. **A R A N E A** *thorace fufco, abdomine lutefcente,
pedibus quatuor pofticis breviffimis, anticis longis
luteo nigroque interfectis.*

Linn. faun. fuec. n. 1218. Aranea abdomine fubrotundo plano obtufo, pedi-
bus quatuor pofticis breviffimis.
Linn. fyft. nat. edit. 10, *p.* 623, *n.* 36. Aranea viatica.
Frifch. germ. 7, *p.* 10, *t.* 5. Araneus hortenfis, pedibus quatuor longis anticis,
abdomine plano.
Lift. aran. 83, *f.* 29. Araneus fubfufcus, minutiffimis oculis e viola purpuraf-
centibus, tardipes, & greffu & figura cancro marino non adeo diffimilis.
Raj. inf. p. 35, *n.* 19. Araneus *idem.*

L'araignée à pattes de devant longues & arlequinées.
Longueur 2 ½ *lignes. Largeur* 1 *ligne.*

Il eft aifé de reconnoître cette efpéce. Son corcelet eft
brun & noirâtre, mais fon ventre eft large, gros, de couleur jaune, chargé feulement de deux taches brunes, une
de chaque côté vers le haut. Ses quatre pattes poftérieu-

Tome II. M m m m

res font jaunes, pâles & très-courtes : les quatre de devant font fort longues & entrecoupées d'anneaux jaunes & noirs. C'eft fur les plantes qu'on trouve cet infecte, dont la figure reffemble un peu à celle des crabes. Il les imite encore par fa démarche, allant fouvent de côté & en reculant. Cette araignée porte avec elle fes œufs, enveloppés dans un petit fac de foie blanche en forme de boule.

2. ARANEA *citrino-lutea, pedibus quatuor pofticis breviſſimis, abdomine utrinque faſcia ferruginea.* Planch. 21, fig. 1.

L'araignée citron.
Longueur 4 lignes. Largeur 2 ½ lignes.

Elle reffemble un peu à la précédente pour fa forme. Sa couleur eft entiérement jaune, plus ou moins foncée ; quelquefois elle eft blanchâtre & tire même un peu fur le vert. Son ventre eft gros, large, prefque quarré, avec deux bandes de couleur fouci, qui, partant du corcelet, defcendent obliquement fur les côtés, jufques vers le milieu. Entre ces bandes font quelques petits points noirs, qui forment une efpéce de triangle fur le milieu du ventre. Sur le corcelet on voit deux bandes longitudinales, un peu verdâtres, une de chaque côté. Les quatre pattes de devant font fort longues, & les quatre poftérieures courtes, ce qui fait que cette araignée marche comme la précédente. On la trouve fur les plantes & fouvent avec fes œufs, qu'elle porte enveloppés dans une boule de foie blanche.

3. ARANEA *abdomine longo argenteo vireſcente, pedibus longitudinaliter extenſis.* Linn. faun. fuec. *n.* 1216.

Linn. *ſyſt. nat. edit.* 10, *p.* 621, *n.* 19. Aranea extenfa.
Liſt. *aran.* 30, *f.* 3. Araneus ex viridi inauratus, alvo longiufcula prætenui.
Raj. *inf.* 19, *n.* 3. Araneus idem.

*L'araignée à ventre cylindrique & pattes de devant éten-
dues.*
Longueur 3 lignes.   Largeur ¼ ligne.

Son corcelet eſt de couleur griſe pâle, avec les yeux
noirs & bien marqués ſur le devant. Ses pattes ſont de
même griſes, un peu velues, avec une petite tache noire
aux articulations. Son ventre eſt long, cylindrique, d'un
gris verdâtre un peu argenté, qui paroît en-deſſus comme
chagriné, ou plutôt écailleux, ſemblable à la peau de
chien de mer; en-deſſous il a une ligne noire longitudinale, un peu jaune ſur les côtés.

Les quatre pattes de devant de cette araignée ſont
plus longues que les poſtérieures. Lorſqu'elle eſt en repos,
elle ſe tient collée contre les branches d'arbre, les quatre pattes antérieures allongées & étendues en avant, &
les poſtérieures étendues en arriere. On la trouve dans les
bois humides.

4. A R A N E A *fuſca, thorace lineis quatuor obliquis
fuſcis, abdomine tribus tranſverſis albis.*

*L'araignée brune à trois raies tranſverſes blanches ſur le
ventre.*
Longueur 2 lignes.   Largeur 1 ligne.

Les quatre pattes de devant de cet inſecte, ſont du
double plus longues que les poſtérieures. Son corps eſt
brun & un peu velu. Son corcelet a quatre lignes qui
naiſſent de ſa pointe: les deux du milieu montent ſur le
milieu du corcelet & s'éloignent l'une de l'autre proche la
tête, & les deux latérales vont obliquement chacune vers
le bord du corcelet. Le ventre eſt brun & depuis ſon
milieu, juſqu'à ſa pointe, il eſt orné de trois lignes blanches tranſverſes & ondées. En-deſſous l'inſecte eſt tout
brun. Son ventre eſt preſque ſphérique & ſes quatre pattes
poſtérieures ſont moins brunes que celles de devant. J'ai
trouvé cette araignée dans les jardins.

M m m m ij

5. A R A N E A *nigra, abdomine ferrugineo flavo, lineis transversis contiguis nigris, pedibus fusco ferrugineoque interfectis.*

L'araignée à ventre roux rayé de noir & pattes arlequinées.
Longueur 2 lignes.   Largeur 1 ligne.

Son corcelet est noir, la couleur de son ventre est d'un roux mêlé de jaune, & en-dessous il est couvert de bandes noires transverses fort proches l'une de l'autre & qui se touchent au milieu. Ses pattes, dont la troisiéme paire est la plus courte, sont entrecoupées d'anneaux bruns & rougeâtres, comme un habit d'arlequin. On trouve cette espéce dans les champs.

S E C O N D E   F A M I L L E.

Yeux en quarré.

6. A R A N E A *atro-fusca subvillosa, pedibus atro fuscoque interfectis.*

L'araignée brune domestique.
Longueur 4 lignes.   Largeur 2 lignes.

Tout son corps est un peu velu, mais les poils de ses pattes sont plus longs que les autres. Sa couleur est d'un brun noirâtre, plus foncée sur le ventre que sur le corcelet. Ses pattes sont entrecoupées de brun & de noir, mais peu foncé. Quoique cette espéce ressemble beaucoup à celle que décrit M. Linnæus, n. 1234, de sa *fauna suecica*, je doute cependant que ce soit la même dont il parle. Je n'ai pu appercevoir à la nôtre, les cinq on six appendices du ventre, qu'il dit se trouver sur la sienne.

On trouve cette espéce très-communément dans les maisons où elle fait des toiles horizontales dans les angles des murs.

7. A R A N E A *aquatica tota fusca.*

Linn. fyft. nat. edit. 10, *p.* 623, *n.* 32. Aranea livida, abdomine ovato, linea tranfverfa, punctifque duobus excavatis.
Linn. faun. fuec. n. 1240. Idem.

L'araignée brune aquatique.
Longueur 5 *lignes.*   *Largeur* 2 *lignes.*

Cette efpéce eft brune & légérement velue, elle femble n'avoir rien de remarquable à l'extérieur, mais l'endroit où on la trouve, & fes manœuvres, font bien dignes d'attention. C'eft dans l'eau que l'on rencontre cette efpéce; c'eft-là qu'elle vit, qu'elle file & qu'elle chaffe. Cette araignée eft aquatique, en quoi elle différe déja beaucoup de toutes les autres, qui vivent à fec & qui périffent dans l'eau. Néanmoins elle fort quelquefois de l'eau, même pour un peu de tems, & peut vivre hors de cet élément, mais bientôt après elle retourne dans l'eau où on la voit nager avec beaucoup d'agilité, tantôt en montant, tantôt en defcendant. Lorfque cet infecte nage, il eft ordinairement à la renverfe, le dos tourné vers le bas & le ventre en haut, il nage fur le dos : mais ce qui frappe le plus, c'eft que fon ventre paroît brillant, comme enduit d'un vernis argentin, femblable à du vif-argent. Ce brillant dépend de ce que l'eau ne s'attache pas au ventre de cette araignée qui eft gras, & qu'il y a toujours une lame ou couche d'air entre l'un & l'autre. Cet air fert beaucoup à cet infecte. Il fait par ce moyen fe procurer un domicile où il eft à fec au milieu de l'eau. Pour cet effet, cet araignée attache quelques fils à des brins d'herbes dans l'eau même. Enfuite, montant à la furface de l'eau, toujours fur le dos, elle tire hors de l'eau fon ventre qui paroît fec & élevée fur la furface de ce liquide; pour lors elle le retire vivement dans l'eau & entraîne avec lui une forte bulle d'air dont il eft couvert: elle defcend vers fes fils & y laiffe cette bulle d'air, ou du moins une partie, qui femble s'attacher à fes fils. Voilà déja une bulle ronde, une efpéce de cloche d'air au milieu de l'eau, que les fils qui font au-

deſſus , empêchent de remonter à la ſurface. Alors l'a-
raignée y retourne , en rapporte de nouvel air , qu'elle
porte à ſa cloche , ce qui l'augmente de volume. Elle ré-
péte ce manége juſqu'à ce que la cloche ſoit plus groſſe
qu'une noiſette & capable de la contenir. On la voit alors
y entrer, en ſortir, y apporter les inſectes qu'elle prend
pour les y manger. Quand elle entre dans ſa cloche , elle
l'aggrandit, y apportant avec elle la lame d'air dont ſon
ventre eſt toujours enduit ; quand elle en ſort , elle la diminue , entraînant avec ſon ventre une portion d'air.
Cette araignée ſort quelquefois de l'eau pour pourſuivre
les inſectes, & elle les emporte dans l'eau quand elle les
a pris. Elle pourſuit auſſi les inſectes aquatiques au fond
de l'eau. Cette eſpéce eſt du nombre de celles qui vont
à la chaſſe. On la trouve dans les eaux de mares & d'é-
tang, rarement autour de Paris , mais fréquemment en
Champagne. Son hiſtoire eſt très-bien détaillée dans une
brochure qui parut il y a peu d'années , ſous le titre de
*Mémoires pour ſervir à commencer l'hiſtoire des araignées
aquatiques.* L'auteur paroît un excellent obſervateur , &
après avoir ſuivi & obſervé nous - mêmes ces inſectes ;
nous nous ſommes aſſurés de la vérité des faits qu'il
avance.

8. **A R A N E A** *pallida , abdomine folium longitudinaliter extenſum pallide nigrum referente.*

L'araignée porte-feuille.
Longueur 3 ⅓ lignes. Largeur 1 ¼ ligne.

Sa couleur eſt pâle & claire,& ſon corps eſt un peu velu. Son corcelet eſt plus pâle & plus liſſe que le reſte. Le
ventre eſt plus brun & chargé en-deſſus d'une bande longitudinale noirâtre, ondée ſur ſes bords,repréſentant une
eſpéce de feuille. Les yeux & le deſſous du corcelet ſont
noirs , & le ventre a en-deſſous une raie noire longitudinale , avec une ligne jaune de chaque côté. Les quatre
pattes de devant ſont les plus longues , & celles de la

troifiéme paire font les plus courtes de toutes. On trouve cette araignée dans les prés où elle fait des toiles formées en refeau perpendiculaire.

9. ARANEA *livido-rufa*, *abdominis pictura foliacea nigra*, *luteo interfecta*, *pedum annulis nigris*. Planch. 21, fig. 2.

Lift. aran. pag. 24, *tab.* 1, *fig.* 1. Araneus fubflavus, alvo præcipue in fumma fui parte & circa latera albicante plena, oculis nigris pellucidis in capite albicante.

L'araignée à feuille coupée.
Longueur 4 ⅜ *lignes.* *Largeur* 2 ½ *lignes.*

Sa couleur eft d'un roux pâle & livide, la partie antérieure de fon corcelet eft claire, avec les yeux noirs. Ces yeux femblent n'être qu'au nombre de fix, parce que les deux de chaque côté font très-près l'un de l'autre & prefque confondus enfemble. Les pattes de même couleur que le corcelet, ont des anneaux noirs. Le ventre d'une couleur un peu plus foncée, a une feuille noire, gauderonnée fur fes bords & figurée fur le milieu de cette partie ; mais au haut de cette feuille, il y a plufieurs taches jaunes, & dans fon milieu elle eft divifée tranfverfalement par une fection d'un blanc jaunâtre. Le deffous du ventre eft noir, avec deux lunules jaunes, dont les cornes fe regardent, & qui enveloppent l'anus, l'une à droite, l'autre à gauche. On trouve cette araignée dans les bois, où elle fait des refeaux perpendiculaires.

10. ARANEA *livido-rufa*, *abdomine cruce triplici lutea*.

L'araignée à croix papale.
Longueur 4 *lignes.* *Largeur* 1 ¾ *ligne.*

Elle approche de la précédente pour la couleur, feulement elle eft d'un roux encore plus livide. Son ventre feul a en-deffus une longue raie jaune longitudinale, entrecoupée par trois raies tranfverfes de même couleur, ce qui forme une triple croix ou croix papale renverſée. En-deſſous, le ventre a une raie longitudinale brune, & de chaque côté une lunule jaune proche l'anus, comme dans l'eſpéce précédente. J'ai trouvé celle-ci dans les jardins.

11. A R A N E A *pallido-rufa, abdomine flaveſcente punctis nigris.*

L'araignée rougeâtre à ventre jaune ponctué de noir.
Longueur 3 ¼ lignes. Largeur 1 ligne.

Son corcelet eſt d'une couleur fauve pâle & ſes côtés ſont plus obſcurs. Les pattes ſont longues, fines, épineuſes & de même couleur. La troiſiéme paire eſt la plus courte. Le ventre eſt ovale, médiocrement gros & jaunâtre, avec quelques points noirs vers ſa baſe, & des bandes fauves tranſverſes vers ſa pointe.

J'ai trouvé cette araignée ſur les arbres. Elle ſemble n'avoir que ſix yeux, ceux des côtés ſe confondant enſemble.

12. A R A N E A *pallida, abdomine ovato flavo, faſcia longitudinali coccinea.*

L'araignée à bande rouge.
Longueur 3 lignes. Largeur 1 ⅓ ligne.

La couleur de ſon corcelet & de ſes pattes eſt pâle. Le ventre eſt ovale, d'une couleur jaune citronnée, avec une large bande longitudinale d'un beau rouge en-deſſus, & en-deſſous une raie noire longitudinale beaucoup plus étroite dans ſon milieu.

J'ai trouvé cette belle eſpéce ſur un cyprès au Jardin du Roi, près de ſes œufs, qui étoient renfermés dans une boule ſoyeuſe, de couleur blanche. Elle ſemble, comme les précédentes, n'avoir que ſix yeux.

TROISIÉME

TROISIÉME FAMILLE.

Yeux sur deux lignes 6 & 2.

13. ARANEA *livido-rufa, abdominis pictura foliacea sæpius interrupta, pedibus nigro-maculatis.*

Lift. aran. p. 36, t. 1, f. 6. Araneus cinereus, alvo admodum plena, ejusque pictura in plures partes quasi divisa.

L'araignée à feuille découpée & déchiquetée.
Longueur 3 ½ lignes. Largeur 1 ⅓ ligne.

Son corcelet est roux & d'une couleur livide. Son ventre différe suivant le sexe. Dans les femelles, il est jaunâtre avec une représentation de feuille noire, dont le haut ne paroît pas, & dont le bas est coupé en cinq ou six parties, par des lignes jaunes transverses : dans les mâles il est plus petit, & la feuille paroît tout du long ; elle est bordée de jaune. Son milieu est roux, le haut & le bas font noirs & dans toute sa longueur, elle est entrecoupée par deux ou trois lignes transverses jaunes. Dans les deux sexes, les pattes font pâles, avec des anneaux noirs. Les yeux placés de même dans l'un & l'autre sexe, différent cependant en ce que ceux des mâles font tous de même grosseur, au lieu que les femelles en ont de plus gros les uns que les autres. Cette araignée se trouve sur les plantes où elle file des reseaux horizontaux.

QUATRIÉME FAMILLE.

Yeux sur trois lignes.

14. ARANEA *tota fusca fuliginea.*

Lift. aran. p. 78, t. 1, f. 26. Araneus fuscus alvo oblique virgata.

L'araignée - loup.
Longueur 2 ½ lignes. Largeur ¼ ligne.

Sa couleur est d'un brun de suie de cheminée. Ses pat-

Tome II. Nnnn

tes poftérieures font plus longues que les autres. Ses yeux
& fes pinces font noirs. On trouve cette araignée en
grande quantité dans les champs où elle coure à terre fans
faire de toile ; elle faute quelquefois fur les infectes qu'elle
veut attraper. Sa maniere de chaffer lui a fait donner le
nom d'araignée-loup. Elle a quatre grands yeux & quatre
petits , rangés de la maniere dont ils font repréfentés
nᵒ. I.

15. **ARANEA** *tota cinereo-villofa , thoracis linea*
triplici albida.

Linn. faun. fuec. n. 1219. Aranea nigra, thorace triplici linea longitudinali
alba , abdomine nebulofo.
Linn. fyft. nat. edit. 10 , *p.* 623 , *n.* 35. Aranea abdomine oblongo nebulofo ,
lineis lateralibus albis.
Frifch. germ. 8 , *p.* 3 , *tab.* 2. Araneus terreftris facco ovifero.
Act. Upf. 1736 , *p.* 38 , *n.* 9. Aranea nigra , pectore abdomineque linea alba
cinctis.

L'araignée cendrée à trois lignes blanches fur le cor-
celet.
Longueur 4 *lignes.   Largeur* 2 *lignes.*

Elle eft un peu velue & toute de couleur cendrée ; elle
n'a que trois raies blanches longitudinales & parallèles fur
le corcelet ; fon ventre eft de couleur un peu plus obfcure que le refte. J'ai trouvé cette efpéce dans les prés ,
fes yeux font tout-à-fait femblables à ceux de la précédente.

16. **ARANEA** *faliens nigra, abdomine utrinque lineis*
tribus albis ad angulum acutum coeuntibus.

Linn. faun. fuec. n. 1237. Aranea faliens nigra , lineis albis tranfverfis femi-
circularibus.
Linn. fyft. nat. edit. 10 , *p.* 623 , *n.* 29. Aranea fcenica.
Lift. aran. p. 87 , *f.* 31. Araneus cinereus , alvo circiter fenis fafciis tranfverfis
in angulos acutos in medio erectis argenteis & nigris alternatim difpofitis
infignita.
Raj. inf. 37 , *n.* 31. Araneus *idem.*
Bradl. nat. tab. 24 , *f.* 5.

L'araignée fauteufe aux trois chevrons blancs.
Longueur 2 ¼ *lignes.*

Ses pattes sont noires, velues, tachetées de blanc & les premieres sont plus longues que les autres. Son corcelet est noir : le ventre est un peu allongé & terminé en pointe. Il est pareillement noir, & en-dessus, il y a de chaque côté trois bandes blanches argentées, qui vont obliquement en montant, & se rencontrant au milieu avec celles de l'autre côté, forment un angle aigu ou des espéces de chevrons.

On trouve cette araignée dans la campagne & souvent sur les fenêtres des maisons. Elle est vagabonde & ne file point de toiles. Elle saute très-bien, sur-tout lorsqu'on veut la prendre. Elle a des yeux de différente grandeur, tels qu'ils sont figurés n°. 2.

CINQUIÉME FAMILLE.

Yeux en bouquets.

17. ARANEA *longipes, thorace pedibusque pallidis, abdomine plumbeo fusco.*

L'araignée domestique à longues pattes.

Cette araignée a le corcelet de couleur pâle & livide, ses pattes sont de la même couleur ; elles sont fort longues & très-fines, presque comme celles du faucheur ; la troisiéme paire est la plus courte. Son ventre est ovale, un peu oblong, & de couleur plombée.

On trouve cette araignée dans les endroits inhabités des maisons, où elle fait des toiles lâches & irréguliéres.

MONOCULUS.
LE MONOCLE.

Pedes sex.	Six pattes.
Oculus unus.	Un seul œil.
Antennæ multiplices setis plurimis lateribus.	Antennes branchues avec plusieurs poils latéraux.
Corpus crusta tectum.	Corps crustacé.

Les infectes qui compofent ce genre, font tous fort finguliers, mais très-reconnoiffables par les différens caracteres qu'ils portent. Le premier de ces caracteres confifte dans la forme des antennes. Tous les monocles ont ou leurs antennes branchues, divifées & fubdivifées comme les branches d'un arbre, ou ils ont plus de deux antennes, comme on le voit dans le *monocle à queue fourchue*. Les antennes de cette efpéce font tellement divifées jufqu'à leur bafe, qu'au lieu de former des antennes branchues, elles en repréfentent deux de chaque côté. Outre cette divifion finguliére des antennes des monocles, on remarque encore que cette partie eft ornée fur les côtés, de poils affez apparens, qui joints à la divifion des antennes dont nous venons de parler, les font encore paroître plus touffues & plus finguliéres.

Le fecond caractere effentiel des monocles, c'eft de n'avoir qu'un feul œil, & c'eft de-là que ce genre a reçû le nom qu'il porte. La plûpart des infectes ont deux yeux ainfi que les grands animaux: quelques-uns, comme les araignées, en ont davantage; le monocle eft le feul qui n'ait qu'un feul œil. Quelques Naturaliftes croient cependant que dans la vérité, le monocle a réellement deux yeux, mais que ces yeux font fi près l'un de l'autre, qu'ils fe confondent & femblent n'en faire qu'un. J'ai été moi-même porté à le croire, l'analogie me faifoit regarder cette opinion au moins comme très-probable; mais quelqu'examen que j'aie fait, je n'ai jamais pû appercevoir qu'un feul œil dans tous ces infectes, & c'eft en vain qu'on voudroit fe perfuader qu'ils en ont deux.

Outre ces deux caracteres propres & effentiels aux monocles, ces infectes en ont encore plufieurs autres, mais qui leur font communs avec différens genres. Ces petits animaux, par exemple, ont fix pattes, ce qui les diftingue de plufieurs infectes de cette fection, tels que les pinces, les tiques, les araignées & autres qui ont huit pattes, ainfi que des crabes qui en ont dix, & des cloportes, des fcolopendres, des iules, &c. qui en ont bien davantage. Mais le pou, la puce, la forbicine, la podure & le binocle ont pareillement fix pattes, enforte que le nombre des pattes peut bien fervir à diftinguer les monocles de plufieurs autres genres, mais ne fait pas un caractere effentiel de celui-ci. Un autre caractere femblable eft la dureté de la peau des monocles, qui dans la plûpart eft dure comme une croûte. Ce que nous avons dit des infectes de cette fection en général, fait voir que la plûpart font dans le même cas, & ont leur corps cruftacé. Il eft vrai que ce caractere eft plus marqué dans ce genre que dans plufieurs autres, & que la croûte qui recouvre le corps des monocles, eft fi ferme & fi dure, que dans quelques efpéces, elle reffemble à une coquille pour la dureté. C'eft ce qu'on voit dans les deux efpéces de *monocles à coquille.*

Tous les monocles font aquatiques, & fe trouvent en quantité dans les eaux dormantes, telles que celles des mares, des baffins & même des baquets qui font dans les jardins. Leur démarche eft finguliére. La plûpart fe fervent de leurs antennes branchues, comme de bras pour nager, & avec l'aide de ces antennes, ils s'avancent & s'élevent dans l'eau comme par bonds & en fautillant. C'eft pour cette raifon que Swammerdam avoit appellé une des efpéces de ce genre, *puce d'eau, pulex aquaticus.* Leurs pattes les aident auffi à nager, car ces infectes ne s'en fervent que pour aller dans l'eau, & même la pofition de ces pattes, dans la plûpart des efpéces, les rend toutà-fait inutiles, fi ce n'eft à cet ufage. Elles fortent toutes de la fente qui fe trouve entre les deux lames dont le corps eft couvert, & tellement ferrées qu'elles ne peuvent faire de mouvement que de haut en bas & nullement fur les côtés; par ce moyen elles fervent de rames au monocle lorfqu'il nage. L'infecte, en même-tems, eft muni d'une autre partie qui lui fert d'aviron, c'eft fa queue qui varie pour la forme, fimple dans quelques efpéces, fourchue dans d'autres, mais toujours plus ou moins mobile.

Ces infectes font tous ovipares, & comme ils font la plûpart tranfparens, on apperçoit à travers la peau de plufieurs, les œufs contenus dans l'intérieur de leur corps. Mais il y en a quelques-uns où ces œufs font bien plus apparens : car ces infectes les portent en paquets à leurs côtés, comme on le voit dans la figure que nous donnons. C'eft de ces œufs dépofés dans l'eau, que naiffent ces infectes dont je n'ai pû appercevoir encore l'accouplement.

La nourriture des monocles ne doit pas être confidérable ; ces infectes font fi petits, qu'ils n'ont pas befoin d'en prendre beaucoup. Auffi je crois qu'ils ne doivent pas être carnafliers, & fe nourrir des autres infectes, qui la plûpart font plus gros qu'eux. Quelques débris de plantes leur fuffifent, & c'eft probablement de la différente teinte des fucs de plantes dont ils fe nourriffent, que vient la différence de couleurs de ces infectes. Car on obferve, du moins dans plufieurs efpéces, qu'ils varient du blanc au vert & au rouge plus ou moins foncé. Cette derniere couleur a fouvent fort effrayé des gens qui n'étoient pas habiles Naturaliftes. L'eau toute remplie de ces infectes, paroît rouge comme du fang, & ce phénomene a fuffi pour jetter autant de terreur dans l'efprit du peuple, que ces prétendues pluies de fang, que nous avons dit n'être formées que des gouttes de liqueur rouge que rendent les papillons en fortant de leurs coques. Si l'on eût examiné de près cette eau, que l'on prétendoit être changée en fang, on auroit vû que fa couleur rouge ne dépendoit que des infectes dont elle fourmilloit.

Les monocles fervent de pâture à beaucoup d'infectes aquatiques. Il n'y a pas jufqu'aux polypes qui en mangent & en détruifent une grande quantité, fur-tout de ceux dont la peau eft un peu moins dure ; car pour les monocles à coquilles, le teft dont ils font couverts, réfifteroit trop à l'eftomac des polypes, & d'ailleurs ces efpéces font plus groffes que les autres.

Les efpéces de monocles que nous connoiffons, fe réduifent aux fuivantes.

1. MONOCULUS *antennis dichotomis , cauda inflexa. Linn. faun. fuec. n.* 1182.

Linn. fyft. nat. edit. 10, *p.* 635 , *n.* 4. Monoculus pulex.
Swammerd. in-4°. p. 66 , *t.* 1. Pulex aquaticus arborefcens.
Swammerd. bibl. nat. t. 31 , *f.* 1 , 2 , 3.
Merret. pin. p. 207. Vermes minimi rubri aquam ftagnalem colore fanguineo inficientes , unde vulgus dira protendit.
Hierne ftock. 1 , *p.* 32 , 35. Abyffus fatanæ.

Le perroquet d'eau.
Longueur ½ *ligne.*

Sa couleur eft d'un blanc verdâtre un peu rouge. Sa tête fe termine par une efpéce de bec pointu réfléchi en-deffous & proche lequel eft un feul œil noir, qui paroît des deux côtés de l'infecte, comme s'il y en avoit deux. Les antennes qui, à leur naiffance, ne font qu'au nombre de deux, une de chaque côté, fe bifurquent peu après & fe divifent chacune en deux, comme fi l'infecte en avoit quatre. Elles font compofées de plufieurs articles, & de chaque jointure fort un long poil, ce qui fait l'effet des divifions & fubdivifions des branches d'arbre ; auffi a-t-on appellé cet infecte, *pulex arborefcens* ; fes antennes font prefque de la longueur du corps. L'infecte eft applati des côtés comme la puce, & fon corps eft ferme , dur & couvert par-tout d'une efpéce d'écaille qui n'a qu'une ouverture en-deffous en forme de rainure. C'eft dans cette rainure que font fituées les pattes dont il ne fait guères d'ufage ; au lieu d'elles, fes antennes lui fervent comme de bras pour avancer par fauts & par bons. A l'extrémité de la même rainure, eft la queue qui fe divife en deux branches, dont chacune fe fubdivife en deux autres. L'écaille qui couvre cet infecte, eft tranfparente, & l'on voit

souvent à travers, du côté du dos, un nombre confidérable de petits œufs bruns. La figure de ce petit animal eſt
preſque quarrée. On le trouve ſouvent dans l'eau des mares. Il varie un peu pour la couleur, étant quelquefois
d'un blanc rougeâtre, d'autres fois verdâtre, & quelquefois rouge. Cette derniere couleur donne dans certains
tems un œil rouge à l'eau, lorſqu'il y a beaucoup de ces
inſectes, ce qui a quelquefois cauſé beaucoup de frayeur
en certains endroits, où l'on croyoit que l'eau étoit changée en ſang.

2. **MONOCULUS** *antennis dichotomis , cauda
reflexa. Linn faun. ſuec. n.* 1183.

Linn. ſyſt. nat. edit. 10 , *p.* 635 , *n.* 5. Monoculus pediculus.

Le monocle à queue retrouſſée.

Cette eſpéce paroît ſi ſemblable à la précédente, que je
les avois d'abord confondues enſemble. Elle n'en différe
que parce que ſa queue eſt retrouſſée en-deſſus du côté du
dos , au lieu que celle du perroquet d'eau eſt recourbée
en-devant. Du reſte ces deux inſectes ſe reſſemblent pour
tout.

3. **MONOCULUS** *antennis quaternis , cauda recta
bifida. Linn. faun. ſuec. n.* 1184. Planch. 21 , fig. 5.

Linn. ſyſt. nat. edit. 10 , *p.* 635 , *n.* 6. Monoculus quadricornis.
Blanck. belgi. p. 149 , *t.* 13 , *f.* B.
Leuwenhoek. contin. arc. nat. lug. bat. 1719 , *pag.* 142 , *f.* 1.
Roſel. inſ. vol. 3 , *ſuppl. hiſt. polyp. tab.* 98 , *f.* 2 , 4.

Le monocle à queue fourchue.

Ce petit monocle eſt d'un brun un peu cendré. De
ſa tête naiſſent quatre antennes , deux en devant & deux
en arriere , toutes quatre garnies de quelques poils qui
leur donnent la figure d'une branche. Entre ces quatre
antennes, tout en devant de la tête , eſt un ſeul œil. De
la tête à la queue , le corps va en diminuant en forme de
poire. Il eſt compoſé de ſept ou huit anneaux qui vont

toujours

toujours en fe retréciffant. La queue eft longue, divifée
en deux, & chaque divifion donne naiffance extérieu-
rement à trois ou quatre poils affez forts. L'animal porte
fes œufs aux deux côtés de fa queue en forme de deux
paquets jaunâtres tout remplis de petits grains, & qui
à eux deux égalent prefque la groffeur de l'infecte. Ses
pattes font en-deffous, mais il s'en fert peu ; fes antennes
lui font d'un plus grand ufage pour aller dans l'eau par
fauts & par bonds très-vifs. Ce petit infecte n'a pas une
demi-ligne de long : on le trouve dans les mares. On peut
en mettre plufieurs dans un bocal rempli d'eau, on en voit
quelques-uns chargés de leurs œufs, & dépofer au bout
de quelque tems ces deux paquets enfemble ou fépa-
rément.

4. **MONOCULUS** *antennis capillaceis multiplicibus ;*
   tefta bivalvi oblonga.

Linn. faun. fuec. n. 1185. Monoculus antennis capillaceis multiplicibus tefta
   bivalvi.
Linn. fyft. nat. edit. 10, *p.* 635 , *n.* 7. Monoculus conchaceus.

Le monocle à coquille longue.
Longueur 1 ¼ *ligne.   Largeur* ⅓ *ligne.*

Cette efpéce eft renfermée dans une coquille bivalve,
c'eft-à-dire, compofée de deux parties appliquées l'une
contre l'autre, oblongue, liffe, prefque de la même groffeur aux deux bouts & de couleur cendrée. Cette coquille
s'entrouvre en-deffous, & c'eft par une des extrémités
de cette ouverture que l'animal fait fortir fes antennes
divifées en plufieurs filets blanchâtres, avec lefquelles il
court très-vîte de côté & d'autre en nageant dans l'eau.
Lorfqu'il rencontre quelque corps folide, il s'arrête &
marche avec fes pattes, qui fortent un peu le long de la
même ouverture. Si on tire l'infecte de l'eau, il fe renferme tout entier dans fa coquille. On trouve communément ce petit animal dans les ruiffeaux bourbeux & dans
les eaux dormantes.

Tome II.   O o o o

5. MONOCULUS *antennis capillaceis multiplicibus ; testa bivalvi globosa.*

Le monocle à coquille courte.
Longueur 1 *ligne.*　*Largeur* ½ *ligne.*

On trouve affez fouvent cet infecte avec le précédent. Il paroît n'en différer que par la forme de fa coquille, qui eft plus courte & beaucoup plus groffe, ce qui la rend globuleufe ou de forme ronde : du refte, le corps & les parties de cet infecte paroiffent femblables.

BINOCULUS. *Monoculi fpec. linn.*
LE BINOCLE.

Pedes fex.	Six pattes.
Oculi duo.	Deux yeux.
Antennæ fimplices fetaceæ.	Antennes fimples & fétacées.
Cauda bifida.	Queue fourchue.
Corpus crufta tectum.	Corps cruftacé.

Ce genre approche beaucoup du précédent, avec lequel quelques Naturaliftes l'ont confondu. Il lui reffemble par le port, le nombre des pattes, & fur-tout par la dureté du teft qui couvre fon corps, mais il en différe par des caracteres effentiels. D'abord cet infecte a deux yeux très-diftincts, au lieu que le monocle n'en a qu'un feul, & c'eft de cette différence que nous avons tiré le nom de ce genre. Nous l'avons appellé *binocle,* pour le diftinguer par-là du *monocle,* qui veut dire infecte à un feul œil. Une autre différence fe tire des antennes, qui ne font pas fourchues & garnies de poils latéraux dans les binocles, comme dans les monoles, mais fimples & courtes dans la plûpart. Il en faut cependant excepter le grand binocle à queue en filets, dont les antennes, quoique fimples, font longues & fourchues vers leur bafe.

Outre ces différences, on peut remarquer que les écailles qui couvrent le deffus du corps des binocles, font fé-

parées l'une de l'autre dans le milieu , & reſſemblent
preſqu'aux étuis des inſectes coliopteres par leur figure &
leur poſition. Ces écailles peuvent ſe ſoulever un peu
de deſſus le corps , auquel elles ne tiennent point vers
le bas.

Ces inſectes vivent dans l'eau comme ceux du genre
précédent , mais ils ſont plus voraces. La plùpart s'attachent à différentes eſpéces de poiſſons , auxquels ils adhé-
rent fortement , & qu'ils ſuccent par le moyen de pluſieurs
ouvertures ou ſucçoirs , dont la nature les a pourvus dans
la partie inférieure de leur corps. Le deſſous de l'inſecte
eſt ordinairement plat pour s'attacher & ſe coller au
poiſſon ſur lequel il doit habiter.

Nous ne trouvons que peu d'eſpéces de ces inſectes autour de Paris , mais beaucoup de poiſſons qu'on ne rencontre point ici , & ſur-tout pluſieurs poiſſons de mer ,
ſont attaqués par différens inſectes qui s'attachent à eux &
les ſuccent , & qui ſont des eſpéces de ce genre , comme
je m'en ſuis aſſuré par l'examen que j'ai fait de pluſieurs.
Il y en a auſſi différens figurés dans quelques auteurs ,
& ſur-tout dans Baker , ſous le nom de poux de poiſſons.
Tous ces inſectes ont une figure ſinguliere , & reſſemblent
un peu en petit aux crabes de mer , dont il eſt cependant
aiſé de les diſtinguer par le nombre des pattes. Il y a
ſur-tout quelques eſpéces de crabes qui approchent infiniment des binocles , entr'autres le crabe des moluques ,
que l'on voit dans les cabinets , & qui ſe trouve figuré
dans le *Theſaurus Rumphii* , planch. 12. Tous ces animaux
ont une queue fourchue ou diviſée en deux , qui tantôt ſe
termine par deux filets ſimples , & tantôt par deux écailles
plattes , ſoit unies , ſoit frangées.

Outre le petit nombre d'eſpéces de binocles que nous
donnons , nous ſommes perſuadés qu'il doit y en avoir
encore d'autres autour de Paris , que l'on pourra découvrir , en examinant avec ſoin au ſortir de l'eau les
poiſſons ſur leſquels ils peuvent habiter.

1. BINOCULUS *cauda bifeta*. Planch. 21 , fig. 4.

Linn. faun. fuec. n. 118 . Monoculus cauda bifeta.
Frifch. germ. 10 , *p.* 1 , *tab.* 1. Apus.

Le binocle à queue en filets.
Longueur 18 *lignes.   Largeur* 10 *lignes.*

Ce binocle eft fort grand : le côté de fa tête eft plus large , & celui de fa queue plus étroit. Sa tête a une petite pointe en‑devant , & près de cette pointe en‑deffus , deux yeux affez proches l'un de l'autre. Le corps eft couvert de deux écailles , qui vers le bout s'écartent & fe féparent , formant un angle aigu vers les bords extérieurs , & laiffant voir entr'elles la queue. Le bord inférieur , par lequel fe regardent ces écailles , eft un peu dentelé en fcie. La queue eft écailleufe & fe termine en deux longs filets affez durs. En‑deffous , l'animal a fix pattes cruftacées. On trouve cet infecte dans l'eau : il eft rare ici.

2. BINOCULUS *hæmifphæricus , cauda foliacea , capitis puncto triplici fufco.* Planch. 21 , fig. 3.

Linn. fyft. nat. edit. 10 , *p.* 634 , *n.* 2. Monoculus tefta foliacea plana.
Frifch germ. 6 , *tab.* 12.
Loes. Monoculus cauda foliacea.

Le binocle à queue en plumet.
Longueur 2 *lignes.   Largeur* 1 ½ *ligne.*

La couleur de cette efpéce eft d'un jaune un peu brun ; elle eft cruftacée comme la précédente , mais ronde , hémifphérique , prefqu'auffi large que longue , reffemblant pour la figure à une coccinelle & concave en‑deffous. Ses antennes font petites , très courtes , difficiles à appercevoir , compofées de cinq articles & placées proche les yeux. Ceux‑ci éloignés l'un de l'autre & fitués aux deux côtés de la tête , font noirs. Outre ces yeux , il y a encore entr'eux fur la tête trois taches brunes pofées en triangle. La machoire de devant fe termine en pointe , mais recourbée en‑deffous. Après la tête qui eft affez grande, se voyent deux écailles lisses, terminées par un bord saillant qui couvrent le corps comme les étuis des scarabés ; mais elles ne vont pas jusqu'au bout, & elles laissent à nud une queue écailleuse formée de quatre anneaux, qui se termine par deux appendices barbus comme des plumes, que l'insecte étale en courant dans l'eau. En-dessous, ce binocle a six pattes courtes, dont les origines sont éloignées les unes des autres. On trouve cet insecte dans les ruisseaux ; il ressemble d'abord à un petit coleoptere, mais sa démarche vive & sa queue qu'il agite précipitamment, le décélent bientôt.

3. BINOCULUS *gasterostei.*

Le binocle du gasteroste.

J'ai trouvé anciennement cette espéce qui étoit fort jolie, sur le *gasterosteus, Linn. faun. suec. n.* 276, qui est un petit poisson épineux que l'on trouve en quantité dans les ruisseaux, & sur-tout au petit Gentilly. Mais n'ayant pas conservé cet insecte, je ne puis en donner une bonne description.

CANCER.

LE CRABE.

Pedes decem, primi cheliformes.	Dix pattes, les deux premieres en forme de pinces.
Oculi duo.	Deux yeux.
Antennæ filiformes.	Antennes filiformes.
Cauda foliosa.	Queue composée de plusieurs lames.
Corpus crusta tectum.	Corps crustacé.

Il est très-aisé de distinguer des autres genres de cette section, le crabe que tout le monde connoît déja. Il a un caractere essentiel qui lui est propre, c'est le nombre de ses pattes : le crabe en a dix, au lieu que tous les autres insectes sans aîles en ont ou plus ou moins. Ce caractere suffit seul pour reconnoître ce genre. Les autres que nous avons ajoutés, lui sont communs avec plusieurs insectes de cette section ; néanmoins ils peuvent aussi servir à le séparer de plusieurs autres dans lesquels ils ne se trouvent point , & c'est par cette raison que nous avons cru les devoir tous réunir.

Les crabes sont tous des animaux amphibies , qui vivent ordinairement dans l'eau , mais qui peuvent subsister très-long-tems à l'air & hors de l'eau. Nous ne donnons que deux espéces de crabes, qui seules se trouvent aux environs de Paris ; ce genre est néanmoins très-nombreux , la mer en fournit un nombre considérable d'espéces.

Ces animaux varient pour la forme : les uns sont larges , comme les poupars , les crabes communs , l'araignée de mer , &c. les autres sont longs comme le homar, la crevette & l'écrevisse de riviere. Ces derniers ont une longue queue composée de plusieurs lames articulées ensemble, & on les a appellés *cancri macrouri* , crabes à longue queue , tandis qu'on a donné le nom de crabes à courte queue , *cancri brachyuri* , aux premiers qui n'ont que de très-petites queues , composées pareillement de lames, & tellement recourbées & appliquées en-dessous , qu'on ne les apperçoit qu'en les retournant.

Cette distinction aisée à appercevoir , divise naturellement ce genre en deux grandes sections. L'écrevisse & la crevette , les deux seules espéces que nous ayons ici , sont toutes deux de la famille des crabes à longue queue.

Ces insectes ont une tête grosse , distincte du corcelet ; en quoi ils différent beaucoup des crabes à courte queue , dont la tête est tellement confondue avec le corcelet , que ces deux parties ne forment qu'une seule piéce. Au devant de cette tête un peu allongée , on apperçoit deux longues antennes composées d'une quantité d'anneaux très-courts , & entre ces deux antennes , deux ou quatre antennules beaucoup plus courtes & plus minces , mais

conſtruites en petit comme les antennes le ſont en grand.
Ces antennules accompagnent la bouche de l'animal qui
ſe trouve au-devant de ſa tête. Au-deſſus de la bouche
des deux côtés de la tête, ſe voyent les yeux au nombre
de deux, un de chaque côté. Ces yeux, dans les crabes,
ſont durs, fermes & portés ſur une eſpéce de baſe cylindrique & mobile, enſorte qu'ils ſont prominens.

Le corcelet, cette ſeconde partie du corps des crabes,
n'eſt point diſtinct de la tête dans les crabes à courte
queue, comme nous l'avons déja dit ; mais dans ceux
à longue queue, ce corcelet eſt très-apparent & ſéparé de
la tête. Il eſt oblong, preſqu'ovoïde, tantôt compoſé
d'une ſeule piéce de teſt liſſe, comme dans l'écreviſſe, le
homar, tantôt recouvert de pluſieurs lames de teſt,
comme dans la petite crevette des ruiſſeaux. Enfin la
queue qui termine le corps des crabes, eſt fort courte dans
quelques-uns & longue dans les autres. Dans ces derniers, outre les lames qui compoſent la queue, on voit
des eſpéces de feuillets qui la terminent, dont l'inſecte
peut ſe ſervir comme d'avirons. Le deſſous de cette queue
eſt garni d'autres petits feuillets tranſverſes & frangés,
plus grands dans les femelles que dans les mâles, & qui
ſervent aux premieres à tenir & affermir leurs œufs qu'elles
portent ordinairement ſous leur queue.

Les pattes, au nombre de dix, prennent toutes leur origine du deſſous du corcelet. De ces dix pattes, les deux
premieres méritent le plus d'être conſidérées. Outre qu'elles ſont plus groſſes & plus longues que les autres, elles
ſont terminées par une derniere piéce fort renflée, & qui
au bout ſe diviſe en deux pinces aigues & dures, dont une
ſeule eſt mobile. Par le moyen de ces pinces, l'animal
ſaiſit & ſerre les différens corps qu'il rencontre, & ſe rend
maître de ſa proie. Ces deux pattes antérieures ſont rarement parfaitement égales ; ſouvent on en voit une plus
groſſe que l'autre. On obſerve ſur-tout que la jambe droite eſt plus groſſe dans les mâles. Mais cette différence,

quoique fenfible , n'eft pas à beaucoup près fi confidérable
que celle qu'on apperçoit quelquefois entre les pattes de
quelques crabes & écreviffes. On voit une des deux pattes
antérieures de la groffeur ordinaire , tandis que l'autre eft
beaucoup plus petite. Quelques Naturaliftes ont regardé
cette différence comme un jeu de la nature , & l'ont pris
pour une difformité. L'obfervation a démontré le contraire. Si on nourrit quelque tems une écrevifle , dont une des
pattes eft plus petite , on voit que cette patte groflit peu à
peu , & parvient à acquérir la groffeur de l'autre. Cette
différence de groffeur ne venoit donc point de naiffance ,
elle dépend d'une propriété des plus fingulieres dont
jouiffent ces animaux. Leurs pattes plus groffes vers le
bout , minces à leur origine , & outre cela douées de plufieurs articulations étroites , font très - fujettes à fe caffer.
Une écrevifle ou un crabe qui ont ainfi perdu une de leurs
pattes , ne reftent pas eftropiés pour cela ; il en repouffe
une autre qui fe développe peu à peu , & que reproduit le
moignon qui refte attaché au corps. Cette nouvelle patte
eft d'abord fort petite ; avec le tems elle croît & acquiert
toute fa groffeur. Les pattes ne font pas les feules parties
de ces infectes qui repouffent ainfi ; leurs antennes , qui
dans plufieurs efpéces font fort longues , repouffent de
même. Combien feroit-il à défirer pour l'homme, que la
nature lui eût accordé une pareille propriété qu'elle a
prodiguée à de vils animaux.

   Malgré le nombre des pattes dont ces infectes ont été
pourvus , leur démarche n'en eft ni plus vive ni plus agile.
Ils vont très - lentement & femblent marcher avec peine ;
rarement vont-ils droit , mais fouvent de côté & quelquefois à reculons , ce qui paroît dépendre de la pofition
& de la conformation de leurs pattes.

   A mefure que les crabes groffiffent , leur peau dure ,
cruftacée & comme pierreufe,devient pour eux un habillement trop étroit , d'autant qu'elle ne peut prêter ni s'étendre. Il faut donc que ces infectes , comme les chenilles &
d'autres

d'autres larves dont nous avons parlé, changent de peau. Mais si cette opération est laborieuse pour les chenilles, elle l'est encore davantage pour les crabes. La peau de ces derniers est bien plus dure & plus adhérente, & ils changent non - seulement de peau, mais d'estomac & d'intestins, ce qui rend ce travail encore plus rude. C'est ordinairement au printems que se fait cette mûe. Quelques auteurs assurent que plusieurs crabes réitérent aussi ce changement dans l'automne. Quoi qu'il en soit, dans ces tems les crabes paroissent foibles & languissans, & leur nouvelle peau après leur dépouillement est si molle, qu'ils feroient aisément dévorés & déchirés par d'autres animaux, s'ils n'avoient soin de se retirer dans des trous & des cavités. C'est dans ces tems de foiblesse, que les seches, les calmars & les grands polypes de mer, tâchent d'attaquer les crabes marins dont ils se nourrissent, comme les polypes d'eau douce dévorent les monocles, qui ressemblent beaucoup aux crabes. Cet état de langueur ne dure pas long-tems ; au bout de deux ou trois jours, la nouvelle peau des crabes se durcit assez pour les mettre à l'abri. C'est alors que l'on trouve dans l'estomac des écrevisses, ces espéces de pierres connues dans la médecine sous le nom d'yeux d'écrevisses qui ne leur conviennent en aucune façon. Quelque tems après on n'en trouve plus, ce qui fait voir que ces espéces de pierres ne sont utiles à ces animaux que dans l'instant de leur mûe. Quel peut donc être leur usage ? Nous avons dit que ces animaux ne changeoient pas seulement de peau, mais d'estomac ; ce viscere se dépouille de sa pellicule intérieure, ainsi que l'extérieur du corps. L'estomac ainsi dépouillé est trop foible pendant les premiers jours pour digérer la nourriture ordinaire, & réellement ces animaux n'en prennent point pendant ce tems. Cependant on les voit prendre une nouvelle vigueur après avoir été languissans. Bien des personnes pensent donc que ces pierres, ainsi que la vieille dépouille de l'estomac, servent de

nourriture pendant ces premiers jours à ces animaux ;
& qu'elles fe fondent & fe digerent, d'autant qu'au bout
de quelques jours on ne trouve plus aucun refte des unes
& des autres.

Toutes les efpéces de crabes font carnaffieres : ceux de
ces animaux qui habitent l'eau douce, fe nourriffent de
vers, de fang-fues, de grenouilles & de différens infectes.
Ceux de mer mangent des animaux marins plus mols
& plus foibles qu'eux. Bien plus, dans le tems de la mûe,
ils fe dévorent fouvent les uns les autres, & une écreviffe
ainfi languiffante & dont la croûte eft molle, devient
quelquefois la proie d'autres écreviffes qui ne font point
en mûe.

Il ne nous refte plus qu'à parler de l'accouplement fingulier de ces animaux. Les crabes n'ont pas été traités moins
favorablement de ce côté-là. Ces infectes auxquels la
nature a accordé la propriété de reproduire leurs pattes
ou leurs antennes lorfqu'elles ont été caffées, ont auffi
reçu un autre avantage du côté de la génération. La femelle a deux ovaires & deux ouvertures. Le mâle a pareillement deux parties qui font fituées vers l'origine de
fes dernieres pattes. Ainfi dans ces petits animaux l'accouplement peut être double. Lorfque le mâle veut faifir
fa femelle, celle-ci fe renverfe fur le dos, & ces infectes
s'accouplent ventre contre ventre. Les femelles font très-
fécondes, elles dépofent une grande quantité de petits
œufs ronds, de couleur rouge, qu'elles portent ordinairement fous elles, principalement fous la queue, où on
les trouve, du moins dans les crabes à longue queue.

On fait que les pattes de crabe & les pierres appellées
yeux d'écreviffes s'employent en médecine. On peut confulter fur leur ufage les différens traités de médicamens.

1. **CANCER** *macrourus, roftro fupra ferrato, bafi
utrinque dente fimplici, thorace integro.*

Linn. faun. fuec. n. 1249. Cancer macrourus, roftro fupra ferrato, bafi utrinque dente fimplici.

Linn. fyft. nat. edit. 10 , *p.* 631 , *n.* 43. Cancer macrourus thorace lævi , roftro lateribus dentato , bafi utrinque dente unico.

Rondel. pifc. 22 , *p.* 210. Aftacus fluviatilis.

Gefner. aquat. 104. Aftacus fluviatilis.

Aldrov. exfang. 129. Aftacus fluviatilis.

Jonft. exfang. t. 4 , *f.* 1. Aftacus fluviatilis.

Matthiol. in diofcor. 228. Gammarus.

Bellon. pifc. 355. Gammarus.

Worm. muf. 248. Gammarus feu aftacus fluviatilis.

Merret. pin. 192. Aftacus fluviatilis.

Dale pharmac. 399 , *n.* 21. Aftacus fluviatilis.

Rofel. inf. vol. 3 , *fupplem. tab.* 54, 55 , 56 , 57 , 58 , 59 , 60.

L'écreviffe.

L'écreviffe eft fort connue , elle fe fert communément fur les tables , ainfi nous croyons inutile d'en faire la defcription. Elle fe trouve dans la Seine & les rivieres des environs de Paris.

2. C A N C E R *macrourus rufefcens , thorace articulato.* *Linn. faun. fuec. n.* 1253. Planch. 21 , fig. 6.

Linn. fyft. nat. edit. 10 , *p.* 631 , *n.* 56. Cancer macrourus articularis , manibus adactylis , cauda attenuata fpinis bifidis.

Raj. inf. p. 44. Pulex fluviatilis.

Frifch. germ. 7 , *p.* 26 , *t.* 18. Vermis aquaticus cancriformis.

Iter. Oeland. 42 , 96. Cancer pulex fluviatilis dictus.

Charlet. exercit. p. 57. Squilla.

Merret. pin. p. 192. Squilla fluviatilis. Squilla parva.

Rofel. inf. vol. 3 , *fupplem. tab.* 62.

La crevette des ruiffeaux.

Longueur 7 *lignes. Largeur* 2 *lignes.*

Cette crevette eft d'un jaune couleur de rouille : fes yeux font noirs ; fes antennes font fines & affez longues , à peu près de la longueur des deux tiers du corps. Elle a cinq pattes de chaque côté & plufieurs appendices à la queue. Tout fon corps eft compofé de douze anneaux fans la tête ; quatre de ces anneaux compofent le corcelet , qui dans l'écreviffe eft d'une feule piéce. Cette crevette eft applatie par les côtés ; auffi eft-elle toujours pofée fur le côté , foit qu'elle fe meuve , foit qu'elle refte en place , & lorfqu'elle marche , elle approche

par des mouvemens vifs fa tête & fa queue l'une de
l'autre.

On trouve communément cette crevette dans l'eau
courante des petits ruiffeaux , elle eft en grande quantité
dans la riviere des Gobelins. Souvent les plus petites
fe retirent & fe mettent à l'abri fous le ventre & entre les
pattes des plus groffes.

ONISCUS.

LE CLOPORTE.

Pedes quatuordecim.	Quatorze pattes.
Antennæ duæ fractæ.	Deux antennes coudées.

Nous nous étendrons peu fur un infecte auffi connu que
le cloporte ; d'ailleurs les caracteres que nous donnons de
ce genre , le rendent très-facile à reconnoître. De tous les
infectes fans aîles qui compofent cette fection , le cloporte & l'afelle font les feuls qui ayent quatorze pattes ,
& ces deux genres différent l'un de l'autre par le nombre
des antennes ; le cloporte n'en a que deux & l'afelle en a
quatre.

Le cloporte ayant jufqu'à quatorze pattes , fept de chaque côté , ces pattes tirent leur origine de toute la longueur du corps ; auffi cet infecte eft-il du nombre de ceux
dont le corps n'eft point diftingué en trois parties , tête ,
corcelet & ventre. Toute la longueur de fon corps eft
compofée de dix anneaux ou lames dures , écailleufes
& comme cruftacées. On remarque feulement au devant
du premier anneau , une petite tête noirâtre , avec deux
yeux & deux antennes , compofées chacune de quatre
articles qui font très-mobiles , & que l'infecte tient ordinairement coudées à chaque articulation. Le dernier anneau du corps, qui forme une efpéce de queue à l'animal,
eft terminé par deux appendices dans le cloporte commun , car le cloporte armadille n'a point ces appendices.

Ces infectes changent de peau comme les autres, &
non-feulement leur corps, mais leurs pattes même & leurs
antennes muent & fe dépouillent. On trouve fouvent dans
la campagne & dans les maifons, les dépouilles que les
cloportes ont quittées qui font minces & blanches.

Je n'ai point vû ces infectes accouplés. Quant à la ponte des femelles fécondées, je ne fais pas comment quelques auteurs ont pu donner dans l'erreur, de croire
ces infectes ovipares. Il fuffit, pour fe détromper, de prendre dans l'été un nombre de ces infectes, & de les examiner vers le bas du ventre en-deffous. On voit alors dans
beaucoup de femelles une efpéce d'élévation formée par
une pellicule mince & un peu tranfparente, à travers
de laquelle on peut diftinguer les petits qu'elle renferme.
Si en maniant la mere on vient à rompre cette pellicule,
les petits bien formés & de couleur blanche, fortent tous
& fe mettent à courir malgré cet accouchement forcé. Il
n'y a donc nul doute que le cloporte ne foit vivipare. Il
eft vrai qu'il pourroit fort bien fe faire, malgré cette obfervation, que les cloportes fuffent ovipares, ou du moins
ovipares & vivipares tout enfemble, ce qui d'abord femble un paradoxe que l'on peut cependant facilement expliquer. Il peut fe faire qu'il ne fe forme point de petits
vivans, mais feulement des œufs dans le corps de la
mere ; & que cette mere, au lieu de les répandre dehors
en les pondant, les faffe paffer dans cette efpéce de poche
membraneufe qui fe trouve fous l'extrémité de fon corps,
que dans cet endroit elle couve ces œufs, jufqu'à ce que
les petits étant éclos puiffent fortir de cette poche. Nous
avons vû à peu près la même chofe dans la femelle du
kermès, qui en pondant, fait paffer fes œufs fous fon
corps, où elle les couve, & fur lefquels elle meurt, y ref-
tant toujours attachée, jufqu'à ce que les petits étant
éclos, fortent de cette habitation. Il pourroit y avoir quelque chofe de femblable dans le cloporte, d'autant que la
poche où font renfermés fes petits paroît extérieure, &

ne point communiquer avec l'intérieur du corps de ce petit animal.

Nous ne connoiffons que deux véritables efpéces de cloportes dans ce pays-ci, dont une donne quelques variétés.

1. ONISCUS *cauda obtufa integerrima. Linn. faun. fuec. n.* 1256.

Linn. *fyft. nat. edit.* 10 , *p.* 637 , *n.* 11. Onifcus armadillo.
Raj. *inf. p.* 42 , *n.* 2. Afellus lividus major.

Le cloporte armadille.
Longueur 5 lignes. Largeur 2 ¼ lignes.

Ce cloporte eft large, très-liffe & très-uni. Sa couleur eft noire, avec un peu de blanc au bord des anneaux. Souvent cette couleur varie, mais l'infecte eft toujours liffe & uni. Son corps eft compofé de dix anneaux, fans compter la tête & la queue. De ces dix anneaux, les fept premiers font larges, & les trois derniers courts. De ces trois derniers, le premier paroît divifé dans fon milieu qui eft plus large que le refte, en trois autres. Ces derniers anneaux courts, avec celui de la queue, forment l'extrémité du corps de l'animal qui eft arrondie fans aucune appendice, ce qui fait le caractere fpécifique de cet infecte. Il a quatorze pattes, fept de chaque côté. Dès qu'on touche ce cloporte, il fe roule en boule, rapprochant fa tête de fa queue, comme l'animal nommé tatou ou armadille, & on ne voit, ni fes antennes, ni fes pattes ; on le prendroit pour une perle ronde & brillante. On trouve ce cloporte dans les bois.

2. ONISCUS *cauda obtufa bifurca. Linn. faun. fuec. n.* 1257. Planch. 22 , fig. 1.

Linn. *fyft. nat. edit.* 10 , *p.* 637 , *n.* 10. Onifcus afellus.
Matthiol. *in diofcor.* 257. Millepeda.
Charlet. *exerc.* 54. Millepes.
Raj. *inf. p.* 41 , *n.* 1. Afellus afininus five vulgaris.

A..... *Lævis cinereus flavo nigroque maculatus.*
B.... *Lævis niger cinereo maculatus.*
C.... *Scaber niger.*

Le cloporte ordinaire.
Longueur 5 lignes.   Largeur 2 lignes.

Tout le monde connoît le cloporte domestique, qui
est lisse, cendré, taché de noir & d'un peu de jaune, mais
on en trouve dans la campagne deux autres qui ont comme lui, dix anneaux, sans compter la tête & la queue, &
deux appendices à la queue. Le premier est très-lisse,
presque comme le cloporte armadille, de couleur plus
brune tacheté de gris, mais sans aucune tache jaune;
l'autre est d'un noir matte tout chagriné en-dessus. Ces
deux ne sont que des variétés de celui des maisons, & ne
différent que par la couleur & la grandeur. Souvent quand
ils sont jeunes, ils sont d'une couleur rouge pâle.

Le cloporte se trouve principalement dans les endroits
un peu humides, dans les caves des maisons, & sous les
pierres dans les campagnes. On le ramasse pour l'usage de
la médecine.

ASELLUS. *Onisci spec. linn.*

L'ASELLE.

Pedes quatuordecim.	Quatorze pattes.
Antennæ quatuor fractæ, duæ longiores.	Quatre antennes brisées, dont deux sont plus longues.

L'aselle ressemble tout-à-fait au genre précédent, pour
le nombre des pattes & pour la figure, tellement que l'on
a toujours jusqu'ici confondu ces deux genres ensemble,
se contentant de distinguer l'aselle du cloporte, par le
nom de cloporte aquatique ou cloporte d'eau, parce que
ces insectes vivent & habitent dans l'eau. Cependant ces
deux genres différent par un caractere très-essentiel, c'est
le nombre des antennes. Nous avons vû que le cloporte

n'en a que deux, comme la plûpart des infectes ; l'afelle au contraire en a quatre, deux plus longues & deux plus courtes. Au refte, ces antennes font compofées de plufieurs articles coudés en angle, comme celles du cloporte, auxquelles elles reffemblent beaucoup. L'afelle approche encore du cloporte commun, par fa queue qui fe termine en deux filets ; mais au lieu que ces filets font fimples dans le cloporte, ils font fourchus & divifés en deux dans l'afelle.

Les efpéces de ce genre font toutes aquatiques. Nous n'en avons trouvé qu'une feule autour de Paris, dans les mares & les petits ruiffeaux, mais la mer en fournit plufieurs beaucoup plus grandes. L'analogie fait croire que ces infectes doivent être vivipares, comme les cloportes dont ils approchent infiniment.

1. **A S E L L U S** *cauda bifida, ftylis bifurcis ; articulis feptem.* Planch. 22, fig. 2.

Linn. faun. fuec. n. 1258. Onifcus cauda bifida, ftylis bifurcis.
Linn. fyft. nat. edit. 10, *p.* 637, *n.* Onifcus aquaticus.
Raj. inf. p. 43. Afellus aquaticus gefneri.
Frifch. germ. 10, *p.* 7, *f.* 5. Afellus aquaticus.

L'afelle d'eau douce.
Longueur 1 ¾ *ligne.* *Largeur* ½ *ligne.*

Cet afelle eft de couleur cendrée & affez liffe. Son corps eft compofé de fept articles, fans compter la tête & la queue. Cette derniere partie eft beaucoup plus grande que les autres anneaux, arrondie par le bout, & il en fort deux appendices qui fe divifent chacune en deux filets. Cet infecte a cela de commun avec quelques afelles de mer, mais il en différe, en ce que les marins ont dix anneaux. C'eft pour cette raifon que dans la phrafe nous avons marqué le nombre des articles pour diftinguer ces efpéces. Celle-ci a fept pattes de chaque côté, dont les dernieres vont toujours en croiffant pour la longueur, & font conftamment plus grandes que les premieres. Ses antennes

tennes n'ont que trois articles allongés, dont le dernier eſt beaucoup plus long que les autres. On trouve cet aſelle dans l'eau des ruiſſeaux & des mares.

SCOLOPENDRA.

LA SCOLOPENDRE.

Pedes ad minimum viginti quatuor, ſæpe plus.	Vingt-quatre pattes au moins, ſouvent davantage.
Corpus planum.	Corps applati.
Antennæ filiformes, articulis brevibus plurimis.	Antennes filiformes compoſées de pluſieurs articles courts.

La ſcolopendre eſt appellée par quelques Naturaliſtes, *le millepied*, à cauſe du grand nombre de pattes de cet inſecte, & par d'autres *la malfaiſante*, parce que cet animal pince, & produit même quelqu'enflure à l'endroit de ſa morſure, qui paroît légérement venimeuſe. Il eſt aiſé de reconnoître ce genre par le grand nombre de pattes qu'ont ces petits animaux. On pourroit tout au plus les confondre avec les ïules, qui forment le genre ſuivant, mais la ſcolopendre en différe eſſentiellement par la forme de ſon corps qui eſt applatie, & de plus, par ſes antennes qui ſont compoſées d'anneaux courts, dont le nombre ſurpaſſe ordinairement celui de cinq.

Les ſcolopendres, ainſi que les ïules dont nous parlerons tout-à-l'heure, ſont du nombre des inſectes dans leſquels on ne voit aucune diſtinction entre le corcelet & le ventre. Tout leur corps eſt compoſé d'anneaux plus ou moins nombreux, précédés en devant d'une tête ronde, & applatie ainſi que le corps de l'animal. De ces anneaux partent en deſſous les pattes de l'inſecte, ordinairement au nombre de quatre à chaque anneau, deux de chaque côté.

Ces animaux ſe trouvent ſous les pierres & dans les trous des murailles humides. Ils courent fort vîte, & en mar-

Tome II. Qqqq

chant ils ferpentent & forment fouvent des finuofités avec leur corps, qui eft long & étroit. Ces infectes mûent & fe dépouillent de la peau cruftacée & dure qui les recouvre à peu près comme les cloportes. On rencontre quelquefois leurs dépouilles. Ils fe nourriffent de podures & d'autres petits infectes. Le nombre de leurs pieds varie beaucoup fuivant les différentes efpéces, depuis vingt-quatre & trente, jufqu'à cent quarante-quatre. Mais pour juger au jufte de ce nombre, il faut que la fcolopendre ait acquis toute fa grandeur & fa perfection. Car cet infecte a une propriété qui paroît fort finguliére. Etant jeune, il a moins d'anneaux & moins de pattes qu'il n'en aura par la fuite, enforte que cet animal ne croît pas par la feule augmentation de volume de fes différentes parties, mais par une efpéce d'addition en pouffant de nouveaux anneaux, à peu près comme fi nous naiffions fans bras, & qu'avec l'âge il nous en pouffât peu à peu.

La mer & les pays étrangers fourniffent un grand nombre de fcolopendres. On en apporte des pays chauds de monftrueufes, qui fe confervent dans les cabinets. Beaucoup de tuyaux marins font habités par plufieurs de ces infectes. Parmi les efpéces des environs de Paris, la derniere que nous appellons la *fcolopendre à pinceau*, eft une des plus jolies, comme on le verra dans la defcription.

1. SCOLOPENDRA *rufa, pedibus utrinque quindecim.* Planch. 22, fig. 3.

Linn. faun. fuec. n. 1263. Scolopendra plana, pedibus utrinque quindecim.
Linn. fyft. nat. edit. 10, *p.* 638, *n.* 3. Scolopendra forficata.
Raj. inf. p. 45. Ad fcolopendram accedens triginta pedibus inftructa.

La fcolopendre à trente pattes.
Longueur 9 à 10 *lignes.* Largeur 1 ½ *ligne.*

Cette fcolopendre, la plus grande de ce pays-ci, eft de couleur fauve, liffe, compofée de neuf anneaux écailleux fans compter la tête. Ses pattes font au nombre de quinze

de chaque côté, & les dernieres plus longues que les autres & tournées poſtérieurement, forment une eſpéce de
queue fourchue. Ses antennes ſont deux fois auſſi longues
que la tête & compoſées d'une très-grande quantité d'articles courts, au nombre de quarante-deux. Lorſque l'inſecte marche, il court fort vîte & quelquefois en ſerpen-
tant. On le trouve à terre ſous les pierres, ſous les pots à
fleurs & les caiſſes dans les jardins.

2. SCOLOPENDRA *nigricans, pedibus utrinque
quatuordecim, albo nigroque interſectis.*

La ſcolopendre à vingt-huit pattes.
Longueur 8 lignes.

Elle paroît d'abord reſſembler un peu à la précédente
ou à la commune, mais ſi on l'examine de près, on voit
qu'elle en différe beaucoup. Son corps eſt à la vérité compoſé de neuf anneaux, ſans compter la tête ; ſes antennes
plus longues que ſon corps, ſont fines, déliées & compoſées d'une multitude de petits anneaux ; enfin ſes pattes
ſont au nombre de quatorze de chaque côté, en quoi elle
approche de l'eſpéce précédente. Mais outre ſa grandeur,
elle en différe d'abord par ſa couleur noirâtre ; ſecondement par ſes pattes, qui ſont très-longues, ſur-tout les
poſtérieures, qui égalent preſque la longueur du corps,
& qui de plus ſont entrecoupées de noir & de blanc. Ces
pattes ont encore une autre particularité, c'eſt que leurs
tarſes ſont compoſés d'un nombre infini de piéces, plus
longues vers le haut & qui vont de plus en plus en diminuant vers le bout. On trouve cette eſpéce avec la précédente ſous les pierres, mais bien plus rarement qu'elle.

3. SCOLOPENDRA *fuſca, pedibus utrinque
triginta.*

La ſcolopendre à ſoixante pattes.
Longueur 5 lignes. Largeur ¼ ligne.

La couleur de cette eſpéce eſt noirâtre en-deſſus, blan-

châtre ou cendrée en-deſſous. Elle a ſoixante pattes, trente
de chaque côté, de même couleur que le deſſous de l'inſecte. Son corps eſt compoſé de dix-huit anneaux plats en-
deſſus, chagrinés, très-diſtingués les uns des autres. Le
deſſous de l'animal eſt arrondi & ſes pattes ſont fort courtes. Ses antennes ſont compoſées de ſept articles. On
trouve cette ſcolopendre à terre, ſous les pierres, mais
moins fréquemment que la premiere.

4. SCOLOPENDRA *ferruginea, pedibus utrin-*
que ſeptuaginta.

Linn. faun. ſuec. n. 1261. Scolopendra plana, pedibus utrinque ſeptuaginta.
Linn. ſyſt. nat. edit. 10, p. 638, *n.* 6. Scolopendra electrica.
Aldrov. inſ. p. 637, *t.* 636, *ſ.* 8. Scolopendra vulgaris ac vera.
Raj. inſ. p 45. Scolopendræ valde exiles, longæ.
Friſch. germ. 11, p. 22, *t.* 8, *ſ.* 1. Scolopendra plana longa.

La ſcolopendre à cent quarante pattes.
Longueur 8 à 9 lignes.   Largeur ¾ ligne.

Celle-ci eſt très-platte tant en-deſſus qu'en-deſſous. Sa
couleur eſt fauve, mais tout du long de ſon corps, elle a
dans le milieu une bande noire. Ses pattes ſont au nombre
de cent quarante, ſoixante & dix de chaque côté, mais
ce n'eſt que quand l'animal a atteint toute ſa grandeur.
Lorſqu'il eſt plus jeune & plus petit, il n'en a quelquefois
que ſoixante, ſoixante - quatre, ſoixante - ſix ou ſoixan-
te-huit. Lorſqu'il marche, il fait des plis & des replis comme un ſerpent. Ses pieds ſont courts & forment comme
deux rangs de cils ou de poils de chaque côté de ſon
corps. Les anneaux dont le corps eſt compoſé, ſont fort
courts & en même nombre que les pattes. Ses antennes
ſont compoſées de dix-ſept articles. On trouve cet inſecte
ſur la terre, dans laquelle il s'enfonce. La nuit ſon corps
paroît quelquefois lumineux.

5. SCOLOPENDRA *fuſca, pedibus utrinque*
ſeptuaginta duobus.

La scolopendre à cent quarante-quatre pattes.
Longueur 10 lignes. Largeur ½ ligne.

Cette espéce approche beaucoup de la précédente. Elle
est de même applatie ; elle a presque le même nombre
de pattes , soixante-douze de chaque côté, & ses anneaux
fort courts , sont en même nombre que les paires de pattes. Mais elle en différe en ce que sa couleur est brune , à
. l'exception de ses antennes qui sont de couleur de rouille ,
& de plus en ce qu'elle est bien plus longue & plus étroite & presque comme un fil. Sa longueur fait que ses pattes
sont moins serrées & moins presiées l'une contre l'autre
que dans l'espéce précédente ; du reste elles sont fines &
& petites. Ses antennes sont composées de treize anneaux. On trouve cette scolopendre dans les mêmes endroits que les autres.

6. **SCOLOPENDRA** *ovalis , pedibus utrinque*
duodecim , cauda albo penicillo. **Linn. faun. suec. n.**
1264. Planch. 22 , fig. 4.

Linn. syst. nat. edit. 10 , p. 637 , *n.* 1. Scolopendra lagura.
Acad. reg. sci. scav. etrang. tom. 1 , *p.* 538.
Act. Upf. 1736 , *p.* 39 , *n.* 3. Oniscus minimus , cauda alba.

La scolopendre à pinceau.
Longueur 1 ¼ ligne. Largeur ⅓ ligne.

Cette derniere espéce est la plus petite , mais la plus
jolie de toutes. Ses antennes sont composées de sept piéces , dont la derniere est très-petite. Sa tête est noire &
son corps est brun. Il est composé de dix anneaux , avec
douze pattes de chaque côté , lorsque l'insecte est à sa
grandeur , car avant ce tems il y a moins d'anneaux & de
pattes. De chaque côté de son corps , est une rangée de
petites touffes ou aigrettes de poils frisés , au nombre de
neuf de chaque côté , du moins lorsque l'animal est à sa
perfection. La queue est composée d'un pinceau de poils
semblables , plus longs & droits , qui se rassemblent & qui

ont une couleur argentine. Cette fcolopendre reffemble ,
pour la forme, à un petit cloporte. On la trouve communément fous les vieilles écorces des arbres. M. de Geer
l'a très-bien décrite dans le Mémoire envoyé à l'Acadé-
mie, que nous citons ici.

J U L U S. *Solopendræ fpec. linn.*

L' I U L E.

Pedes plus quam centum.	Plus de cent pattes.
Corpus teres cylindraceum.	Corps arrondi & cylindrique.
Antennæ articulis quinque.	Antennes compofées de cinq articles.

L'ïule approche affez de la fcolopendre par fa figure
allongée, & par le grand nombre de fes pattes. Il en différe cependant par la forme de fon corps qui eft prefque
exactement rond & cylindrique & par fes antennes qui ne
font jamais compofées que de cinq anneaux. De plus les
pattes de l'ïule, plus petites que celles de la fcolopendre,
font encore bien plus nombreufes que les fiennes. On en
trouve jufqu'à deux cent & deux cent quarante, fuivant
les efpéces.

Cet infecte marche cependant moins vîte que la fcolopendre, auffi fes pattes font-elles bien plus courtes, elles
reffemblent à une frange de poils. Il en part quatre de
chaque anneau du corps, deux de chaque côté, ce qui forme deux rangées de jambes. Toutes ces pattes agiffant
l'une après l'autre réguliérement & fucceffivement, toute
la rangée forme une efpéce d'ondulation, qui n'étant
point interrompue, fert à tranfporter le corps lourd de cet
animal. Sans ces rangées de pattes, l'ïule reffembleroit
tout-à-fait à un petit ferpent.

La peau de cet infecte eft dure, teftacée & renitente.
Il s'en dépouille comme le cloporte & la fcolopendre
avec laquelle on le trouve fouvent. Il eft ordinaire à cet
infecte, lorfqu'il eft en repos, de fe replier fur lui-même

& de se rouler comme un serpent. Nous ne connoissons que deux espéces d'ïules autour de Paris.

1. J U L U S *fuscus lævis , pedibus utrinque centum.*

Linn. faun. suec. n. 1260. Scolopendra teres , pedibus utrinque centum.
Linn. syst. nat. edit. 10 , *p.* 639 , *n.* 3. Julus terrestris.
Aldrov. ins. 637 , *t.* 636 , *f.* 4. Scolopendra terrestris minor.
Mouffet. lat. p. 201 , *f.* 4. Julus quartus glaber.
Jonst. ins. t. 23. Julus glaber mouffeti.
. *Raj. ins. p.* 46. Julus quartus glaber.
Frisch. germ. 11 , *p.* 21 , *t.* 8 , *f.* 3. Scolopendra longa micylindracea.

L'ïule à deux cent pattes.
Longueur 5 *lignes. Largeur* ⅙ *ligne.*

Ce petit ïule a de chaque côté cent pattes fort courtes & serrées. Son corps est rond cylindrique , composé de cinquante anneaux , dont chacun donne naissance à deux paires de pattes. Ces pattes , par ce moyen, font deux à deux l'une à côté de l'autre , ensorte que de deux en deux il y a un peu plus d'espace entr'elles. Sa couleur est noirâtre & il est fort lisse. On trouve cet insecte sous les pierres & dans la terre.

2. J U L U S *cinereus , pedibus utrinque centum & viginti.*
Planch. 22 , fig. 5.

Linn. faun. suec. n. 1262. Scolopendra teres , pedibus utrinque centum & viginti.
Linn. syst. nat. edit. 10 , *p.* 640 , *n.* 5. Julus sabulosus.
Raj. ins. p. 47. Julo glabro adfinis , lividis albisque circulis.

L'ïule à deux cent quarante pattes.
Longueur 10 *lignes. Largeur* ⅔ *ligne.*

Cet ïule est de couleur cendrée , lisse , & a quelquefois deux bandes longitudinales de couleur fauve sur son dos. Son corps est composé d'environ soixante anneaux , qui paroissent doubles , une partie de l'anneau étant toute lisse , & l'autre chargée de stries longitudinales fort serrées , ce qui fait que le corps cylindrique de l'insecte est comme entrecoupé alternativement d'anneaux lisses & d'anneaux

ſtriés. Chaque anneau donne naiſſance à deux paires de
pattes, ce qui fait deux cent quarante, ou cent-vingt
pattes de chaque côté. Ces pattes ſont fines, petites &
blanches. Les antennes ſont très-courtes & compoſées
de cinq anneaux. Si on touche cet inſecte, il ſe roule
en ſpirale, de façon que ſes pattes ſont en-dedans, mais
cependant du côté qui regarde la terre.

On trouve cet inſecte avec le précédent, auquel il
reſſemble, quoique beaucoup plus gros.

F I N.

TABLE

TABLE ALPHABETIQUE

DES noms françois des INSECTES, contenus dans le second Volume.

Les noms en caractères italiques font ceux des espéces.

Tome II.   Rrrr

Fin de la Table des noms françois.

TABLE ALPHABÉTIQUE

*DES noms latins des INSECTES, contenus
dans le second Volume.*

Les noms en caractères italiques sont ceux des citations.

Fin de la Table des noms latins.

EXPLICATION

Des Planches contenues dans le second Volume.

PLANCHE XI.

Fig. I. LE PAPILLON, *grand nacré*, vû en-deſſus.

Fig. II. Le même, vû en-deſſous. On voit dans ces Figures, que les antennes de ces papillons ſont terminées par une maſſue arrondie.

Fig. III. Le papillon *demi-deuil*, vû en-deſſus.

Fig. IV. Le même, vû en-deſſous. La Figure repréſente les antennes de ce papillon, qui ſont terminées par une maſſue allongée.

Fig. V. Le ſphinx.

Fig. VI. Le pterophore.

PLANCHE XII.

Fig. I. LA PHALESNE, *petit-paon*, vûe en-deſſus.

Fig. II. La même, vûe en-deſſous.

Fig. III. La femelle de la même phalène.

Fig. IV. La phalène appellée *le flot*.

Fig. V. Autre phalène appellée la *veuve*.

Fig. VI. La teigne appellée la *coquille d'or*.

PLANCHE XIII.

Fig. I. LA DEMOISELLE.
a. L'inſecte de grandeur naturelle.
b. Sa larve.

Fig. II. La perle.
c. L'inſecte de grandeur naturelle, vû en-deſſus.
d. Le même, groſſi & vû en-deſſous.

Fig. III. La raphidie.
e. L'inſecte de grandeur naturelle, vû en-deſſus.
f. Le même, vû de côté.
g. Sa patte ſéparée.

Fig. IV. L'éphémere.
h. L'inſecte de grandeur naturelle, vû en-deſſus.
i. Le même, groſſi & vû à la loupe.
k. Le même, vû de côté.

Fig. V. La frigane.

Tome II. S ſſſ

l. L'infecte aggrandi, & vû
    de côté.

m. Sa tête féparée , & ex-
    traordinairement groffie.

n. Sa larve renfermée dans
    le tuyau qui la recouvre.

o. La même larve, tirée de
    fon foureau.

Fig. VI.   L'hémerobe.

p. L'animal n peu groffi.

q. Ses œufs portés fur un fil,
    & attachés à une feuille.

PLANCHE XIV.

Fig. I.   **L**E **F**OURMILION.

a. L'animal de gran-
deur naturelle.

b. Son antenne féparée.

c. Sa patte.

Fig. II.   La mouche - fcorpion.

d. L'infecte mâle , vû en-
deffus.

e. La femelle du même infecte.

f. Sa tête féparée & groffie,
où l'on voit les antennes,
les trois petits yeux liffes,
& les quatre barbillons po-

fés au bout de la trompe,
qui accompagnent la bou-
che.

g. La queue du même in-
fecte mâle , groffie & féparée.

Fig. III.   L'urocére de grandeur naturelle, vû de côté.

Fig. IV.   Le frélon , de grandeur
naturelle.

Fig. V.   La mouche - à - fcie.

h. L'animal vû en - deffus.

i. Le même groffi , & vû
en - deffous.

PLANCHE XV.

Fig. I.   **L**E **C**INIPS.

a. L'infecte de gran-
deur naturelle , vû en-
deffus.

b. Le même, groffi.

c. Le même , vû de côté.

d. Feuille de chéne, chargée
des galles que produifent
ces infectes.

e. Galle entiere, & non ouverte , lorfque l'infecte
n'eft pas encore forti.

f. Galle ouverte, dans laquelle on apperçoit le
trou par lequel l'infecte
parfait eft forti.

Fig. II.   Le diplolepe.

g. L'animal de grandeur naturelle.

h. Le même , groffi & vû
en - deffus.

i. Le même , vû de côté.

k. Feuille de chêne, chargée
des galles que produit cet
infecte.

l. Galle entiére & non ouverte.

m. Galle ouverte, dans laquelle on apperçoit le
trou par lequel l'infecte
eft forti.

Fig. III.   L'eulophe.

n. L'infecte de grandeur naturelle.

o. Le même, groffi.

p. Feuille de tilleul , chargée de chryfalides de cet
infecte.

q. Ces chryfalides rangées
en tas.

r. Une de ces chryfalides,
groffie à la loupe.

PLANCHE XVI.

Fig. I. L'Ichneumon.
a. L'animal groffi, & vû en-deffus.
b. Le même, vû de côté.

Fig. II. La guefpe.
c. L'infecte groffi.
d. Sa tête féparée.
e. Nid de terre que forme cette efpéce de guefpe.

Fig. III. L'abeille.
f. Abeille dorée, & agrandie.

g. Son ventre féparé, dont les derniers anneaux font terminés par des pointes.
h. La même, de grandeur naturelle, & repliée dans une fituation qui lui eft affez ordinaire.

Fig. IV. La fourmi.
i. La fourmi mâle de grandeur naturelle.
k. Sa femelle.
l. Cette même femelle de beaucoup groffie.

PLANCHE XVII.

Fig. I. L'Œstre.
a. L'infecte agrandi.
b. Sa tête groffie, & vûe en-deffus.
c. La même tête, vûe en-deffous.
d. La patte féparée.
e. L'aîle, avec le balancier & le cuilleron qui font à fa bafe.
f. Le même cuilleron & le balancier féparés.

Fig. II. Le taon.
g. L'infecte groffi.
h. Sa tête féparée, & vûe en-deffous.
i. La même tête vûe de côté, pour faire voir les mâchoires qui accompagnent la trompe.

Fig. III. L'afile.
k. L'infecte un peu groffi.
l. Sa tête féparée, & vûe en deffus.
m. La même, vûe en-deffous.
n. L'antenne féparée & groffie.

Fig. IV. La mouche-armée.
o. L'infecte vû en-deffus, les ailes croifées.
p. Le même, avec les aîles étendues.
q. Sa tête féparée, & vûe en-deffous.
r. Sa patte.
f. La larve qui le produit.

PLANCHE XVIII.

Fig. I. La Mouche.
a. L'infecte de grandeur naturelle.
b. Sa tête féparée & groffie.

c. Tête de mouche d'une autre efpéce, vûe de côté & fa trompe étendue.

Fig. II. Le ftomoxe.

Sfff ij

d. L'insecte beaucoup agrandi.

e. Sa tête grossie, & vûe en-dessous.

f. Sa trompe.

Fig. III.   La volucelle.

g. L'animal un peu grossi.

h. Sa tête vûe de côté, & grossie.

i. La gaine où est renfermée la trompe.

k. La tête grossie, & vûe en-dessus.

Fig. IV.   La némotèle.

l. L'insecte grossi.

m. Sa tête séparée, & vûe par-dessus.

n. Sa trompe séparée.

o. Une de ses antennes.

Fig. V.   Le scatopse.

p. L'insecte de grandeur naturelle, vû en-dessus.

q. Le même, vû de côté.

r. La tête séparée.

f. La chrysalide grossie.

t. Branche de bouis chargée de ces insectes.

u. Élévations que produisent leurs larves.

x. Dépouille de la chrysalide qui reste attachée à la feuille, lorsque l'insecte parfait en est sorti.

Fig. VI.   L'hippobosque.

y. L'animal de grandeur naturelle.

χ. Le même, grossi.

&. Sa tête séparée.

A. Sa patte séparée & grossie.

PLANCHE XIX.

Fig. I.   GRANDE tipule-couturière.

a. Le mâle de grandeur naturelle.

b. La femelle.

c. La larve.

d. La chrysalide. Le tout de grandeur naturelle.

Fig. II.   Petite tipule culiciforme.

e. Le mâle agrandi, & vû en-dessus.

f. Le même, vû de côté.

g. La femelle.

h. Aîle séparée.

i. La larve de grandeur naturelle.

k. La même, grossie.

l. la chrysalide.

m. Œufs de tipule, dans une espéce de fray.

Fig. III.   Le bibion.

n. L'animal grossi.

o. Sa tête séparée.

Fig. IV.   Le cousin.

p. L'insecte femelle grossi.

q. La tête du mâle, où l'on voit ses panaches.

r. La larve grossie.

f. La chrysalide grossie.

PLANCHE XX.

Fig. I.   LE Pou.

a. Le pou du busard, oiseau aquatique, de grandeur naturelle.

b. Le même insecte grossi.

Fig. II.   La podure.

c. L'insecte de grandeur naturelle.

d. Le même, grossi & vû en-dessus.

e. Le même, vû en-dessous.

f. La fourche de la queue
de cet animal, avec la-
quelle il faute.

Fig. III.   La forbicine.
g. L'insecte grossi, & vû
en-dessus.
h. Le même, en-dessous.

Fig. IV.   La puce, vûe au microfcope.

Fig. V.   La pence.
i. Le petit insecte dans sa
grandeur naturelle.

k. Le même, grossi.

Fig. VI.   Le faucheur.
n. Le mâle, vû en-dessus.
o. Le même, vû de côté,
pour faire voir la forme
de ses antennes.
p. La femelle.
Le tout de grandeur na-
turelle.

Fig. VII.   La tique.
l. Grandeur de l'insecte.
m. Le même animal, vû au
microscope.

PLANCHE XXI.

Fig. I. a. A RAIGNÉE de jardin,
de grandeur naturelle.
b. Position de ses yeux.

Fig. II. *c.* Autre araignée de jardin.
d. Position de ses yeux.

Fig. III.   Binocle à queue en plumet.
e. L'animal de grandeur naturelle.
f. Le même, grossi & vû
en-dessus.
g. Le même, vû en-dessous.

Fig. IV.   Binocle à queue en filets.
h. L'animal de grandeur naturelle, vû en-dessus.

i. Le même, vû par-des-
sous.
k k. Ses antennes qui sont
fort petites.

Fig. V.   Le monocle.
n. L'insecte de grandeur naturelle.
o. Le même grossi, portant
ses œufs en deux paquets
aux côtés de son ventre.

Fig. VI.   Le crabe, appellé la *cre-*
vette.
l. L'animal de grandeur naturelle.
m. Le même, grossi.

PANCHE XXII.

Fig. I. L E CLOPORTE.
a. L'insecte de gran-
deur naturelle, vû en-
dessus.
b. Le même, en-dessous.
c. Le même, grossi.

Fig. II.   L'aselle.
Fig. III.   La Scolopendre.
d. L'insecte de grandeur naturelle.
e. Sa tête grossie.

Fig. IV.   Autre scolopendre, dite
scolopendre à pinceau.
f. L'animal de grandeur naturelle.
g. Le même, grossi considérablement, & vû en-des-
sus.
h. Le même, vû en-dessous.
i. Le même, plus jeune,
n'ayant encore que cinq
anneaux outre sa tête.

k. Le même, encore plus jeune, & n'ayant que trois anneaux.

l. Un des mamelons qui bordent les anneaux, avec les aigrettes dont il est orné.

m. Une des antennes grossie & séparée.

Fig. V.

n. Une des pattes, vûe au microscope.

L'iule.

o. L'insecte grossi.

p. Sa tête & quelques anneaux de son corps encore plus grossis, pour faire voir les yeux & les antennes.

FIN de l'Explication des Planches du Tome II.

APPROBATION.

J'AI lû, par ordre de Monseigneur le Chancelier, un Ouvrage intitulé, *Histoire abrégée des Insectes, dans laquelle les animaux sont rangés suivant un ordre méthodique.* Cette méthode, quoique la même que celle de M. Linn, est traitée avec beaucoup plus d'étendue; le nombre des genres & des espéces d'Insectes y est augmenté du double de ce qui en a été publié jusqu'ici, & fixés par des caracteres distincts; les descriptions en sont claires, exactes, accompagnées de quelques détails sur les mœurs de ces animaux, & d excellentes figures; de sorte que l'impression de cet Ouvrage, qui joint le curieux à l'utile, ne peut que faciliter l'étude & étendre les connoissances sur cette partie de l'Histoire Naturelle. A Paris, ce 18 Juin 1762.

ADANSON.

Le Privilége se trouvera au Strabon.

De l'Imprimerie de CHARDON, rue Galande, à la Croix d'or.

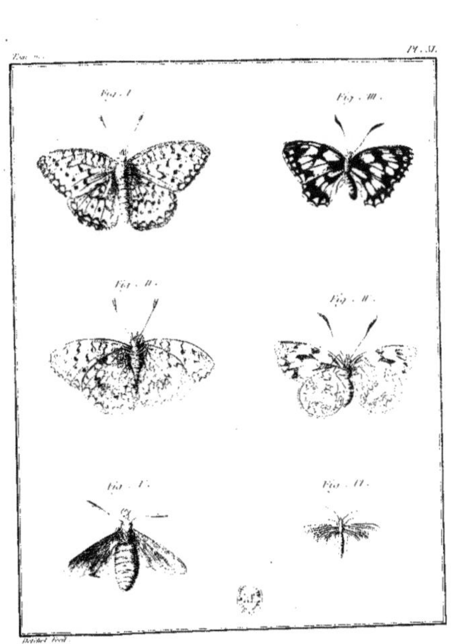

Pl. XI.
Fig. I.
Fig. III.
Fig. II.
Fig. IV.
Fig. V.
Fig. VI.
Delahet fecit.

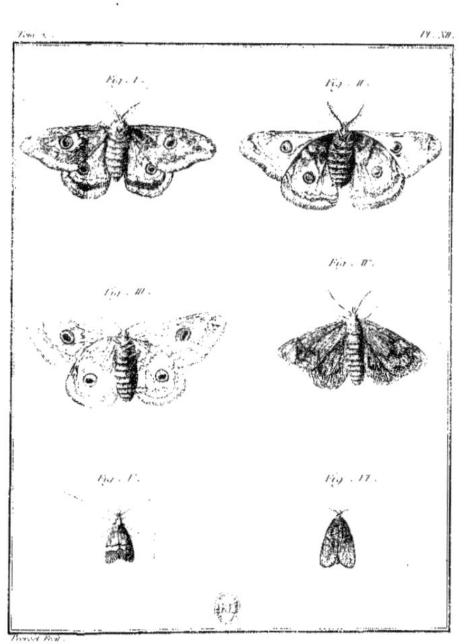
Tom. 2.
IV. XII.
Fig. I.
Fig. II.
Fig. III.
Fig. IV.
Fig. V.
Fig. VI.

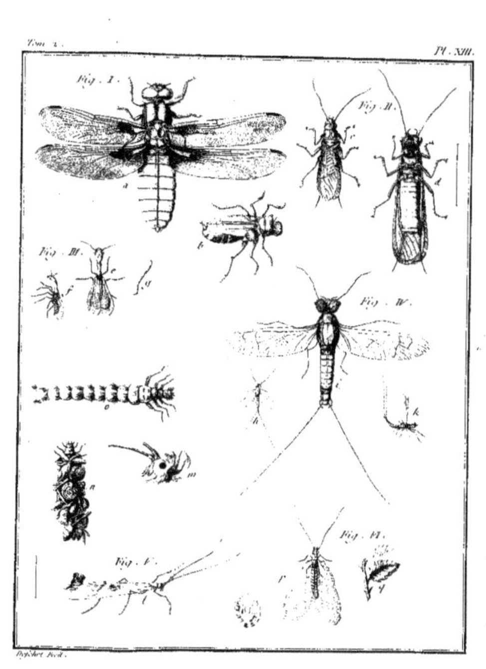

Prévost Fecit.

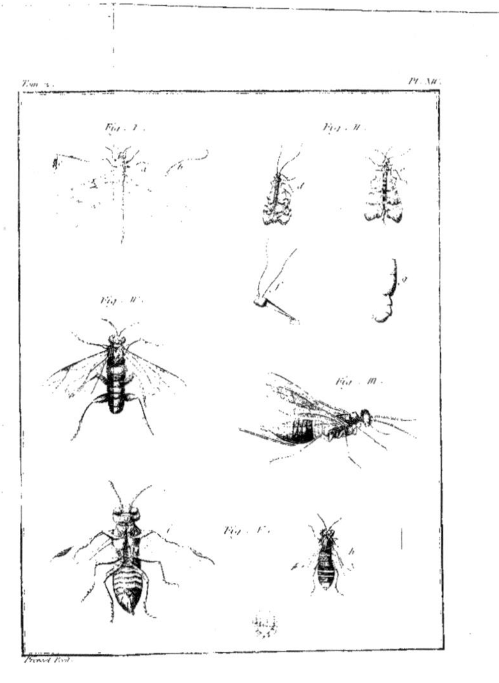
Fig. I.
Fig. II.
Fig. III.
Fig. IV.
Fig. V.
Prevost Fecit.

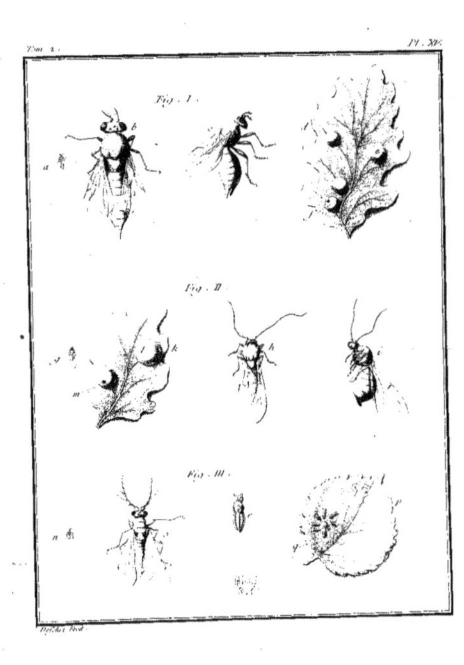

Fig. I.
Fig. II.
Fig. III.
Boschet fecit.

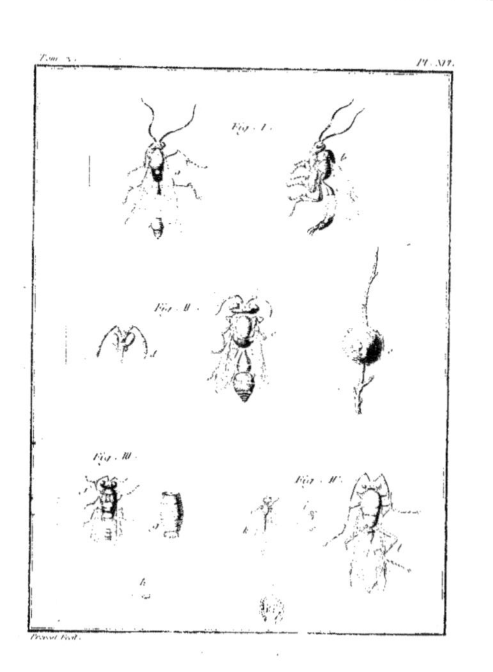

Tom. 3.
Pl. XIV.
Fig. I.
Fig. II.
Fig. III.
Fig. IV.

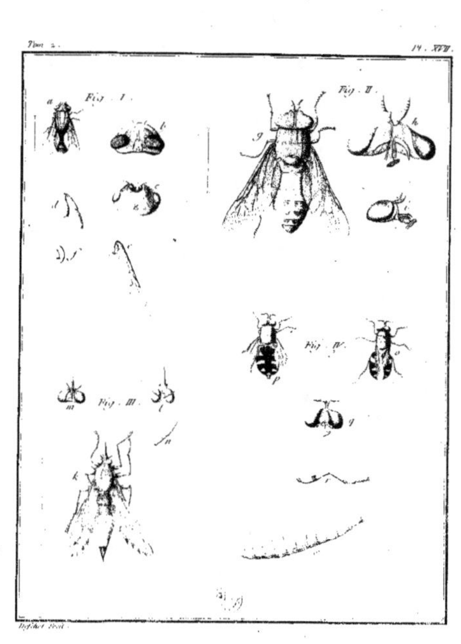

Tom. 2.
14. XIX.
Fig. I.
Fig. II.
Fig. III.
Fig. IV.

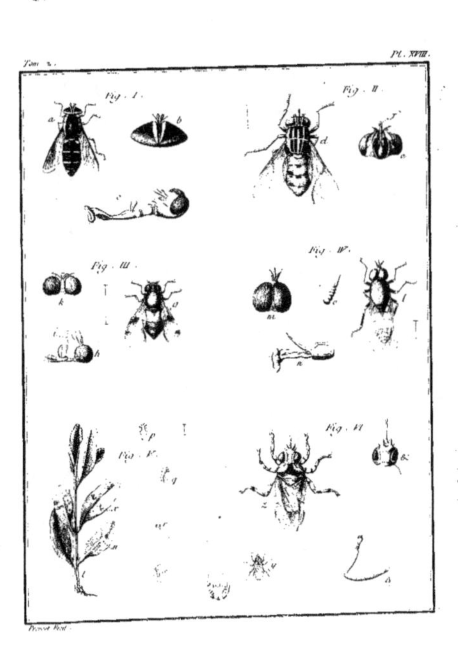
Pl. XVIII.
Fig. I.
Fig. II.
Fig. III.
Fig. IV.
Fig. V.
Fig. VI.

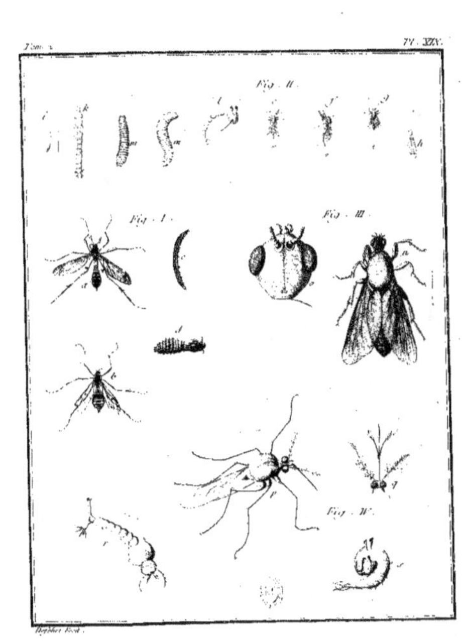

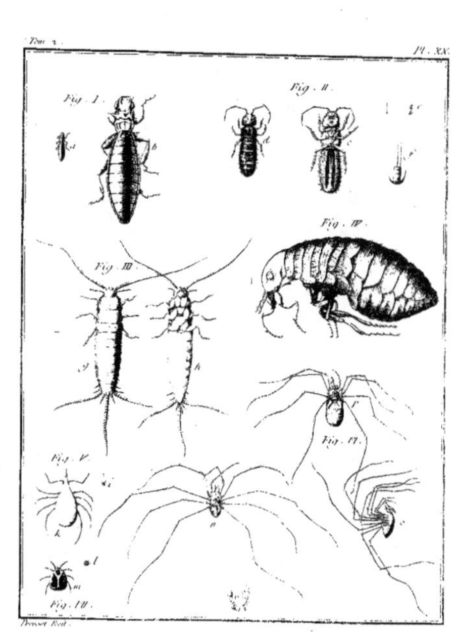

Tom. 2.
Pl. XX.
Fig. I.
Fig. II.
Fig. III.
Fig. IV.
Fig. V.
Fig. VI.
Fig. VII.

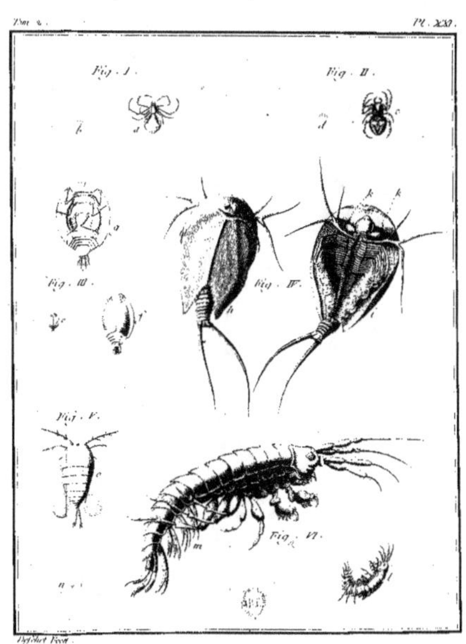
Pl. XXI.
Fig. I.
Fig. II.
Fig. III.
Fig. IV.
Fig. V.
Fig. VI.
Defehet Fecit.

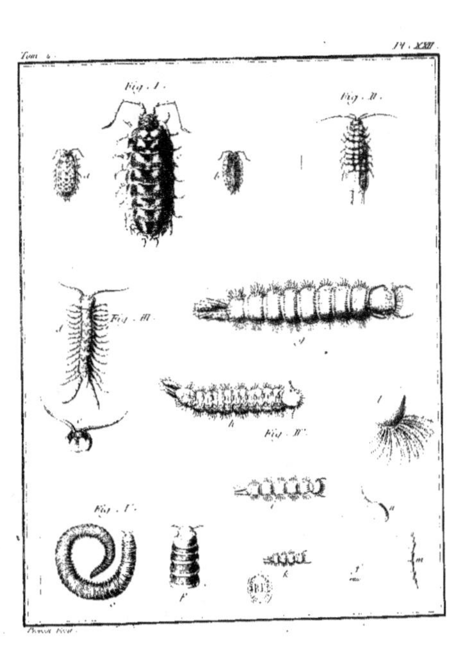

Tom. 4.
PL. XXII.
Fig. I.
Fig. II.
Fig. III.
Fig. IV.
Fig. V.